中国国家标准汇编

2008年修订-55

中国标准出版社　编

中国标准出版社
北京

图书在版编目（CIP）数据

中国国家标准汇编：2008 年修订 .55/中国标准出版社编 .—北京：中国标准出版社，2009

ISBN 978-7-5066-5522-4

Ⅰ. 中…　Ⅱ. 中…　Ⅲ. 国家标准-汇编-中国-2008　Ⅳ. T-652.1

中国版本图书馆 CIP 数据核字（2009）第 186498 号

中国标准出版社出版发行
北京复兴门外三里河北街 16 号
邮政编码：100045

网址 www.spc.net.cn
电话：68523946　68517548
中国标准出版社秦皇岛印刷厂印刷
各地新华书店经销

*

开本 880×1230　1/16　印张 40.25　字数 1 183 千字
2009 年 11 月第一版　2009 年 11 月第一次印刷

*

定价 200.00 元

出 版 说 明

1.《中国国家标准汇编》是一部大型综合性国家标准全集。自1983年起，按国家标准顺序号以精装本、平装本两种装帧形式陆续分册汇编出版。它在一定程度上反映了我国建国以来标准化事业发展的基本情况和主要成就，是各级标准化管理机构，工矿企事业单位，农林牧副渔系统，科研、设计、教学等部门必不可少的工具书。

2.《中国国家标准汇编》收入我国每年正式发布的全部国家标准，分为"制定"卷和"修订"卷两种编辑版本。

"制定"卷收入上年度我国发布的、新制定的国家标准，顺延前年度标准编号分成若干分册，封面和书脊上注明"20××年制定"字样及分册号，分册号一直连续。各分册中的标准是按照标准编号顺序连续排列的，如有标准顺序号缺号的，除特殊情况注明外，暂为空号。

"修订"卷收入上年度我国发布的、被修订的国家标准，视篇幅分设若干分册，但与"制定"卷分册号无关联，仅在封面和书脊上注明"20××年修订-1,-2,-3,……"字样。"修订"卷各分册中的标准，仍按标准编号顺序排列(但不连续)；如有遗漏的，均在当年最后一分册中补齐。需提请读者注意的是，个别非顺延前年度标准编号的新制定的国家标准没有收入在"制定"卷中，而是收入在"修订"卷中。

读者配套购买《中国国家标准汇编》"制定"卷和"修订"卷则可收齐上一年度我国制定和修订的全部国家标准。

3. 由于读者需求的变化，自1996年起，《中国国家标准汇编》仅出版精装本。

4. 2008年制修订国家标准共5946项。本分册为"2008年修订-55"，收入新制修订的国家标准39项。

中国标准出版社
2009年10月

目　　录

ICS 17.040.30
J 42

中华人民共和国国家标准

GB/T 10920—2008
代替 GB/T 10920—2003,GB/T 8125—2004,GB/T 6322—1986

螺纹量规和光滑极限量规　型式与尺寸

Types and dimensions of screw thread gauge and plain limit gauge

2008-11-12 发布　　　　2009-05-01 实施

中华人民共和国国家质量监督检验检疫总局
中国国家标准化管理委员会　发布

前　言

本标准是对 GB/T 10920—2003《普通螺纹量规　型式与尺寸》、GB/T 8125—2004《梯形螺纹量规　型式与尺寸》和 GB/T 6322—1986《光滑极限量规　型式与尺寸》的整合修订，并增加了统一螺纹量规的型式与尺寸。

本标准与 GB/T 10920—2003《普通螺纹量规　型式与尺寸》相比较，主要变化如下：

——修改了个别锥度锁紧式螺纹塞规的总体尺寸 L；

——修改了公称直径 1 mm～3 mm 的锥度锁紧式螺纹塞规的结构型式及尺寸；

——增加了公称直径 105 mm～120 mm 的双柄式螺纹塞规的型式和尺寸；

——修改了双柄式螺纹塞规止端测头 d_5 的尺寸；

——修改了直径与螺距系列；

——修改了三牙锁紧式螺纹塞规手柄的尺寸；

——删除了量规表面的表面粗糙度要求，因 GB/T 3934—2003《普通螺纹量规　技术条件》已规定。

本标准与 GB/T 8125—2004《梯形螺纹量规　型式与尺寸》相比较，主要变化如下：

——增加了锥度锁紧式螺纹塞规的总体尺寸；

——修改了个别锥度锁紧式螺纹塞规测头 L_1、L_2 的尺寸；

——增加了三牙锁紧式螺纹塞规的总体尺寸；

——修改了个别三牙锁紧式螺纹塞规测头 L、t 的尺寸；

——修改了公称直径 8 mm 至 100 mm 的锥度锁紧式螺纹塞规测头配套用 4 号手柄的尺寸；

——增加了双柄式螺纹塞规的总体尺寸；

——修改了双柄式螺纹塞规测头结构型式图中标注；

——修改了双柄式螺纹塞规测头 L 的尺寸；

——修改了个别整体式螺纹环规厚度 L 的尺寸；

——增加了双柄式螺纹环规的总体尺寸；

——修改了部分双柄式螺纹环规的厚度尺寸；

——删除了量规表面的表面粗糙度要求，因 GB/T 8124—2004《梯形螺纹量规　技术条件》已规定。

本标准与 GB/T 6322—1986《光滑极限量规　型式与尺寸》相比较，主要变化如下：

——修改了锥柄圆柱塞规测头用的 4 号手柄的尺寸；

——修改了个别锥柄圆柱塞规测头的尺寸；

——删除了量规表面的表面粗糙度要求，因 GB/T 1957—2006《光滑极限量规　技术条件》已规定。

本标准自实施之日起，代替 GB/T 10920—2003《普通螺纹量规　型式与尺寸》、GB/T 8125—2004《梯形螺纹量规　型式与尺寸》和 GB/T 6322—1986《光滑极限量规　型式与尺寸》。

本标准的附录 A 为规范性附录。

本标准由中国机械工业联合会提出。

本标准由全国量具量仪标准化技术委员会(SAC/TC 132)归口。

本标准负责起草单位：成都成量工具有限公司。

本标准参加起草单位：成都工具研究所、哈尔滨量具刃具集团有限责任公司。

标准主要起草人：王莺、刘红、徐艳、姜志刚、姚绪里、武英。

本标准所代替标准的历次版本发布情况为：

——GB 10920—1989、GB/T 10920—2003；

——GB 8125—1987、GB/T 8125—2004；

——GB/T 6322—1986。

螺纹量规和光滑极限量规　型式与尺寸

1　范围

本标准规定了普通螺纹量规、统一螺纹量规、梯形螺纹量规和光滑极限量规的型式与尺寸。

本标准适用于与GB/T 3934—2003《普通螺纹量规　技术条件》、GB/T 8124—2004《梯形螺纹量规　技术条件》、GB/T 1957—2006《光滑极限量规　技术条件》和JB/T 10865—2008《统一螺纹量规》配套使用。

2　规范性引用文件

下列文件中的条款通过本标准的引用而成为本标准的条款。凡是注日期的引用文件，其随后所有的修改单(不包括勘误的内容)或修订版均不适用于本标准，然而，鼓励根据本标准达成协议的各方研究是否可使用这些文件的最新版本。凡是不注日期的引用文件，其最新版本适用于本标准。

GB/T 1957—2006　光滑极限量规　技术条件

GB/T 3934—2003　普通螺纹量规　技术条件

GB/T 8124—2004　梯形螺纹量规　技术条件

GB/T 17163　几何量测量器具术语　基本术语

GB/T 17164　几何量测量器具术语　产品术语

JB/T 10865—2008　统一螺纹量规

3　术语和定义

GB/T 1957—2006、GB/T 3934—2003、GB/T 8124—2004、GB/T 17163、GB/T 17164、JB/T 10865—2008中确立的术语和定义适用于本标准。

4　分类

4.1　普通螺纹量规的型式名称及对应的公称直径范围见表1。

4.2　梯形螺纹量规的型式名称及对应的公称直径范围见表2。

4.3　统一螺纹量规的型式名称及对应的公称直径范围见表3。

4.4　光滑极限量规的型式名称和对应的基本尺寸范围见表4。

表1

普通螺纹量规的型式名称		公称直径 d/mm
塞规	锥度锁紧式螺纹塞规	$1 \leqslant d \leqslant 100$
	双头三牙锁紧式螺纹塞规	$40 \leqslant d \leqslant 62$
	单头三牙锁紧式螺纹塞规	$62 < d \leqslant 120$
	套式螺纹塞规	$40 \leqslant d \leqslant 120$
	双柄式螺纹塞规	$100 < d \leqslant 180$
环规	整体式螺纹环规	$1 \leqslant d \leqslant 120$
	双柄式螺纹环规	$120 < d \leqslant 180$

表 2

梯形螺纹量规的型式名称		公称直径 d/mm
塞规	锥度锁紧式螺纹塞规	8≤d≤100
	三牙锁紧式螺纹塞规	50<d≤100
	双柄式螺纹塞规	100<d≤140
环规	整体式螺纹环规	8≤d≤100
	双柄式螺纹环规	100<d≤140

表 3

统一螺纹量规的型式名称		公称直径 d/in
塞规	锥度锁紧式螺纹塞规	0.06≤d≤4
	双柄式螺纹塞规	4<d≤6
环规	整体式螺纹环规	0.06≤d≤4.75
	双柄式螺纹环规	4.75≤d≤6

表 4

光滑极限量规的型式名称		基本尺寸 D/mm
孔用极限量规	针式塞规	1≤D≤6
	锥柄圆柱塞规	1≤D≤50
	三牙锁紧式圆柱塞规	40<D≤120
	三牙锁紧式非全形塞规	80<D≤180
	非全形塞规	180<D≤260
	球端杆规	120<D≤500
轴用极限量规	圆柱环规	1≤D≤100
	双头组合卡规	1≤D≤3
	单头双极限组合卡规	1≤D≤3
	双头卡规	3<D≤10
	单头双极限卡规	1≤D≤260

5 普通螺纹量规型式与尺寸

5.1 锥度锁紧式螺纹塞规

5.1.1 锥度锁紧式螺纹塞规的型式见图 1 所示，图示仅供图解说明；尺寸宜见表 5。

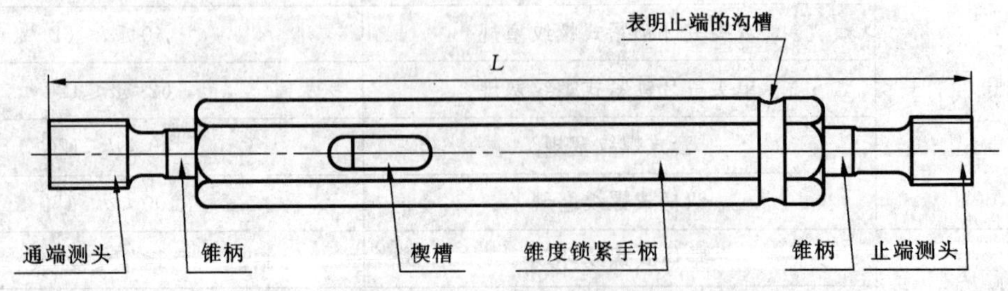

a) 公称直径 1 mm 至 14 mm

图 1 锥度锁紧式螺纹塞规 公称直径 1 mm 至 100 mm

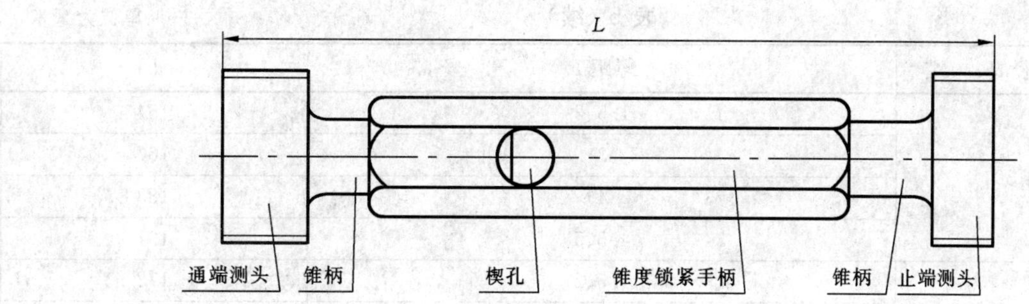

b）公称直径大于 14 mm 至 100 mm

图 1（续）

表 5

单位为毫米

公称直径 d	螺距 P	L
$1 \leqslant d \leqslant 3$	0.2、0.25、0.3、0.35、0.4、0.45、0.5	62.5
$3 < d \leqslant 6$	0.35、0.5、0.6、0.7、0.75	70.5
	0.8、1	74
$6 < d \leqslant 10$	0.75	83
	1	84
	1.25、1.5	90
$10 < d \leqslant 14$	0.75、1	91
	1.25、1.5	97
	1.75、2	103
$14 < d \leqslant 18$	1	106
	1.5	112
	2	116
	2.5	124
$18 < d \leqslant 24$	1	124
	1.5	126
	2	132
	2.5	140
	3	144
$24 < d \leqslant 30$	1、1.5	128
	2	132
	3	144
	3.5	150
$30 < d \leqslant 40$	1.5	146
	2	150
	3	162
	3.5、4	174

表 5（续）

单位为毫米

公称直径 d	螺距 P	L
$40<d\leqslant 50$	1.5、2	154
	3	167
	4	183
	4.5、5	191
$50<d\leqslant 62$	1.5、2	172
	3	183
	4	197
	5	210
	5.5	217
$62<d\leqslant 100$	1.5、2	172
	3	183
	4	194
	6	225

5.1.2 锥度锁紧式螺纹塞规测头的型式见图 2 所示，图示仅供图解说明；尺寸见表 6。

单位为毫米

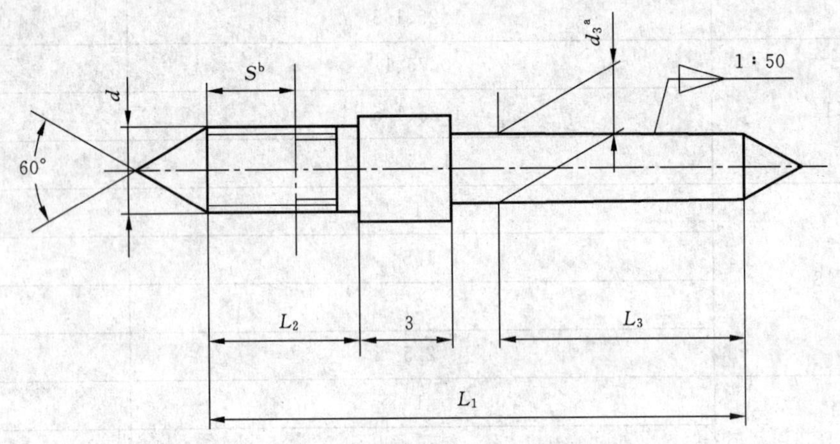

a) 公称直径 1 mm 至 3 mm

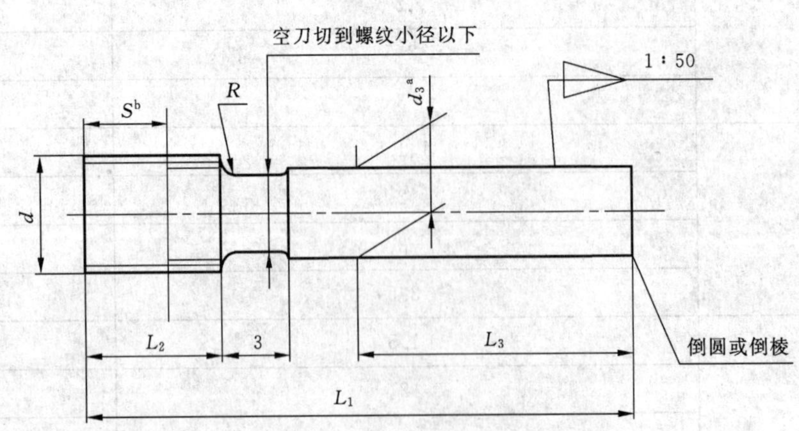

b) 公称直径大于 3 mm 至 6 mm

图 2 锥度锁紧式螺纹塞规测头 公称直径 1 mm 至 100 mm

单位为毫米

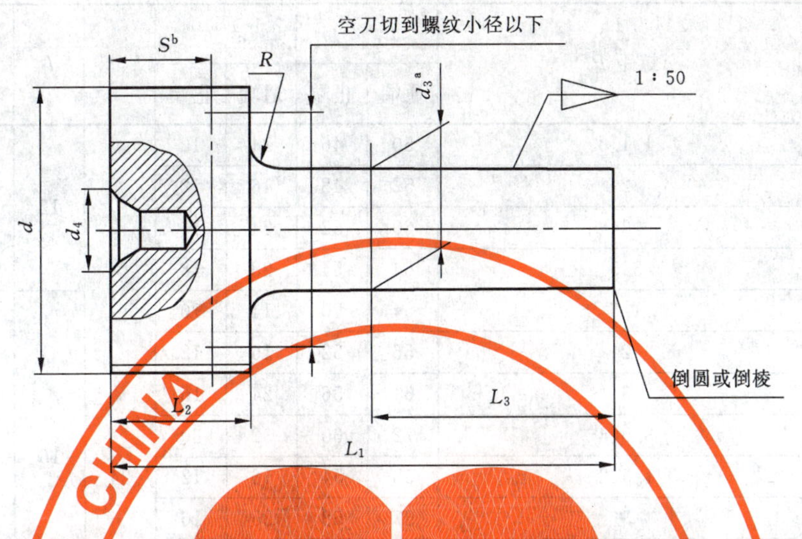

c) 公称直径大于 6 mm 至 100 mm

a d_3 应采用附录 A 规定的锥度环规进行检验。

b 止端塞规测头的螺纹牙数过多时，允许在其一端切成台阶，但应保证 S 长度内不少于 4 个完整牙数。

图 2（续）

表 6

单位为毫米

公称直径 d	螺距 P	$L_1{}^{+0.3}$		$L_2{}^{-0.3}$		$L_3{}^{+1}$	d_3	d_4	R	配套的手柄号
		通端	止端	通端	止端					
$1 \leqslant d \leqslant 3$	0.2、0.25、0.3、0.35、0.4、0.45、0.5	22	20.5	6.5	5	10	2.5	—	—	1
$3 < d \leqslant 6$	0.35、0.5、0.6、0.7、0.75	24	22.5	6	4.5	12	4		1	2
	0.8、1	26	24	8	6					
$6 < d \leqslant 10$	0.75	29	28	7	6	15	5.5		1.6	3
	1	30	28	8	6					
	1.25、1.5	34	30	12	8					
$10 < d \leqslant 14$	0.75、1	36	34	8	6	20	7		2	4
	1.25、1.5	40	36	12	8					
	1.75、2	44	38	16	10					
$14 < d \leqslant 18$	1	42	38	10	6	22	9		2.5	5
	1.5	46	40	14	8					
	2	48	42	16	10					
	2.5	52	46	20	14					
$18 < d \leqslant 24$	1	48	44	12	8	24	12	6		6
	1.5	50	44	14	8					
	2	52	48	16	12					
	2.5	56	52	20	16					
	3	60	52	24	16					

表 6（续）

单位为毫米

<table>
<tr><th rowspan="2">公称直径 d</th><th rowspan="2">螺距 P</th><th colspan="2">$L_1{}^{+0.3}$</th><th colspan="2">$L_2{}^{-0.3}$</th><th rowspan="2">$L_3{}^{+1}$</th><th rowspan="2">d_3</th><th rowspan="2">d_4</th><th rowspan="2">R</th><th rowspan="2">配套的手柄号</th></tr>
<tr><th>通端</th><th>止端</th><th>通端</th><th>止端</th></tr>
<tr><td rowspan="4">24＜d≤30</td><td>1、1.5</td><td>50</td><td>46</td><td>14</td><td>10</td><td rowspan="19">24</td><td rowspan="4">12</td><td rowspan="4">8</td><td rowspan="4">2.5</td><td rowspan="4">6</td></tr>
<tr><td>2</td><td>52</td><td>48</td><td>16</td><td>12</td></tr>
<tr><td>3</td><td>60</td><td>52</td><td>24</td><td>16</td></tr>
<tr><td>3.5</td><td>64</td><td>54</td><td>28</td><td>18</td></tr>
<tr><td rowspan="4">30＜d≤40</td><td>1.5</td><td>54</td><td>50</td><td>14</td><td>10</td><td rowspan="8">16</td><td rowspan="4">12</td><td rowspan="20">4</td><td rowspan="8">7</td></tr>
<tr><td>2</td><td>56</td><td>52</td><td>16</td><td>12</td></tr>
<tr><td>3</td><td>64</td><td>56</td><td>24</td><td>16</td></tr>
<tr><td>3.5、4</td><td>72</td><td>60</td><td>32</td><td>20</td></tr>
<tr><td rowspan="4">40＜d≤50</td><td>1.5、2</td><td>58</td><td>54</td><td>16</td><td>12</td><td rowspan="12">15</td></tr>
<tr><td>3</td><td>67</td><td>58</td><td>25</td><td>16</td></tr>
<tr><td>4</td><td>74</td><td>67</td><td>32</td><td>25</td></tr>
<tr><td>4.5、5</td><td>82</td><td>67</td><td>40</td><td>25</td></tr>
<tr><td rowspan="5">50＜d≤60</td><td>1.5、2</td><td>60</td><td>60</td><td>16</td><td>16</td><td rowspan="5">21</td><td rowspan="8">10</td></tr>
<tr><td>3</td><td>69</td><td>62</td><td>25</td><td>18</td></tr>
<tr><td>4</td><td>76</td><td>69</td><td>32</td><td>25</td></tr>
<tr><td>5</td><td>89</td><td>69</td><td>45</td><td>25</td></tr>
<tr><td>5.5</td><td>89</td><td>76</td><td>45</td><td>32</td></tr>
<tr><td rowspan="3">62</td><td>1.5、2</td><td>66</td><td>66</td><td>16</td><td>16</td><td rowspan="7">30</td><td rowspan="7">24</td></tr>
<tr><td>3</td><td>75</td><td>68</td><td>25</td><td>18</td></tr>
<tr><td>4</td><td>82</td><td>75</td><td>32</td><td>25</td></tr>
<tr><td rowspan="4">62＜d≤100</td><td>1.5、2</td><td>66</td><td>66</td><td>16</td><td>16</td><td rowspan="4">25</td><td rowspan="4">11</td></tr>
<tr><td>3</td><td>75</td><td>68</td><td>25</td><td>18</td></tr>
<tr><td>4</td><td>82</td><td>75</td><td>35</td><td>25</td></tr>
<tr><td>6</td><td>100</td><td>85</td><td>50</td><td>35</td></tr>
</table>

5.1.3 锥度锁紧式螺纹塞规测头配套的手柄型式见图 3 所示，图示仅供图解说明；尺寸见表 7。

单位为毫米

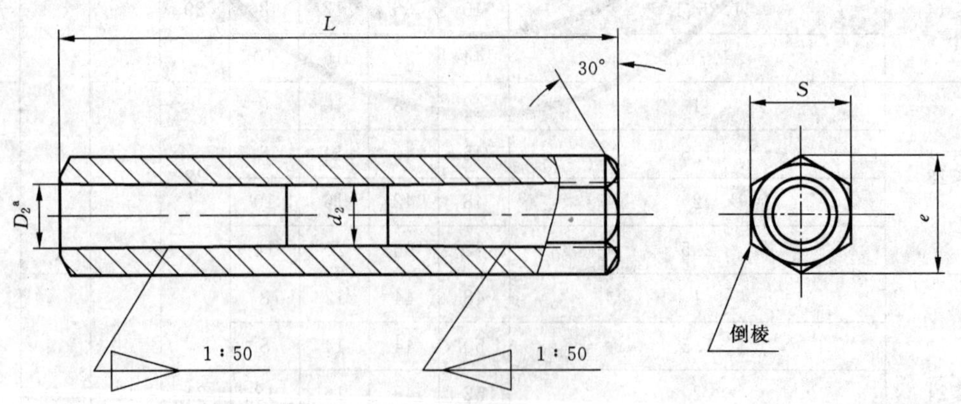

a) 六角手柄

图 3 锥度锁紧式螺纹塞规测头配套用手柄 公称直径 1 mm 至 50 mm

单位为毫米

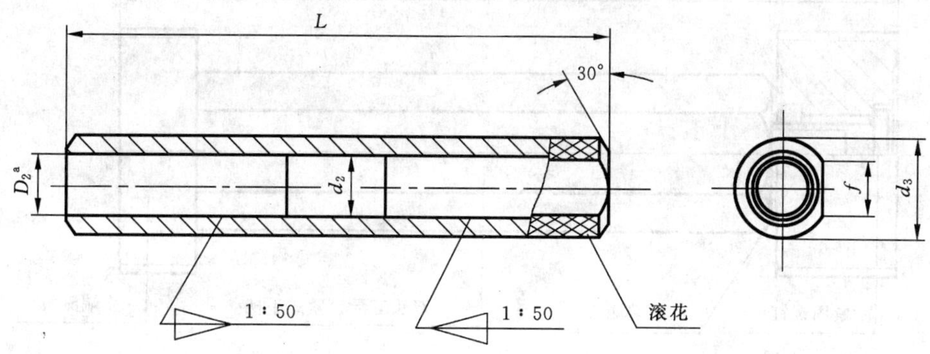

b) 圆手柄

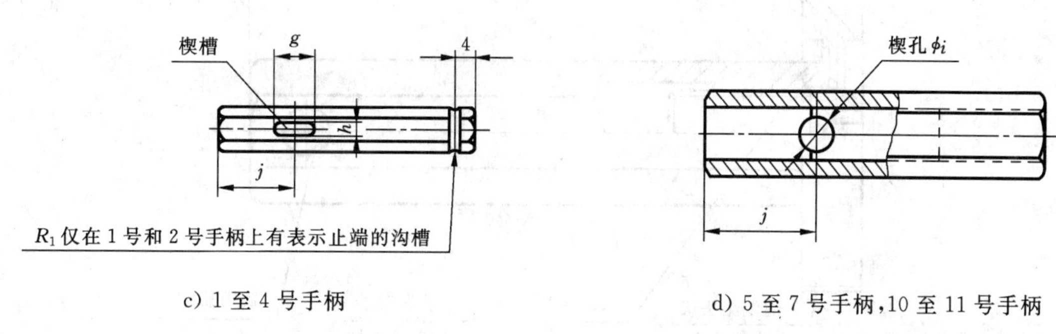

c) 1 至 4 号手柄

d) 5 至 7 号手柄,10 至 11 号手柄

[a] D_2 应采用附录 A 规定的锥度塞规进行检验。

图 3(续)

表 7

单位为毫米

手柄号	D_2	d_2	d_3	f	L	S	$e\approx$	j	i	$h\times g$
1	2.5	2.2	5	3	40	5	5.8	11	—	2×6
2	4	3.7	7	4	48	7	8	14		2.4×8
3	5.5	5.1	9	5	56	9	10	17		3×9
4	7	6.5	11	6	61	11	12.5	23		3×12
5	9	8.5	13.5	7	70	14	16	23	6	—
6	12	11.5	17.5	8	80	17	19.5	26	9	
7	16	15.3	25	9	90	22	25	28	11	
10	21	20	28	10	100	28	32	28	12	
11	24	23	32	11	100	32	37	30	12	

5.2 三牙锁紧式螺纹塞规

5.2.1 三牙锁紧式螺纹塞规的型式见图 4 所示,图示仅供图解说明;尺寸宜见表 8。

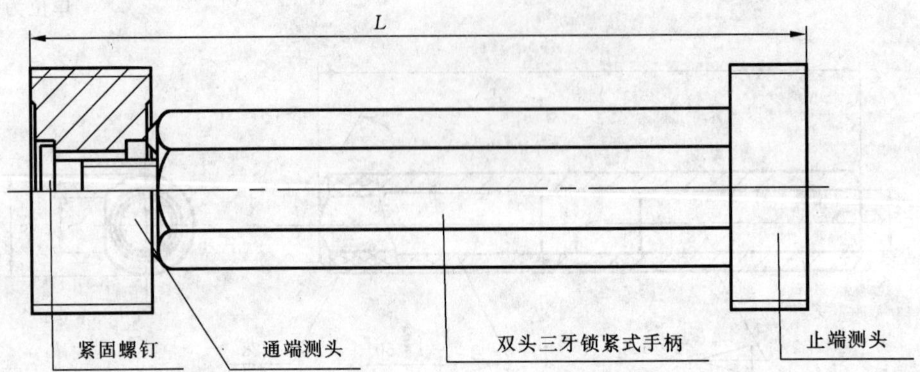

a) 公称直径 40 mm 至 62 mm

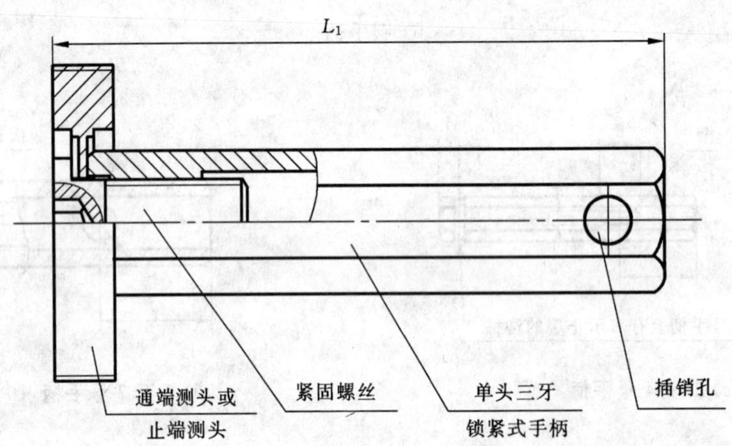

b) 公称直径大于 62 mm 至 120 mm

图 4　三牙锁紧式螺纹塞规　公称直径 40 mm 至 120 mm

表 8

单位为毫米

公称直径 d	螺距 P	L	L_1	
			通端	止端
40≤d≤50	1.5、2	153	139	139
	3	162	148	
	4	178	155	148
	4.5、5	186	163	
50<d≤62	1.5、2	153	139	139
	3	162	148	
	4	178	155	148
	5	191	168	
	5.5	198		155
62<d≤80	1.5、2	—	159	159
	3		168	
	4		173	168
	6		186	173
82、85、90、95、100、105、110、115、120	1.5、2		159	159
	3		168	
	4		173	168
	6		186	173

5.2.2　三牙锁紧式螺纹塞规测头的型式见图 5 所示，图示仅供图解说明；尺寸见表 9。

单位为毫米

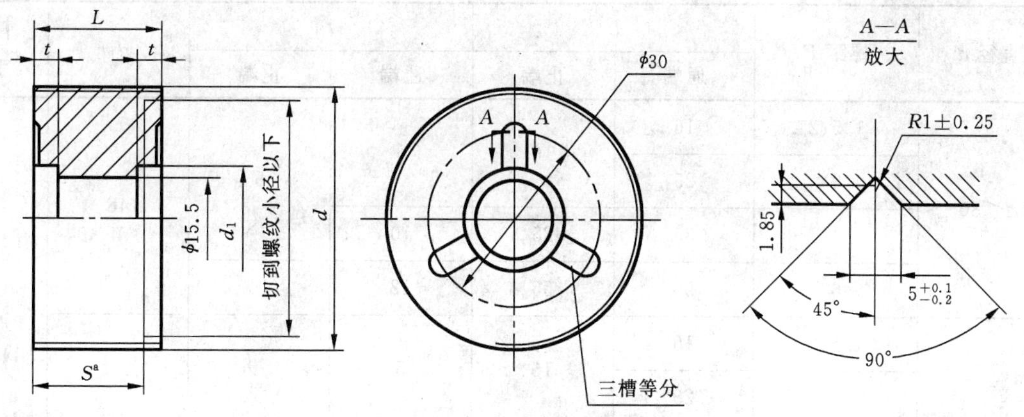

a）公称直径 40 mm 至 62 mm

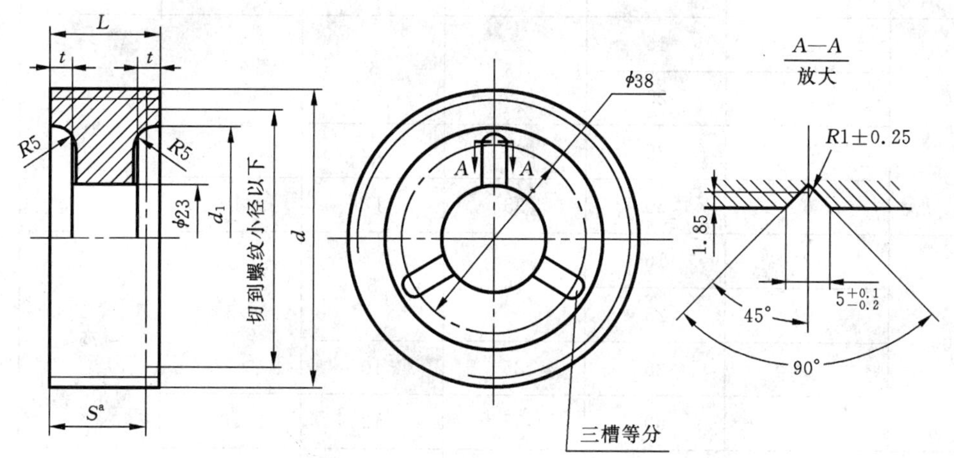

b）公称直径大于 62 mm 至 120 mm

[a] 止端塞规测头的螺纹牙数过多时，允许在其一端切成台阶，但应保证 S 长度内不少于 4 个完整牙数。

图 5　三牙锁紧式螺纹塞规测头　公称直径 40 mm 至 120 mm

表 9

单位为毫米

<table>
<tr><th rowspan="2">公称直径 d</th><th rowspan="2">螺距 P</th><th colspan="2">L</th><th colspan="2">t</th><th rowspan="2">d_1</th><th rowspan="2">配套的手柄号</th></tr>
<tr><th>通端</th><th>止端</th><th>通端</th><th>止端</th></tr>
<tr><td rowspan="4">40≤d≤50</td><td>1.5、2</td><td>16</td><td rowspan="2">16</td><td rowspan="2">5</td><td rowspan="4">5</td><td rowspan="4">20</td><td rowspan="4">8</td></tr>
<tr><td>3</td><td>25</td></tr>
<tr><td>4</td><td>32</td><td rowspan="2">25</td><td>8</td></tr>
<tr><td>4.5、5</td><td>40</td><td>10</td></tr>
<tr><td rowspan="5">50<d≤62</td><td>1.5、2</td><td>16</td><td rowspan="2">16</td><td rowspan="2">5</td><td rowspan="4">5</td><td rowspan="5">20</td><td rowspan="5">8</td></tr>
<tr><td>3</td><td>25</td></tr>
<tr><td>4</td><td>32</td><td rowspan="2">25</td><td rowspan="3">10</td></tr>
<tr><td>5</td><td rowspan="2">45</td></tr>
<tr><td>5.5</td><td>32</td><td>10</td></tr>
</table>

表 9（续）

单位为毫米

公称直径 d	螺距 P	L		t		d_1	配套的手柄号
		通端	止端	通端	止端		
$62<d\leqslant 80$	1.5、2	16	16	5	5	48	9
	3	25					
	4	35	25	10			
	6	50	35	12	10		
82、85、90	1.5、2	16	16	5	5	55	
	3	25					
	4	35	25	10			
	6	50	35	12	10		
95、100	2	16	16	5	5	65	
	3	25					
	4	35	25	10			
	6	50	35	12	10		
105、110	2	16	16	5	5	75	
	3	25					
	4	35	25	10			
	6	50	35	12	10		
115、120	2	16	16	5	5	85	
	3	25					
	4	35	25	10			
	6	50	35	12	10		

5.2.3 三牙锁紧式螺纹塞规测头配套的手柄型式见图 6 所示，图示仅供图解说明；尺寸见表 10。

单位为毫米

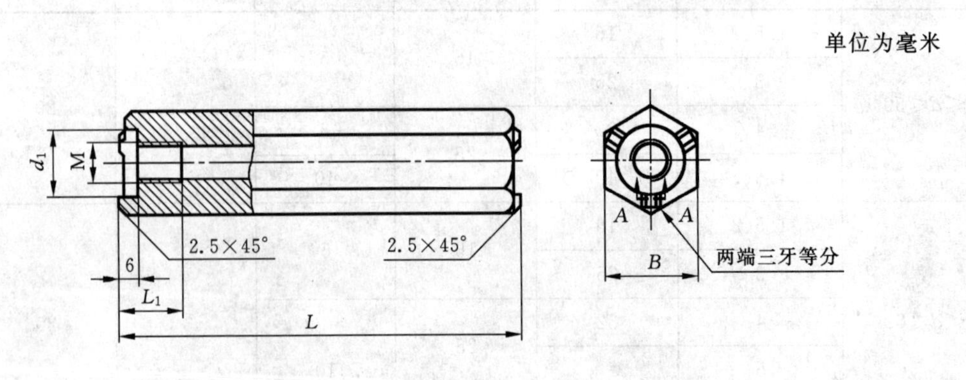

a) 8 号的双头手柄

图 6 三牙锁紧式螺纹塞规测头配套用手柄 公称直径 40 mm 至 120 mm

单位为毫米

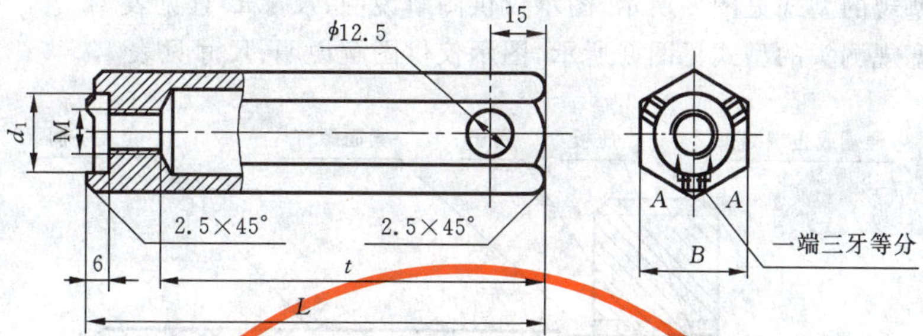

b) 8号和9号的单头手柄

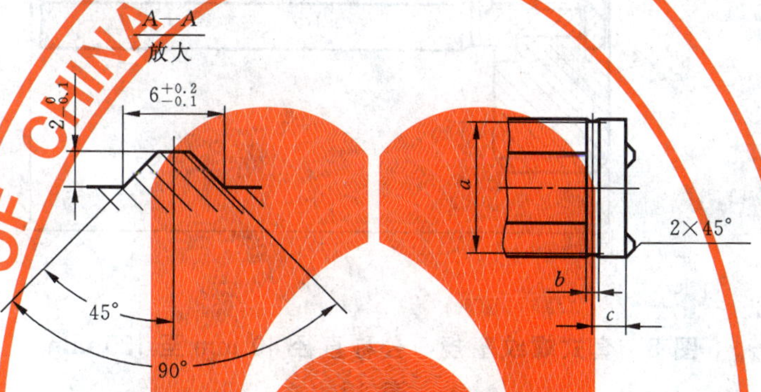

c) 手柄的局部放大图

图6(续)

表10

单位为毫米

手柄号	B	L	L_1	t	d_1	a	b	c	螺纹 M
8	29	125	31	105	21	28	3	8	M12×1.25-6H
9	32	150	—	120	24	31		16	M22×1.5-6H

5.2.4 三牙锁紧式螺纹塞规测头与配套手柄连接用螺钉的型式见图7所示,图示仅供图解说明;尺寸见表11。

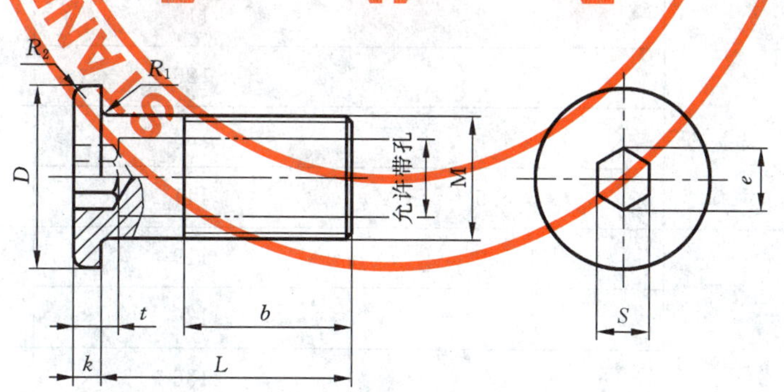

图7 三牙锁紧式螺纹塞规测头与配套用手柄连接用螺钉 公称直径40 mm至120 mm

表11

单位为毫米

螺纹 M	D	k	S	$e\approx$	t	R_1	R_2	$b_{最小值}$	$L_{最小值}$
M12×1.25-6g	18	4	6	7	5	0.6	1	25	40
M22×1.5-6g	33	5	10	11.7	8	0.8	2	30	45

5.3 套式螺纹塞规

5.3.1 套式螺纹塞规的型式见图8所示，图示仅供图解说明；尺寸 L 宜见表12。

5.3.2 套式螺纹塞规测头的型式见图9所示，图示仅供图解说明；尺寸见表13。

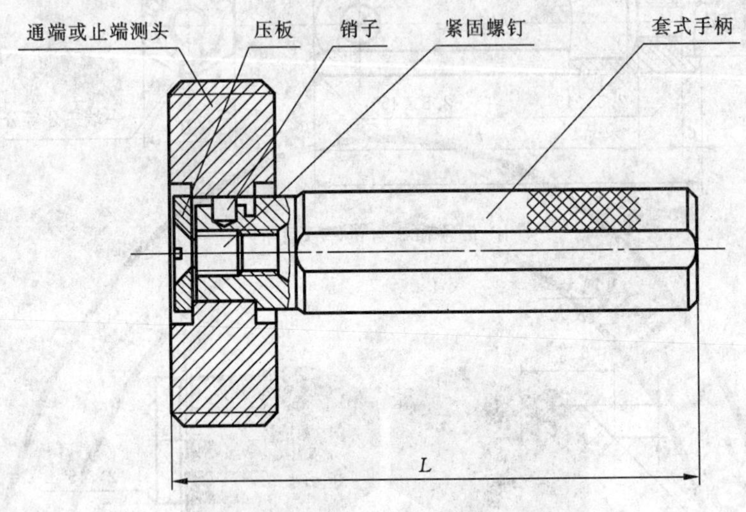

图8 套式螺纹塞规 公称直径 40 mm 至 120 mm

表12

单位为毫米

<table>
<tr><th rowspan="2">公称直径 d</th><th rowspan="2">螺距 P</th><th colspan="2">L</th></tr>
<tr><th>通端</th><th>止端</th></tr>
<tr><td rowspan="4">40≤d≤50</td><td>1.5、2</td><td>119</td><td rowspan="2">119</td></tr>
<tr><td>3</td><td>126</td></tr>
<tr><td>4</td><td>133</td><td rowspan="2">126</td></tr>
<tr><td>4.5、5</td><td>141</td></tr>
<tr><td rowspan="4">50<d≤62</td><td>1.5、2</td><td>119</td><td rowspan="2">119</td></tr>
<tr><td>3</td><td>126</td></tr>
<tr><td>4</td><td>133</td><td>126</td></tr>
<tr><td>5、5.5</td><td>141</td><td>133</td></tr>
<tr><td rowspan="4">62<d≤80</td><td>1.5、2</td><td>119</td><td rowspan="2">119</td></tr>
<tr><td>3</td><td>126</td></tr>
<tr><td>4</td><td>136</td><td>126</td></tr>
<tr><td>6</td><td>151</td><td>136</td></tr>
<tr><td rowspan="4">82、85、90、95、100、105、110、115、120</td><td>1.5、2</td><td>119</td><td rowspan="2">119</td></tr>
<tr><td>3</td><td>126</td></tr>
<tr><td>4</td><td>136</td><td>126</td></tr>
<tr><td>6</td><td>151</td><td>136</td></tr>
</table>

单位为毫米

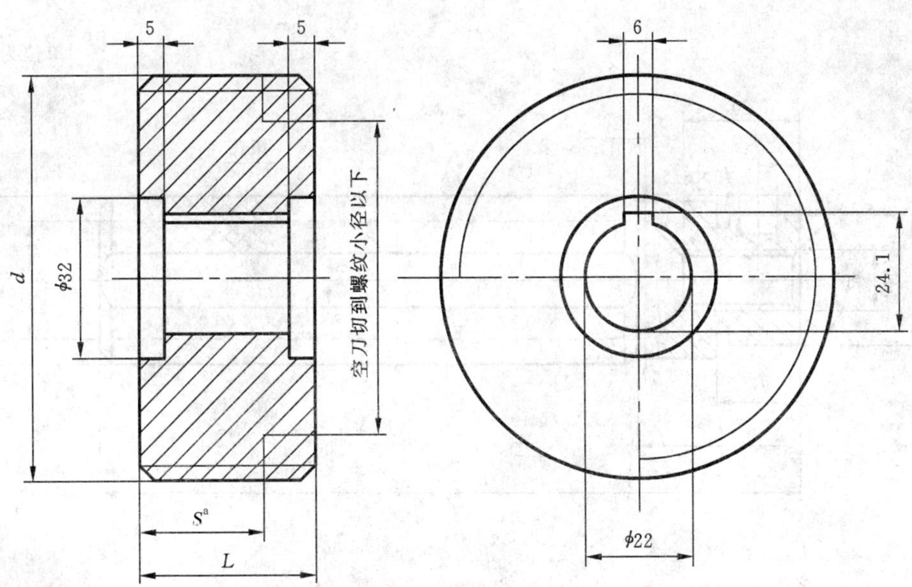

a 止端塞规测头的螺纹牙数过多时，允许在其一端切成台阶，但应保证 S 长度内不少于 4 个完整牙数。

图 9　套式螺纹塞规测头　公称直径 40 mm 至 120 mm

表 13

单位为毫米

公称直径 d	螺距 P	L		配套的手柄号	
		通端	止端	通端	止端
$40 \leqslant d \leqslant 50$	1.5、2	18	18	1	1
	3	25		2	
	4	32	25	3	2
	4.5、5	40		4	
$50 < d \leqslant 62$	1.5、2	18	18	1	1
	3	25		2	
	4	32	25	3	2
	5、5.5	45	32	4	3
$62 < d \leqslant 80$	1.5、2	18	18	1	1
	3	25		2	
	4	35	25	3	2
	6	50	35	5	3
82、85、90、95、100、105、110、115、120	1.5、2	18	18	1	1
	3	25		2	
	4	35	25	3	2
	6	50	35	5	3

5.3.3 套式螺纹塞规测头配套的手柄型式见图 10 所示，图示仅供图解说明；尺寸见表 14。

单位为毫米

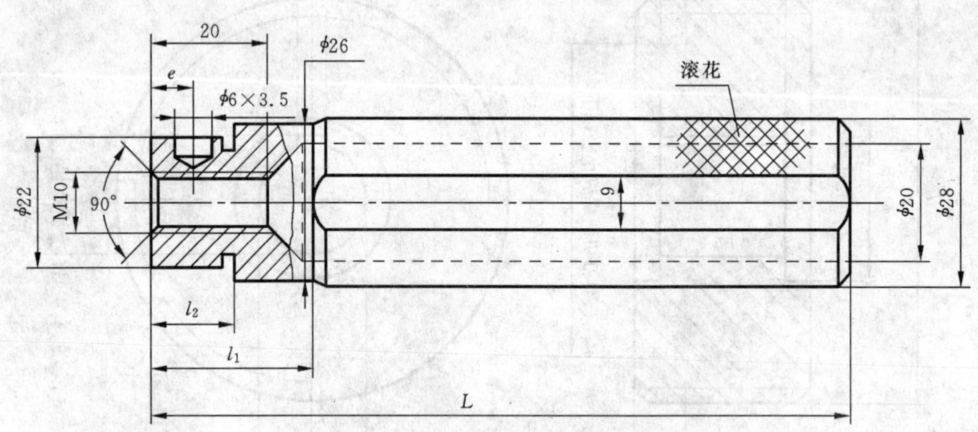

图 10 套式螺纹塞规测头配套用手柄 公称直径 40 mm 至 120 mm

表 14

单位为毫米

手柄号	e	l_2	l_1	L
1	4	7	17	113
2	7	14	24	120
3	9	18	28	124
4	12	24	34	130
5	16	32	42	138

5.3.4 套式螺纹塞规测头与配套手柄连接用紧固螺钉、压板和销子的型式和尺寸见图 11 所示，图示仅供图解说明。

单位为毫米

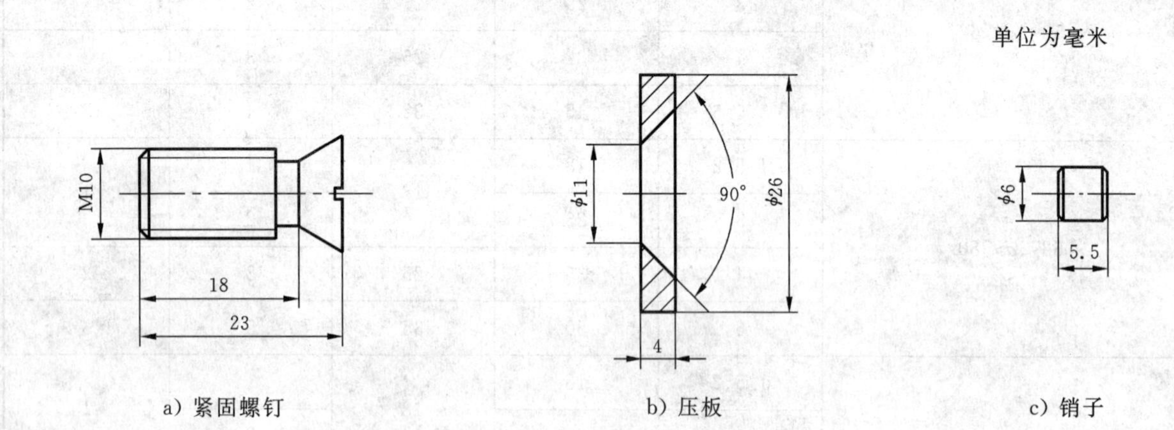

图 11 套式螺纹塞规测头与配套手柄连接用紧固螺钉、压板和销子

5.4 双柄式螺纹塞规

5.4.1 双柄式螺纹塞规的型式见图 12 所示，图示仅供图解说明；尺寸 L 宜见表 15。

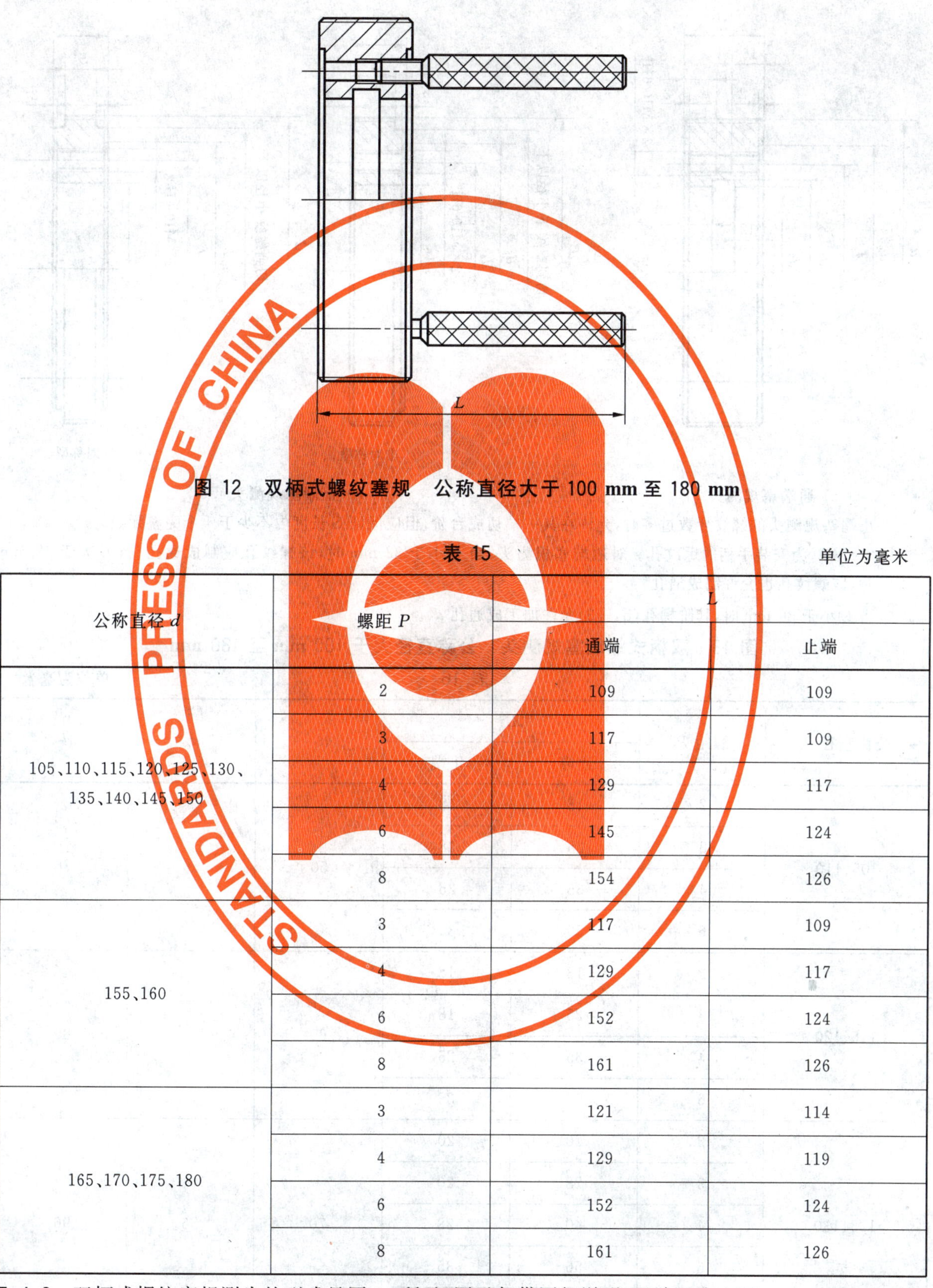

图 12　双柄式螺纹塞规　公称直径大于 100 mm 至 180 mm

表 15

单位为毫米

公称直径 d	螺距 P	L	
		通端	止端
105、110、115、120、125、130、135、140、145、150	2	109	109
	3	117	109
	4	129	117
	6	145	124
	8	154	126
155、160	3	117	109
	4	129	117
	6	152	124
	8	161	126
165、170、175、180	3	121	114
	4	129	119
	6	152	124
	8	161	126

5.4.2　双柄式螺纹塞规测头的型式见图 13 所示，图示仅供图解说明；尺寸见表 16。

单位为毫米

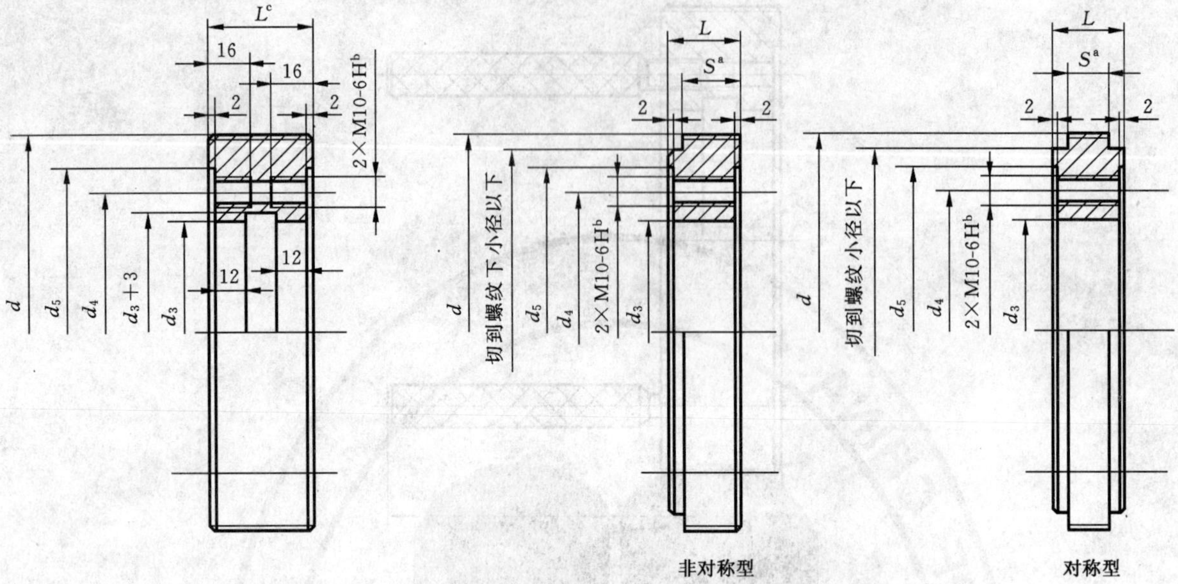

非对称型　　对称型

a) 通端塞规测头　　b) 止端塞规测头

[a] 止端塞规测头的螺纹牙数过多时，允许在其一端切成台阶，但应保证 S 长度内不少于 4 个完整牙数。

[b] 2×M10 为安装手柄的螺纹孔。对通端塞规测头，当 L 小于 32 mm 时，该螺纹孔应制成通孔；当 L 大于 32 mm 时，该螺纹孔也允许制成通孔。

[c] 当 L 小于 30 mm 时，其阶梯孔(d_3+3)允许加工成通孔 d_3。

图 13　双柄式螺纹塞规测头　公称直径大于 100 mm 至 180 mm

表 16

单位为毫米

公称直径 d	螺距 P	L		d_3	d_4	d_5
		通端	止端			
105、110	2	18	18	50	66	76
	3	25	18			
	4	35	25			
	6	50	35			
115、120	2	18	18	60	76	86
	3	25	18			
	4	35	25			
	6	50	35			
125、130	2	20	20	70	86	96
	3	28	20			
	4	40	28			
	6	56	35			
	8	65	50			

表 16（续）

单位为毫米

公称直径 d	螺距 P	L		d_3	d_4	d_5
		通端	止端			
135、140	2	20	20	80	96	106
	3	28	20			
	4	40	28			
	6	56	35			
	8	65	50			
145、150	2	20	20	90	106	116
	3	28	20			
	4	40	28			
	6	63	35			
	8	65	50			
155、160	3	28	20	100	116	126
	4	40	28			
	6	63	35			
	8	65	50			
165、170	3	32	25	110	126	136
	4	40	30			
	6	63	35			
	8	65	50			
175、180	3	32	25	120	136	146
	4	40	30			
	6	63	35			
	8	65	50			

5.4.3 双柄式螺纹塞规测头配套的手柄型式见图 14 所示，图示仅供图解说明。

单位为毫米

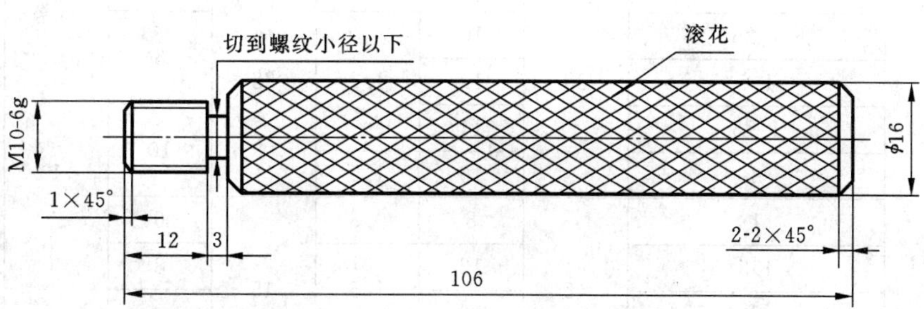

图 14 双柄式螺纹塞规测头配套用手柄 公称直径 100 mm 至 180 mm

5.5 整体式螺纹环规

整体式螺纹环规的型式见图 15 所示，图示仅供图解说明；尺寸见表 17 的规定。

单位为毫米

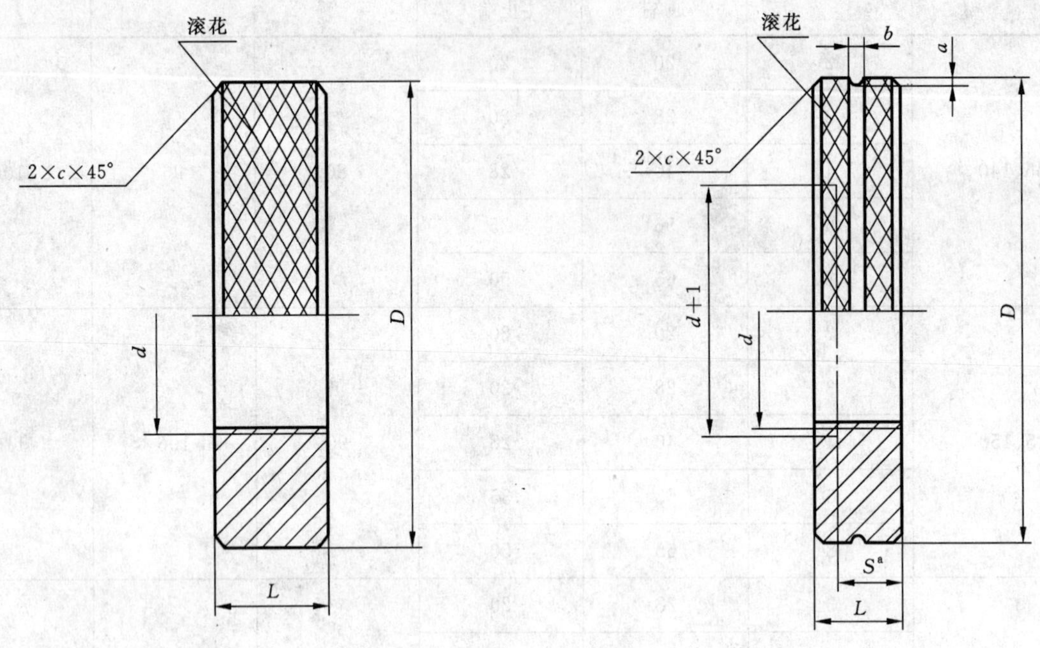

a 止端环规测头的螺纹牙数过多时，允许在其一端切成台阶或在两端切成 120°的倒棱，但应保证 S 长度内或中间螺纹部分不少于 4 个完整牙数。

图 15 整体式螺纹环规 公称直径 1 mm 至 120 mm

表 17

单位为毫米

<table>
<tr><th rowspan="2">公称直径 d</th><th rowspan="2">螺距 P</th><th colspan="3">通端</th><th colspan="5">止端</th></tr>
<tr><th>D</th><th>L</th><th>c</th><th>D</th><th>L</th><th>a</th><th>b</th><th>c</th></tr>
<tr><td>1≤d≤2.5</td><td>0.2、0.25、0.3、0.35、0.4、0.45</td><td rowspan="3">22</td><td>4</td><td rowspan="3">0.4</td><td rowspan="3">22</td><td>4</td><td rowspan="4">0.6</td><td rowspan="3">0.6</td><td rowspan="5">0.4</td></tr>
<tr><td rowspan="2">2.5<d≤5</td><td>0.35、0.5、0.6</td><td>5</td><td rowspan="4">5</td></tr>
<tr><td>0.7、0.75、0.8</td><td>6</td></tr>
<tr><td rowspan="4">5<d≤10</td><td>0.75</td><td rowspan="4">32</td><td rowspan="2">8</td><td rowspan="2">0.8</td><td rowspan="4">32</td><td rowspan="4">1</td></tr>
<tr><td>1</td><td rowspan="3">0.8</td></tr>
<tr><td>1.25</td><td>10</td><td rowspan="2">1.2</td><td rowspan="2">8</td><td>0.6</td></tr>
<tr><td>1.5</td><td>12</td><td>0.8</td></tr>
<tr><td rowspan="5">10<d≤15</td><td>0.75、1</td><td rowspan="5">38</td><td>8</td><td>0.8</td><td rowspan="5">38</td><td>6</td><td rowspan="9">1</td><td rowspan="9">2</td><td rowspan="2">0.6</td></tr>
<tr><td>1.25</td><td>10</td><td rowspan="3">1.2</td><td rowspan="2">8</td></tr>
<tr><td>1.5</td><td>12</td><td>0.8</td></tr>
<tr><td>1.75</td><td>14</td><td rowspan="2">10</td><td rowspan="2">1.2</td></tr>
<tr><td>2</td><td>16</td><td>1.5</td></tr>
<tr><td rowspan="4">15<d≤20</td><td>1</td><td rowspan="4">45</td><td>8</td><td>0.8</td><td rowspan="4">45</td><td>6</td><td>0.6</td></tr>
<tr><td>1.5</td><td>12</td><td rowspan="2">1.5</td><td>8</td><td>0.8</td></tr>
<tr><td>2</td><td>16</td><td rowspan="2">12</td><td rowspan="2">1.2</td></tr>
<tr><td>2.5</td><td>20</td><td>2</td></tr>
</table>

表 17（续）

单位为毫米

公称直径 d	螺距 P	通端			止端				
		D	L	c	D	L	a	b	c
$20<d\leqslant25$	1	53	8	0.8	53	8	1	2	0.6
	1.5		14	1.5					0.8
	2		16			12			1.2
	2.5,3		24	2		16			
$25<d\leqslant32$	1	63	8	0.8	63	8			0.8
	1.5		16	1.5					
	2					12			1.2
	3		24	2		18			2
	3.5		28	2.5		24			
$32<d\leqslant40$	1.5	71	16	1.5	71	10	1.5	3	0.8
	2					12			1.2
	3		24	2		18			2
	3.5		32	3					
	4		32			24			
$40<d\leqslant50$	1.5	85	16	1.5	85	10			0.8
	2					12			1.2
	3		24	2		18			2
	4		32	3		24			
	4.5、5		40	3		30			2
$50<d\leqslant60$	1.5、2	100	16	1.5	100	12			1.2
	3		24	2		18			2
	4		32	3		24			
	5		45			30			
	5.5		45			32			3
$60<d\leqslant70$	1.5、2	112	16	1.5	112	12			1.2
	3		24	2		18			2
	4		32	3		24			
	6		50			32			3
$70<d\leqslant80$	1.5、2	125	16	1.5	125	12			1.2
	3		24	2		18			2
	4		32	3		24			
	6		50			32			3

表 17（续）

单位为毫米

公称直径 d	螺距 P	通端			止端				
		D	L	c	D	L	a	b	c
82、85、90	2	140	16	1.5	140	14	1.5	3	1.2
	3		24	2		18			2
	4		32	3		24			
	6		50			32			3
95、100	2	160	16	1.5	160	14			1.2
	3		24	2		18			2
	4		32	3		24			
	6		50			32			3
105、110	2	170	20	1.5	170	16			1.5
	3		28	2		20			2
	4		36	3		24			
	6		56			32			3
115、120	2	180	20	1.5	180	16			1.5
	3		28	2		20			2
	4		36	3		24			
	6		56			32			3

5.6 双柄式螺纹环规

5.6.1 双柄式螺纹环规的型式见图 16 所示，图示仅供图解说明；尺寸 L 宜见表 18。

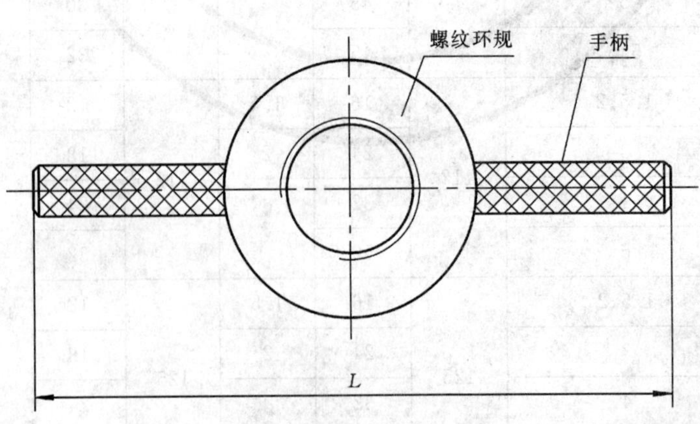

图 16 双柄式螺纹环规 公称直径大于 120 mm 至 180 mm

表 18

单位为毫米

公称直径 d	螺距 P	L
125、130	2、3、4、6、8	372
135、140		382
145、150		394
155、160		406
165、170		418
175、180		432

5.6.2 双柄式螺纹环规测头的型式见图 17 所示，图示仅供图解说明；尺寸见表 19。

单位为毫米

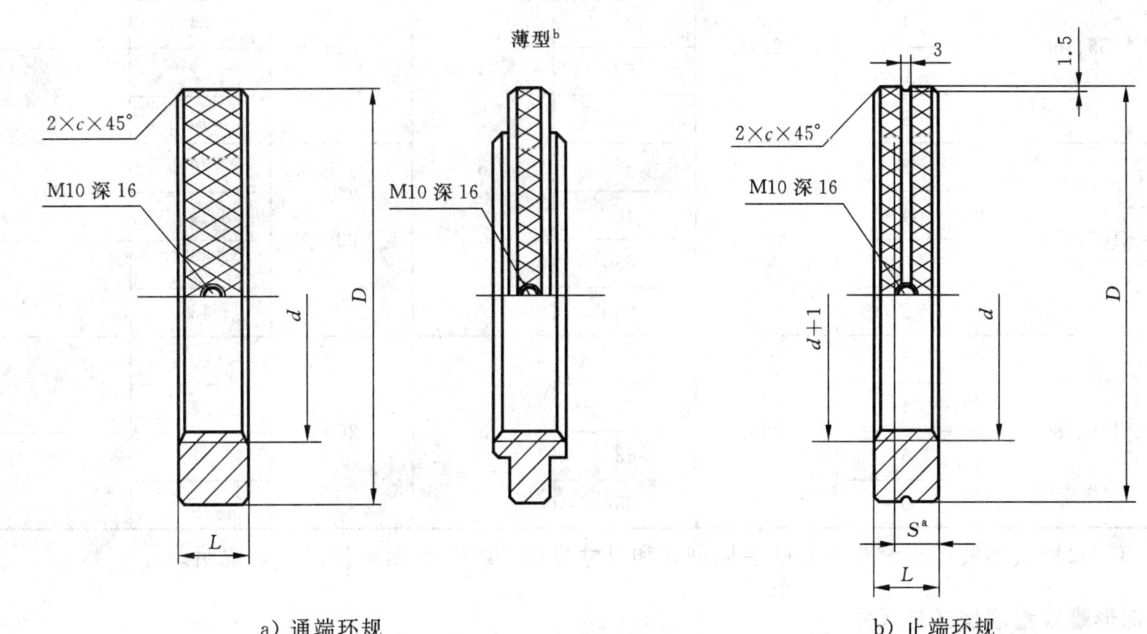

a）通端环规　　b）止端环规

[a] 止端环规测头的螺纹牙数过多时，允许在其一端切成台阶，但应保证 S 长度内不少于 4 个完整牙数。

[b] 允许在通端环规测头或止端环规测头两端切成台阶制成薄型，以减轻重量。

图 17 双柄式螺纹环规测头 公称直径大于 120 mm 至 180 mm

表 19

单位为毫米

公称直径 d	螺距 P	通端			止端		
		D	L	c	D	L	c
125、130	2	190	20	2	190	16	1.5
	3		28	2.5		20	2
	4		36	3		24	
	6		56			32	3
	8		65			45	
135、140	2	200	20	2	200	16	1.5
	3		28	2.5		20	2
	4		36	3		24	
	6		56			32	3
	8		65			45	

表 19（续）

单位为毫米

公称直径 d	螺距 P	通端			止端		
		D	L	c	D	L	c
145、150	2	212	20	2	212	16	1.5
	3		28	2.5		20	2
	4		36	3		24	
	6		63			32	3
	8		65			45	
155、160	3	224	28	2.5	224	20	2
	4		36	3		24	
	6		63			32	3
	8		65			45	
165、170	3	236	32		236	20	2
	4		40			24	
	6		63			32	3
	8		65			45	
175、180	3	250	32	3	250	20	2
	4		40			24	
	6		63			32	3
	8		65			45	

5.6.3　双柄式螺纹环规测头配套的手柄型式和尺寸见图 14 所示，图示仅供图解说明。

6　梯形螺纹量规型式与尺寸

6.1　锥度锁紧式螺纹塞规

6.1.1　锥度锁紧式螺纹塞规的型式见图 18 所示，图示仅供图解说明；尺寸 L 宜见表 20。

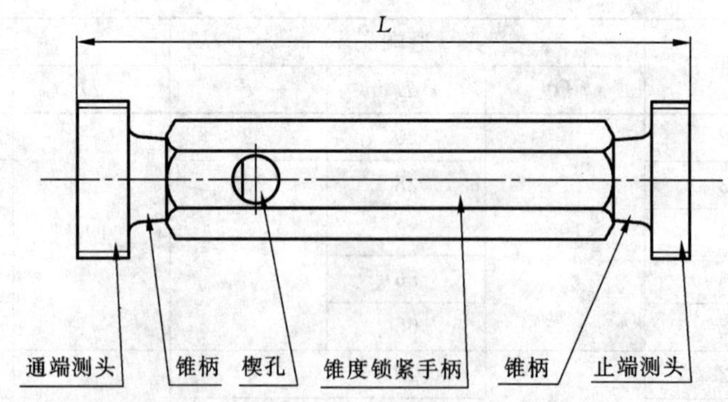

a) 公称直径 8 mm 至 50 mm

图 18　锥度锁紧式螺纹塞规　公称直径 8 mm 至 100 mm

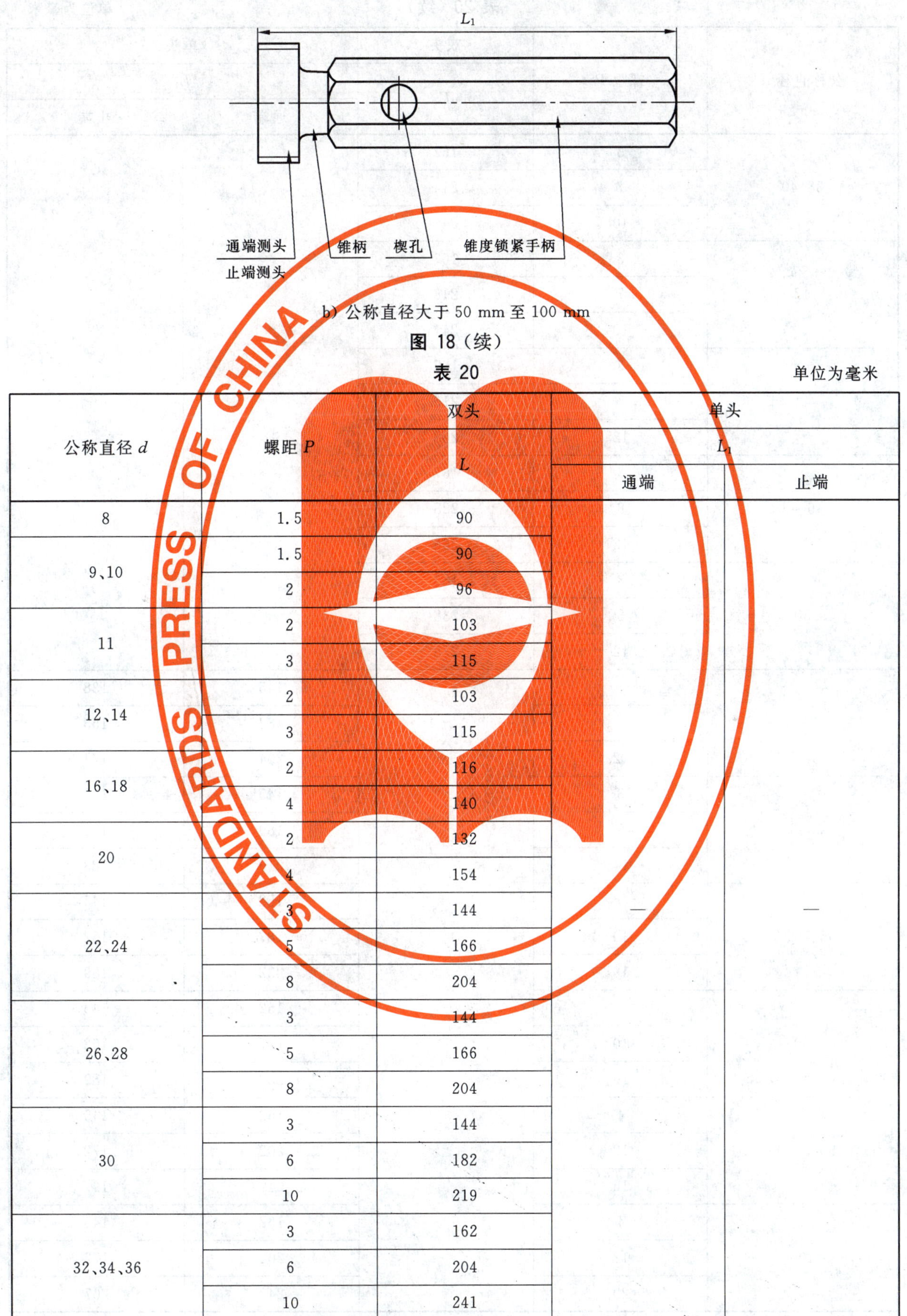

b) 公称直径大于 50 mm 至 100 mm

图 18（续）

表 20

单位为毫米

公称直径 d	螺距 P	双头	单头	
			L_1	
		L	通端	止端
8	1.5	90	—	—
9、10	1.5	90		
	2	96		
11	2	103		
	3	115		
12、14	2	103		
	3	115		
16、18	2	116		
	4	140		
20	2	132		
	4	154		
22、24	3	144		
	5	166		
	8	204		
26、28	3	144		
	5	166		
	8	204		
30	3	144		
	6	182		
	10	219		
32、34、36	3	162		
	6	204		
	10	241		

表 20（续）

单位为毫米

公称直径 d	螺距 P	双头 L	单头 L_1 通端	单头 L_1 止端
38、40	3	162	—	—
	7	214		
	10	241		
42	3	167		
	7	216		
	10	241		
44	3	167		
	7	216		
	12	268		
46、48	3	167		
	8	228		
	12	268		
50	3	183		
	8	238		
	12	278		
52	3	—	145	138
	8		183	155
	12		204	174
55、60	3		145	138
	9		189	159
	14		219	183
65、70、75	4		152	145
	10		187	162
	16		232	189
80	4		152	145
	10		187	162
	16		232	189
85、90、95	4		152	145
	12		202	172
	18		242	197
100	4		152	145
	12		202	172
	20		242	207

6.1.2 锥度锁紧式螺纹塞规测头的型式见图 19 所示，图示仅供图解说明；尺寸见表 21。

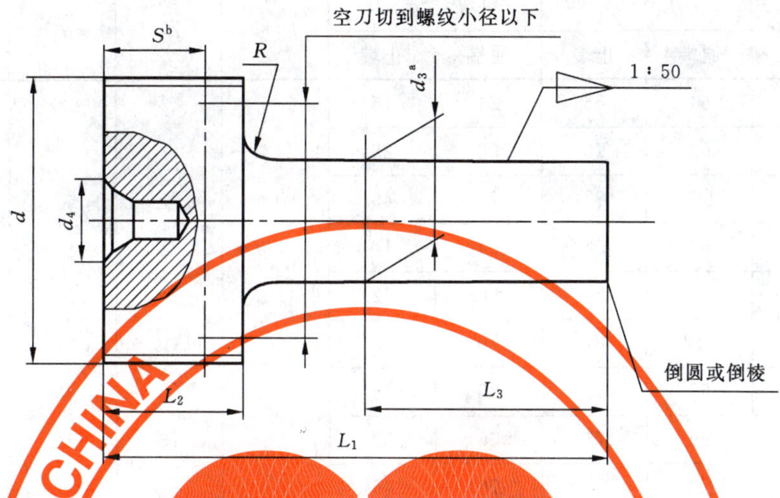

a d_3 应采用附录 A 规定的锥度环规进行检验。

b 止端塞规测头的螺纹牙数过多时，允许在其一端切成台阶，但应保证 S 长度内不少于 4 个完整牙数。

图 19 锥度锁紧式螺纹塞规测头 公称直径 8 mm 至 100 mm

表 21

单位为毫米

公称直径 d	螺距 P	$L_1{}^{+0.3}$		$L_2{}^{-0.3}$		$L_3{}^{+1}$	d_3	d_4	R	配套的手柄号
		通端	止端	通端	止端					
8	1.5	34	30	12	8	15	5.5	—	1.6	3
9、10	1.5									
	2	38	32	16	10					
11	2	44	38			20	7		2	4
	3	52	42	24	14					
12、14	2	44	38	16	10					
	3	52	42	24	14					
16、18	2	48	42	16	10	22	9		2.5	5
	4	64	50	32	18					
20	2	52	48	16	12	24	12	6	2.5	6
	4	68	54	32	18					
22、24	3	60	52	24	16					4
	5	76	58	40	22					
	8	100	72	64	36					
26、28	3	60	52	24	16			8		
	5	76	58	40	22					
	8	100	72	64	36					
30	3	60	52	24	16					
	6	86	64	50	28					
	10	106	81	70	45					

表 21（续） 单位为毫米

<table>
<tr><th rowspan="2">公称直径 d</th><th rowspan="2">螺距 P</th><th colspan="2">$L_1^{+0.3}$</th><th colspan="2">$L_2^{-0.3}$</th><th rowspan="2">L_3^{+1}</th><th rowspan="2">d_3</th><th rowspan="2">d_4</th><th rowspan="2">R</th><th rowspan="2">配套的手柄号</th></tr>
<tr><th>通端</th><th>止端</th><th>通端</th><th>止端</th></tr>
<tr><td rowspan="3">32、34、36</td><td>3</td><td>64</td><td>56</td><td>24</td><td>16</td><td rowspan="21">24</td><td rowspan="15">16</td><td rowspan="15">12</td><td rowspan="15">4</td><td rowspan="15">7</td></tr>
<tr><td>6</td><td>92</td><td>70</td><td>50</td><td>28</td></tr>
<tr><td>10</td><td>112</td><td>87</td><td>70</td><td>45</td></tr>
<tr><td rowspan="3">38、40</td><td>3</td><td>64</td><td>56</td><td>24</td><td>16</td></tr>
<tr><td>7</td><td>98</td><td>74</td><td>56</td><td>32</td></tr>
<tr><td>10</td><td>112</td><td>87</td><td>70</td><td>45</td></tr>
<tr><td rowspan="3">42</td><td>3</td><td>67</td><td>58</td><td>25</td><td>16</td></tr>
<tr><td>7</td><td>99</td><td>75</td><td>56</td><td>32</td></tr>
<tr><td>10</td><td>112</td><td>88</td><td>70</td><td>45</td></tr>
<tr><td rowspan="3">44</td><td>3</td><td>67</td><td>58</td><td>25</td><td>16</td></tr>
<tr><td>7</td><td>99</td><td>75</td><td>56</td><td>32</td></tr>
<tr><td>12</td><td>128</td><td>98</td><td>85</td><td>55</td></tr>
<tr><td rowspan="3">46、48</td><td>3</td><td>67</td><td>58</td><td>25</td><td>16</td></tr>
<tr><td>8</td><td>107</td><td>79</td><td>64</td><td>36</td></tr>
<tr><td>12</td><td>128</td><td>98</td><td>85</td><td>55</td></tr>
<tr><td rowspan="3">50、52</td><td>3</td><td>69</td><td>62</td><td>25</td><td>18</td><td rowspan="6">21</td><td rowspan="12">15</td><td rowspan="18">5</td><td rowspan="6">10</td></tr>
<tr><td>8</td><td>107</td><td>79</td><td>64</td><td>36</td></tr>
<tr><td>12</td><td>128</td><td>98</td><td>85</td><td>55</td></tr>
<tr><td rowspan="3">55、60</td><td>3</td><td>69</td><td>62</td><td>25</td><td>18</td></tr>
<tr><td>9</td><td>113</td><td>83</td><td>70</td><td>40</td></tr>
<tr><td>14</td><td>143</td><td>107</td><td>100</td><td>64</td></tr>
<tr><td rowspan="3">65、70、75</td><td>4</td><td>82</td><td>75</td><td>35</td><td>25</td><td rowspan="12">30</td><td rowspan="12">24</td><td rowspan="12">11</td></tr>
<tr><td>10</td><td>117</td><td>92</td><td>70</td><td>45</td></tr>
<tr><td>16</td><td>162</td><td>119</td><td>115</td><td>72</td></tr>
<tr><td rowspan="3">80</td><td>4</td><td>82</td><td>75</td><td>35</td><td>25</td></tr>
<tr><td>10</td><td>117</td><td>92</td><td>70</td><td>45</td></tr>
<tr><td>16</td><td>162</td><td>119</td><td>115</td><td>72</td></tr>
<tr><td rowspan="3">85、90、95</td><td>4</td><td>82</td><td>75</td><td>35</td><td>25</td><td rowspan="6">25</td></tr>
<tr><td>12</td><td>132</td><td>102</td><td>85</td><td>55</td></tr>
<tr><td>18</td><td>172</td><td>127</td><td>125</td><td>80</td></tr>
<tr><td rowspan="3">100</td><td>4</td><td>82</td><td>75</td><td>35</td><td>25</td></tr>
<tr><td>12</td><td>132</td><td>102</td><td>85</td><td>55</td></tr>
<tr><td>20</td><td>172</td><td>137</td><td>140</td><td>90</td></tr>
</table>

6.1.3 锥度锁紧式螺纹塞规测头配套的手柄型式见图3所示，图示仅供图解说明；尺寸见表7。

6.2 三牙锁紧式螺纹塞规

6.2.1 三牙锁紧式螺纹塞规的型式见图20所示，图示仅供图解说明；尺寸宜见表22。

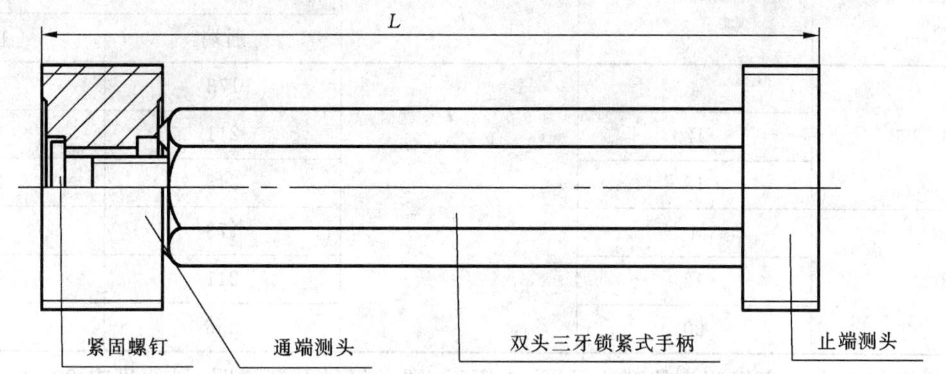

a) 公称直径 52 mm 至 60 mm

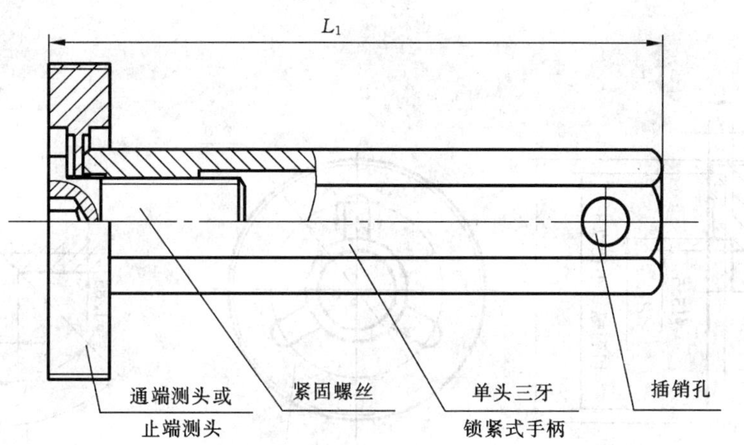

b) 公称直径大于 60 mm 至 100 mm

图20 三牙锁紧式螺纹塞规 公称直径 52 mm 至 100 mm

表22

单位为毫米

公称直径 d	螺距 P	双头	单头	
		L	L_1	
			通端	止端
52	3	162	—	—
	8	221		
	12	261		
55、60	3	162		
	9	231		
	14	285		
65、70、75	4	—	173	168
	10		203	188
	16		233	208
80	4		173	168
	10		203	188
	16		233	208

表 22（续）

单位为毫米

公称直径 d	螺距 P	双头 L	单头 L_1 通端	单头 L_1 止端
85、90、95	4	—	173	168
	12		211	198
	18		243	213
100	4		173	168
	12		211	198
	20		258	223

6.2.2 三牙锁紧式螺纹塞规测头的型式见图 21 所示，图示仅供图解说明；尺寸见表 23。

单位为毫米

a) 公称直径 52 mm 至 60 mm

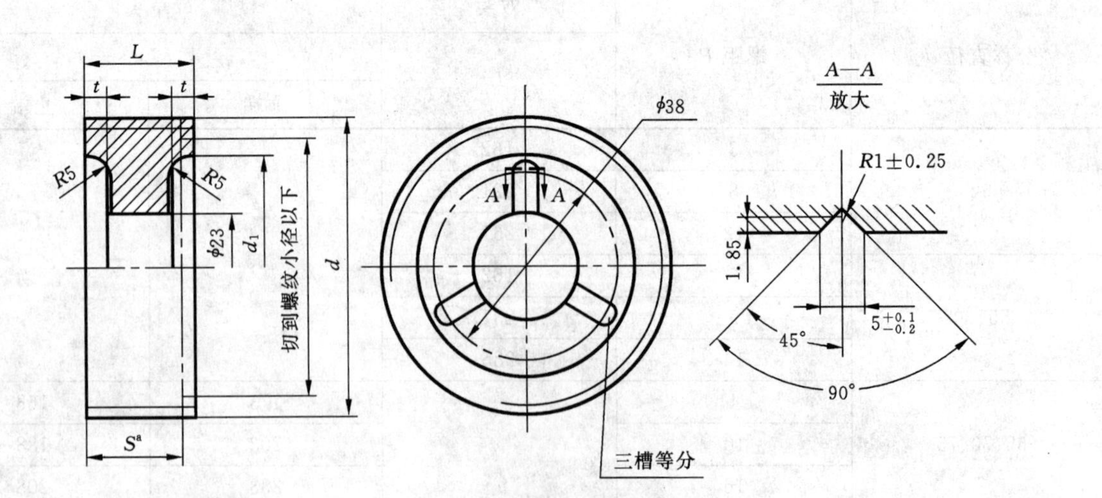

b) 公称直径大于 60 mm 至 100 mm

[a] 止端塞规测头的螺纹牙数过多时，允许在其一端切成台阶，但应保证 S 长度内不少于 4 个完整牙数。

图 21 三牙锁紧式螺纹塞规测头 公称直径 52 mm 至 100 mm

表 23

单位为毫米

公称直径 d	螺距 P	L		t		d_1	配套的手柄号
		通端	止端	通端	止端		
52	3	25	16	5	5	20	8
	8	64	36	10			
	12	85	55	12	8		
55、60	3	25	16	5	5		
	9	70	40	12			
	14	100	64	15	12		
65、70、75	4	35	25	10	5	48	9
	10	70	45	15			
	16	115	72	30	12		
80	4	35	25	10	5		
	10	70	45	15			
	16	115	72	30	12		
85、90、95	4	35	25	10	5	55	
	12	85	55	22			
	18	125	80	30	15		
100	4	35	25	10	5	65	
	12	85	55	22			
	20	140	90	30	15		

6.2.3　三牙锁紧式螺纹塞规测头配套的手柄型式见图 6 所示，图示仅供图解说明；尺寸见表 10。

6.2.4　三牙锁紧式螺纹塞规测头与配套手柄连接用螺钉的型式见图 7 所示，图示仅供图解说明；尺寸见表 11。

6.3　双柄式螺纹塞规

6.3.1　双柄式螺纹塞规的型式见图 22 所示，图示仅供图解说明；尺寸宜见表 24。

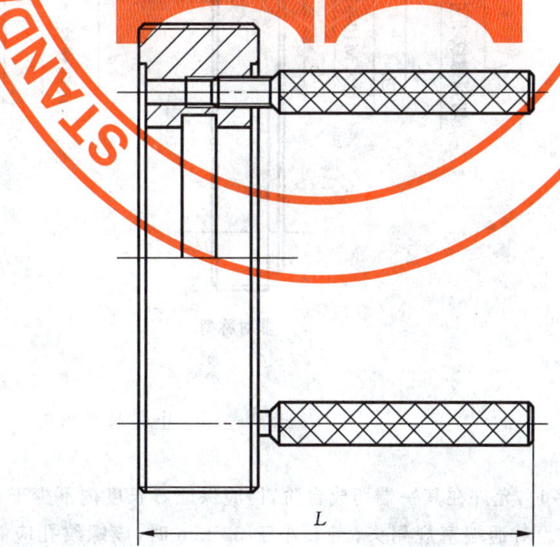

图 22　双柄式螺纹塞规　公称直径大于 100 mm 至 140 mm

表 24

单位为毫米

公称直径 d	螺距 P	L	
		通端	止端
110	4	124	111
	12	174	144
	20	229	179
120	6	139	119
	14	189	153
	22	244	187
130	6	145	137
	14	189	153
	22	244	187
140	6	145	137
	14	189	153
	24	259	197

6.3.3 双柄式螺纹塞规测头的型式见图 23 所示，图示仅供图解说明；尺寸见表 25。

单位为毫米

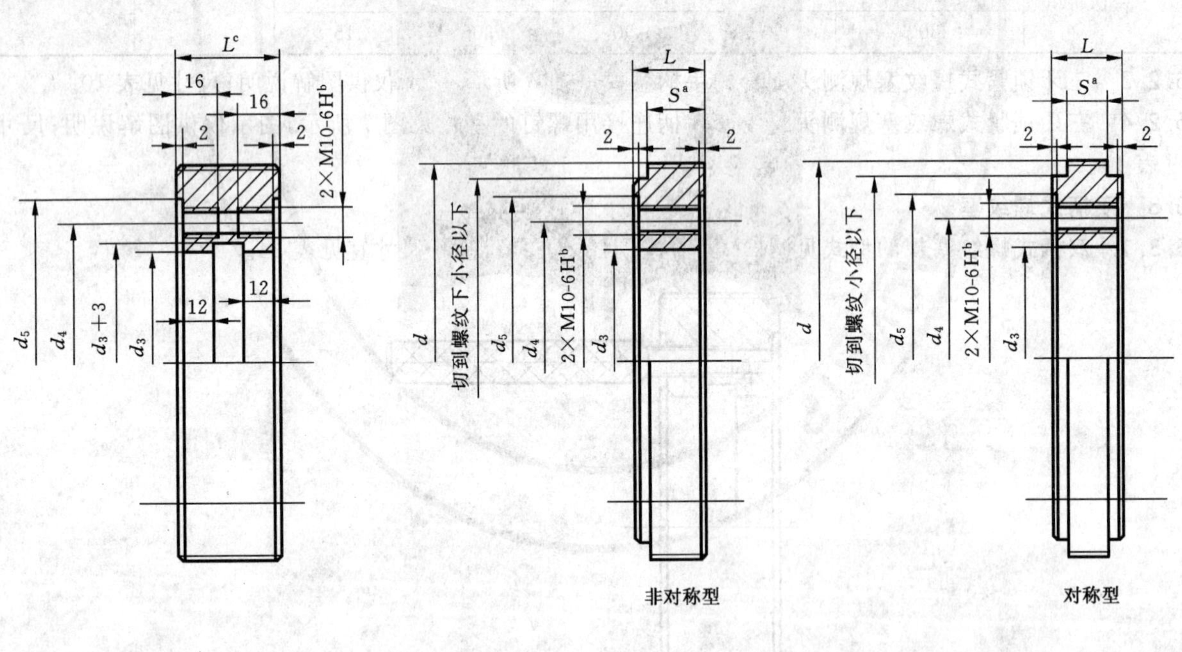

a) 通端塞规测头 b) 止端塞规测头

a 止端塞规测头的螺纹牙数过多时，允许在其一端切成台阶，但应保证 S 长度内不少于 4 个完整牙数。

b 2×M10 为安装手柄的螺纹孔。对通端塞规测头，当 L 小于 32 mm 时，该螺纹孔应制成通孔；当 L 大于 32 mm 时，该螺纹孔也允许制成通孔。

c 当 L 小于 30 mm 时，其阶梯孔（d_3+3）允许加工成通孔 d_3。

图 23 双柄式螺纹塞规测头 公称直径大于 100 mm 至 140 mm

表 25

单位为毫米

公称直径 d	螺距 P	L		d_3	d_4	d_5
		通端	止端			
110	4	35	25	50	66	85
	12	85	55			
	20	140	90			
120	6	50	35	60	76	95
	14	100	64			
	22	155	98			
130	6	56	35	70	86	105
	14	100	64			
	22	155	98			
140	6	56	35	80	96	115
	14	100	64			
	24	170	108			

6.3.4 双柄式螺纹塞规测头配套的手柄型式见图 14 所示，图示仅供图解说明。

6.4 整体式螺纹环规

整体式螺纹环规的型式见图 24 所示，图示仅供图解说明；尺寸见表 26。

单位为毫米

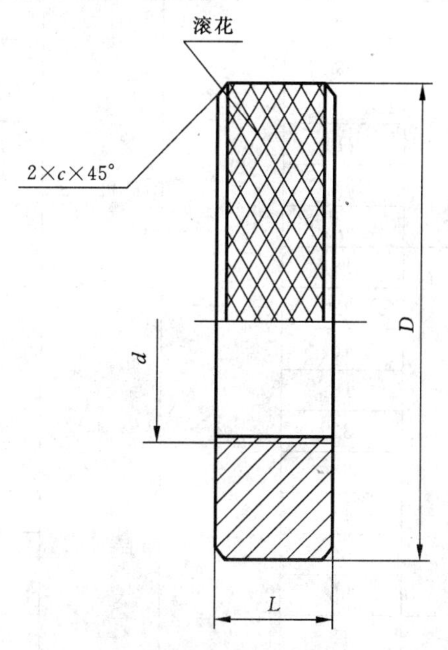

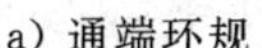

a）通端环规

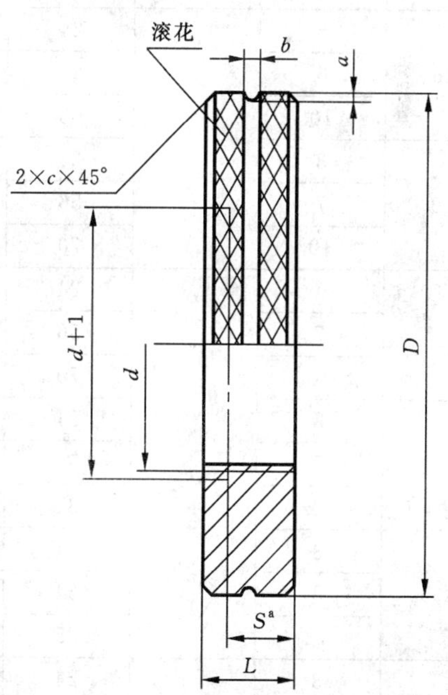

b）止端环规

[a] 止端环规测头的螺纹牙数过多时，允许在其一端切成台阶或在两端切成 120°的倒棱，但应保证 S 长度内或中间螺纹部分不少于 4 个完整牙数。

图 24 整体式螺纹环规 公称直径 8 mm 至 100 mm

表 26

单位为毫米

公称直径 d	螺距 P	通端			止端				
		D	L	c	D	L	a	b	c
8	1.5	38	12	1	38	8	1	2	1
9,10	1.5								
	2		16			10			
11	2								
	3		24			14			
12,14	2		16			10			
	3		24			14			
16	2	45	16		45	12			
	4		32			18			
18,20	2		16			12			
	4		32			18			
22,24	3	53	24		53	16			
	5		40	3		22			3
	8		64			36			
26,28	3	63	24	1	63	18			1
	5		40	3		22			3
	8		64			36			
30,32	3		24	1		18			1
	6		50	3		28			3
	10		70			45			
34,36	3	71	24	1	71	18	2	4	1
	6		50	3		28			3
	10		70			45			
38,40	3		24	1		18			1
	7		56	3		32			3
	10		70			45			
42	3	85	24	1	85	18			1
	7		56	3		32			3
	10		70			45			
44	3		24	1		18			1
	7		56	3		32			3
	12		85			55			
46,48,50	3		24	1		18			1
	8		64	3		36			3
	12		85			55			
52	3	100	24	1	100	18			1
	8		64	3		36			3
	12		85			55			
55,60	3		24	1		18			1
	8		70	3		40			3
	12		100			64			

表 26（续）

单位为毫米

公称直径 d	螺距 P	通端			止端				
		D	L	c	D	L	a	b	c
65,70	3	112	24	1	112	18	2	4	1
	8		70	3		45			3
	12		115			72			
75	3	125	24	1	125	18			1
	9		70	3		45			3
	14		115			72			
80	4		32	2		24			2
	10		70	3		45			3
	16		115	3		72			
85	4	140	32	2	140	24			2
	10		85	3		55			3
	16		125			80			
90	4		32	2		24			2
	12		85	3		55			3
	18		125			80			
95	4	160	32	2	160	24			2
	12		85	3		55			3
	18		125			80			
100	4		32	2		24			2
	12		85	3		55			3
	20		140			90			

6.5 双柄式螺纹环规

6.5.1 双柄式螺纹环规的型式见图 25 所示，图示仅供图解说明；尺寸宜见表 27。

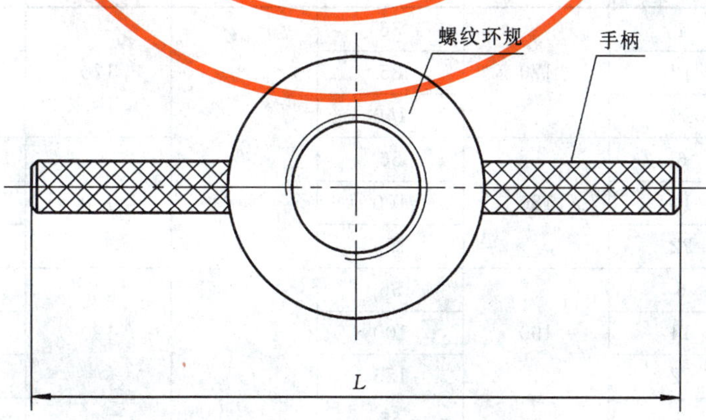

图 25 双柄式螺纹环规 公称直径大于 100 mm 至 140 mm

表 27

单位为毫米

公称直径 d	螺距 P	L	
		通端	止端
110	4,12,20	352	
120	6,14,22	362	
130	6,14,22	372	
140	6,14,24	382	

6.5.2 双柄式螺纹环规测头的型式见图 26 所示，图示仅供图解说明；尺寸见表 28。

单位为毫米

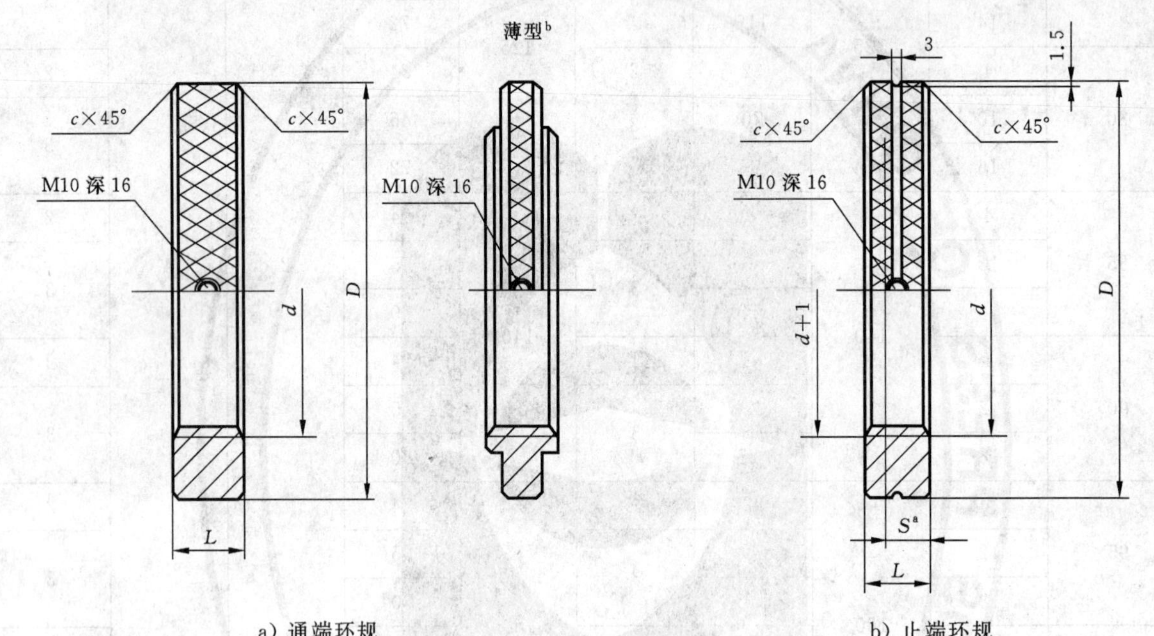

a）通端环规　　b）止端环规

[a] 止端环规测头的螺纹牙数过多时，允许在其一端切成台阶，但应保证 S 长度内不少于 4 个完整牙数。

[b] 允许在通端测头或止端测头两端切成台阶制成薄型，以减轻重量。

图 26　双柄式螺纹环规测头　公称直径大于 100 mm 至 140 mm

表 28

单位为毫米

公称直径 d	螺距 P	通端			止端		
		D	L	c	D	L	c
110	4	170	36	3	170	24	3
	12		85			55	
	20		140			90	
120	6	180	56		180	32	
	14		100			64	
	22		155			98	
130	6	190	56		190	32	
	14		100			64	
	22		155			98	
140	6	200	56		200	32	
	14		100			64	
	24		170			108	

6.5.3 双柄式螺纹环规测头配套的手柄型式见图 14 所示，图示仅供图解说明。

7 统一螺纹量规型式与尺寸

7.1 锥度锁紧式螺纹塞规

7.1.1 锥度锁紧式螺纹塞规的型式见图 27 所示，图示仅供图解说明；尺寸见表 29。

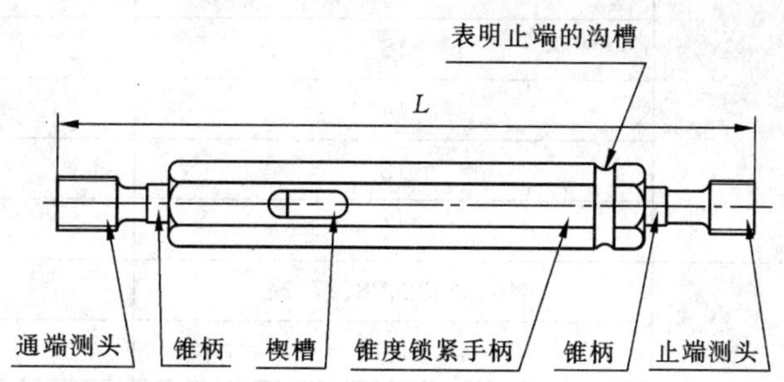

a）公称直径至 0.562 5 in

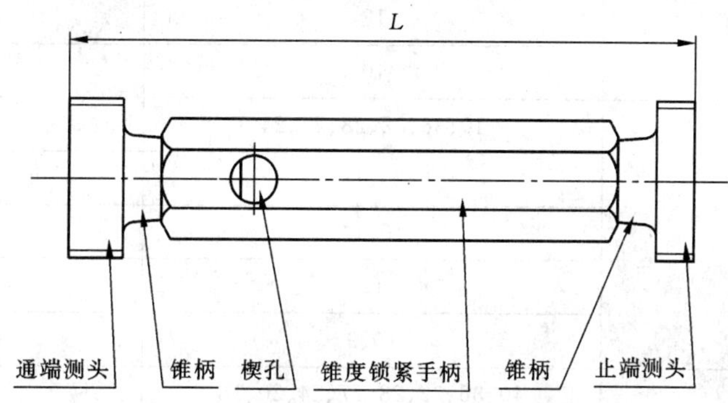

b）公称直径大于 0.562 5 in 至 4 in

图 27 锥度锁紧式螺纹塞规 公称直径 0.06 in 至 4 in

表 29

公称直径 d^a/in	N/(牙数/25.4 mm)	L/mm
0.06≤d≤0.12	80、72、64、56、48	62.5
	40	65.5
0.12<d≤0.24	56、48、44、40、36	70.5
	32、28、24	74
0.24<d≤0.39	56、48、44、40、36	82
	32、28、27	84
	24	88
	20、18	90
	16	94
0.39<d≤0.5	40、36	89
	32、28、27	91
	24	95
	20、18	97
	16	101
	14、13	103
	12	107

表 29（续）

公称直径 d^a/in	N/(牙数/25.4 mm)	L/mm
0.5＜d≤0.69	40、36、32、28、27	104
	24	108
	20、18	110
	16	114
	14	116
	12	120
	11	124
0.69＜d≤0.8	40、36、32、28、27、24	124
	20、18	128
	16、14	130
	12	136
	10	140
0.8＜d≤0.99	40、36、32、28、27、24	124
	20、18	128
	16、14	130
	12	136
	10、9	144
0.99＜d≤1.125	40、36、32、28、27、24、20、18	128
	16	132
	14	136
	12	142
	10	144
	8	150
1.125＜d≤1.6	28、24、20、18	145
	16、14	150
	12	156
	10	159
	8	170
	7	172
	6	179
1.6＜d≤1.99	24、20、18、16、14	154
	12	162
	10	166
	8	174
	6	190
	5	194

表 29（续）

公称直径 d^{a}/in	N/(牙数/25.4 mm)	L/mm
1.99<d≤2.49	20、18、16、14	172
	12、10	180
	8	188
	6	204
	4.5	216
2.49<d≤4	20、18、16、14	174
	12、10	182
	8	190
	6	206
	4	230

a 由分数转化为小数，按表中相应数值选取。

7.1.2 锥度锁紧式螺纹塞规测头的型式见图 28 所示，图示仅供图解说明；尺寸见表 30。

单位为毫米

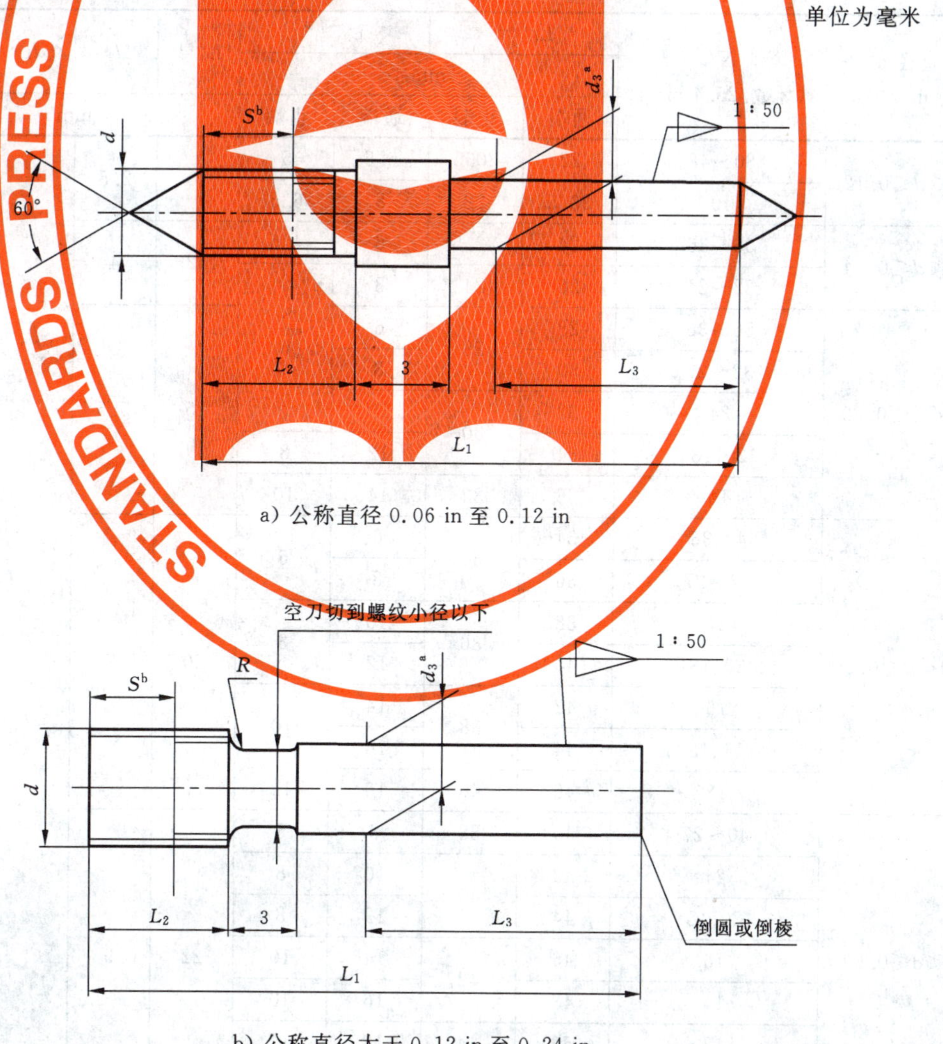

a) 公称直径 0.06 in 至 0.12 in

b) 公称直径大于 0.12 in 至 0.24 in

图 28 锥度锁紧式螺纹塞规测头 公称直径 0.06 in 至 4 in

单位为毫米

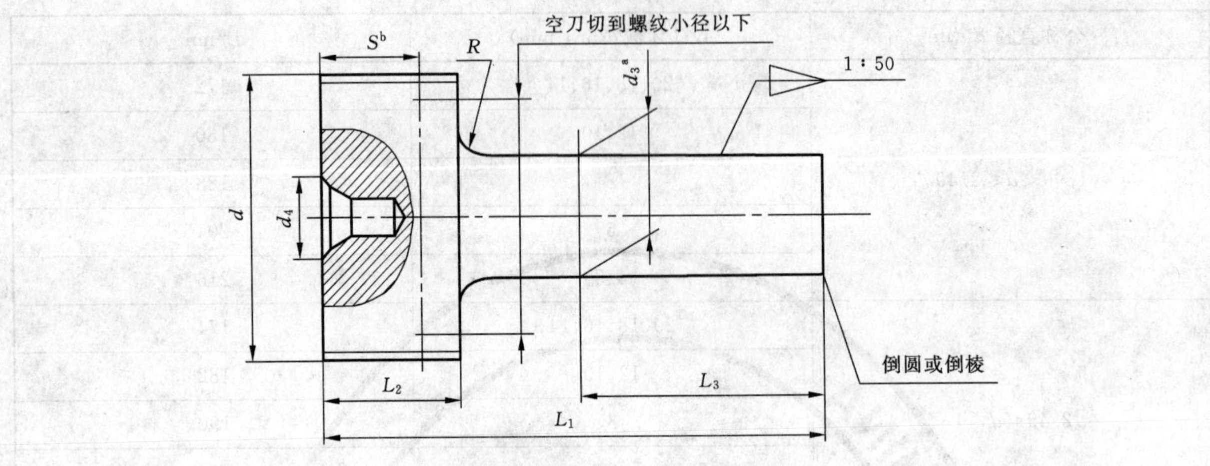

c) 公称直径大于 0.24 in 至 4 in

a d_3 应采用附录 A 规定的锥度环规进行检验。

b 止端塞规测头的螺纹牙数过多时，允许在其一端切成台阶，但应保证 S 长度内不少于 4 个完整牙数。

图 28（续）

表 30

公称直径 d^a/in	N/（牙数/25.4 mm）	$L_1{}^{+0.3}$ mm		$L_2{}^{-0.3}$ mm		$L_3{}^{+1}$ mm	d_3 mm	d_4 mm	R mm	配套的手柄
		通端	止端	通端	止端					
0.06≤d≤0.12	80～48	22	20.5	6.5	5	10	2.5	—	—	1
	40	23.5	22	8	6.5					
0.12＜d≤0.24	56～36	24	22.5	6	4.5	12	4		1	2
	32～24	26	24	8	6					
0.24＜d≤0.39	56～36	28	28	6		15	5.5		1.6	3
	32～27	30		8						
	24	32	30	10						
	20、18	34		12	8					
	16	36	32	14	10					
0.39＜d≤0.5	40、36	34	34	6	6	20	7		2	4
	32～27	36		8						
	24	38	36	10	8					
	20、18	40		12						
	16	42	38	14	10					
	14、13	44		16						
	12	46	40	18	12					
0.5＜d≤0.69	40～27	40	38	8	6	22	9		2.5	5
	24	42	40	10	8					
	20、18	44		12	8					
	16	46	42	14	10					
	14	48		16	10					
	12	50	44	18	12					
	11	52	46	20	14					

表 30(续)

<table>
<tr><th rowspan="3">公称直径 d^{a}/
in</th><th rowspan="3">N/
(牙数/25.4 mm)</th><th colspan="2">$L_1{}^{+0.3}$</th><th colspan="2">$L_2{}^{-0.3}$</th><th rowspan="2">$L_3{}^{+1}$</th><th rowspan="2">d_3</th><th rowspan="2">d_4</th><th rowspan="2">R</th><th rowspan="3">配套的
手柄</th></tr>
<tr><th colspan="4">mm</th></tr>
<tr><th>通端</th><th>止端</th><th>通端</th><th>止端</th><th colspan="4">mm</th></tr>
<tr><td rowspan="5">0.69<d≤0.8</td><td>40～24</td><td>48</td><td rowspan="2">44</td><td>12</td><td rowspan="2">8</td><td rowspan="16">24</td><td rowspan="16">12</td><td rowspan="10">6</td><td rowspan="16">2.5</td><td rowspan="16">6</td></tr>
<tr><td>20、18</td><td rowspan="2">52</td><td rowspan="2">16</td></tr>
<tr><td>16、14</td><td>46</td><td>10</td></tr>
<tr><td>12</td><td rowspan="2">56</td><td>48</td><td rowspan="2">20</td><td>12</td></tr>
<tr><td>10</td><td>52</td><td>16</td></tr>
<tr><td rowspan="5">0.8<d≤0.99</td><td>40～24</td><td>48</td><td rowspan="2">44</td><td>12</td><td rowspan="2">8</td></tr>
<tr><td>20、18</td><td rowspan="2">52</td><td>16</td></tr>
<tr><td>16、14</td><td>46</td><td>16</td><td>10</td></tr>
<tr><td>12</td><td>56</td><td>48</td><td>20</td><td>12</td></tr>
<tr><td>10、9</td><td>60</td><td>52</td><td>24</td><td>16</td></tr>
<tr><td rowspan="6">0.99<d≤1.125</td><td>40～18</td><td>50</td><td>46</td><td>14</td><td>10</td><td rowspan="6">8</td></tr>
<tr><td>16</td><td rowspan="2">54</td><td>46</td><td rowspan="2">18</td><td>10</td></tr>
<tr><td>14</td><td rowspan="2">50</td><td>14</td></tr>
<tr><td>12</td><td rowspan="2">60</td><td rowspan="2">24</td><td>14</td></tr>
<tr><td>10</td><td>52</td><td>16</td></tr>
<tr><td>8</td><td>64</td><td>54</td><td>28</td><td>18</td></tr>
<tr><td rowspan="7">1.125<d≤1.6</td><td>28～18</td><td>55</td><td rowspan="2">50</td><td>15</td><td rowspan="2">10</td><td rowspan="18">25</td><td rowspan="13">16</td><td rowspan="7">12</td><td rowspan="23">4</td><td rowspan="13">7</td></tr>
<tr><td>16、14</td><td>60</td><td>20</td></tr>
<tr><td>12</td><td rowspan="2">64</td><td>52</td><td>24</td><td>12</td></tr>
<tr><td>10</td><td>55</td><td>24</td><td>15</td></tr>
<tr><td>8</td><td rowspan="2">72</td><td>58</td><td rowspan="2">32</td><td>18</td></tr>
<tr><td>7</td><td>60</td><td>20</td></tr>
<tr><td>6</td><td>75</td><td>64</td><td>35</td><td>24</td></tr>
<tr><td rowspan="6">1.6<d≤1.99</td><td>24～14</td><td>60</td><td rowspan="2">54</td><td>18</td><td rowspan="2">12</td><td rowspan="11">15</td></tr>
<tr><td>12</td><td rowspan="2">68</td><td rowspan="2">26</td></tr>
<tr><td>10</td><td>58</td><td>16</td></tr>
<tr><td>8</td><td>74</td><td>60</td><td>32</td><td>18</td></tr>
<tr><td>6</td><td>82</td><td>68</td><td>40</td><td>26</td></tr>
<tr><td>5</td><td>84</td><td>70</td><td>42</td><td>28</td></tr>
<tr><td rowspan="5">1.99<d≤2.49</td><td>20～14</td><td>62</td><td rowspan="2">60</td><td>18</td><td rowspan="2">16</td><td rowspan="5">21</td><td rowspan="5">10</td></tr>
<tr><td>12～10</td><td>70</td><td>26</td></tr>
<tr><td>8</td><td>76</td><td>62</td><td>32</td><td>18</td></tr>
<tr><td>6</td><td>84</td><td>70</td><td>40</td><td>26</td></tr>
<tr><td>4.5</td><td>92</td><td>74</td><td>48</td><td>30</td></tr>
<tr><td rowspan="5">2.49<d≤4</td><td>20～14</td><td>68</td><td>66</td><td>18</td><td>16</td><td rowspan="5">30</td><td rowspan="5">24</td><td rowspan="5">25</td><td rowspan="5">11</td></tr>
<tr><td>12～10</td><td>76</td><td>66</td><td>26</td><td>16</td></tr>
<tr><td>8</td><td>82</td><td>68</td><td>32</td><td>18</td></tr>
<tr><td>6</td><td>90</td><td>75</td><td>40</td><td>26</td></tr>
<tr><td>4</td><td>105</td><td>85</td><td>55</td><td>35</td></tr>
<tr><td colspan="11">a 由分数转化为小数,按表中相应数值选取。</td></tr>
</table>

7.1.3 锥度锁紧式螺纹塞规测头配套的手柄型式见图 3 所示，图示仅供图解说明；尺寸见表 7。

7.2 双柄式螺纹塞规

7.2.1 双柄式螺纹塞规的型式见图 29 所示，图示仅供图解说明；尺寸宜见表 31。

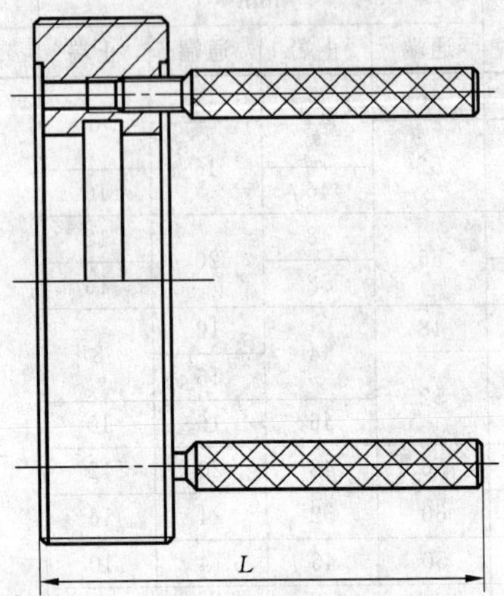

图 29 双柄式螺纹塞规 公称直径大于 4 in 至 6 in

表 31

公称直径 d^{a}/ in	N/ (牙数/25.4 mm)	L/mm	
		通端	止端
$4<d\leqslant 6$	16、14、12、10	109	111
	8	117	114
	6	129	123
	4	145	137
a 由分数转化为小数，按表中相应数值选取。			

7.2.2 双柄式螺纹塞规测头的型式见图 30 所示，图示仅供图解说明；尺寸见表 32。

单位为毫米

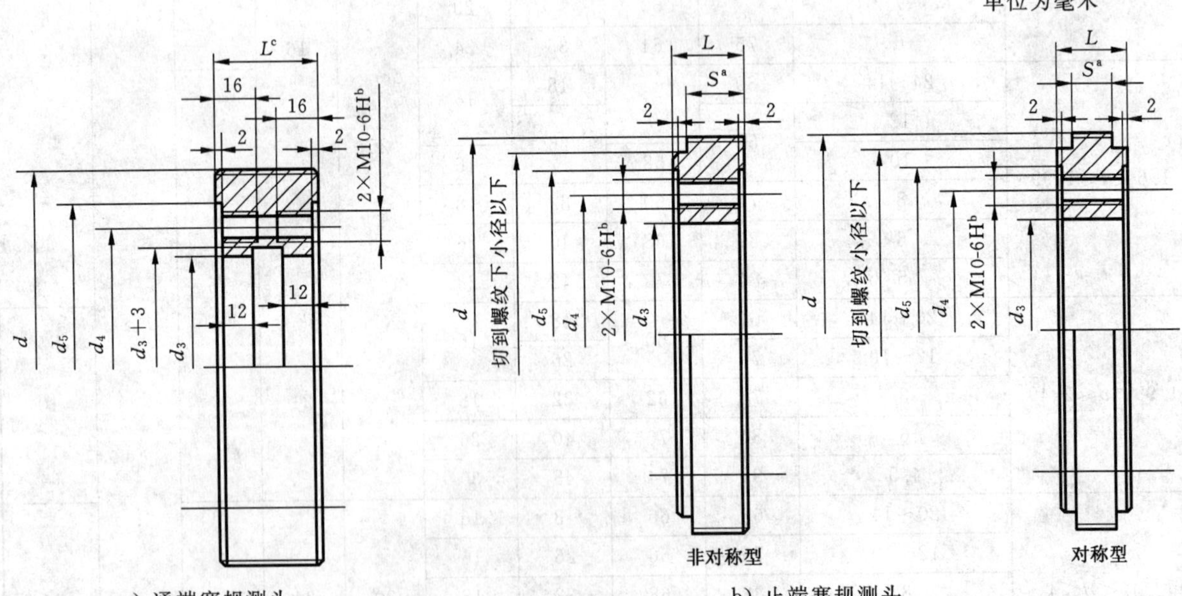

a）通端塞规测头

b）止端塞规测头

a 止端塞规测头的螺纹牙数过多时，允许在其一端切成台阶，但应保证 S 长度内不少于 4 个完整牙数。

b 2×M10 为安装手柄的螺纹孔。对通端塞规测头，当 L 小于 32 mm 时，该螺纹孔应制成通孔；当 L 大于 32 mm 时，该螺纹孔也允许制成通孔。

c 当 L 小于 30 mm 时，其阶梯孔（d_3+3）允许加工成通孔 d_3。

图 30 双柄式螺纹塞规测头 公称直径大于 4 in 至 6 in

表 32

公称直径 d^a/in	N/(牙数/25.4 mm)	L/mm 通端	L/mm 止端	d_3 mm	d_4 mm	d_5 mm
4<d≤4.375	16、14、12、10	20	22	50	66	80
	8	28	25			
	6	40	34			
	4	56	48			
4.375<d≤4.875	16、14、12、10	20	22	60	76	90
	8	28	25			
	6	40	34			
	4	56	48			
4.875<d≤5.25	16、14、12、10	20	22	70	86	105
	8	28	25			
	6	40	34			
	4	56	48			
5.25<d≤5.625	16、14、12、10	20	22	80	96	115
	8	28	25			
	6	40	34			
	4	56	48			
5.625<d≤6	16、14、12、10	20	22	90	106	125
	8	28	25			
	6	40	34			
	4	56	48			

a 由分数转化为小数，按表中相应数值选取。

7.2.3 双柄式螺纹塞规测头配套的手柄型式见图 14 所示，图示仅供图解说明。

7.3 整体式螺纹环规

整体式螺纹环规的型式见图 31 所示，图示仅供图解说明；尺寸见表 33。

单位为毫米

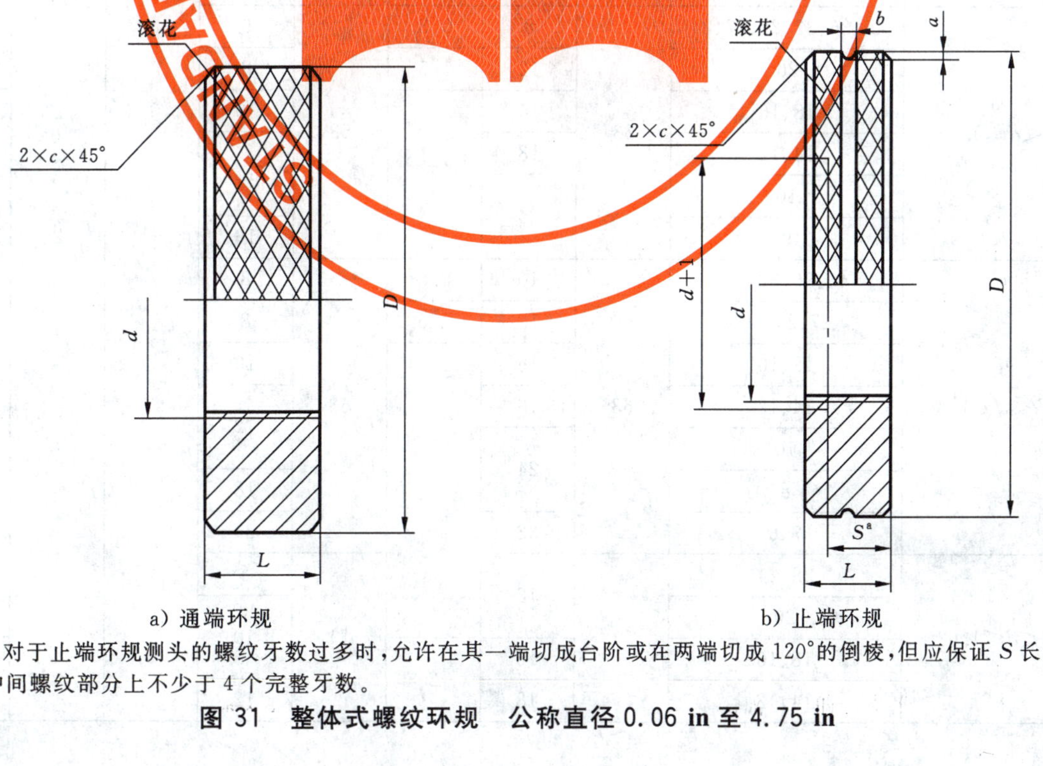

滚花
2×c×45°
d
D
L

a) 通端环规

滚花
b
a
2×c×45°
d+1
d
D
S^a
L

b) 止端环规

a S 对于止端环规测头的螺纹牙数过多时，允许在其一端切成台阶或在两端切成 120°的倒棱，但应保证 S 长度内或中间螺纹部分上不少于 4 个完整牙数。

图 31 整体式螺纹环规 公称直径 0.06 in 至 4.75 in

表 33

<table>
<tr><th rowspan="3">公称直径 d[a]/
in</th><th rowspan="3">N/
（牙数/25.4 mm）</th><th colspan="3">通　端</th><th colspan="5">止　端</th></tr>
<tr><th>D</th><th>L</th><th>c</th><th>D</th><th>L</th><th>a</th><th>b</th><th>c</th></tr>
<tr><th colspan="8">mm</th></tr>
<tr><td rowspan="4">0.06≤d≤0.19</td><td>80、72、64、56</td><td rowspan="4">22</td><td>4</td><td rowspan="4">0.4</td><td rowspan="4">22</td><td>3</td><td rowspan="4">0.6</td><td rowspan="4">0.6</td><td rowspan="8">0.4</td></tr>
<tr><td>56、48、44、40</td><td>5</td><td>4</td></tr>
<tr><td>36、32</td><td>6</td><td rowspan="5">5</td></tr>
<tr><td>28、24</td><td rowspan="4">8</td></tr>
<tr><td rowspan="5">0.19<d≤0.39</td><td>56、48、40</td><td rowspan="5">32</td><td rowspan="3">0.8</td><td rowspan="5">32</td><td rowspan="5">0.8</td><td rowspan="5">1</td></tr>
<tr><td>36、32</td></tr>
<tr><td>28、27、24</td></tr>
<tr><td>20</td><td>10</td><td rowspan="2">1.2</td><td>6</td></tr>
<tr><td>18、16</td><td>12</td><td>8</td><td>0.8</td></tr>
<tr><td rowspan="7">0.39<d≤0.69</td><td>40、36、32、28、27、24</td><td rowspan="7">38</td><td>8</td><td>0.8</td><td rowspan="7">38</td><td>6</td><td rowspan="29">1</td><td rowspan="6">1</td><td rowspan="3">0.6</td></tr>
<tr><td>20</td><td>12</td><td rowspan="3">1.2</td><td rowspan="2">8</td></tr>
<tr><td>18</td><td rowspan="2">14</td></tr>
<tr><td>16、14</td><td rowspan="2">10</td><td>0.8</td></tr>
<tr><td>13</td><td rowspan="2">16</td><td rowspan="2">2</td><td rowspan="2">1.2</td></tr>
<tr><td>12</td><td>12</td></tr>
<tr><td>11</td><td>20</td><td>2</td><td>12</td><td rowspan="23">2</td><td>1.2</td></tr>
<tr><td rowspan="5">0.69<d≤0.8</td><td>40、36、32、28、27、24</td><td rowspan="5">45</td><td>8</td><td>0.8</td><td rowspan="5">45</td><td>6</td><td rowspan="2">0.6</td></tr>
<tr><td>20</td><td>12</td><td rowspan="3">1.5</td><td>8</td></tr>
<tr><td>18、16</td><td>14</td><td>10</td><td>0.8</td></tr>
<tr><td>14、12</td><td>16</td><td rowspan="2">12</td><td rowspan="2">1.2</td></tr>
<tr><td>10</td><td>20</td><td>2</td></tr>
<tr><td rowspan="6">0.8<d≤0.99</td><td>40、36、32、28、27、24</td><td rowspan="6">53</td><td>8</td><td>0.8</td><td rowspan="6">53</td><td>6</td><td rowspan="2">0.6</td></tr>
<tr><td>20</td><td>12</td><td>1.5</td><td>8</td></tr>
<tr><td>18、16</td><td>16</td><td rowspan="4">2</td><td>10</td><td rowspan="4">1.2</td></tr>
<tr><td>14、12</td><td>18</td><td rowspan="2">12</td></tr>
<tr><td>10</td><td rowspan="2">24</td></tr>
<tr><td>9</td><td>16</td></tr>
<tr><td rowspan="7">0.99<d≤1.3</td><td>40、36、32、28</td><td rowspan="7">63</td><td>10</td><td>0.8</td><td rowspan="7">63</td><td>8</td><td rowspan="2">0.6</td></tr>
<tr><td>27、24、20</td><td>12</td><td>1.5</td><td>8</td></tr>
<tr><td>18、16</td><td>16</td><td rowspan="7">2</td><td>10</td><td rowspan="7">1.2</td></tr>
<tr><td>14、12</td><td>18</td><td rowspan="2">12</td></tr>
<tr><td>10</td><td rowspan="2">24</td></tr>
<tr><td>8</td><td>18</td></tr>
<tr><td>7、6</td><td>32</td><td>24</td></tr>
<tr><td rowspan="4">1.3<d≤1.63</td><td>28、24</td><td rowspan="4">71</td><td rowspan="2">12</td><td rowspan="4">71</td><td>8</td></tr>
<tr><td>20</td><td rowspan="2">10</td></tr>
<tr><td>18、16</td><td>16</td><td rowspan="2">2</td><td rowspan="2">2</td></tr>
<tr><td>14、12</td><td>18</td><td>12</td></tr>
</table>

表 33（续）

公称直径 d^{a}/in	N/（牙数/25.4 mm）	通端 D	通端 L	通端 c	止端 D	止端 L	止端 a	止端 b	止端 c
		mm							
1.3<d≤1.63	10	71	24	2	71	12	1	2	2
	8					18			
	6		32			24			
1.63<d≤1.94	20	85	12	1.5	85	10			1.5
	18、16		16	2		12			2
	14、12		18						
	10		24						
	8					18			
	6		32			24	1.5		
	5		40			30			
1.94<d≤2.4	20	100	12	1.5	100	10			1.5
	18、16		16	2		12			2
	14、12		18						
	10		24						
	8					18			
	6		32			24			
	4.5		45			32			
2.4<d≤2.8	20	112	16	1.5	112	10			1.5
	18、16		16	2		12			2
	14、12		18						
	10、8		24			18			
	6		32			24			
	4		50			32			
2.8<d≤3.13	20、18、16	125	16	1.5	125	12			1.5
	14、12		18	2					2
	10、8		24			18			
	6		32			24			
	4		50			32			
3.13<d≤3.5	18、16	140	16		140	14			
	14、12		18						
	10、8		24			18			
	6		32			24			
	4		50			32			

表 33（续）

公称直径 d^a/in	N/(牙数/25.4 mm)	通端			止端				
		D	L	c	D	L	a	b	c
		mm							
3.5＜d≤3.88	18、16	160	16		160	14			
	14、12		18						
	10、8		24			18			
	6		32			24			
	4		50			32			
3.88＜d≤4.38	16、14、12	170	20		170	16			
	10、8		28	2		20	1.5	2	2
	6		36			24			
	4		56			32			
4.38＜d≤4.75	16、14、12	180	20		180	16			
	10、8		28			20			
	6		36			24			
	4		56			32			

[a] 由分数转化为小数，按表中相应数值选取。

7.4 双柄式螺纹环规

7.4.1 双柄式螺纹环规的型式见图 32 所示，图示仅供图解说明；尺寸宜见表 34。

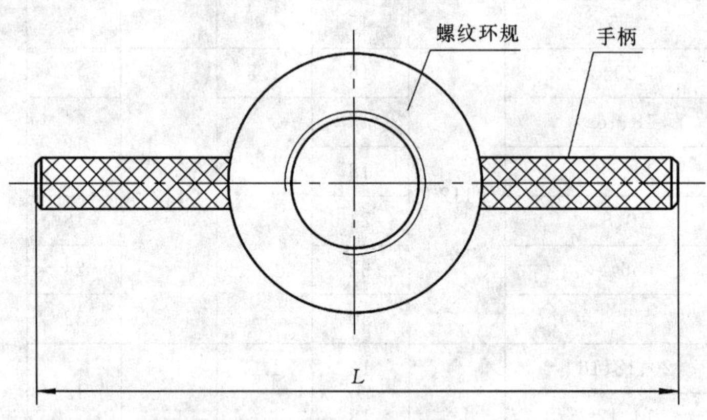

图 32 双柄式螺纹环规 公称直径 4.875 in 至 6 in

表 34

公称直径 d^a/in	N/(牙数/25.4 mm)	L/mm
4.875、5.125	16、14、12、10、8、6、4	372
5.25～5.5		382
5.625～6		394

[a] 由分数转化为小数，按表中相应数值选取。

7.4.2 双柄式螺纹环规测头的型式见图 33 所示，图示仅供图解说明；尺寸见表 35。

单位为毫米

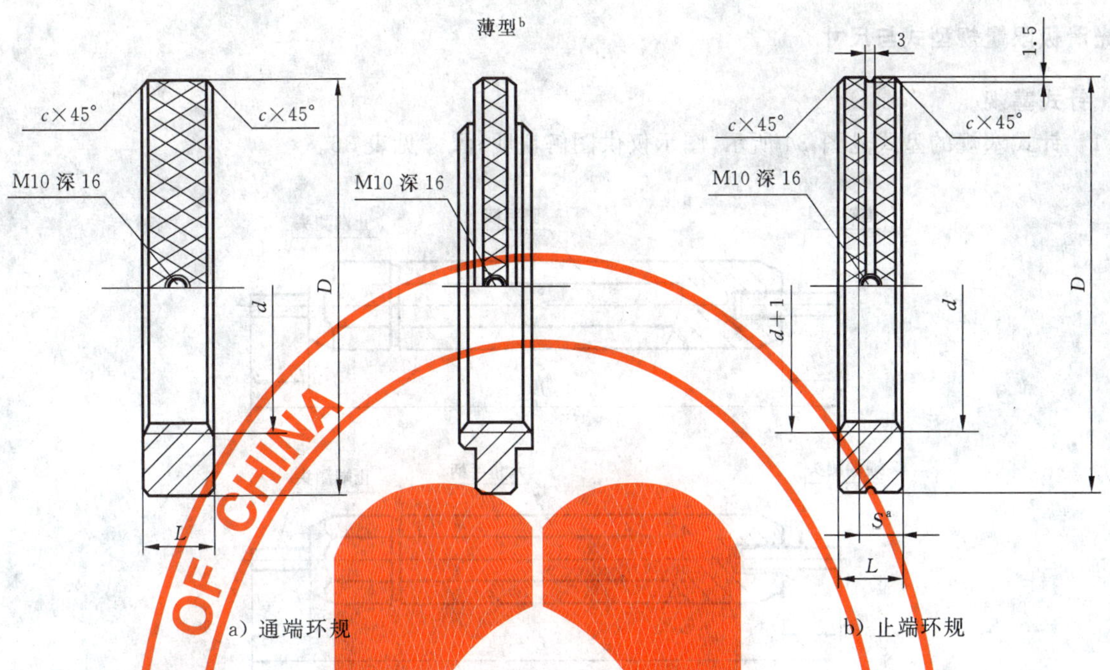

a) 通端环规　　　　b) 止端环规

a 止端环规测头的螺纹牙数过多时,允许在其一端切成台阶,但应保证 S 长度内不少于 4 个完整牙数。

b 允许在通端测头或止端测头两端切成台阶制成薄型,以减轻重量。

图 33　公称直径 4.75 in 至 6 in 的双柄式螺纹环规测头

表 35

公称直径 d[a]/in	N/(牙数/25.4 mm)	通端 D	通端 L	通端 c	止端 D	止端 L	止端 c
		mm					
4.75<d≤5.125	16、14、12	190	20	1	190	16	1
	10、8		28			20	
	6		36			24	
	4		56			32	
5.125<d≤5.5	16、14、12	200	20	2	200	16	2
						20	
	10、8		28			20	
	6		36			24	
	4		56			32	
5.5<d≤6	16、14、12	212	20		212	16	
						20	
	10、8		28			20	
	6		36			24	
	4		63			32	

a 由分数转化为小数,按表中相应数值选取。

7.4.3 双柄式螺纹环规测头配套的手柄型式见图 14 所示，图示仅供图解说明。

8 光滑极限量规型式与尺寸

8.1 针式塞规

8.1.1 针式塞规的型式见图 34 所示，图示仅供图解说明；尺寸见表 36。

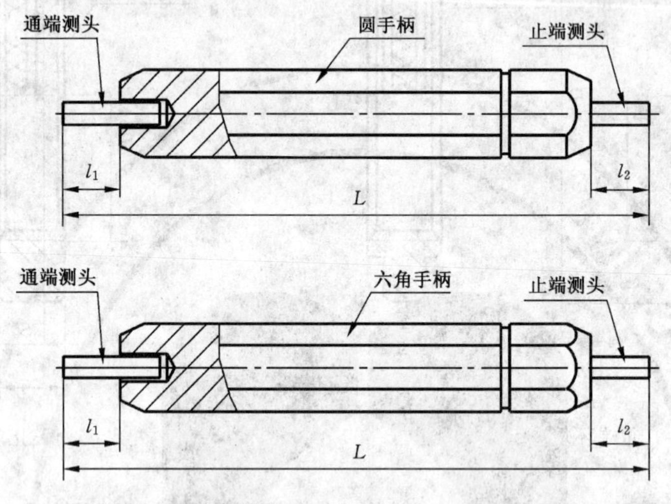

图 34 针式塞规 基本尺寸 1 mm 至 6 mm

表 36

单位为毫米

基本尺寸 D	L	l_1	l_2
$1 \leqslant D \leqslant 3$	65	12	8
$3 < D \leqslant 6$	80	15	10

8.1.2 针式塞规用的手柄型式见图 35 所示，图示仅供图解说明；尺寸见表 37。

8.1.3 针式塞规测头的型式见图 36 所示，图示仅供图解说明；尺寸见表 38。

单位为毫米

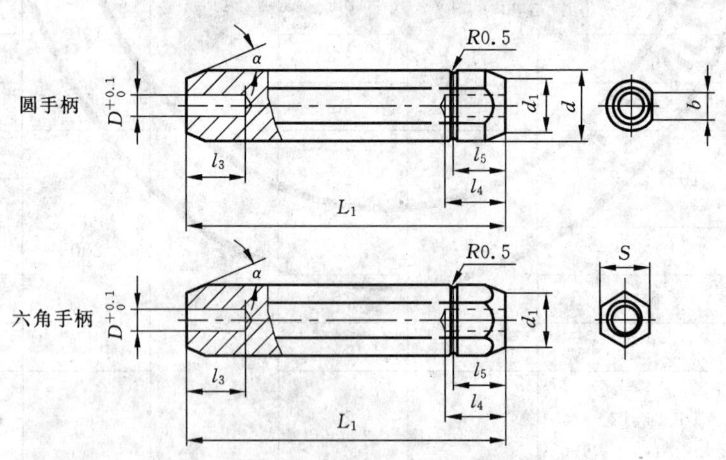

图 35 针式塞规用的手柄

表 37

单位为毫米

基本尺寸 D	L_1	l_3	l_4	l_5	d	d_1	b	S	a
$1 \leqslant D \leqslant 3$	45	8	8	10	6	4	3	6	20°
$3 < D \leqslant 6$	55	10	10	10	10	7.5	5	10	15°

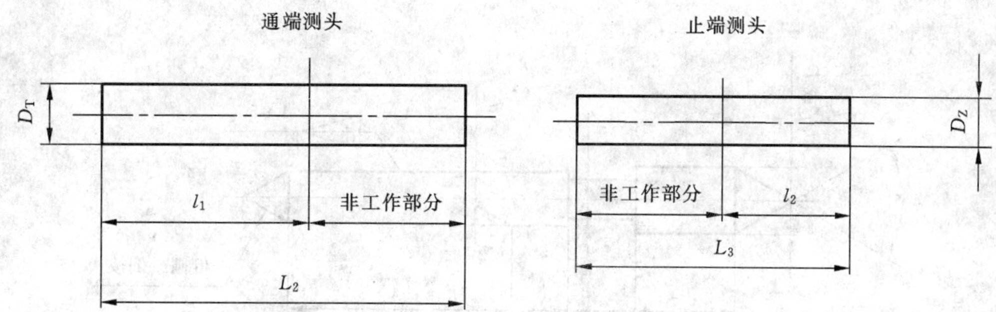

图 36 针式塞规测头 基本尺寸 1 mm 至 6 mm

表 38

单位为毫米

基本尺寸 D	L_2	L_3	l_1	l_2
$1 \leqslant D \leqslant 3$	20	16	12	8
$3 < D \leqslant 6$	25	20	15	10

8.2 锥柄圆柱塞规

8.2.1 锥柄圆柱塞规的型式见图 37 所示，图示仅供图解说明；尺寸见表 39。

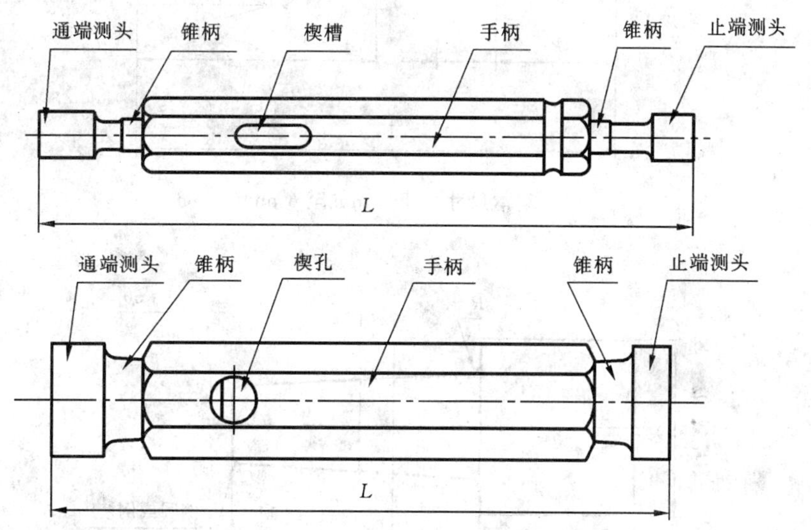

图 37 锥柄圆柱塞规 基本尺寸 1 mm 至 50 mm

表 39

单位为毫米

基本尺寸 D	L	基本尺寸 D	L	基本尺寸 D	L
$1 \leqslant D \leqslant 3$	62	$10 < D \leqslant 14$	97	$24 < D \leqslant 30$	136
$3 < D \leqslant 6$	74	$14 < D \leqslant 18$	110	$30 < D \leqslant 40$	145
$6 < D \leqslant 10$	85	$18 < D \leqslant 24$	132	$40 < D \leqslant 50$	171

8.2.2 锥柄圆柱塞规用的手柄型式和尺寸见图 3 和表 7。

8.2.3 锥柄圆柱塞规的测头的型式见图 38 所示，图示仅供图解说明；尺寸见表 40。

单位为毫米

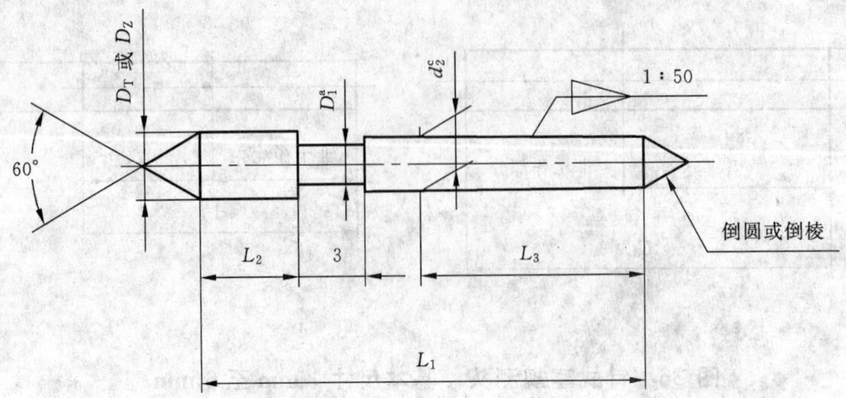

a) 基本尺寸 1 mm 至 3 mm

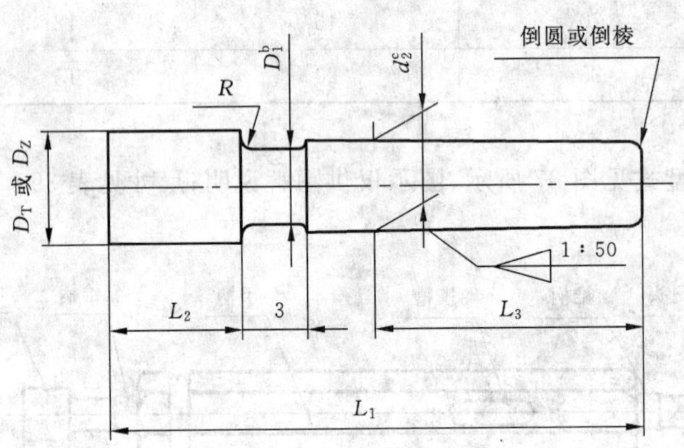

b) 基本尺寸大于 3 mm 至 6 mm

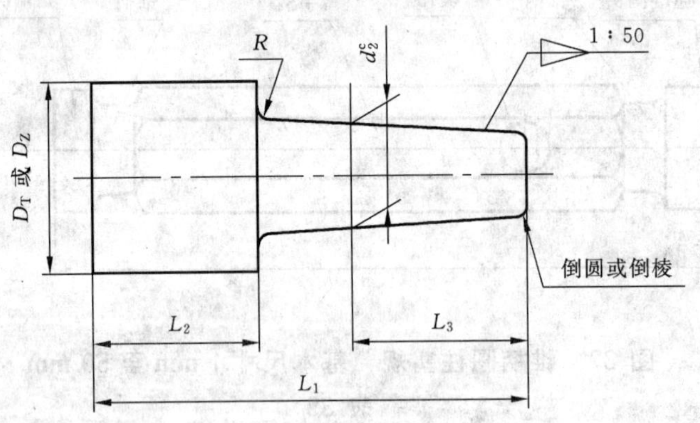

c) 基本尺寸大于 6 mm 至 50 mm

注：按用户需要，通端测头上可设置气槽。

a $D_1=D-0.1$ mm，最大为 2.4 mm。

b $D_1=D-0.2$ mm，最大为 3.8 mm。

c d_2 用附录 A 所示的锥度量规控制。

图 38 锥柄圆柱塞规（测头） 基本尺寸 1 mm 至 50 mm

表 40

单位为毫米

基本尺寸 D	$L_1{}^{+0.3}$		$L_2{}^{-0.3}$		$L_3{}^{+1}$	R	d_2	手柄号
	通端测头	止端测头	通端测头	止端测头				
1≤D≤3	22	20	6.5	4.5	10	—	2.5	1
3<D≤6	26	24	8	6	12	1	4	2
6<D≤10	32	28	10	6	15	1.6	5.5	3
10<D≤14	40	36	12	8	20	2	7	4
14<D≤18	46	42	14	10	22	2.5	9	5
18<D≤24	52	48	16	12	24	2.5	12	6
24<D≤30	54	50	18	14	24	2.5	12	6
30<D≤40	60	56	20	16	25	4	16	7
40<D≤50	68	61	25	18	25	4	16	7

8.3 三牙锁紧式圆柱塞规

8.3.1 三牙锁紧式圆柱塞规的型式见图 39 所示，图示仅供图解说明；尺寸宜见表 41。

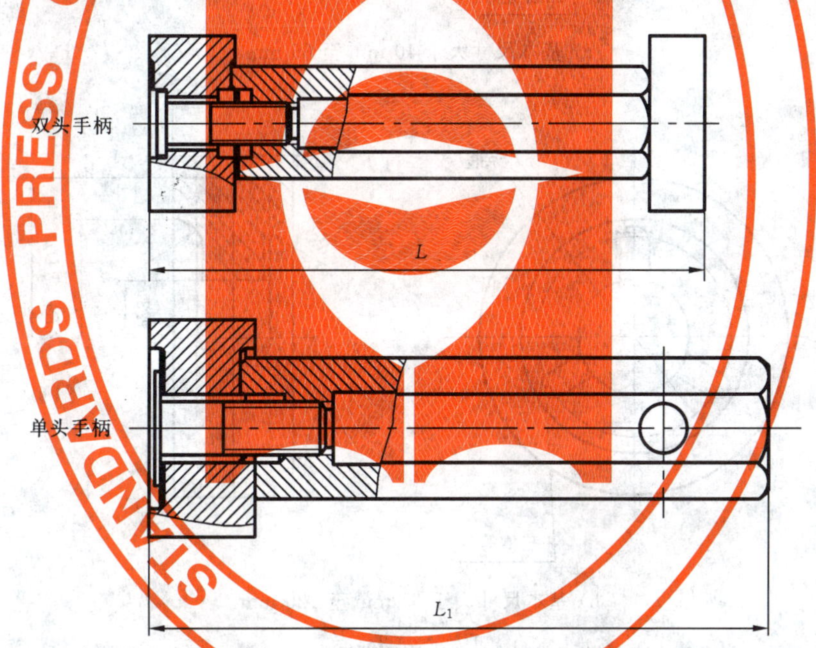

图 39 三牙锁紧式圆柱塞规 基本尺寸大于 40 mm 至 120 mm

表 41

单位为毫米

基本尺寸 D	双头手柄	单头手柄	
		通端塞规	止端塞规
	L	L_1	
40<D≤50	164	148	141
50<D≤65	169	153	
65<D≤110	—	173	165
110<D≤120		178	

8.3.2 三牙锁紧式圆柱塞规用的手柄型式和尺寸见图 6 和表 10。

8.3.3 三牙锁紧式圆柱塞规紧固用的螺钉和尺寸见图 7 和表 11。

8.3.4 三牙锁紧式圆柱塞规测头的型式见图 40 所示，图示仅供图解说明；尺寸见表 42。

单位为毫米

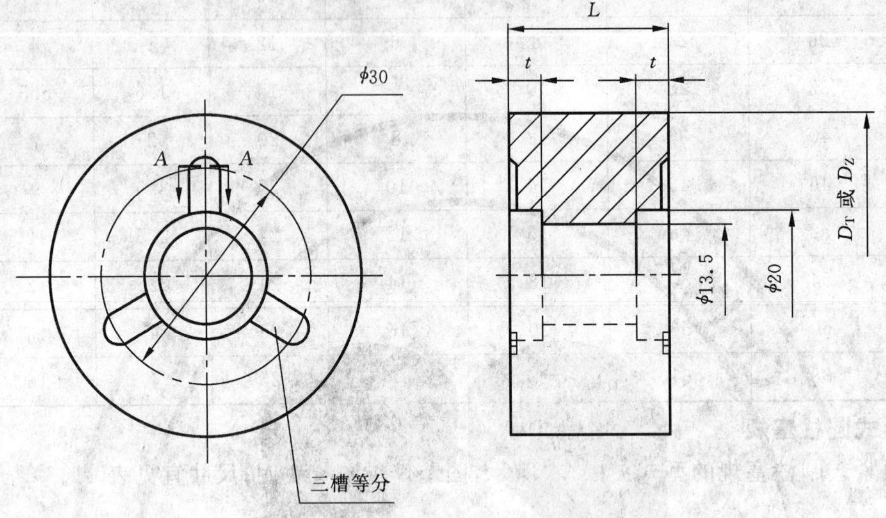

a) 基本尺寸大于 40 mm 至 65 mm

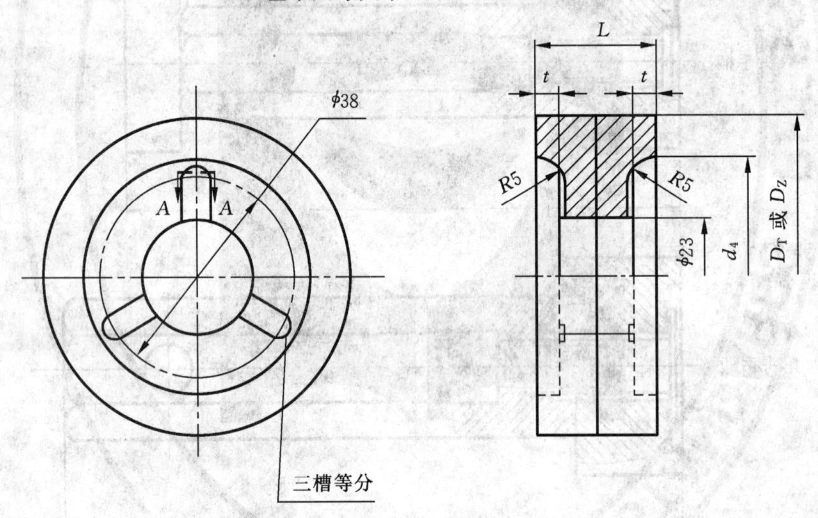

b) 基本尺寸大于 65 mm 至 120 mm

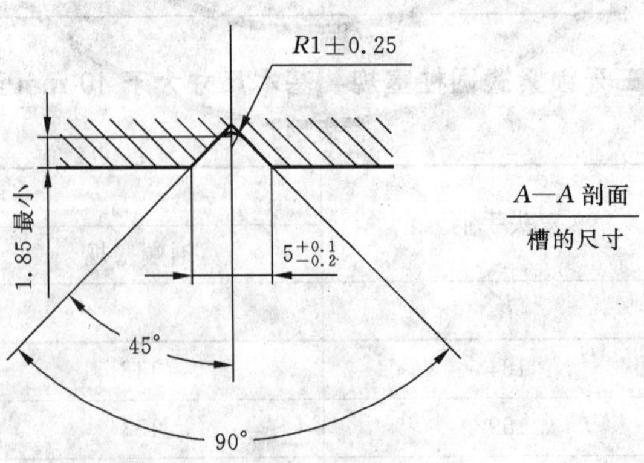

注 1：图中 D_T、D_Z 分别表示通端和止端的基本尺寸(D)。

注 2：按用户需要，通端测头上可设置排气槽。

图 40 三牙锁紧式圆柱塞规(测头) 基本尺寸大于 40 mm 至 120 mm

表 42

单位为毫米

基本尺寸 D	通端测头		止端测头		d_4	紧固螺钉	手柄号
	L	t	L	t			
$40<D\leqslant50$	25	8	18	5	—	M12×1.25	8
$50<D\leqslant65$	30						
$65<D\leqslant80$	35	10	25	8	48	M22×1.5	9
$80<D\leqslant90$					55		
$90<D\leqslant95$					60		
$95<D\leqslant100$					65		
$100<D\leqslant110$					75		
$110<D\leqslant120$	40				85		

8.4 三牙锁紧式非全形塞规

8.4.1 三牙锁紧式非全形塞规的型式见图 41 所示，图示仅供图解说明；尺寸宜见表 43。

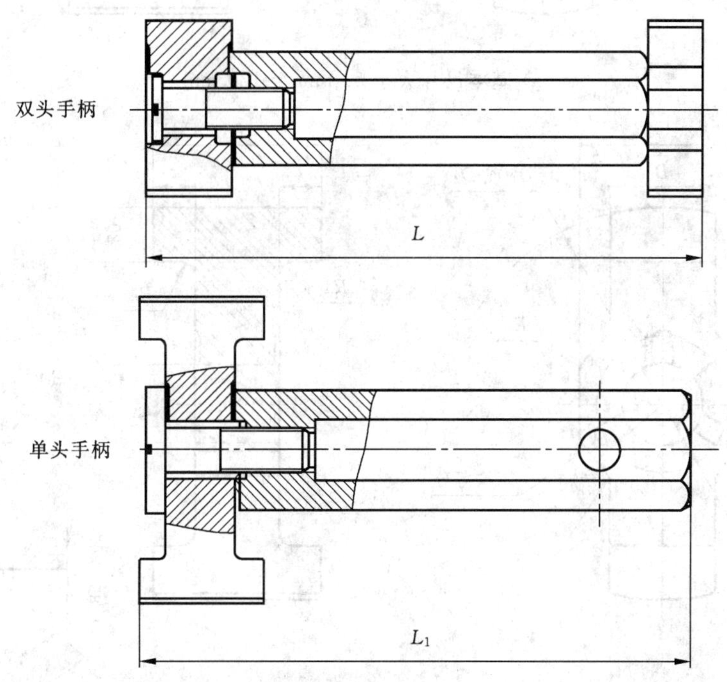

图 41 三牙锁紧式非全形塞规 基本尺寸大于 80 mm 至 180 mm

表 43

单位为毫米

基本尺寸 D	双头手柄	单头手柄	
		通端塞规	止端塞规
	L	L_1	
$80<D\leqslant100$	181	158	148
$100<D\leqslant120$	186	163	
$120<D\leqslant150$	—	181	168
$150<D\leqslant180$		183	

8.4.2　三牙锁紧式非全形塞规用的手柄型式和尺寸见 7.3.2。

8.4.3　三牙锁紧式非全形塞规紧固用的螺钉和尺寸见 7.3.3。

8.4.4　三牙锁紧式非全形塞规测头的型式见图 42 所示，图示仅供图解说明；尺寸见表 44。

单位为毫米

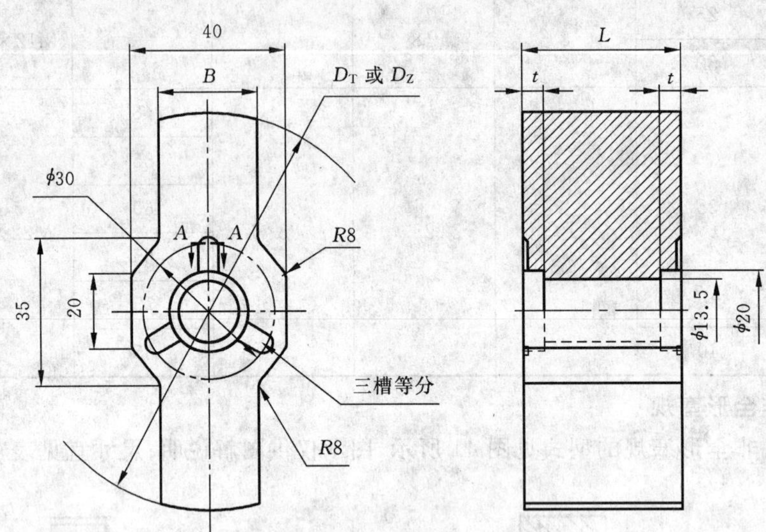

a）基本尺寸大于 80 mm 至 120 mm

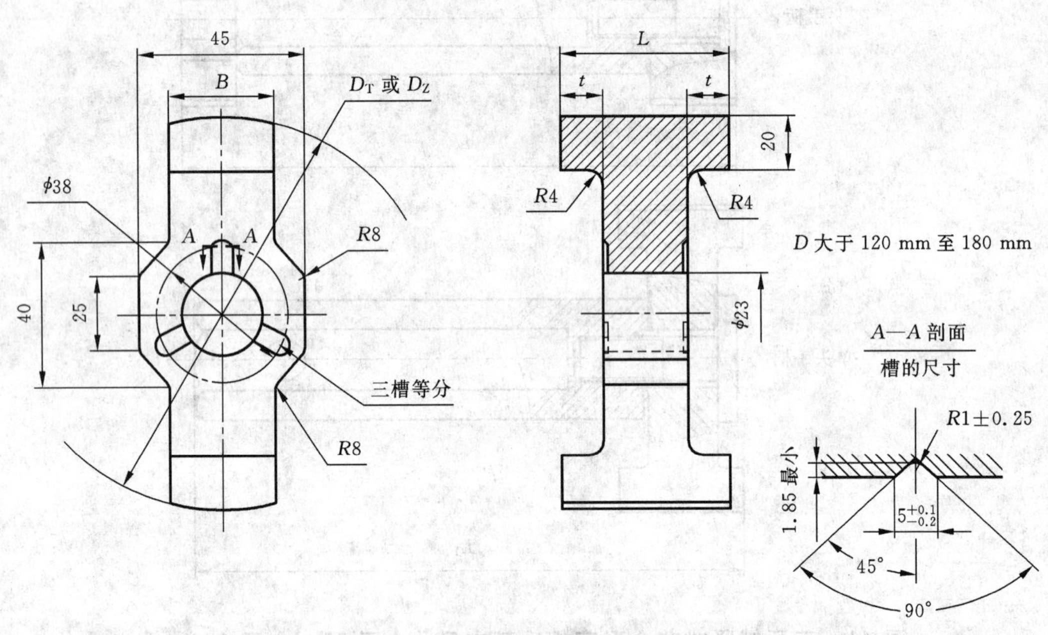

b）基本尺寸大于 120 mm 至 180 mm

图 42　三牙锁紧式非全形塞规（测头）　基本尺寸大于 80 mm 至 180 mm

表 44

单位为毫米

<table>
<tr><th rowspan="2">基本尺寸 D</th><th colspan="3">通端测头</th><th colspan="3">止端测头</th><th rowspan="2">手柄号</th><th rowspan="2">紧固螺钉</th></tr>
<tr><th>L</th><th>t</th><th>B</th><th>L</th><th>t</th><th>B</th></tr>
<tr><td>80<D≤100</td><td>35</td><td rowspan="2">10</td><td rowspan="2">25</td><td rowspan="2">25</td><td rowspan="2">8</td><td rowspan="2">20</td><td rowspan="2">8</td><td rowspan="2">M12×1.25</td></tr>
<tr><td>100<D≤120</td><td>40</td></tr>
<tr><td>120<D≤150</td><td>45</td><td>12</td><td rowspan="2">30</td><td rowspan="2">30</td><td rowspan="2">10</td><td rowspan="2">25</td><td rowspan="2">9</td><td rowspan="2">M12×1.5</td></tr>
<tr><td>150<D≤180</td><td>50</td><td>15</td></tr>
</table>

8.5 非全形塞规

8.5.1 非全形塞规的型式见图43。

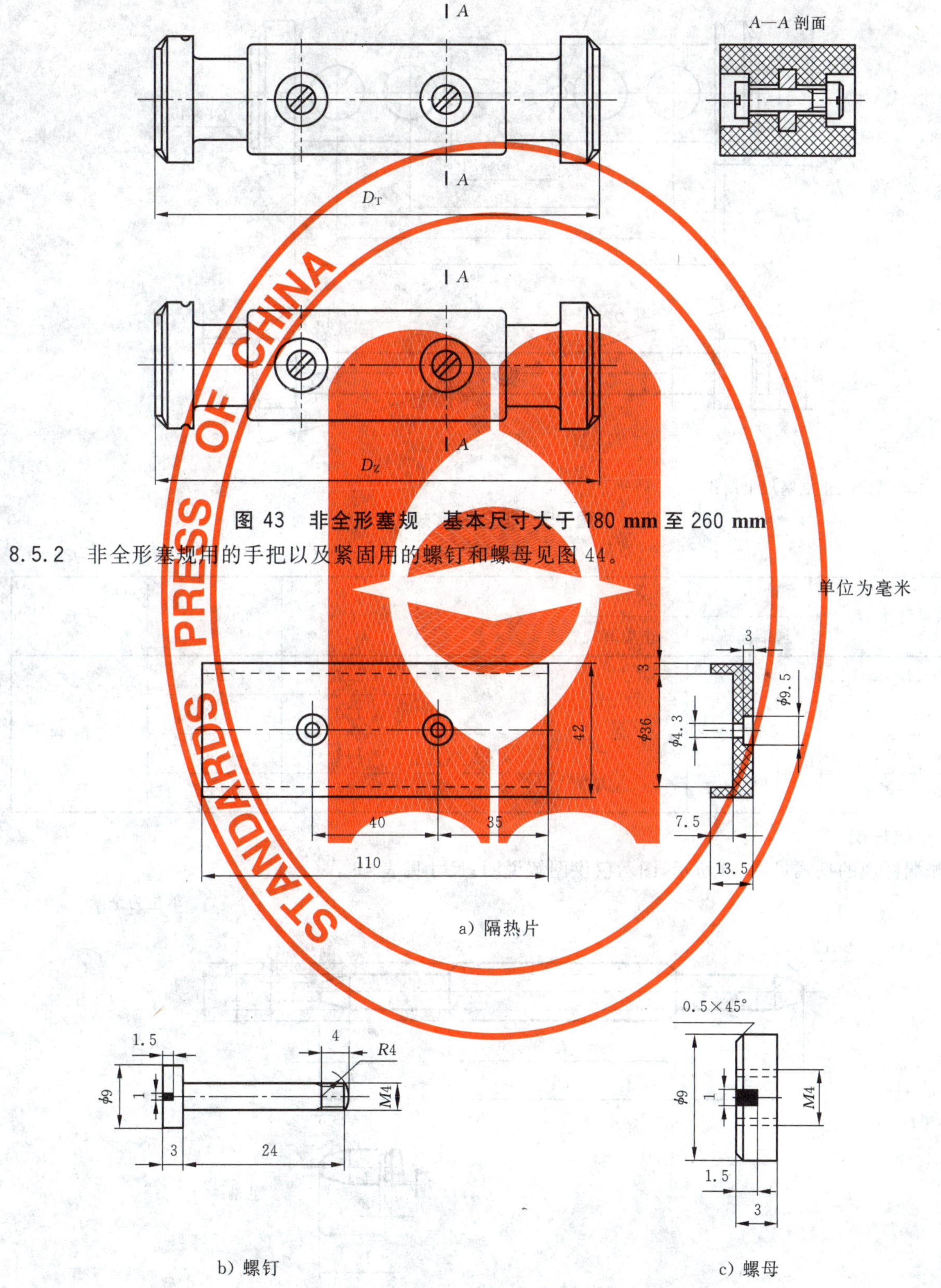

图 43 非全形塞规 基本尺寸大于 180 mm 至 260 mm

8.5.2 非全形塞规用的手把以及紧固用的螺钉和螺母见图44。

a) 隔热片

b) 螺钉

c) 螺母

图 44 非全形塞规用的手把、螺钉和螺母

8.5.3 非全形塞规测头的型式见图45所示，图示仅供图解说明；尺寸见表45。

单位为毫米

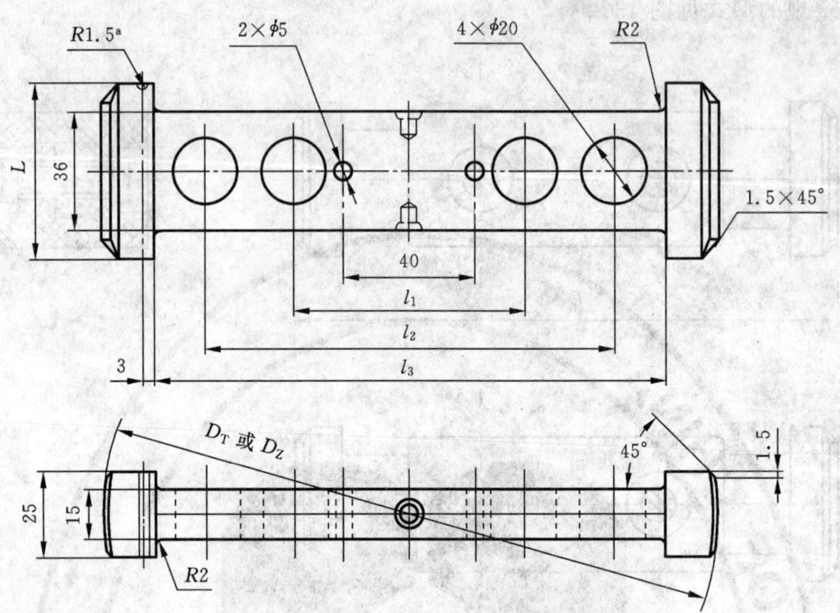

a R1.5 槽仅在止端塞规上制作。

图 45 非全形塞规

表 45

单位为毫米

基本尺寸 D	L		l_1	l_2	l_3	手把
	通端塞规	止端塞规				
180<D≤200	52	42	70	124	156	见图 44
200<D≤220				130	172	
220<D≤240			80	144	190	
240<D≤260			84	154	208	

8.6 球端杆规

球端杆规的型式见图 46 所示，图示仅供图解说明；尺寸见表 46。

单位为毫米

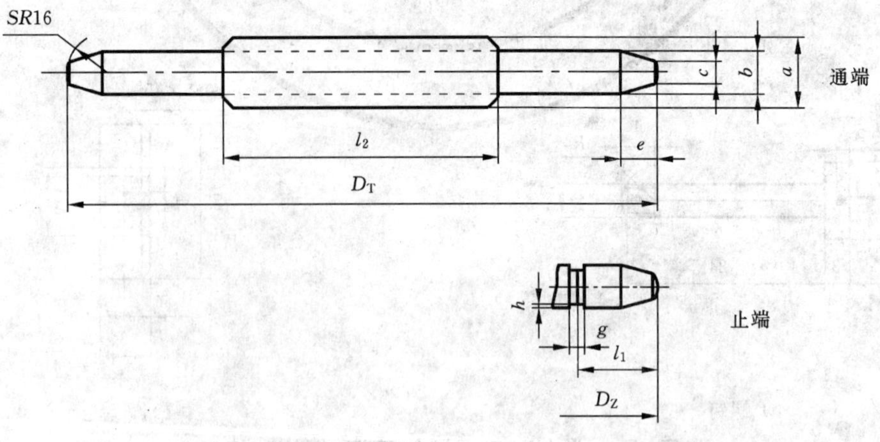

a) 基本尺寸大于 120 mm 至 250 mm

图 46 球端杆规 基本尺寸大于 120 mm 至 500 mm

单位为毫米

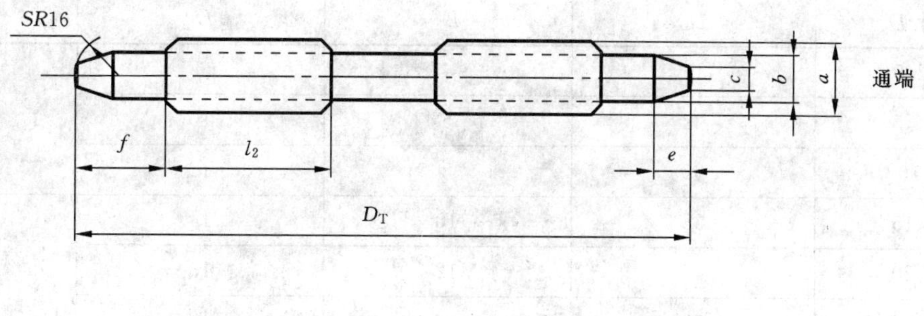

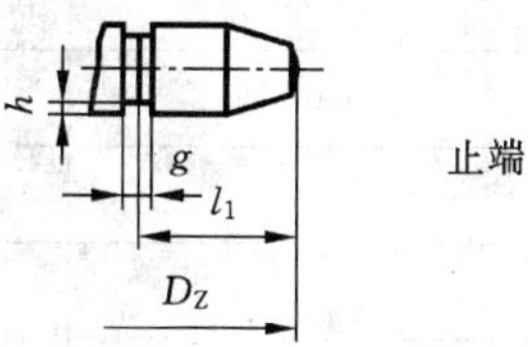

b) 基本尺寸大于 250 mm 至 500 mm

图 46(续)

表 46

单位为毫米

基本尺寸 D	a	b	c	e	f	g	h	l_1	l_2
$120<D\leqslant180$	16	12	8	12	—	2	0.6	22	60
$180<D\leqslant250$									80
$250<D\leqslant315$	20	16	12	16	30			26	50
$315<D\leqslant500$	24	18	14	20	45	2.5	0.8	32	60

8.7 圆柱环规

圆柱环规的型式见图 47 所示,图示仅供图解说明;尺寸见表 47。

单位为毫米

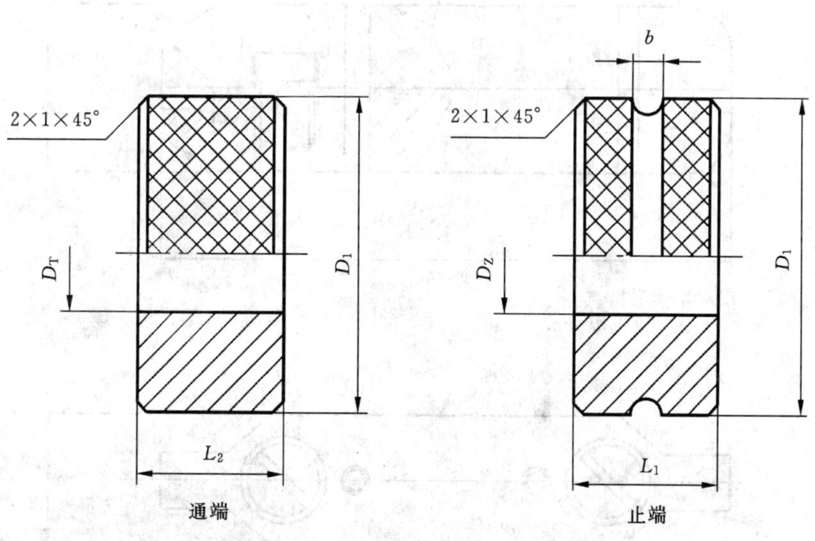

图 47 圆柱环规 基本尺寸 1 mm 至 100 mm

表 47

单位为毫米

<table>
<tr><th>基本尺寸 D</th><th>D_1</th><th>L_1</th><th>L_2</th><th>b</th></tr>
<tr><td>1≤D≤2.5</td><td>16</td><td>4</td><td>6</td><td rowspan="3">1</td></tr>
<tr><td>2.5<D≤5</td><td>22</td><td>5</td><td>10</td></tr>
<tr><td>5<D≤10</td><td>32</td><td>8</td><td>12</td></tr>
<tr><td>10<D≤15</td><td>38</td><td>10</td><td>14</td><td rowspan="5">2</td></tr>
<tr><td>15<D≤20</td><td>45</td><td>12</td><td>16</td></tr>
<tr><td>20<D≤25</td><td>53</td><td>14</td><td>18</td></tr>
<tr><td>25<D≤32</td><td>63</td><td>16</td><td>20</td></tr>
<tr><td>32<D≤40</td><td>71</td><td>18</td><td>24</td></tr>
<tr><td>40<D≤50</td><td>85</td><td rowspan="2">20</td><td rowspan="6">32</td><td rowspan="6">3</td></tr>
<tr><td>50<D≤60</td><td>100</td></tr>
<tr><td>60<D≤70</td><td>112</td><td rowspan="4">24</td></tr>
<tr><td>70<D≤80</td><td>125</td></tr>
<tr><td>80<D≤90</td><td>140</td></tr>
<tr><td>90<D≤100</td><td>160</td></tr>
</table>

8.8 双头组合卡规

8.8.1 双头组合卡规的型式和尺寸见图 48。

单位为毫米

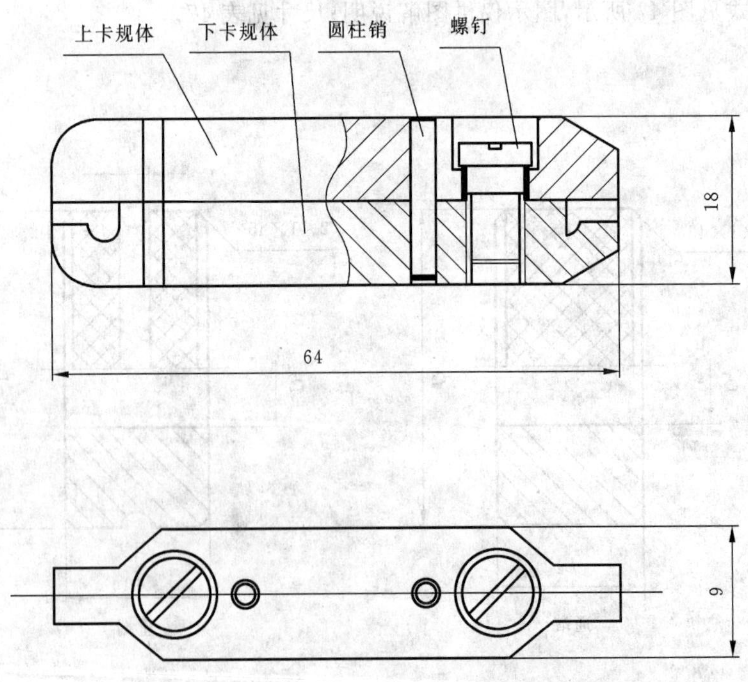

图 48 双头组合卡规 基本尺寸 1 mm 至 3 mm

8.8.2 双头组合卡规的上规体、下规体以及尺寸见图49。

单位为毫米

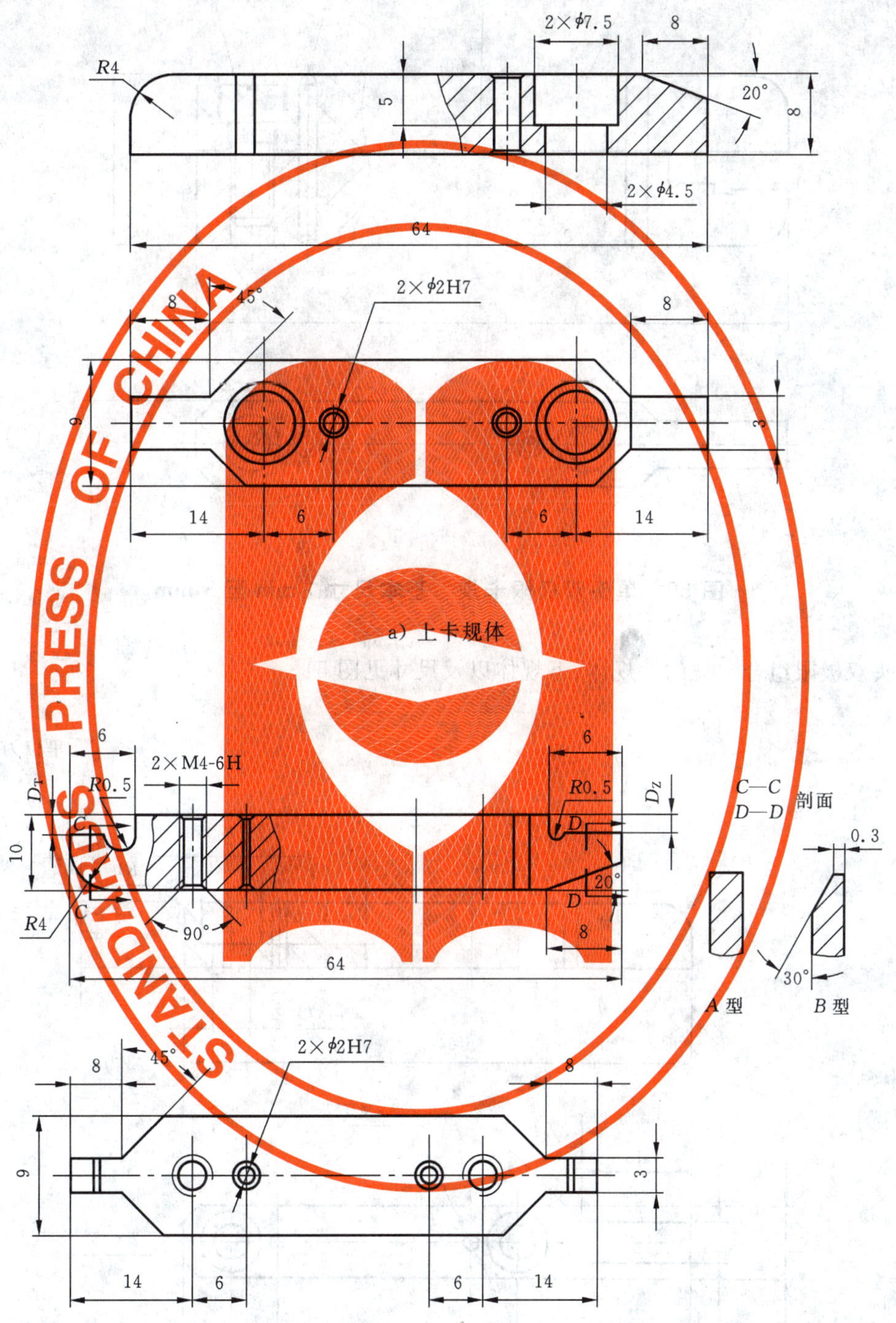

图49 双头组合卡规的上卡规体和下卡规体

8.9 单头双极限组合卡规

8.9.1 单头双极限组合卡规型式和尺寸见图50。

单位为毫米

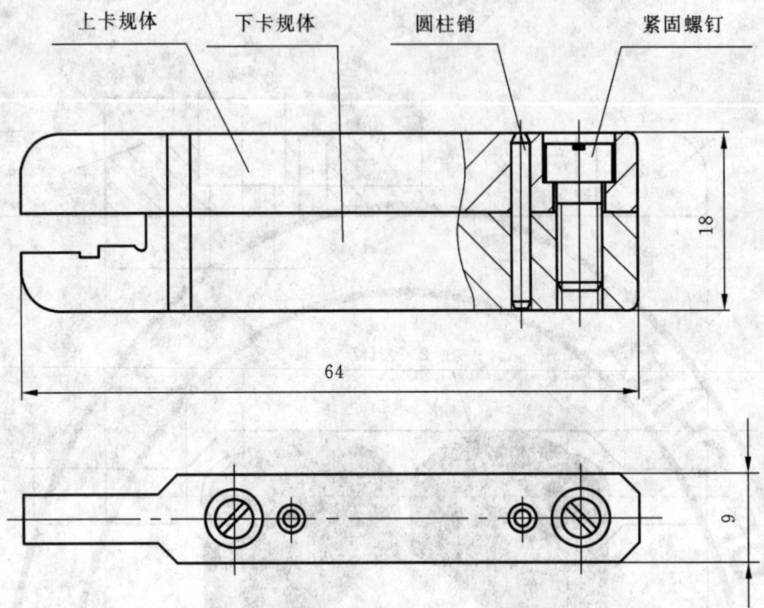

图 50 单头双极限卡规 基本尺寸 1 mm 至 3 mm

8.9.2 单头双极限组合卡规的上规体、下规体以及尺寸见图 51。

单位为毫米

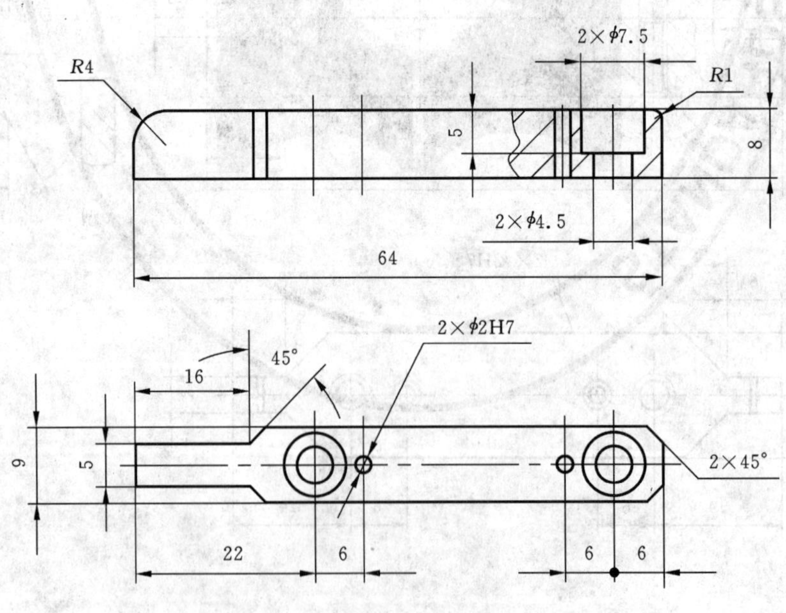

a) 上卡规体

图 51 单头双极限组合卡规的上规体和下规体

单位为毫米

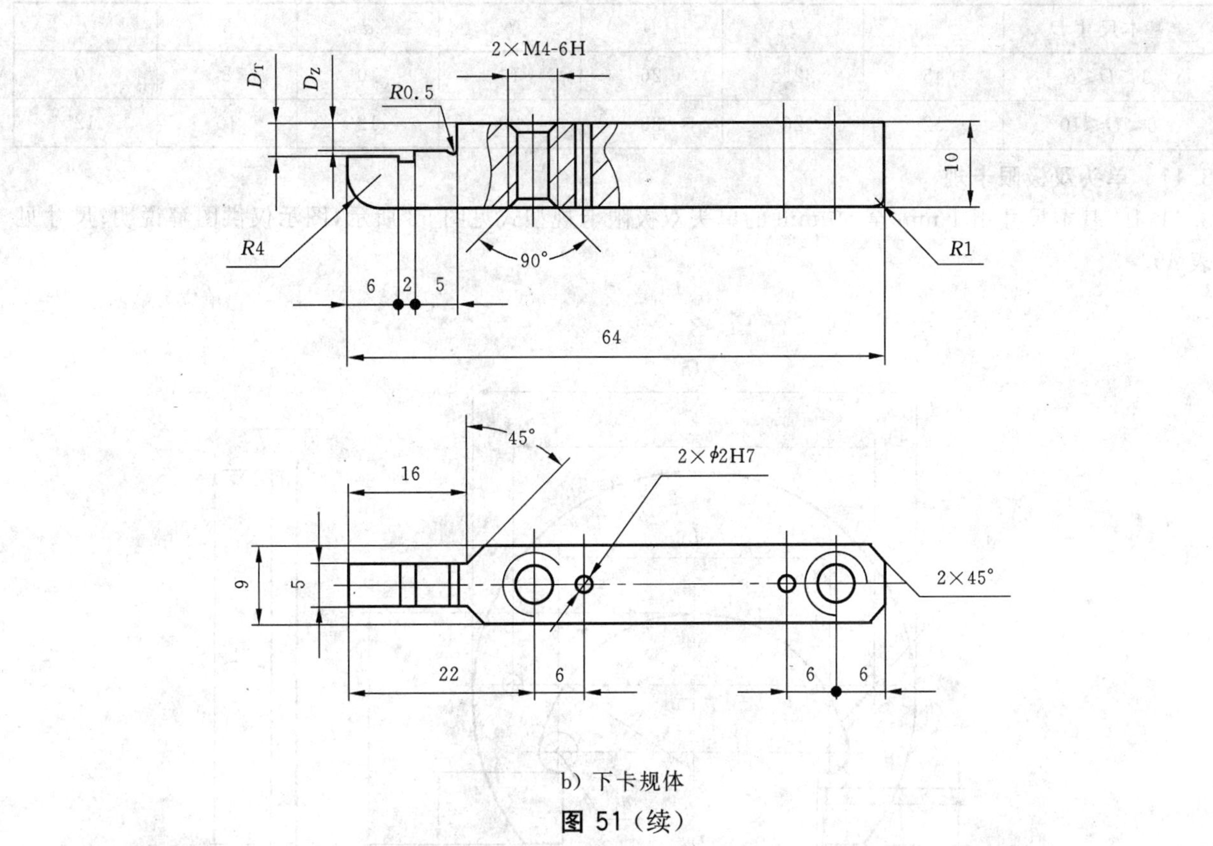

b) 下卡规体

图 51（续）

8.10 双头卡规

双头卡规的型式见图 52 所示，图示仅供图解说明；尺寸见表 48。

单位为毫米

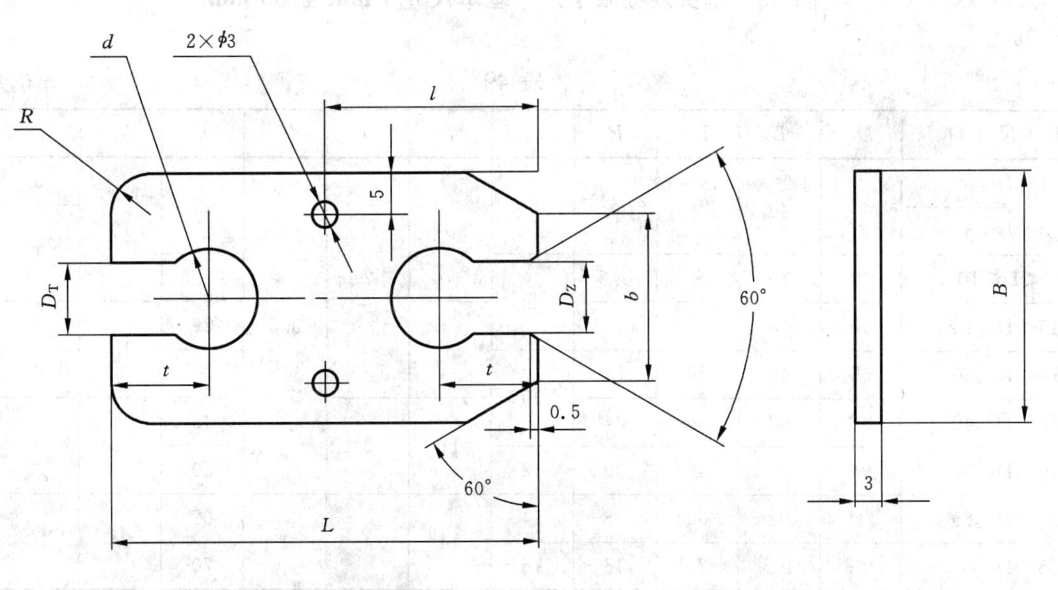

图 52　双头卡规　基本尺寸大于 3 mm 至 10 mm

表 48

单位为毫米

基本尺寸 D	L	l	B	b	d	R	t
$3<D\leqslant6$	45	22.5	26	14	10	8	10
$6<D\leqslant10$	52	26	30	20	12	10	12

8.11 单头双极限卡规

8.11.1 基本尺寸由 1 mm 至 80 mm 的单头双极限卡规型式见图 53 所示，图示仅供图解说明；尺寸见表 49。

单位为毫米

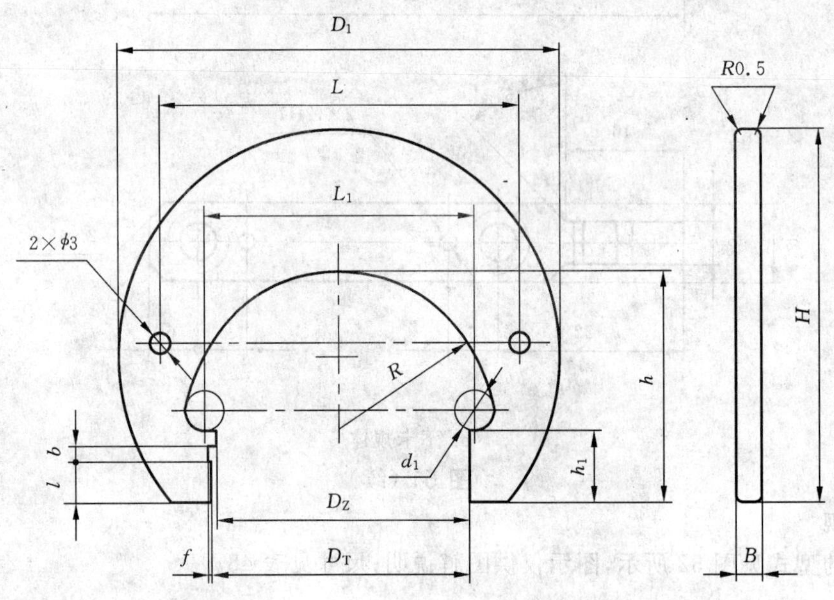

注：根据需要测量面可以制成窄面的、圆弧面的或其他型式。

图 53 单头双极限卡规 基本尺寸 1 mm 至 80 mm

表 49

单位为毫米

<table>
<tr><th>基本尺寸 D</th><th>D₁</th><th>L</th><th>L₁</th><th>R</th><th>d₁</th><th>l</th><th>b</th><th>f</th><th>h</th><th>h₁</th><th>B</th><th>H</th></tr>
<tr><td>1≤D≤3</td><td rowspan="2">32</td><td rowspan="2">20</td><td rowspan="2">6</td><td rowspan="2">6</td><td rowspan="2">6</td><td rowspan="3">5</td><td rowspan="5">2</td><td rowspan="7">0.5</td><td rowspan="2">19</td><td rowspan="3">10</td><td>3</td><td rowspan="2">31</td></tr>
<tr><td>3<D≤6</td><td rowspan="2">4</td></tr>
<tr><td>6<D≤10</td><td>40</td><td>26</td><td>9</td><td>8.5</td><td rowspan="2">8</td><td>22.5</td><td>38</td></tr>
<tr><td>10<D≤18</td><td>50</td><td>36</td><td>16</td><td>12.5</td><td rowspan="2">8</td><td>29</td><td rowspan="2">15</td><td>5</td><td>46</td></tr>
<tr><td>18<D≤30</td><td>65</td><td>48</td><td>26</td><td>18</td><td rowspan="2">10</td><td>36</td><td>6</td><td>58</td></tr>
<tr><td>30<D≤40</td><td>82</td><td>62</td><td>35</td><td>24</td><td rowspan="2">11</td><td rowspan="2">3</td><td>45</td><td rowspan="2">20</td><td rowspan="2">8</td><td>72</td></tr>
<tr><td>40<D≤50</td><td>94</td><td>72</td><td>45</td><td>29</td><td>12</td><td>50</td><td>82</td></tr>
<tr><td>50<D≤65</td><td>116</td><td>92</td><td>60</td><td>38</td><td>14</td><td rowspan="2">14</td><td rowspan="2">4</td><td rowspan="2">1</td><td>62</td><td rowspan="2">24</td><td rowspan="2">10</td><td>100</td></tr>
<tr><td>65<D≤80</td><td>136</td><td>108</td><td>74</td><td>46</td><td>16</td><td>70</td><td>114</td></tr>
</table>

8.11.2 基本尺寸大于 80 mm 至 120 mm 的单头双极限卡规型式见图 54 所示，图示仅供图解说明；尺寸见表 50。

单位为毫米

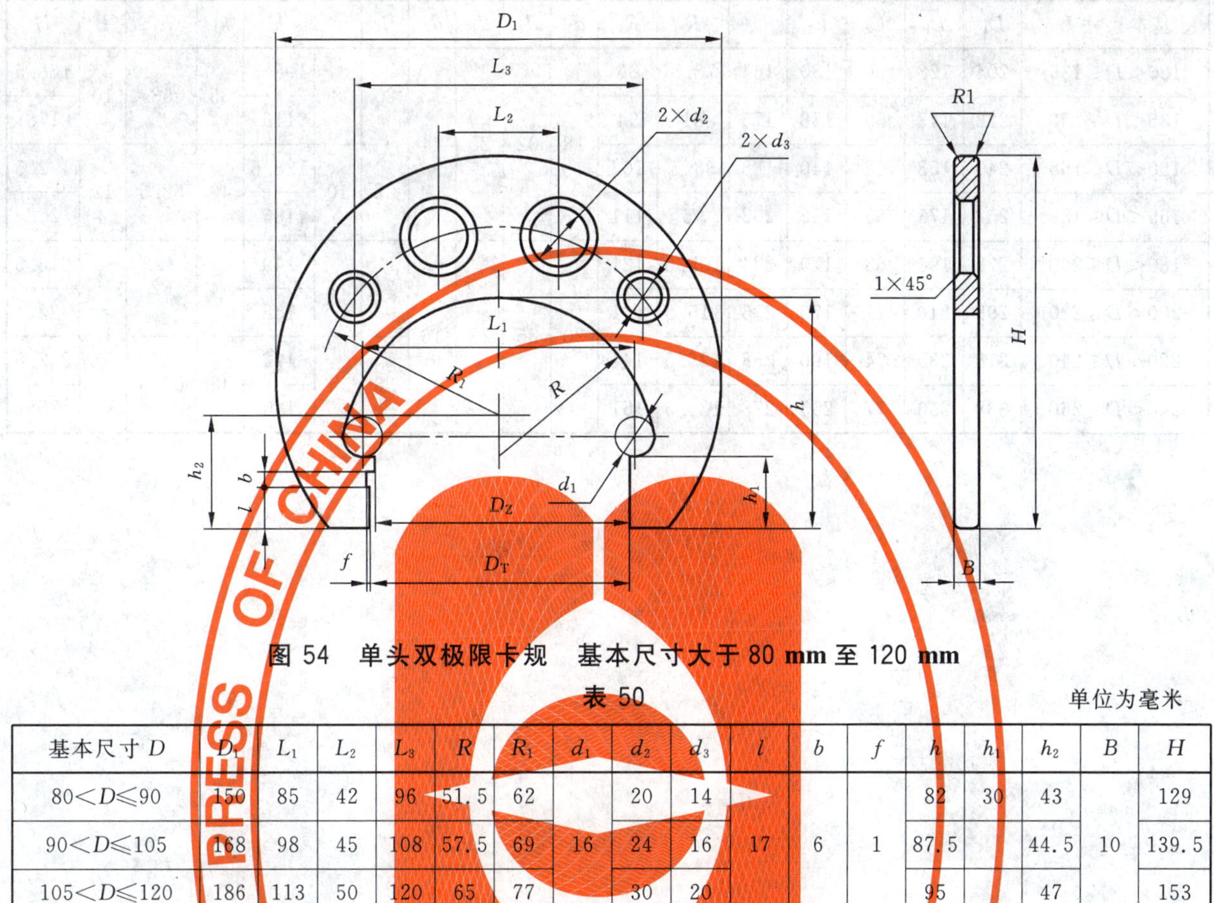

图 54　单头双极限卡规　基本尺寸大于 80 mm 至 120 mm

表 50

单位为毫米

基本尺寸 D	D_1	L_1	L_2	L_3	R	R_1	d_1	d_2	d_3	l	b	f	h	h_1	h_2	B	H
$80<D\leqslant 90$	150	85	42	96	51.5	62		20	14				82		43		129
$90<D\leqslant 105$	168	98	45	108	57.5	69	16	24	16	17	6	1	87.5	30	44.5	10	139.5
$105<D\leqslant 120$	186	113	50	120	65	77		30	20				95		47		153

8.11.3　基本尺寸大于 120 mm 至 260 mm 的单头双极限卡规型式见图 55 所示，图示仅供图解说明；尺寸见表 51。

单位为毫米

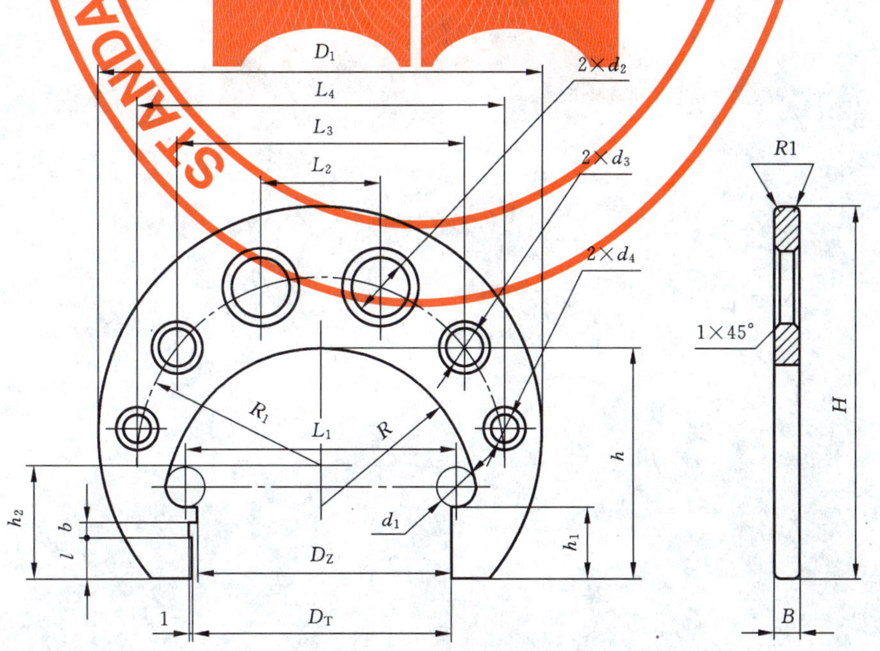

图 55　单头双极限卡规　基本尺寸大于 120 mm 至 260 mm

表 51

单位为毫米

<table>
<tr><th>基本尺寸 D</th><th>D_1</th><th>L_1</th><th>L_2</th><th>L_3</th><th>L_4</th><th>R</th><th>R_1</th><th>d_1</th><th>d_2</th><th>d_3</th><th>d_4</th><th>l</th><th>b</th><th>h</th><th>h_1</th><th>h_2</th><th>B</th><th>H</th></tr>
<tr><td>$120<D\leqslant 135$</td><td>204</td><td>128</td><td>56</td><td>130</td><td>164</td><td>73.5</td><td>86</td><td rowspan="4">18</td><td rowspan="4">32</td><td rowspan="4">25</td><td rowspan="4">14</td><td rowspan="2">20</td><td rowspan="2">8</td><td>108.5</td><td rowspan="2">35</td><td rowspan="2">53</td><td rowspan="2">10</td><td>168.5</td></tr>
<tr><td>$135<D\leqslant 150$</td><td>222</td><td>143</td><td>59</td><td>138</td><td>175</td><td>81</td><td>94</td><td>116</td><td>178</td></tr>
<tr><td>$150<D\leqslant 165$</td><td>240</td><td>158</td><td>62</td><td>140</td><td>188</td><td>88.5</td><td>102</td><td rowspan="2">22</td><td rowspan="2">10</td><td>128.5</td><td rowspan="2">40</td><td rowspan="2">58.5</td><td rowspan="2">12</td><td>192.5</td></tr>
<tr><td>$165<D\leqslant 180$</td><td>258</td><td>173</td><td>65</td><td>152</td><td>202</td><td>96</td><td>111</td><td>136</td><td>202</td></tr>
<tr><td>$180<D\leqslant 200$</td><td>278</td><td>190</td><td>68</td><td>170</td><td>224</td><td>105.5</td><td>121</td><td rowspan="4">20</td><td rowspan="4">35</td><td rowspan="4">28</td><td rowspan="4">16</td><td rowspan="2">24</td><td rowspan="2">12</td><td>149</td><td rowspan="2">44</td><td rowspan="2">62</td><td rowspan="4">14</td><td>216.5</td></tr>
<tr><td>$200<D\leqslant 220$</td><td>298</td><td>210</td><td>71</td><td>175</td><td>235</td><td>115.5</td><td>131</td><td>158</td><td>227</td></tr>
<tr><td>$220<D\leqslant 240$</td><td>318</td><td>230</td><td>74</td><td>190</td><td>258</td><td>125.5</td><td>141</td><td rowspan="2">28</td><td rowspan="2">14</td><td>172</td><td rowspan="2">48</td><td rowspan="2">66.5</td><td>242.5</td></tr>
<tr><td>$240<D\leqslant 260$</td><td>338</td><td>250</td><td>77</td><td>205</td><td>278</td><td>135.5</td><td>151</td><td>180</td><td>252</td></tr>
</table>

附 录 A
(规范性附录)
塞规测头锥柄及其手柄锥孔用锥度量规及检验方法

A.1 检验塞规测头锥柄及其手柄锥孔的锥度量规型式见图 A.1,尺寸见表 A.1。

单位为毫米

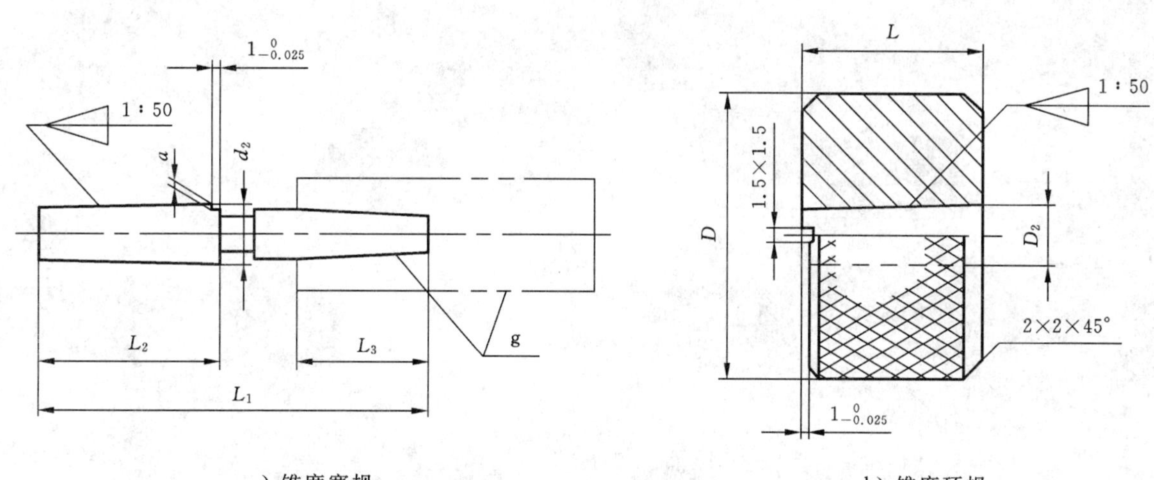

a) 锥度塞规　　b) 锥度环规

图 A.1 检验塞规测头锥柄及其手柄锥孔用锥度量规

表 A.1

单位为毫米

<table>
<tr><th rowspan="2">被检手柄或被检测头的锥柄号</th><th colspan="6">锥 度 塞 规</th><th colspan="3">锥 度 环 规</th></tr>
<tr><th>$d_{2\ -0.002}^{\ 0}$</th><th>L_1</th><th>$L_{2\ 0}^{+0.1}$</th><th>$L_{3\ 0}^{+0.1}$</th><th>a</th><th>g 锥度塞规锥柄及其手柄号</th><th>$D_{2\ -0.002}^{\ 0}$</th><th>L±0.025</th><th>D</th></tr>
<tr><td>1</td><td>2.51</td><td>28</td><td>11</td><td>10</td><td rowspan="2">0.4</td><td>1</td><td>2.51</td><td>11</td><td>16</td></tr>
<tr><td>2</td><td>4.01</td><td>32</td><td>13</td><td rowspan="2">12</td><td rowspan="2">2</td><td>4.01</td><td>13</td><td>22</td></tr>
<tr><td>3</td><td>5.51</td><td>35</td><td>16</td><td>0.5</td><td>5.51</td><td>16</td><td rowspan="3">32</td></tr>
<tr><td>4</td><td>7.01</td><td>45</td><td>21</td><td rowspan="2">15</td><td>0.7</td><td rowspan="2">3</td><td>7.01</td><td>21</td></tr>
<tr><td>5</td><td>9.01</td><td>50</td><td>23</td><td>1</td><td>9.01</td><td>23</td></tr>
<tr><td>6</td><td>12.01</td><td>55</td><td>25</td><td>20</td><td>2</td><td>4</td><td>12.01</td><td>25</td><td>38</td></tr>
<tr><td>7</td><td>16.01</td><td rowspan="2">60</td><td rowspan="2">26</td><td>22</td><td>3</td><td>5</td><td>16.01</td><td rowspan="2">26</td><td>45</td></tr>
<tr><td>10</td><td>21.01</td><td>24</td><td>4</td><td>6</td><td>21.01</td><td>50</td></tr>
<tr><td>11</td><td>24.01</td><td>65</td><td>28</td><td>26</td><td>5</td><td>7</td><td>24.01</td><td>28</td><td>55</td></tr>
</table>

A.2 当用锥度塞规检验手柄锥孔时,两者圆锥面应稳固接触,配合良好而无晃动,且手柄的每一端面应位于塞规的大端面和台阶面之间;当评定锥度精度时,将薄薄的一层打印蓝油涂于圆锥塞规测量面上接触配合后,观察其接触面积,若锥度有差异,则以大端直径接触为好。

A.3 当用锥度环规检验螺纹塞规测头锥柄时,两者圆锥面应稳固接触,配合良好而无晃动,且锥柄的小端面应位于环规的小端面和台阶面之间;当评定锥度精度时,将薄薄的一层打印蓝油涂于锥柄圆锥面上接触配合后,观察其接触面积,若锥度有差异,则以大端直径接触为好。

ICS 65.060.50
B 91

中华人民共和国国家标准

GB/T 10938—2008
代替 GB/T 10938—1989,GB/T 10939—2005

旋转割草机

Rotary mowers

2008-06-03 发布　　2009-01-01 实施

中华人民共和国国家质量监督检验检疫总局
中国国家标准化管理委员会　发布

前　言

本标准是对 GB/T 10938—1989《旋转割草机　术语》和 GB/T 10939—2005《旋转割草机　型式与基本参数》的合并修订，与 GB/T 10938—1989、GB/T 10939—2005 相比主要变化如下：

——将标准名称改为“旋转割草机”；

——将 GB/T 10938 的第 3、第 4、第 5 章整合为本标准的第 3 章；

——增加了第 6 章技术要求，第 7 章试验方法，第 8 章生产试验，第 9 章试验报告，第 10 章检验规则，第 11 章标志、包装、运输和贮存；

——增加了附录 A 内容。

本标准自实施之日起代替 GB/T 10938—1989 和 GB/T 10939—2005。

本标准附录 A 为资料性附录。

本标准由中国机械工业联合会提出。

本标准由全国农业机械标准化技术委员会归口。

本标准起草单位：中国农业机械化科学研究院呼和浩特分院。

本标准主要起草人：李秀荣、刘丽贞。

本标准所代替标准的历次版本发布情况为：

——GB/T 10938—1989；

——GB/T 10939—1989、GB/T 10939—2005。

旋转割草机

1 范围

本标准规定了旋转割草机的术语和定义、型式和型号、基本参数、技术要求、试验方法、检验规则、标志、包装、运输和贮存等要求。

本标准适用于以收获牧草为主的，刀片作水平圆周运动的旋转割草机。

2 规范性引用文件

下列文件中的条款通过本标准的引用而成为本标准的条款。凡是注日期的引用文件，其随后所有的修改单(不包括勘误的内容)或修订版均不适用于本标准，然而，鼓励根据本标准达成协议的各方研究是否可使用这些文件的最新版本。凡是不注日期的引用文件，其最新版本适用于本标准。

GB/T 5667 农业机械 生产试验方法

GB/T 9239.1—2006 机械振动 恒态(刚性)转子平衡品质要求 第1部分：规范与平衡允差的检验(ISO 1940-1:2003,IDT)

GB/T 13306 标牌

GB/T 19841 旋转割草机刀片 技术要求(GB/T 19841—2005,ISO 5718:2002,MOD)

JB/T 5673 农林拖拉机及机具 涂漆通用技术条件

JB 8520 旋转式割草机 安全要求

JB/T 8581 畜牧机械 产品型号编制规则

JB/T 9700 牧草收获机械 试验方法通则

3 术语和定义

下列术语和定义适用于本标准。

3.1 整机术语

3.1.1

旋转割草机 rotary mower

刀片绕立轴旋转，完成切割、铺放牧草作业的割草机。

3.1.2

滚筒式旋转割草机 drum rotary mower

装有由上部驱动的滚筒式旋转切割器的旋转割草机。

3.1.3

盘式旋转割草机 disc rotary mower

装有由下部驱动的盘式旋转切割器的旋转割草机。

3.1.4

混合式旋转割草机 rotary mower with discs and drums

以盘式旋转切割器和滚筒式旋转切割器组成切割装置的旋转割草机。

3.1.5

悬挂式旋转割草机 mounted rotary mower

悬挂在拖拉机上的旋转割草机。

3.1.5.1

前悬挂旋转割草机 front-mounted rotary mower

悬挂在拖拉机前方的旋转割草机。

3.1.5.2

后悬挂旋转割草机 rear-mounted rotary mower

悬挂在拖拉机后方的旋转割草机。

3.1.5.3

侧悬挂旋转割草机 side-mounted rotary mower

悬挂在拖拉机侧面的旋转割草机。

3.1.6

牵引式旋转割草机 towed rotary mower

用拖拉机牵引的旋转割草机。

3.2 主要零部件术语

3.2.1

切割装置 cutter device

由一个或多个旋转式切割器构成的组合体。

3.2.1.1

旋转式切割器 cutter means

装有刀片并作旋转运动切割牧草的部件。

3.2.1.1.1

滚筒式旋转切割器 drum cutter means

装有滚筒的旋转切割器。

3.2.1.1.2

盘式旋转切割器 disc cutter means

不带滚筒的旋转切割器。

3.2.1.2

刀片夹持器 blade retainer

能快速把刀片铰接在刀盘上并带动刀片随刀盘旋转的装置。

3.2.1.3

刀片 blade

直接切断牧草的零件。

3.2.1.4

刀盘 disc

安装刀片的盘状零件。

3.2.1.5

滚筒 drum

安装刀盘的筒状零件。

3.2.2

调节机构 adjustment mechanism

改变割草机工作部件状态以满足工作要求的装置。

3.2.2.1

割茬高度调节机构 adjustment mechanism for cutting height

改变旋转割草机切割牧草高度的装置。

3.2.2.2

缓冲弹簧　buffer spring

减少旋转割草机的接地压力，使其在升降时起省力、缓冲作用的弹簧。

3.2.2.3

起落机构　rise and fall mechanism

升、降切割装置的机构。

3.2.2.4

倾斜调节机构　adjustment mechanism for inclination angle

调节切割装置仰、俯角的机构。

3.2.3

传动机构　transmission mechanism

将拖拉机的动力传递到切割器的机构。

3.2.4

安全保护装置　safeguard device for safety

防止旋转割草机损坏、避免人员伤亡、保障旋转割草机正常工作的装置。

3.2.4.1

安全装置　safety device

当切割装置遇到障碍物时，保护旋转割草机不受损坏的机构。

3.2.4.2

传动防护装置　safeguard for transmission mechanism

将旋转割草机上的传动零、部件与外界分隔，避免造成人员伤亡的装置。

3.2.4.3

过载保护装置　over load safeguard

在传动系统中起超载保护作用的机构。

3.2.5

防护帘　cutting means enclosure

为挡住切割器抛出物，用帆布或其他材料做成的遮蔽物。

3.2.6

集草装置　grass catcher

将割倒的牧草和未割倒的牧草分开，为下趟作业提供无草地带的装置。

3.2.7

牵引架　hitch frame

与拖拉机牵引装置联接的杆件机构。

3.2.8

悬挂架　mounted frame

与拖拉机悬挂装置联接的杆件机构。

3.3　主要作业和技术特征术语

3.3.1

割草　cutting hay

将生长的牧草按收获工艺要求切断放于地面的过程。

3.3.2

割幅　cutting width

切割装置上刀尖运动轨迹之间的最大距离。

3.3.3

实际割幅　working width

割草机在工作时，垂直于机器前进方向切割牧草的实际宽度。

3.3.4

草趟　swath

割草机每工作一趟，放于地面上的割后草条。

3.3.5

草趟宽度　swath width

在垂直旋转割草机的前进方向上，草趟两边缘间的距离。

3.3.6

割茬高度　stubble height

牧草被切割后，留在地面上的茎秆高度。

3.3.7

漏割　miss cutting

割草机工作时，应割而未割的牧草。

3.3.8

漏割率　miss cutting rate

收割后未被切割牧草高于割茬部分的质量与取样面积内应收获牧草质量之比，其百分数为漏割损失率。

3.3.9

重割　recutting

割刀对牧草进行两次或两次以上的切割。

3.3.10

重割率　recutting rate

单位面积内无头草节质量与单位面积应收获牧草质量的百分比。

3.3.11

碎草　grass-crushing

7 cm 以下的草节为碎草。

3.3.12

碎草率　grass-crushing rate

全割幅范围的碎草质量与该范围内已割下的牧草质量之比为碎草率。

4　型式和型号

4.1　型式

4.1.1　按结构型式分为：

——盘式旋转割草机；

——滚筒式旋转割草机。

4.1.2　按旋转割草机与拖拉机的连接方式和相对位置分为：

a)　牵引式旋转割草机；

b)　悬挂式旋转割草机；

1）前悬挂旋转割草机；

2）后侧悬挂旋转割草机。

4.2 旋转割草机型号

产品型号的表示方法应符合 JB/T 8581 的规定。

5 基本参数

5.1 主参数

以割幅为主参数。

5.2 基本参数

基本参数应符合表 1 的规定。

表 1 基本参数

<table>
<tr><th>型式</th><th>割幅/
m</th><th>滚筒(刀盘)数</th><th>滚筒(刀盘)转速/
(r/min)</th><th>每个滚筒(刀盘)
上的刀片数</th><th>作业速度/
(km/h)</th></tr>
<tr><td rowspan="3">滚筒式旋转割草机</td><td>0.84</td><td>1</td><td>1 400～1 900</td><td rowspan="3">2～4</td><td rowspan="3">≤12</td></tr>
<tr><td>1.65</td><td>2</td><td rowspan="2">1 600～2 100</td></tr>
<tr><td>2.46</td><td>3</td></tr>
<tr><td rowspan="3">盘式旋转割草机</td><td>1.70</td><td>4</td><td rowspan="3">2 500～3 000</td><td rowspan="3">2～3</td><td rowspan="3">≤16</td></tr>
<tr><td>2.07</td><td>5</td></tr>
<tr><td>2.46</td><td>6</td></tr>
</table>

6 技术要求

6.1 一般技术要求

6.1.1 旋转割草机应符合本标准的规定,并按经规定程序批准的产品图样和技术文件制造。

6.1.2 所有零部件应经检验合格,外构件、协作件应有合格证方可进行装配。

6.1.3 在不影响产品性能和可靠性的情况下,允许采用代用材料,其机械性能、化学成分不低于图样的规定。

6.2 主要技术性能指标

在地面比较平坦、牧草不倒伏的条件下,旋转割草机的主要技术性能指标应符合表 2 的规定。

表 2 主要技术性能指标

序号	项　　目	性 能 指 标
1	每米割幅空载消耗轴功率/(kW/m)	≤3.5
2	每米割幅消耗总功率/(kW /m)	≤8.0
3	割茬高度/mm	≤70
4	重割率/%	≤1.5
5	超茬损失率/%	≤0.5
6	漏割损失率/%	≤0.25
7	首次无故障作业量/(hm^2/m)	≥70

6.3 安全技术要求

旋转割草机安全技术要求,应符合 JB 8520 的规定。

6.4 切割装置浮动量

旋转割草机的切割装置应能随地仿形,其相对于拖拉机轮子支承面的浮动量向上应不小于 200 mm,向下应不小于 100 mm。

6.5 滚筒式旋转切割器的静平衡

切割器应进行静平衡试验,不平衡量不应超过 GB/T 9239.1—2006 中规定的 G 16。

6.6 刀片

旋转割草机刀片应符合 GB/T 19841 的规定。

6.7 总装技术要求

6.7.1 空运转试验

旋转割草机在按使用说明书规定的额定转速下空运转 30 min 后,应符合下列要求:

a) 轴承座温升不超过 25℃;

b) 各联结件、紧固件无松动;

c) 运转平稳,无异常噪声;

d) 传动箱和液压升降系统等处无漏油。

6.7.2 润滑

各润滑点均应按规定注入适当的润滑油脂。

6.8 涂漆

整机外表面应涂底漆和面漆,漆层表面质量应按 JB/T 5673 中的规定。

6.9 防锈

旋转割草机贮存期间,对外露的金属表面,应有防锈措施,防锈期不少于一年。

7 试验方法

7.1 试验条件及试验前的准备

气象条件、地表条件、土壤条件、植物状况的确定以及试验要求和试验地的选择按 JB/T 9700 的规定。

试验所需的主要仪器、仪表和工具见附录 A。

7.2 性能试验

7.2.1 性能试验的目的是为了考核机器是否达到设计要求。

7.2.2 性能试验应在地势比较平坦,牧草生长具有代表性的地块进行。测区长不应小于 20 m,两头稳定区长分别不应小于 20 m。试验时,往返行程各测两次。为了消除边行或前机的影响,测定前应先收割一趟,然后开始测定。

7.2.3 在选定的试验田内,用取样框分别取 5 个样点,按照要求的割茬高度将牧草全部割下,将 5 个取样点上的牧草混合,称其质量 ,然后换算成单位面积平均收获牧草的质量。该质量即为单位面积应收牧草质量。

7.2.4 切割质量包括割幅、割茬高度、重割率、超茬损失率、漏割损失率及割后草条铺放宽度。

7.2.4.1 割幅的测定:每一行程在测区内等距测定不少于两处。计算其平均值,即为平均实际割幅。

7.2.4.2 割茬高度的测定:沿割幅方向在全割幅内测量。用 1 m 的钢直尺放在地面上,等间隔测 20 根以上,每一行程等间隔测两点。

7.2.4.3 重割率的测定:在测区内,全割幅范围内测定单位面积平均收获牧草中无头草节质量与单位面积应收牧草质量之比为重割率。每点沿机组前进方向测 0.5 m 长(割幅小于 2.5 m 的测 1 m 长),每一行程等间隔测两次。

$$S_c = \frac{Z_w}{G_y} \times 100 \qquad \cdots\cdots(1)$$

式中:

S_c——重割率,%;

Z_w——单位面积平均收获牧草中无头草节质量,单位为克每平方米(g/m²);

G_y——单位面积应收牧草质量，单位为克每平方米(g/m²)。

7.2.4.4 超茬损失率的测定：在测区内，实际割茬高于技术要求的割茬而造成的单位面积平均牧草损失质量与单位面积应收牧草质量之比，其百分数为超茬损失率。按式(2)计算：

$$S_z=\frac{G_z}{G_y}\times 100 \qquad \cdots\cdots(2)$$

式中：

S_z——超茬损失率，%；

G_z——单位面积超茬损失量，单位为克每平方米(g/m²)，($G_z=G_y-G_s$)；

G_s——单位面积实际收割牧草质量，单位为克每平方米(g/m²)。

7.2.4.5 漏割损失率的测定：在测区内，全割幅范围内测定未割牧草去掉割茬后的质量即单位面积漏割损失量。每点沿机组前进方向测 0.5 m 长(割幅小于 2.5 m 的测 1 m 长)，每一行程等间隔测两次。按式(3)计算漏割损失率：

$$S_L=\frac{G_L}{G_y}\times 100 \qquad \cdots\cdots(3)$$

式中：

S_L——漏割损失率，%；

G_L——单位面积漏割损失量，单位为克每平方米(g/m²)。

7.2.4.6 草条铺放宽度：在测区内等距测定三处，取其平均值为草条铺放宽度。

7.2.5 旋转割草机功率测定

7.2.5.1 旋转割草机空载功率测定

由传动轴输入动力的机器，总传动轴在额定转速下的机器空载功率消耗按式(4)计算：

$$N_k=\frac{M_k n}{9\,550} \qquad \cdots\cdots(4)$$

式中：

N_k——空载功率，单位为千瓦(kW)；

M_k——工作部件总传动轴平均空载扭矩，单位为牛米(N·m)；

n——工作部件总传动轴平均转速，单位为转每分(r/min)。

7.2.5.2 旋转割草机负载功率测定

旋转割草机在说明书规定的工作速度作业时，在其额定转速下测定的功率，按式(5)计算：

$$N_f=\frac{M_c n}{9\,550} \qquad \cdots\cdots(5)$$

式中：

N_f——负载功率，单位为千瓦(kW)；

M_c——工作部件总传动轴平均扭矩，单位为牛米(N·m)。

7.2.5.3 牵引功率消耗

旋转割草机平均牵引功率消耗按式(6)计算：

$$N_q=\frac{p_q v}{1\,000} \qquad \cdots\cdots(6)$$

式中：

N_q——牵引功率，单位为千瓦(kW)；

p_q——牵引力，单位为牛顿(N)；

v——机器工作速度，单位为米每秒(m/s)。

7.2.5.4 旋转割草机总功率消耗

旋转割草机作业时消耗的总功率按式(7)计算：

$$N = N_q + N_f \quad \cdots\cdots(7)$$

式中：

N——总功率，单位为千瓦(kW)。

7.2.5.5 **单位割幅消耗的功率**

单位割幅消耗的功率按式(8)计算：

$$N_d = \frac{N}{A_{gs}} \quad \cdots\cdots(8)$$

式中：

N_d——单位割幅消耗的功率，单位为千瓦每米(kW/m)；

N——总功率，单位为千瓦(kW)；

A_{gs}——平均实际割幅，单位为米(m)。

8 生产试验

生产试验按 GB/T 5667 执行。

生产试验的作业量：每米割幅不少于 80 hm^2。

9 试验报告

9.1 试验结束后，应将试验测定和观察的结果整理汇总，综合分析后写出试验报告(附有关照片)。

9.2 试验报告内容应包括：

a) 试验目的；

b) 试验样机的结构简介和技术特征；

c) 技术要求和试验条件；

d) 试验结果和分析；

e) 用户意见；

f) 存在问题和改进意见；

g) 结论意见。

10 检验规则

10.1 出厂检验

10.1.1 每台旋转割草机均应经制造厂技术检查部门检验合格后，方可出厂。

10.1.2 出厂检验项目应包括本标准的 6.7～6.9 和 11.1 规定的各项技术要求。

10.2 型式检验

10.2.1 有下列情况之一时，应进行型式检验：

a) 新产品或老产品转厂生产的试制定型鉴定；

b) 正式生产后，如结构、材料、工艺有较大改变，可能影响产品性能时；

c) 正常生产时，每三年进行一次型式检验；

d) 产品停产一年后，恢复生产时；

e) 国家质量监督机构提出进行型式检验要求时。

10.2.2 每批产品中抽检台数不少于 2 台。采用随机抽样方法。抽样母体不少于 16 台。

10.2.3 检验项目按对产品的影响程度分为 A 类、B 类和 C 类，见表 3。

表 3　检验项目分类表

类别	项次	检验项目	对应条款
A	1	每米割幅消耗总功率	6.2
	2	割茬高度	6.2
	3	首次无故障作业量	6.2
	4	安全技术要求	6.3
B	1	重割率	6.2
	2	超茬损失率	6.2
	3	漏割损失率	6.2
	4	切割装置浮动量	6.4
	5	滚筒式旋转切割器的静平衡	6.5
	6	运转平稳性	6.7.1
	7	轴承座温升	6.7.1
	8	各联接、紧固件的联接可靠性	6.7.1
	9	漏油	6.7.1
C	1	每米割幅空载消耗轴功率	6.2
	2	各润滑点的润滑	6.7.2
	3	涂漆质量	6.8
	4	防锈	6.9
	5	产品标志	11.1

10.3　判定规则

抽样检验的合格判定按表 4 规定进行，表中 AQL 为可接受质量限，Ac 为接受数，Re 为拒收数。被检样品的 A、B、C 各项目不合格数均不超过相应的可接受质量限，方可判定被检样机合格，否则判定为不合格。

表 4　抽样判定表

不合格分类	A	B	C
样本数	2		
项目数	4	9	5
AQL	6.5	25	40
Ac　Re	0　1	1　2	2　3

11　标志、包装、运输、贮存

11.1　标志

应在每台旋转割草机的明显部位固定产品标牌，标牌应符合 GB/T 13306 的规定。标牌上应注明：

a)　制造厂名；

b)　产品型号或标记；

c)　产品名称；

d)　制造日期或出厂编号；

e)　主要技术参数；

f） 产品执行标准编号。

11.2 包装、运输

11.2.1 旋转割草机的包装应按制造厂与定货单位的协议。应保证旋转割草机在运输中完好无损，并符合交通运输管理部门的有关规定。

11.2.2 旋转割草机分装出厂时，则应按使用说明书的要求进行包装。

11.2.3 随机文件应包括：

a） 质量检验合格证；

b） 使用说明书；

c） 装箱清单；

d） 用户意见反馈单。

11.3 贮存

旋转割草机应贮存在不受曝晒和雨雪淋湿的场地，对于长期存放超过防锈期的旋转割草机。应再次采取防锈措施。

附 录 A
（资料性附录）
试验所需的主要仪器、仪表和工具

序号	仪 器 名 称	数量
1	土壤静载时承压仪	1台
2	土壤水分测定仪	1台
3	烘干箱	1台
4	秒表	2块
5	天平(感量0.1 g)	1台
6	杆秤	1杆
7	弹簧秤	1个
8	测角仪	1个
9	游标卡尺	1把
10	50 m皮尺	1个
11	2 m钢卷尺	2个
12	钢板尺(30 cm)	1把
13	钢板尺(1 m)	1把
14	100 m测绳	1根
15	照相机	1架
16	标杆	10根
17	指挥旗、口哨	各1个
18	剪刀	2把
19	铝盒	10个
20	计算器	1个
21	样方框	1个
22	测定功率及牵引的有关仪器	

ICS 65.060.50
B 91

中华人民共和国国家标准

GB/T 10940—2008
代替 GB/T 10940—2005,GB/T 15372—1994,GB/T 15373—1994

往复式割草机

Reciprocation type grass cutter

2008-06-03 发布　　2009-01-01 实施

中华人民共和国国家质量监督检验检疫总局
中国国家标准化管理委员会　发布

前　言

本标准是对 GB/T 10940—2005《往复式割草机　型式与基本参数》、GB/T 15372—1994《往复式割草机　术语》和 GB/T 15373—1994《往复式割草机　技术条件》的合并修订，主要变化如下：

——将标准名称改为“往复式割草机”；

——对个别术语的英文作了修改；

——增加了“无头草节”术语；

——增加了技术要求中性能指标的要求；

——删除了原标准中割草机护刃器梁、割刀刀头、内滑掌材料的规定；

——删除了出口的割草机做加载运转试验和加大压刃器对刀片的压力作为模拟试验的检验；

——增加了空运转检验项目：

——修改了抽样方案与判定规则内容；

——增加了割草机“润滑点、传动系统、调节部位”的标注。

本标准自实施之日起代替 GB/T 10940—2005、GB/T 15372—1994 和 GB/T 15373—1994。

本标准由中国机械工业联合会提出。

本标准由全国农业机械标准化技术委员会归口。

本标准起草单位：中国农业机械化科学研究院呼和浩特分院。

本标准主要起草人：李秀荣，高晨鸣。

本标准所代替标准的历次版本发布情况为：

——GB/T 10940—2005；

——GB/T 15372—1994；

——GB/T 15373—1994。

往复式割草机

1 范围

本标准规定了往复式割草机的术语、型式、型号和基本参数、技术要求、试验方法与检验规则、标志、包装、运输和贮存。

本标准适用于与拖拉机配套的往复式割草机。

2 规范性引用文件

下列文件中的条款通过本标准的引用而成为本标准的条款。凡是注日期的引用文件，其随后所有的修改单(不包括勘误的内容)或修订版均不适用于本标准，然而，鼓励根据本标准达成协议的各方研究是否可使用这些文件的最新版本。凡是不注日期的引用文件，其最新版本适用于本标准。

GB/T 1209—2002 农业机械 切割器

GB/T 10938—2008 旋转割草机

GB/T 13306 标牌

JB/T 5673 农林拖拉机及机具涂漆 通用技术条件

JB/T 7862.1—2001 农业机械切割器的护刃器

JB/T 7862.2—2001 农业机械切割器的动刀片、定刀片及刀杆

JB/T 7862.3—2001 农业机械切割器的压刃器

JB/T 7862.4—2001 农业机械切割器的摩擦片

JB/T 8581 畜牧机械 产品型号编制规则

JB/T 8836 往复式割草机 安全技术要求

3 术语

GB/T 10938—2008 确定的以及下列术语和定义适用于本标准。

3.1 整机术语

3.1.1

往复式割草机 reciprocating cutter bar mower

割刀作往复式运动的割草机。

3.1.2

畜力割草机 horse-drawn reciprocating cutter bar mower

畜力作动力的往复式割草机。

3.1.3

牵引往复式割草机 trailed reciprocating cutter bar mower

用拖拉机牵引进行割草的往复式割草机。

3.1.4

半悬挂往复式割草机 semi-mounted reciprocating cutter bar mower

悬挂在拖拉机上的往复式割草机，其部分重量由行走轮支承。

3.1.5

悬挂往复式割草机 mounted reciprocating cutter bar mower

悬挂在拖拉机上的往复式割草机，其重量全部由拖拉机承担。

3.1.5.1

前悬挂往复式割草机　front mounted reciprocating cutter bar mower

悬挂在拖拉机前方的往复式割草机。

3.1.5.2

后悬挂往复式割草机　rear-mounted reciprocating cutter bar mower

悬挂在拖拉机后侧方的往复式割草机，一般为右侧式。

3.1.5.3

侧悬挂往复式割草机　side mounted reciprocating cutter bar mower

悬挂在拖拉机侧面的往复式割草机，切割器在前后轴之间。

3.2　主要零部件术语

3.2.1

传动机构　transmission mechanism

将动力经动力输出轴传递到切割器的机构。

3.2.2

曲柄连杆机构　crank pitman mechanism

把旋转运动转变为割刀往复运动的机构。

3.2.3

切割装置　cutter device

完成割草，并将割后牧草铺放成草趟的装置。

3.2.3.1

切割器　cutter bars

装有刀片并作往复运动完成切割牧草的部件。

3.2.3.1.1

割刀　sickle

全部动刀片与刀杆的组件。

3.2.3.1.2

护刃器梁　finger beam

安装切割器零部件的零件。

3.2.3.1.3

护刃器　guard

保护割刀，安装定刀片或兼有切割、支承的零件。

3.2.3.1.4

定刀片　ledger plate

铆接在护刃器上，与动刀片构成切割副，对牧草进行切割的零件。

3.2.3.1.5

动刀片　sickle section

铆接在刀杆上，与定刀片构成切割副，对牧草进行切割的零件。

3.2.3.1.6

压刃器　knife clip

固定在护刃器梁上，保持动刀片与定刀片的规定间隙以保证顺利切割的零件。

3.2.3.1.7

刀杆　knife back

安装动刀片和刀头的零件。

3.2.3.1.8

刀头　knife head

传动装置与割刀联结的零件。

3.2.3.1.9

摩擦片　wearing plate

支撑割刀与刀杆构成摩擦副。

3.2.3.1.10

滑掌　shoe like runner

支撑切割器两端、工作时支持切割器沿地面滑行的零件。

3.2.3.2

挡草板　grass board

将割倒的牧草与未割牧草分开，将割后草推向内侧，为下趟作业提供无草地带的装置。

3.2.4

调整装置　adjustment device

改变工作部件的工作状态和位置，以满足各种不同工作要求的装置。

3.2.4.1

倾斜调整机构　adjustment for angle of declination

调节切割器在前进方向上相对于地面的倾斜角度的机构。

3.2.4.2

滑板　adjustable shoe sole

安装在滑掌底面，与地面接触并滑动，有调节割茬高度功能的零件。

3.2.5

安全装置　safety device

防止割草机损坏、避免人身伤害、保障机具正常工作的装置。

3.2.5.1

传动防护装置　safeguard mechanism

保证传动可靠和保障人机安全的装置。

3.2.5.2

牵引安全装置　overload safeguard

割草机工作时，当前进阻力过大，使切割器与拖拉机脱开，保护割草机不受损坏的装置。

3.2.5.3

锁定装置　securing rod

割草机在运输状态时，支持和锁定切割器的部件。

3.2.6

起落机构　mower rise and fall mechanism

使切割器及时起落，以实现其仿形、越障、运输等不同位置的机构。

3.2.7

缓冲弹簧　buffer spring

用以调节滑掌接地压力的弹簧。

3.2.8

牵引架　hitch frame

与拖拉机牵引装置连接的杆件机构，也是悬挂割草机的机架。

3.2.9

悬挂架 mounted frame

与拖拉机悬挂装置连接的杆件机构。

3.3 主要作业术语

3.3.1

仿形性 profiling performance

切割器适应地面起伏的性能。

3.3.2

切割器前伸量 alignment of cutter bar

切割器外端比内端向机器前进方向调整的提前量。

3.3.3

切割器的对中 registration of cutter bar

割刀在两极端位置时,动刀片中心线与护刃器中心线重合的过程。

3.3.4

割草 mowing

将生长的牧草切断并铺放于地面的过程。

3.3.5

实际割幅 working mowing width

割草机在工作时,切割牧草的实际宽度。

3.3.6

草趟 swath

割草机每工作一趟,铺放于地面上的割后牧草。

3.3.7

草趟宽度 width

在垂直机器前进方向上,草趟两边缘间的距离。

3.3.8

割茬高度 stubble height

牧草被切割后,留在地面上的茎秆高度。

3.3.9

漏割 miss cutting

割草机工作时,应割而未割的牧草。

3.3.10

重割 recutting

割刀对牧草进行两次或两次以上的切割。

3.3.11

无头草节 part of non-top grass

没有顶端的牧草段。

3.3.12

重割率 recutting rate

单位面积内,无头草节质量与应收获牧草质量的百分比。

3.3.13

漏割率 miss cutting rate

单位面积内,收割后未被切割牧草高于割茬部分的质量与应收牧草质量的百分比。

4 型式

按照往复式割草机与拖拉机的连接方式分为以下几种。

4.1 悬挂往复式割草机

a) 前悬挂往复式割草机;

b) 后侧悬挂往复式割草机。

4.2 半悬挂往复式割草机

4.3 牵引往复式割草机

5 型号和基本参数

5.1 型号

往复式割草机型号的表示方法应符合 JB/T 8581 的规定。

5.2 割幅

往复式割草机以割幅为主参数,数值系列应符合表 1 的规定。

表 1 割 幅

单位为米

主参数	数值系列						
割 幅	1.1	1.4	2.1	2.8	4.0	5.4	6.0

5.3 工作速度与生产率

工作速度、生产率应符合表 2 的规定。

表 2 工作速度与生产率

参数		数值系列						
割幅/m		1.1	1.4	2.1	2.8	4.0	5.4	6.0
悬挂式	工作速度/(km/h)	3~7	6~7	7~10	7~10	—	—	7~10
	生产率/(hm^2/h)	0.3~0.7	0.8~1	1.5~2	2~2.8	—	—	4.2~5.4
半悬挂式	工作速度/(km/h)	—	—	6~7	—	—	—	—
	生产率/(hm^2/h)	—	—	1.2~1.4	—	—	—	—
牵引式	工作速度/(km/h)	—	—	4~6	7~10	8~9	8~9	—
	生产率/(hm^2/h)	—	—	1	2~2.8	3.2~3.6	4.3~4.8	—

6 技术要求

6.1 一般技术要求

6.1.1 往复式割草机应符合本标准的要求,并按规定程序批准的图样和技术文件制造。

6.1.2 往复式割草机型式与基本参数应符合本标准的相关规定。

6.1.3 往复式割草机的安全要求应符合 JB/T 8836 的规定。

6.1.4 切割器的型式应符合 GB/T 1209—2002 中Ⅰ型的规定。

6.2 主要性能指标和可靠性指标

在地形、牧草生长状况符合试验条件的情况下,往复式割草机的主要性能指标和可靠性指标应符合表 3 的规定。

表 3 主要性能指标和可靠性指标

序号	项目	指标
1	割茬高度/ mm	≤70
2	漏割率/ %	≤0.5
3	超茬损失率/ %	≤0.35
4	重割率/ %	≤0.8
5	每米割幅空载功率消耗/ (kW/m)	≤0.9
6	每米割幅总功率消耗/ (kW/m)	≤1.5
7	首次无故障作业量/ (hm^2/m)	≥70
8	轴承温升/ ℃	空运转 30 min 后,各部位轴承温升不大于 25℃

6.3 切割器的主要零件

6.3.1 切割器的护刃器应按 JB/T 7862.1—2001 规定的Ⅰ型制造。

6.3.2 动刀片、定刀片和刀杆应按 JB/T 7862.2—2001 规定的Ⅰ型制造。

6.3.3 压刃器应按 JB/T 7862.3—2001 规定的Ⅰ型制造。

6.3.4 摩擦片应按 JB/T 7862.4—2001 规定的Ⅰ型制造。

6.3.5 护刃器梁长度等于或大于 2 m 时,需进行挠曲试验,将其较宽的一端固定,在另一端加负荷,使其挠度达到全长的 5%,保持 3 min,当负荷消除后,不允许有残余变形。

6.4 切割器装配

6.4.1 动刀片应牢固紧密地铆接在刀杆上。其接触面之间的局部间隙不大于 0.1 mm,但铆合处不允许有间隙。

6.4.2 铆在刀杆上的各动刀片的工作面应在同一平面上,其平面度公差不大于 0.5 mm。

6.4.3 定刀片应牢固紧密地铆接在护刃器上。其接触面之间的局部间隙不大于 0.5 mm,但铆合处不允许有间隙,铆钉头不允许高出定刀片表面。

6.4.4 定刀片的刃口应均匀伸出护刃器两边,其对称度公差不大于 2 mm。

6.4.5 护刃器应牢固紧密地装配在护刃器梁上,其接触面之间的局部间隙不大于 0.3 mm。

6.4.6 相邻两护刃器侧翼应贴合,其间隙不大于 0.5 mm。

6.4.7 相邻两护刃器尖端的位置度不大于 5 mm。

6.4.8 在装好的切割器中,依次测量相邻三个定刀片工作面,其平面度公差不大于 0.5 mm。

6.4.9 内外滑掌应牢固紧密地装配在护刃器梁上,其接触面的局部间隙不大于 1 mm。

6.4.10 压刃器与动刀片之间的间隙不大于 0.5 mm。

6.4.11 割刀处于切割器上两个极端位置时，动刀片中心线与护刃器中心线应重合，其偏差不大于 5 mm。

6.4.12 切割器中割刀上的动刀片中心线与定刀片中心线重合时，动刀片前端应与定刀片接触，允许有不大于 0.5 mm 的间隙；允许后端间隙不大于 1.5 mm，但其数量不得超过全部刀片数量的 1/3。

6.4.13 切割器装好后，用手推拉割刀应能运动自如，不得有卡滞现象。

6.4.14 割草机切割器应设有倾斜调节机构，仰俯角的调节范围各不小于 9°；地轮驱动的割草机仰角不小于 8°，俯角不小于 2.5°。

6.5 总装

6.5.1 割草机应设有调节滑掌对地面作用力的装置。内滑掌对地面作用力应为 200 N～350 N，外滑掌对地面作用力应为 100 N～200 N。

6.5.2 割草机工作时，切割器应能适应地面起伏，其升降范围应符合下述规定：

a) 悬挂割草机的切割器，相对拖拉机轮的支撑面，上升或下降均不小于 180 mm；

b) 牵引割草机或半悬挂割草机的切割器，相对于割草机轮或拖拉机轮的支撑面，上升不小于 200 mm，下降不小于 150 mm；

c) 地轮驱动的割草机的切割器，相对于驱动轮的支撑面上升不小于 200 mm，下降不小于 100 mm。

6.5.3 当割草机的起落机构提升切割器至最大升量时，内滑掌最低点相对于支撑面的提升高度不小于 200 mm。

6.5.4 割草机的切割器外端应前伸，与前进方向垂直的夹角应不小于 1°。

6.5.5 挡草板应使外滑掌中心线向内 300 mm 区域中无割后牧草。当外滑掌升起时，应设有限制挡草板向下旋转的装置。

6.5.6 固定护刃器的螺栓凸出螺母部分不得超过两个螺距，也不得低于螺母。拧紧螺母后，螺栓应牢固可靠。

6.5.7 在明显处标注割草机的润滑点、传动系统、调节部位等。

6.5.8 割草机涂漆应符合 JB/T 5673 的规定。

6.6 割草机总装以后，空运转 30 min 后，应满足以下要求：

a) 割草机各部件运转正常、平稳，不应有碰撞和异常声响；

b) 连接件、紧固件连接必须牢靠，各运转部位间隙正常；

c) 轴承部位温升不大于 25℃；

d) 各密封部位不应有漏油现象。

7 试验方法与检验规则

7.1 试验方法

往复式割草机的试验按 GB/T 10938—2008 中的有关规定进行。

7.2 检验规则

产品检验分出厂检验和型式检验。

7.2.1 出厂检验

7.2.1.1 每台割草机均应经制造厂检验部门检验合格，签发产品质量合格证方可出厂。

7.2.1.2 出厂检验项目应按本标准的 6.1.3、6.5.8、6.5.9、6.6 执行。

7.2.2 **型式检验**

遇有下列情况之一时，产品应进行型式检验：

a) 新产品或老产品转厂生产的试制定型鉴定；

b) 正式生产后，如产品结构、材料、工艺有较大的改变，可能影响产品性能时；

c) 正常生产时三年进行一次型式检验；

d) 产品停产二年后，恢复生产时；

e) 国家质量监督机构提出进行型式检验时。

7.2.3 **抽样方法**

每批产品中抽样台数不少于2台。采用随机抽样方法。抽样母体不少于16台。

7.2.4 **检验项目分类**

检验项目按其对产品的影响程度分为A类、B类和C类，检验项目分类见表4。

表4 检验项目分类表

类别	项 序	项 目 名 称	对应条款
A	1	割茬高度	6.2
	2	安全要求	6.1.3
	3	可靠性	6.2
B	1	重割率	6.2
	2	漏割率	6.2
	3	超茬损失率	6.2
	4	密封性	6.6
	5	每米割幅总功率消耗	6.2
	6	每米割幅空载功率消耗	6.2
	7	轴承温升	6.6
C	1	运转平稳性	6.6
	2	涂漆质量	6.5.8
	3	标注及标志	6.5.7、8.1
	4	包装	8.2

7.2.5 **判定规则**

抽样检验合格判定按表5规定进行，表中AQL为可接收质量限，Ac为接收数，Re为拒收数。被检样机的A、B、C各类项目不合格数均不超过相应的可接受质量限，方可判定被检样机合格。否则判定为不合格。

表5 抽样判定表

不合格分类	A		B		C	
样本数	2					
项目数	3		7		4	
AQL	6.5		25		40	
Ac Re	0	1	1	2	2	3

8 标志、包装、运输和贮存

8.1 标志

割草机需在明显处固定产品标牌，标牌应符合 GB/T 13306 的规定，内容包括：

a) 产品型号、名称；

b) 制造厂名称；

c) 产品出厂编号和出厂日期；

d) 产品主要技术参数；

e) 产品执行标准编号。

8.2 包装

8.2.1 每台割草机应在适合运输、装卸及保证产品完整不受损坏的条件下，选择适当的材料进行包装。

8.2.2 随机提供的附件、备件及工具应齐全，并附有：

a) 产品质量合格证；

b) 产品使用说明书；

c) 装箱清单；

d) 产品质量用户意见反馈单。

有特殊要求的，应符合用户订货单的要求。

8.3 运输

在保证产品安全、不损坏和不丢失随机物品的情况下，可采用任何方式运输。

8.4 贮存

割草机可整机存放于干燥、无腐蚀气体的仓库或遮棚内，也可拆成若干部分存放，各滑动配合部分应涂防锈油。

ICS 29.100.01
K 30

中华人民共和国国家标准化指导性技术文件

GB/Z 10962—2008
代替 GB/T 10962—1989

机床电器可靠性通则

General rules of reliability for machine tool electrical components

2008-06-30 发布 2009-04-01 实施

中华人民共和国国家质量监督检验检疫总局
中国国家标准化管理委员会 发布

前 言

本指导性技术文件代替GB/T 10962—1989《机床电器可靠性通则》，本指导性技术文件与GB/T 10962—1989相比主要变化如下：

——“1 范围”中明确了本标准适用于机床用接触器式继电器、机床用接触器、机床用行程开关、机床用按钮等带有触头的机床电器元件；

——将原标准中“4 分类和特性参数”和“5 技术要求”改为“4 可靠性指标”；

——将原标准试验方法的序号6改为5，删除了原标准试验方法中与可靠性无关的内容，增加了试品的检测与失效判据等内容；

——删除了原标准中与可靠性无关的“7 检验规则”和“8 制造厂提供的文件、资料”及“附录A”等内容，增加了“6 可靠性验证试验方案及试验程序”和“7 试验记录与试验报告”等内容。

本指导性技术文件的附录A为资料性附录。

本指导性技术文件由中国电器工业协会提出。

本指导性技术文件由全国低压电器标准化技术委员会(SAC/TC 189)归口。

本指导性技术文件负责起草单位：河北工业大学、上海电器科学研究所(集团)有限公司。

本指导性技术文件主要起草人：陆俭国、季慧玉、苏秀苹、陈晓东。

本指导性技术文件所代替标准的历次版本发布情况为：

——GB/T 10962—1989。

机床电器可靠性通则

1 范围

本指导性技术文件规定了机床电器元件(简称机床电器)的可靠性指标及可靠性验证试验的一般要求和方法,包括机床电器元件的可靠性等级、试验方法、可靠性验证试验方案及试验程序等。

本指导性技术文件适用于机床用接触器式继电器、机床用接触器、机床用行程开关、机床用按钮等带有触头的机床电器元件,也可供机床用微动开关等其他带有触头的机床电器元件进行可靠性验证试验时参照使用。

2 规范性引用文件

下列文件中的条款通过本指导性技术文件的引用而成为本指导性技术文件的条款。凡是注日期的引用文件,其随后所有的修改单(不包括勘误的内容)或修订版均不适用于本指导性技术文件,然而,鼓励根据本指导性技术文件达成协议的各方研究是否可使用这些文件的最新版本。凡是不注日期的引用文件,其最新版本适用于本指导性技术文件。

GB/T 2900.18—2008 电工术语 低压电器

GB/T 3187—1994 可靠性、维修性术语(idt IEC 60191-1:1991)

GB/T 5080(所有部分) 设备可靠性试验(idt IEC 60605)

GB 14048.1—2006 低压开关设备和控制设备 总则(IEC 60947-1:2001,MOD)

GB 14048.4—2003 低压开关设备和控制设备 机电式接触器和电动机控制器(IEC 60947-4-1:2000,IDT)

GB 14048.5—2008 低压开关设备和控制设备 第5-1部分:控制电路电器和开关元件 机电式控制电路电器(IEC 60947-5-1:2003,MOD)

GB 14048.6—1998 低压开关设备和控制设备 接触器和电动机起动器 第2部分:交流半导体电动机控制器和起动器(idt IEC 60947-4-2:1995),附正件1:1997

GB/T 19334—2003 低压开关设备和控制设备的尺寸 在成套开关设备和控制设备中作电器机械支承的标准安装轨(IEC 60715:1981,IDT)

3 术语和定义、符号

3.1 术语和定义

GB/T 2900.18—2008、GB/T 3187—1994、GB/T 5080、GB 14048.1—2006、GB 14048.4—2003、GB 14048.5—2008 和 GB 14048.6—1998 中确立的有关术语和定义适用于本指导性技术文件。

本指导性技术文件中,有关可靠性量值的“时间”单位,可用“次数”替代。

3.2 符号

A_c——合格判定数(允许失效数);

n——试品数;

r——相关失效数;

r_c——截尾失效数($r_c=A_c+1$);

T——累积相关试验时间;

T_c——截尾时间(全部试品要达到的试验总时间);

t_z——(单台试品)试验截止时间;

U_f——触头分断时触点间的电压;

U_j——触头接通时其两引出端间的电压降；

λ——失效率；

λ_{max}——规定失效率等级的最大失效率。

4 可靠性指标

机床电器元件采用失效率λ为其可靠性特征量，并按其最大失效率的数值分为亚四级、四级、亚五级、五级、亚六级、六级、亚七级和七级等八个失效率等级。失效率等级的名称、符号和最大失效率列于表1。

表1 失效率等级名称、符号和最大失效率

失效率等级名称	失效率等级符号	最大失效率 λ_{max} 1/(10次)
亚四级	YS	3×10^{-4}
四级	S	10^{-4}
亚五级	YW	3×10^{-5}
五级	W	10^{-5}
亚六级	YL	3×10^{-6}
六级	L	10^{-6}
亚七级	YQ	3×10^{-7}
七级	Q	10^{-7}

5 试验方法

5.1 试验条件

5.1.1 环境条件

试验在GB 14048.1—2006规定的正常使用条件下进行：

——温度：−5 ℃～+40 ℃，且24 h内的平均温度不超过+35 ℃；

——相对湿度：最高温度为+40 ℃，空气的相对湿度不超过50%，在较低温度下可以允许有较高的相对湿度，20 ℃时可达90%。

或按被试产品标准或技术条件规定的使用环境条件下进行。

5.1.2 安装条件

a) 试品应按正常使用的位置安装；

b) 试品应安装在无显著摇动和冲击振动的地方；

c) 试品的安装面与垂直面的倾斜度应符合产品标准或技术条件的规定；

d) 对于采用安装轨安装的机床电器元件，安装轨应符合GB/T 19334—2003的规定。

5.1.3 试验电源条件

a) 波形：正弦波，波形畸变因数不大于5%；

b) 频率：50 Hz或60 Hz，允许偏差为±5%。

5.1.4 触头回路条件

a) 为检测触头是否正常工作，可将触头接入检测线路，成为触头回路；

b) 触头回路的电源可采用直流24 V(或12 V)，也可采用产品标准规定的工作电压，相应的触头回路的电流为1 A(或0.1 A)；

c) 触头回路的负载可采用阻性负载；

d) 试验中，当触头接通负载时，触头回路电源电压的波动相对于空载电压而言应不大于5%。

5.1.5 操作条件

5.1.5.1 操作

具有电磁线圈的机床用接触器式继电器、机床用接触器等机床电器元件试验时，试品应以输入激励量的额定值进行激励；而对于机床用按钮、机床用行程开关等机床电器元件则用手或操作机构进行操作。

5.1.5.2 每小时操作循环次数

试验时试品每小时的操作循环次数不低于产品标准中规定的额定值。为缩短试验时间，在不影响试品正常动作及不改变试品失效机理的条件下，允许提高每小时操作循环次数。

5.1.5.3 通电持续率

对于机床用接触器式继电器、机床用接触器等机床电器元件的通电持续率应根据产品标准选取，或从下列推荐数值中选取：15%，25%，40%，60%。

5.2 试品的抽取

a) 试品应从稳定的工艺条件下批量生产的并经出厂检验合格的产品中随机抽取；

b) 试品数 n 由试验方案决定[见 6.2.1 中 e)项的公式(1)]；

c) 供抽样的产品应不少于被抽取试品数的 10 倍。

5.3 试品的检测

5.3.1 试验前检测

试验前先对试品进行检测，检查试品的零部件有无损坏、变形、断裂等，剔除零部件损坏、变形、断裂者，并按规定补足试品数，剔除掉的试品不计入相关失效数 r 内。

5.3.2 试验中检测

试验中，应对试品的触头在每次操作循环的“接通”期的 40%时间内与“分断”期的 40%时间内，监测触头接通时其两引出端间的电压降与触头分断时触点间的电压。

试验中不允许对试品进行清理和调整。

对于机床用接触器式继电器、机床用接触器等机床电器元件，试验中当某试品出现下列任一种情况时，即认为该试品失效。

a) 触头接通时其两引出端间的电压降 U_j 超过触头回路电源电压的 10%，即 2.4 V(或 1.2 V)；

b) 触头分断时触头间的电压 U_f 低于触头回路开路电压的 90%，即 21.6 V(或 10.8 V)；

c) 线圈通电时不吸合；

d) 线圈断电后不释放；

e) 零部件有破坏性损坏，零部件松动；

f) 机械运动阻滞、卡死；

g) 有明显的噪声(噪音是因为短路环、铁芯等损坏性故障引起的)；

h) 触头发生熔焊或其他形式的粘接。

对于机床用按钮、机床用行程开关等机床电器元件，试验中当某试品出现下列任一种情况时，即认为该试品失效。

a) 触头接通时其两引出端间的电压降 U_j 超过触头回路电源电压的 10%，即 2.4 V(或 1.2 V)；

b) 触头分断时触头间的电压 U_f 低于触头回路开路电压的 90%，即 21.6 V(或 10.8 V)；

c) 零部件有破坏性损坏，零部件松动；

d) 机械运动阻滞、不灵活、其可动部分卡住或停留在中间位置；

e) 触头发生熔焊或其他形式的粘接。

5.3.3 试验后检测

对于机床用接触器式继电器、机床用接触器等机床电器元件，在试验后应检测下列项目：

a) 零部件有无破损、断裂；

b) 吸合电压;

c) 释放电压。

对于机床用按钮、机床用行程开关等机床电器元件,在试验后仅需检查零部件有无破损、断裂。

试品在试验后检测中,任一项目的检测结果不符合产品标准的规定,即认为该试品失效。其失效时间按试验结束时的循环次数计算,失效数为1。

5.4 试验装置

应采用合适的可靠性试验装置,它应满足以下要求:

a) 能实现逐次监测;

b) 当试品失效时,试验装置应具有自动停机、记录失效试品编号及失效时间(失效发生时的试验次数)及记录输出功能。

推荐采用微机进行控制、检测的可靠性试验装置,也可采用其他合适的试验装置。

6 可靠性验证试验方案及试验程序

6.1 可靠性验证试验方案

机床电器元件的可靠性验证试验又可称为失效率试验,失效率试验分为失效率定级试验,维持试验和升级试验。定级试验是指首次确定产品的失效率等级而进行的试验,或在某一失效率等级的维持试验或升级试验失败后,对产品重新确定其失效等级而进行的试验;维持试验是指为证明产品的失效率等级仍不低于定级试验或升级试验后所确定的失效率等级而进行的试验;升级试验是指为证明产品的失效率等级比原定的失效率等级更高而进行的试验。

定级试验和升级试验的试验方案见表2(置信度即置信水平为0.9);维持试验的试验方案见表3(置信度为0.6)。

表2 定级试验和升级试验方案

失效率等级	截尾时间 T_c 10^6 次									
	$A_c=0$	$A_c=1$	$A_c=2$	$A_c=3$	$A_c=4$	$A_c=5$	$A_c=6$	$A_c=7$	$A_c=8$	$A_c=9$
YS	0.076 8	0.13	0.177	0.223	0.266	0.309	0.351	0.392	0.433	0.474
S	0.23	0.389	0.532	0.668	0.799	0.927	1.053	1.177	1.30	1.421
YW	0.768	1.30	1.77	2.23	2.66	3.09	3.51	3.92	4.33	4.74
W	2.30	3.89	5.32	6.68	7.99	9.27	10.53	11.77	13.0	14.21
YL	7.68	13	17.7	22.3	26.6	30.9	35.1	39.2	43.3	47.4
L	23.0	38.9	53.2	66.8	79.9	92.7	105.3	117.7	130	142.1
YQ	76.8	130	177	223	266	309	351	392	433	474
Q	230	389	532	668	799	927	1 053	1 177	1 300	1 421

表3 维持试验方案

失效率等级	最大的维持周期/月	截尾时间 T_c 10^6 次									
		$A_c=0$	$A_c=1$	$A_c=2$	$A_c=3$	$A_c=4$	$A_c=5$	$A_c=6$	$A_c=7$	$A_c=8$	$A_c=9$
YS	6	0.030 6	0.067 3	0.103	0.139	0.175	0.210	0.245	0.280	0.315	0.350
S	6	0.091 6	0.202	0.310	0.418	0.525	0.630	0.735	0.840	0.944	1.050
YW	6	0.306	0.673	1.03	1.39	1.75	2.10	2.45	2.80	3.15	3.50
W	6	0.916	2.02	3.10	4.18	5.25	6.30	7.35	8.40	9.44	10.5
YL	12	3.06	6.73	10.3	13.9	17.5	21	24.5	28	31.5	35
L	12	9.16	20.2	31.0	41.8	52.5	63.0	73.5	84.0	94.4	105
YQ	24	30.6	67.3	103	139	175	210	245	280	315	350
Q	24	91.6	202	310	418	525	630	735	840	944	1 050

6.2 可靠性验证试验的程序

6.2.1 定级试验

定级试验按下列程序进行：

a) 选定失效率等级，首次定级试验一般应选失效率等级为四级、亚五级或五级；

b) 选定允许失效数 A_c 和截尾失效数 $r_c(r_c=A_c+1)$，推荐在 2～5 的范围内选择 A_c，不推荐选择 $A_c=0$；

c) 根据选定的失效率等级和 A_c，由表 2 查出截尾时间 T_c；

d) 选定试品的试验截止时间 t_z，t_z 一般不应低于 10^5 次；

e) 根据 T_c、A_c 及 t_z，由式(1)确定试品数 n(用进一法取整)：

$$n=\frac{T_c}{t_z}+A_c \qquad \cdots\cdots(1)$$

应注意，试品数 n 一般不得小于 10；

f) 按 5.2 的规定随机抽取 n 个试品；

g) 按 5.3 的规定进行试验检测及判断试品是否失效；

h) 统计相关失效数 r 及各失效试品的相关试验时间(失效时间)；

i) 统计累积相关试验时间 T；

j) 试验结果判定：

当累积相关试验时间 T 达到或超过了截尾时间 T_c，而相关失效数 r 未达到截尾失效数 r_c(即 $r\leqslant A_c$)，则判为试验合格(接收)，当累积相关试验时间 T 未达到截尾时间 T_c，而相关失效数 r 达到了截尾失效数 r_c(即 $r>A_c$)，则判为试验不合格(拒收)。

6.2.2 维持试验

定级试验合格的产品，可按表 3 中规定的维持周期进行该等级的维持试验，维持试验按下列程序进行：

a) 选定允许失效数 A_c；

b) 根据产品已试验合格的失效率等级及选定的允许失效数，由表 3 查出截尾时间 T_c；

c) 选定试品的试验截止时间 t_z[同 6.2.1 中 d)项]；

d) 确定试品数 n[同 6.2.1 中 e)项的式(1)]；

e) 抽取试品[同 6.2.1 中 f)项]；

f) 按 5.3 的规定进行试验检测及判断试品是否失效；

g) 统计相关失效数 r 及各失效试品的相关试验时间[同 6.2.1 中 h)项]；

h) 统计累积相关试验时间 T；

i) 试验结果判定[同 6.2.1 中 j)项]；

j) 若维持试验合格，则应继续按规定的维持周期进行下一次维持试验；若维持试验不合格，则应重新进行定级试验，以确定其失效率等级；

k) 重新确定失效率等级时，应将该产品从首次定级试验起的全部试验数据(包括维持试验不合格的数据)进行累积，根据累积的相关失效数及累积的相关试验时间由表 2 确定产品的失效率等级。

6.2.3 升级试验

定级试验合格的产品可继续进行升级试验。升级试验的数据可从定级试验和维持试验的试品进行延长试验以及为升级试验投入的试品进行试验得出。升级试验按下列程序进行：

a) 选定待升的失效率等级(一般比原定的等级高一级)；

b) 选定允许失效数 A_c；

c) 根据选定的失效率等级及允许失效数，由表 2 查出截尾时间 T_c；

d） 根据 T_c 确定延长试验的时间以及为升级试验投入的试品数和试验时间；

e） 抽取试品[同 6.2.1 中 f)项]；

f） 按 5.3 的规定进行试验检测及判断失效；

g） 统计相关失效数 r 及累积相关试验时间 T；

h） 试验结果判定[同 6.2.1 中 j)项]；

i） 若升级试验合格，则应按规定的维持周期进行该等级的维持试验；若升级试验不合格，则应重新进行定级试验，以确定其失效率等级；

j） 重新确定失效率等级时，应将该产品的全部试验数据进行累积，根据累积的相关失效数及累积的相关试验时间由表 2 确定产品的失效率等级。

7 试验记录与试验报告

7.1 试验记录

每台试品都要有试验记录，并按失效时间先后顺序将失效试品进行试验数据登记，记录内容为：

a） 试品名称、型号、规格；

b） 制造单位；

c） 试品制造日期；

d） 试验日期及试品数；

e） 试验条件；

f） 失效试品编号，失效时间及失效现象；

g） 失效分析与判断；

h） 试验人员。

7.2 试验报告

试验报告应写明试验依据和要求，失效试品编号，失效时间及失效原因，作出试验是否合格的判定（见附录 A）。

附 录 A
（资料性附录）
推荐的机床电器元件可靠性试验报告

推荐的机床用接触器式继电器可靠性试验报告见表 A.1。

表 A.1 机床用接触器式继电器可靠性试验报告 **文档编号：**

<table>
<tr><td>制造单位</td><td></td><td>产品型号
和规格</td><td></td><td>生产日期</td><td></td><td>试验地点</td><td></td></tr>
<tr><td>试验日期</td><td colspan="5">年 月 日 时至 年 月 日 时</td><td>试品数 n</td><td></td></tr>
<tr><td rowspan="2">试验条件</td><td>环境温度/
℃</td><td>湿度/
%</td><td colspan="2">触头回路电源电压/
V</td><td colspan="2">触头回路负载电流/
A</td><td>触头回路
负载性质</td></tr>
<tr><td></td><td></td><td colspan="2"></td><td colspan="2"></td><td></td></tr>
<tr><td>试验目的</td><td>失效率等级</td><td>失效率试验方案 A_c</td><td colspan="2">截尾时间 T_c/
次</td><td colspan="2">截尾失效数 r_c</td><td>试验截止时间 t_z/
次</td></tr>
<tr><td></td><td></td><td></td><td colspan="2"></td><td colspan="2"></td><td></td></tr>
<tr><td>序号</td><td>失效产品编号</td><td>相关试验时间/次</td><td colspan="2">失效现象</td><td colspan="2">失效原因</td><td>备注</td></tr>
<tr><td></td><td></td><td></td><td colspan="2"></td><td colspan="2"></td><td></td></tr>
<tr><td></td><td></td><td></td><td colspan="2"></td><td colspan="2"></td><td></td></tr>
<tr><td></td><td></td><td></td><td colspan="2"></td><td colspan="2"></td><td></td></tr>
<tr><td></td><td></td><td></td><td colspan="2"></td><td colspan="2"></td><td></td></tr>
<tr><td></td><td></td><td></td><td colspan="2"></td><td colspan="2"></td><td></td></tr>
<tr><td></td><td></td><td></td><td colspan="2"></td><td colspan="2"></td><td></td></tr>
<tr><td colspan="2">累积相关试验时间 T</td><td colspan="3"></td><td colspan="2">相关失效数 r</td><td></td></tr>
<tr><td colspan="2">试验结论</td><td colspan="6"></td></tr>
<tr><td colspan="8">试验人员________________________________

试验负责人__________试验单位________________（盖章）__________年______月______日</td></tr>
<tr><td colspan="8">备注：试验目的的栏内应注明是定级试验、维持试验还是升级试验。</td></tr>
</table>

推荐的机床用接触器可靠性试验报告见表 A.2。

表 A.2 机床用接触器可靠性试验报告 **文档编号：**

<table>
<tr><td>制造单位</td><td></td><td>产品型号
和规格</td><td></td><td>生产日期</td><td></td><td>试验地点</td><td></td></tr>
<tr><td>试验日期</td><td colspan="5">年 月 日 时至 年 月 日 时</td><td>试品数 n</td><td></td></tr>
<tr><td rowspan="2">试验条件</td><td>环境温度/℃</td><td>湿度/%</td><td colspan="2">触头回路电源电压/V</td><td colspan="2">触头回路负载电流/A</td><td>触头回路负载性质</td></tr>
<tr><td></td><td></td><td colspan="2"></td><td colspan="2"></td><td></td></tr>
<tr><td rowspan="2">试验目的</td><td>失效率等级</td><td>失效率试验方案 A_c</td><td colspan="2">截尾时间 T_c/次</td><td colspan="2">截尾失效数 r_c</td><td>试验截止时间 t_z/次</td></tr>
<tr><td></td><td></td><td colspan="2"></td><td colspan="2"></td><td></td></tr>
<tr><td>序号</td><td>失效产品编号</td><td>相关试验时间/次</td><td colspan="2">失效现象</td><td colspan="2">失效原因</td><td>备注</td></tr>
<tr><td></td><td></td><td></td><td colspan="2"></td><td colspan="2"></td><td></td></tr>
<tr><td></td><td></td><td></td><td colspan="2"></td><td colspan="2"></td><td></td></tr>
<tr><td></td><td></td><td></td><td colspan="2"></td><td colspan="2"></td><td></td></tr>
<tr><td></td><td></td><td></td><td colspan="2"></td><td colspan="2"></td><td></td></tr>
<tr><td></td><td></td><td></td><td colspan="2"></td><td colspan="2"></td><td></td></tr>
<tr><td></td><td></td><td></td><td colspan="2"></td><td colspan="2"></td><td></td></tr>
<tr><td colspan="2">累积相关试验时间 T</td><td colspan="3"></td><td colspan="2">相关失效数 r</td><td></td></tr>
<tr><td colspan="2">试验结论</td><td colspan="6"></td></tr>
<tr><td colspan="8">试验人员________________

试验负责人________试验单位____________（盖章）________年_____月_____日</td></tr>
<tr><td colspan="8">备注：试验目的的栏内应注明是定级试验、维持试验还是升级试验。</td></tr>
</table>

推荐的机床用按钮可靠性试验报告见表 A.3。

表 A.3 机床用按钮可靠性试验报告 文档编号：

<table>
<tr><td>制造单位</td><td></td><td colspan="2">产品型号
和规格</td><td colspan="2"></td><td>生产日期</td><td></td><td colspan="2">试验地点</td><td></td></tr>
<tr><td>试验日期</td><td colspan="7">年 月 日 时至 年 月 日 时</td><td colspan="2">试品数 n</td><td></td></tr>
<tr><td rowspan="2">试验条件</td><td>环境温度/
℃</td><td colspan="2">湿度/
%</td><td colspan="3">触头回路电源电压/
V</td><td colspan="3">触头回路负载电流/
A</td><td>触头回路
负载性质</td></tr>
<tr><td></td><td colspan="2"></td><td colspan="3"></td><td colspan="3"></td><td></td></tr>
<tr><td rowspan="2">试验目的</td><td colspan="2">失效率等级</td><td colspan="2">失效率试验方案 A_c</td><td colspan="2">截尾时间 T_c/
次</td><td colspan="2">截尾失效数 r_c</td><td colspan="2">试验截止时间 t_z/
次</td></tr>
<tr><td colspan="2"></td><td colspan="2"></td><td colspan="2"></td><td colspan="2"></td><td colspan="2"></td></tr>
<tr><td>序号</td><td colspan="2">失效产品编号</td><td colspan="2">相关试验时间/次</td><td colspan="2">失效现象</td><td colspan="2">失效原因</td><td colspan="2">备注</td></tr>
<tr><td></td><td colspan="2"></td><td colspan="2"></td><td colspan="2"></td><td colspan="2"></td><td colspan="2"></td></tr>
<tr><td></td><td colspan="2"></td><td colspan="2"></td><td colspan="2"></td><td colspan="2"></td><td colspan="2"></td></tr>
<tr><td></td><td colspan="2"></td><td colspan="2"></td><td colspan="2"></td><td colspan="2"></td><td colspan="2"></td></tr>
<tr><td></td><td colspan="2"></td><td colspan="2"></td><td colspan="2"></td><td colspan="2"></td><td colspan="2"></td></tr>
<tr><td></td><td colspan="2"></td><td colspan="2"></td><td colspan="2"></td><td colspan="2"></td><td colspan="2"></td></tr>
<tr><td></td><td colspan="2"></td><td colspan="2"></td><td colspan="2"></td><td colspan="2"></td><td colspan="2"></td></tr>
<tr><td colspan="3">累积相关试验时间 T</td><td colspan="4"></td><td colspan="2">相关失效数 r</td><td colspan="2"></td></tr>
<tr><td colspan="3">试验结论</td><td colspan="8"></td></tr>
<tr><td colspan="11">试验人员________________________________

试验负责人__________试验单位______________（盖章）__________年______月______日</td></tr>
<tr><td colspan="11">备注：试验目的的栏内应注明是定级试验、维持试验还是升级试验。</td></tr>
</table>

推荐的机床用行程开关可靠性试验报告见表 A.4。

表 A.4 机床用行程开关可靠性试验报告 **文档编号：**

<table>
<tr><td>制造单位</td><td></td><td>产品型号
和规格</td><td></td><td>生产日期</td><td></td><td>试验地点</td><td></td></tr>
<tr><td>试验日期</td><td colspan="5">年 月 日 时至 年 月 日 时</td><td>试品数 n</td><td></td></tr>
<tr><td rowspan="2">试验条件</td><td>环境温度/
℃</td><td>湿度/
%</td><td colspan="2">触头回路电源电压/
V</td><td colspan="2">触头回路负载电流/
A</td><td>触头回路
负载性质</td></tr>
<tr><td></td><td></td><td colspan="2"></td><td colspan="2"></td><td></td></tr>
<tr><td>试验目的</td><td>失效率等级</td><td>失效率试验方案 A_c</td><td>截尾时间 T_c/
次</td><td>截尾失效数 r_c</td><td colspan="3">试验截止时间 t_z/
次</td></tr>
<tr><td></td><td></td><td></td><td></td><td></td><td colspan="3"></td></tr>
<tr><td>序号</td><td>失效产品编号</td><td>相关试验时间/次</td><td>失效现象</td><td>失效原因</td><td colspan="3">备注</td></tr>
<tr><td></td><td></td><td></td><td></td><td></td><td colspan="3"></td></tr>
<tr><td></td><td></td><td></td><td></td><td></td><td colspan="3"></td></tr>
<tr><td></td><td></td><td></td><td></td><td></td><td colspan="3"></td></tr>
<tr><td></td><td></td><td></td><td></td><td></td><td colspan="3"></td></tr>
<tr><td></td><td></td><td></td><td></td><td></td><td colspan="3"></td></tr>
<tr><td></td><td></td><td></td><td></td><td></td><td colspan="3"></td></tr>
<tr><td colspan="2">累积相关试验时间 T</td><td colspan="2"></td><td>相关失效数 r</td><td colspan="3"></td></tr>
<tr><td colspan="2">试验结论</td><td colspan="6"></td></tr>
<tr><td colspan="8">试验人员______________________________

试验负责人________试验单位______________（盖章）________年____月____日</td></tr>
<tr><td colspan="8">备注：试验目的的栏内应注明是定级试验、维持试验还是升级试验。</td></tr>
</table>

ICS 29.120.50
K 31

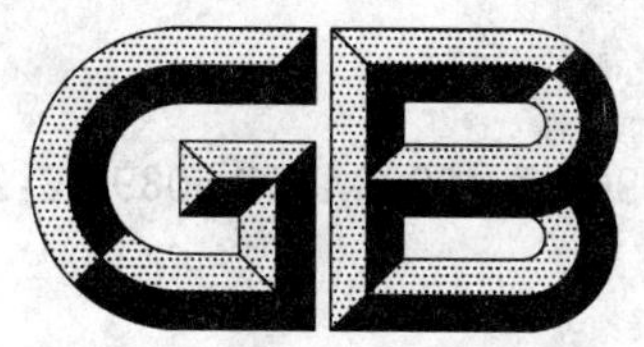

中华人民共和国国家标准

GB 10963.2—2008/IEC 60898-2:2003
代替 GB 10963.2—2003

家用及类似场所用过电流保护断路器 第2部分:用于交流和直流的断路器

Circuit-breakers for overcurrent protection for household and similar installation—Part 2:Circuit-breakers for a.c. and d.c. operation

(IEC 60898-2:2003,IDT)

2008-12-30 发布 2010-02-01 实施

中华人民共和国国家质量监督检验检疫总局
中国国家标准化管理委员会 发布

前　言

本部分的第 8 章、第 9 章和相关附录为强制性的，其余为推荐性的。

GB 10963《家用及类似场所用过电流保护断路器》分为两个部分：

——第 1 部分：用于交流的断路器；

——第 2 部分：用于交流和直流的断路器。

本部分为 GB 10963 的第 2 部分。本部分等同采用 IEC 60898-2:2003(第 1.1 版)(包括 IEC 60898-2:2000 和 2003 年的第 1 次修订)《家用及类似场所用过电流保护断路器　第 2 部分：用于交流和直流的断路器》(英文版)。

本部分在技术内容和编写格式上与 IEC 60898-2:2003 的内容和格式完全一致，但对编辑上的一些问题做了修正，具体变化如下：

——对小数点采用的符号按国家标准的编制要求做了修改；

——删除国际标准的前言，增加了国家标准的前言；

——对个别引用的段落编号做了修改，以便与 GB 10963.1—2005 相对应。

本部分代替 GB 10963.2—2003《家用及类似场所用过电流保护断路器　第 2 部分：用于交流和直流的断路器》。

本部分与 GB 10963.2—2003 相比主要变化如下：

——所有涉及 GB 10963 第 1 部分的标准，标准号由 GB 10963—1999 修改为 GB 10963.1—2005。

——条款、图或表的编号做了修改以便与 GB 10963.1—2005 相对应。

——第 1 章的最后一句，修改为"删去第十一段和第十二段"。

——第 2 章删去了："但作如下修改：删去 GB 16917.1—1997，GB 16917.21—1997，GB 16917.22—1997。"的内容。

——表 7(时间-电流动作特性)中第 1 行及第 5 栏的内容修改为：$t \leqslant 1$ h($I_n \leqslant 63$ A)　$t \leqslant 2$ h($I_n >$ 63 A)。

本部分的附录采用第 1 部分的附录，但对附录 C(规范性附录)做了相应的修改。

本部分由中国电器工业协会提出。

本部分由全国低压电器标准化技术委员会(SAC/TC 189)归口。

本部分负责起草单位：上海电器科学研究所(集团)有限公司。

本部分参加起草单位：浙江正泰电器股份有限公司、上海良信电器股份有限公司、北京 ABB 低压电器有限公司、杭州之江开关股份有限公司、浙江天正电气股份有限公司、德力西电气有限公司、环宇集团有限公司、施耐德电气(中国)投资有限公司、北京人民电器厂。

本部分主要起草人：周积刚、陈颖。

本部分参与起草人：王先锋、张兰晶、刘丽萍、吴玲娟、王旭川、黄蓉蓉、张勇、李丽芳、梁芳、赵志群。

本部分所代替标准的历次版本发布情况为：

——GB 10963.2—2003。

家用及类似场所用过电流保护断路器 第2部分:用于交流和直流的断路器

1 适用范围和目的

除下列内容以外,GB 10963.1—2005 的第1章适用。

在第一段末增加:

除上述特性外,GB 10963 的本部分规定了适用于在直流电路中运行的单极和二极断路器的补充技术要求。单极断路器额定直流电压不超过220 V,二极不超过440 V,额定电流不超过125 A,额定直流短路能力不超过10 000 A。

注:本部分适用于能接通分断交流电流又能接通和分断直流电流的断路器。

删去第十一段和第十二段[1)]。

2 规范性引用文件

GB 10963.1—2005 的第2章适用[2)]。

3 定义

GB 10963.1—2005 的第3章适用,但做如下修改:

补充新的定义:

3.5.10.3

时间常数 time constant

预期直流电流上升到0.63倍最大峰值电流时的时间 $T=L/R$(ms)。

4 分类

GB 10963.1—2005 的第4章适用,但做如下修改:

4.1 根据极数分

用下列条文代替:

——单极断路器;

——带两个保护极的二极断路器。

4.5 根据瞬时脱扣电流分(见3.5.17)

取消D型。

增加新的分类条款:

4.7 按时间常数分

——适用于时间常数 $T\leqslant 4$ ms 的直流电路的断路器;

——适用于时间常数 $T\leqslant 15$ ms 的直流电路的断路器。

注:一般认为成套电气装置负载的正常工作时间常数达到15 ms时,短路电流不会超过1 500 A;在可能出现较高短路电流的场合,认为时间常数4 ms已足够。

---

1) 采标注:在IEC 60898-2:2003原文中为删去最后二段,是对IEC 60898:1995版本的内容而言。而对与IEC 60898-1:2002相应的GB 10963.1—2005而言,相应的删去内容应为第十一段和第十二段。

2) 采标注:在IEC 60898-2:2003原文中有“删去IEC 61009-1:1991、IEC 61009-2-1:1991和IEC 61009-2-2:1991”的内容,因在GB 10963.1—2005中没有这些引用标准,故本条款中不再列入。

5 断路器特性

GB 10963.1—2005 的第 5 章适用，但做如下修改：

5.3.1 额定电压优选值

用下列条文取代：

额定电压优选值见表 1。

在直流系统中断路器接线举例见图 18。

表 1 额定电压优选值

<table>
<tr><th rowspan="2">断路器</th><th colspan="2">AC</th><th colspan="2">DC[b]</th></tr>
<tr><th>对断路器供电的交流电路</th><th>交流额定电压</th><th>直流额定电压</th><th>直流接线举例</th></tr>
<tr><td rowspan="3">单极</td><td>单相(相对中性线)</td><td>230 V</td><td>220 V</td><td rowspan="3">图 18a)</td></tr>
<tr><td>单相(相对接地的中间导线，或相对中性线)</td><td>120 V</td><td>125 V</td></tr>
<tr><td>单相(相对中性线)或三相(三个单极断路器)(三线或四线)</td><td>230/400 V</td><td>220 V</td></tr>
<tr><td rowspan="2">二极</td><td>单相(相对相)</td><td>400 V</td><td>220/440 V</td><td rowspan="2">图 18b)，18c)，18d)</td></tr>
<tr><td>单相(相对相，三线)</td><td>120/240 V[a]</td><td>125/250 V[a]</td></tr>
<tr><td colspan="5">适用于直流电压：
[a] 也可适用于在直流 250 V(相应的交流 240 V)电路中成对使用和直流 125 V(相应的交流 120 V)电路中单独使用的单极断路器。
[b] 每极额定电压不应超过直流 220 V。</td></tr>
<tr><td colspan="5">适用于交流电压：
注 1：在 IEC 60038 中 230/400 V 的电网电压已标准化，此值将逐步取代 220/380 V 和 240/415 V 的电压值。
注 2：在本部分中凡提及 230 V 或 400 V 处，可分别看作 220 V 或 240 V 和 380 V 或 415 V。
注 3：符合本部分技术要求的断路器可在 IT 系统中使用。</td></tr>
</table>

制造厂应在其技术文件中说明断路器设计的最小电压。

有关的试验正在考虑中。

5.3.5 瞬时脱扣的标准范围

表 2 用下表代替：

表 2 瞬时脱扣范围

脱扣形式	交流范围	直流范围
B	$3I_n < I \leqslant 5I_n$	$4I_n < I \leqslant 7I_n$
C	$5I_n < I \leqslant 10I_n$	$7I_n < I \leqslant 15I_n$

6 标志和其他产品资料

GB 10963.1—2005 的第 6 章适用，但做如下修改：

c) 额定交流电压用符号～表示，额定直流电压用符号⎓表示；

d) 用(B 或 C)取代(B，C 或 D)；

f) 如果交流和直流额定短路能力相同时，用一个矩形框内不带符号 A 的安培数表示(见下面的示例 1)。如交流和直流额定短路能力不同时，用二个相邻的矩形框内不带符号 A 的安培数表示，包含交流值的矩形框旁标志符号～，包含直流值的矩形框旁标志符号⎓(见下面的示例 2)。

增加下列标志：

l) 时间常数 $T15$ 标志在一个矩形框内(适用时)，与 15 ms 时间常数下的短路能力标志组合在一起(见下面的示例 3)。

示例 1：6 000

示例 2：10 000 ～

6 000 ⎓

示例 3：1 500 | $T15$

l)项下面的第 1 段用下列内容取代：

对小的断路器，如果可利用的地方不足以标出上述所有的数据，至少应标志 c)和 d)项的数据，并且在断路器安装后看得见。

a)、b)、e)、f)、g)、h)、i)和 l)项的信息可标志在断路器的侧面或背面，并且只要在断路器安装前能看见。

另外，g)项的数据可标志在接电源线时必须拆卸的任何盖子里面。其他任何没有标志的数据应在制造厂的技术文件中给出。

如需要时，接线端子应标志＋或－，另外，允许用箭头指示电流的方向。

7 标准的使用工作条件

GB 10963.1—2005 的第 7 章适用。

8 结构和动作要求

GB 10963.1—2005 的第 8 章适用，但做如下修改：

8.6.1 标准时间-电流带

表 7 用下表代替：

表 7 时间-电流动作特性

试验	型式	交流试验电流	直流试验电流	起始状态	脱扣或不脱扣时间极限	预期结果	附注
a	B,C	$1.13I_n$		冷态[a]	$t \leqslant 1$ h($I_n \leqslant 63$ A)[3)] $t \leqslant 2$ h($I_n > 63$ A)	不脱扣	
b	B,C	$1.45I_n$		紧接着 a 项试验	$t < 1$ h($I_n \leqslant 63$ A) $t < 2$ h($I_n > 63$ A)	脱扣	电流在 5 s 内稳定地上升
c	B,C	$2.55I_n$		冷态[a]	1 s$< t <$60 s($I_n \leqslant 32$ A) 1 s$< t <$120 s($I_n > 32$ A)	脱扣	
d	B	$3I_n$	$4I_n$	冷态[a]	0.1 s$\leqslant t \leqslant$45 s($I_n \leqslant 32$ A) 0.1 s$\leqslant t \leqslant$90 s($I_n > 32$ A)	脱扣	闭合辅助开关接通电源
	C	$5I_n$	$7I_n$		0.1 s$\leqslant t \leqslant$15 s($I_n \leqslant 32$ A) 0.1 s$\leqslant t \leqslant$30 s($I_n > 32$ A)		
e	B C	$5I_n$ $10I_n$	$7I_n$ $15I_n$	冷态[a]	$t <$0.1 s	脱扣	闭合辅助开关接通电源

a 术语“冷态”指试验前没带负载，而且在基准校正温度下。

3) 在 IEC 60898-2:2003 的原文中为 $t \geqslant 1$ h 或 $t \geqslant 2$ h，采标时按 GB 10963.1—2005 做了修改，使含义更明确。

8.8　短路电流下性能

第 3 段做如下的修改：

这要求断路器能在额定频率下，并且在等于 105%(±5%)的额定工作电压的工频恢复电压下接通和分断相应于额定短路能力及以下的任何电流值。功率因数不小于或时间常数不大于 9.12.5 相应规定的极限范围。此外，还要求相应的 I^2t 值应低于 I^2t 特性(3.5.13)。

9　试验

GB 10963.1—2005 的第 9 章适用，但做如下修改：

9.1　型式试验和试验程序

9.1.1 下面的第三段用下列内容代替：

试验程序和提交试验的试品数量在本部分的附录 C 中规定。

9.10.2　瞬时脱扣和触头正确断开试验

用下列条款代替：

9.10.2.2　对于 B 型断路器

从冷态开始，对断路器的各极通以 $3I_n$ 的交流电流。

断开时间不应小于 0.1 s，并且不大于：

——45 s，对额定电流小于或等于 32 A 的断路器；

——90 s，对额定电流大于 32 A 的断路器。

然后再从冷态开始，对断路器的各极通以 $5I_n$ 的交流电流。

断路器应在 0.1 s 内脱扣。

从冷态开始，对断路器的各极通以 $4I_n$ 的直流电流。

断开时间不应小于 0.1 s，并且不大于：

——45 s，对额定电流小于或等于 32 A 的断路器；

——90 s，对额定电流大于 32 A 的断路器。

然后从冷态开始，对断路器的各极通以 $7I_n$ 的直流电流。

断路器应在 0.1 s 内脱扣。

9.10.2.3　对于 C 型断路器

从冷态开始，对断路器的各极通以 $5I_n$ 的交流电流。

断开时间不应小于 0.1 s，并且不大于：

——15 s，对额定电流小于或等于 32 A 的断路器；

——30 s，对额定电流大于 32 A 的断路器。

然后再从冷态开始，对断路器的各极通以 $10I_n$ 的交流电流。

断路器应在 0.1 s 内脱扣。

从冷态开始，对断路器的各极通以 $7I_n$ 的直流电流。

断开时间不应小于 0.1 s，并且不大于：

——15 s，对额定电流小于或等于 32 A 的断路器；

——30 s，对额定电流大于 32 A 的断路器。

从冷态开始，对断路器的各极通以 $15I_n$ 的直流电流。

断路器应在 0.1 s 内脱扣。

9.11　机械和电气寿命试验

9.11.1　一般试验条件

第 4 段用下列条款代替：

交流电流应基本上为正弦波，功率因数应在 0.85～0.9 之间。

直流电流的波纹系数 $\omega \leqslant 5\%$，时间常数 $T=4$ ms(误差 $_{-10}^{\ 0}\%$)，或对标志 $T15$ 的断路器时间常数 $T=15$ ms(误差 $_{-10}^{\ 0}\%$)。

9.11.2　试验顺序

第1段用下列内容代替：

一组试品在交流电流下经受4 000次操作循环，另一组试品在直流电流下经受1 000次操作循环。2组试品均在额定电流下试验。

9.12　短路试验

9.12.3　试验量的允许误差

增加：

——波纹系数：$\leqslant 5\%$；

——时间常数：$_{-10}^{\ 0}\%$。

9.12.5　试验电路的功率因数

用下列条款取代：

9.12.5　试验电路的功率因数和时间常数

增加下列内容：

对1 500 A及以下的直流试验电流，应采用下列一种时间常数：

$T=L/R=4$ ms　未标志 $T15$ 的断路器；

$T=L/R=15$ ms　标志 $T15$ 的断路器。

对大于1 500 A并小于或等于10 000 A的直流试验电流，所有试品均在时间常数 $T=4$ ms下进行试验。

注：一般认为成套电气装置负载的正常工作时间常数达到15 ms时，短路电流不会超过1 500 A；在可能出现较高短路电流的场合，认为时间常数4 ms已足够。

9.12.8　记录说明

做如下修改：

9.12.8.1　交流电压时的记录说明

GB 10963.1—2005中9.12.8的内容适用。

增加：

9.12.8.3　直流电压时的记录说明

a)　外施电压和工频恢复电压的确定

外施电压和工频恢复电压根据断开试验的记录确定。

应在电弧熄灭和高频现象消失后测量电源侧的电压。

b)　预期短路电流确定

注：因符合本部分的断路器在电流达到最大值前分断电流，所以可认为预期电流等于由校正曲线确定的最大值 A_2。

预期电流最大值如图7b)中的 A_2 所示。

9.12.11.2　在低短路电流下试验

用下列条款取代：

9.12.11.2[4)]　在低短路电流和小直流电流下试验

做如下修改：

9.12.11.2.1　在低交流短路电流下试验

GB 10963.1—2005中9.12.11.2.1的内容适用。

---

4)　采标注：在IEC 60898-2:2003的原文中误为9.12.11.1，采标时做了修正。

增加：

9.12.11.2.3 在低直流短路电流下试验

在相应于规定的时间常数下，调节试验电路的直流电流至 500 A 或 $10I_n$，两者取较大值。

断路器的每个保护极应分别在图 3 所示接线方式的电路中进行试验。

断路器自动断开 3 次，用辅助开关 A 闭合试验电路 1 次，断路器本身闭合 2 次。

操作顺序是：

O—t—CO—t—CO

电弧熄灭后，恢复电压维持的时间不小于 0.1 s。

9.12.11.2.4 在 150 A 及以下的小直流电流试验

断路器应闭合下面所列的每一个试验电流 3 次，试验时，操作件按正常使用操作。如果断路器不能脱扣，应用手动方式断开。

试验电流：1 A，2 A，4 A，8 A，16 A，32 A，63 A，150 A。

断路器的每个保护极应分别在图 3 所示接线方式的电路中进行试验。时间常数调整到与规定的时间常数相应的值[5)]。

每个 CO 操作循环之间的时间间隔至少应为 10 s，闭合时间不应大于 2 s。不同试验电流之间的间隔时间至少应为 2 min。

试验时，熄弧时间不应大于 1 s。

9.12.11.3 在 1 500 A 时试验

用下列内容取代第 1 段：

对额定短路能力为 1 500 A 的断路器，应按 9.12.7.1 和 9.12.7.2 的要求调整试验电路以便在表 17 相应于该电流的功率因数下获得 1 500 A 的电流。

对直流试验，时间常数调整到与规定的时间常数相应的值。

用下列内容取代第 2 段：

对额定短路能力大于 1 500 A 的断路器，应按 9.12.7.1 和 9.12.7.3 的要求在表 17 相应于 1 500 A 的功率因数下调整试验电路。

对直流试验，时间常数调整到与规定的时间常数相应的值。

用下列内容取代第 11 段：

操作顺序如 9.12.11.2.1 和 9.12.11.2.3 的规定。

对额定电压为 230/400 V 的单极断路器，交流电流的操作如下：

在 6 次 O 操作后，只进行 2 次 CO 操作。此外，在三极断路器(图 5)的试验电路的每一相中接入一个断路器同时进行一次“O”操作。该试验时，辅助开关接通短路不须同步。

对直流试验：

——额定电压 220 V 的单极断路器在图 3 的试验电路中试验；

——额定电压 440 V 的二极断路器在图 4b 的电路中试验。

9.12.11.4.2 运行短路能力试验(I_{cs})

用下列内容取代 a)项的第 1 段：

a) 试验电路按 9.12.7.1 和 9.12.7.3 调整，交流功率因数按表 17，直流时间常数按 9.12.5。

增加：

e) 在直流电流试验时，单极和二极断路器的试验顺序为：

O—t—CO—t—CO

进行三次操作，用辅助开关 A 闭合电路一次，用断路器闭合二次。

---

5) 采标注：在 IEC 60898-2:2003 的原文中没有该段说明，为避免试验时产生歧义，采标时作了补充说明。

额定电压 220 V 的单极断路器在图 3 的试验电路中试验。

额定电压 440 V 的二极断路器在图 4b 的电路中试验。

9.12.11.4.3 额定短路能力试验(I_{cn})

用下列内容取代第 1 段：

a) 试验电路按 9.12.7.1 和 9.12.7.2 调整，交流功率因数按表 17，直流时间常数按 9.12.5。

增加：

c) 在直流电流试验时，单极和二极断路器的试验顺序为：

O—t—CO

进行二次操作，用辅助开关 A 闭合电路一次，用断路器闭合一次。

额定电压 220 V 的单极断路器在图 3 的试验电路中试验。

额定电压 440 V 的二极断路器在图 4b 的电路中试验。

9.12.12 短路试验后验证断路器

在 9.12.12.2 的后面增加一段：

重复 9.12.11.2.4 的试验，但 63 A 和 150 A 的试验电流免试。

图

GB 10963.1—2005 的图适用，但做如下修改：

图 7 重新编号为图 7a)。

增加图 7b)。

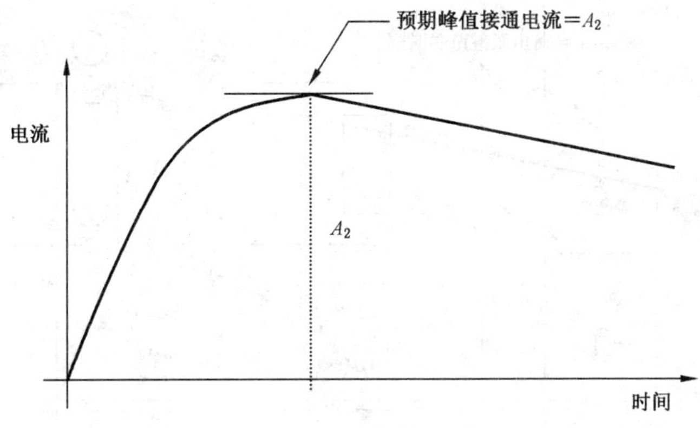

图 7b) 直流电流试验电路调整

增加：

	a			b			c			d		
断路器额定电压	220 V	125 V	125/250 V	220/440 V	250 V	125/250 V	220/440 V	250 V	125/250 V	220/440 V	250 V	125/250 V
导线间最高电压	220 V	125 V	125 V	440 V	250 V	250 V	440 V	250 V	250 V	440 V	250 V	250 V
导线对地最高电压	220 V	125 V	125 V	220 V	125 V	125 V	440 V[a]	250 V[a]	250 V[a]	220 V	125 V	125 V
断路器	单极			二极			二极			二极		
电路	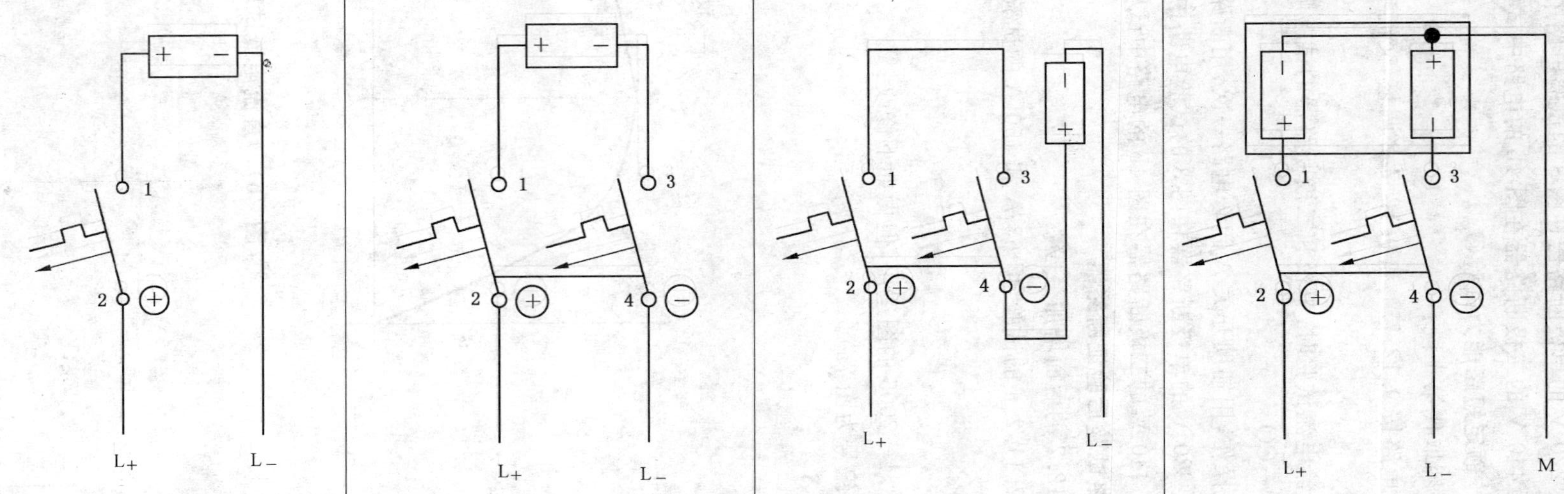 1, 2, +, −, L+, L−			1, 2, 3, 4, +, −, L+, L−			1, 2, 3, 4, +, −, L+, L−			1, 2, 3, 4, +, −, L+, L−, M		

a 对负极接地的使用场合，对地电压高于单极断路器的额定电压。

图 18　在不同的直流系统中断路器接线示例

附　录

除了下面的修改以外，GB 10963.1—2005 的附录适用。

附　录　C

GB 10963.1—2005 的附录 C 适用，但做如下修改：

表 C.1 用下表取代：

表 C.1　试验程序

试验程序		条款或分条款	试验电流		试　　验
A		6 8.1.1 8.1.2 9.3 8.1.3 8.1.6 9.4 9.5 9.6 8.1.3 9.14 9.15 9.16			标志 一般要求 机构 标志的耐久性 电气间隙和爬电距离(仅外部部件) 不可互换性 螺钉、载流部件和连接件的可靠性 连接外部导体接线端子的可靠性 防电击保护 电气间隙和爬电距离(仅内部部件) 耐热 耐异常热和耐燃 防锈
B		9.7 9.8 9.9			介电性能 温升和功耗 28 天试验
C	C_1	9.11 9.12.11.2.1 9.12.12	交流		机械和电气寿命 在低交流短路电流下试验 短路试验后验证断路器
		9.11 9.12.11.2.3 9.12.11.2.4 9.12.12		直流	机械和电气寿命 在低直流短路电流下试验 在 150 A 及以下的小直流电流试验 短路试验后验证断路器
	C_2	9.12.11.2.2 9.12.12	交流		验证断路器适合于在 IT 系统中使用的短路试验 短路试验后验证断路器
D	D_0	9.10	交流	直流	脱扣特性
	D_1	9.13 9.12.11.3 9.12.12	交流	直流	耐机械冲击和撞击 在 1 500 A 下短路性能 短路试验后验证断路器

表 C.1（续）

试验程序		条款或分条款	试	验	
E	E_1	9.12.11.4.2 9.12.12	交流	直流	运行短路能力试验（I_{cs}） 短路试验后验证断路器
	E_2	9.12.11.4.3 9.12.12	交流	直流	额定短路能力试验（I_{cn}） 短路试验后验证断路器
注：经制造厂同意，同一组试品可用于一个以上试验程序。					

表 C.2 用下表取代：

表 C.2 用于全部试验顺序的试品数量

试验程序		试品数量		应通过试验的最少试品数量[a,b]		重复试验的试品数量[c]	
		交流 ～	直流 —	交流 ～	直流 —	交流 ～	直流 —
A		1		1			
B		3		2		3	
C	C_1	3	3	2[e]	2[e]	3	3
	C_2	3	3	2[e]	2[e]	3	3
D		3	3	2[e]	2[e]	3	3
E_1		3＋3[d]	3	2[e]＋2[d,e]	2[e]	3＋3[d]	3
E_2		3＋4[d]	3	2[e]＋2[d,e]	2[e]	3＋4[d]	3

a 总共最多可重复试验二个试验顺序。

b 假定没有通过试验的试品，没有满足技术要求是由于工艺或装配的缺陷，而不是设计的原因。

c 在重复试验时，所有的试验结果必须合格。

d 额定电压为 230/400 V 的单极断路器增加的试品。

e 所有的试品均应符合 9.12.10，9.12.11.2，9.12.11.3 和 9.12.11.4 的试验要求（适用时）。

ICS 27.140
K 55

中华人民共和国国家标准

GB/T 10969—2008
代替 GB/T 10969—1996

水轮机、蓄能泵和水泵水轮机通流部件技术条件

Specification for water passage components of hydraulic turbines, storage pumps and pump-turbines

2008-06-30 发布　　　　2009-04-01 实施

中华人民共和国国家质量监督检验检疫总局
中国国家标准化管理委员会　发布

前言

本标准在原标准的基础上参照采用了国际电工委员会 IEC 60193:1999《水轮机、蓄能泵和水泵水轮机模型验收试验》中的部分条款,并根据我国水轮机、蓄能泵和水泵水轮机的发展情况进行了修改,标准名称由《水轮机通流部件技术条件》改为《水轮机、蓄能泵和水泵水轮机通流部件技术条件》。

本标准代替 GB/T 10969—1996《水轮机通流部件技术条件》。与 GB/T 10969—1996 版比较有以下一些主要变化:

——将模型水轮机、蓄能泵和水泵水轮机纳入本标准;

——将贯流式水轮机、蓄能泵和水泵水轮机纳入本标准;

——完善了对冲击式水轮机通流部件的要求;

——对引用文件进行了更新,增加了近年来在招标中经常使用的 IEC 标准;

——对术语、定义和符号进行了修订,与国际标准及国内相关标准相适应。

本标准由中国电器工业协会提出。

本标准由全国水轮机标准化技术委员会(SAC/TC 175)归口。

本标准起草单位:哈尔滨电机厂有限责任公司、中国水利水电科学研究院、东方电机有限公司。

本标准主要起草人:宫让勤、徐洪泉、史光辉、吴新润。

本标准所代替标准的历次版本发布情况为:

——GB 10969—1989,GB/T 10969—1996。

水轮机、蓄能泵和水泵水轮机通流部件技术条件

1 范围

本标准仅从原型与模型水轮机几何相似的要求，规定了水轮机、蓄能泵和水泵水轮机通流部件对水力性能有影响的控制尺寸的精度和通流部件表面质量。

本标准适用于模型和符合下列条件之一的原型水轮机、蓄能泵和水泵水轮机产品：

a) 功率为10 MW及以上；

b) 混流式，转轮公称直径1.0 m及以上；

c) 轴流式、贯流式、斜流式，转轮公称直径3.3 m及以上；

d) 离心式蓄能泵，转轮公称直径1.0 m及以上；

e) 冲击式水轮机，转轮公称直径1.0 m及以上。

尺寸和容量小于上述条件的原型水轮机、蓄能泵和水泵水轮机产品可参照使用。

2 规范性引用文件

下列文件中的条款通过本标准的引用而成为本标准的条款。凡是注日期的引用文件，其随后所有的修改单(不包括勘误的内容)或修订版均不适用于本标准，然而，鼓励根据本标准达成协议的各方研究是否可使用这些文件的最新版本。凡是不注日期的引用文件，其最新版本适用于本标准。

GB/T 2900.45　电工术语　水电站水力机械设备(GB/T 2900.45—2006，IEC/TR 61364:1999，MOD)

GB/T 8564—2003　水轮发电机组安装技术规范

GB/T 15468—2006　水轮机基本技术条件

GB/T 15613.1～15613.3　水轮机、蓄能泵和水泵水轮机模型验收试验(GB/T 15613.1～15613.3—2008，IEC 60193:1999，MOD)

3 术语、定义、符号和单位

3.1 术语、定义和符号

GB/T 2900.45、GB/T 15468—2006、GB/T 15613.1～15613.3确立的以及下列术语、定义和符号适用于本标准。

3.1.1

尺寸比　length scale ratio

量的符号：λ

原型代表性的尺寸L_P和模型代表性的尺寸L_M的比值，一般情况下是公称直径比。

3.1.2

单个值　individual value

同一部件的同一尺寸在不同位置的测量值，或各种周期性重复出现的部件在相同位置对同一尺寸的测量值。

3.1.3

平均值　average value

由几个单个值算出的算术平均值。

3.1.4

理论值　theoretical value

图纸上的设计值。

3.1.5

一致性偏差　uniformity tolerance

在周期性重复出现的部件中，单个值和相应平均值之间的偏差。

3.1.6

相似性偏差　similarity tolerance

原型平均值与相应的由按 λ_L 放大后模型平均值之间的偏差。

3.1.7

公称直径　nominal diameter

如图 1 给出的水力机械的公称直径(混流式公称直径为 D_1 或 D_2，推荐使用 D_1；冲击式水轮机 D 为节圆直径)。

量的符号：D

单位：mm

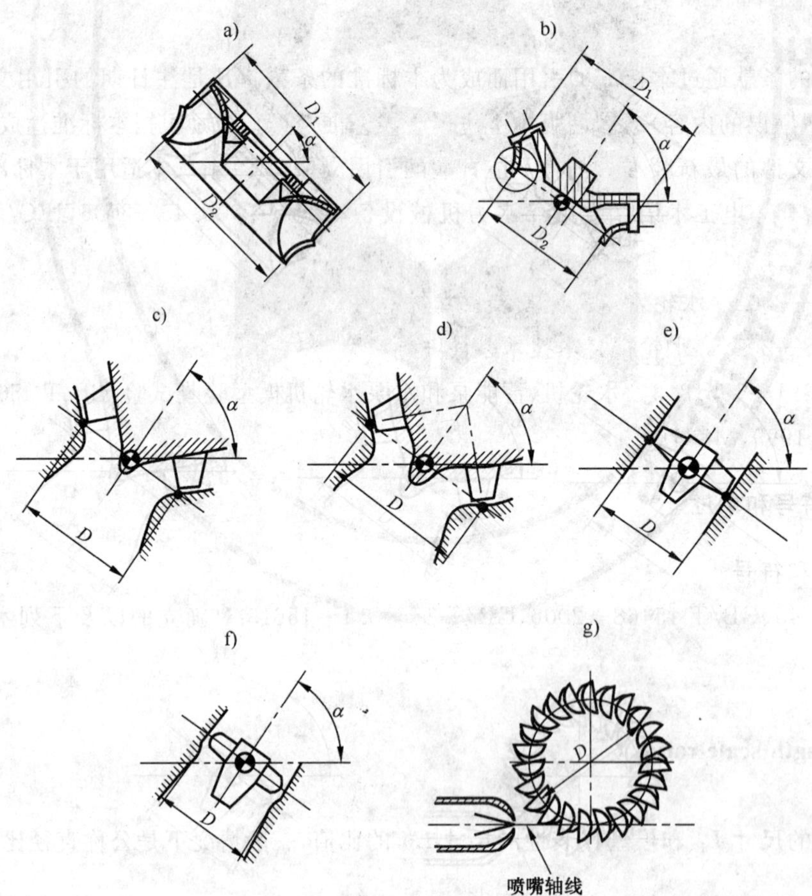

图中 $0° \leqslant \alpha \leqslant 90°$

图 a)、图 b)为混流式，图 c)、图 d)为斜流式，图 e)、图 f)为轴流式、图 g)为冲击式。

图 1　公称直径

3.1.8

转轮/泵轮叶片角度 runner/impeller blade angle

从给定位置算起测得的转轮/泵轮叶片的平均角度,混流式转轮/泵轮叶片角度如图 11 所示。

量的符号：β

单位:(°)

3.1.9

波浪度 waviness

指表面型线与易弯曲挠性尺顺该型线围成的光滑曲线之间的偏差。波浪度用表面型线与光滑曲线间的最大间隙 X 和间距 U 之比 X/U 表示。最大间隙 X 应在间距 U 中段 1/3 范围内(U 不小于 50 mm),如图 2 所示。

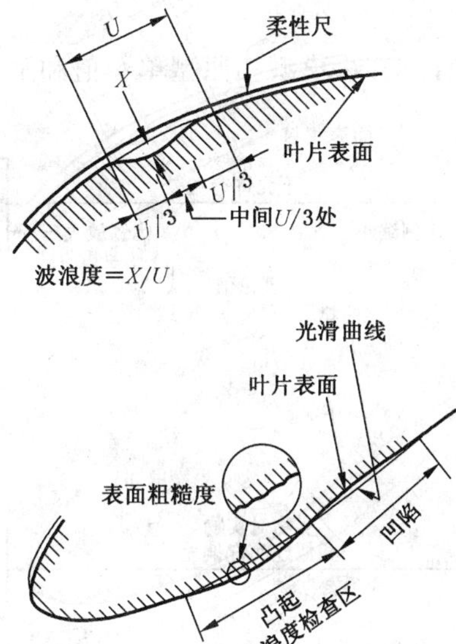

图 2 波浪度和表面粗糙度定义

3.1.10

表面粗糙度 surface roughness

表面粗糙度是表面的质量表征,一般来说,是由于刀刃的切削运动、磨料的磨削、机床的进给、涂层和油漆或者最初的装配(焊接)过程在表面上产生的交错起伏轮廓的平均算术偏差,如图 2 所示。

量的符号：R_a

单位:μm

3.1.11

通流部件 water passage components

本标准所述机型,从设备引水部件进口到泄水部件出口,有主水流通过的部件。

3.2 单位 unit

本标准全文采用国际单位制(SI)和中华人民共和国法定计量单位。

4 原型和模型几何相似的技术要求

4.1 总则

为保证原型性能,原型与模型间必须几何相似。

在模型尺寸偏差符合本标准的要求时，可以用模型的理论值代替模型测量的平均值。

原型采用与模型不同异型部件，应由供需双方协商，进行技术论证或单项试验，对模型效率予以修正。

通流部件的通流表面控制尺寸，除符合本标准规定的允许偏差外，还应满足结构配合公差及GB 8564—2003 的有关要求。

在对模型和原型均进行验收试验的情况下，模型和原型应尽可能采用同一测量断面。

在进行模型同台对比试验时，所有模型的旋转方向都应相同。

4.2 几何相似性检查的内容

4.2.1 检查模型和原型的主要尺寸。

4.2.2 在周期性重复出现的部件中，按 4.7.1.6、4.7.2.3 及 4.7.3.5 检查模型或原型一致性偏差；

4.2.3 按 4.7.1.6、4.7.2.3 及 4.7.3.5 检查原型和模型间几何相似性偏差。

4.3 一致性和几何相似性的评价

图 3 示意了本标准给出的几何允许偏差、模型和原型单个值和平均值的应用。

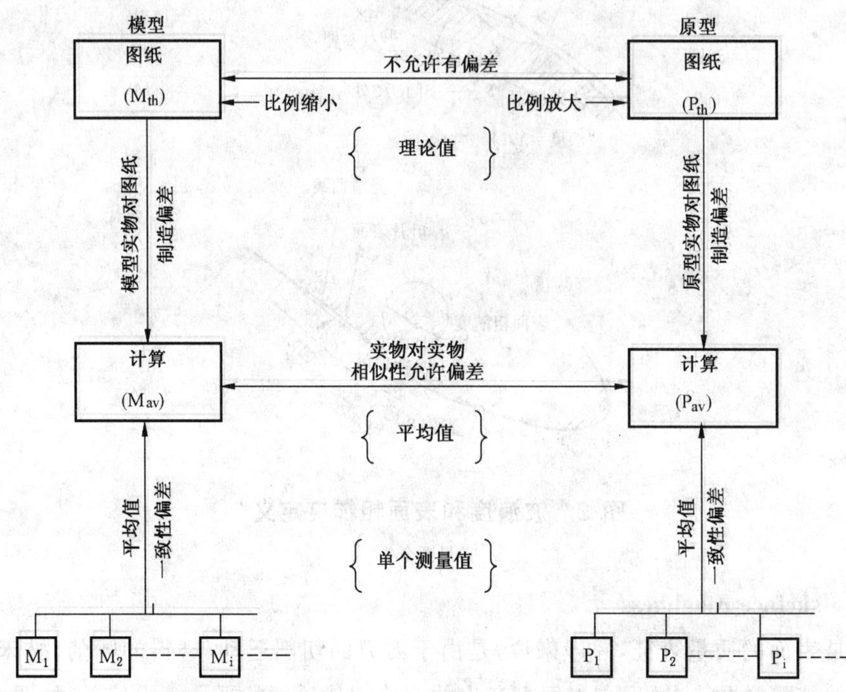

图 3 模型和原型尺寸检查，结果比较的步骤和允许偏差的应用

4.3.1 模型和原型单个部件一致性的检查

通过单个测量值和相应平均值的比较，可以决定一致性是否得到满足。如果一致性要求没有满足，应对相应部件进行修正或重新制造。在平均值与理论值之间的偏差超出一致性允许偏差时，应对理论值或部件的几何尺寸进行修正。当对周期性重复部件进行抽查时，可用单个值与理论值直接进行比较。

4.3.2 模型和原型几何相似性的检查

本标准给出了模型和原型相应平均值的比较和考虑相似性的允许偏差，可以决定几何相似性是否得到满足。

如果几何偏差大于相似性允许偏差，由双方协商处理。

对于一些在模型和/或原型上很难测量的尺寸，如果总的制造和/或安装允许偏差小于相似性允许偏差，可以用理论值代替模型和/或原型的平均值。

4.4 尺寸检查的步骤

4.4.1 模型和原型的几何相似性检查一般以模型为起点，对原型的几何相似性进行检查。当模型是根据已存在的原型进行制造时，检查的起点为原型。

4.4.2 几何相似性检查由单件检查和装配后检查两部分组成。单件检查时，检查单个部件的相似性；装配后检查时，应对整个机械的相似性进行检查，部件装配的相关外形尺寸通常以转轮轴和/或导叶中心线为参考值。检查时特别应注意相邻部件、固定和转动部分间过渡所形成的水力通道，本标准在这方面没有规定允许偏差值。

4.5 尺寸检查的方法

三座标测量仪、光学测量系统、样板等方法均可用于测量转轮/泵轮叶片、转轮/泵轮的轴面形状、活动导叶和固定导叶形状。通过对转轮/泵轮叶片形状及其几何位置的相应检查，可用以确定叶片安放角。

使用三座标测量系统或光学测量系统时，可使测量点沿各曲线或表面移动进行测量。在进行理论曲面和测量结果的比较时，可对基准点进行调整，以便使总的测量误差最小。

供方应根据转轮/泵轮的制造工艺，向需方推荐原型和模型的几何相似性最适当的测量方法，并取得需方同意。

图 4 至图 16 给出了尺寸检查的位置和范围示意图。

在一些情况下，对不可能直接测量的相关尺寸(如交界处由圆角覆盖)，可另在一个达成一致的位置上测量。

为了保护供方水力设计的机密，供方只需提供转轮/泵轮的测量型线和理论型线的差值，不提供型线坐标的实际值。如检查需要时，供方也可提供转轮/泵轮进出水边型线的绝对值及测量偏差。

4.6 多级机械、密封和轴向力平压措施

4.6.1 多级机械

正常情况下，模型试验应该与原型具有相同数目的级数。

对于四级或更多级的原型，在个别情况下，模型试验可以在减少的级数上进行(如对于四级的原型可以采用三级模型试验)。

4.6.2 密封和轴向力平压措施

由于结构上的原因，在模型和原型间的轴径、转轮密封间隙和轴向力平压措施方面不能几何相似或水力等效时(特别在大的尺寸比情况下)，模型和原型间的漏水损失和轴向力系数是不同的。在计算原型水力效率或轴向力时，这种差别可以忽略不计也可对此进行估算。

4.7 通流部件尺寸检查范围

4.7.1 反击式水轮机

4.7.1.1 主要部件

a) 蜗壳(或贯流式的引水部分)、座环、导水机构、尾水管的主要尺寸见图 4、图 5、图 7 和图 8，如必要还可包括转轮和顶盖间距离。

b) 转轮主要尺寸包括进出口直径、进口高度、转轮上冠和下环型线、轴流式和贯流式水轮机转轮的轮毂尺寸，见图 6 和图 9。

c) 转轮叶片数、活动导叶和固定导叶数。

d) 转轮水力通道形状、转轮叶片型线、活动导叶和固定导叶型线(包括固定导叶和活动导叶的最大厚度)。

e) 与止漏环有关的尺寸或转轮叶片端部间隙以及活动导叶端部间隙。

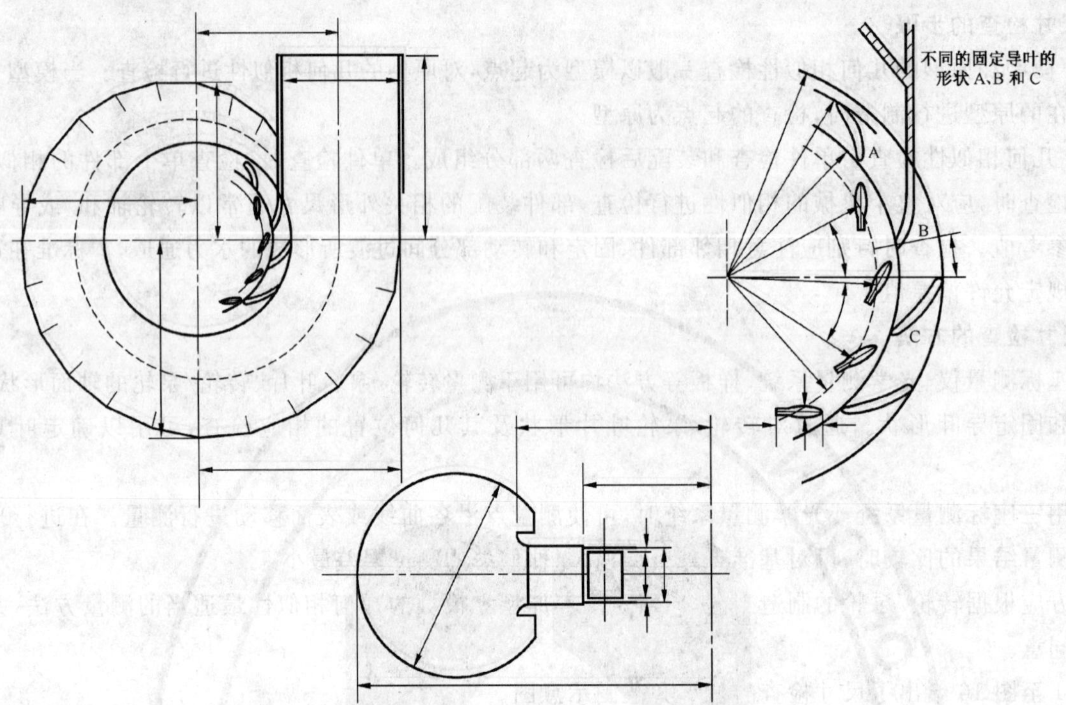

图 4　蜗壳和导水机构尺寸检查示例之一

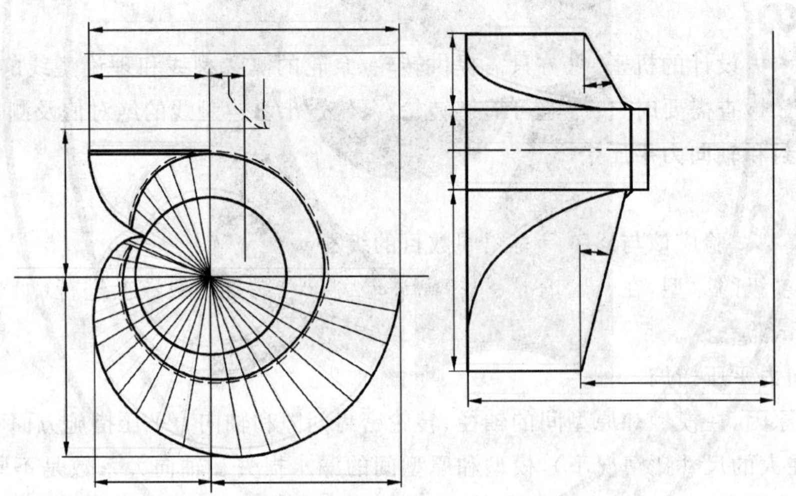

图 5　蜗壳和导水机构尺寸检查示例之二

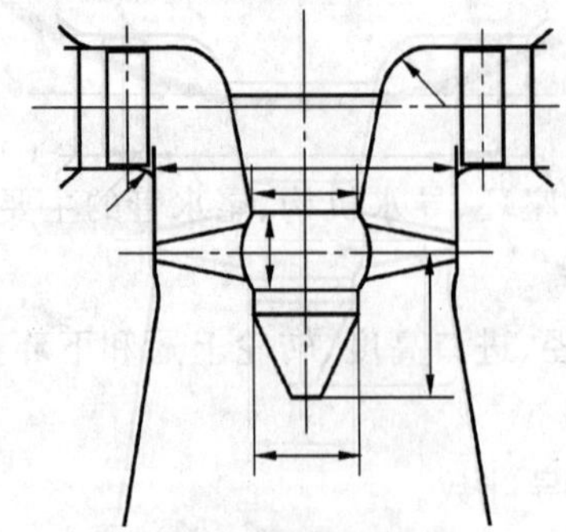

图 6　轴流式转轮区流道尺寸检查图

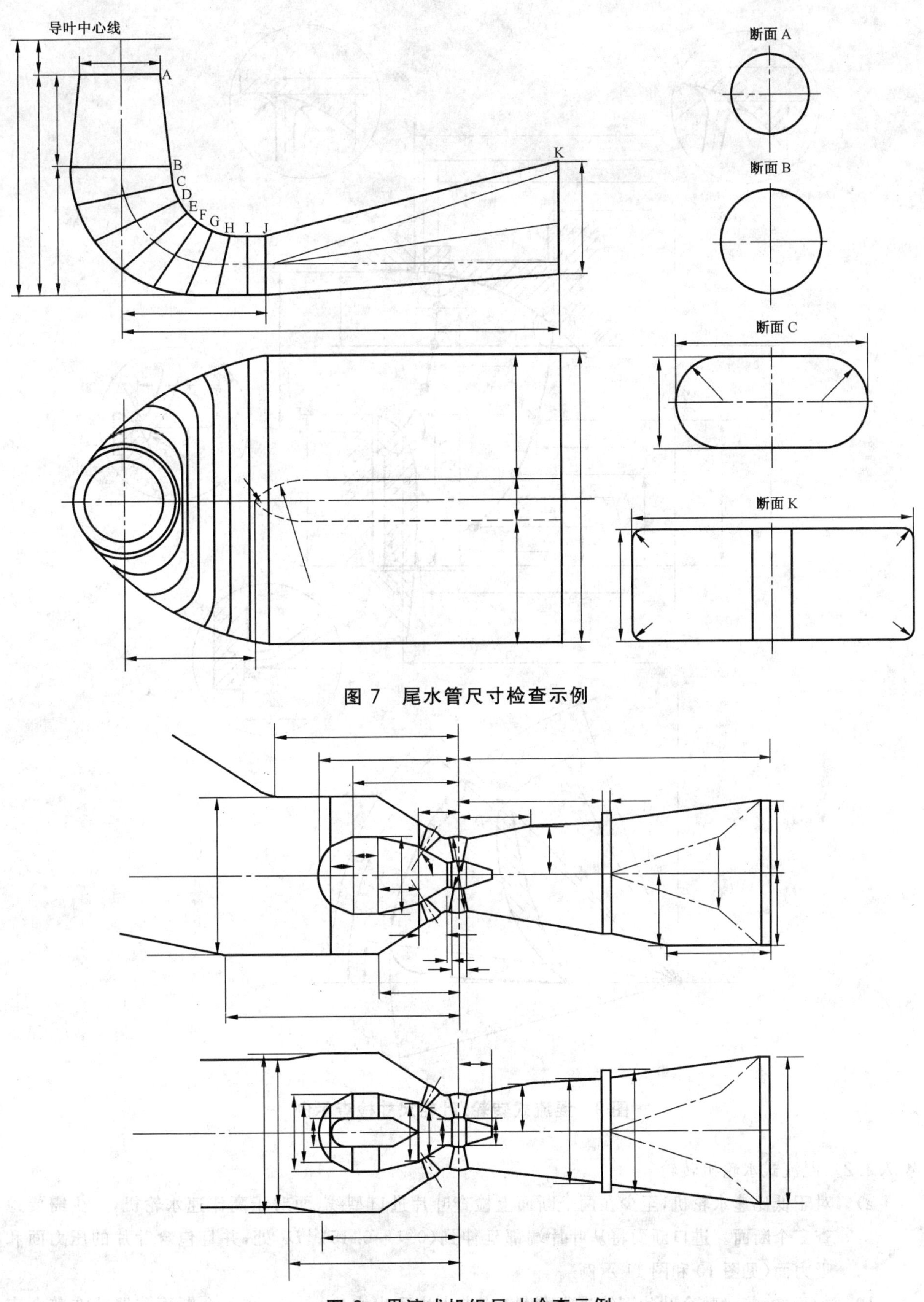

图 7 尾水管尺寸检查示例

图 8 贯流式机组尺寸检查示例

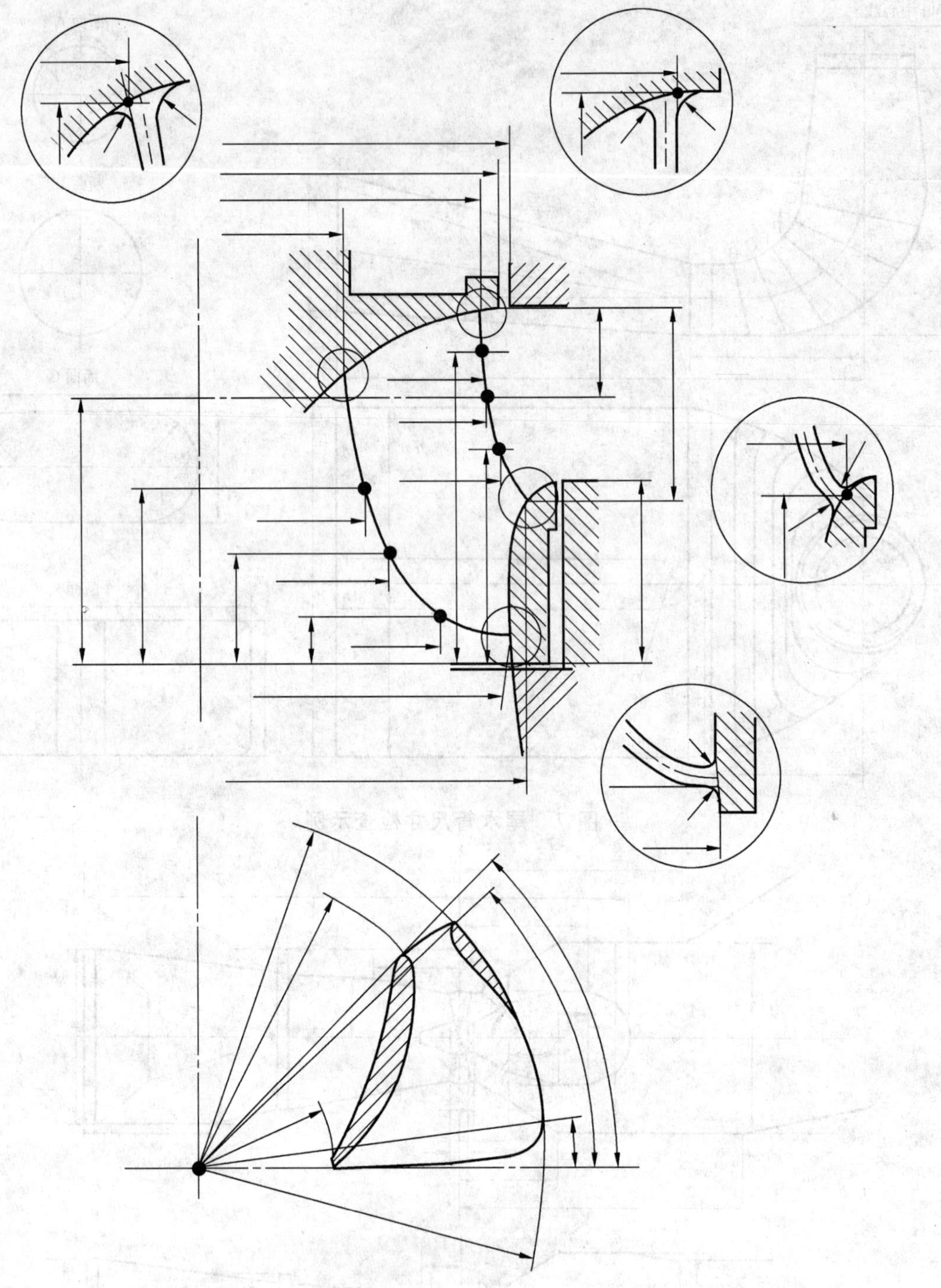

图 9 混流式转轮/叶轮尺寸检查示例

4.7.1.2 混流式水轮机转轮

a) 对于低比速水轮机，至少在两个断面上检查叶片进口型线，而对于高比速水轮机，至少需要检查三个断面。进口断面将从叶片端部延伸到(0.1～0.15)[1] D_2 处，并且包含叶片的压力面和吸力面(见图 10 和图 11 示例)。

b) 如可能，应对整个叶片型线进行测量(从进水边到出水边)，至少在一个断面位置或在整个表面上的随机位置进行测量(见图 10 和图 11)。

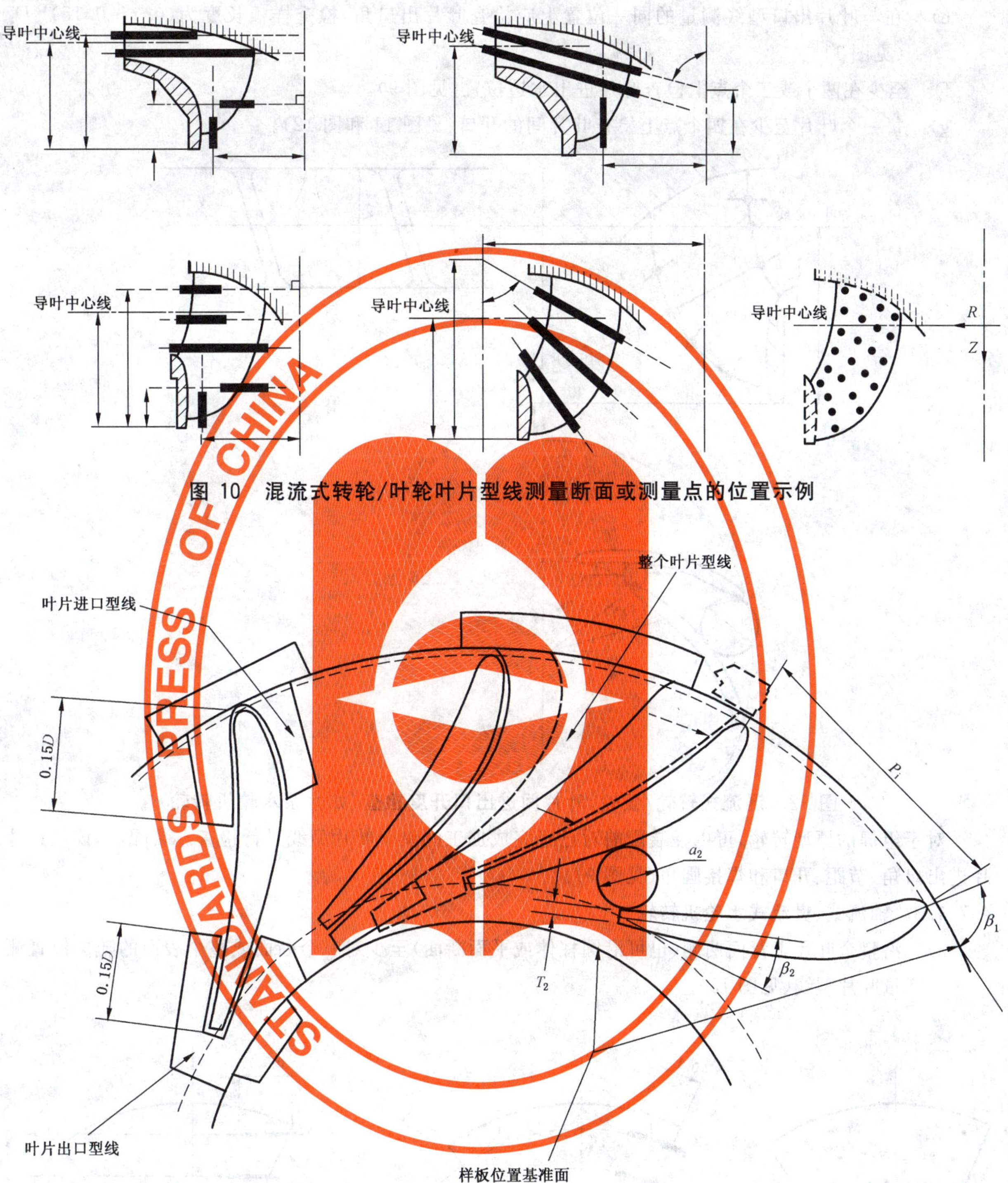

图 10　混流式转轮/叶轮叶片型线测量断面或测量点的位置示例

图 11　混流式转轮/叶轮采用样板或坐标测量系统检查开口和叶片型线(如混流式转轮)

c)　在与叶片进口型线测量的同一位置上应检查叶片进口角,检查样板长度为(0.1～0.15)[1] D_2(见图 11)。

d)　至少在三个断面上测量叶片出口型线,出口断面应从叶片的尾端沿叶片两面往回延伸到(0.1～0.15)[1] D_2 处(见图 11)。

---

1)　取决于比转速和型线长度,此值可以减到 0.1。

e) 在与叶片出口型线测量的同一位置上应检查叶片出口角，检查样板长度为(0.1～0.15)[1] D_2（见图 11）。

f) 至少在两个或三个点上检查叶片进出水边位置(见图 9)。

g) 每一个叶片至少在四个点上检查叶片间的开口(见图 11 和图 12)。

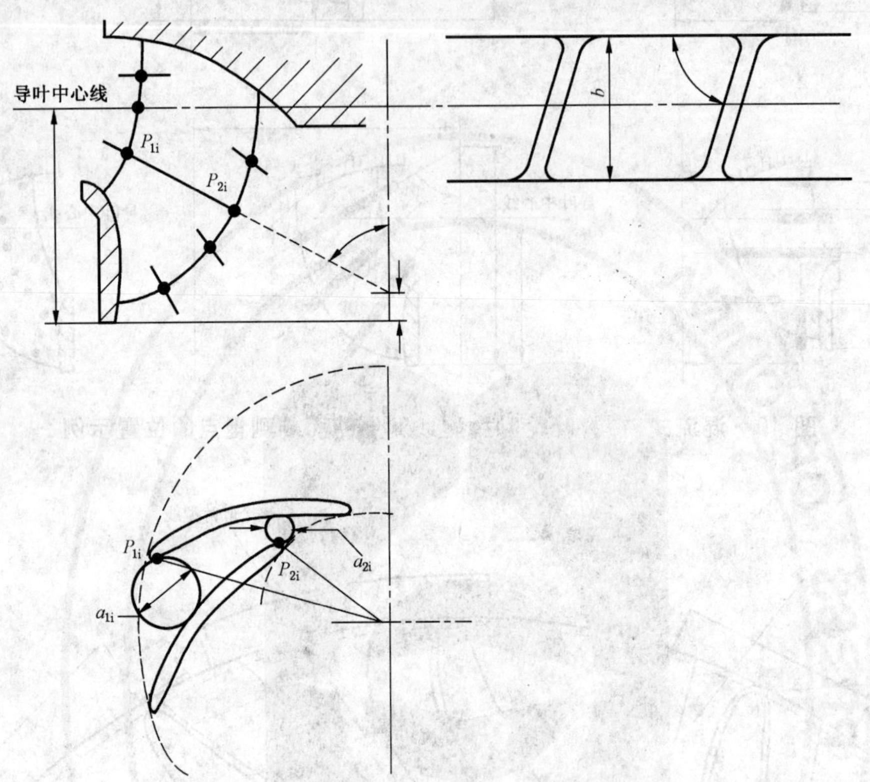

图 12 混流式转轮/泵轮、叶片间进出口开度检查(如水泵水轮机转轮)

对于组焊的原型转轮，可以在装配前对已经完成加工的单个叶片型线进行检查。装配后，仅检查叶片进出口角、节距、开口和焊接圆角(见图 9)。

4.7.1.3 轴流式、贯流式水轮机转轮

a) 沿整个叶片正背面两侧(也可沿圆柱体或平面断面)至少对三个断面或整个表面的随机位置测量叶片型线(见图 13)。

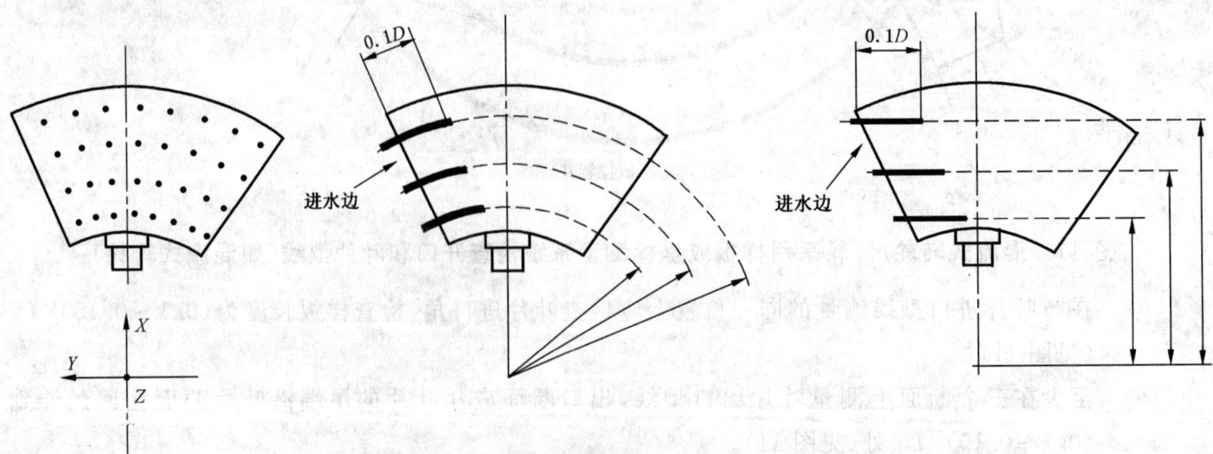

图 13 轴流式转轮/泵轮叶片型线的测量断面或测量点位置示例

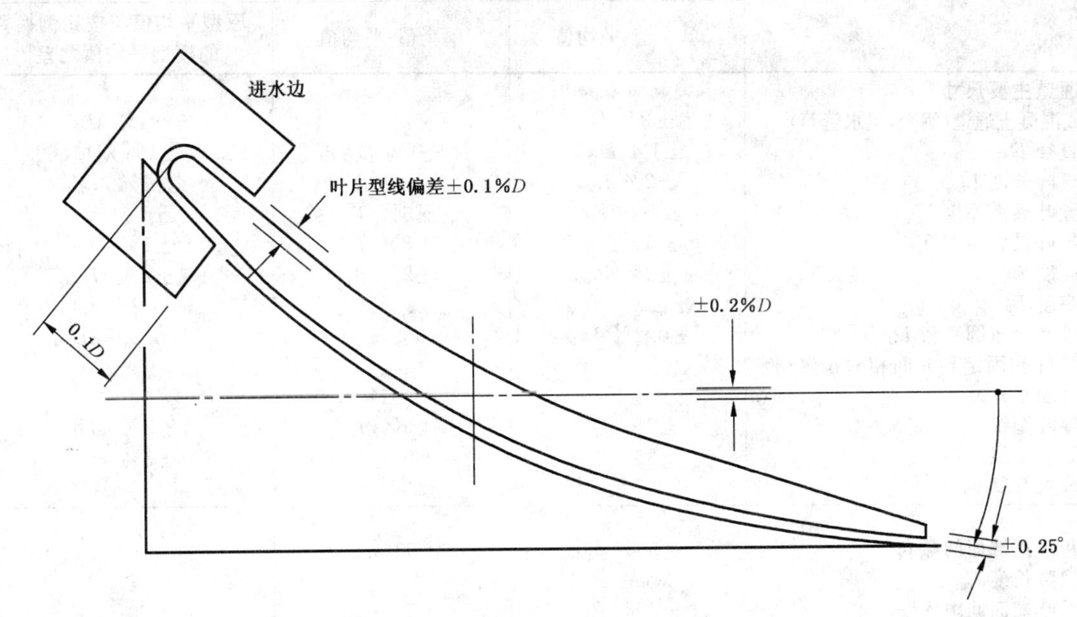

图 14 轴流式转轮叶片调整和叶片型线允许偏差的定义

应检查每一个测量断面的头尾部型线。头尾部型线是指从叶片的端部沿叶片延伸至 0.1D 处。在做这些检查时，在进行理论型线和测量结果的比较时，对叶片转角和轴线的基准可在 4.7.1.6 中表 1 所允许的偏差范围内进行调整，以便使总的测量误差最小，通过调整可使每一个叶片获得最佳位置。对每一个叶片，只允许进行一次调整，并且对于所确定断面的压力面和吸力面的检查测量只能在调整后的这一个位置进行(见图 13)。

b) 应检查装配到转轮体上叶片安放角，定桨式各叶片安放角与理论值的允许偏差为 0°～+0.5°。

4.7.1.4 活动导叶

对于圆柱型导水机构布置，至少在一个断面上检查型线；对于锥形布置，至少在两个断面上检查型线。

4.7.1.5 间隙

应对转轮/叶轮密封间隙、叶片端部间隙及反击式水轮机的活动导叶间隙进行检查。

原型的间隙一般应不超过按模型比例换算的间隙，但也不应小于满足结构和刚度要求的最小值。高水头混流式止漏环间隙的配比和间隙值应满足防止密封引起自激振动的要求。

无论是模型还是原型，都应该考虑压力对活动导叶端面间隙可能造成的影响。

原型转轮/叶轮密封的长度不应小于按模型比例换算的相应的尺寸。

4.7.1.6 原型和模型水轮机几何相似性方面的允许最大偏差见表 1。

表 1 原型和模型水轮机几何相似性方面的允许最大偏差

项目	允许最大偏差		
	一致性允许偏差		相似性允许偏差
	模型	原型	原型/模型
	单个值-平均值	单个值-平均值	原型平均值与按比例换算的模型平均值之差[1]
水力通道主要尺寸			
金属或混凝土通道(蜗壳,尾水管等)[2]	±2% L_M	±2% L_P	±1% λL_M
座环直径 D_{ST}	±1% D_{STM}	±1% D_{ST}	±1% λD_{STM}
固定导叶长度 L_S	±2% L_{SM}	±2% L_S	±2% λL_{SM}
活动导叶最大厚度 T'	±5% $T_M{}'$	±5% T'	±5% $\lambda T_M{}'$
固定导叶最大厚度 T''	±5% $T_M{}''$	±8% T''	±5% $\lambda T_M{}''$
座环高度 B_S	±2% B_{SM}	±2% B_S	±2% λB_{SM}
导叶高度 B_0	±0.3% B_{0M}	±0.3% B_0	±0.2% λB_{0M}
活动导叶分布圆直径 D_0	±0.2% D_{0M}	±0.2% D_0	±0.2% λD_{0M}
活动导叶和固定导叶间相对位置(例如以角度表示)	±1°	±1°	±1°
活动导叶型线	±3% $T_M{}'$	±5% T'	±3% $\lambda T_M{}'$
固定导叶型线	±3% $T_M{}''$	±5% T''	±3% $\lambda T_M{}''$
导叶最大开度 a_0	±1.5% a_{0m}	±2% a_0	≥0
间隙			
密封和叶片端面间隙 δ_g	±50% δ_{gM}	±50% δ_g	≤0
密封间隙长度 L_g	—	—	≥0
活动导叶端面间隙 δ_c	±50% δ_{cM}	±50% δ_c	≤0
混流式转轮叶片型线			
进出水边 D_{2M}	±0.1% D_{2M}	±0.1% D_2	±0.1% λD_{2M}
叶面的其他部分	±0.2% D_{2M}	±0.2% D_2	±0.2% λD_{2M}
进口节距 P_i	±0.2% D_{2M}	±0.4% D_2	—
进口角 β_1	±1.5°	±2°	±1.5°
出口角 β_2	±1°	±1.5°	±1°
开口 a_1	+3% a_{1M} −3% a_{1M}	+5% a_1 −3% a_1	+3% λa_{1M} −1% λa_{1M}
叶片最大厚度 T[3]	+3% T_M −6% T_M	+5% T −8% T	+3% λT_M −6% λT_M
靠近出水边的叶片厚度 T_0[4]	±15% T_{0M}	±15% T_0	±15% λT_{0M}
进出口直径和转轮其他尺寸[5]	±0.25% D_{2M}	±0.35% D_2	±0.25% λD_{2M}
轴流式、贯流式和斜流式转轮			
叶片型线	±0.1% D_M	±0.1% D	±0.1% λD_M
端部型线	±0.1% D_M	±0.1% D	±0.1% λD_M
叶片最大厚度 T[3]	+3% T_M −6% T_M	+5% T −8% T	+3% λT_M −6% λT_M
接近出水边处的叶片厚度 δ	±15% δ_M	±15% δ	±15% $\lambda\delta$
转轮室直径 D_d	±0.1% D_{dM}	±0.1% D_d	±0.2% λD_{dM}
转轮其他尺寸 D_s	±0.25% D_{sM}	±0.5% D_s	±0.25% λD_{sM}
型线的角度差	±0.25°	±0.25°	±0.25°
型线的轴向调整量	±0.2% D_M	±0.2% D	±0.2% λD_M
叶片最大转角 φ	±0.25°	±0.25°	≥0°

1) 在模型尺寸偏差符合本标准的要求时,相应的理论值可以代替平均值。

2) 对于混凝土表面,原型转轮直径在 3.3 m 和 1 m 间时,一致性允许偏差应由±2%逐渐降到±1%;,对于混凝土表面,由于支撑板移位以及混凝土和金属表面接口处引起的突然变化,对于原型转轮直径大于 3.3 m 时,该值应限制在 6 mm 以内;当原型转轮直径在 3.3 m 和 1 m 间时,该值应从 6 mm 逐渐降到 3 mm 内。

3) 如果提供了全部型线数据则没有必要。

4) 对水头变幅大或多泥沙电站,经供需双方协商可适当加厚出水边,并对上冠、下环连接处采取降低应力的措施。

5) 在有些情况下,为了使出水边开口满足所需的允许偏差,可以适当增大出口边尺寸的允许偏差(见图 9 中所示的有关半径)。

4.7.2 冲击式水轮机

4.7.2.1 主要部件

a) 转轮、分流管、机壳和喷嘴主要尺寸(见图 15)。

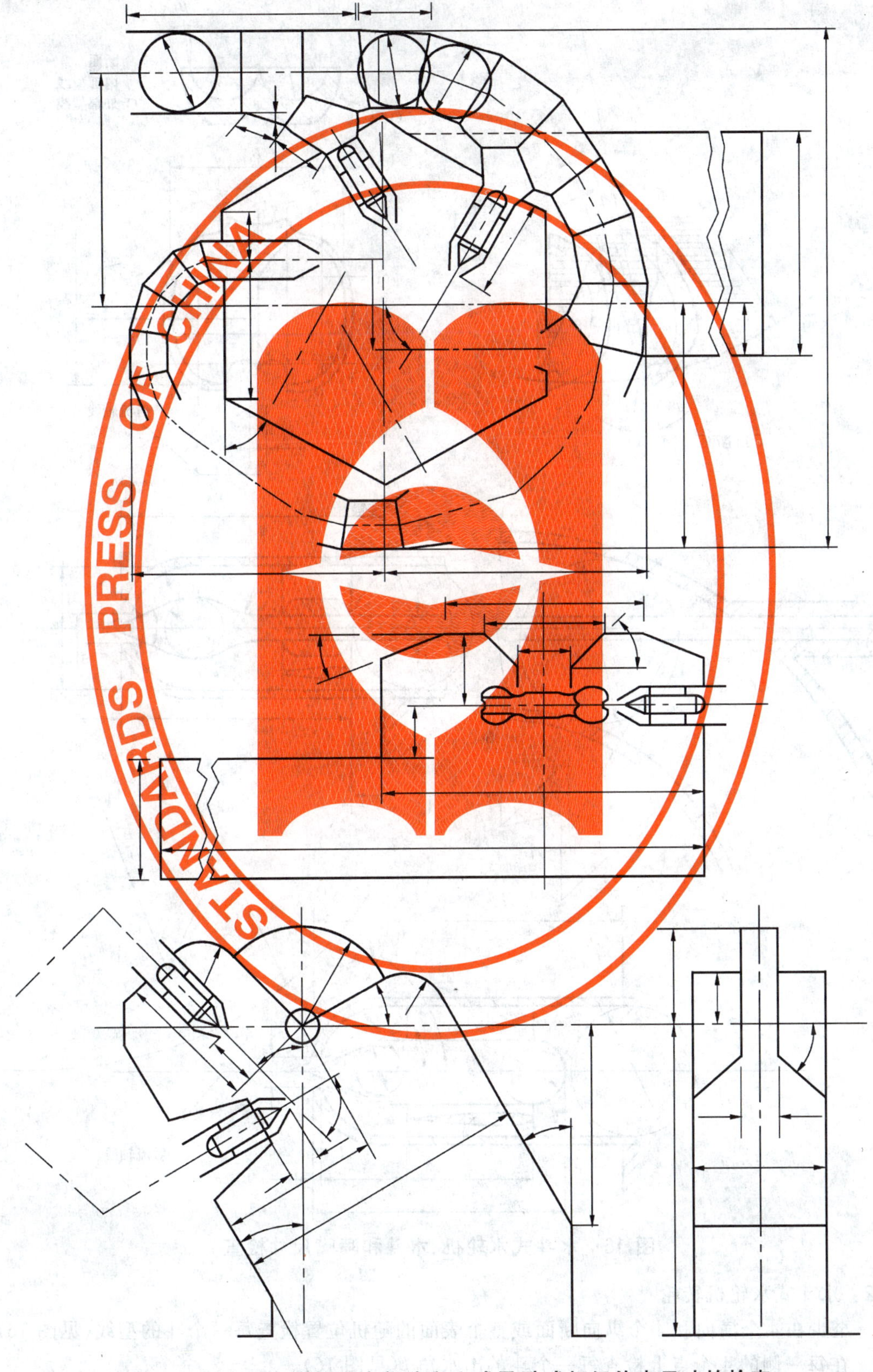

图 15 水斗式水轮机导水部分和立式及卧式机组外壳尺寸的检查

b） 水斗数量。

c） 水斗、喷嘴和喷针形状(见图16)。

d） 射流与转轮的对准线。

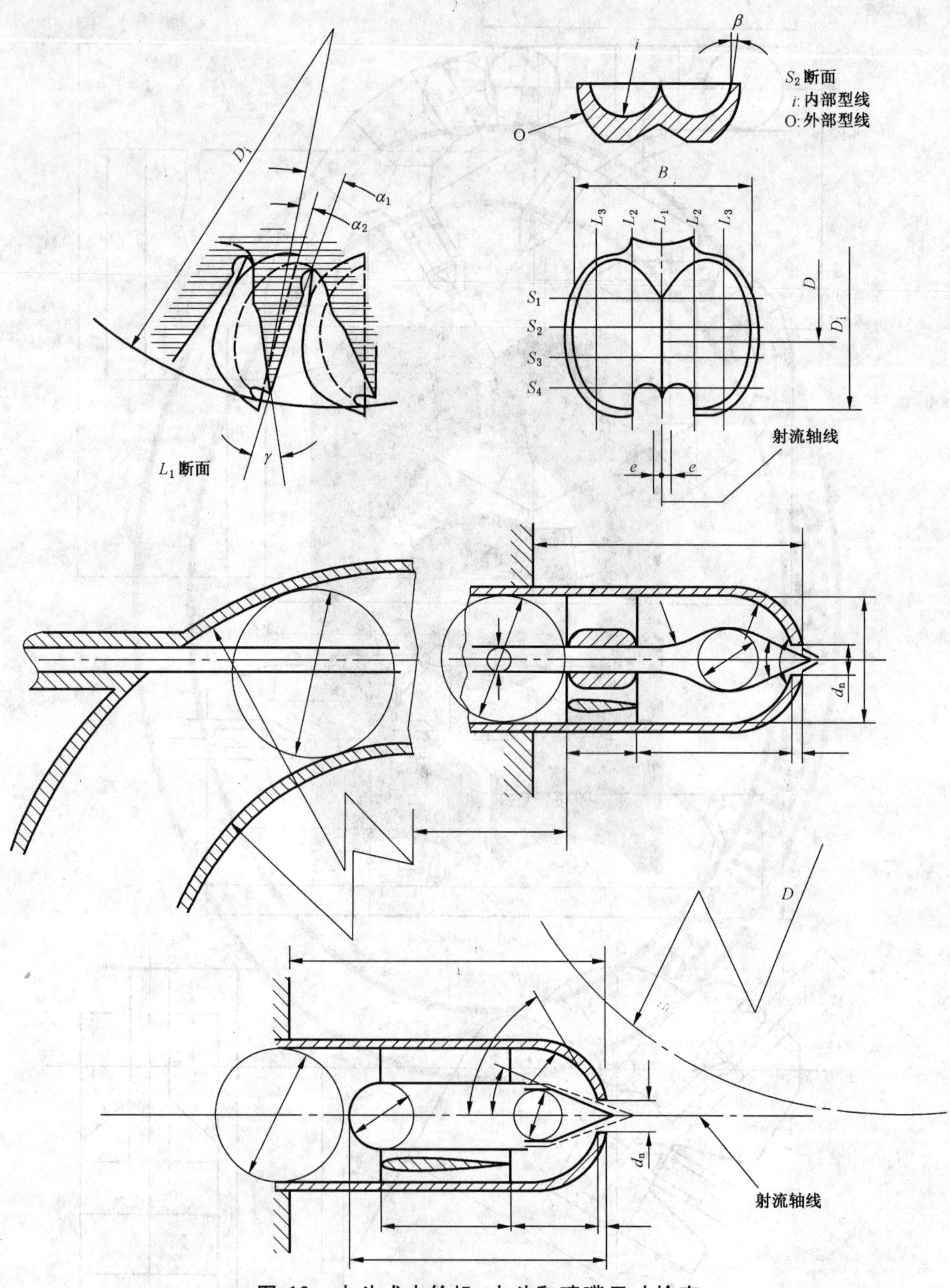

图16 水斗式水轮机、水斗和喷嘴尺寸检查

4.7.2.2 水斗式水轮机转轮

a） 至少在4个横向和4个纵向断面或整个表面的随机位置检查每一个斗的型线(见图16)。

b） 在每一侧的4个点上检查每一个斗的出水角β(见图16)。

c) 每一个斗切水刃的形状、分水刃脊角 γ、分水刃和斗的倾角 α 都应该检查(见图 16)。

d) 应检查斗的内部宽度和型线。

e) 为了确保原型上射流和斗的相互影响小于模型上的情况,对出流有影响的斗背面型线也应检查,允许偏差见 4.7.2.3。

4.7.2.3 原型和模型水轮机间几何相似性方面的允许最大偏差见表 2。

表 2 原型和模型水轮机间几何相似性方面的允许最大偏差

项目	允许最大偏差		
	一致性允许偏差		相似性允许偏差
	模型	原型	原型/模型
	单个值-平均值	单个值-平均值	原型平均值与按比例换算的模型平均值之差[1]
水斗式水轮机			
喷针和喷嘴直径	$\pm 0.3\%\ d_{nM}$	$\pm 0.3\%\ d_n$	$\pm 0.3\%\ \lambda d_{nM}$
喷针和喷嘴型线	$\pm 0.1\%\ d_{nM}$	$\pm 0.1\%\ d_n$	$\pm 0.1\%\ \lambda d_{nM}$
喷嘴角度	$\pm 0.5°$	$\pm 1°$	$\pm 1°$
喷针角度	$\pm 1°$	$\pm 2°$	$\pm 1°$
水斗宽度 B	$+0.3\%\ B_M$ $-0.3\%\ B_M$	$+0.8\%\ B$ $-0.5\%\ B$	$+0.8\%\ \lambda B_M$ $-0.5\%\ \lambda B_M$
水斗的背面型线	$+0.5\%\ B_M$ $-0.5\%\ B_M$	$+1.0\%\ B$ $-0.8\%\ B$	$+1.0\%\ \lambda B_M$ $-0.8\%\ \lambda B_M$
水斗的正面型线	$\pm 0.5\%\ B_M$	$\pm 0.5\%\ B$	$\pm 0.5\%\ \lambda B_M$
水斗的倾角 α	$\pm 1°$	$\pm 1°$	$\pm 1°$
水斗的出水角 β	$\pm 1°$	$\pm 1°$	$\pm 1°$
分水刃型线	$\pm 1\%\ B_M$	$\pm 1\%\ B$	$\pm 1\%\ \lambda B_M$
分水刃脊角 γ	$+1°$ $-1°$	$0°$ $-3°$	$0°$ $-3°$
节圆直径 D	$\pm 0.2\%\ D_M$	$\pm 0.2\%\ D$	$\pm 0.2\%\ \lambda D_M$
射流相对转轮的偏移值 e	$\pm 0.5\%\ B_M$	$\pm 0.5\%\ B$	$\pm 0.25\%\ \lambda B_M$
射流相对转轮的对准度 δ	$\pm 0.5°$	$\pm 0.5°$	$\pm 0.5°$
外径处的节距	$\pm 1\%\ B_M$	$\pm 1.5\%\ B$	—
直径 D_j(图 16)	$\pm 0.3\%\ D_M$	$\pm 0.3\%\ D$	$\pm 0.2\%\ \lambda D_M$
机壳	—	—	$\geqslant 0$

1) 在模型尺寸偏差符合本标准的要求时,相应的理论值可以代替平均值。

4.7.3 蓄能泵和水泵水轮机

4.7.3.1 主要部件

a) 蜗壳、扩散段、吸入管的主要尺寸见图 4、图 5、图 7 和图 8,如必要还可包括转轮/泵轮和顶盖间的空间;

b) 转轮/泵轮的主要尺寸见图 9 和图 12,包括泵工况进出口直径、泵工况出口高度、转轮/泵轮的下环和上冠的主要尺寸;

c) 转轮/泵轮叶片数、扩散叶/活动导叶数和固定导叶数;

d) 转轮/泵轮水力通道形状以及扩散叶/活动导叶和固定导叶形状(包括固定导叶、扩散叶和转轮/泵轮叶片的最大厚度);

e) 与止漏环有关的尺寸或转轮叶片端部间隙以及活动导叶端部间隙(如有)。

4.7.3.2 离心和混流式转轮/泵轮

为了方便，对离心和混流式转轮/泵轮的要求以单向进流、单级机械的形式表示，对于双向进流和多级机械，应对泵工况的所有进口和每级进行测量。

a) 泵工况叶片进口型线应至少检查三个断面，其长度为从叶片端部沿叶片的压力面和吸力面伸进(0.1～0.15)[1)]D_2(见图 11)；

b) 在与泵工况进口型线相同的断面上检查叶片进口角，检查样板长度不小于(0.1～0.15)[1)]D_2(见图 11)；

c) 对于低比速转轮/泵轮，泵工况叶片出口型线应至少检查二个断面；对于高比速转轮/泵轮，泵工况叶片出口型线应至少检查三个断面，其长度为从叶片端部沿叶片的压力面和吸力面伸进(0.1～0.15)[1)]D_2(见图 10 和图 11)；

d) 在与泵工况出口型线相同的断面上检查叶片出口角，检查样板长度不小于(0.1～0.15)[1)]D_2；

e) 如果可能，根据比速的不同，至少在一个断面上检查整个叶片型线(从泵工况进水边到泵工况出水边)或者在整个叶面上随机检查(见图 10 和图 11)；

f) 根据比速的不同，至少在两个或三个点上检查泵工况叶片进出水边位置(见图 9)；

g) 每一个叶片至少在 4 个点上检查泵工况进水边叶片开口，在 3 个点上检查泵工况出水边叶片开口(见图 11 中的 a)；

h) 检查转轮/泵轮各个叶片通道间高度(见图 12 中的 b)。

对于组焊的原型转轮，可以在装配前对已经完成了加工的单个叶片型线进行检查。装配后，仅检查叶片进出口角、节距、开口和焊接圆角(见图 9 所示)。

4.7.3.3 轴流式转轮/泵轮

叶片型线检查范围与 4.7.1.3 中给出的轴流式、贯流式水轮机转轮检查范围相同。

4.7.3.4 活动导叶和间隙

对于活动导叶和间隙，见 4.7.1.4 和 4.7.1.5。

4.7.3.5 原型和模型蓄能泵/水泵水轮机间几何相似性方面的允许最大偏差见表 3。

表 3 原型和模型蓄能泵/水泵水轮机间几何相似性方面的允许最大偏差

项　目	允许最大偏差		
	一致性允许偏差		相似性允许偏差
	模型	原型	原型/模型
	单个值-平均值	单个值-平均值	原型平均值与按比例换算的模型平均值之差[1)]
水力通道主要尺寸			
金属或混凝土通道(蜗壳，尾水管等)[2)]	$\pm2\%\ L_M$	$\pm2\%\ L_P$	$\pm1\%\ \lambda L_M$
座环直径 D_{ST}	$\pm1\%\ D_{STM}$	$\pm1\%\ D_{ST}$	$\pm1\%\ \lambda D_{STM}$
扩散叶/固定导叶长度 L_S	$\pm2\%\ L_{SM}$	$\pm2\%\ L_S$	$\pm2\%\ \lambda L_{SM}$
活动导叶最大厚度 T'	$\pm5\%\ T'_M$	$\pm5\%\ T'$	$\pm5\%\ \lambda T'_M$
固定导叶最大厚度 T''	$\pm5\%\ T''_M$	$\pm8\%\ T''$	$\pm5\%\ \lambda T''_M$
座环/扩散段高度 B_S	$\pm2\%\ B_{SM}$	$\pm2\%\ B_S$	$\pm2\%\ \lambda B_{SM}$
导叶高度 B_0	$\pm0.3\%\ B_{0M}$	$\pm0.3\%\ B_0$	$\pm0.2\%\ \lambda B_{0M}$
活动导叶分布圆直径 D_0	$\pm0.2\%\ D_{0M}$	$\pm0.2\%\ D_0$	$\pm0.2\%\ \lambda D_{0M}$
活动导叶和固定导叶间相对位置(例如以角度表示)	±1°	±1°	±1°
活动导叶/固定导叶/扩散管型线	$\pm3\%\ T_M$	$\pm5\%\ T$	$\pm3\%\ \lambda T_M$
导叶最大开度 a_0	$\pm1.5\%\ a_{0m}$	$\pm2\%\ a_0$	≥0

表 3（续）

项目	允许最大偏差		
	一致性允许偏差		相似性允许偏差
	模型	原型	原型/模型
	单个值-平均值	单个值-平均值	原型平均值与按比例换算的模型平均值之差[1]
间隙			
密封和叶片端面间隙 δ_g	$\pm 50\%\ \delta_{gM}$	$\pm 50\%\ \delta_g$	$\leqslant 0$
密封间隙长度 L_g	—	—	$\geqslant 0$
活动导叶端面间隙 δ_c	$\pm 50\%\ \delta_{cM}$	$\pm 50\%\ \delta_c$	$\leqslant 0$
混流式转轮/泵轮			
进出水边叶片型线	$\pm 0.1\%\ D_{2M}$	$\pm 0.1\%\ D_2$	$\pm 0.1\%\ \lambda D_{2M}$
叶片的其他部分型线	$\pm 0.2\%\ D_{2M}$	$\pm 0.2\%\ D_2$	$\pm 0.2\%\ \lambda D_{2M}$
泵工况进口节距 P_1	$\pm 0.2\%\ D_{2M}$	$\pm 0.4\%\ D_2$	—
泵工况进口角 β_1	$\pm 1.5°$	$\pm 2°$	$\pm 1.5°$
泵工况出口角 β_2	$\pm 1°$	$\pm 1.5°$	$\pm 1°$
进出口开口 a_1	$+3\%\ a_{1M}$ $-3\%\ a_{1M}$	$+5\%\ a_1$ $-3\%\ a_1$	$+3\%\ \lambda a_{1M}$ $-1\%\ \lambda a_{1M}$
叶片最大厚度 T[3]	$+3\%\ T_M$ $-6\%\ T_M$	$+5\%\ T$ $-8\%\ T$	$+3\%\ \lambda T_M$ $-6\%\ \lambda T_M$
靠近出水边的叶片厚度 T_0	$\pm 15\%\ T_{0M}$	$\pm 15\%\ T_0$	$\pm 15\%\ \lambda T_{0M}$
进出口直径和转轮其他尺寸[4]	$\pm 0.25\%\ D_{2M}$	$\pm 0.35\%\ D_2$	$\pm 0.25\%\ \lambda D_{2M}$
轴流式、贯流式和斜流式转轮			
叶片型线	$\pm 0.1\%\ D_M$	$\pm 0.1\%\ D$	$\pm 0.1\%\ \lambda D_M$
端部型线	$\pm 0.1\%\ D_M$	$\pm 0.1\%\ D$	$\pm 0.1\%\ \lambda D_M$
叶片最大厚度 T[3]	$+3\%\ T_M$ $-6\%\ T_M$	$+5\%\ T$ $-8\%\ T$	$+3\%\ \lambda T_M$ $-6\%\ \lambda T_M$
接近出水边处的叶片厚度 δ	$\pm 15\%\ \delta_M$	$\pm 15\%\ \delta$	$\pm 15\%\ \lambda\delta$
转轮室直径 D_d	$\pm 0.1\%\ D_{dM}$	$\pm 0.1\%\ D_d$	$\pm 0.2\%\ \lambda D_{dM}$
转轮其他尺寸 D_s	$\pm 0.25\%\ D_{sM}$	$\pm 0.5\%\ D_s$	$\pm 0.25\%\ \lambda D_{sM}$
型线的角度差	$\pm 0.25°$	$\pm 0.25°$	$\pm 0.25°$
型线的轴向调整量	$\pm 0.2\%\ D_M$	$\pm 0.2\%\ D$	$\pm 0.2\%\ \lambda D_M$
叶片最大转角 φ	$\pm 0.25°$	$\pm 0.25°$	$\geqslant 0°$

1) 在模型尺寸偏差符合本标准的要求时，相应的理论值可以代替平均值。

2) 对于混凝土表面，原型转轮直径在 3.3 m 和 1 m 间时，一致性允许偏差应由±2%逐渐降到±1%；对于混凝土表面，由于支撑板移位以及混凝土和金属表面接口处引起的突然变化，对于原型转轮直径大于 3.3 m 时，该值应限制在 6 mm 以内；当原型转轮直径在 3.3 m 和 1 m 间时，该值应从 6mm 逐渐降到 3 mm 内。

3) 如果提供了全部型线数据则没有必要。

4) 在有些情况下，为了使出水边开口满足所需的允许偏差，可以适当增大出口边尺寸的允许偏差（见图 9 中所示的有关半径）。

4.8 通流部件表面粗糙度和波浪度

4.8.1 表面粗糙度的要求

模型通流部件表面粗糙度必须达到水力光滑流动的要求，原型通流部件表面粗糙度的选取应考虑效率获得的经济价值、制造成本、机组的尺寸、初始表面粗糙度及由于现场运行中侵蚀或腐蚀所引起的快速损坏的可能性等。

原型过流表面粗糙度一般情况下(完成表面,包括最终刷漆表面)应按表4规定。对于多泥沙河流上的电站和有特殊要求的电站,经供需双方协商可以特别规定过流表面粗糙度。

此外,所需粗糙度的选择在某些部位可能是出于改善抗空蚀和疲劳强度,此时粗糙度的选择与模型与原型间的尺寸相似律无关。

在确定进口及出口结构部件(蜗壳、尾水管肘管和贯流式水轮机的进口室)等焊接部件的表面粗糙度时,由于其焊缝只占整个表面积很小的比例,不包括在表面检查范围之内。认为焊缝是平齐的,外型上无凸起。

根据上述方面的考虑,表面粗糙度值的选取可分为两组,这两组用水头分界。

表4 原型过流表面粗糙度

机型		部件	R_a(μm)	
反击式水轮机水泵水轮机	轴流式		$H \leqslant 30$ m	$H > 30$ m
		顶盖和底环抗磨板	≤6.3	≤3.2
		转轮叶片	≤6.3	≤3.2
		导叶	≤6.3	≤12.5
		底环	≤25.0	≤12.5
		蜗壳、座环、转轮室、尾水管锥管和贯流式进水管	≤25.0	≤12.5
	混流式或斜流式		$H \leqslant 200$ m	$H > 200$ m
		顶盖和底环抗磨板	≤3.2	≤1.6
		转轮叶片	≤6.3	≤1.6
		导叶	≤3.2	≤6.3
		底环	≤12.5	≤6.3
		蜗壳、座环、尾水管锥管	≤25.0	≤12.5
水斗式水轮机			$H \leqslant 500$ m	$H > 500$ m
		水斗内表面、喷嘴出口、喷针头锥体表面	≤1.6~3.2	≤0.8~1.6
		喷嘴	≤6.3~12.5	≤3.2~6.3
		分流管	≤25.0	≤12.5
		机壳内表面	≤25.0	≤12.5

注:表中所给的值是所涉及表面的总平均值。由于局部的水力条件不同,某些部位表面粗糙度 R_a 偏差±1个等级也是可接受的(如:混流水轮机转轮叶片粗糙度的平均值为 $R_a=6.3$ μm,可从 $R_a=3.2$ μm 到 $R_a=12.5$ μm 之间变化,见示意图17)。

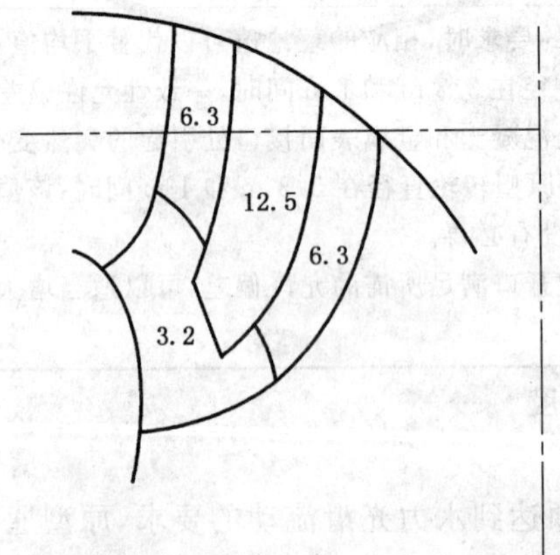

图17 叶片不同部位表面粗糙度示意图

4.8.2 原型表面波浪度的要求

应对叶片整个表面的波浪度进行检查,叶片正背面以及上冠和下环的过流表面局部存在的波浪度应低于 2/100,叶片背面易遭空蚀部位的波浪度应低于 1/100。不允许将连续的多个波浪形表面当作一个波浪度检查,检查波浪度使用的挠性尺原则上为 1 m 长,对小型水轮机转轮叶片亦不短于翼型弦长的 1/2。挠性尺应部分重叠已检查过的区域,重叠长度不小于挠性尺长度的 10%。

导叶瓣体表面局部存在的表面波浪度,对水头或扬程小于 30 m 的机组应小于 3/100,若水头或扬程大于 30 m 应小于 2/100。

4.9 对其他型式机械的适用性

对于轴流式水轮机的允许偏差也可以应用到斜流式水轮机上。

水斗式水轮机转轮的允许偏差也适用于其他冲击式水轮机转轮。

ICS 37.100.10
N 47

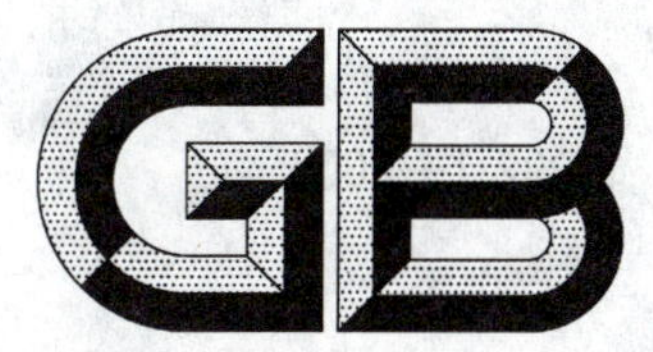

中华人民共和国国家标准

GB/T 10992.1—2008
代替 GB/T 10992.1—1999

静电复印机 第1部分：文件复印机

Electrostatic copying machines—Part 1: Document copiers

2008-07-02 发布　　　　2008-12-01 实施

中华人民共和国国家质量监督检验检疫总局
中国国家标准化管理委员会　发布

前　言

GB/T 10992《静电复印机》分为三个部分：

——第1部分：文件复印机；

——第2部分：便携式复印机；

——第3部分：工程图纸复印机。

本部分为GB/T 10992的第1部分。

本部分是对GB/T 10992.1—1999《静电复印机　文件复印机》的修订。

本部分代替GB/T 10992.1—1999《静电复印机　文件复印机》。

本部分与GB/T 10992.1—1999相比，修改的主要内容如下：

——适用范围中删掉"本标准适用于整机产品的设计和制造要求及质量检测，不考虑与其相关网络、相连设备的技术要求，以及整机安装和维修的责任问题。""本标准不适用于缩微品阅读复印机及彩色静电复印机"；

——调整、增加条款：

4.1.2　安全性能

本部分范围内的复印机其安全性能应满足GB 4943—2001规定的全部要求。

4.1.3　电磁兼容(EMC)

本部分范围内的复印机应满足GB 9254—1998和GB 17625.1—2003中规定的相关要求。

——条款4.10中增加对苯乙烯的要求"苯乙烯的最高浓度不超过0.07 mg/m^3。"；

——增加条款4.11环境适应性；

——原来噪声的要求有改动，具体内容见表4；

——条款5.1.1将"温度15 ℃～25 ℃、相对湿度45%～65%"改为"温度18 ℃～28 ℃、相对湿度40%～60%"；

——删除附录A。

本部分还对标准进行了其他编辑性修改。

本部分由中国机械工业联合会提出。

本部分由全国复印机械标准化技术委员会归口。

本部分起草单位：国家办公设备及耗材质量监督检验中心、东芝泰格信息系统(深圳)有限公司、夏普办公设备(常熟)有限公司、上海富士施乐有限公司、佳能(中国)有限公司、柯尼卡美能达商用科技(无锡)有限公司。

本部分主要起草人：邝亚明、陈颂昌、陈维益、仇相如、鲁俊和、陈挺。

本部分所代替标准的历次版本发布情况为：

——GB 10992—1989；

——GB/T 10992.1—1999。

静电复印机　第1部分:文件复印机

1　范围

GB/T 10992的本部分规定了文件复印机产品的术语和定义、技术要求、试验方法、检验规则及标志、包装、运输、贮存。

本部分适用于干式显影剂、热定影、普通纸静电复印机——文件复印机(以下简称复印机),其他类型的静电复印机可参照使用。

2　规范性引用文件

下列文件中的条款通过GB/T 10992的本部分的引用而成为本部分的条款。凡是注日期的引用文件,其随后所有的修改单(不包括勘误的内容)或修订版均不适用于本部分,然而,鼓励根据本部分达成协议的各方研究是否可使用这些文件的最新版本。凡是不注日期的引用文件,其最新版本适用于本部分。

GB/T 148—1997　印刷、书写及绘图纸幅面尺寸(neq ISO 216:1975)

GB/T 191—2000　包装储运图示标志(eqv ISO 780:1997)

GB/T 2829—2002　周期检验计数抽样程序及表(适用于对过程稳定性的检验)

GB/T 4591—2005　静电图像测试版

GB/T 4857.5—1992　包装　运输包装件　跌落试验方法

GB 4943—2001　信息技术设备的安全(eqv IEC 60950:1999)

GB/T 9254—1998　信息技术设备的无线电骚扰限值和测量方法(idt CISPR 22:1997)

GB/T 10073—2008　静电复印品图像质量评价方法

GB/T 13334—2008　复印机调试版A3

GB/T 13963—1992　复印机术语

GB/T 15464—1995　仪器仪表包装通用技术条件

GB/T 16981—2008　信息技术　办公设备　复印机规格表中应包含的基本内容(ISO/IEC 11159:1996,IDT)

GB 17625.1—2003　电磁兼容　限值　谐波电流发射限值(设备每相输入电流≤16 A)(IEC 61000-3-2:2001,IDT)

GB/T 17712—1999　速印机和文件复印机　图形符号

GB 19462—2004　复印机械环境保护要求　静电复印机环境保护要求

JB/T 8273—1999　静电复印机全黑版

JB/T 8274—1999　静电复印漏印测试版

JB/T 9444.1～9444.11—1999　复印机械基本环境试验方法

3　术语和定义

GB/T 13963确定的和下列术语和定义适用于本部分。

3.1

文件复印机　document copiers

复印幅面在A3及A3以下,Ⅰ类防电击保护的静电复印机。

3.2

印品异常 abnormal image on the copy

在有效幅面内，印品上出现的比原稿多余的图像、与原稿有明显差异的图像以及油污和散落的显影剂。

3.3

最大复印品幅面 maximum copy size

复印机可用的最大复印纸规格。

3.4

停机纸路故障 stopping malfunction of paper path

复印机运行中因供纸空送、卡纸而引起的停机现象。

3.5

不停机纸路故障 non-stopping malfunction of paper path

复印机运行中出现多张、折角、撕裂和严重皱折但没有引起停机的现象。

4 要求

4.1 基本要求

4.1.1 图形符号

复印机各部位使用的与安全有关的图形符号应符合 GB 4943—2001 的规定，其他图形符号应符合 GB/T 17712—1999 的规定。

4.1.2 安全性能

本部分范围内的复印机其安全性能应满足 GB 4943—2001 规定的全部要求。

4.1.3 电磁兼容(EMC)

本部分范围内的复印机应满足 GB 9254—1998 和 GB 17625.1—2003 中规定的相关要求。

4.2 工作条件

复印机在下列条件下应能正常工作。

4.2.1 电压与频率

a) 额定电压：220 V±22 V(额定工作电压范围应包含 220 V)；

b) 频率：50 Hz。

4.2.2 一般环境条件

a) 温度：10 ℃～33 ℃；

b) 相对湿度：30%～80%。

4.3 耐运输、贮存环境性能

复印机在包装条件下应能承受表 1 规定的试验。试验结束后，打开包装，设备应完好无损。各项技术指标满足本部分要求。

表 1 耐运输、贮存环境试验项目

项 目	试 验 方 法	试 验 条 件
振动试验	按 JB/T 9444.9—1999 规定进行	10 m/s²、6 Hz、30 min
跌落试验	包装毛重＜100 kg 时，按 JB/T 9444.8—1999 进行	按 GB/T 4857.5—1992 的要求，自由跌落高度 200 mm 跌落次数：4 次
	包装毛重≥100 kg 时，按 JB/T 9444.7—1999 进行	倾斜跌落
低温试验	按 JB/T 9444.2—1999 规定进行	−25 ℃±3 ℃，8 h
恒定湿热试验	按 JB/T 9444.4—1999 规定进行	20 ℃～30 ℃任一温度，48 h

4.4 外观质量

4.4.1 零件应进行必要的防锈处理,其质量指标和要求在企业标准中规定。

4.4.2 塑料件表面应平整、光滑、色泽均匀,不得有裂纹、气泡、缩孔等缺陷。

4.4.3 所有构件应完整无损、连接可靠、紧固件无松动现象。

4.5 调机规定

复印机在安装后可进行不超过 1 h 的调整,使机器达到匹配状态,不允许更换零部件。

4.6 一般性能

4.6.1 规格表中要求的项目

按 GB/T 16981—2008 的规定,复印机规格表中应包含以下项目:

a) 预热时间(启动时间)

额定值在企业标准中自行规定,正偏差应小于 10%;

b) 首张复印品时间

额定值在企业标准中自行规定,偏差应小于 10%;

c) 复印速度

额定值在企业标准中自行规定,偏差应小于±1 张;

d) 最大原稿幅面

最大原稿幅面(包括机器固有的端边消边量)应:A3 幅面时不小于 297 mm×420 mm;A4 幅面时不小于 297 mm×210 mm;

e) 最大复印品幅面

最大复印品按 GB/T 148—1997 规定,A 组中 A3、A4 两种为优选幅面;

f) 复印空白边

额定值在企业标准中自行规定。

4.6.2 面板操作与显示功能

运行过程中,控制面板上的各种操作应正常、无误;显示功能应清晰正确。

4.6.3 稿台温度

整机的稿台温度≤80 ℃。

4.7 运行考核

复印机在运行考核试验中,不应出现机械和电气故障。运行时间及复印量应符合表 2 的规定。

表 2 运行考核项目

序号	项目名称	技术要求		
		<40 张/分	40 张/分~70 张/分	>70 张/分
1	停机纸路故障率	≤0.4%	≤0.3%	≤0.2%
2	不停机纸路故障率	≤1.0%	≤0.6%	≤0.5%
3	运行时间	型式检验 4 h		
4	复印量	≥复印量额定值的 65%		
5	机械、电气故障	无		
6	复印品质量	符合表 3 规定		
注:复印量额定值=机器额定复印速度×运行时间				

4.8 复印品质量

4.8.1 复印机在运行考核试验中抽取的复印品质量应符合表 3 规定。

4.8.2 复印机的电压波动运行试验、环境适应性试验抽取的复印品质量应符合表 3 中图像密度、底灰、分辨力、定影牢固度等 4 个项目的要求。

表 3　复印品质量要求

序号	项目名称	技术要求	
		<40 张/分	≥40 张/分
1	图像密度	≥1.0	≥1.0
2	底灰	≤0.03	≤0.03
3	密度不均匀性	≤30%	≤30%
4	密度变化(连续 19 页)	≤0.2	≤0.2
5	层次/级	≥4	≥4
6	分辨力/(线对/mm)	≥3.2	≥3.2
7	起始线误差/mm	±2.0	±2.5
8	图像倾斜误差/mm	±1∶100	±1∶100
9	对角线误差	≤0.8%	≤1.0%
10	相对边误差	≤0.8%	≤1.0%
11	等倍比例误差	≤1.0%	≤1.0%
12	定影牢固度	环境温度≥15 ℃时:≥90% 环境温度<15 ℃时:≥80%	
13	漏印(等倍复印)	>1.0 mm^2 无; 0.8 mm^2～1.0 mm^2≤5 个; 0.3 mm^2～0.8 mm^2≤10 个; 在 40 mm×50 mm 的区域中,无 2 个以上≥1 mm 的断线;印品整幅面内该缺陷数≤5 个	
14	印品异常	异常处密度值≤0.03	

4.9　电压波动运行

复印机在运行中应无机械故障、电气故障,复印品质量应符合表 3 中图像密度、底灰、分辨力、定影牢固度等 4 项指标的要求。

4.10　环境保护要求

复印机在工作过程中产生的噪声和排放出臭氧、粉尘、苯乙烯应符合表 4 所规定的要求。

表 4　环境保护试验项目表

项　目	技　术　要　求	
噪声	复印机在工作中产生的噪声	
	复印速度	噪声要求
	低速机(≤30 张/分)	≤66 dB
	中速机(≤50 张/分)	≤71 dB
	高速机(>50 张/分)	≤78 dB
臭氧	臭氧的最高浓度不超过 0.03 mg/m^3	
粉尘	粉尘的最高浓度不超过 0.075 mg/m^3	
苯乙烯	苯乙烯的最高浓度不超过 0.07 mg/m^3	

4.11　**环境适应性**

复印机在下列环境条件下,放置 4 h～12 h 后运行 1 h,应运行正常,无机械、电气故障,复印品质量应符合表 3 中图像密度、底灰、分辨力、定影牢固度等 4 项指标的要求。

a)　低温低湿试验条件:温度 10 ℃±2 ℃,相对湿度 30%±5%;

b)　高温高湿试验条件:温度 33 ℃±2 ℃,相对湿度 80%±5%。

4.12　**可靠性要求**

有可靠性要求,另行规定。

5　试验方法及规则

5.1　**试验条件**

5.1.1　除对试验环境条件另有具体规定外,试验应在环境温度 18 ℃～28 ℃、相对湿度 40%～60%、无影响机器工作的外气流、无直射阳光和其他辐射作用、无强烈电磁干扰的室内进行。

5.1.2　复印机的其他使用条件应符合生产厂使用说明书中的规定。

5.2　**试验规则**

5.2.1　凡抽取复印品的试验必须使用表 5 中所规定的测试版。

5.2.2　试验时优先采用整机制造厂推荐的在国内市场上公开销售的 70 g/m^2～80 g/m^2 复印纸及消耗材料。

5.2.3　试验中复印机只允许一人操作。

5.2.4　除功能检查外,全部试验均为单面复印方式。

5.2.5　复印品取样时,复印机曝光量应设置在适当位置上。并符合测试版使用说明书的规定。

5.3　**耐运输、贮存环境试验**

按表 1 的要求和 JB/T 9444 中相应的试验方法进行试验。

5.4　**外观质量检验**

目视检查。

5.5　**调机规定**

5.5.1　复印机调整时间是从安装光导体和消耗材料后开始计算。

5.5.2　复印机的调整仅限于使新装光导体、显影剂和整机处于良好匹配状态,不允许更换零、部件。

5.6　**一般性能检验**

5.6.1　**规格表要求项目的检验**

a)　预热时间

用秒表测量从打开电源开关至可以复印所需的时间。以“mim” 或“s”表示。秒表的精度不低于±1 s/d。

b)　首张复印品时间

用秒表测试从按下复印按键至第一张 A4(横送)复印品完全排出机外所需的时间。以“s/张”表示。秒表的精度不低于±1 s/d。

c)　复印速度

连续复印,从第一张复印品纸尾完全排出机外开始,用秒表计时,测量 60 s 内完全排出机外的 A4(横)幅面复印品张数。若最后一张复印品在 60 s 时未完全排出,可待纸尾完全排出时再停止计时。以“张/min”表示。秒表的精度不低于±1 s/d。

d)　最大原稿幅面

将整机的 1:1 倍率缩小一个固定倍率(等倍复印机除外),用幅面不小于稿台玻璃的图样为原稿,以标准幅面复印纸(最大允许幅面)进行复印,用刻度为 0.5 mm 的钢板尺测量出原稿图样上对应于复印品上印出的图像的最大幅面作为最大原稿幅面,以长(mm)×宽(mm)表示。

e) 最大复印品幅面

用标准复印纸进行复印试验，复印时复印纸应能顺利地排出机外，复印品边缘应无任何损伤。最大复印品幅面以用纸幅面规格(例 A3)表示。

f) 复印空白边

用 JB/T 8273—1999 规定的全黑测试版作为原稿进行等倍复印，用测量工具(精度不小于 0.05 mm)测量复印品上四周空白边的宽度，以“mm”表示。

5.6.2 面板操作与显示功能

按产品使用说明书的规定检验面板操作与显示功能。

5.6.3 稿台温度

稿台温度的测量应在运行试验中复印机连续工作 2 h 后进行，将热电偶温度传感器置于图 1 所示稿台玻璃板上的位置，盖上盖板再继续复印 10 min(A4)，检查温度示值，取最高温度。温度测量器精度应不低于±1%。

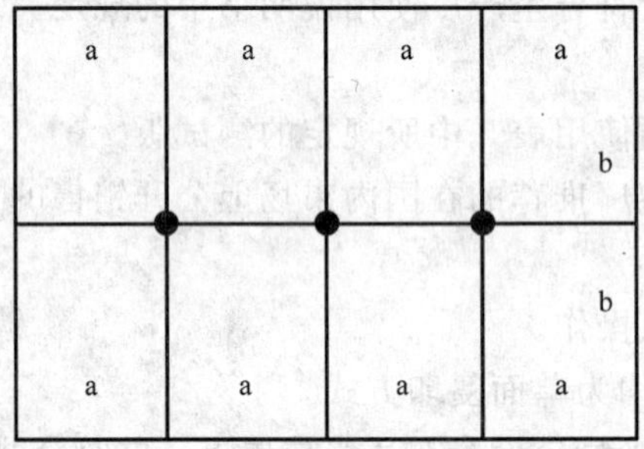

●——温度测量点；

a——横向；

b——纵向。

图 1 稿台温度测试位置示意图

5.7 运行考核试验

5.7.1 运行考核准备

a) 整机调整结束后进行本试验；

b) 试验中应记录试验的起始时间、结束时间和整机计数器在各个时态时的数值。

5.7.2 纸路故障

a) 停机纸路故障率

记录并计算总考核时间内停机纸路故障的总次数与同时间内复印总张数的百分比。

计算公式为：

$$\text{停机纸路故障率}=\frac{\text{停机纸路故障总次数}}{\text{复印总张数}}\times 100\%$$

b) 不停机纸路故障率

记录并计算总考核时间内不停机纸路故障的总次数与同时间内复印总张数的百分比。

计算公式为：

$$\text{不停机纸路故障率}=\frac{\text{不停机纸路故障总次数}}{\text{复印总张数}}\times 100\%$$

5.7.3 运行考核时间及复印量

整机调整结束后进行本试验。试验中应记录试验的起始时间、结束时间和整机计数器在各个时态的数值。

a) 运行考核时间必须达到本部分 4.7 表 2 中运行考核时间的规定。

b) 复印量必须达到本部分 4.7 表 2 中复印量的规定。复印量达到要求后仍剩余运行时间，只考核机械、电气故障。复印量为本项试验中的全部复印量之和(A3、A4),A3 不折合 A4。

c) 试验中按表 4 中规定抽取复印品,并进行复印品检测。

d) 运行试验中,复印品抽样时为 A3 幅面,其余为 A4 幅面。并在整机所有的纸道上(手送纸道除外)就 A4 总复印量内作均等额印数的试验。

e) 在试验时,每一纸道至少有一次按指标把纸盒加足复印纸,并必须待纸盒内复印纸全部用完后,方可再次加纸。

5.7.4 运行考核故障的处理

a) 若试验中途复印机出现机械或电气故障,则中止试验。可进行不超过 1 h 的检修。检修只允许进行必要的调整,不允许更换零部件。

b) 检修后需增加 2 h 加长试验,在加长试验时间内,考核纸路故障、机械和电气故障及复印品质量。

5.7.5 复印品质量

试验中按表 5 中规定抽取复印品,并进行复印品检测。

5.8 复印品抽样及质量检验

5.8.1 复印品抽样程序及方法

5.8.1.1 曝光量要求

检验过程中复印品取样时机器曝光量设置在适当位置上,应符合各测试版使用说明书的规定。

5.8.1.2 复印品抽样检查按下列规定:

a) 复印品抽样检查方法见表 5;

b) 复印品样本批采用随机法编组。

5.8.2 复印品质量检验

5.8.2.1 除另有说明外,以被检复印品的质量检查项目中最差一处的测量值(但应排除因复印纸缺陷而引起的复印品质量问题)作为对单张复印品质量单项指标的判定依据。

5.8.2.2 除印品异常项目外,表 3 中的其他项目按 GB/T 10073—2008 规定方法进行检验。

5.8.2.3 印品异常检验时,以 GB/T 4591—2005 为标准原稿,目视检查复印品上有无比原稿多余的或有差异的图像以及明显的油污和散落的显影剂。并用反射密度计测量异常处的密度值。

5.9 电压波动运行试验

5.9.1 整机在额定负载时,将电源电压调到 242 V~198 V,然后按表 5 复印品抽样检查表中电压波动运行试验的规定抽取第一次复印品。再复印 10 min 后抽取第二次复印品。抽样后若整机工作时间不满 30 min,应工作至 30 min。电压调整的精度应不大于 0.5%。

5.9.2 图像密度、底灰、分辨力和定影牢固度质量的评价方法按 GB/T 10073—2008 进行。

5.10 环境保护试验

噪声、臭氧、粉尘、苯乙烯按 GB 19462—2004 规定的方法进行测量。

5.11 环境适应性试验

5.11.1 试验方法

环境适应性试验按 JB/T 9444.11—1999 进行,并作如下规定:

a) 本试验安排在正常环境检验后进行;

b) 先进行低温低湿试验,恢复到常态并保持 24 h 后,再进行高温高湿试验;

c) 试验样机在规定条件下,先保持 4 h~12 h,再连续运行 1 h,按表 4 中相应项目的规定抽取复印品。

5.11.2 图像密度、底灰、分辨力和定影牢固度质量的评价方法按 GB/T 10073—2008 进行。

表 5　复印品抽样检查表

序号	试验项目	抽样时机	复印用版	抽样次数	判别水平	样本抽取（张）	样本批（张）	不合格质量水平 RQL	判定 A_c　R_e	检验项目
1	运行考核	整机预热结束	GB/T 13334—2008	1	Ⅰ	连续 10	—	10	0　1	定影牢固度
2	一般性能检查	定影牢固度取样后	JB/T 8273—1999	1	—	连续 3	—	—	选其中一张最佳复印品	最大复印品幅面 复印空白边
3	密度变化	同上	GB/T 13334—2008	1	—	连续 19	—	—	选取其中密度最大与最小值	密度变化
4	运行考核	第一次 运行考核开始时 第二次 运行考核第二小时开始 第三次 运行考核第三小时开始 第四次 运行考核第四小时开始 第五次 运行考核第结束	GB/T 4591—2005	5	Ⅰ	第一次连续 6 第二次连续 6 第三次连续 6 第四次连续 6 第五次连续 6	样品随机 编组 5 批 第一批 6 第二批 6 第一批 6 第二批 6 第二批 6	8.0	#　2 #　2 0　2 0　2 2　3	图像密度 分辨力
			GB/T 13334—2008	5	Ⅰ	第一次连续 5 第二次连续 5 第三次连续 5 第四次连续 5 第五次连续 5	样品随机 编组 5 批 第一批 5 第二批 5 第三批 5 第四批 5 第五批 5	10	#　2 #　2 0　2 0　2 2　3	底灰 等比例误差 密度不均匀性

表 5（续）

序号	试验项目	抽样时机	复印用版	抽样次数	判别水平	样本抽取（张）	样本批（张）	不合格质量水平 RQL	判定 A_c R_e	检验项目
4	运行考核	第一次运行考核开始 第二次运行考核结束	JB/T 8274—1999	2	Ⅰ	第一次连续 10 第二次连续 10	随机编组 第一批 10 第二批 10	12	0 2 1 2	漏印
			GB/T 4591—2005	2	Ⅰ	同上	同上	同上	0 2 1 2	图像密度、 图像倾斜误差 印品异常 层次 对角线误差 相对边误差
5	电压波动运行试验	电压调至 242 V 后整机预热结束	GB/T 13334—2008	1	Ⅰ	连续 10	连续 10	10	0 1	定影牢固度
		第一批定影牢固度后 第二批本试验结束前	GB/T 4591—2005	2	Ⅰ	第一次连续 12 第二次连续 12	随机编组 第一批 12 第二批 12	10	0 2 1 2	图像密度、 分辨力 底灰
		电压调至 198 V 后整机预热结束	GB/T 13334—2008	1	Ⅰ	连续 10	连续 10	10	0 1	定影牢固度
		第一批定影牢固度后 第二批本试验结束前	GB/T 4591—2005	2	Ⅰ	第一次连续 12 第二次连续 12	随机编组 第一批 12 第二批 12	10	0 2 1 2	图像密度、 分辨力 层次
6	低温低湿运行试验	温度达到并稳定 1 h 整机预热结束后复印 10 min	GB/T 13334—2008	1	Ⅰ	连续 10	连续 10	10	0 1	定影牢固度
		第一批定影牢固度后 第二批本试验结束前	GB/T 4591—2005	2	Ⅰ	第一次连续 12 第一次连续 12	随机编组 第一批 12 第二批 12	10	0 2 1 2	图像密度、 分辨力 层次
7	高温高湿运行试验	温度达到并稳定 1 h 整机预热结束后复印 10 min	GB/T 13334—2008	1	Ⅰ	连续 10	连续 10	10	0 1	定影牢固度
		第一批定影牢固度后 第二批本试验结束前	GB/T 4591—2005	2	Ⅰ	第一次连续 12 第一次连续 12	随机编组 第一批 12 第二批 12	10	0 2 1 2	图像密度、 分辨力 层次

6 检验规则

6.1 检验分类

产品检验分为交收(出厂)检验、型式检验。

6.1.1 交收(出厂)检验

交收检验项目及不合格类别见表6。

表6 复印机检验项目表

检验项目			不合格类别			交收检验	型式检验
类别	序号	项目名称	A	B	C		
包装运输贮存及外观	1	振动试验			△		√
	2	跌落试验			△		√
	3	低温运输贮存试验			△		√
	4	恒定湿热运输贮存试验			△		√
	5	包装及标志			△	√	√
	6	包装齐套性			△	√	√
	7	外观质量			△	√	√
调整	8	1 h内调整到良好状态		>1.5 h	>1 h		√
一般性能	9	预热时间			△		√
	10	首张复印时间			△		√
	11	复印速度			△		√
	12	最大原稿幅面			△		√
	13	最大复印品幅面			△		√
	14	复印空白边			△		√
	15	面板操作与显示功能		△		√	√
	16	稿台温度		△			√
运行考核	17	停机纸路故障率		△			√
	18	不停机纸路故障率			△		√
	19	运行时间	△				√
	20	复印量	△				√
	21	机械、电气故障		△			√
复印品质量	22	图像密度	△			√	√
	23	底灰		△		√	√
	24	密度不均匀性		△		√	√
	25	密度变化			△		√
	26	层次			△	√	√
	27	分辨力	△			√	√
	28	起始线误差			△		√
	29	图像倾斜误差			△		√

表 6（续）

检验项目				不合格类别			交收检验	型式检验
类别	序号	项目名称		A	B	C		
复印品质量	30	对角线误差				△		√
	31	相对边误差				△		√
	32	等倍比例误差			△			√
	33	定影牢固度			△			√
	34	漏印				△	√	√
	35	印品异常				△	√	√
电压波动运行	36	机械、电气故障			△			√
		图像密度						√
		底灰						√
		分辨力						√
		定影牢固度						√
可靠性	37	另行规定			△			√
环境保护	38	噪声		△				√
	39	臭氧		△				√
	40	粉尘		△				√
	41	苯乙烯		△				√
环境适应性	42	低温低湿运行试验	机械、电气故障		△			√
			图像密度					√
			底灰					√
			分辨力					√
			定影牢固度					√
	43	高温高湿运行试验	机械、电气故障		△			√
			图像密度					√
			底灰					√
			分辨力					√
			定影牢固度					√

注：△ 表示所属不合格类别。
√ 表示考核项目。

6.1.2 型式检验

复印机在下列情况之一时应进行型式检验：

a) 试制的新产品；

b) 停产间隔 1 a 以上再生产时；

c) 当产品在设计、工艺、材料等有重大改变时，应视改变情况做全部或与改变有关的部分做全部或相应项目的试验；

d) 合同规定时。

6.2 抽样方案

6.2.1 交收(出厂)检验为全数检验或抽样检验。交收检验中复印品质量的检查批量、抽样方案、检查水平、合格质量水平在企业标准中规定。

6.2.2 第三方需要进行型式检验的整机样本从逐批检查合格的产品中,随机抽取二台。

6.3 判定规则

6.3.1 检验样本中单位产品的判定

单位产品的检验项目及不合格类别见表6。

6.3.2 型式检验批量合格与不合格的判定方法

总样本按GB/T 2829—2002中一次抽样方案,判别水平Ⅰ,不合格质量水平与判定数组见表7:

表7 型式检验判别

类　型	不合格质量水平 RQL	判定数组	
		合格判定数 A_c	不合格判定数 R_e
A类缺陷	40	0	1
B类缺陷	80	1	2
C类缺陷	120	2	3

7 标志、包装、运输、贮存

7.1 标志

7.1.1 每台复印机在适当位置应有铭牌,其上标出:

a) 制造厂家;

b) 产品名称;

c) 产品型号或标记;

d) 额定电压V、额定频率Hz、输入电流A。

注:进口商品标识应符合国家相关的法律法规的要求。

7.1.2 包装标志应按GB/T 191—2000有关规定执行。

7.2 包装

7.2.1 对包装的要求,按GB/T 15464—1995中有关防震、防潮、防尘的规定执行。产品包装有效期由企业自行规定,但不应少于1 a。

7.2.2 包装应保证在正常的运输和存放条件下,不致因颠震、装卸、受潮和浸入灰尘而使机器受损及紧固松动。

7.2.3 包装箱内应随带下列文件:

a) 产品合格证明;

b) 产品使用说明书;

c) 装箱单;

d) 其他有关技术资料。

7.3 运输、贮存

7.3.1 运输过程中不得直接承受雨淋、曝晒、摔撞等剧烈冲击振动及重压。

7.3.2 复印机应在仓库中贮存。贮存时应保持原包装状态。仓库内应通风良好,周围空气中不应有腐蚀性气体及有机溶剂气体。长期贮存要求环境温度为5 ℃~35 ℃,相对湿度不超过90%。

7.3.3 产品贮存堆放高度应不超过包装箱上的标记要求。

7.3.4 产品贮存期限不应超过 2 a。超过期限后，应对产品按本部分进行抽检。

7.4 消耗材料

复印机随机所配带的光导体材料、显影材料等应是产品说明书中规定的消耗材料，按其各自的有关标准规定执行。

ICS 37.100.10
N 47

中华人民共和国国家标准

GB/T 10992.2—2008
代替 GB/T 10992.2—1999

静电复印机　第2部分:便携式复印机

Electrostatic copying machines—Part 2:Potable copiers

2008-07-02 发布　　2008-12-01 实施

中华人民共和国国家质量监督检验检疫总局
中国国家标准化管理委员会　发布

前　言

GB/T 10992《静电复印机》分为三个部分：

——第 1 部分：文件复印机；

——第 2 部分：便携式复印机；

——第 3 部分：工程图纸复印机。

本部分为 GB/T 10992 的第 2 部分。

本部分是对 GB/T 10992.2—1999《静电复印机　便携式复印机》的修订。

本部分代替 GB/T 10992.2—1999《静电复印机　便携式复印机》。

本部分与 GB/T 10992.2—1999 相比，修改的主要内容如下：

——适用范围中删掉“本标准适用于整机产品的设计和制造要求及质量检测，不考虑与其相关网络、相连设备的技术要求，以及整机安装和维修的责任问题”；

——调整、增加条款：“4.1.2　安全性能”、“4.1.3　电磁兼容(EMC)”；

——4.10.1 改为“复印机在工作中产生的噪声不大于 66 dB”；

——4.10.2 改为“臭氧的最高浓度不超过 0.03 mg/m^3”；

——4.10.3 改为“粉尘的最高浓度不超过 0.075 mg/m^3”；

——4.10.4 改为“苯乙烯的最高浓度不超过 0.07 mg/m^3”；

——5.1.1 将“温度 15 ℃～25 ℃、相对湿度 45％～65％”改为“温度 18 ℃～28 ℃、相对湿度40％～60％”；

——删除附录 A。

本部分还对标准进行了其他编辑性修改。

本部分由中国机械工业联合会提出。

本部分由全国复印机械标准化技术委员会归口。

本部分起草单位：国家办公设备及耗材质量监督检验中心、佳能(中国)有限公司、天津佳能有限公司。

本部分主要起草人：邝亚明、鲁俊和、余连成。

本部分所代替标准的历次版本发布情况为：

——GB/T 10992—1989；

——GB/T 10992.2—1999。

静电复印机　第2部分:便携式复印机

1　范围

本部分规定了便携式复印机的术语和定义、要求、试验方法及规则、检验规则及标志、包装、运输和贮存。

本部分适用于干式显影剂、普通纸、A4幅面、(单纸路)静电复印机——便携式复印机(以下简称复印机)。其他类型的便携式复印机可参照使用。

2　规范性引用文件

下列文件中的条款通过本部分的引用而成为本部分的条款。凡是注日期的引用文件,其随后所有的修改单(不包括勘误的内容)或修订版均不适用于本部分,然而,鼓励根据本部分达成协议的各方研究是否可使用这些文件的最新版本。凡是不注日期的引用文件,其最新版本适用于本部分。

GB/T 148—1997　印刷、书写及绘图纸幅面尺寸(neq ISO 216:1975)

GB/T 191—2000　包装储运图示标志(eqv ISO 780:1997)

GB/T 2829—2002　周期检验计数抽样程序及表(适用于对过程稳定性的检验)

GB/T 4591—2005　静电图像测试版

GB 4943—2001　信息技术设备的安全(eqv IEC 60950:1999)

GB/T 9254—1998　信息技术设备的无线电骚扰限值和测量方法(idt CISPR 22:1997)

GB/T 10073—2008　静电复印品图像质量评价方法

GB/T 13963—2008　复印机术语

GB/T 15464—1995　仪器仪表包装通用技术条件

GB/T 16981—2008　信息技术　办公设备　复印机规格表中应包含的基本内容(idt ISO/IEC 11159:1992)

GB 17625.1—2003　电磁兼容　限值　谐波电流发射限值(设备每相输入电流≤16 A)(eqv IEC 61000-3-2:2001)

GB/T 17712—1999　速印机和文件复印机　图形符号(neq ISO/IEC 6329:1989)

GB 19462—2004　复印机械环境保护要求　静电复印机环境保护要求

JB/T 8273—1999　静电复印全黑测试版

JB/T 8274—1999　复印品图像漏印测试版

JB/T 9444.1～9444.11—1999　复印机械基本环境试验方法

3　术语和定义

GB/T 13963—2008确立的和下列术语和定义适用于本部分。

3.1

便携式复印机　potable copiers

A4幅面、手持式、方便携带的(不考虑防电击保护等级)复印机。

3.2

印品异常　abnormal image on the copy

在有效幅面内,印品上出现的比原稿多余的图像、与原稿有明显差异的图像以及油污和散落的显影剂。

3.3

最大复印品幅面　maximum copy size

复印机可用的最大复印纸规格。

3.4

停机纸路故障　stopping malfunction of paper path

复印机运行中因机内供纸空送、卡纸而引起的停机现象。

3.5

不停机纸路故障　non-stopping malfunction of paper path

复印机运行中出现多张、折角、撕裂和严重皱折但没有引起停机的现象。

4　要求

4.1　基本要求

4.1.1　图形符号

复印机各部位使用的与安全有关的图形符号应符合 GB 4943—2001 的规定，其他图形符号应符合 GB/T 17712—1999 的规定。

4.1.2　安全性能

本部分范围内的复印机其安全性能应满足 GB 4943—2001 规定的全部要求。

4.1.3　电磁兼容(EMC)

本部分范围内的复印机其电磁兼容指标应满足 GB/T 9254—1998 和 GB 17625.1—2003 标准的相关要求。

4.2　工作条件

复印机在下列条件下应能正常工作。

4.2.1　工作电压与频率

a)　额定工作电压：220 V±22 V(具有额定电压范围的复印机，其范围中应包含 220 V)。

b)　频率：50 Hz。

4.2.2　一般环境条件

a)　温度：10 ℃～33 ℃；

b)　相对湿度：30％～80％。

4.3　耐运输、贮存环境性能

产品在包装条件下应能承受表 1 规定的试验。试验结束后，打开包装，设备应完好无损。各项技术指标满足本部分要求。

表 1　耐运输、贮存环境试验项目

项　　目	试 验 条 件	试 验 方 法
振动试验	10 m/s^2、6 Hz，30 min	按 JB/T 9444.9—1999 规定进行
跌落试验	高度 100 mm；跌落次数：4 次	按 JB/T 9444.8—1999 的规定进行
低温	−25 ℃±3 ℃，8 h	按 JB/T 9444.2—1999 规定进行
恒定湿热	48 h	按 JB/T 9444.4—1999 规定进行

4.4　外观质量

4.4.1　零件应进行必要的防锈处理，其质量指标和要求在企业标准中规定。

4.4.2 塑料件表面应平整、光滑、色泽均匀，不得有裂纹、气泡、缩孔等缺陷。

4.4.3 所有构件应完整无损、连接可靠，紧固件无松动现象。

4.5 调机规定

在安装后可进行不超过 1 h 的调整，使机器达到匹配状态。不允许更换零部件。

4.6 一般性能

4.6.1 规格表

按 GB/T 16981—2008 的规定编制，主要考核项目为：

a) 预热时间(启动时间)

额定值在企业标准中自行规定，正偏差应小于 10%；

b) 首张复印品时间

额定值在企业标准中自行规定，偏差应小于 10%；

c) 复印速度

额定值在企业标准中自行规定，偏差应为±1 张；

d) 最大原稿幅面

最大原稿幅面(包括机器固有的端边消边量)应不小于 297 mm×210 mm；

e) 最大复印品幅面

最大复印品按 GB/T 148—1997 规定，A 组中 A4 为优选幅面；

f) 复印空白边

额定值在企业标准中自行规定。

4.6.2 面板操作与显示功能

运行过程中，控制面板上的各种操作应正常、无误；显示功能应清晰、正确。

4.6.3 稿台温度

整机的稿台温度≤80 ℃。

4.7 运行考核

复印机的运行时间应不小于 4 h，复印量达到额定值的 65%以上，考核项目符合表 2 的规定。

表 2 运行考核项目

序号	项目名称	要求
1	运行时间	≥4 h
2	复印量	≥额定量的 65%(运行时间内)
3	停机纸路故障率	≤0.4%
4	不停机纸路故障率	≤1.0%
5	机械、电气故障	无
6	复印品质量	符合表 3 规定
注：复印量额定值=机器额定复印速度×运行时间。		

4.8 复印品质量

4.8.1 复印机在运行考核中的复印品质量应符合表 3 的全部项目要求。

4.8.2 复印机的电压波动运行、环境适应性中的复印品质量应符合表 3 中图像密度、底灰、分辨力、定影牢固度等 4 项指标的要求。

表3 复印品质量要求

序号	项目名称	指标要求
1	图像密度	≥0.9
2	底灰(灰雾度)	≤0.03
3	层次	≥3 级
4	分辨力/(线/mm)	≥2.8
5	起始线误差/mm	±2.5
6	图像倾斜误差	±1:100
7	对角线误差/%	≤1.0
8	相对边误差/%	≤1.0
9	等倍比例误差(比例误差)	≤1.0
10	定影牢固度/%	温度≥15 ℃:≥90; 温度<15 ℃:≥80
11	漏印(等倍复印)	>1.0 mm^2 无; 0.8 mm^2～1.0 mm^2≤5 个; 0.3 mm^2～0.8 mm^2≤10 个; 在 40 mm×50 mm 的区域中,无 2 个以上≥1 mm 的断线
12	印品异常	无

4.9 电压波动运行

复印机在额定负载时,将电源电压调到额定值的 110%(或额定范围上限值的 110%)、额定值的 90%(或调至电源范围下限值的 90%),整机在运行中应无机械故障、电气故障,复印品质量应符合表 3 中图像密度、底灰、分辨力、定影牢固度等 4 项指标的要求。

4.10 环境保护要求

以下指标与 GB 19462—2004 中的相关指标保持一致。

4.10.1 噪声

复印机在工作中产生的噪声不大于 66 dB。

4.10.2 臭氧

臭氧的最高浓度不超过 0.03 mg/m^3。

4.10.3 粉尘

粉尘的最高浓度不超过 0.075 mg/m^3。

4.10.4 苯乙烯

苯乙烯的最高浓度不超过 0.07 mg/m^3。

4.11 环境适应性

复印机在下列环境条件下,放置 4 h～12 h 后运行 1 h,应运行正常,无机械、电气故障,复印品质量应符合表 3 中图像密度、底灰、分辨力、定影牢固度等 4 项指标的要求。

a) 低温低湿试验条件:温度 10 ℃±2 ℃,相对湿度 30%±5%;

b) 高温高湿试验条件:温度 33 ℃±2 ℃,相对湿度 80%±5%。

4.12 可靠性要求

有可靠性要求,另行规定。

5 试验方法及规则

5.1 试验条件

5.1.1 除对试验环境条件另有具体规定外，试验应在环境温度 18 ℃～28 ℃、相对湿度 40％～60％、无影响机器工作的外气流、无阳光直射和其他辐射作用、无强烈电磁干扰的室内进行。

5.1.2 复印机的其他使用条件应符合生产厂使用说明书中的规定。

5.2 试验规则

5.2.1 试验用原稿

凡抽取复印品的试验必须使用表 4 中所规定的测试版。

5.2.2 复印纸及消耗材料

试验时优先采用整机制造厂推荐的在国内市场上公开销售的 70 g/m^2～80 g/m^2 复印纸及消耗材料。

5.2.3 曝光量要求

检验过程中复印品取样时，机器曝光量设置在适当位置上。应符合测试版使用说明书的规定。

5.3 耐运输、贮存环境试验

按表 1 的要求和 JB/T 9444—1999 中相应的试验方法进行。试验结果符合 4.3 的规定。

5.4 外观质量检验

通过目视检查外观质量，检验其是否满足 4.4 的要求。

5.5 调机规定

复印机安装后的调整仅限于使新装导光体、显影剂和整机处于良好匹配状态，不允许更换零、部件。调整时间大于 1 h，此项判定为不合格，不合格类别见表 5。

5.6 一般性能检验

5.6.1 规格表主要项目检验

a) 预热时间

用秒表测量从接通电源至可以复印所需的时间，以“mim”或“s”表示。秒表精度不低于±1 s/d。

b) 首张复印品时间

用秒表测试从按下复印按键至第一张 A4(横送)复印品完全排出机外所需的时间，以“s/张”表示。秒表的精度不低于±1 s/d。

c) 复印速度

连续复印，从第一张复印品纸尾完全排出机外开始，用秒表计时，测量 60 s 内完全排出机外的 A4(横)幅面复印品张数。若最后一张复印品在 60 s 时未完全排出，可待纸尾完全排出时再停止计时。以“张/min”表示。秒表的精度不低于±1 s/d。

d) 最大原稿幅面

将整机的 1∶1 倍率缩小一个固定倍率(等倍复印机除外)，用幅面不小于稿台玻璃的图样为原稿，以标准幅面复印纸(最大允许幅面)进行复印，用刻度为 0.5 mm 的钢板尺测量出原稿图样上对应于复印品上印出的图像的最大幅面作为最大原稿幅面，以长(mm)×宽(mm)表示。

e) 最大复印品幅面

用标准复印纸进行复印试验，复印时复印纸应能顺利地排出机外，复印品边缘应无任何损伤。最大复印品幅面以用纸幅面规格(例 A4)表示。

f) 复印空白边

用 JB/T 8273—1999 规定的全黑测试版作为原稿进行等倍复印，用测量工具(精度不小于 0.05 mm)测量复印品上四周空白边的宽度，以“mm”表示。

5.6.2 面板操作与显示功能

按复印机使用说明书的规定检验面板操作与显示功能。

5.6.3 稿台温度

稿台温度的测量应在运行试验中复印品样本第2次抽取后进行，将热电偶温度传感器置于图1所示稿台玻璃板上的位置，盖上盖板再继续复印10 min(A4)，检查温度示值，取最高温度。温度测量器精度应不低于±1%。

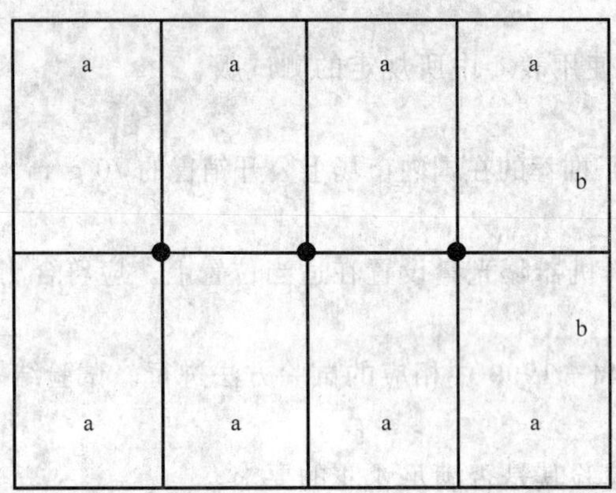

●——温度测量点；
a——横向；
b——纵向。

图1 稿台温度测试位置示意图

5.7 运行考核试验

5.7.1 运行考核准备

a) 整机调整结束后进行本试验。

b) 试验中应记录试验的起始时间、结束时间和整机计数器在各个时态时的数值。

c) 试验中按表4的规定，抽取复印品并按5.8进行复印品检测。

d) 在试验中，至少有一次按指标或说明加足复印纸，并必须待复印纸全部用完后，方可再次加纸。

5.7.2 运行时间

a) 当复印量超出额定值的65%后，仍剩余运行时间时，应继续运行(可空运转)至4 h，考核其机械、电气故障等。

b) 如果出现机械、电气故障，可进行检修，但是必须加长2 h的运行试验。运行时间小于6 h，此项判为不合格。

5.7.3 复印量

如果出现机械、电气故障，试验时间为6 h时，复印量应大于6 h内额定复印量的65%。

5.7.4 停机纸路故障率

停机纸路故障用运行考核中停机纸路故障的总次数与同时间内复印总张数的百分比表示。计算公式为：

$$停机纸路故障率=\frac{停机纸路故障总次数}{复印总张数}\times 100\%$$

5.7.5 不停机纸路故障率

不停机纸路故障用运行考核中不停机纸路故障的总次数与同时间内复印总张数的百分比表示。计算公式为：

$$不停机纸路故障率=\frac{不停机纸路故障总次数}{复印总张数}\times 100\%$$

5.7.6　机械、电气故障的处理

a)　若试验中途复印机出现机械、电气故障，则终止试验。可进行不超过 1 h 的检修。检修只允许进行必要的调整，不允许更换零部件。

b)　检修后需增加 2 h 加长试验，在此加长试验时间内，继续考核纸路故障、机械和电气故障及复印品质量等。复印机在运行中再出现机械、电气故障，则此项判为不合格。试验终止，此运行试验的其他项目在此基础上作出判定。

5.7.7　复印品质量

在运行试验中，对复印品质量进行全项目检测。样本抽取按 GB/T 2829—2002 进行。

5.8　复印品质量检测

5.8.1　复印品抽样程序及方法

复印品抽样检查按下列规定：

a)　复印品抽样检查方法见表 4；

b)　复印品样本批采用随机法编组。

5.8.2　复印品质量检验

5.8.2.1　单张复印品单项指标的判定

除另有说明外，以被检复印品的质量检查项目中最差一处的测量值（但应排除因复印纸缺陷而引起的复印品质量问题）作为对单张复印品质量单项指标的判定依据。

5.8.2.2　检验方法

除印品异常项目外，表 3 中的其他项目按 GB/T 10073—2008 规定方法进行检验。

5.8.2.3　印品异常检验

以 GB/T 4591—2005 的 A4 版为原稿，目视检查复印品上有无比原稿多余的或有差异的图像以及明显的油污和散落的显影剂。

5.9　电压波动运行试验

5.9.1　整机在额定负载时，将电源电压调到额定值的 110% 或额定范围上限值的 110%，复印 10 min，然后按表 4 复印品抽样检查表中电压波动运行试验的规定抽取第一次复印品。再复印 10 min 后抽取第二次复印品。抽样后若整机工作时间不满 30 min，应工作至 30 min。电压调整的精度应不大于 0.5%。

5.9.2　图像密度、底灰、分辨力和定影牢固度质量的评价方法按 GB/T 10073—2008 进行。

5.9.3　试验过程中应无机械、电气故障，抽取的复印品质量应满足表 3 所规定的要求。

5.10　环境保护试验

噪声、臭氧、粉尘、苯乙烯按 GB 19462—2004 规定的方法进行测量。

5.11　环境适应性试验

5.11.1　环境适应性试验按 JB/T 9444.11—1999 进行，并作如下规定：

a)　本试验安排在正常环境检验后进行；

b)　先进行低温低湿试验，恢复到常态并保持 24 h 后，再进行高温高湿试验；

c)　试验样机在规定条件下，先保持 4 h～12 h，再连续运行 1 h，按表 4 中相应项目的规定抽取复印品。

5.11.2　图像密度、底灰、分辨力和定影牢固度质量的评价方法按 GB/T 10073—2008 进行。

5.11.3　试验结果的判定

试验过程中应无机械、电气故障，抽取的复印品质量应满足表 3 所规定的要求。

表 4　复印品抽样检查表

序号	试验项目	抽样时机	复印用版	抽样次数	判别水平	样本数(张)	不合格质量水平 RQL	判定数组 Ac Re	检验项目
1	运行考核	预热结束	GB/T 4591—2005	1	I	10	10	0 1	定影牢固度
2	一般性能	定影牢固度取样后	JB/T 8273—1999	1	—	3	—	选一张最差复印品	最大复印品幅面 复印空白边
3	运行考核	第一次 一般性能后 第二次 运行考核复印量结束前	GB/T 4591—2005	2	I	10 10	12	0 2 1 2	图像密度 分辨力 底灰 等倍比例误差 起始线误差 图像倾斜误差 印品异常 层次 对角线误差 相对边误差
			JB/T 8274—1999	1	—	3	—	选一张最差复印品	漏印
4	电压波动运行	电压调至额定值或额定范围的 110%	GB/T 4591—2005	1	I	10	10	0 1	定影牢固度
						10	20	1 2	图像密度、 底灰 分辨力
		电压调至额定值或额定范围的 90%				10	10	0 1	定影牢固度
						10	20	1 2	图像密度、 分辨力 底灰
5	低温低湿运行	温度到达并稳定 1 h	GB/T 4591—2005	1	I	10	10	0 1	定影牢固度
						10	20	1 2	图像密度、 底灰 分辨力
6	高温高湿运行	温度到达并稳定 1 h				10	10	0 1	定影牢固度
						10	20	1 2	图像密度、 分辨力 底灰

6 检验规则

6.1 检验分类

复印机检验分为交收(出厂)检验、型式检验。

6.1.1 交收(出厂)检验

交收检验项目及不合格类别见表5。

6.1.2 型式检验

复印机在下列情况之一时应进行型式检验：

a) 试制的新产品；

b) 停产间隔1年以上再生产时；

c) 当产品在设计、工艺、材料等有重大改变时，应视改变情况做全部或与改变有关的部分做全部或相应项目的试验；

d) 合同规定时。

6.2 抽样方案

6.2.1 交收(出厂)检验为全数检验或抽样检验。交收检验中复印品质量的检查批量、抽样方案、检查水平、合格质量水平在企业标准中规定。

6.2.2 型式检验的复印机样本从逐批检查合格的复印机中随机抽取一台。

6.3 判定规则

6.3.1 检验样本的判定

复印机的检验项目及不合格类别见表5。

6.3.2 型式检验判定方法

a) 按GB/T 2829—2002中一次抽样方案，判别水平Ⅰ，不合格质量水平与判定数组见表6。

b) 若型式检验结果判定为批合格复印机，则本周期生产的复印机可以入库或出厂。

表5 复印机检验项目表

检验项目			不合格类别			交收检验	型式检验
类别	序号	项目名称	A	B	C		
包装运输贮存及外观	1	振动试验			△		√
	2	跌落试验			△		√
	3	低温运输贮存试验			△		√
	4	恒定湿热运输贮存试验			△		√
	5	包装及标志			△	√	√
	6	包装齐套性			△	√	√
	7	外观质量			△	√	√
调整	8	1 h内调整到良好状态		>1.5 h	>1 h		√
一般性能	9	预热时间			△		√
	10	首张复印时间			△		√
	11	复印速度			△		√
	12	最大原稿幅面			△		√
	13	最大复印品幅面			△		√
	14	复印空白边			△		√
	15	面板操作与显示功能		△		√	√
	16	稿台温度		△			√

表 5（续）

检验项目				不合格类别			交收检验	型式检验
类别	序号	项目名称		A	B	C		
运行考核	17	停机纸路故障率			△			√
	18	不停机纸路故障率				△		√
	19	运行时间		△				√
	20	复印量		△				√
	21	机械、电气故障			△			√
复印品质量	22	图像密度		△			√	√
	23	底灰			△		√	√
	24	密度不均匀性			△		√	√
	25	密度变化				△		√
	26	层次				△	√	√
	27	分辨力		△			√	√
	28	起始线误差				△		√
	29	图像倾斜误差				△		√
	30	对角线误差				△		√
	31	相对边误差				△		√
	32	等倍比例误差			△			√
	33	定影牢固度			△			√
	34	漏印				△	√	√
	35	印品异常				△	√	√
电压波动运行	36	机械、电气故障			△			√
		图像密度						√
		底灰						√
		分辨力						√
		定影牢固度						√
可靠性	37	另行规定			△			√
环境保护	38	噪声		△				√
	39	臭氧		△				√
	40	粉尘		△				√
	41	苯乙烯		△				√
环境适应性	42	低温低湿运行试验	机械、电气故障		△			√
			图像密度					√
			底灰					√
			分辨力					√
			定影牢固度					√
	43	高温高湿运行试验	机械、电气故障		△			√
			图像密度					√
			底灰					√
			分辨力					√
			定影牢固度					√

注：△表示所属不合格类别；√表示考核项目。

表 6 型式检验判别

类 型	不合格质量水平 RQL	判 定 数 组	
		合格判定数 Ac	不合格判定数 Re
A类缺陷	50	0	1
B类缺陷	100	1	2
C类缺陷	150	2	3

7 标志、包装、运输和贮存

7.1 标志

7.1.1 每台复印机在适当位置应有铭牌，其上标出：

a) 制造厂家；

b) 产品名称；

c) 产品型号或标记；

d) 额定电压 V、额定频率 Hz、输入电流 A。

注：进口商品标识应符合国家相关的法律法规的要求。

7.1.2 包装储运图示标志参照 GB/T 191—2000 有关规定执行。

7.2 包装

7.2.1 对包装的要求，参照 GB/T 15464—1995 中有关防震、防潮、防尘的规定执行。复印机包装有效期由企业自行规定，但不应少于 1 年。

7.2.2 包装应保证在正常的运输和存放条件下，不致因颠震、装卸、受潮和浸入灰尘而使机器受损及坚固松动。

7.2.3 包装箱内应随带下列文件：

a) 产品合格证明；

b) 产品使用说明书；

c) 装箱单；

d) 其他有关技术资料。

7.3 运输和贮存

7.3.1 运输过程中不得直接承受雨淋、曝晒、摔撞等剧烈冲击振动及重压。

7.3.2 复印机应在仓库中贮存。贮存时应保持原包装状态。仓库内应通风良好，周围空气中不应有腐蚀气体及有机溶剂气体。长期贮存要求环境温度为 5 ℃～35 ℃，相对湿度不超过 90%。

7.3.3 复印机贮存堆放高度应不超过包装箱上的标记要求。

7.3.4 复印机贮存期限不应超过 2 年。超过期限后，应对复印机按本部分进行抽检。

7.4 消耗材料

复印机随机所配带的光导体材料、显影材料等应是复印机说明书中规定的消耗材料，按其各自的有关标准规定执行。

ICS 37.100.10
N 47

中华人民共和国国家标准

GB/T 10992.3—2008
代替 GB/T 10992.3—1999

静电复印机　第3部分：工程图纸复印机

Electrostatic copying machines—Part 3: Engineering copiers

2008-07-02 发布　　2008-12-01 实施

中华人民共和国国家质量监督检验检疫总局
中国国家标准化管理委员会　发布

前言

GB/T 10992《静电复印机》分为三个部分：

——第1部分：文件复印机；

——第2部分：便携式复印机；

——第3部分：工程图纸复印机。

本部分为GB/T 10992的第3部分。

本部分是对GB/T 10992.3—1999《静电复印机　工程图纸复印机》的修订。

本部分代替GB/T 10992.3—1999《静电复印机　工程图纸复印机》。

本部分与GB/T 10992.3—1999相比，修改的主要内容如下：

——适用范围改为“本标准适用于使用干式显影剂、热定影、普通纸、A0幅面以下的工程图纸复印机”；

——4.10.2 臭氧由“不超过 0.3 mg/m^3”改为“不超过 0.2 mg/m^3”；

——4.10.3 粉尘由“不超过 10 mg/m^3”改为“不超过 0.25 mg/m^3”；

——增加条款4.10.4 苯乙烯的最高浓度不超过 0.07 mg/m^3；

——5.1.1 将“温度 15 ℃～25 ℃、相对湿度 45%～65%”改为“温度 18 ℃～28 ℃、相对湿度 40%～60%”；

——删除附录A。

本部分还对标准进行了其他编辑性修改。

本部分由中国机械工业联合会提出。

本部分由全国复印机械标准化技术委员会归口。

本部分起草单位：国家办公设备及耗材质量监督检验中心、佳能(中国)有限公司。

本部分主要起草人：刘慧玲、邝亚明、鲁俊和。

本部分所代替标准的历次版本发布情况为：

——GB/T 10992—1989；

——GB/T 10992.3—1999。

静电复印机 第3部分：工程图纸复印机

1 范围

本部分规定了工程图纸静电复印机产品的要求、试验方法及规则、检验规则及标志、包装、运输和贮存。

本部分适用于使用干式显影剂、热定影、普通纸、A0幅面以下的工程图纸复印机。

2 规范性引用文件

下列文件中的条款通过本部分的引用而成为本部分的条款。凡是注日期的引用文件，其随后所有的修改单(不包括勘误的内容)或修订版均不适用于本部分，然而，鼓励根据本部分达成协议的各方研究是否可使用这些文件的最新版本。凡是不注日期的引用文件，其最新版本适用于本部分。

GB/T 191—2000 包装储运图示标志

GB 1002—1996 家用和类似用途单相插头插座 型式、基本参数和尺寸

GB 2099.1—1996 家用和类似用途插头插座 第1部分：通用要求(eqv IEC 884-1:1994)

GB/T 2828—2002 周期检查计数抽样程序及抽样表(适用于生产过程稳定性的检查)

GB/T 4591—2005 静电图像测试版

GB 4943—2001 信息技术设备的安全(eqv IEC 60950:1999)

GB 5023.5—1997 额定电压450/750 V及以下聚氯乙烯绝缘电缆 第5部分：软电缆(软线)

GB/T 10073—2008 静电复印品图像质量评价方法

GB/T 13334—2008 复印机调试版 A3

GB/T 13963—2008 复印机术语

GB/T 14436—1993 工业产品保证文件 总则

GB/T 15464—1995 仪器仪表包装通用技术条件

GB 15934—1996 电线组件(idt IEC 799:1984)

GB/T 16981—2008 信息技术 办公设备复印机规格表中应包含的基本内容(idt ISO/IEC 11159:1992)

GB/T 17465.1—1998 家用和类似用途的器具耦合器 第一部分：通用要求

GB/T 17712—1999 速印机和文件复印机 图形符号

GB 19462—2004 复印机械环境保护要求 静电复印机环境保护要求

JB/T 8274—1995 静电复印漏印测试版

JB/T 9444.1～9444.11—1999 复印机械基本环境试验方法

3 术语和定义

GB/T 13963—2008确立的和下列术语和定义适用于本部分。

3.1

工程纸复印机 engineering copiers

复印幅面在A3以上，Ⅰ类防电击保护的静电复印机。

3.2

最大复印用纸宽度 maximum width of the copy paper

工程图纸复印机所使用的最大复印纸宽度。

3.3

最大复印长度　maximum copy length

工程图纸复印机每次可复印出的最大复印长度。

3.4

最大输纸偏斜量　maximum transport deviation measurement

复印机在输纸过程中，在输纸方向上单位长度(m)纸张两侧偏离起始位置的间距(mm)。

3.5

印品异常　abnormal image on the copy

在有效幅面内，印品上出现的比原稿多余的图像、与原稿有明显差异的图像以及油污和散落的显影剂。

3.6

最大复印品幅面　maximum copy size

复印机可用的最大复印纸规格。

4　要求

4.1　基本要求

4.1.1　图形符号

复印机各部位使用的与安全有关的图形符号应符合 GB 4943—2001 的规定，其他图形符号应符合 GB/T 17712—1999 的规定。

4.2　工作条件

4.2.1　电压与频率

电压：220 V±22 V 或 380 V±38 V；频率：50 Hz。

4.2.2　一般环境条件

a)　温度：10 ℃～33 ℃；

b)　相对湿度：30%～80%。

4.3　耐运输、贮存环境性能

复印机在包装条件下应能承受表 1 的规定，试验结束后，打开包装，设备完好无损，各项技术指标满足本部分要求。

表 1　运输、贮存条件及方法

项目	试验条件	试验方法
振动试验	10 m/s²、6 Hz，30 min	按 JB/T 9444.9—1999 规定进行
跌落	自由跌落，高度 100 mm；跌落次数：4 次	包装毛重小于 100 kg 时，按 JB/T 9444.8—1999 的规定进行
	倾斜跌落	包装毛重大于 100 kg 时，按 JB/T 9444.7—1999 的规定进行
低温	−25 ℃±3 ℃，8 h	按 JB/T 9444.2—1999 规定进行
恒定湿热	48 h	按 JB/T 9444.4—1999 规定进行

4.4　外观质量

4.4.1　零件应进行必要的防锈处理，其质量指标和要求在企业标准中规定。

4.4.2　塑料件表面应平整、光滑、色泽均匀，不得有裂纹、气泡、缩孔等缺陷。

4.4.3　所有构件应完整无损、连接可靠，紧固件无松动现象。

4.5 安全性能

4.5.1 抗电强度

复印机的抗电强度应符合 GB 4943—2001 中 5.2 所规定要求。

4.5.2 电源插头、插座或电线组件

电源插头、插座或电线组件的型式和标志应符合 GB 1002—1996、GB 2099.1—1996、GB 5023.5—1997、GB 17465.1—1998 以及 GB 15934—1996 的要求。

4.5.3 接地性能

复印机的接地性能应符合 GB 4943—2001 中 2.6 规定要求。

4.5.4 安全联锁装置

复印机的安全联锁装置应符合 GB 4943—2001 中 2.8 规定要求。

4.5.5 对地漏电流

复印机的对地漏电流应符合 GB 4943—2001 中 5.1 规定要求。

4.5.6 用户安全资料

复印机的用户安全资料应符合 GB 4943—2001 中 1.7.2 规定要求。

4.5.7 安全标记

复印机的安全标记应符合 GB 4943—2001 中 1.7.1 规定要求。

4.5.8 输入电流

复印机的输入电流应符合 GB 4943—2001 中 1.6.2 规定要求。

4.5.9 机械安全

复印机的机械安全应符合 GB 4943—2001 中 4 规定要求。

4.6 一般性能

按 GB/T 16981—2008 的规定，复印机一般性能的主要项目为：预热时间、面板操作与显示功能、复印速度、最大复印宽度、最大复印长度等。

4.6.1 预热时间

额定值在企业标准中自行规定，正偏差应小于 10%。

4.6.2 面板操作与显示功能

运行过程中，控制面板上的各种操作应正常、无误；显示功能应清晰正确。

4.6.3 复印速度

额定值在企业标准中自行规定，偏差应小于 1%。

4.6.4 最大复印宽度

额定值在企业标准中自行规定。

4.6.5 最大复印长度

额定值在企业标准中自行规定，偏差应小于 1%。

4.6.6 额定功率

额定值在企业标准中自行规定。

4.7 输纸故障

在复印过程中输纸应通畅，不允许有起皱、断裂。最大输纸偏移量应≤3 mm。

4.8 运行考核

4.8.1 调整时间

整机在安装后可进行不超过 1h 的调整，使机器达到匹配状态。

4.8.2 运行考核试验中，不应出现机械、电气故障，输纸故障及原稿被堵塞现象，运行考核时间及复印量应符合表 2 的规定。

表 2 运行考核项目技术要求

序号	项 目 名 称	技 术 要 求
1	机械、电气故障	无
2	输纸故障	无
3	原稿被堵塞	无
4	运行时间	4 h
5	复印量	≥复印量额定值的65%
注：复印量额定值＝机器额定复印速度×运行时间。		

4.8.3 复印品质量应符合表 3 规定。

表 3 复印品质量要求

序号	项 目 名 称	指 标 要 求
1	图像密度	≥0.9
2	底灰	≤0.04
3	分辨力/(线/mm)	水平方向≥2.5 垂直方向≥3.6
4	对角线误差/%	≤0.8
5	相对边误差/%	≤0.8
6	等倍比例误差/%	±1.0
7	定影牢固度/%	温度≥15℃：≥90； 温度<15℃：≥80
8	漏印(A3 幅面等倍)	>2.0 mm^2 无； 1.0 mm^2～2.0 mm^2≤1 个； 0.8 mm^2～1.0 mm^2≤5 个； 0.3 mm^2～0.8 mm^2≤10 个； 在 40 mm×50 mm 的区域中，无 2 个以上≥1 mm 的断线
9	密度不均匀性(A1 横送)/%	≤35
10	印品异常	无

4.9 电压波动运行

复印机在额定负载时，将电源电压调到额定值的 110%(或额定范围上限值的 110%)、额定值的 90%(或调至电源范围下限值的 90%)，整机在运行中应无机械故障、电气故障，复印品质量应符合表 3 的规定。

4.10 环境保护要求

4.10.1 噪声允许值

产品主机在工作期间产生的噪声声压级应为≤70 dB(A)。

4.10.2 臭氧

臭氧的最高浓度限值不超过 0.2 mg/m^3。

4.10.3 粉尘

不含有毒物质粉尘的最高浓度限值不超过 0.25 mg/m^3。

4.10.4 苯乙烯

苯乙烯的最高浓度不超过 0.07 mg/m^3。

4.11 可靠性要求

有可靠性要求,另行规定。

4.12 复印品质量

4.12.1 复印机在运行考核中的复印品质量应符合表3的规定。

4.12.2 复印机的电压波动运行试验、环境适应性试验抽取的复印品质量应符合表3中图像密度、底灰、分辨力、定影牢固度等4项指标的要求。

5 试验方法及规则

5.1 试验条件

5.1.1 除对试验环境条件另有具体规定外,试验应在环境温度18 ℃～28 ℃、相对湿度40％～60％、无影响机器工作的外气流、无直射阳光和其他辐射作用、无强烈电磁干扰的室内进行。

5.1.2 复印机的其他使用条件应符合生产厂使用说明书中的规定。

5.2 试验规则

5.2.1 凡抽取复印品的试验可使用我国已发布的相应测试版标准原稿,用该标准原稿组成被测试设备所需要的最大原稿幅面,格式见图1。

也可使用经过全国复印机械标准化技术委员会确认的企业自备的测试版,但必须满足表1中所有项目的测试要求。

a——横向;

b——纵向。

本版使用说明:

1. 本版的幅面应与产品规格表中允许使用的最大原稿幅面相一致。
2. 版内所使用的A3测试版应与检测项目对应。
3. 测试区域应取本版上0.707倍的宽度内的有关测试点。

图1 工程图纸复印机测试版图示

5.2.2 试验时优先使用整机制造厂推荐使用在国内市场上公开销售的 70 g/m^2～80 g/m^2 复印纸及消耗材料。

5.2.3 除功能检查外，检验均为单面复印方式

5.3 耐运输、贮存环境试验

按表 1 的要求和 JB/T 9444—1999 中相应的试验方法进行试验，试验结果符合 4.3 的规定。

5.4 外观质量检验

通过目视检查外观质量，检验其是否满足 4.4 的要求。

5.5 安全性能检验

5.5.1 抗电强度

按 GB 4943—2001 中 5.2 所规定方法进行检验。

企业生产线上抗电强度的试验方法由企业自行规定。

5.5.2 电源插头、插座或电线组件

目视检查，是否符合 GB 1002—1996、GB 2099.1—1996、GB 5023.5—1997、GB 17465.1—1998 以及 GB 15934—1996 的要求。

5.5.3 接地性能

按 GB 4943—2001 中 2.6 规定方法进行检验。

5.5.4 安全联锁

按 GB 4943—2001 中 2.8 规定方法进行检验。

5.5.5 对地漏电流

按 GB 4943—2001 中 5.1 规定方法进行检验。

5.5.6 用户安全资料

按 GB 4943—2001 中 1.7 规定方法进行检验。

5.5.7 安全标记

按 GB 4943—2001 中 1.7 规定方法进行检验。

5.5.8 输入电流的检验

在按 GB 4943—2001 中 1.6.2 规定方法进行检验。

5.5.9 机械安全

按 GB 4943—2001 中 4 规定方法进行检验。

5.6 一般性能检验

5.6.1 预热时间

用秒表测量从合上电源开关至可以复印所需的时间，以“min”或“s”表示。秒表精度不低于±1 s/d。

5.6.2 面板操作与显示功能

按产品使用说明书的规定检验面板操作与显示功能。

5.6.3 复印速度

按产品规格书所规定的速度，用精度 0.5%的计时器，实测 1 m 纸带完全通过机器的时间，连续三次，取平均值计算复印速度。

在该速度下连续复印三张，选取最佳样品，目视检查印品应无异常。

5.6.4 最大复印纸宽度

按产品规格书中选用的最大规格纸进行复印，复印时复印纸能顺利地排出机外，复印品边缘应无任何损伤。用精度 0.5 mm 钢板尺，实测复印纸最大宽度。

5.6.5 最大复印长度

按产品规格书中选用的纸进行单页复印，用精度 0.5 mm 钢板尺，实测印迹最大长度。

5.6.6 额定功率

将功率表接入复印机电源中，测量连续复印 10 min 的平均消耗功率，记为额定功率。

5.7 输纸故障检验

用被测设备最大复印纸宽度的卷筒纸，连续输入机器 4 倍 A0 图纸长度（约 5 m），用精度 0.5 mm 钢板尺在入口处测量最大偏斜量的绝对值，同时检查排出的纸张是否起皱、起鼓、撕裂。

5.8 运行考核试验

5.8.1 调机规定

运行考核试验前，可对复印机进行不超过 1 h 的调整。调整范围仅限于使新装光导体、显影剂和整机处于良好匹配状态，不允许更换零、部件。

5.8.2 运行时间为 4 h，4 h 内除 3 次抽取复印品外，机器可作无纸运行。

5.8.3 试验按表 3 复印品抽样检查表中的规定抽取复印品，并进行复印品检测。

5.8.4 运行考核故障的处理

a) 若试验中途复印机出现机械或电气故障，则终止试验。可进行不超过 1 h 的检修。检修只允许进行必要的调整，不允许更换复印机零部件。

b) 检修后需增加 2 h 加长试验，在加长试验时间内，考核纸路故障、机械和电气故障及复印品质量。

5.9 电压波动运行试验

5.9.1 整机在额定负载时，将电源电压调到额定值的 110％或额定范围上限值的 110％，复印 10 min，然后按表 3 复印品抽样检查表中电压波动运行试验的规定抽取第一次复印品。再复印 10 min 后抽取第二次复印品。抽样后若整机工作时间不满 30 min，应工作至 30 min。电压调整的精度应不大于0.5％。

5.9.2 整机在额定负载时，将电源电压调到额定值的 90％或额定范围下限值的 90％，复印 10 min，然后按表 3 复印品抽样检查表中电压波动运行试验的规定抽取第一次复印品。再复印 10 min 后抽取第二次复印品。抽样后若整机工作时间不满 30 min，应工作至 30 min。电压调整的精度应不大于 0.5％。

检验在复印过程中整机是否出现机械、电气故障。

5.9.3 表 4 中电压波动运行试验分 5 个小项。5 个小项中有一项不合格则判该项不合格。

5.10 环境保护检验

5.10.1 噪声

机器连续复印时，用声级计，使用 A 计权网络，在机器的前、后、左、右四个方位，距机器 1 m 处，传感器放置高度 h 满足下式要求：

$$h=\frac{H+1}{2}(\mathrm{m})$$

式中：

H——机器高度。

取最大值作为测量值，测量时环境噪声应低于总噪声 10 dB(A)以上。

5.10.2 臭氧

按 GB 19462—2004 的方法检测。

5.10.3 粉尘

按 GB 19462—2004 规定的方法检测。

5.10.4 苯乙烯

按 GB 19462—2004 规定的方法检测。

5.11 复印品抽样及质量检验

5.11.1 复印品抽样程序及方法

5.11.1.1 浓度要求

检验过程中机器浓度应符合测试版使用说明书的规定。

5.11.1.2 复印品抽样检查按下列规定：

a) 以被检复印品的检查项目中最差一处的测量值作为对单张复印品单项指标的判定依据；

b) 复印品抽样检查方法见表 4。

表4　复印品抽样检查表

序号	试验项目	抽样时机	复印用版	抽样次数	样本抽取(张)	样本批(张)	不合格质量水平 RQL	判定 Ac	判定 Re	检验项目
1	运行考核	整机预热结束	按图1所示版面用GB/T 13334—2008版制作测试版,以下同,文字略	1	连续10	—	15	0	1	定影牢固度
2	运行考核	第一次 运行考核开始时 第二次 运行考核结束时	GB/T 4591—2005	2	第一次连续12 第二次连续12	样本随机编组 2批 第一批12 第二批12	15	0 1	2 2	图像密度 底灰 分辨力 印品异常
			同上	2	用本版前次抽样样本 第一批10,第二批10		25	0 3	3 4	对角线误差 等倍比例误差 相对边误差
			GB/T 4591—2005 (A1横)	1	连续8	连续8	20	0	1	密度不均匀性
			JB/T 8274—1995	2	第一次连续8 第二次连续8	第一批8 第二批8	25	0 1	2 2	漏印
3	电压波动运行试验	电压调至额定值+10%后整机预热结束	GB/T 13334—2008	1	连续10	连续10	15	0	1	定影牢固度
		第一批定影牢固度后 第二批本试验结束前	GB/T 4591—2005	2	第一次连续12 第二次连续12	随机编组 第一批12 第二批12	15	0 1	2 2	图像密度、 底灰、分辨力 印品异常
		电压调至额定值−10%后整机预热结束	GB/T 4591—2005	1	连续10	—	15	0	1	定影牢固度
		第一批定影牢固度后 第二批本试验结束前	GB/T 4591—2005	2	第一次连续12 第二次连续12	随机编组 第一批12 第二批12	15	0 1	2 2	图像密度、 底灰、分辨力 印品异常

5.11.2 **复印品质量检验**

5.11.2.1 除印品异常项目外，表3中的其他项目按GB/T 10073—2008规定方法进行检验。

印品异常检验时，以GB/T 4591—2005为标准原稿，目视检查复印品上有无比原稿多余的或有差异的图像以及明显的油污和散落的显影剂，并用反射密度计测量异常处的密度值。

6 检验规则

6.1 检验分类

产品检验分为交收(出厂)检验、型式检验。

6.1.1 **交收(出厂)检验**

6.1.1.1 交收检验项目及不合格类别见表5。

表5 工程图纸静电复印机检验项目表

检验项目			不合格类别			交收检验	型式检验
类别	序号	项目名称	A	B	C		
包装运输贮存及外观	1	振动试验			△		√
	2	跌落试验			△		√
	3	低温运输贮存试验			△		√
	4	恒定湿热运输贮存试验			△		√
	5	包装及标志		△		√	√
	6	包装齐套性		△		√	√
	7	机器外观质量		△		√	√
安装性能	8	抗电强度	△				√
	9	电源插头或电线组件	△				√
	10	接地性能	△				√
	11	安全联锁装置	△			√	√
	12	对地漏电流	△				√
	13	用户安全资料		△		√	
	14	安全标记		△		√	√
	15	电源容差		△			√
	16	输入电流					
	17	机械安全		△			√
调整	18	1 h内调整到良好状态	★	△			√

表 5（续）

检验项目			不合格类别			交收检验	型式检验
类别	序号	项目名称	A	B	C		
一般性能	19	启动时间			Δ		
	20	面板操作与显示功能		Δ		√	√
	21	复印速度		Δ			√
	22	最大复印用纸宽度			Δ		√
	23	最大复印长度			Δ		√
	24	额定功率			Δ		√
	25	输纸故障		Δ			√
运行考核试验	26	运行时间	Δ				√
	27	复印量	Δ				√
	28	机械、电气故障	Δ				√
	29	图像密度	Δ			√	√
	30	底灰	Δ			√	√
	31	密度不均匀性		Δ		√	√
	32	分辨力	Δ			√	√
	33	图像倾斜误差		Δ			√
	34	对角线误差			Δ		√
	35	相对边误差			Δ		√
	36	等倍比例误差		Δ			√
	37	定影牢固度	Δ				√
	38	漏印			Δ		√
	39	印品异常	Δ			√	√
	40	背景印迹				√	√
电压波动运行	41	机械、电气故障		Δ			√
		图像密度					√
		底灰					√
		分辨力					√
		定影牢固度					√
环境保护	42	噪声	Δ				√
	43	臭氧	Δ				√
	44	粉尘	Δ				√
	45	苯乙烯	Δ				√

注：★表示调整时间超过 1.5 h 为 A 类不合格。
Δ表示所属不合格类别。
√表示考核项目。

6.1.2 型式检验

复印机在下列情况之一时应进行型式检验：

a) 试制的新产品；

b) 停产间隔1年以上再生产时；

c) 当产品在设计、工艺、材料等有重大改变时，应视改变情况做全部或与改变有关的部分做全部或相应项目的试验；

d) 合同规定时。

6.2 抽样方案

6.2.1 交收(出厂)检验为全数检验或抽样检验。交收检验中复印品质量的检查批量、抽样方案、检查水平、合格质量水平在企业标准中规定。

6.2.2 第三方需要进行型式检验时，整机样本从逐批检查合格的产品中，随机抽取二台。

6.3 判定规则

6.3.1 检验样本中单位产品的判定

单位产品的检验项目及不合格类别见表5。

6.3.2 型式检验批量合格与不合格的判定方法

a) 样本中单位产品按GB/T 2829—2002中一次抽样方案，判别水平Ⅰ，不合格质量水平与判定数组见表6。

b) 若型式检验结果判定为批合格产品，则本周期生产的产品可以入库或出厂。若入库超过2年再出厂，则必须重新进行出厂检验。

表6 型式检验判别

类　型	不合格质量水平 RQL	判定数组	
		合格判定数 Ac	不合格判定数 Re
A类缺陷	40	0	1
B类缺陷	80	1	2
C类缺陷	120	2	3

7 标志、包装、运输和贮存

7.1 标志

7.1.1 每台复印机在适当位置应有铭牌，其上标出：

a) 制造厂家；

b) 产品名称；

c) 产品型号或标记；

d) 额定电压V、额定频率Hz、输入电流A。

注：进口商品标识应符合国家相关的法律法规的要求。

7.1.2 包装标志应按GB/T 191—2000有关规定执行。

7.2 包装

7.2.1 对包装的要求，按GB/T 15464—1995中有关防震、防潮、防尘的规定执行。产品包装有效期由企业自行规定，但不应少于1年。

7.2.2 包装应保证在正常的运输和存放条件下，不致因颠震、装卸、受潮和浸入灰尘而使机器受损及坚固松动。

7.2.3 包装箱内应随带下列文件：

a) 产品合格证。产品合格证的编写应符合GB/T 14436—1993的规定；

b) 产品使用说明书；

c) 装箱单；

d) 其他有关技术资料。

7.3 运输和贮存

7.3.1 运输过程中不得直接承受雨淋、曝晒、摔撞等剧烈冲击振动及重压。

7.3.2 复印机应在仓库中贮存。贮存时应保持原包装状态。仓库内应通风良好，周围空气中不应有腐蚀气体及有机溶剂气体。长期贮存要求环境温度为 5 ℃～35 ℃，相对湿度不超过 90%。

7.3.3 产品贮存堆放高度应不超过包装箱上的标记要求。

7.3.4 产品贮存期限不应超过 2 年。超过期限后，应对产品按本部分进行抽检。

7.4 消耗材料

复印机随机所配带的光导体材料、显影材料等应是产品说明书中规定的消耗材料，按其各自的有关标准规定执行。

ICS 71.040.01
N 53

中华人民共和国国家标准

GB/T 11007—2008
代替 GB/T 11007—1989

电导率仪试验方法

Test method of electrolytic conductivity analyzers

2008-06-30 发布　　　　2009-01-01 实施

中华人民共和国国家质量监督检验检疫总局
中国国家标准化管理委员会　发布

前　言

本标准代替 GB/T 11007—1989《电导率仪试验方法》。

本标准在技术内容上与原标准的主要区别如下：

——引用标准均采用了最新版本；

——参比条件中表 1 按 GB/T 11606 进行修改。其中：环境温度由“(25±2)℃”改为“(23±2)℃”；大气压由“待定”改为“(86～106) kPa”；增加表 1 中的注 1、注 2；

——根据电导率仪显示情况，原标准中电导(符号为 G)均更改为电导率(符号为 κ)；

——原标准图 1 中增加测温度用模拟装置(电阻箱)；

——原标准中的“基本误差”均更改为“固有误差”；

——根据目前电导率仪的显示方式，电导率的测量范围作相应更改，见表 3；

——试验前清洗电导池的去离子水的电导率由“不大于 0.2×10^{-6} S·cm^{-1}”改为“不大于 1×10^{-6} S·cm^{-1}”；

——原标准表 3 中电导率量程与标准溶液编号不具备对应关系，现更改为两个表格(表 3、表 4)；

——原标准 5.3.2 基本误差中配套试验方法中增加了未知电导池常数的试验方法，并增加了温度误差；

——原标准 5.3.9 温度补偿器误差根据可操作性进行了修改；温度系数补偿器误差的改用温度系数的示值误差表示；

——原标准 5.3.10 常数补偿器误差改用电导池常数的示值误差表示；

——取消原标准安全试验方法中受潮预处理；

——取消原标准 5.4.3 绝缘强度试验中表 4。

本标准由中国机械工业联合会提出。

本标准由全国工业过程测量和控制标准化技术委员会分析仪器分技术委员会归口。

本标准负责起草单位：上海精密科学仪器有限公司。

本标准主要起草人：王巧梅、顾敏杰、金春法。

本标准所替代标准的历次版本发布情况为：

——GB/T 11007—1989。

电导率仪试验方法

1 范围

本标准规定了电导率仪的试验项目及方法。

本标准适用于测定电解质溶液电导率的仪器,包括传感器和电子单元(以下简称仪器)。

2 规范性引用文件

下列文件中的条款通过本标准的引用而成为本标准的条款。凡是注日期的引用文件,其随后所有的修改单(不包括勘误的内容)或修订版均不适用于本标准,然而,鼓励根据本标准达成协议的各方研究是否可使用这些文件的最新版本。凡是不注日期的引用文件,其最新版本适用于本标准。

GB/T 11606 分析仪器环境试验方法

JB/T 8277 电导率仪测量用校准溶液制备方法

JB/T 8278 电导率仪的试验溶液 氯化钠溶液制备方法

3 影响量

3.1 参比条件

参比条件见表1。

表1 参比条件

序号	影响量	参比值或范围	单位	允差	单位
1	环境温度	23	℃	±2	℃
2	相对湿度	45～75	%	—	—
3	大气压	86～106	kPa	—	—
4	空气流速	0～0.2	m/s	—	—
5	太阳辐射	无直接照射	—	—	—
6	有害气体	忽略不计	—	—	—
7	尘埃	忽略不计	—	—	—
8	交流供电电压	220	V	±2.2	V
9	交流供电频率	50	Hz	±0.5	Hz
10	交流供电电源失真	$\beta=0$	—	$\beta=0.05$	—
11	外电磁场干扰	应避免	—	—	—
12	机械振动	忽略不计	—	—	—
13	工作位置	按产品标准规定	—	±1	°
14	通风	良好	—	—	—

注1:相对湿度、大气压在此范围内任一值。

注2:β为失真因子,即交流供电电压的波形的失真应保持在$(1+\beta)A\sin\omega t$与$(1-\beta)A\sin\omega t$所形成的包络之间。

3.2 额定工作范围

额定工作范围见表2。

表 2 额定工作范围

序 号	影 响 量	额定工作范围	
		Ⅰ组	Ⅱ组
1	环境温度	5 ℃～35 ℃	0 ℃～40 ℃
2	相对湿度	25%～80%	10%～90%
3	大气压	70.0 kPa～106.0 kPa	
4	空气流速	0 m/s～0.5 m/s	
5	太阳辐射	无直接照射	
6	有害气体	按制造厂规定	
7	尘埃	按制造厂规定	
8	交流供电电压	220 V±22 V	
9	交流供电频率	50 Hz±1 Hz	
10	交流供电电源失真	$\beta \leqslant 0.05$	$\beta \leqslant 0.10$
11	外电场、磁场、电磁场	按制造厂规定	
12	机械振动	按制造厂规定	
13	工作位置	按制造厂规定	
14	通风	可忽略的阻碍	

3.3 影响量的极限工作范围(对两个使用组别均相同)

在表 2 中,序号 1～5、8、9、10,其影响量的极限工作范围,在制造厂无另外规定的情况下,与相应项目中的额定工作范围相同,其他项目的极限工作范围由制造厂规定。

4 影响量和性能参数

4.1 影响量

按第 3 章选择。

4.2 额定值或范围

a) 电导率的测量范围;

b) 试样的参比温度;

c) 试样的温度及温度系数的补偿范围;

d) 电导池常数的补偿范围;

e) 电导池常数。

4.3 误差及其他性能

a) 预热时间;

b) 固有误差:电导率误差、温度误差;

c) 重复性;

d) 输出波动;

e) 滞后时间(T_{10})、上升(下降)时间(T_r、T_f);

f) 稳定性;

g) 影响偏差;

h) 工作误差;

i) 温度补偿器和温度系数补偿器的误差;

j） 常数补偿器的误差。

5 试验项目及其方法

5.1 总则

仪器经过预热与调整后进行试验。

在试验前，用电导率不大于 1×10^{-6} S·cm^{-1}（25 ℃）去离子水将电导池清洗数次，然后用试验溶液清洗至少两次。

在无另外规定时，试验应在参比条件下进行。

5.2 校准溶液

按 JB/T 8277 规定的方法制备。

5.3 模拟装置

用两个准确度优于被测仪器电子单元固有误差三分之一的电阻箱分别代替电导池和温度的模拟试样的电导值，检测电子单元。

与电子单元连接的引线的型号和长度应与配套电导池导线相一致。

连接方式见图 1。

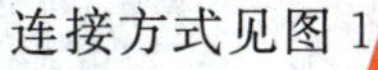

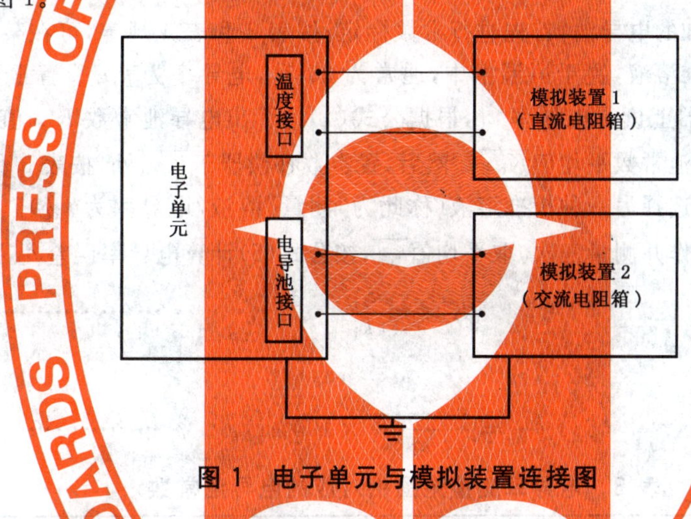

图 1 电子单元与模拟装置连接图

5.4 试验程序

5.4.1 总则

对于特殊场合，试验程序应由制造厂与用户共同商定。

5.4.2 预热时间

关闭电子单元，并使其所有部件达到环境温度时，接通电源，用模拟装置 2 输入信号，使电子单元示值为测量范围上限值的 75%～95%之间，记录读数。

从电子单元接通电源起记录读数，连续记录直到读数在 15 min 内的偏差（δ_m）不大于所规定的固有误差为止，15 min 之前的时间间隔为预热时间。按公式(1)计算。

$$\delta_m = \frac{\kappa_{max} - \kappa_{min}}{\kappa_f} \times 100\% \qquad \cdots\cdots(1)$$

式中：

κ_{max}、κ_{min}——读数的最大值及最小值，单位为微西门子负一次方厘米（μS·cm^{-1}）；

κ_f——测量范围的上限值，单位为微西门子负一次方厘米（μS·cm^{-1}）。

5.4.3 固有误差

5.4.3.1 电子单元固有误差

由模拟装置 2 给出与被测量电导率相对应的电阻值 R：

$$R=\frac{\alpha \cdot K_{\text{cell}}}{\kappa}\times 10^{6} \qquad \cdots\cdots(2)$$

式中：

α——仪器的设计系数，它是设定电导值和输入的模拟电导值之比。如无特殊说明，此系数为1；

K_{cell}——电子单元设定的电导池常数值，单位为负一次方厘米(cm^{-1})；如无特殊说明，此常数为1.00 cm^{-1}；

κ——检测点的电导率，单位为微西门子负一次方厘米($\mu S \cdot cm^{-1}$)。

按公式(2)计算，分别将被测电导率相对应的电阻值R输入电子单元，读取示值，并重复三次，求其算术平均值与检测点的标准电导率值之差$\Delta\kappa_i$，按公式(3)计算误差δ_{01i}。

$$\delta_{01i}=\frac{\Delta\kappa_i}{\kappa_f}\times 100\% \qquad \cdots\cdots(3)$$

每个测量范围至少试验五点，并且这些点在测量范围内是均匀分布的。

取计算结果的最大值作为电子单元的固有误差δ_{01}。

5.4.3.2 仪器的固有误差

5.4.3.2.1 电导率误差

a) 对于一个常数未知的电导池，首先进行常数标定，按表3和表4规定，可在某一测量范围内选择一种合适的校准溶液，置于恒温槽中，通常为25 ℃，电导率为$\kappa_{1校}$。置常数补偿器$K_{\text{cell}}=$1.00 cm^{-1}，在仪器上读得电导率κ_1，根据公式(4)计算出电导池常数K'_{cell}值。重复操作并测量三次，求得电导池常数平均值$\overline{K'_{\text{cell}}}$。然后，置常数补偿器于$\overline{K'_{\text{cell}}}$处，按表3和表4规定，可在另一测量范围内，选择另一种校准溶液(称此为“测量”溶液，电导率为$\kappa_{校}$)。在仪器上读得电导率$\kappa_{测}$。重复操作并测量三次，取平均值$\overline{\kappa_{测}}$，按公式(5)计算电导率误差δ_{02}。

$$K'_{\text{cell}}=\frac{\kappa_{1校}}{\kappa_1} \qquad \cdots\cdots(4)$$

$$\delta_{02}=\frac{\overline{\kappa_{测}}-\kappa_{校}}{\kappa_f}\times 100\% \qquad \cdots\cdots(5)$$

表3 电导率测量范围相对应的电导池常数

电导率测量范围/($\mu S \cdot cm^{-1}$)	电导池常数/cm^{-1}
0～0.2	0.01
0.2～2	0.01,0.1
2～20	0.01,0.1
20～200	0.1,1
200～2 000	1,10
2 000～100 000	10,50

表4 电导池常数对应的校准溶液编号

电导池常数/cm^{-1}	校准溶液编号
0.01	—
0.1	D或C
1	B或C
10,50	A或B
注：标准溶液编号按JB/T 8277中的规定。	

b) 电导池常数已知，置常数补偿器于相应位置，选用一种合适的校准溶液（电导率为 $\kappa_{校}$）进行测量，重复操作并测量三次，取其平均值 $\overline{\kappa_{测}}$，按公式(5)计算电导率误差 δ_{02}。

注：若电子单元带有温度补偿器，则应把它调在 25 ℃处；若带有温度系数补偿器，则应将其置于无补偿（温度系数为零）位置。对带有自动温度补偿的仪器，则温度敏感元件须用 25 ℃时的模拟量代替。

5.4.3.2.2 温度误差

a) 将电导率仪的温度传感器同电子单元连接，与标准水银温度计（二等）置于同一恒温槽中，标准水银温度计和温度传感器尽量靠近。试验在仪器测温范围内分散的三个点上进行。

b) 将恒温槽温度控制在仪器测温范围的某一温度点 T_1 上，同时读取标准水银温度计示值和电导率仪温度示值，按公式(6)计算单次温度误差 ΔT_{1i}。

$$\Delta T_{1i} = T_{Di} - T_{Si} \qquad \cdots\cdots(6)$$

式中：

T_{Di}——电导率仪温度的第 i 次显示值，单位为摄氏度(℃)；

T_{Si}——标准水银温度计温度的第 i 次显示值，单位为摄氏度(℃)。

c) 将步骤 b)重复三次，计算 ΔT_{1i} 的算术平均值作为温度误差 ΔT_{1i}。

d) 将恒温槽温度分别控制在 T_2 和 T_3，重复上述步骤，计算对应温度误差，取最大值。

5.4.4 重复性

5.4.4.1 电子单元的重复性

试验时，各调节器置于合适位置，把规定的标准电导率相对应的电阻值 R 由模拟装置 2 输入电子单元，读取示值 κ_i，重复试验六次，取算术平均值 $\bar{\kappa}$，按公式(7)计算标准偏差 s，即为重复性。

$$s = \sqrt{\frac{\sum_{i=1}^{6}(\kappa_i - \bar{\kappa})^2}{5}} \qquad \cdots\cdots(7)$$

5.4.4.2 仪器的重复性

配套试验时，按 JB/T 8278 的规定选用测量范围内尽可能最小、最大及中间电导率的氯化钠试验溶液，各重复试验六次，每隔 10 倍的 90%响应时间测一次，在六次读数之间不进行清洗。按公式(7)计算每种溶液的标准偏差，取最大值为仪器重复性。

在试验中溶液温度变化应保持在±0.2 ℃，并与读数值一起记录下来。

5.4.5 输出波动

选用一种电导率尽可能在测量范围中间值的溶液。以 5 min 为一个周期，用不低于 0.5 级的峰—峰值电压或电流表测定在此期间仪器输出的信号的最大峰—峰值，重复三次，求算术平均值，以测量范围上限值的百分比表示。

5.4.6 滞后时间(T_{10})、上升、下降时间(T_r、T_f)

按下列两种方法进行：

a) 在仪器的输出端接一台记录仪，将传感器安装在流通池里，并装上一个切换阀，以便交替切换高、低电导率的试验溶液。先通入接近该测量范围的下限值的溶液，直至记录仪上出现稳定读数为止，然后转换阀门通入接近该测量范围的上限值的溶液，记录相应的读数；稳定后，将阀门拨回原位，直至获得稳定读数，并在记录纸上标注该读数值。

溶液流速应调到制造厂规定的最大值，溶液的温度变化应保持在±0.5 ℃。

滞后时间(T_{10})、上升时间(T_r)和下降时间(T_f)均可根据记录纸走纸速度确定。

b) 除了传感器交替地浸泡在两种不同的溶液中外，其他同 a)。

5.4.7 稳定性

5.4.7.1 总则

根据使用的目的，稳定性试验的间隔时间应从下列数据中选出：

15 min、1 h、3 h、7 h、24 h、7 d、30 d、3 months、6 months、1 a。

仪器在试验开始后，不允许进行外部调节。

5.4.7.2 电子单元的稳定性

把接近选定测量范围的中间值对应的模拟量由模拟装置 2 输入电子单元，从制造厂规定的启动时间起，连续记录指示值到规定的时间。求出相对于起点的最大偏差，用该测量范围的上限值的百分比表示。

5.4.7.3 仪器的稳定性

配套试验时，将传感器浸入其电导率接近选定测量范围的中间刻度的溶液中，其他步骤同 5.4.7.2。在试验过程中溶液的温度变化应保持在±0.2 ℃。

5.4.8 影响偏差

5.4.8.1 总则

试验仅在仪器的接近中间量程挡上进行。各调节器置于合适的位置。

试验仅允许一个影响量在额定工作范围内变化，其他影响量均处于参比条件下。

用模拟装置 2 以测量范围的中间值输入电子单元。

5.4.8.2 温度影响

测量处于参比条件下仪器的示值为 κ_{T0}；

将温度升至额定工作温度上限值(平均升温速率应不大于 1 ℃/min)。稳定 4 h 后，至少读取一个示值 κ_{T1}；

将温度降至额定工作温度下限值(平均降温速率应不大于 1 ℃/min)。稳定 4 h 后，至少读取一个示值 κ_{T2}；

分别计算 κ_{T1}、κ_{T2} 与 κ_{T0} 之差 $\Delta\kappa_T$，按公式(8)计算温度影响的偏差 δ_T。

$$\delta_{T\max} = \frac{\Delta\kappa_{T\max}}{\kappa_f} \times 100\% \qquad (8)$$

5.4.8.3 湿度影响

测量处于参比条件时仪器的示值 κ_{RH0}，并记录此时的湿度值。

调整湿度达到额定湿度上限值。稳定 4 h 后，至少读取一个读数 κ_{RH1}；

调整湿度达到额定湿度下限值。稳定 4 h 后，至少读取一个读数 κ_{RH2}；

分别计算 κ_{RH1}、κ_{RH2} 与 κ_{RH0} 之差 $\Delta\kappa_{RH}$，按公式(9)计算湿度的影响偏差 δ_{RH}。

$$\delta_{RH\max} = \frac{\Delta\kappa_{RH\max}}{\kappa_f} \times 100\% \qquad (9)$$

5.4.8.4 电压影响

测量处于参比条件时仪器的示值 κ_{V0}；

将电压升至额定工作电压上限值，稳定 15 min 后，读取示值 κ_{V1}；

将电压降至额定工作电压下限值，稳定 15 min 后，读取示值 κ_{V2}；

分别计算 κ_{V1}、κ_{V2} 与 κ_{V0} 之差 $\Delta\kappa_V$，按公式(10)计算电压的影响偏差 δ_V。

$$\delta_{V\max} = \frac{\Delta\kappa_{V\max}}{\kappa_f} \times 100\% \qquad (10)$$

5.4.9 工作误差

5.4.9.1 总则

工作误差可以用试验和计算两种方法确定。

5.4.9.2 试验方法

将所有的影响量组合成最恶劣的条件，进行测量，其测得的值与标称值之差 $\Delta\kappa$，按公式(11)计算工作误差 δ。

$$\delta = \frac{\Delta\kappa}{\kappa_f} \times 100\% \qquad (11)$$

5.4.9.3 **计算方法**

按公式(12)进行计算。

$$\delta = \pm 1.15\sqrt{\delta_{02}{}^2 + \delta_T{}^2 + \delta_{RH}{}^2 + \delta_V{}^2} \qquad (12)$$

公式(12)假定了:

a) 各单项误差统计不相关;

b) 误差极限对称分布。

系数 1.15 保证了计算结果在其极限范围内的概率为 95%。

5.4.10 **温度补偿器及温度系数补偿误差**

5.4.10.1 **总则**

本试验仅适用于带有温度补偿器及温度系数补偿的仪器。

5.4.10.2 **温度补偿器误差**

a) 电子单元常数补偿器设定在 1.00 cm^{-1},温度系数补偿器设定在中间值 α,温度补偿器置于 25 ℃处,选定一个测量范围,由模拟装置 2 给出一个电阻值 R_0(测量范围的中间值对应的电阻值)输入电子单元,记录电子单元的示值。重复测量三次,取平均值$\overline{\kappa_0}$。

b) 将温度补偿器(或模拟装置 1)分别调节至温度补偿的上、下限,按公式(13)分别计算模拟装置 2 对应温度下的电阻值 R_i,分别由模拟装置 2 给出电阻值 R_i 输入电子单元,记录电子单元的示值,重复测量三次,取其平均值$\overline{\kappa_i}$,分别求出与$\overline{\kappa_0}$的差,取最大值。按公式(11)计算温度补偿器误差 δ_t。

$$R_i = \frac{R_0}{1 + \alpha(t_i - 25)} \qquad (13)$$

式中:

R_0——25 ℃时,模拟装置 2 输入的电阻值,单位为欧姆(Ω);

α——温度系数补偿的设定值,单位为百分每摄氏度(%/℃);

t_i——温度补偿器设定的温度值,单位为摄氏度(℃)。

5.4.10.3 **温度系数补偿误差**

a) 按图 1 接入模拟装置 2,输入标准电阻值 R_1,R_1 为中间测量范围的某一电导对应的电阻值。将常数补偿器置于 1.00 cm^{-1}处,温度系数补偿设为"无补偿",或将温度置于 25.0 ℃,此时仪器的测量值为 κ_R。

b) 置温度系数 α_1 为 2.00%/℃。分别改变温度 T_1 为 15 ℃、T_2 为 35 ℃,此时仪器的测量值为 κ_{Mi},按公式(14)计算温度系数补偿的示值误差。

c) 分别改变仪器温度系数 α_2 为 1.50%/℃、α_3 为 3.00%/℃,其余重复步骤 b)。

计算结果取最大值为温度系数的示值误差。

$$\Delta\alpha = \frac{\kappa_{Mi} - \kappa_R}{\kappa_{Mi}(T_i - T_R)} \times 100 - \alpha_i \qquad (14)$$

式中:

κ_{Mi}——设定的温度系数下仪器测量值,单位为微西门子负一次方厘米($\mu S \cdot cm^{-1}$);

κ_R——设定温度时仪器测量值,单位为微西门子负一次方厘米($\mu S \cdot cm^{-1}$)。

5.4.11 **常数补偿器误差**

本项试验仅适用于带有常数调节功能或常数显示的电导率仪。

电导率仪温度系数补偿设为"无补偿";或者调节温度示值为 25.0 ℃。

a) 按图 1 接入模拟装置 2,输入标准电阻值 R_1,R_1 为中间测量范围的某一电导对应的电阻值。

将常数补偿器置于 K_{cellR} 为 $1.00cm^{-1}$ 处，此时仪器的测量值为 κ_R。

b) 将常数补偿器由 K_{cellR} 变换至待检的 K_{cellVi} 处，标准电导不变，此时仪器的测量值为 κ_{Vi}。

c) 按公式(15)计算设定电导池常数为 K_{cellVi} 的示值误差 ΔK_{celli}，取最大值。

$$\Delta K_{celli} = K_{cellR}\frac{\kappa_{Vi}}{\kappa_R} - K_{cellVi} \quad \cdots\cdots(15)$$

测量分别在 2 至 5 个常数设定值上进行，这些设定值应在常数补偿器的调节范围内均匀分布。

5.5 安全性能

5.5.1 绝缘电阻

将电子单元电源的相线与中线短接。用 500 V(DC)兆欧表连接在电子单元的电源相线与地线之间，此时电子单元的电源开关置于接通位置，但电源插头不接入电网。在施加 500 V 直流电压 5 s 后，测量电子单元的绝缘电阻。

5.5.2 绝缘强度

将电子单元的电源相线与中线短接。电子单元的电源开关置于接通位置，电源插头不接入电网，绝缘强度击穿装置的击穿电流限制在 5 mA；用此装置在电子单元的电源相线与地线之间施加正弦波交流电压，试验电压在 5 s～10 s 内逐渐上升到 1 500 V(避免出现瞬态变化)。在 1 500 V 电压下保持 1 min，不应出现击穿和飞弧现象。然后试验电压在 5 s～10 s 内平稳地下降到零，再断开试验装置。

5.5.3 泄漏电流

仪器放在绝缘台上，用 1.1 倍的额定工作电压使仪器工作，直到温度趋于平衡。

测试时，仪器只用一只隔离变压器将电源隔离，连接方法如图 2。利用转换开关 2 依次测量电网电源的每个极与机壳、仪器的可触及导电部分 3 之间的泄漏电流。

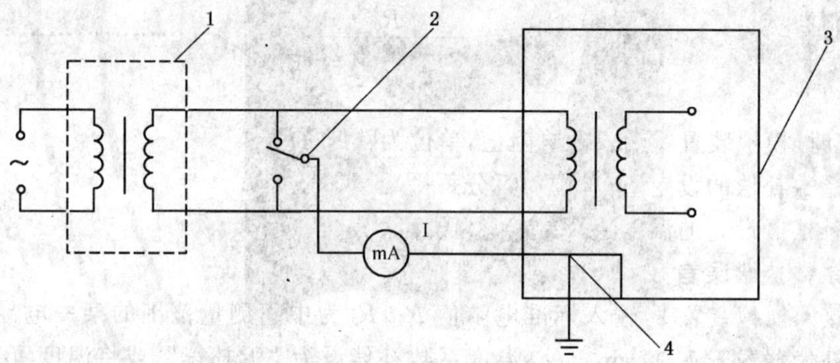

1——隔离变压器；

2——转换开关；

3——可触及导电部分；

4——保护接地端子。

图 2 泄漏电流试验连接图

5.5.4 运输、运输贮存环境试验

按 GB/T 11606 中的高温贮存、低温贮存、交变湿热、跌落、碰撞试验规定的方法进行。其参数按产品标准规定。

ICS 29.060.10
K 12

中华人民共和国国家标准

GB/T 11018.1—2008
代替 GB/T 11018.1—1989,GB/T 11018.2—1989

丝包铜绕组线 第1部分:丝包单线

Copper winding wires with silk covering—Part 1: Single wire with silk covering

2008-06-30 发布 2009-05-01 实施

中华人民共和国国家质量监督检验检疫总局
中国国家标准化管理委员会
发布

前　言

GB/T 11018《丝包铜绕组线》分为两个部分：

——第 1 部分：丝包单线；

——第 2 部分：130 级丝包直焊聚氨酯漆包束线。

本部分为 GB/T 11018 的第 1 部分。

本部分代替 GB/T 11018.1—1989《丝包铜绕组线　一般规定》中有关丝包单线的内容和 GB/T 11018.2—1989《丝包铜绕组线　丝包单线》。GB/T 11018.1—1989 的内容纳入本部分和 GB/T 11018.2—2008 中。

本部分与 GB/T 11018.1—1989、GB/T 11018.2—1989 相比，主要变化如下：

——GB/T 11018.1—1989 中有关丝包单线的内容和 GB/T 11018.2—1989 的内容纳入本部分，并重新进行编写；

——取消了允许丝包工艺接头处部分露缝的不合理的技术规定。

本部分由中国电器工业协会提出。

本部分由全国电线电缆标准化技术委员会(SAC/TC 213)归口。

本部分主要起草单位：上海电缆研究所。

本部分参加起草单位：杭州电线电缆有限公司。

本部分主要起草人：陈惠民、张敬平、李红、朱华、王春红。

本部分所代替标准的历次版本发布情况为：

——GB/T 11018.1—1989，GB/T 11018.2—1989。

丝包铜绕组线
第1部分:丝包单线

1 范围

GB/T 11018 的本部分规定了丝包单线的型号、技术要求和检验规则。

本部分适用于单根漆包线经丝包而成的丝包铜绕组线(简称丝包单线)。

2 规范性引用文件

下列文件中的条款通过 GB/T 11018 的本部分的引用而成为本部分的条款。凡是注日期的引用文件,其随后所有的修改单(不包括勘误的内容)或修订版均不适用于本部分,然而,鼓励根据本部分达成协议的各方研究是否可使用这些文件的最新版本。凡是不注日期的引用文件,其最新版本适用于本部分。

GB/T 4074.1 绕组线试验方法 第1部分:一般规定(GB/T 4074.1—2008,IEC 60851-1:1996,IDT)

GB/T 4074.2 绕组线试验方法 第2部分:尺寸测量(GB/T 4074.2—2008,IEC 60851-2:1997,IDT)

GB/T 4074.3 绕组线试验方法 第3部分:机械性能(GB/T 4074.3—2008,IEC 60851-3:1997,IDT)

GB/T 4074.4 绕组线试验方法 第4部分:化学性能(GB/T 4074.4—2008,IEC 60851-4:2005,IDT)

GB/T 4074.5 绕组线试验方法 第5部分:电性能(GB/T 4074.5—2008,IEC 60851-5:2004,IDT)

GB/T 4074.6 绕组线试验方法 第6部分:热性能(GB/T 4074.6—2008,IEC 60851-6:1996,IDT)

GB/T 6109.1 漆包圆绕组线 第1部分:一般规定(GB/T 6109.1—2008,IEC 60317-0-1:2005,IDT)

GB/T 6109.3—2008 漆包圆绕组线 第3部分:120级缩醛漆包铜圆线(IEC 60317-12:1990,IDT)

GB/T 6109.4—2008 漆包圆绕组线 第4部分:130级直焊聚氨酯漆包铜圆线(IEC 60317-4:2000,IDT)

GB/T 6109.7—2008 漆包圆绕组线 第7部分:130L级聚酯漆包铜圆线(IEC 60317-34:1997,IDT)

3 定义和试验方法总则

3.1 定义

下列术语和定义适用于 GB/T 11018 的本部分。

3.1.1

热级 class

用温度指数和热冲温度来表示的漆包线的热性能。

3.1.2

漆层 coating

用适当方法涂覆于导体或线上，然后烘干和/或固化的一种材料。

3.1.3

导体 conductor

除去绝缘后的裸金属线。

3.1.4

包覆层 covering

缠绕、绕包或编织在裸或绝缘导体上的材料。

3.1.5

漆包线 enamelled wire

涂覆固化树脂绝缘的线。

3.1.6

级 grade

漆包线的漆膜厚度范围。

3.1.7

绝缘 insulation

导体上的漆层或绕包层，具有耐电压的特定功能。

3.1.8

导体标称尺寸 nominal conductor dimension

符合 GB/T 6109.1 规定的导体尺寸标称值。

3.1.9

绕组线 winding wire

用于绕组以实现电磁能转换的线。

3.2 试验方法总则

本部分采用的全部试验方法见 GB/T 4074。

如果 GB/T 4074 标准与本部分有矛盾，以本部分为准。

对未规定导体标称直径范围的试验项目，该试验适用于产品标准包括的全部导体标称尺寸。

除非另有规定，所有试验应在温度为 15 ℃～35 ℃、相对湿度为 45%～75%环境下进行。测量前，试样应在上述条件下放置足够长时间，使试样达到稳定状态。

被试试样从包装上取下时，应不承受张力或不必要的弯曲。每次试验前，宜除去足够长的线以保证试样不夹带损坏的线段。

4 产品型号和标记

4.1 代号

4.1.1 系列代号

单丝包绕组线……………………………S

双丝包绕组线……………………………SE

4.1.2 绝缘丝代号

天然丝……………………………………省略

涤纶丝……………………………………D

4.1.3 漆包线代号

聚氨酯漆包线……………………………QA

聚酯漆包线……………………………………QZ

缩醛漆包线……………………………………QQ

4.1.4 线芯种类代号

单根漆包线……………………………………省略

4.2 产品型号和标记

4.2.1 产品型号

产品型号的组成和排列顺序如下：

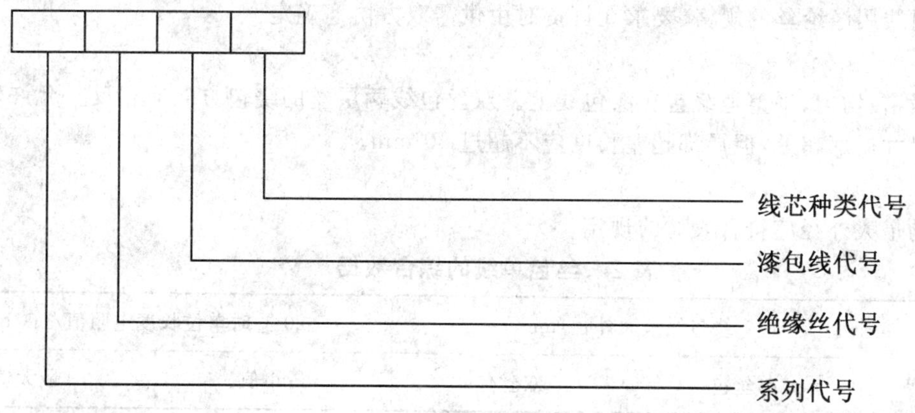

丝包单线的型号见表1。

表1 丝包单线的型号

型号	名称
SQZ	单天然丝包聚酯漆包圆铜单线
SDQZ	单涤纶丝包聚酯漆包圆铜单线
SEQZ	双天然丝包聚酯漆包圆铜单线
SEDQZ	双涤纶丝包聚酯漆包圆铜单线
SQQ	单天然丝包缩醛漆包圆铜单线
SEQQ	双天然丝包缩醛漆包圆铜单线
SQA	单天然丝包聚氨酯漆包圆铜单线
SDQA	单涤纶丝包聚氨酯漆包圆铜单线
SEQA	双天然丝包聚氨酯漆包圆铜单线
SEDQA	双涤纶丝包聚氨酯漆包圆铜单线

4.2.2 产品标记

产品标记由型号、规格及本部分的标准编号组成。

示例：

单天然丝包、聚氨酯漆包圆铜线，线芯导体标称直径为0.25 mm，表示为：

SQA 0.25 GB/T 11018.1—2008

5 技术要求

5.1 规格

丝包单线的规格见表2。

5.2 材料

5.2.1 漆包线

丝包单线用漆包线应符合下列标准中漆包圆铜线的要求：

——GB/T 6109.3—2008 中 2 级漆膜厚度的 120 级缩醛漆包铜圆线；

——GB/T 6109.4—2008 中 1 级漆膜厚度的 130 级直焊聚氨酯漆包铜圆线；

——GB/T 6109.7—2008 中 1 级漆膜厚度的 130L 级聚酯漆包铜圆线。

若用户不提出漆包线的品种要求时，制造厂可采用符合 GB/T 6109.4—2008 的 130 级直焊聚氨酯漆包铜圆线进行生产。

5.2.2 天然丝

丝包铜绕组线用天然丝的规格、要求在订货时由供需双方协商确定。

5.2.3 涤纶丝

丝包铜绕组线用涤纶丝的规格、要求在订货时由供需双方协商确定。

5.3 绕包

绝缘丝应紧密、均匀、平整地绕包在漆包线上。双丝包线两层丝的绕包方向应相反。允许丝包工艺接头所引起的尺寸局部超差，但局部超差长度应不超过 50 mm。

5.4 尺寸

丝包单线的最大外径应符合表 2 的规定。

表 2 丝包单线的综合数据

漆包线导体标称直径/mm	绕包线最大外径/mm		20 ℃时单位长度电阻值/(Ω/m)	
	单丝包	双丝包	最小值	最大值
0.050	0.14	0.18	7.922	9.489
0.063	0.15	0.19	5.045	5.922
0.071	0.16	0.20	3.994	4.641
0.080	0.17	0.21	3.166	3.635
0.090	0.18	0.22	2.515	2.859
0.100	0.19	0.23	2.046	2.307
0.112	0.20	0.24	1.632	1.848
0.125	0.21	0.25	1.317	1.475
0.140	0.23	0.27	1.055	1.170
0.160	0.26	0.30	0.812 2	0.890 6
0.180	0.28	0.32	0.644 4	0.700 7
0.200	0.30	0.35	0.523 7	0.565 7
0.224	0.33	0.37	0.418 8	0.449 5
0.250	0.37	0.42	0.334 5	0.362 8
0.280	0.40	0.45	0.267 6	0.288 2
0.315	0.43	0.48	0.212 1	0.227 0
0.355	0.48	0.53	0.167 4	0.178 2
0.400	0.53	0.58	0.131 6	0.140 7

表 2（续）

漆包线导体标称直径/mm	绕包线最大外径/mm		20 ℃时单位长度电阻值/(Ω/m)	
	单丝包	双丝包	最小值	最大值
0.450	0.58	0.63	0.104 2	0.110 9
0.500	0.63	0.68	0.084 62	0.089 59
0.530	0.67	0.72	0.075 39	0.079 65
0.560	0.70	0.75	0.067 36	0.071 53
0.600	0.74	0.79	0.058 76	0.062 22
0.630	0.77	0.83	0.053 35	0.056 38
0.670	0.82	0.87	0.047 22	0.049 79
0.710	0.86	0.91	0.041 98	0.044 42
0.750	0.91	0.97	0.037 56	0.039 87
0.800	0.96	1.02	0.033 05	0.035 00
0.850	1.01	1.07	0.029 25	0.031 04
0.900	1.06	1.12	0.026 12	0.027 65
0.950	1.11	1.17	0.023 42	0.024 84
1.000	1.18	1.24	0.021 16	0.022 40
1.060	1.25	1.31	0.018 81	0.019 95
1.120	1.31	1.37	0.016 87	0.017 85
1.180	1.37	1.43	0.015 19	0.016 09
1.250	1.44	1.50	0.013 53	0.014 35
1.320	1.49	1.55	0.012 14	0.012 85
1.400	1.59	1.65	0.010 79	0.011 43
1.500	1.69	1.75	0.009 402	0.009 955
1.600	1.80	1.87	0.008 237	0.008 749
1.700	1.90	1.97	0.007 320	0.007 750
1.800	2.00	2.07	0.006 529	0.006 913
1.900	2.10	2.17	0.005 860	0.006 204
2.000	2.20	2.27	0.005 289	0.005 600
2.120	2.32	2.39	0.004 708	0.004 983
2.240	2.44	2.51	0.004 218	0.004 462
2.360	2.56	2.63	0.003 797	0.004 023
2.500	2.70	2.77	0.003 385	0.003 584

5.5 电阻

按 GB/T 4074.5 规定测试的丝包单线的导体直流电阻应符合表 2 的规定。

5.6 柔韧性和附着性

按 GB/T 4074.3 的规定进行圆棒卷绕试验时,试棒直径、卷绕圈数见表 3。

丝包单线按规定卷绕后,丝包层应不开裂至露漆膜。

表 3 试棒直径和卷绕圈数

型　号	试棒直径	卷绕圈数
SQZ,SQQ,SQA,SDQZ,SDQA	10d,最小 4 mm	10
SEQZ,SEQQ,SEQA,SEDQZ,SEDQA	5d,最小 3 mm	
注:d 为试样外径。		

5.7 直焊性

SQA、SDQA、SEQA 和 SEDQA 丝包单线应具有直焊性。

试样按 GB/T 4074.4 规定先除去丝包层,然后浸入温度为 375 ℃±5 ℃的焊锡槽中,经表 4 规定的时间后,镀锡线表面应光滑,无针孔及漆膜残渣。

表 4 直焊时间

漆包线导体标称直径/mm		浸入时间/s
>	≤	
—	0.1	2
0.1	0.3	3
0.3	—	10

5.8 包装

包装类别可能影响丝包单线的某种性能,例如柔韧性和附着力。因此包装类别,例如交货盘类型,应由供需双方协商确定。

产品应整齐而紧密地绕在线轴上或装在容器内。除非供需双方协商同意,线轴和容器内不应有一个以上线段。如果多于一个线段,则应由供需双方确定在包装上使用标签和/或标识以表明各线段长度。

如果产品成圈交货,成圈的尺寸和最大重量应由供需双方协商确定,其附加保护装置也应由供需双方协商确定。

由供需双方协商确定的标签应系在每一包装上,并应包括下列内容:

a) 制造商的名称和/或商标;

b) 丝包单线和绝缘的类型,如商标和/或产品标准编号;

c) 丝包单线的净重;

d) 丝包单线的标称尺寸和绝缘厚度等级;

e) 生产日期。

6 检验规则

本部分采用试验项目类别为型式试验(T)、抽样试验(S)和例行试验(R),其定义见 GB/T 4074.1 的规定,检验规则见表 5。

表5 检验规则

序号	项目	技术要求	试验类型	试验方法
1	丝包线最大外径	符合本部分5.4规定	T,S	GB/T 4074.2,正常视力
2	绕 包	符合本部分5.3规定	R	正常视力检查
3	电 阻	符合本部分5.5规定	T,S	GB/T 4074.5
4	柔韧性和附着性	符合本部分5.6规定	T,S	GB/T 4074.3,正常视力检查
5	直焊性	符合本部分5.7规定	T,S	GB/T 4074.4
6	包 装	符合本部分5.8规定	T,R	正常视力检查和称量

ICS 29.060.10
K 12

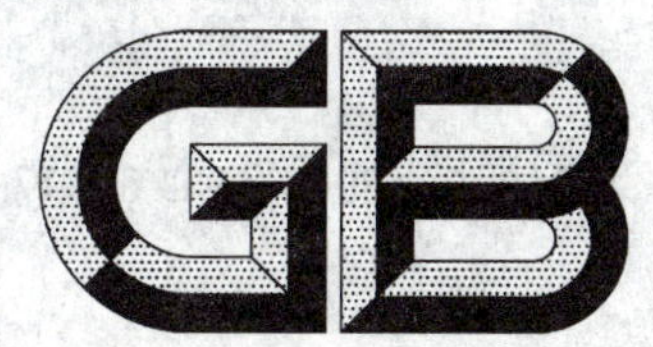

中华人民共和国国家标准

GB/T 11018.2—2008/IEC 60317-11:2005
代替 GB/T 11018.1—1989,GB/T 11018.3—1989

丝包铜绕组线 第2部分:130级丝包直焊聚氨酯漆包束线

**Copper winding wires with silk covering—
Part 2: Bunched solderable polyurethane enamelled round copper wires, class130, with silk covering**

(IEC 60317-11:2005, Specifications for particular types of winding wires—
Part 11: Bunched solderable polyurethane enamelled round copper wires, class130, with silk covering, IDT)

2008-06-30 发布 2009-05-01 实施

中华人民共和国国家质量监督检验检疫总局
中国国家标准化管理委员会 发布

前　言

GB/T 11018《丝包铜绕组线》分为两个部分：

——第1部分：丝包单线；

——第2部分：130级丝包直焊聚氨酯漆包束线。

本部分为GB/T 11018的第2部分。

本部分等同采用IEC 60317-11:2005《特种绕组线标准　第11部分：130级丝包直焊聚氨酯漆包束线》第3.1版(英文版)。

为便于使用，本部分做了下列编辑性修改：

——删除了IEC 60317-11:2005的前言和引言；

——增加了资料性附录E"产品标记对照表"；

——增加了资料性附录F"试验项目类别"；

——用小数点"."代替作为小数点的逗号","；

——IEC 60317-11:2005中表A.3原文有误，应将表A.3中第二列中的">0.045 0"改为">0.450"，本部分已做了修正，并纳入正文中。

本部分代替GB/T 11018.1—1989《丝包铜绕组线　一般规定》中有关丝包束线的内容和GB/T 11018.3—1989《丝包铜绕组线　丝包束线》。GB/T 11018.1—1989的内容纳入本部分和GB/T 11018.1—2008中。

本部分与GB/T 11018.1—1989、GB/T 11018.3—1989相比，主要变化如下：

——本部分等同采用IEC 60317-11:2005，GB/T 11018.1—1989中有关丝包束线的内容和GB/T 11018.3—1989的内容纳入本部分。

本部分的附录A、附录B、附录C、附录D、附录E和附录F为资料性附录。

本部分由中国电器工业协会提出。

本部分由全国电线电缆标准化技术委员会(SAC/TC 213)归口。

本部分主要起草单位：上海电缆研究所。

本部分参加起草单位：杭州电线电缆有限公司。

本部分主要起草人：陈惠民、张敬平、李红、朱华、王春红。

本部分所代替标准的历次版本发布情况为：

——GB/T 11018.1—1989，GB/T 11018.3—1989。

丝包铜绕组线
第2部分:130级丝包直焊
聚氨酯漆包束线

1 范围

GB/T 11018的本部分规定了130级丝包直焊聚氨酯漆包束线的要求。

丝包层由一层或两层丝组成。

单根漆包线为130级直焊聚氨酯漆包铜圆线(GB/T 6109.4)。

当提及GB/T 11018的本部分所涉及的产品时,给出如下内容:

——GB编号和(或)IEC编号;

——束丝中的单线根数和导体标称直径,mm。

示例:GB/T 11018.2—2008 0.071×25 或 IEC 60317-11-25×0.071

2 规范性引用文件

下列文件中的条款通过GB/T 11018的本部分的引用而成为本部分的条款。凡是注日期的引用文件,其随后所有的修改单(不包括勘误的内容)或修订版均不适用于本部分,然而,鼓励根据本部分达成协议的各方研究是否可使用这些文件的最新版本。凡是不注日期的引用文件,其最新版本适用于本部分。

GB/T 4074.1 绕组线试验方法 第1部分:一般规定(GB/T 4074.1—2008,IEC 60851-1:1996,IDT)

GB/T 4074.2 绕组线试验方法 第2部分:尺寸测量(GB/T 4074.2—2008,IEC 60851-2:1997,IDT)

GB/T 4074.3 绕组线试验方法 第3部分:机械性能(GB/T 4074.3—2008,IEC 60851-3:1997,IDT)

GB/T 4074.4 绕组线试验方法 第4部分:化学性能(GB/T 4074.4—2008,IEC 60851-4:2005,IDT)

GB/T 4074.5 绕组线试验方法 第5部分:电性能(GB/T 4074.5—2008,IEC 60851-5:2004,IDT)

GB/T 4074.6 绕组线试验方法 第6部分:热性能(GB/T 4074.6—2008,IEC 60851-6:1996,IDT)

GB/T 6109.1 漆包圆绕组线 第1部分:一般规定(GB/T 6109.1—2008,IEC 60317-0-1:2005,IDT)

GB/T 6109.4 漆包圆绕组线 第4部分:130级直焊聚氨酯漆包铜圆线(GB/T 6109.4—2008,IEC 60317-4:2000,IDT)

3 定义和试验方法总则

3.1 定义

3.1.1

束线 bunched wire

有或无绕包层的若干根小直径的绝缘线芯进行无预定几何形状的排列形成的线。

3.1.2

热级 class

用温度指数和热冲温度来表示的漆包线的热性能。

3.1.3

漆层 coating

用适当方法涂覆于导体或线上，然后烘干和/或固化的一种材料。

3.1.4

导体 conductor

除去绝缘后的裸金属线。

3.1.5

绕包层 covering

缠绕、绕包或编织在裸或绝缘导体上的材料。

3.1.6

漆包线 enamelled wire

涂覆固化树脂绝缘的线。

3.1.7

级 grade

线的绝缘厚度范围。

3.1.8

绝缘 insulation

导体上的漆层或绕包层，并具有耐电压的特定功能。

3.1.9

导体标称尺寸 nominal conductor dimension

符合 GB/T 6109.1 规定的导体规格标称值。

3.1.10

绕组线 winding wire

用于绕组以实现电磁能转换的线。

3.1.11

线 wire

涂覆或包覆绝缘的导体。

3.2 试验方法总则

本部分采用的全部试验方法见 GB/T 4074。

本部分使用的条文号与 GB/T 4074 中相应的试验条文号一致。

如果 GB/T 4074 标准与本部分有矛盾，以本部分为准。

对未规定导体标称直径范围的试验项目(试验项目类别参见附录 F)，该试验适用于产品标准包括的全部导体标称直径。

除非另有规定，所有试验应在温度为 15 ℃～35 ℃、相对湿度为 45%～75%环境下进行。测量前，试样应在上述条件下放置足够长时间，使试样达到稳定状态。

被试试样从包装上取下时，应不承受张力或不必要的弯曲。每次试验前，宜除去足够长的线以保证试样不夹带损坏的线段。

4 尺寸

4.1 单线最大外径

单线最大外径应符合表 1 规定。

表 1 单线最大外径

导体标称直径/mm	最大外径/mm
0.025	0.031
0.032	0.039
0.040	0.049
0.050	0.060
0.063	0.076
0.071	0.084
0.100	0.117
0.125	0.144
0.200	0.226
0.315	0.349
0.400	0.439
注：导体直径和最大外径与 GB/T 6109.1 中 1 级漆膜厚度漆包线的导体直径和最大外径相一致。	

4.2 束线外径

单线根数和标称外径应符合表 2 规定。

表 2 中的数值与在锥棒上的测量有关，用显微镜测得的实际值比表 2 中的数值约小 8%。

用锥棒测得的最大值应不超过表 2 规定值的 10%。

表 2 标称外径

单线根数	单线导体的标称直径/mm										
	0.025	0.032	0.040	0.050	0.063	0.071	0.100	0.125	0.200	0.315	0.400
	标称外径/mm										
3	0.095	0.115	0.130	0.155	0.190	0.205	0.250	0.305	0.465	0.745	0.930
4	0.105	0.125	0.150	0.175	0.215	0.235	0.285	0.345	0.540	0.855	1.065
5	0.115	0.135	0.160	0.190	0.235	0.255	0.315	0.380	0.595	0.945	1.195
6	0.120	0.145	0.175	0.205	0.255	0.275	0.340	0.415	0.675	1.030	1.300
8	0.135	0.165	0.195	0.235	0.285	0.315	0.385	0.475	0.770	1.190	1.490
10	0.145	0.180	0.215	0.260	0.315	0.350	0.430	0.530	0.855	1.320	1.655
12	0.160	0.195	0.230	0.280	0.345	0.380	0.465	0.580	0.930	1.440	1.805
16	0.180	0.220	0.265	0.320	0.395	0.435	0.540	0.695	1.085	1.665	2.090
20	0.195	0.245	0.295	0.355	0.440	0.490	0.605	0.775	1.210	1.865	2.345
25	0.220	0.270	0.325	0.395	0.500	0.550	0.705	0.865	1.355	2.090	2.635
32	0.240	0.300	0.365	0.445	0.560	0.615	0.790	0.970	1.525	2.355	2.970
40	0.265	0.330	0.405	0.500	0.620	0.715	0.875	1.085	1.695	2.625	3.315
60	0.320	0.400	0.495	0.605	0.780	0.860	1.055	1.315	2.060	3.200	4.040
100	0.405	0.510	0.625	0.795	0.985	1.100	1.355	1.675	2.635	4.105	5.195
160	0.505	0.635	0.810	0.990	1.240	1.370	1.695	2.100	3.315	5.175	6.550
250	0.625	0.815	0.995	1.230	1.530	1.695	2.100	2.605	4.125	6.450	8.170

注 1：单线根数取自 R 数系，因技术原因经过圆整。

注 2：通常横线以上用单丝层，横线以下用双丝层。

注 3：外径按附录 A 中的方法计算，按 GB/T 4074.2 进行测量。

注 4：其他通常使用的束线见附录 B。

注 5：如果由于技术原因，表 2 中的组合不能满足要求时，其他组合可由供需双方协商确定，但单线应符合 GB/T 6109.1的规定。

4.3 束线节距

束线节距不应超过 60 mm，束丝方向为左向（逆时针）。

5 电阻

20 ℃时的电阻应在表 3 规定的范围内。

表 3 电阻

单线根数	单线导体的标称直径/mm																					
	0.025		0.032		0.040		0.050		0.063		0.071		0.100		0.125		0.200		0.315		0.400	
	电阻/(Ω/m)																					
	最小值	最大值	最小值	最大值	最小值	最大值	最小值	最大值	最小值	最大值	最小值	最大值	最小值	最大值	最小值	最大值	最小值	最大值	最小值	最大值	最小值	最大值
3	10.45	13.03	6.377	7.949	4.093	5.073	2.641	3.226	1.682	2.013	1.314	1.614	0.678	0.793	0.439	0.502	0.175	0.192	0.070 7	0.077 2	0.043 9	0.050 0
4	7.835	9.769	4.783	5.962	3.070	3.805	1.981	2.420	1.261	1.510	0.985	1.210	0.509	0.595	0.329	0.376	0.131	0.144	0.053 0	0.057 9	0.032 9	0.037 5
5	6.268	7.815	3.826	4.770	2.456	3.044	1.584	1.936	1.009	1.208	0.788	0.968	0.407	0.476	0.263	0.301	0.105	0.115	0.042 4	0.046 3	0.026 3	0.030 0
6	5.223	6.513	3.188	3.975	2.047	2.536	1.320	1.613	0.841	1.007	0.657	0.807	0.339	0.397	0.220	0.251	0.087 3	0.096 2	0.035 4	0.038 6	0.021 9	0.025 0
8	3.918	4.885	2.391	2.981	1.535	1.902	0.990	1.210	0.631	0.755	0.493	0.605	0.254	0.297	0.165	0.188	0.065 5	0.072 1	0.026 5	0.028 9	0.016 5	0.018 7
10	3.134	3.908	1.913	2.385	1.228	1.522	0.792	0.968	0.505	0.604	0.394	0.484	0.203	0.238	0.132	0.150	0.052 4	0.057 7	0.021 2	0.023 2	0.013 2	0.015 0
12	2.612	3.256	1.594	1.987	1.023	1.268	0.660	0.807	0.420	0.503	0.328	0.403	0.170	0.198	0.110	0.125	0.043 6	0.048 1	0.017 7	0.019 3	0.011 0	0.012 5
16	1.959	2.442	1.196	1.490	0.768	0.951	0.495	0.605	0.315	0.378	0.246	0.303	0.127	0.149	0.083 2	0.094 0	0.032 7	0.036 1	0.013 3	0.014 5	0.008 23	0.009 37
20	1.567	1.954	0.957	1.192	0.614	0.761	0.396	0.484	0.252	0.302	0.197	0.242	0.102	0.119	0.065 9	0.075 2	0.026 2	0.028 9	0.010 6	0.011 6	0.006 58	0.007 50
25	1.254	1.563	0.765	0.954	0.491	0.609	0.317	0.387	0.202	0.242	0.158	0.194	0.081 4	0.095 2	0.052 7	0.060 2	0.020 9	0.023 1	0.008 48	0.009 26	0.005 26	0.006 00
32	0.979	1.258	0.598	0.768	0.384	0.490	0.248	0.312	0.158	0.194	0.123	0.156	0.063 6	0.076 6	0.041 2	0.048 4	0.016 4	0.018 6	0.006 63	0.007 45	0.004 11	0.004 83
40	0.784	1.006	0.478	0.614	0.307	0.392	0.198	0.249	0.126	0.156	0.098 5	0.125	0.050 9	0.061 3	0.032 9	0.038 7	0.013 1	0.014 9	0.005 30	0.005 96	0.003 29	0.003 86
60	0.522	0.684	0.319	0.417	0.205	0.266	0.132	0.169	0.084 1	0.106	0.065 7	0.084 7	0.033 9	0.041 7	0.022 0	0.026 3	0.008 73	0.010 1	0.003 54	0.004 05	0.002 19	0.002 62
100	0.313	0.410	0.191	0.250	0.123	0.160	0.079 2	0.102	0.050 5	0.063 4	0.039 4	0.050 8	0.020 3	0.025 0	0.013 2	0.015 8	0.005 24	0.006 06	0.002 12	0.002 43	0.001 32	0.001 57
160	0.196	0.261	0.120	0.160	0.076 8	0.102	0.049 5	0.064 8	0.031 5	0.040 4	0.024 6	0.032 4	0.012 7	0.015 9	0.008 23	0.010 1	0.003 27	0.003 86	0.001 33	0.001 55	0.000 823	0.001 00
250	0.125	0.167	0.076 5	0.102	0.049 1	0.065 2	0.031 7	0.041 4	0.020 2	0.025 9	0.015 8	0.002 07	0.008 14	0.010 2	0.005 27	0.006 44	0.002 09	0.002 47	0.000 848	0.000 991	0.000 526	0.000 642

注 1：表 3 所列限值是按附录 C 计算出来的。

--------线以上最大电阻按 1×束计算；--------和———线之间按 2×束计算；———线以下按 3×束计算。

注 2：标称电阻和标称截面积见附录 D。

6 伸长率

不适用。

7 回弹性

不适用。

8 柔韧性和附着力

圆棒试验

漆包铜束线应有单层丝包或双层丝包组成的绕包层。

第一层绕包方向应与束线束绞的方向相反，若有第二层，则第二层的绕包方向应与第一层相反。

丝包层在质量上应均匀，每层绕包层应平整、均匀。

按 GB/T 4074.3 规定的试验方法进行试验时，丝包层不应开裂以致明显露出漆包线。

圆棒直径应为约 10 倍于表 2 及附录 B 中给出的试样外径。

9 热冲击

不适用。

10 软化击穿

不适用。

11 耐刮试验

不适用。

12 耐溶剂

不适用。

13 击穿电压

不适用。

14 绝缘连续性

不适用。

15 温度指数

不适用。

16 耐冷冻剂

不适用。

17 直焊性

应除去丝包层。焊锡槽温度应为 375 ℃±5 ℃，浸入时间见表 4 的规定。

表 4 浸入时间

束线标称截面积/mm²		浸入时间/s
>	≤	
—	0.080	3
0.080	0.125	4
0.125	0.200	5
0.200	0.300	6
0.300	0.500	8
0.500	0.800	10
0.800	—	供需双方协商确定

焊锡应渗入整个束丝内部，其外层应是光滑的锡焊层，无针孔和残渣。

18 热粘合或溶剂粘合

不适用。

19 介质损耗因数

适用但未规定要求。

20 耐变压器油

不适用。

21 失重

不适用。

30 包装

包装类别可能影响产品的某种性能，例如柔韧性和附着力。因此包装类别，例如交货盘类型，应由供需双方协商确定。

产品应整齐而紧密地绕在线轴上或装在容器内。除非供需双方协商同意，线轴和容器内不应有一个以上线段。如果多于一个线段，则应由供需双方确定在包装上使用标签和/或标识以表明各线段长度。

如果产品成圈交货，成圈的尺寸和最大重量应由供需双方协商确定，其附加保护装置也应由供需双方协商确定。

附 录 A
（资料性附录）
标准外径的计算

束丝的标称外径按下式计算：

$$D = \rho \times \sqrt{n} \times d + 丝包层厚度^{*}$$

式中：

D——束线标称外径；

ρ——束绞系数；

n——单线根数；

d——单线标称外径。

* 单线标称外径是导体标称直径加上 GB/T 6109.1 规定的 1 级最大漆膜厚度的 2/3。丝包漆包束线的标称外径是漆包束线的标称外径加上丝包层的厚度。

表 A.1 束绞系数

单线根数	束绞系数
3～12	1.25
16	1.26
20	1.27
25～400	1.28

表 A.2 导体标称直径

导体标称直径/mm	标称外径/mm	导体标称直径/mm	标称外径/mm
0.025	0.029	0.100	0.111
0.032	0.037	0.125	0.138
0.040	0.046	0.200	0.217
0.050	0.057	0.315	0.338
0.063	0.072	0.400	0.426
0.071	0.080		

表 A.3 丝包层的厚度

丝包方式	漆包束线的标称外径/mm		丝包层的厚度/mm
	>	≤	
单层丝包	—	0.450	0.030～0.035
	0.450	0.600	0.035～0.040
双层丝包	0.600	1.000	0.060～0.070
	1.000	—	0.070～0.080

外径在 0.600 mm 及以下的漆包束线推荐采用单层丝包。

附　录　B
（资料性附录）
非优先组合

B.1　外径

表 B.1　标称外径

单线根数	单线导体的标称直径/mm										
	0.025	0.032	0.040	0.050	0.063	0.071	0.100	0.125	0.200	0.315	0.400
	标称外径/mm										
9	0.140	0.170	0.205	0.245	0.305	0.335	0.410	0.505	0.815	1.255	1.575
27	0.225	0.280	0.340	0.410	0.515	0.570	0.730	0.895	1.405	2.170	2.735
50	0.295	0.365	0.450	0.555	0.715	0.790	0.970	1.205	1.885	2.925	3.695
63	0.325	0.410	0.505	0.615	0.795	0.880	1.090	1.345	2.105	3.275	4.140
80	0.365	0.455	0.565	0.720	0.890	0.980	1.220	1.505	2.365	3.680	4.655
81	0.365	0.460	0.565	0.720	0.895	0.985	1.225	1.515	2.380	3.705	4.685
120	0.440	0.555	0.710	0.865	1.085	1.195	1.475	1.830	2.880	4.490	5.685
200	0.560	0.735	0.900	1.105	1.380	1.525	1.885	2.340	3.695	5.775	7.315
320	0.730	0.910	1.130	1.380	1.725	1.905	—	—	—	—	—
400	0.805	1.010	1.255	1.535	1.920	2.125	—	—	—	—	—

注 1：线上的规格一般采用单层丝包，线下的采用双层丝包。

注 2：外径按附录 A 中的方法计算，测量按 GB/T 4074 进行。

注 3：如果由于技术原因，表 2 和表 B.1 中的组合不能满足要求时，其他组合由供需双方协商确定，但单线宜符合 GB/T 6109.1 的规定。

B.2　非优先组合的电阻

表 B.2 电阻

单线根数	0.025		0.032		0.040		0.050		0.063		0.071		0.100		0.125		0.200		0.315		0.400	
	单线导体的标称直径/mm																					
	电阻/(Ω/m)																					
	最小值	最大值	最小值	最大值	最小值	最大值	最小值	最大值	最小值	最大值	最小值	最大值	最小值	最大值	最小值	最大值	最小值	最大值	最小值	最大值	最小值	最大值
9	3.482	4.342	2.126	2.650	1.364	1.691	0.880	1.075	0.561	0.671	0.438	0.538	0.226	0.264	0.146	0.167	0.058 2	0.064 1	0.023 6	0.025 7	0.014 6	0.016 7
27	1.161	1.491	0.709	0.910	0.455	0.581	0.293	0.396	0.187	0.230	0.146	0.185	0.075 3	0.090 8	0.048 8	0.057 4	0.019 4	0.022 0	0.007 86	0.008 83	0.004 87	0.005 72
50	0.627	0.821	0.383	0.501	0.246	0.320	0.158	0.203	0.101	0.127	0.078 8	0.102	0.040 7	0.050 0	0.026 3	0.031 6	0.010 5	0.012 1	0.004 24	0.004 86	0.002 63	0.003 15
63	0.497	0.651	0.304	0.398	0.195	0.254	0.126	0.161	0.080 1	0.101	0.062 6	0.080 7	0.032 3	0.039 7	0.020 9	0.025 1	0.008 31	0.009 62	0.003 37	0.003 86	0.002 09	0.002 50
80	0.392	0.513	0.239	0.313	0.154	0.200	0.099 0	0.127	0.063 1	0.079 3	0.049 3	0.063 6	0.025 4	0.031 2	0.016 5	0.019 8	0.006 55	0.007 57	0.002 65	0.003 04	0.001 65	0.001 97
81	0.387	0.507	0.236	0.309	0.152	0.197	0.097 8	0.125	0.062 3	0.078 3	0.048 7	0.062 8	0.025 1	0.030 9	0.016 3	0.019 5	0.006 47	0.007 48	0.002 62	0.003 00	0.001 62	0.001 94
120	0.261	0.349	0.159	0.213	0.102	0.136	0.066 0	0.086 3	0.042 0	0.053 9	0.032 8	0.0432	0.017 0	0.021 2	0.011 0	0.013 4	0.004 36	0.005 15	0.001 77	0.002 07	0.001 10	0.001 34
200	0.157	0.209	0.095 7	0.128	0.061 4	0.081 4	0.039 6	0.051 8	0.025 2	0.032 3	0.019 7	0.025 9	0.010 2	0.012 7	0.006 59	0.008 05	0.002 62	0.003 09	0.001 06	0.001 24	0.000 658	0.000 802
320	0.097 9	0.131	0.059 8	0.079 8	0.038 4	0.050 9	0.024 8	0.032 4	0.015 8	0.020 2	0.012 3	0.016 2	—	—	—	—	—	—	—	—	—	—
400	0.078 4	0.105	0.047 8	0.063 8	0.030 7	0.040 7	0.019 8	0.025 9	0.012 6	0.016 2	0.009 85	0.013 0	—	—	—	—	—	—	—	—	—	—

注 1：表 B.2 内所列限值是按附录 C 计算出来的。

--------线以上最大电阻按 1×束计算；--------和———线之间按 2×束计算；———线以下按 3×束计算。

注 2：标称电阻和标称截面积见附录 D。

附　录　C
（资料性附录）
电阻的计算

计算电阻时，单线电阻值取自 GB/T 6109.1。

表 C.1　电阻

导体标称直径/mm	电阻/(Ω/m)		
	最小值	标称值	最大值
0.025	31.34	34.82	38.31
0.032	19.13	21.25	23.38
0.040	12.28	13.60	14.92
0.050	7.922	8.706	9.489
0.063	5.045	5.484	5.922
0.071	3.941	4.318	4.747
0.100	2.034	2.176	2.333
0.125	1.317	1.393	1.475
0.200	0.523 7	0.544 1	0.565 7
0.315	0.212 1	0.219 3	0.227 0
0.400	0.131 6	0.136 0	0.147 0

$$标称电阻=\frac{单线标称电阻}{单线根数}\times K_1$$

系数 K_1 为 1.02，系考虑束丝后长度的减小。

$$最小电阻=\frac{单线的最小电阻}{单线根数}$$

最大电阻：

a)　单线根数为 25 根及以下时：

$$\frac{单线最大电阻}{单线根数}\times K_1$$

系数 K_1 为 1.02，系考虑束丝后长度的减小。

b)　单线根数为 25 根以上时：

$$\frac{单线最大电阻}{单线根数}\times K_1\times K_2$$

系数 K_1 系考虑束丝后长度的减小，其数值为：

——1×束：1.02；

——2×束：1.04；

——3×束或更多束：1.06。

系数 K_2 为 1.03，系考虑可能发生的断股。

附 录

（资料性

束线的标称截

D.1 优先组合

表 D.1 标称电

单线根数	单线导体的											
	0.025		0.032		0.040		0.050		0.063		0.071	
	标称截面积/mm²	标称电阻/(Ω/m)	标称截面积/mm²	标称电阻/(Ω/m)	标称截面积/mm²	标称电阻/(Ω/m)	标称截面积/mm²	标称电阻/(Ω/m)	标称截面积/mm²	标称电阻/(Ω/m)	标称截面积/mm²	标称电阻/(Ω/m)
3	0.001 50	11.84	0.002 46	7.225	0.003 85	4.624	0.006 01	2.960	0.009 54	1.865	0.012 1	1.468
4	0.002 00	8.879	0.003 28	5.419	0.005 13	3.468	0.008 01	2.220	0.012 7	1.398	0.016 2	1.101
5	0.002 50	7.103	0.004 10	4.335	0.006 41	2.774	0.010 0	1.776	0.015 9	1.119	0.020 2	0.881
6	0.003 00	5.919	0.004 92	3.613	0.007 69	2.312	0.012 0	1.480	0.019 1	0.932	0.024 2	0.734
8	0.004 01	4.440	0.006 56	2.709	0.010 3	1.734	0.016 0	1.110	0.025 4	0.699	0.032 3	0.551
10	0.005 01	3.552	0.008 20	2.168	0.012 8	1.387	0.020 0	0.888	0.031 8	0.559	0.040 4	0.440
12	0.006 01	2.960	0.009 84	1.806	0.015 4	1.156	0.024 0	0.740	0.038 2	0.466	0.048 5	0.367
16	0.008 01	2.220	0.013 1	1.355	0.020 5	0.867	0.032 0	0.555	0.050 9	0.350	0.064 6	0.275
20	0.010 0	1.776	0.016 4	1.084	0.025 6	0.694	0.040 1	0.444	0.063 6	0.280	0.080 8	0.220
25	0.012 5	1.421	0.020 5	0.867	0.032 0	0.555	0.050 1	0.355	0.079 5	0.224	0.101	0.176
32	0.016 0	1.110	0.026 3	0.677	0.041 0	0.434	0.064 1	0.278	0.102	0.175	0.129	0.138
40	0.020 0	0.888	0.032 8	0.542	0.051 3	0.347	0.080 1	0.222	0.127	0.140	0.162	0.110
60	0.030 0	0.592	0.049 2	0.361	0.076 9	0.231	0.120	0.148	0.191	0.093 2	0.242	0.073 4
100	0.050 1	0.355	0.082 0	0.217	0.128	0.139	0.200	0.088 8	0.318	0.055 9	0.404	0.044 0
160	0.080 1	0.222	0.131	0.135	0.205	0.086 7	0.320	0.055 5	0.509	0.035 0	0.646	0.027 5
250	0.125	0.142	0.205	0.086 7	0.320	0.055 5	0.501	0.035 5	0.795	0.022 4	1.01	0.017 6

D
附录）
面积和电阻

阻和截面积

标称直径/mm									
0.100		0.125		0.200		0.315		0.400	
标称截面积/mm^2	标称电阻/(Ω/m)	标称截面积/mm^2	标称电阻/(Ω/m)	标称截面积/mm^2	标称电阻/(Ω/m)	标称截面积/mm^2	标称电阻/(Ω/m)	标称截面积/mm^2	标称电阻/(Ω/m)
0.024 0	0.750	0.0375	0.474	0.0961	0.185	0.238	0.0746	0.384	0.0462
0.032 0	0.555	0.050 0	0.355	0.128	0.139	0.318	0.055 9	0.512	0.034 7
0.040 0	0.444	0.062 6	0.284	0.160	0.111	0.397	0.044 7	0.641	0.027 7
0.048 0	0.370	0.075 1	0.237	0.192	0.092 5	0.477	0.037 3	0.769	0.023 1
0.064 1	0.277	0.100	0.178	0.256	0.069 4	0.636	0.028 0	1.02	0.017 3
0.080 1	0.222	0.125	0.142	0.320	0.055 5	0.794	0.022 4	1.28	0.013 9
0.096 1	0.185	0.150	0.118	0.384	0.046 2	0.953	0.018 6	1.54	0.011 6
0.128	0.139	0.200	0.088 8	0.512	0.034 7	1.27	0.014 0	2.05	0.008 67
0.160	0.111	0.250	0.071 0	0.614	0.027 7	1.59	0.011 2	2.56	0.006 94
0.200	0.088 8	0.313	0.056 8	0.801	0.022 2	1.99	0.008 95	3.20	0.005 55
0.256	0.069 4	0.400	0.044 4	1.02	0.017 3	2.54	0.006 99	4.10	0.004 34
0.320	0.055 5	0.500	0.035 5	1.28	0.013 9	3.18	0.005 59	5.12	0.003 47
0.480	0.037 0	0.751	0.023 7	1.92	0.009 25	4.77	0.003 73	7.69	0.002 31
0.801	0.022 2	1.25	0.014 2	3.20	0.005 55	7.94	0.002 24	12.8	0.001 39
1.28	0.013 9	2.00	0.008 88	5.12	0.003 47	12.7	0.001 40	20.5	0.000 867
2.00	0.008 88	3.13	0.005 68	8.01	0.002 22	19.9	0.000 895	32.0	0.000 555

D.2 非优先组合

表 D.2 标称电阻和

单线根数	单线导体的											
	0.025		0.032		0.040		0.050		0.063		0.071	
	标称截面积/mm^2	标称电阻/(Ω/m)	标称截面积/mm^2	标称电阻/(Ω/m)	标称截面积/mm^2	标称电阻/(Ω/m)	标称截面积/mm^2	标称电阻/(Ω/m)	标称截面积/mm^2	标称电阻/(Ω/m)	标称截面积/mm^2	标称电阻/(Ω/m)
9	0.004 51	3.946	0.007 38	2.408	0.011 5	1.541	0.018 0	0.987	0.028 6	0.622	0.036 3	0.489
27	0.013 5	1.315	0.022 1	0.803	0.034 6	0.514	0.054 1	0.329	0.085 8	0.207	0.109	0.163
50	0.025 0	0.710	0.041 0	0.434	0.064 1	0.277	0.100	0.178	0.159	0.112	0.202	0.088 1
63	0.031 5	0.564	0.051 7	0.344	0.080 8	0.220	0.126	0.141	0.200	0.088 8	0.254	0.699
80	0.040 1	0.444	0.065 6	0.271	0.103	0.173	0.160	0.111	0.254	0.069 9	0.323	0.055 1
81	0.040 6	0.438	0.066 4	0.268	0.104	0.171	0.162	0.110	0.258	0.069 1	0.327	0.054 4
120	0.060 1	0.296	0.098 4	0.181	0.154	0.116	0.240	0.074 0	0.382	0.046 6	0.485	0.036 7
200	0.100	0.178	0.164	0.108	0.256	0.069 4	0.401	0.044 4	0.636	0.028 0	0.808	0.022 0
320	0.160	0.111	0.263	0.067 7	0.410	0.043 4	0.641	0.027 8	1.02	0.017 5	1.29	0.013 8
400	0.200	0.088 8	0.328	0.054 2	0.513	0.034 7	0.801	0.022 2	1.27	0.014 0	1.61	0.011 0

注 1：束丝标称截面积按下式计算：

$$q = \frac{\pi}{4} d_{nom}^2 \times n \times 1.02$$

式中：d_{nom} 为裸导体的标称直径；

n 为单线根数；

1.02 为束丝后长度的减少。

注 2：标称电阻的计算见附录 C。

截面积

标称直径/mm

0.100		0.125		0.200		0.315		0.400	
标称截面积/mm^2	标称电阻/(Ω/m)	标称截面积/mm^2	标称电阻/(Ω/m)	标称截面积/mm^2	标称电阻/(Ω/m)	标称截面积/mm^2	标称电阻/(Ω/m)	标称截面积/mm^2	标称电阻/(Ω/m)
0.072 1	0.247	0.113	0.158	0.288	0.061 7	0.715	0.024 9	1.15	0.015 4
0.216	0.082 2	0.338	0.052 6	0.865	0.020 6	2.15	0.008 28	3.46	0.005 14
0.400	0.044 4	0.626	0.028 4	1.60	0.011 1	3.97	0.004 47	6.41	0.002 77
0.504	0.035 2	0.788	0.022 6	2.02	0.008 81	5.01	0.003 55	8.07	0.002 20
0.641	0.027 7	1.00	0.017 8	2.56	0.006 94	6.36	0.002 80	10.2	0.001 73
0.649	0.027 4	1.01	0.017 5	2.59	0.006 85	6.44	0.002 76	10.4	0.001 71
0.961	0.018 5	1.50	0.011 8	3.84	0.004 62	9.53	0.001 86	15.4	0.001 16
1.60	0.011 1	2.50	0.007 10	6.41	0.002 77	15.9	0.001 12	25.6	0.000 694

附 录 E
（资料性附录）
产品标记对照表

E.1 产品标记对照表

产品标记对照表见表 E.1。

表 E.1 产品标记对照表

IEC 产品标记	GB/T 11018.2—2008 用产品标记
IEC 60317-11—40×0.100	SEDJ 0.100×40 GB/T 11018.2—2008 SEJ 0.100×40 GB/T 11018.2—2008

附 录 F
（资料性附录）
试验项目类别

GB/T 11018.2 采用试验项目类别为型式试验(T)、抽样试验(S)和例行试验(R)，其定义见GB/T 4074.1 的规定。试验项目类别见表 F.1。

表 F.1 试验项目类别

序号	项目名称	试验类型
1 1.1 1.2 1.3	尺寸 单线最大外径 束线最大外径 束线节距	T,S
2	电阻	T,S
2 2.1	柔韧性和附着性 圆棒卷绕	T,S
3	可焊性	T,S
4	包装	T,R

ICS 29.080.10
K 48

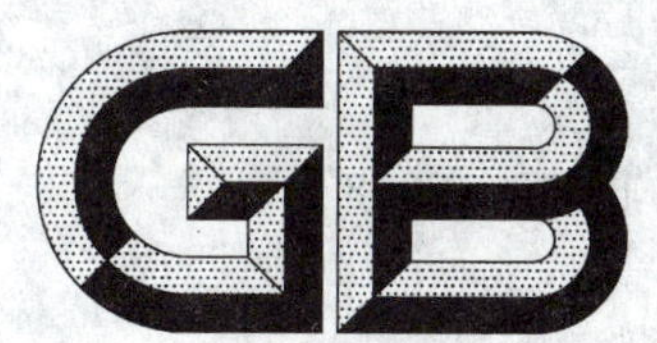

中华人民共和国国家标准

GB/T 11030—2008
代替 GB 11030—2000

交流电气化铁路接触网用棒形瓷绝缘子特性

Characteristics of rod ceramic insulators for a. c. contact system of electrified railways

2008-06-30 发布　　　　2009-04-01 实施

中华人民共和国国家质量监督检验检疫总局
中国国家标准化管理委员会　发布

前　言

本标准代替 GB 11030—2000《交流牵引线路用棒形瓷绝缘子》中的尺寸与特性部分。

本标准与 GB 11030—2000 中的尺寸与特性内容相比主要变化如下：

——增加了机械破坏负荷 12 kN 和 16 kN 级的两个品种，删除了隧道内用的悬挂式和定位式的两个品种；

——爬电距离由原 1 000 mm、1 200 mm 和 1 500 mm 三种，改成 1 200 mm、1 400 mm 和 1 600 mm 三种；

——在表 1 中增加了“适用海拔高度”和尺寸“*e*”的参数；

——删除了原标准附录 A“半导体釉层外观质量及其电阻的测量方法”内容，增加了“绝缘子用腕臂销钉的插孔位置”内容；

——删除了原标准附录 B“过渡型绝缘子的主要尺寸和特性”内容，增加了“绝缘子老型号的表示方法”内容。

本标准应与 GB/T 1001.1—2003《标称高压高于 1 000 V 的架空线路绝缘子　第 1 部分：交流系统用瓷或玻璃绝缘子元件　定义、试验方法和判定准则》配合使用。

本标准的附录 A 和附录 B 为资料性附录。

本标准由中国电器工业协会提出。

本标准由全国绝缘子标准化技术委员会(SAC/TC 80)归口。

本标准起草单位：西安电瓷研究所、铁道第三勘察设计院、苏州电瓷厂等。

本标准主要起草人：丁京玲、郭伟功、陆洲等。

本标准所代替标准的历次版本发布情况为：

——GB 11030—1989、GB 11030—2000。

交流电气化铁路接触网用
棒形瓷绝缘子特性

1 范围

本标准适用于标称电压25 kV、工频单相的交流电气化铁路接触网用棒形瓷绝缘子(以下简称绝缘子)。

本标准适用于轻污区、重污区和高海拔地区接触网腕臂支撑用绝缘子。

本标准规定了绝缘子的电气特性、机械特性和尺寸特性(见表1)。

本标准也规定了绝缘子的型号及标志方法。

注1:在GB/T 1001.1—2003中给出了一般的定义、试验方法。

注2:GB/T 1001.1—2003中的术语"电力牵引线路"与本标准中的术语"电气化铁路"意义相同。

2 规范性引用文件

下列文件中的条款通过本标准的引用而成为本标准的条款。凡是注日期的引用文件,其随后所有的修改单(不包括勘误的内容)或修订版均不适用于本标准,然而,鼓励根据本标准达成协议的各方研究是否可使用这些文件的最新版本。凡是不注日期的引用文件,其最新版本适用于本标准。

GB/T 1001.1—2003　标称电压高于1 000 V的架空线路绝缘子　第1部分:交流系统用瓷或玻璃绝缘子元件　定义、试验方法和判定准则(IEC 60383-1:1993, MOD)

3 型号及标志

型号表示方法:

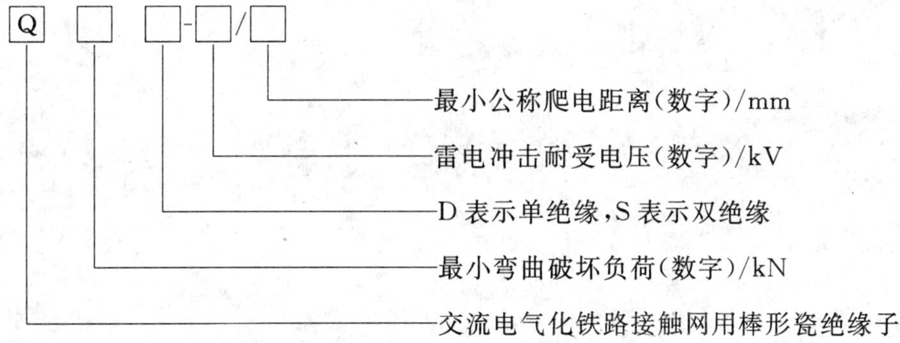

例如,Q12S-310/1 600表示:

Q——交流电气化铁路接触网用棒形瓷绝缘子;

12——最小弯曲破坏负荷12 kN;

S——双绝缘;

310——雷电冲击耐受电压310 kV;

1 600——最小公称爬电距离1 600 mm。

4 电气、机械和尺寸特性

本标准规定了以下特性:

——最小机械破坏负荷;

——雷电冲击耐受电压；

——工频湿耐受电压；

——人工污秽耐受电压；

——公称结构高度；

——绝缘件最大公称直径；

——最小绝缘距离；

——最小公称爬电距离；

——主要连接尺寸。

相应的值在表 1 中示出。

注：在表 1 中也提供了绝缘子适用的海拔高度。

电气、机械和尺寸特性，见表 1 和图 1、图 2。

表 1　绝缘子电气、机械和尺寸特性

型　号	图号	最小机械破坏负荷/kN		雷电冲击耐受电压/kV（峰值）≥	工频湿耐受电压/kV（有效值）≥	盐密\灰密/（mg/cm²）人工污秽耐受电压/kV ≥	盐密\灰密/（mg/cm²）适用海拔高度/m ≤		公称[a]结构高度 *H*/mm	绝缘件最大公称直径 *D*/mm	最小绝缘距离 *h*/mm	最小公称爬电距离（主/辅）/mm	主要连接尺寸/mm					
		弯曲	拉伸										h_1	h_2	d_1^b	d_2^b	b^c	e^d
Q4D-270/1200	1	4	40	270	130	0.3\2.0	0.1\1.0	0.3\2.0	760	200	490	1 200	90	30	62	21	16	—
Q4S-270/1200	2					31.5	2 000	1 000	850			1 200/145						22
Q4D-290/1400	1			290	140	0.35\2.0	0.1\1.0	0.35\2.0	775		510	1 400						—
Q4S-290/1400	2					31.5	3 000	1 500	865			1 400/145						22
Q4D-310/1600	1			310	150	0.35\2.0	0.1\1.0	0.35\2.0	790		530	1 600						—
Q4S-310/1600	2					35.0	4 000	2 000	880			1 600/145						22
Q8D-270/1200	1	8	80	270	130	0.3\2.0	0.1\1.0	0.3\2.0	760	200	490	1 200						—
Q8S-270/1200	2					31.5	2 000	1 000	850			1 200/145						22
Q8D-290/1400	1			290	140	0.35\2.0	0.1\1.0	0.35\2.0	775		510	1 400						—
Q8S-290/1400	2					31.5	3 000	1 500	865			1 400/145						22
Q8D-310/1600	1			310	150	0.35\2.0	0.1\1.0	0.35\2.0	790		530	1 600						—
Q8S-310/1600	2					35.0	4 000	2 000	880			1 600/145						22
Q12D-270/1200	1	12	100	270	130	0.3\2.0	0.1\1.0	0.3\2.0	760	210	490	1 200						—
Q12S-270/1200	2					31.5	2 000	1 000	850			1 200/145						22
Q12D-290/1400	1			290	140	0.35\2.0	0.1\1.0	0.35\2.0	775		510	1 400						—
Q12S-290/1400	2					31.5	3 000	1 500	865			1 400/145						22
Q12D-310/1600	1			310	150	0.35\2.0	0.1\1.0	0.35\2.0	790		530	1 600						—
Q12S-310/1600	2					35.0	4 000	2 000	880			1 600/145						22

表 1（续）

型　　号	图号	最小机械破坏负荷/kN		雷电冲击耐受电压/kV（峰值）≥	工频湿耐受电压/kV（有效值）≥	盐密\灰密/(mg/cm²) 人工污秽耐受电压/kV ≥	盐密\灰密/(mg/cm²) 适用海拔高度/m ≤		公称[a]结构高度 H/mm	绝缘件最大公称直径 D/mm	最小绝缘距离 h/mm	最小公称爬电距离（主/辅）/mm	主要连接尺寸/mm					
		弯曲	拉伸										h_1	h_2	d_1^b	d_2^b	b^c	e^d
Q16D-270/1200	1	16	120	270	130	0.3\2.0 31.5	0.1\1.0 2 000	0.3\2.0 1 000	760	220	490	1 200	90	30	62	21	16	—
Q16S-270/1200	2								850			1 200/145						22
Q16D-290/1400	1			290	140	0.35\2.0 31.5	0.1\1.0 3 000	0.35\2.0 1 500	775		510	1 400						—
Q16S-290/1400	2								865			1 400/145						22
Q16D-310/1600	1			310	150	0.35\2.0 35.0	0.1\1.0 4 000	0.35\2.0 2 000	790	220	530	1 600						—
Q16S-310/1600	2								880			1 600/145						22

注 1：如果要求盐密和灰密不在列表中时，人工污秽耐受电压由双方协议。

注 2：盐密和灰密单位均为 mg/cm²。

[a] 公称结构高度偏差：$H\pm 20$ mm。

[b] 上金属附件（套筒帽）的连接管直径偏差：d_1、$d_2{}^{+1.5\ \mathrm{mm}}_{-0.5\ \mathrm{mm}}$。

[c] 下金属附件（单耳帽）的连接厚度偏差：$b^{+1.0\ \mathrm{mm}}_{-0.5\ \mathrm{mm}}$。

[d] 双绝缘处杆径的槽宽偏差：$e^{+2\ \mathrm{mm}}_{0\ \mathrm{mm}}$。

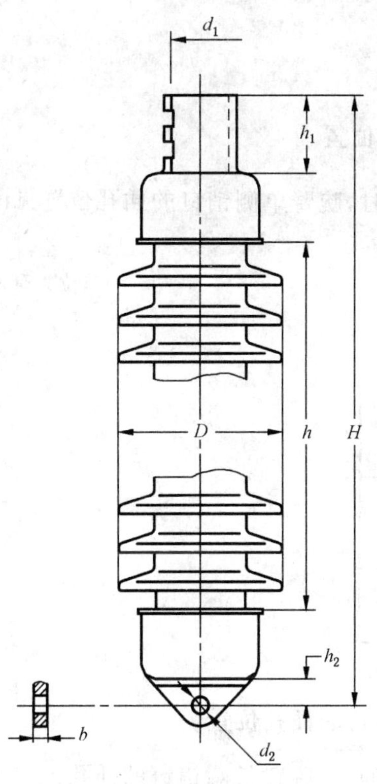

图 1 单绝缘的绝缘子

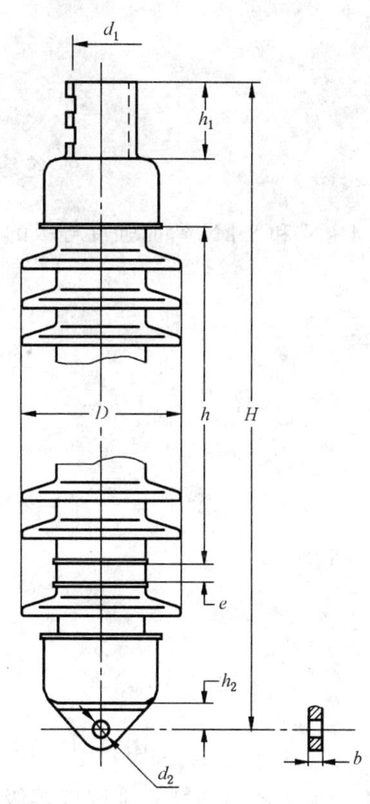

图 2 双绝缘的绝缘子

5 绝缘子特殊连接方式

当 4 kN 和 8 kN 弯曲强度等级的绝缘子用于腕臂拉伸时，安装在金属附件槽口处的 U 形卡箍凸压板的内侧应带有直径为 14 mm，长度≥5 mm 的圆锥体销钉（推荐采用），腕臂单侧销钉的插孔位置见附录 A，腕臂与金属附件的配合见图 3。

单位为毫米

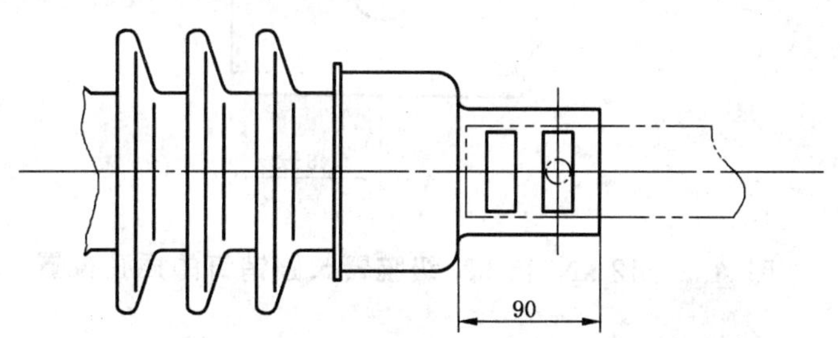

图 3 腕臂单侧销钉的插孔位置与金属附件的配合

当 12 kN 和 16 kN 弯曲强度等级的绝缘子用于腕臂拉伸时，金属附件采用长圆销钉连接方式（推荐采用），金属附件销钉的插孔位置见图 4，腕臂销钉的插孔位置见附录 A。

单位为毫米

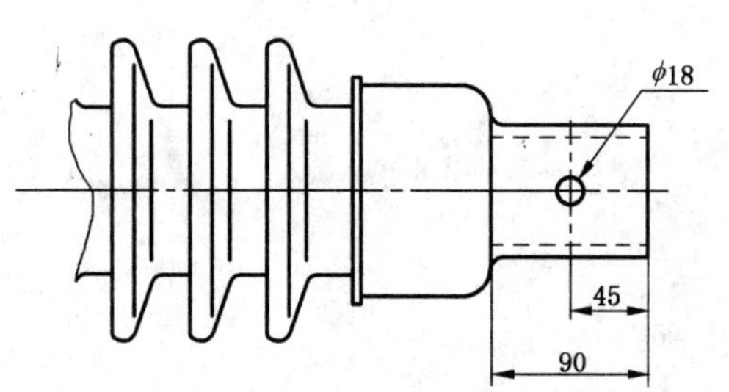

图 4 金属附件销钉的插孔位置

附　录　A
(资料性附录)
绝缘子用腕臂销钉的插孔位置

A.1　当4 kN和8 kN弯曲强度等级的绝缘子用于腕臂拉伸时，腕臂单侧销钉的插孔位置见图A.1。

单位为毫米

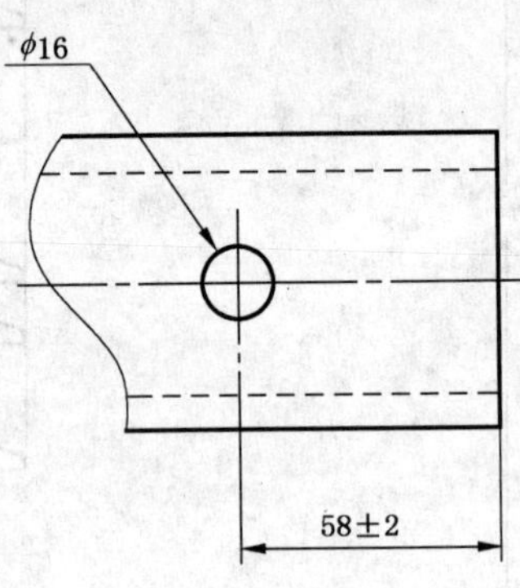

图A.1　4 kN、8 kN级腕臂单侧销钉的插孔位置

A.2　当12 kN和16 kN弯曲强度等级的绝缘子用于腕臂拉伸时，腕臂长圆销钉的插孔位置见图A.2。

单位为毫米

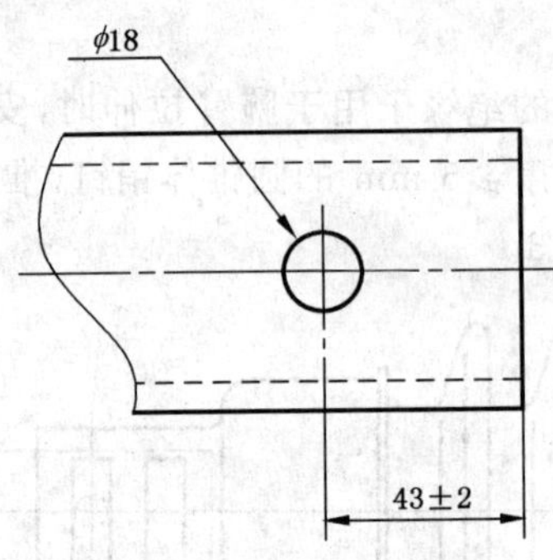

图A.2　12 kN、16 kN级腕臂长圆销钉的插孔位置

附　录　B
（资料性附录）
绝缘子老型号表示方法

B.1　老型号

GB 11030—2000 中的型号表示如下：

例如，QBZ2-25/8D 表示：

Q——交流牵引线路用棒形瓷绝缘子；
B——腕臂支撑；
Z——双重绝缘；
2——爬电距离 1 200 mm；
25——标称电压 25 kV；
8——额定弯曲破坏负荷 8 kN；
D——上附件安装为管径。

ICS 047.020.50
U 47

中华人民共和国国家标准

GB/T 11034—2008
代替 GB/T 11034—1989

船用电动往复泵

Marine electric reciprocating pump

2008-02-03 发布　　2008-08-01 实施

中华人民共和国国家质量监督检验检疫总局
中国国家标准化管理委员会　发布

前言

本标准代替 GB/T 11034—1989《船用电动往复泵》。

本标准与 GB/T 11034—1989 相比，主要变化如下：

——把公称流量 65 m^3/h，改为公称流量 63 m^3/h；

——增加了标记示例；

——增加了选用材料的规格及牌号；

——增加了对振动烈度的要求；

——机舱温度为 50 ℃改为环境温度为 5 ℃～60 ℃；

——增加了输送介质温度为 85 ℃；

——泵的噪声改为：A 计权声压级值应不大于 85 dB，机组的噪声值应不超过原动机或传动装置的噪声值加 3 dB；

——轴承的温度把原来的 70 ℃，改为应不大于 75 ℃；

——取消了工艺要求；

——引用标准中增加四进位法兰标准；

——取消了原标准中试验报告图表(附录 A)；

——取消了成套供应范围。

本标准由中国船舶工业集团公司提出。

本标准由全国船用机械标准化技术委员会甲板机械与机舱辅机分技术委员会归口。

本标准起草单位：中国船舶工业综合技术经济研究院、本溪水泵有限责任公司。

本标准主要起草人：汪远、赵宝东、王丽芳、蔡振仲。

本标准所代替标准的历次版本发布情况为：

——GB/T 11034—1989。

船用电动往复泵

1 范围

本标准规定了船用电动往复泵(以下简称泵)的产品分类、要求、试验方法、检验规则、标志、包装、运输和贮存。

本标准适用于输送舱底水、压载水和消防水等介质的泵的设计、制造和验收。

2 规范性引用文件

下列文件中的条款通过本标准的引用而成为本标准的条款。凡是注日期的引用文件,其随后所有的修改单(不包括勘误的内容)或修订版均不适用于本标准,然而,鼓励根据本标准达成协议的各方研究是否可使用这些文件的最新版本。凡是不注日期的引用文件,其最新版本适用于本标准。

GB/T 699—1999 优质碳素结构钢

GB/T 1176—1987 铸造铜合金技术条件(neq ISO 1338:1977)

GB/T 1220—2007 不锈钢棒

GB/T 1348—1988 球墨铸铁件

GB/T 2503 船用铸铁法兰(四进位)

GB/T 2505 船用铸铜法兰(四进位)

GB/T 3077—1999 合金结构钢

GB/T 3785 声级计的电、声性能及测试方法

GB/T 7784 机动往复泵试验方法

GB/T 9069 往复泵噪声声功率级的测定 工程法(GB/T 9069—1988,neq ISO 5466:1980)

GB/T 9439—1988 灰铸铁件

GB/T 13364 往复泵机械振动测试方法

CB/T 43 船用铸铁法兰

CB/T 45 船用铸铜法兰

CB 1146.2 舰船设备环境试验与工程导则 低温

CB 1146.3 舰船设备环境试验与工程导则 高温

3 术语

下列术语与定义适用于本标准。

正常工作 normal operation

泵在规定的工作条件下,其性能参数变化均在预定范围内的工作状态。

4 产品分类

4.1 泵的基本参数

4.1.1 泵的基本参数应符合表1的规定。

4.1.2 泵在额定排出压力、额定速度和允许吸上真空度的工况下运行时,实际流量与表1规定值的允许偏差为:-2%~8%。

表 1 基本参数

额定流量/(m³/h)	额定排出压力 P/MPa	允许吸上真空度 H_{so}/MPa	配带电机功率 P/kW	活塞速度/(m/s)	额定速度/(r/min)
10	0.25～0.5	0.055	3.0～22.0	0.35～0.55	70～95
25					
40					
63					
100					
150					
注 1：表中流量为输送常温(0 ℃～40 ℃)清水时的值。 注 2：允许吸上真空度为在标准大气压力下输送 20 ℃清水时的值。 注 3：表中额定排出压力为泵最高排出压力的公称值。					

4.2 标记

4.2.1 泵的型号

泵的型号规定如下：

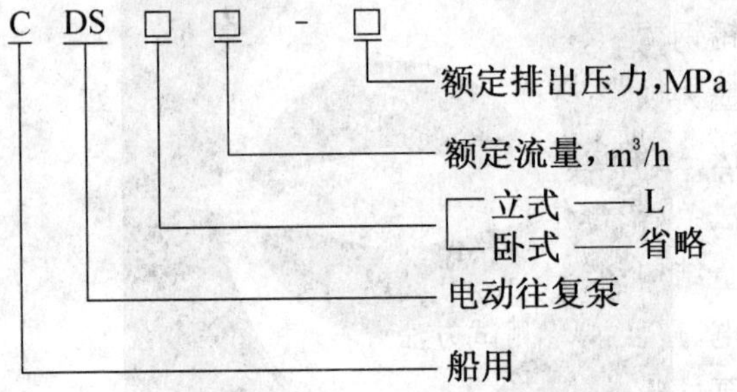

4.2.2 标记示例

额定流量为 100 m³/h、额定排出压力为 0.30 MPa 的船用立式电动往复泵标记为：

泵 GB/T 11034—2008 CDS L 100-0.3

4.2.3 接口

泵的进出口法兰应符合 GB/T 2503、GB/T 2505、CB/T 43、CB/T 45 中任一标准的要求，需要时也可根据用户的要求。

5 要求

5.1 外观

5.1.1 泵的铸造表面不应有裂纹、缩孔、疏松等缺陷。

5.1.2 泵的零件不应有毛刺、碰伤及锈蚀等现象。

5.2 环境条件

泵在下列条件下应能正常工作：

a) 环境温度为 5 ℃～60 ℃；

b) 输送介质温度为 85 ℃；

c) 倾斜角，横倾 15°、纵倾 5°；

d) 摇摆角，横摇 22.5°、纵摇 7.5°。

5.3 材料

泵的主要零件的材料按表 2 要求，也可采用其他经证明同样适用，且性能不低于表 2 的材料。

表 2　泵主要零件材料

零件名称	材料	
	牌号	标准号
曲轴(或输出轴)	40、45	GB/T 699—1999
	QT700-2	GB/T 1348—1988
连杆	35,40,45	GB/T 699—1999
	QT500-7、QT600-3	GB/T 1348—1988
十字头销	45	GB/T 699—1999
	20Cr,40Cr	GB/T 3077—1999
液缸、阀体和盖	HT200	GB/T 9439—1988
	ZCuZn16Si4	GB/T 1176—1987
液缸套	ZCuSn5Pb5Zn5	GB/T 1176—1987
	1Cr18Ni9Ti	GB/T 1220—2007
阀、阀座	ZCuZn16Si4、ZCuSn5Pb5Zn5	GB/T 1176—1987
阀弹簧	ZCuSn10Pb1	GB/T 1176—1987
	1Cr18Ni9Ti	GB/T 1220—2007
活塞	ZCuSn5Pb5Zn5	GB/T 1176—1987
	1Cr13	GB/T 1220—2007
活塞杆	20Cr13、1Cr18Ni9Ti	GB/T 1220—2007
齿轮	45,35	GB/T 699—1999
	QT500-7	GB/T 1348—1988

5.4　耐压性

液缸、液缸盖、安全阀和阀箱等受压零件、部件，在承受 1.5 倍额定排出压力，但不低于 0.6 MPa 时，表面不应有渗漏和冒汗现象。

5.5　密封性

阀与阀座接触面、曲轴箱、减速箱和油箱壁等应无渗漏。

5.6　安全阀

安全阀的开启压力应为泵额定排出压力的 1.1 倍～1.15 倍。当泵排出管路阀门全闭时，安全阀的排出压力应不大于泵额定排出压力加上 0.25 MPa。

5.7　轴承温度

泵在额定流量和额定排出压力下，轴承的温度应不大于 75 ℃。

5.8　噪声

泵在额定流量和额定排出压力下，泵的 A 计权声压级值应不大于 85 dB。机组的噪声值应不超过原动机或传动装置的噪声值加 3 dB。

5.9　振动烈度

泵的振动烈度应满足：

a)　刚性连接应小于 7.1 mm/s；

b)　弹性连接应小于 11.2 mm/s。

5.10　连续运转

泵在额定排出压力和额定流量下应能连续运转 200 h，并且主要零部件不应损坏。200 h 内不应故障停车和更换零件。

6 试验方法

6.1 一般要求

6.1.1 试验用液体介质一般为 0 ℃～40 ℃的清水。

6.1.2 泵速的平均值对额定值的允许偏差为±5%。

6.2 试验装置

6.2.1 试验原理图

泵的试验推荐采用图 1 或图 2 的试验系统。

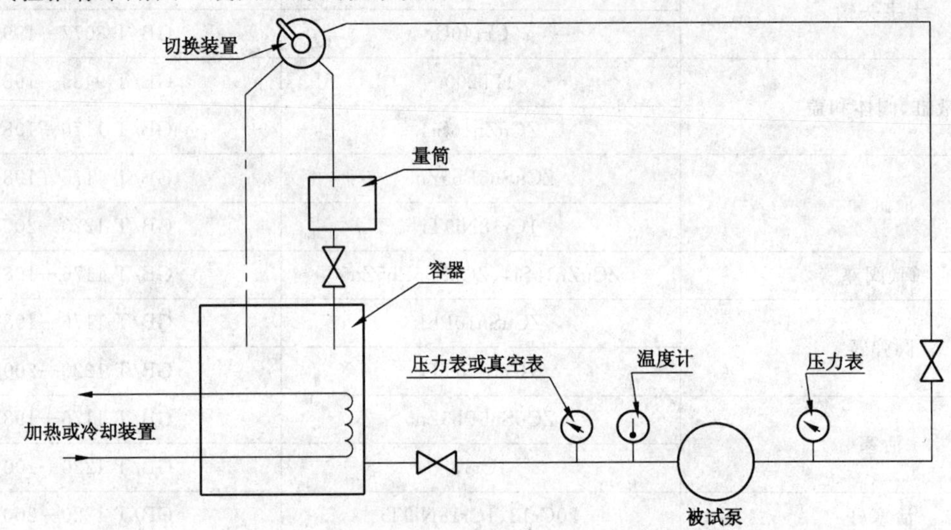

图 1 采用重量法和容积法的试验系统

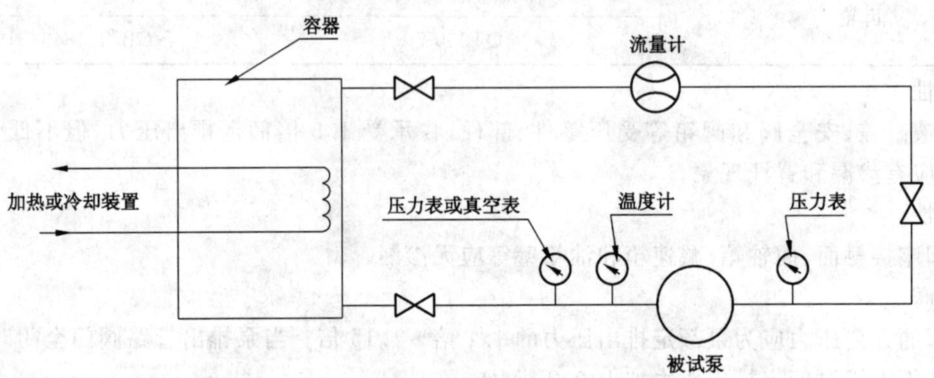

图 2 采用其他流量计的试验系统

6.2.2 试验仪表、仪器

6.2.2.1 温度计或温度传感器的极限误差应不大于 1 ℃。

6.2.2.2 容器标定的相对误差应不大于 0.5%；衡器的感量应不大于被称重量的 0.5%。

6.2.2.3 流量计、压力表(真空表、水银差压表或压力传感器)、功率测量仪表的精度应不低于 1 级。

6.2.2.4 按照 GB/T 3785 规定的Ⅰ型或精度高于Ⅰ型的声级计。

6.2.2.5 转速测量仪的精度不低于 0.25 级。

6.3 试验项目

6.3.1 额定流量

6.3.1.1 泵在额定速度、允许吸上真空度和额定排出压力下，测量其流量。流量测量可采用容积法、称重法或流量计。结果应符合 4.1 的要求。

6.3.1.2 用容积法、称重法测量流量时，每次测量应保证往复次数不少于100次。

6.3.1.3 试验转速下的容积法测量流量按公式(1)、称重法测量流量按公式(2)计算。当试验泵速与额定泵速不同时，流量应按公式(3)计算。

$$Q_e = V/t \qquad (1)$$

$$Q_e = W/\rho t \qquad (2)$$

$$Q = Q_e \times (n_t/n_e) \qquad (3)$$

式中：

Q_e——泵在试验速度下的流量的数值，单位为立方米每分钟(m^3/min)；

t——测量时间的数值，单位为分钟(min)；

W——在时间 t 内注入容器的液体质量，单位为千克(kg)；

V——在时间 t 内注入容器的介质体积数值，单位为立方米(m^3)；

ρ——输送液体在试验温度下的密度数值，单位为千克每立方米(kg/m^3)；

Q——换算到泵额定速度下的流量数值，单位为立方米每分钟(m^3/min)；

n_t——泵的额定速度数值，单位为转每分钟(r/min)；

n_e——泵的试验速度数值，单位为转每分钟(r/min)。

6.3.2 额定排出压力

按GB/T 7784规定的方法对泵进行额定排出压力试验。结果应符合4.1的要求。

6.3.3 额定速度

应用测量仪器测量泵的额定速度。结果应符合4.1的要求。

6.3.4 允许吸上真空度

将吸入阀门完全打开，然后逐步关小吸入阀门，直到净吸上真空度为0.055 MPa或流量下降至额定流量的3%时止，测试工况点应不少于8个，分别记录其流量和净吸上真空度数值，每点测量不少于2次，取其平均值并绘制净吸上高度-流量(h_1-Q)特性曲线。结果应符合4.1要求。

6.3.5 外观

用目测检查泵的外观。结果应符合的5.1的要求。

6.3.6 高温试验

按CB 1146.3规定的方法对泵进行高温试验。结果应符合5.2的要求。

6.3.7 低温试验

按CB 1146.2规定的方法对泵进行低温试验。结果应符合5.2的要求。

6.3.8 介质温度

将泵进口输入85 ℃的介质。结果应符合5.2的要求。

6.3.9 倾斜、摇摆

6.3.9.1 可用固定倾斜代替倾斜、摇摆试验。

6.3.9.2 对于卧式泵，泵轴线与水平面成20°；对于立式泵，泵轴线与水平面成70°，并固定，连续运转30 min。结果应符合5.2的要求。

6.3.10 材料

检查并核对泵所使用材料的牌号和材质证明书。结果应符合5.3的要求。

6.3.11 耐压性

液缸、液缸盖、安全阀、阀箱在承受1.5倍额定排出压力，但不低于0.6 MPa，保压5 min。结果应符合5.4的要求。

6.3.12 密封性

阀与阀座接触面应采用煤油进行密封试验，将阀与阀座倒置后注入煤油，保持5 min；曲轴箱与减速箱及油箱，在涂漆前，把煤油注入油箱内，保持30 min。结果应符合5.5的要求。

6.3.13　安全阀

6.3.13.1　逐渐关闭排出管路阀门，提高排出压力，检查安全阀的开启压力，试验次数不少于3次。结果应符合5.6的要求。

6.3.13.2　安全阀在排出管路阀门全开情况下，逐渐关闭排出管路上的阀门，在完全关闭时，应全部回流，检查安全阀的排出压力。结果应符合5.6的要求。

6.3.14　轴承温度

用点温计或传感器等测温方法，测量在轴承处泵体表面的温度。结果应符合5.7的要求。

6.3.15　噪声

按GB/T 9069规定的方法对泵的噪声进行测量。结果应符合5.8的要求。

6.3.16　振动烈度

按GB/T 13364规定的方法测量泵的振动烈度。结果应符合5.9的要求。

6.3.17　连续运转

泵在额定流量、额定排出压力下连续运转200 h，然后对泵进行拆检。结果应符合5.10的要求。

7　检验规则

7.1　检验分类

泵的检验分为型式检验和出厂检验两类。

7.2　型式检验

7.2.1　型式检验的项目和顺序见表3。

表3　检验项目表

<table>
<tr><th>序　号</th><th>检验项目</th><th>型式检验</th><th>出厂检验</th><th>要求的章条号</th><th>检验方法的章条号</th></tr>
<tr><td>1</td><td>额定流量</td><td>●</td><td>●</td><td rowspan="4">4.1</td><td>6.3.1</td></tr>
<tr><td>2</td><td>额定排出压力</td><td>●</td><td>●</td><td>6.3.2</td></tr>
<tr><td>3</td><td>额定速度</td><td>●</td><td>—</td><td>6.3.3</td></tr>
<tr><td>4</td><td>允许吸上真空度</td><td>●</td><td>—</td><td>6.3.4</td></tr>
<tr><td>5</td><td>外观</td><td>●</td><td>●</td><td>5.1</td><td>6.3.5</td></tr>
<tr><td>6</td><td>高温</td><td>●</td><td>—</td><td rowspan="4">5.2</td><td>6.3.6</td></tr>
<tr><td>7</td><td>低温</td><td>●</td><td>—</td><td>6.3.7</td></tr>
<tr><td>8</td><td>介质温度</td><td>●</td><td>—</td><td>6.3.8</td></tr>
<tr><td>9</td><td>倾斜、摇摆</td><td>●</td><td>—</td><td>6.3.9</td></tr>
<tr><td>10</td><td>材料</td><td>●</td><td>●</td><td>5.3</td><td>6.3.10</td></tr>
<tr><td>11</td><td>耐压性</td><td>●</td><td>●</td><td>5.4</td><td>6.3.11</td></tr>
<tr><td>12</td><td>密封性</td><td>●</td><td>●</td><td>5.5</td><td>6.3.12</td></tr>
<tr><td>13</td><td>安全阀</td><td>●</td><td>●</td><td>5.6</td><td>6.3.13</td></tr>
<tr><td>14</td><td>轴承温度</td><td>●</td><td>○</td><td>5.7</td><td>6.3.14</td></tr>
<tr><td>15</td><td>噪声</td><td>●</td><td>—</td><td>5.8</td><td>6.3.15</td></tr>
<tr><td>16</td><td>振动烈度</td><td>●</td><td>—</td><td>5.9</td><td>6.3.16</td></tr>
<tr><td>17</td><td>连续运转</td><td>●</td><td>—</td><td>5.10</td><td>6.3.17</td></tr>
<tr><td colspan="6">注：●为必检项目；○为定购方与承制方协商检验项目；—为不检项目。</td></tr>
</table>

7.2.2 泵进行型式检验的样品数量为1台。

7.2.3 泵在型式检验中全部项目符合要求，则判定型式检验合格。若有不符合要求的项目，允许加倍取样，进行复验。若复验符合要求，则仍判泵型式检验合格。若复验中仍有不符合要求的项目，则判泵型式检验不合格。

7.3 出厂检验

7.3.1 泵应逐台进行出厂检验。

7.3.2 泵出厂检验项目和顺序见表3。

7.3.3 泵全部出厂检验项目符合要求，则判定该台泵出厂检验合格。若有任何一项不符合要求，允许采取纠正措施后进行复验。若复验符合要求，则仍判该台泵出厂检验合格。若复验仍不符合要求，则判该台泵出厂检验不合格。

8 标志、包装、运输和贮存

8.1 标志

8.1.1 铭牌应采用黄铜或不锈钢等材料制作。

8.1.2 铭牌应标明下列内容：

a) 产品名称和型号；

b) 基本参数；

c) 制造厂名；

d) 出厂编号和出厂日期；

e) 船检印记。

8.2 包装

8.2.1 试验后的泵应重新油封并进行防锈处理。

8.2.2 油封后的泵机组及辅助设备应固定在防潮箱内，防止在运输过程中遭受损坏。

8.2.3 泵的吸入口、排出口及其他孔应用盖板或螺塞等封住或堵住。

8.2.4 泵的备件和专用工具应涂防锈油脂并加以软包装后随机固定在箱内。

8.2.5 每台泵应有下列文件，并封存在防潮的文件袋内：

a) 产品合格证；

b) 产品说明书；

c) 装箱清单(包括备件及专用工具清单)；

d) 船检证书。

8.2.6 包装箱外应标明制造厂名称、产品名称、型号、件数、重量、外包装尺寸、到站及发货站单位。并注明防潮、防雨、防曝晒及小心轻放等图样或字样。

8.3 运输与贮存

8.3.1 泵在运输时不应采用抛、滑或其他容易引起撞击的方法。

8.3.2 泵应贮存在通风干燥且不受日晒、雨淋的地方，包装箱应垫平放稳。

8.3.3 泵的油封有效期为半年。半年后应定期检查油封情况，必要时应重新油封。

ICS 47.020.30
U 47

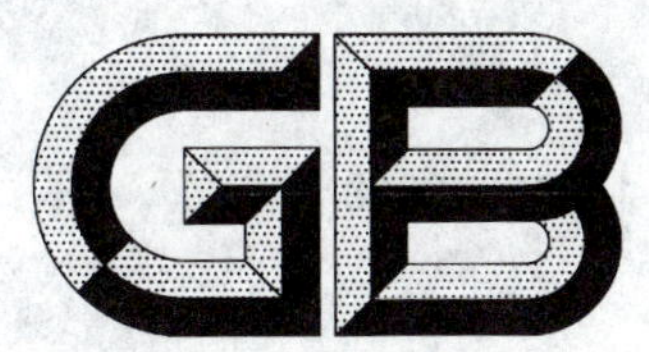

中华人民共和国国家标准

GB/T 11035—2008
代替 GB/T 11035—1989

船用电动双螺杆泵

Marine electric two spindle screw pump

2008-03-03 发布　　　　2008-09-01 实施

中华人民共和国国家质量监督检验检疫总局
中国国家标准化管理委员会　发布

前　言

本标准代替 GB/T 11035—1989《船用电动双螺杆泵》。

本标准与 GB/T 11035—1989 相比，主要技术内容有如下变动：

——补充了基本参数；

——增加了主动螺杆、从动螺杆动平衡试验内容；

——修改了产品型号“2CG…”为“2GC…”；

——增加了主要零件的选用材料，并更新了材料牌号和标准号；

——修改了填料密封的漏泄量；

——修改了有关环境条件；

——修改了有关噪声、振动、冲击和净吸上高度的试验要求。

本标准由中国船舶重工集团公司提出。

本标准由全国船用机械标准化技术委员会甲板机械与机舱辅机分技术委员会归口。

本标准起草单位：中国船舶重工集团公司第七〇四研究所。

本标准主要起草人：聂书彬、吕伟领、李福天、薛红军。

本标准所代替标准的历次版本发布情况为：

——GB/T 11035—1989。

船用电动双螺杆泵

1 范围

本标准规定了船用电动双螺杆泵(以下简称泵)的产品分类、技术要求、试验方法、检验规则、标志、包装、运输和贮存。

本标准适用于船舶上用作滑油泵、燃油泵、锅炉燃料喷油泵、货油泵、供水泵、消防泵、排水泵、压载泵、卫生泵以及输送化学品泵等各种双螺杆螺旋型线构成的泵设计、生产、试验和验收。

2 规范性引用文件

下列文件中的条款通过本标准的引用而成为本标准的条款。凡是注日期的引用文件,其随后所有的修改单(不包括勘误的内容)或修订版版均不适用于本标准,然而,鼓励根据本标准达成协议的各方研究是否可使用这些文件的最新版本。凡是不注日期的引用文件,其最新版本适用于本标准。

GB/T 191—2000 包装储运图示标志(eqv ISO 780:1997)

GB/T 265—1988 石油产品运动粘度测定法和动力粘度计算法

GB/T 266—1988 石油产品恩氏粘度测定法

GB/T 699—1999 优质碳素结构钢

GB/T 1173—1995 铸造铝合金

GB/T 1176—1987 铸造铜合金技术条件(neq ISO 1338:1977)

GB/T 1220—2007 不锈钢棒

GB/T 1298—1986 碳素工具钢技术条件

GB/T 1348—1988 球墨铸铁件

GB/T 3077—1999 合金结构钢

GB/T 9239.1—2006 机械振动 恒态(刚性)转子平衡品质要求 第1部分:规范与平衡允差的检验(ISO 1940-1:2003,IDT)

GB/T 9439—1988 灰铸铁件

GB/T 10886—2002 三螺杆泵

GB/T 11352—1989 一般工程用铸造碳钢件(neq ISO 3755:1975)

GB/T 13306—1991 标牌

GB/T 13384—1992 机电产品包装通用技术条件

GB/T 16301—2008 船舶机舱辅机振动烈度的测量和评价

CB/T 43 船用铸铁法兰

CB/T 44 船用铸钢法兰

CB/T 45 船用铸铜法兰

JB/T 8091—1998 螺杆泵试验方法

JB/T 8098—1999 泵的噪声测量与评价方法

3 术语和定义

下列术语和定义适用于本标准。

3.1

额定工况 rated condition

泵设计所规定的工作状况。

通常包括:流量、排出压力、转速、净吸上高度、介质黏度、介质温度和输入功率。

3.2

内轴承式　internal bearing design

轴承位于泵体内,由泵所输送的介质进行润滑的结构。

3.3

外轴承式　external bearing design

轴承位于泵体外,采用油脂或独立的润滑系统进行润滑的结构。

3.4

带加热或冷却夹套式　design with lining

泵体或泵体和轴承座带有夹套结构,由独立的系统向夹套内输送介质进行加热或冷却。

4　产品分类

4.1　基本型式

4.1.1　内轴承式:适用于输送润滑性的清洁介质。

4.1.2　外轴承式:允许输送各种非润滑性、并带有少量颗粒性杂质的介质。

4.1.3　带加热或冷却夹套式:适用于输送时需要加热或冷却的介质。

4.2　基本参数

4.2.1　流量:1.6 m^3/h、2.5 m^3/h、4.0 m^3/h、6.3 m^3/h、10 m^3/h、16 m^3/h、25 m^3/h、40 m^3/h、63 m^3/h、100 m^3/h、160 m^3/h、250 m^3/h 和 400 m^3/h。

4.2.2　排出压力:0.4 MPa、0.8 MPa、1.6 MPa、2.5 MPa、4.0 MPa 和 4.2 MPa。

4.2.3　净吸上高度:4 m～6 m 水柱;输送气液混合介质的泵不受此限制。

4.2.4　介质黏度:$1.0\times10^{-6}\ m^2/s$～$0.1\ m^2/s$。

4.2.5　不同螺杆螺旋型线构成的各种泵所适用的基本参数:流量、排出压力、净吸上高度、转速、输入功率、介质黏度和介质温度。制造厂应作出规定。

4.2.6　泵输送油类介质时,其基本参数:流量、净吸上高度和输入功率的值是指介质黏度为 $7.5\times10^{-5}\ m^2/s$ 时的数值。在输送其他介质时,泵的上述基本参数值应符合制造厂规定黏度情况下的值。

4.3　产品型号

4.3.1　船用电动双螺杆泵的型号规定如下:

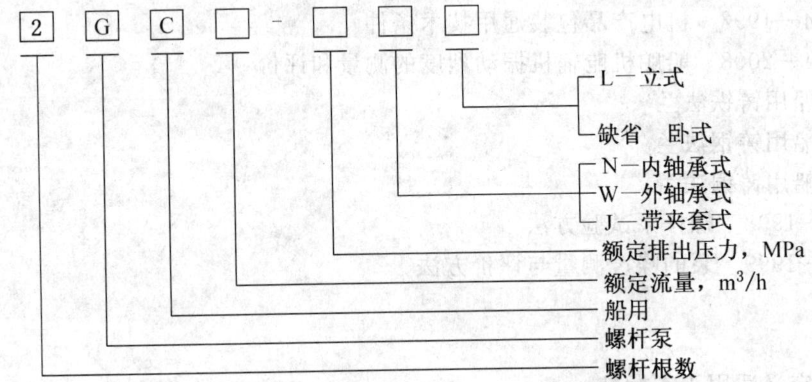

4.3.2　标记示例

额定流量 100 m^3/h、额定排出压力 0.8 MPa 的卧式外轴承式泵标记为:

泵　GB/T 11035—2008　2GC100-0.8W

4.4 设计和结构

4.4.1 泵主要零件表面粗糙度应符合如下规定：

a) 螺杆螺旋型面为：$Ra \leqslant 3.2\ \mu m$；

b) 螺杆螺旋外圆表面为：$Ra \leqslant 1.6\ \mu m$；

c) 螺杆螺旋底径表面为：$Ra \leqslant 3.2\ \mu m$；

d) 螺杆衬套内孔表面、无螺杆衬套的泵体的内孔表面、泵体和螺杆衬套配合的内孔表面为：$Ra \leqslant 3.2\ \mu m$；

e) 止推块、止推轴承座的摩擦端面为：$Ra \leqslant 0.4\ \mu m$；

f) 同步齿轮齿形表面为 $Ra \leqslant 1.6\ \mu m$。

4.4.2 螺杆螺旋部分应符合如下规定：

a) 螺杆螺旋的螺距允差不大于 0.03 mm；

b) 螺杆螺旋相同直径上的螺旋厚度允差不大于 0.03 mm；

c) 螺杆螺旋槽加工后应经过轴截面样板检查；

d) 单头螺旋的双吸式双螺杆泵，同一根螺杆的两部分螺旋起始部分装配时应成 180°。

4.4.3 螺杆装配后啮合的螺旋侧面间隙应均匀。泵装配完后用手盘动主动螺杆，转动应均匀、无卡阻。

4.4.4 泵进出口法兰应符合：CB/T 43、CB/T 44、CB/T 45。必要时可按订货合同规定。

4.4.5 轴封处应设有泄漏回收装置。

4.4.6 外露联轴器应配防护罩。

5 要求

5.1 重量

泵的首制样机应测出重量。泵的实际重量与首制泵重量允许偏差±5%。

5.2 外观

5.2.1 铸件表面应无裂纹、缩孔、疏松及其他影响质量的缺陷。

5.2.2 焊接件接缝应为光洁金属面，焊接前不得有锈迹、油污等，焊缝不应有孔、夹渣等缺陷，焊缝边缘和顶端应焊透。

5.2.3 泵的所有零件在装配前必须清洗干净，零件表面不得有碰伤、锈蚀、变形等现象。

5.2.4 泵经试验合格后应除净内外表面的锈蚀、油渍等，内部加工表面涂以防锈油脂，外露加工表面涂以硬化防锈油，非加工表面喷涂耐腐油漆，必要时应打腻子，对铜制品可不作上述处理。

5.3 材料

泵主要零件的材料根据泵的类型及用途应按表 1 规定选用，允许采用证明不降低材料性能并满足使用要求的其他材料。

表 1 材料

零件名称	材料		
	名称	牌号	标准号
主动螺杆 从动螺杆	不锈钢	1Cr18Ni9Ti	GB/T 1220—2007
	不锈钢	0Cr17Ni4Cu4Nb	GB/T 1220—2007
	合金结构钢	16MnCrS5	GB/T 10886—2002
	合金结构钢	40Cr	GB/T 3077—1999
	优质碳素结构钢	45	GB/T 699—1999

表 1（续）

零件名称	材料		
	名称	牌号	标准号
主从动螺杆螺旋套	不锈钢	1Cr18Ni9Ti	GB/T 1220—2007
	不锈钢	0Cr17Ni4Cu4Nb	GB/T 1220—2007
	合金结构钢	38CrMoAl	GB/T 3077—1999
	合金结构钢	16MnCrS5	GB/T 10886—2002
	球墨铸铁	QT600-3	GB/T 1348—1988
	铝青铜	ZCuAl10Fe3	GB/T 1176—1987
主从动螺杆轴	不锈钢	1Cr18Ni9Ti	GB/T 1220—2007
	不锈钢	0Cr17Ni4Cu4Nb	GB/T 1220—2007
	不锈钢	2Cr13	GB/T 1220—2007
	合金结构钢	40Cr	GB/T 3077—1999
	优质碳素结构钢	45	GB/T 699—1999
螺杆衬套	铝硅合金	ZAlSi12Cu1Mg1Ni1	GB/T 1173—1995
	锡青铜	ZCuSn5Pb5Zn5	GB/T 1176—1987
	锡青铜	ZCuSn10P1	GB/T 1176—1987
	球墨铸铁	QT450-10	GB/T 1348—1988
	球墨铸铁	QT500-7	GB/T 1348—1988
泵体阀体	灰铸铁	HT300	GB/T 9439—1988
	球墨铸铁	QT500-7	GB/T 1348—1988
	铸钢	ZG270-500	GB/T 11352—1989
	优质碳素结构钢	35	GB/T 699—1999
	不锈钢	1Cr18Ni9Ti	GB/T 1220—2007
	硅黄铜	ZCuZn16Si4	GB/T 1176—1987
	锡青铜	ZCuSn5Pb5Zn5	GB/T 1176—1987
同步齿轮	合金结构钢	40Cr	GB/T 3077—1999
	合金结构钢	38CrMoA1	GB/T 3077—1999
止推轴承	合金结构钢	50CrVA	GB/T 3077—1999
	碳素工具钢	T8A	GB/T 1298—1986
滑动轴承	锡青铜	ZCuSn10P1	GB/T 1176—1987
	铝青铜	ZCuAl10Fe3	GB/T 1176—1987

5.4 性能

5.4.1 耐压性

泵受压零件装配前应能承受 1.5 倍工作压力，但不应低于 0.6 MPa，其表面不得有渗漏或冒汗等现象。

5.4.2 动平衡

主动螺杆和从动螺杆的螺旋外径大于 200 mm 时，应做动平衡检查，其动平衡的平衡品质等级规定为 GB/T 9239.1—2006 中的 G6.3 等级。

5.4.3 泄漏量

泵轴封处机械密封的泄漏量应不大于 10 mL/min，填料密封应不大于 20 mL/min。

5.4.4 轴承温升

滚动轴承体表面温度不得超过 75℃，轴承温升不应超过 35℃。

5.4.5 流量允许偏差

泵在额定工况下实际流量的允许偏差应符合表 2 规定。

表 2 流量允许偏差

额定流量/(m^3/h)	≤50	>50
偏差/%	±5	±3

5.4.6 噪声

泵在额定工况运转时离泵表面 1 m 处(水平方向距地面为 1 m)各测点测得的平均噪声值应符合表 3 规定。

表 3 噪声

泵输入功率/kW	≤22	>22
噪声值 dB(A)	90	机组噪声应不超过电动机或传动装置的噪声值加 3 dB(A)

5.4.7 振动

泵在额定工况运转时轴承体外表面和安装底脚处最大的振动烈度 V_{rms} 应符合表 4 规定。

表 4 振动烈度

泵型式	卧式泵	立式泵
V_{rms}/(mm/s)	<7.1	<11.2

5.5 倾斜

泵的倾斜应在符合表 5 规定的条件下能正常工作：

表 5 船舶倾斜角

横向		纵向	
静态	动态	静态	动态
15°	22.5°	5°	7.5°

5.6 耐久性

5.6.1 工作 200 h 不允许故障停车，试验期间不得更换任何零件。

5.6.2 工作 200 h 前后所测得的额定工况下的流量值，下降幅度应小于 2%。

5.7 安全阀

全回流压力不应超过额定排出压力的 1.5 倍。当额定排出压力小于或等于 0.5 MPa 时，全回流压力为该额定排出压力加 0.25 MPa。

6 试验方法

6.1 一般要求

6.1.1 试验介质(按泵的用途可选用如下介质)：

a) 0～50℃的清水；

b) 黏度 7.5×10^{-5} m^2/s 的清洁油类，温度或黏度允许偏差范围应由供需双方协商确定；

c) 其他介质由供需双方协商确定。

6.1.2 试验时应待额定工况稳定后同时读出或记录所有仪表的值。

6.1.3 每个被测参数的测量次数应不少于二次，取其平均值。

6.1.4 当原动机与泵之间有减速装置时，应将测得的原动机转速换算成泵的转速。

6.2 测试

6.2.1 测试精度、最大总误差限等应符合 JB/T 8091—1998 中 7.1、7.2 的有关规定。

6.2.2 所有计量仪器、仪表均应定期进行校准。并且有校准证明，其校准证明的有效期应符合有关标准的规定。

6.2.3 流量测量

6.2.3.1 型式检验和抽查检验时测试仪表精度应不低于 1 级；出厂检验时允许使用精度不低于 1.5 级的仪表。

6.2.3.2 采用容积法测量流量时，计量容器应标有刻度，其极限相对误差不大于 0.5%，测量时计量时间应不少于 20 s。

6.2.3.3 采用重量法测量流量时，衡器的感应量应小于被测重量的 0.5%。

6.2.3.4 采用标准节流装置时应保证进入装置的流量是稳定流。

6.2.3.5 试验介质黏度不符合 6.1.1 的要求，应将测得的流量值换算到规定黏度下的流量值。

6.2.4 压力测量

6.2.4.1 型式检验和抽查检验时测试仪表精度应不低于 1 级；出厂检验时允许使用精度不低于 1.5 级的仪表。

6.2.4.2 泵基准面规定如下：泵以螺杆轴线水平面作基准面；立式泵以 1/2 螺杆螺旋长度处的水平面作基准面。

6.2.4.3 泵全压力 p(MPa)用相对于泵基准面的排出口静压力 p_d(MPa)和吸入口静压力 p_s(MPa)之差来表示，按公式(1)计算：

$$p = p_d - p_s = G_d - G_s + \rho(Z_d - Z_s) = G_d - G_s + 9.8 \times 10^{-6}\rho(Z_d - Z_s) \quad \cdots\cdots(1)$$

式中：

G_d——排出口测得的压力值，单位为兆帕(MPa)；

G_s——吸入口测得的压力值(真空表值为负)，单位为兆帕(MPa)；

ρ——试验介质的密度，单位为千克每立方米，(kg/m³)；

Z_d——排出压力测压点或仪表中心至泵基准面的垂直距离，单位为米(m)；

Z_s——进口压力测压点或仪表中心至泵基准面的垂直距离，单位为米(m)。

当 $9.8\times10^{-6}\rho(Z_d-Z_s)$ 小于全压力的 1/100 时，可忽略不计。

6.2.4.4 测压点位置在吸入管路和排出管路的直段上，距离吸入口法兰和排出口法兰为 2 倍管径。

6.2.4.5 测压孔直径为 2 mm～6 mm 或测压孔处管径的 1/10，取二者之小值，长度应不大于 2 倍孔径，测压孔应与管内壁垂直，孔边缘不应有毛刺。

6.2.4.6 若采用压力表，应选择测定的压力值为仪表量程的 1/3～2/3。仪表前应装有旋塞阀。测量压力大于大气压力时，应排尽仪表与测压孔之间、接管内的空气，并充满液体，测量压力小于大气压力时，接管内允许充气，但不得存有液体。

6.2.5 功率测量

6.2.5.1 泵输入功率

指电动机传到输入轴的功率，当有减速器时应为减速器的输出轴传递的功率，其值应通过泵的转速和扭转力矩得出，或由已知效率的电动机输入功率来确定，也可用传感器等方法。

6.2.5.2 天平式测功计

a) 天平式测功计的重心应位于转轴的轴心线上；

b) 计量时额定工况泵的输入功率应在其量程范围的 1/3 以上；

c) 计量扭转力矩时应用精度等级不低于0.1%的杠杆式天平或带式天平测定作用于臂上的力，臂长与醋杆长应按误差不超过0.1%计算；

d) 不灵敏度是以测度计与泵脱离，电枢旋转时加负荷使天平的称盘平衡发生移动时的力矩表示，当天平力臂长为0.974 mm时，不灵敏度极限值如表6所示，当力臂不等于0.974 mm时，负荷值成比例地减小或增加。

表6 不灵敏度极限值

测量功率/kW	不同转速下的不灵敏度极限值/N·m			
	750 r/min	1 000 r/min	1 500 r/min	3 000 r/min
20	0.749 7	0.399 8	0.249 9	0.149 9
50	1.199 5	0.599 8	0.399 8	0.249 9
100	2.198 1	1.099 6	0.749 7	0.399 8
200	4.496 2	2.198 1	1.499 4	0.749 7
300	6.995 2	3.746 5	2.398 1	1.499 4

6.2.5.3 扭转式测功计

a) 计量时额定工况的泵输入功率应在其量程范围的1/2以上；

b) 测定扭转力矩应在扭转轴不承受任何弯矩的情况下进行；

c) 精度应为±0.5%。

6.2.5.4 电功率测功

a) 计算输出功率时应测量试验用电动机的输入功率及电动机的效率；

b) 额定工况的值应在仪表量程范围的20%～95%内；

c) 测量电器参数的仪表精度不低于0.5级，互感器和分流器的精度不低于0.2级。

6.2.6 转速测量

6.2.6.1 试验设备在达不到额定转速的情况下允许在偏差不超过±5%的范围内进行试验。

6.2.6.2 若限于试验条件，试验转速不符合额定转速，制造厂应给出计算公式将试验测得的性能数值换算成额定转速下的值。

6.2.6.3 转速可用转速表、闪频测量仪、轴转数自动计数计、测量平均频率观测值和转差率等方法，精度符合6.2.1条规定。

6.2.7 温度测量

应符合JB/T 8091—1998中8.5的有关规定。

6.2.8 黏度测量

6.2.8.1 试验油类介质时应按GB/T 265—1988、GB/T 266—1988进行或提供试验介质的黏度-温度变化曲线。

6.2.8.2 若限于试验条件，试验介质的黏度不符合6.1.1条规定，制造厂应对各类双螺杆泵给出将试验测得的性能数值换算成规定黏度下的值。

6.3 试验项目

6.3.1 重量

应在泵内无介质的情况下用称重法测量重量，结果应符合5.1要求。

6.3.2 外观

用目测检查泵和零件的外观，结果应符合5.2的要求。

6.3.3 材料

检查并核对泵所使用材料的牌号和材质说明书；结果应符合5.3的要求。

6.3.4 性能

6.3.4.1 耐压性

a) 水压试验前零件表面不得涂漆；

b) 铸件表面不允许用敲击、堵塞等方法消除泄漏、冒汗等缺陷，允许用与零件相同成分的材料进行补焊，但有蜂窝状气孔缺陷的铸件不允许补焊，补焊后应重新进行水压试验；

c) 泵的受压零件在装配前应进行水压试验，承受 1.5 倍工作压力，但不应低于 0.6 MPa，时间不少于 5 min，结果应符合 5.4.1 的要求。

6.3.4.2 动平衡

按 GB/T 9239.1—2006 规定的方法对泵进行动平衡试验，结果应符合 5.4.2 的要求。

6.3.4.3 泄漏量

用量杯或其他测量容器在机械密封或填料密封的回收泄漏处测量泵的泄漏量，结果应符合 5.4.3 的要求。

6.3.4.4 轴承温升

在轴承处泵体的表面，用点温计或传感器等测温方法，测量轴承温度，结果应符合 5.4.4 的要求。

6.3.5 试运转试验

装配后的泵在向泵内灌满介质后，空载跑合 1 h，然后按额定排出压力的四分之一逐次升压，每次升压后运转时间不少于 10 min，调节到额定工况运行至轴承温度稳定为止。试运转试验的总运行时间不得少于 2 h。检查泵及泵运行时的声响、润滑、温度、泄漏等。结果应符合 5.4.3、5.4.4 的要求。

试运转试验后，如将泵拆卸或转移到另一试验装置时，试运转试验应重新进行。

6.3.6 额定工况性能试验

泵在额定转速 n、额定净吸上高度 h_1 和额定排出压力 p_d 下测量流量 Q 和输入功率值 P，结果应符合 5.4.5 的要求。

6.3.7 全性能试验

6.3.7.1 泵运行在额定转速 n、额定净吸上高度 h_1 时测量流量 Q、输入功率 P 与排出压力 p_d 的关系，结果应符合 5.4.5 的要求。

6.3.7.2 试验工况点的范围应从排出管路阀门全开到额定排出压力工况点为止，测试工况点不少于 8 个点。

6.3.7.3 绘制 p-Q、p-P、p-η 特性曲线，其中全压力 $p=p_d+h_1$。

6.3.8 净吸上高度试验

6.3.8.1 泵运行在额定转速 n、额定排出压力 p_d 下确定流量 Q 与净吸上高度 h_1 的关系。

6.3.8.2 试验工况点应从吸入管路阀门全开到逐渐关小阀门，直到净吸上高度超过 4.2.3 的要求或流量下降量达到额定工况时流量的 3%止。

6.3.8.3 绘制 h_1-Q 特性曲线。

6.3.9 噪声

按 JB/T 8098—1999 进行测量，结果应符合 5.4.6 的要求。

6.3.10 振动

按 GB/T 16301—2008 进行测量，结果应符合 5.4.7 的要求。

6.3.11 固定倾斜

a) 用固定倾斜试验代替考核泵在符合 5.5 要求的摇摆、倾斜状态下运行的可靠性。试验台上泵的布置应符合如下规定：

卧式泵：船舶用泵的轴线保持水平，安装底脚与水平面成 22.5°和泵轴线与水平面成 22.5°两种；

立式泵：船舶用泵的轴线与水平面成 67.5°。

b) 应在额定工况下进行，历时 30 min。试验结果应符合 5.4.5 的要求。

6.3.12 连续运转

连续运转试验应在其他试验项目完毕后进行，在额定工况下连续运转的时间为 200 h；应符合如下规定：

a) 观察泵运行情况，并每隔 4h 测量并记录流量 Q、排出压力 p_d、净吸上高度 h_1、转速 n、输入功率 P 和介质温度℃的值，试验结果应符合 5.6.1、5.6.2 的要求；

b) 试验后应进行拆检，测量主要运动副零、部件的磨损量，结果应符合 4.4.1、4.4.2 的要求。

6.3.13 安全阀

6.3.13.1 安全阀应在泵额定工况下进行试验和调整，合格后加以铅封。

6.3.13.2 逐渐关闭排出管路阀门，在完全关闭排出管路阀门时，检查安全阀全回流压力，在排出管路阀门回复到额定压力时，检查流量是否达到额定流量值。

6.3.13.3 试验应不少于 3 次，结果应符合 5.4.5 和 5.7 的要求。

7 检验规则

7.1 检验分类

泵的检验分为型式试验和出厂试验两类。

7.2 型式检验

7.2.1 检验项目

泵的型式检验项目和顺序应按表 7 进行，检验的样品数量为一台。

表 7 检验项目

试验项目	检验类型		要求 （章、条、号）	检验方法 （章、条、号）
	型式检验	出厂检验		
重量	●	●	5.1	6.3.1
外观	●	●	5.2.1、5.2.2、5.2.3、5.2.4	6.3.2
材料	●	○	5.3	6.3.3
耐压性	●	●	5.4.1	6.3.4.1
动平衡	●	●	5.4.2	6.3.4.2
泄漏量	●	●	5.4.3	6.3.4.3
轴承温升	●	●	5.4.4	6.3.4.4
试运转试验	●	●	5.4.3、5.4.4	6.3.5
额定工况性能试验	●	●	5.4.5	6.3.6
全性能试验	●	—	5.4.5	6.3.7
净吸上高度试验	●	—	4.2.3	6.3.8
噪声	●	○	5.4.6	6.3.9
振动	●	○	5.4.7	6.3.10
固定倾斜	●	—	5.5、5.4.5	6.3.11
连续运转	●	—	5.6.1、5.6.2、4.4.1、4.4.2	6.3.12
安全阀	●	●	5.4.5、5.7	6.3.13
●必须做；○可做可不做；—不做。				

型式检验是对产品进行全面考核所进行的各项试验的总称。有下列情况之一时应进行型式检验：

a） 首制泵；

b） 转厂生产的试制型鉴定；

c） 正常生产时，产品有重大修改可能影响产品性能时；

d） 产品长期停产5年后，恢复生产时；

e） 国家质量监督机构提出进行型式检验的要求时。

7.2.2 合格判据

型式检验若有不符合要求的项目，允许加倍取样复验一次。所有项目需要重新试验。若复验仍有不符合要求的项目，则判定型式试验不合格。

7.3 出厂检验

7.3.1 泵应逐台进行出厂检验。

7.3.2 出厂检验项目和顺序按表7进行。

7.3.3 合格判据：出厂检验若有不符合要求的项目，允许返修后复检一次，如果复检仍有不符合要求的项目，则判定该泵不合格。

7.3.4 出厂检验的抽样与组批规则

成批生产的泵应按表8的规定任意抽取产品进行试验。抽查试验项目为：试运转试验、额定工况性能试验和安全阀试验。

表8 抽样规定

批产量/台	<20	20～100	>100
抽查检验数量/台	1	2	3

抽查检验发现有不合格产品时应加倍抽试，如仍有不合格产品时，整批泵必须全部进行试验。泵在抽查检验后应全部拆开检查，消除零件表面出现的轻微伤痕。如个别零件损坏严重时应查明原因予以更换，必要时重新进行试验。

8 标志

8.1 标牌

应该在泵的明显位置设转向箭头和产品铭牌等标牌。标牌应按GB/T 13306—1991要求设计、制造，白底黑字阳文，采用黄铜、不锈钢等防腐材料。

8.2 铭牌内容

铭牌内容包括：

a） 泵名称及型号；

b） 泵额定性能参数：流量、排出压力、净吸上高度、转速和输入功率；

c） 泵组重量；

d） 出厂编号及出厂日期；

e） 船检标志；

f） 制造厂名称。

9 包装、运输、贮存、成套供应范围及其他

9.1 包装

9.1.1 防护包装按照GB/T 13384—1992的规定。

9.1.2 装箱

泵组的装箱要求为：

a) 装箱前对泵进行清洗、干燥处理。对备件、专用工具等零件应用防锈油进行油封、包装,备件应带有标签,标出所属泵组编号;
b) 泵的进出口法兰孔及其他孔均应用堵板或堵塞封住;
c) 包装箱内壁应衬防潮材料,箱内须衬垫平稳,并放置一定的干燥剂;
d) 泵、电机组装后可靠地固定于箱内,泵的其他配套设备分别单件装箱;
e) 箱内包装应牢固,防止倾覆、翻倒;
f) 发货清单应经工厂技术检验部门进行签署。将装箱单和随机文件封于防潮的文件袋中装入箱内;
g) 包装箱明显部位应标有发送单位、地址、产品名称、收货部门标志,并注有醒目的防雨、防倒符号。

9.1.3 运输

泵组的运输要求应满足:
a) 运输,可用铁路、公路或海运;
b) 泵的运输严格按包装箱上的贮运标志作业;
c) 不允许与易燃、易爆、易腐蚀的物品一起装运;
d) 运输过程中要注意防雨、防潮、防日晒、防尘和防止撞击,泵组不允许倒置和翻滚,不得摔跌、敲击和碰撞。

9.1.4 随机文件

随泵供应的文件为:
a) 泵机组出厂合格证,内容包括:
产品名称和型号;
产品出厂编号;
检验员、检验负责人签字和公章;
检验日期。
b) 产品说明书。
c) 经签署的出厂试验数据单。
d) 船检证书。
e) 装箱清单(包括备件和专用工具清单)。

9.1.5 包装储运标志按照 GB/T 191—2000 的规定。

9.2 贮存

9.2.1 包装箱应存放在空气流通、不受日晒雨淋积水的干燥仓库中,包装箱要垫平放稳,不与地面直接接触。

9.2.2 泵的有效油封期为 12 个月,应按期检查,必要时重新油封。

9.3 成套供应范围

9.3.1 装配完整的配带机架或底座及船用电动机的泵机组,特殊要求由供需双方商定。

9.3.2 辅助管路及附件。

9.3.3 泵拆装必须的专用工具。

9.4 其他

用户在遵守产品使用说明书各项规定条件下,泵系制造质量等原因造成损坏或不能正常工作,从交船日起 12 个月内,但不得超过出厂日起 18 个月,制造厂应免费修理,甚至无偿更换零件或产品。

ICS 59.080.30
W 04

中华人民共和国国家标准

GB/T 11047—2008
代替 GB/T 11047—1989

纺织品　织物勾丝性能评定 钉锤法

Textiles—Evaluation for the snagging degree of fabrics—Mace test method

2008-06-18 发布　　2009-03-01 实施

中华人民共和国国家质量监督检验检疫总局
中国国家标准化管理委员会　发布

前　言

本标准是对 GB/T 11047—1989《织物勾丝试验方法》的修订。

本标准与 GB/T 11047—1989 相比主要变化如下：

——标准名称修改为“纺织品　织物勾丝性能评定　钉锤法”；

——删除了方法 B(针筒法)的相关条款；

——删除了小勾丝、中勾丝、长勾丝、经向试验和纬向试验术语；

——将原第 6 章样品和第 8 章试样合并(见第 7 章)；

——将原第 9 章和附录 A 并入第 5 章(见 5.1 和 5.3)；

——增加了勾丝状态描述，将评级方式由比对样照评级改为按视觉描述评级(见 9.5)；

——增加了勾丝性能的评定条款(见第 10 章)；

——将原附录 C 的裁样图并入试样一章(见 7.3)。

本标准自实施之日起，代替 GB/T 11047—1989。

本标准的附录 A 为规范性附录。

本标准由中国纺织工业协会提出。

本标准由全国纺织品标准化技术委员会基础标准分会(SAC/TC 209/SC 1)归口。

本标准由国家纺织制品质量监督检验中心负责起草。

本标准主要起草人：李晓雯、王宝军、柴千红。

本标准所代替的标准历次版本发布情况为：

——GB/T 11047—1989。

纺织品　织物勾丝性能评定
钉锤法

1　范围

本标准规定了采用钉锤法测定织物勾丝性能的试验方法和评价指标。

本标准适用于针织物和机织物及其他易勾丝的织物，特别适用于化纤长丝及其变形纱织物。

本标准不适用于具有网眼结构的织物、非织造布和簇绒织物。

2　规范性引用文件

下列文件中的条款通过本标准的引用而成为本标准的条款。凡是注日期的引用文件，其随后所有的修改单(不包括勘误的内容)或修订版均不适用于本标准，然而，鼓励根据本标准达成协议的各方研究是否可使用这些文件的最新版本。凡是不注日期的引用文件，其最新版本适用于本标准。

GB/T 6529　纺织品　调湿和试验用标准大气(GB/T 6529—2008，ISO 139:2005，MOD)

3　术语和定义

下列术语和定义适用于本标准。

3.1

勾丝　snagging

织物中纱线或纤维被尖锐物勾出或勾断后浮在织物表面形成的线圈、纤维(束)圈状、绒毛或其他凸凹不平的疵点。

3.2

勾丝长度　snagging lenght

勾丝从其末端至织物表面间的长度。

3.3

紧纱段(紧条痕)　tight yarn(tight striation)

当织物中某段纱线被勾挂形成勾丝，留在织物中的部分则被拉直并明显紧于邻近纱线，从而在勾丝的两端或一侧产生皱纹和条痕。

4　原理

筒状试样套于转筒上，用链条悬挂的钉锤置于试样表面上。当转筒以恒速转动时，钉锤在试样表面随机翻转、跳动，并钩挂试样，试样表面产生勾丝。经过规定的转数后，对比标准样照对试样的勾丝程度进行评级。

5　仪器和辅助材料

5.1　钉锤勾丝仪

钉锤勾丝仪应满足下列条件，结构示意图见图1(仪器的校正按附录A)：

——链条上端悬挂处应能自由活动。

——钉锤(圆球直径 ϕ32 mm)与导杆的距离(即钉锤与导杆间链条长度)为45 mm。

——钉锤上等距植入碳化钨针钉 11 根，总质量(160±10)g。针钉尖完好。如有毛刺应去除，如有损伤应更换。

——针钉外露长度 10 mm，尖端半径 R0.13 mm。

——转筒 ϕ82 mm，宽 210 mm，其中外包橡胶厚度 3 mm；转筒的转速(60±2)r/min。

——毛毡厚度 3 mm～3.2 mm，宽度 165 mm。

——导杆工作宽度 125 mm。

注：具有相同效果的类似仪器均可使用。

单位为毫米

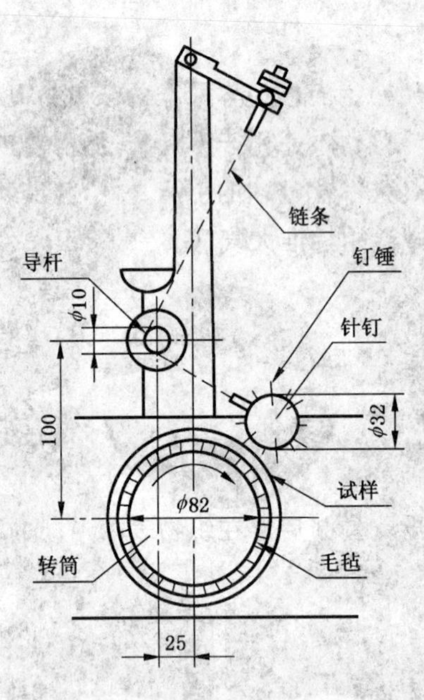

图 1

5.2 试验用具

5.2.1 卡尺，用于设定钉锤位置。

5.2.2 橡胶环，8 个，用于固定试样(其他弹性的“O”型环也可)。

5.2.3 划样板，规格与试样尺寸相同。

5.2.4 毛毡垫(备用品)，厚度 3 mm～3.2 mm。毛毡垫一般使用 200 h 或表面变得粗糙，出现小洞、严重磨损等现象时应予更换。

5.2.5 放大镜，用于检查针钉尖端。

5.2.6 缝纫机。

5.2.7 剪刀。

5.2.8 钢直尺，分度 1 mm。

5.2.9 评定板，厚度不超过 3 mm，幅面为 140 mm×280 mm。

5.3 评级箱

采用图 2 所示的评级箱。评级箱光源采用 12 V、55 W、石英卤灯。

单位为毫米

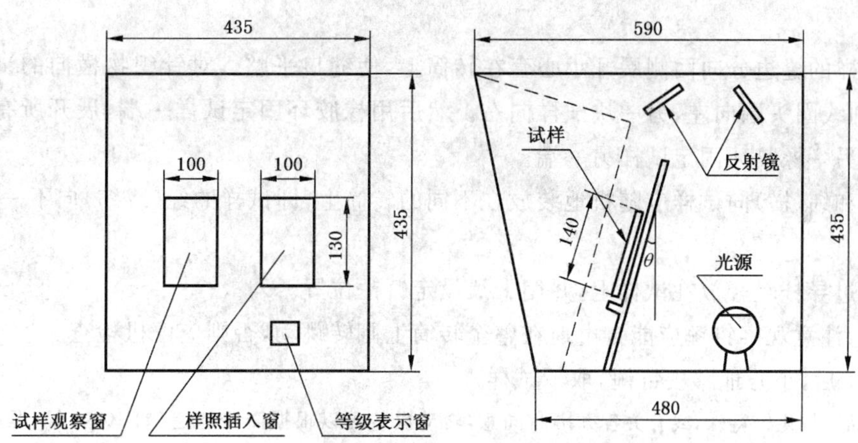

图 2

6 调湿和试验用标准大气

6.1 试验用标准大气采用 GB/T 6259 规定的标准大气。

6.2 按 GB/T 6529 的规定对样品调湿。纯涤纶织物至少平衡 2 h，公定回潮率为 0 的织物可直接进行试验。

7 试样

7.1 样品的抽取方法和数量按产品标准规定或有关方面协商进行。

7.2 样品至少取 550 mm×全幅，不要在匹端 1 m 内取样，样品应平整无皱。

7.3 在调湿后的样品上裁取经(纵)向和纬(横)向试样各 2 块，每块试样的尺寸为 200 mm×330 mm，不要在距布边 1/10 幅宽内取样，试样上不得有任何疵点和折痕。试样应不含相同的经纬纱线，参见图 3。

7.4 试样正面相对缝纫成筒状，其周长应与转筒周长相适应。非弹性织物的试样套筒周长为280 mm，弹性织物(包括伸缩性大的织物)的试样套筒周长为 270 mm。将缝合的筒状试样翻至正面朝外。如试样套在转筒上过松或过紧，可适当减小或增加周长，使其松紧适度。

注：经(纵)向试样的经(纵)向与试样短边平行，纬(横)向试样的纬(横)向与试样短边平行。

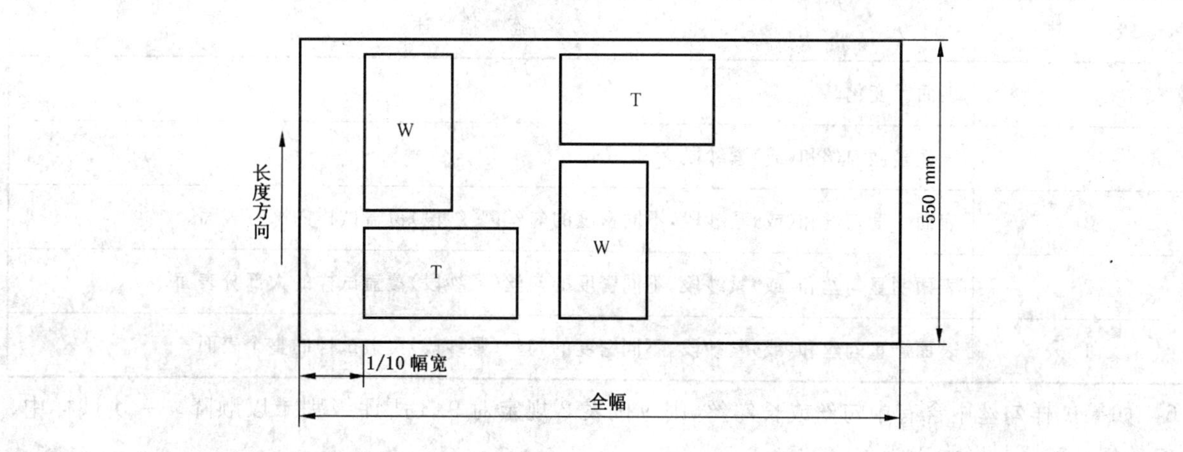

图 3

8 试验步骤

8.1 将筒状试样的缝边分向两侧展开小心套在转筒上，使缝口平整。对针织物横向的试样，宜使其中一块试样的纵列线圈头端向左，另一块试样向右。然后用橡胶环固定试样一端，展开所有折皱，使试样表面圆整，再用另一橡胶环固定试样另一端。

8.2 经(纵)向和纬(横)向试样应随机地装放在不同的转筒上，即试样的经(或纬)向不一定是在同样的转筒上试验。

8.3 将钉锤绕过导杆轻轻放在试样上，并用卡尺设定钉锤位置。

8.4 启动仪器，注意观察钉锤应能自由地在整个转筒上翻转跳动，否则应停机检查。

8.5 达到 600 r 后，小心地移去钉锤，取下试样。

注：如果样品结构比较特殊，或有关各方协商同意，转动次数可以根据需要选定，如 100 r 等，但应在试验报告中说明。

8.6 如果同一向试样的勾丝级差超过 1 级，则应增测 2 块。

9 评级及试验结果

9.1 试样在取下后应至少放置 4 h 再评级。

9.2 试样固定于评定板，使评级区处于评定板正面。

9.3 直接将评定板插入筒状试样，使缝线处于背面中心。

9.4 把试样放在评级箱观察窗内，同时将标准样照放在另一侧。

9.5 依据试样勾丝(包括紧纱段)的密度(不论勾丝长短)按表 1 列出的级数对每一块试样进行评级，如果介于两级之间，记录半级，如，3.5。

单个人员的评级结果为其对所有试样评定等级的平均值，全部人员评级的平均值作为样品的试验结果。

注 1：由于评定的主观性，建议至少 2 人对试样进行评级。

注 2：在有关方的同意下可采用样照，以证明最初描述的评定方法。

注 3：可采用另一种评级方式，转动试样至一个合适的位置，使观察到的起球较为严重。这种评定可提供极端情况下的数据。如，沿试样表面的平面进行观察的情况。

注 4：记录表面外观变差的任何其他状况。

表 1 视觉描述评级

级 数	状 态 描 述
5	表面无变化。
4	表面轻微勾丝和(或)紧纱段。
3	表面中度勾丝和(或)紧纱段，不同密度的勾丝(紧纱段)覆盖试样的部分表面。
2	表面明显勾丝和(或)紧纱段，不同密度的勾丝(紧纱段)覆盖试样的大部分表面。
1	表面严重勾丝和(或)紧纱段，不同密度的勾丝(紧纱段)覆盖试样的整个表面。

9.6 如果试样勾丝中含有中勾丝或长勾丝，则应按表 2 规定对 9.5 所评级别予以顺降。一块试样中、长勾丝累计顺降最多为 1 级。

表 2　中、长勾丝顺降级别

勾 丝 类 别	占全部勾丝的比例	顺降级别/级
中勾丝(长度介于 2 mm～10 mm 间的勾丝)	≥1/2～3/4	1/4
	≥3/4	1/2
长勾丝(长度≥10 mm 的勾丝)	≥1/4～1/2	1/4
	≥1/2～3/4	1/2
	≥3/4	1

9.7　分别计算经(纵)向和纬(横)向试样(包括增测的试样在内)勾丝级别的平均数作为该方向最终勾丝级别，如果平均值不是整数，修约至最近的 0.5 级，并用“—”表示，如 3—4。

10　勾丝性能的评定

如果需要，对试样的勾丝性能进行评级，≥4 级表示具有良好的抗勾丝能力，≥3—4 级表示具有抗勾丝性能，≤3 级表示抗勾丝性能差。

注：有关各方另有协议的按协议规定进行评定。

11　试验报告

试验报告应包括下列内容：

a)　本标准编号；

b)　试验日期；

c)　样品的描述；

d)　所使用的仪器型号、转速；

e)　主要的试验参数；

f)　样品经(纵)向和纬(横)向的平均勾丝级别；

g)　如果需要，勾丝性能的评定结果；

h)　偏离本标准的细节及试验中的异常现象。

附 录 A
（规范性附录）
仪器的校正

A.1 勾丝仪的校正应用参照织物进行。

A.2 参照织物的选取。每个试验室应选定勾丝程度2～4级范围内的至少三种织物(针织或机织)作为参照织物,并保存一定数量。参照织物的勾丝形态要便于评级,同时其本身勾丝性能较均匀、稳定。如果参照织物的经、纬向勾丝级别差异较大(超过1级),也可选用两种参照织物。

A.3 仪器的校正。在规定的参数条件下,测定参照织物的勾丝级别,如果所测级别与最初所测级别之差有三分之二超过±0.5级,则应对仪器进行检查调整。

A.4 校正周期。如果仪器经常使用,可定期校正仪器;如果不常用,则每次使用前应对仪器进行校正。

ICS 59.080.01
W 04

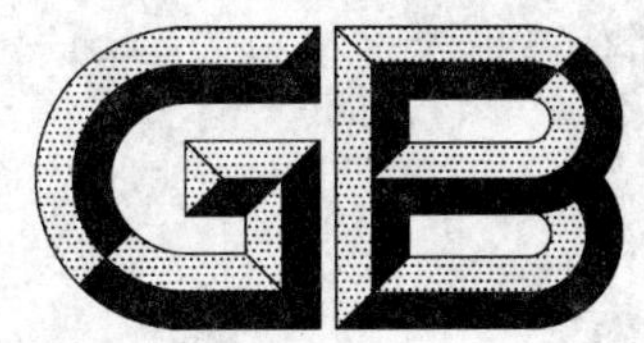

中华人民共和国国家标准

GB/T 11048—2008
代替 GB/T 11048—1989

纺织品　生理舒适性
稳态条件下热阻和湿阻的测定

Textiles—Physiological effects—Measurement of thermal and water-vapour resistance under steady-state conditions

[ISO 11092:1993, Textiles—Physiological effects—Measurement of thermal and water-vapour resistance under steady-state conditions (sweating guarded-hotplate test), MOD]

2008-04-29 发布　　2008-12-01 实施

中华人民共和国国家质量监督检验检疫总局
中国国家标准化管理委员会　发布

前言

本标准修改采用ISO 11092:1993《纺织品 生理舒适性 稳态条件下热阻和湿阻的测定(蒸发热板法)》。

本标准与ISO 11092:1993的主要差异如下:

1. 标准名称省略"(蒸发热板法)";
2. 增加术语"克罗值"、"热导率";
3. 将ISO 11092中的仪器作为A型仪器,并增加了另一种热护环及底板(见图3)及相关内容;
4. 增加了B型仪器——静态平板法(见5.2)以及B型仪器的重复性、再现性(见8.2);
5. 范围中增加了A和B两种仪器的适用情况的说明;
6. 增加了7.1.1、7.3.1和7.4.2的注;
7. 在第7章的有关计算中增加了"结果保留三位有效数字";
8. 增加透湿指数、透湿率、克罗值及热导率的计算(见7.5);
9. 增加了附录C"仪器的校准"。

本标准代替GB/T 11048—1989《纺织品保温性能的测定》。

本标准与GB/T 11048—1989相比主要变化如下:

1. 标准名称中不再使用术语"保温性能"一词,改用术语"热阻和湿阻";
2. 扩大了适用范围;
3. 增加了湿阻测定的内容;
4. 规定可以采用两种仪器:A型仪器——蒸发热板法,B型仪器——静态平板法;
5. 恒温温度由36℃改为35℃;
6. 试验环境空气由基本静止(风速小于0.1 m/s)改为恒定气流1 m/s;
7. 以热阻和湿阻为主要指标,并增加透湿指数、透湿率、热导率指标,取消保温率指标;
8. 取消以间歇式加热为基础的试验程序和计算公式,只给出定义性公式;
9. 增加以标准样校准仪器的程序;
10. 取消原方法B——管式保温仪法;
11. 增加结果的重复性、再现性一章(见第8章)。

本标准的附录A、附录B和附录C均为规范性附录。

本标准由中国纺织工业协会提出。

本标准由全国纺织品标准化技术委员会基础分委会(SAC/TC 209/SC 1)归口。

本标准主要起草单位:国家纺织制品质量监督检验中心、3M中国有限公司、上海踏石贸易有限公司、温州大荣纺织仪器有限公司、莱州电子仪器有限公司。

本标准主要起草人:王宝军、任鹤宁、葛玥、潘进、郝长振、邱学明。

引 言

本标准是第一个有关纺织品服装舒适性方面的试验方法标准。

与生理舒适性相关的纺织材料的物理性能包括热和湿传递的复杂结合，每一个过程都可能单独发生，也有可能同时发生，并具有时间依赖性，而且应考虑稳态和非稳态的情况。

热阻是辐射、传导、对流的热传递作用相结合的最终结果，它的值取决于其中每一个值对热传递的贡献。虽然热阻是纺织材料的一个固有的特性，但由于受诸如与周围环境辐射热传递等因素的相互影响，它的测定值会随着试验环境的不同而变化。

有多种方法可以用来测定织物的热湿的性能，其中的任何一种方法都与其他的方法有所不同，其结果取决于所设定的条件。

本标准中所描述的受保护的散发湿气的热板(通常把其称作“皮肤模型”)是用来模拟贴近人体皮肤发生的热和湿的传递过程。测定包含一个或两个过程，这两个过程在多种环境条件下单独或同时发生，还包括温度、相对湿度、气流速度的复合，在气态或液态环境下进行测定。因此用标准所述仪器测定传递性能能够在稳态和非稳态状态下模拟由不同的穿着和不同的环境所产生的状态，在本标准中仅仅采用了标准状态。

纺织品　生理舒适性
稳态条件下热阻和湿阻的测定

1　范围

本标准规定了在稳态条件下热阻和湿阻的测定方法。

本标准适用于各类纺织制品以及制作这些制品的纺织织物、薄膜、涂层、泡沫、皮革以及复合材料。

本标准测定技术的应用受到热阻和湿阻最大测定范围的影响，这两个最大值取决于所用仪器的尺寸和结构性能（例如，适用于本标准的仪器热阻和湿阻测定范围分别至少为 2 $m^2 \cdot K/W$ 和 700 $m^2 \cdot Pa/W$）。

在本标准中所采用的试验环境不代表特定的舒适性条件，也没有给出舒适性的性能要求。

本标准规定了 A、B 两种类型的测试仪器。测定热阻和湿阻或仅测定其中之一时优先采用 A 型仪器（蒸发热板法仪器），在仅需测定热阻时也可以采用 B 型仪器（静态平板法仪器）。

2　术语和定义

下列术语和定义适用于本标准。

2.1

热阻　thermal resistance

$\boldsymbol{R_{ct}}$

试样两面的温差与垂直通过试样的单位面积热流量之比。该干热流量可能由传导、对流、辐射中的一种或多种形式传递。

热阻 R_{ct} 以平方米开尔文每瓦（$m^2 \cdot K/W$）为单位，它表示纺织品处于稳定的温度梯度的条件下，通过规定面积的干热流量。

2.2

湿阻　water-vapour resistance

$\boldsymbol{R_{et}}$

试样两面的水蒸气压力差与垂直通过试样的单位面积蒸发热流量之比。蒸发热流量可能由扩散和对流的一种或多种形式传递。

湿阻 R_{et} 以平方米帕斯卡每瓦（$m^2 \cdot Pa/W$）为单位，它表示纺织品处于稳定的水蒸气压力梯度的条件下，通过一定面积的蒸发热流量。

2.3

透湿指数　water-vapour permeability index

$\boldsymbol{i_{mt}}$

热阻与湿阻的比值。由式(1)计算：

$$i_{mt} = S \cdot R_{ct}/R_{et} \quad \cdots\cdots(1)$$

式中：S＝60 Pa/K。

i_{mt} 无量纲，其值介于 0 和 1 之间。$i_{mt}=0$ 意味着材料完全不透湿，有极大的湿阻；$i_{mt}=1$ 意味着材料与同样厚度的空气层具有相同的热阻和湿阻。

2.4

透湿率 water-vapour permeability

W_d

由材料的湿阻和温度所决定的特性，以克每平方米小时帕斯卡[g/(m² · h · Pa)]为单位，由式(2)计算：

$$W_d = \frac{1}{R_{et} \cdot \Phi_{T_m}} \quad \cdots\cdots (2)$$

式中：

Φ_{T_m}——试验板表面温度为 T_m 时的饱和水蒸气潜热。当 $T_m = 35℃$时，$\Phi_{T_m} = 0.627$ W · h/g。

2.5

克罗值 clo

热阻的一个表示单位。在温度为 21℃、气流不超过 0.1 m/s 的环境条件下，静坐者(其基础代谢为 58 W/m²)感觉舒适时，其所穿服装的隔热值为 1 克罗(clo)值。

2.6

热导率 thermal conductivity

k

试样两面存在单位温差时，通过单位面积单位厚度的热流量，以瓦每米开尔文[W /(m · K)]为单位。

热导率为热传导、热辐射、热对流的总和，等于单位厚度热阻的倒数。

3 符号和单位

R_{ct} 热阻，$m^2 \cdot K/W$

R_{et} 湿阻，$m^2 \cdot Pa/W$

i_{mt} 透湿指数，无量纲

R_{ct0} 为热阻 R_{ct} 的测定而确定的仪器常数，$m^2 \cdot K/W$

R_{et0} 为湿阻 R_{et} 的测定而确定的仪器常数，$m^2 \cdot Pa/W$

W_d 透湿率，$g/(m^2 \cdot h \cdot Pa)$

Φ_{T_m} 试验板表面温度为 T_m 时的饱和水蒸气潜热，W · h/g

A 试验板的面积，m^2

T_a 气候室中空气的温度，℃

T_m 试验板的温度，℃

T_s 热护环的温度，℃

p_a 水蒸气压力(在气候室中的温度为 T_a 时)，Pa

p_m 饱和水蒸气压力(当试验板的表面温度为 T_m 时)，Pa

v_a 被测试样表面上方的空气的速度，m/s

s_v 气流速度 v_a 的标准偏差，m/s

R. H. 相对湿度，%

H 提供给测试面板的加热功率，W

ΔH_c 热阻 R_{ct} 测定中加热功率的修正量

ΔH_e　　湿阻 R_{et} 测定中加热功率的修正量

α　　ΔH_c 的计算中修正量曲线的斜率

β　　ΔH_e 的计算中修正量曲线的斜率

k　　热导率，W/(m·K)

d　　材料的厚度，mm

4　原理

试样覆盖于电热试验板上，试验板及其周围和底部的热护环(保护板)都能保持相同的恒温，以使电热试验板的热量只能通过试样散失；调湿的空气可平行于试样上表面流动。

在试验条件达到稳态后，测定通过试样的热流量来计算试样的热阻。

本标准中描述的方法是通过从测定试样加上空气层的热阻值中减去试验仪器表面空气层的热阻值得出所测材料的热阻值 R_{ct}。两次测定均在相同的条件下进行。

对于湿阻的测定，需在多孔电热试验板上覆盖透气但不透水的薄膜，进入电热板的水蒸发后以水蒸气的形式通过薄膜，所以没有液态水接触试样。试样放在薄膜上后，测定在一定水分蒸发率下保持试验板恒温所需热流量，与通过试样的水蒸气压力一起计算试样湿阻。

本标准中描述的方法是通过从测定试样加上空气层的湿阻值中减去试验仪器表面空气层的湿阻值得出所测材料的湿阻值 R_{et}。两次测定均在相同的条件下进行。

5　仪器

5.1　A型仪器——蒸发热板法

5.1.1　具有温度和给水控制的测试部分

由厚约 3 mm，面积至少为 0.04 m^2(例如边长为 200 mm 的正方形)的金属板固定在内含电热丝的导电金属组件上组成试验板(图 1 部件 1 和 6)。为了湿阻的测定，金属板应是多孔的，它被位于试样台(11)内的热护环(图 2 部件 8)所包围。

在 20℃环境下，以波长范围 8 μm 到 14 μm 的光束垂直照射于金属板表面并以半球反射的方式，测得金属板表面的辐射系数应高于 0.35。

与多孔板相接触的电热丝金属组件(6)的表面为沟槽，使定量供水装置(5)提供的水能够进入电热板。

试验板相对于试样台的位置应是可以调整的，以使放在其上面的试样上表面能与试样台保持共面。

在试验板或温度测试装置中的热量损耗应降到最低，例如尽可能使线路沿着热护环的内表面设置。

温度控制器(3)，包括试验板的温度传感器，应保持试验板温度 T_m 恒定至±0.1℃。在整个量程范围内，应用精度为±2%的适合的装置(4)测定试验板的加热功率 H。

多孔金属板表面的供水由定量供水装置(5)完成，它就像马达驱动的滴定管一样，当水位低于试验板表面约 1.0 mm 时，触及开关而启动泵水装置以保证试验板表面水分的恒速蒸发。信号开关与试验板相连接。

在运行试验板以前，水应预热至试验板的温度。在水进入试验板之前让其先穿过热护环中的管子能够达到这个要求。

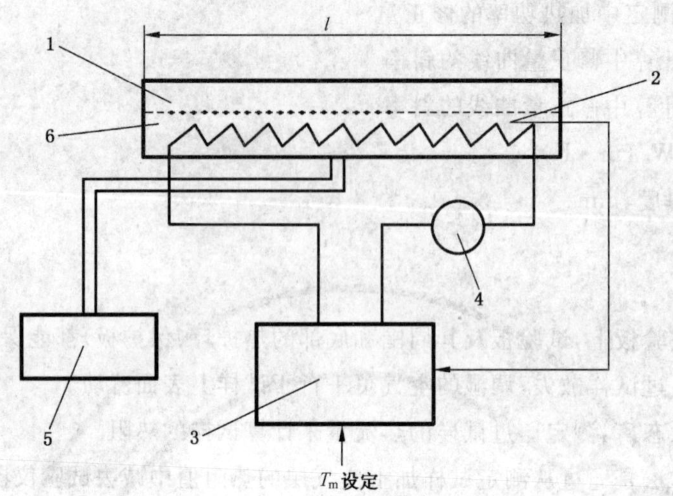

1——金属板；

2——温度传感器；

3——温度控制器；

4——热量测定装置；

5——定量供水装置；

6——装有加热元件的金属体。

图 1　温度和水蒸气控制和测定装置

5.1.2　具有温度控制的热护环

由高热导率材料(如金属)组成，且包含电热元件。它的作用是防止试验板的边缘及底部的热散失。热护环的宽度 b(见图 2)至少为 15 mm。热护环的上表面与试验板表面的间距不应超过 1.5 mm。

热护环像试验板一样，可以配置一个多孔板和定量供水系统，以形成一个潮湿的护管。由控制器(9)控制并由温度传感器(10)测得的热护环的温度 T_s 应与试验板温度 T_m 相同，精度为±0.1℃。

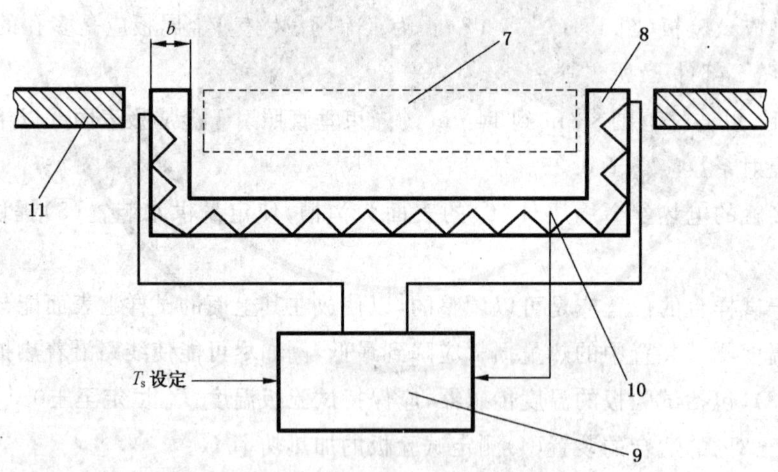

7——5.1 的测定装置；

8——热护环；

9——温度控制器；

10——温度测定装置；

11——试样台。

图 2　热护环及温度控制装置

图3所示的装置是另一种热护环和底板的控制结构。热护环呈环状包围着试验板，其宽度 b 至少为60 mm，其厚度及构成与试验板相同并共面，二者之间用大约3 mm宽的软木条或其他绝热材料相互隔热。热护环用于防止试验板横向热损失。底板厚度及构成与测试板和热护环相同。底板与试验板和热护环平行，并保持一定距离（例如25 mm～75 mm，不超过75 mm），通过木质框架结构连接，使上下板之间形成气室。底板的作用是阻止测试板和保护板向下的热量损失。底板与热护板的温度分别控制。

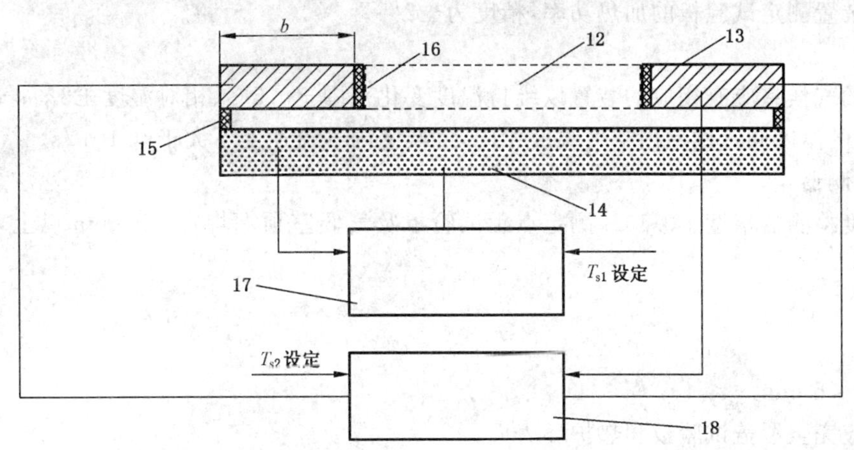

12——试验板；
13——热护板；
14——底板；
15——木质框架；
16——软木条；
17、18——温度测定装置。

图3 热护环及底板

5.1.3 气候室

试验板和热护环安装在气候室内，气候室与环境中的空气是导通的，而且气候室内空气的温度和湿度能够得到控制，气流可以穿过并沿着试验板和热护环表面流动，导流口在试样台以上的高度不小于50 mm。

在整个试验过程中，气流温度 T_a 的偏差应不超过±0.1℃，当热阻和湿阻的测定值低于0.5 m^2·K/W和100 m^2·Pa/W时，精度可以控制在±0.5℃；相对湿度的误差不应超过±3%。在试验板的中心上方15 mm处测定气流温湿度，从这点测得的气流温度 T_a 为20℃、速度 v_a 的平均值应为1 m/s，误差不超过±0.05 m/s。

值得注意的是气流是有一定的波动的，空气流速的相对变异可以标准偏差与气流速度的比值 s_v/v_a 表示，其值在0.05～0.1之间。气流速度可使用具有时间常数小于1 s的仪器进行测试，数据采集频次不少于10次/min，总测定时间应不少于10min。

5.2 B型仪器——静态平板法

5.2.1 热板

由试验板、保护板、底板组成热板组件，每块板加电后都能维持在恒定的35℃。

试验板是加热板的一部分，它的面积至少为0.04 m^2（例如每边长至少为200 mm的方形），并且要放在加热板组件上表面的正中央。试验板一般为铝或铜制金属板，其反射率按5.1.1要求，试验板的加热元件与金属板绝缘，其间距根据加热元件加热效率的不同，或紧贴或有一定间隙（例如3 mm以内）。

保护板呈环状包围着试验板，其宽度至少为60 mm，其厚度及构成与试验板相同并与测试板共面，两板之间用大约3 mm宽的软木条或其他绝热材料相互隔热。保护板用于防止试验板横向热损失。

底板的厚度及构成与测试板和保护板相同，底板与试验板和保护板平行，并保持一定距离（例如

25 mm～75 mm)使上下板之间形成气室。底板的作用是阻止测试板和保护板向下的热量损失。

5.2.2 温度检测与控制器

试验板、保护板、底板应各自具有一个温度传感器和温度控制器。传感器安放在板的内部且尽可能地靠近板的外表面用来测定各自表面的温度;温度控制器应保持各板温度 T_m 恒定,精度达到±0.1℃。

5.2.3 热功率测定仪

使用适当装置测定试验板的加热功率,精度为±2%。

5.2.4 气候室

热板所处的气候室应有相应的装置以维持温度变化范围±0.5℃、相对湿度±3%;气候室的壁不能有高反射性,壁的温度同气候室内空气温度相同,气候室内气流速度不大于 0.1 m/s。

5.2.5 气温检测器

气候室温度检测器精度±0.1℃,测定点距试验板及气候室顶端均在 150 mm 以上,且处于试验板中心线上。

6 试样

6.1 材料厚度≤5 mm

试样尺寸应完全覆盖试验板和热护环表面。

从每份实验室样品中至少取 3 块试样,试样要求平整、无折皱。

试验前,试样应在 7.3 或 7.4 规定的试验环境中调湿至少 12 h。

6.2 材料厚度>5 mm

6.2.1 厚度在此范围内的试样需要一个特殊的程序以避免热量或水蒸气从其边缘散发。

在热阻的测定中,如果试样的厚度超过热护环宽度 b 的 2 倍,则需对热量在边缘处的散失进行修正。热阻和试样厚度之间线性关系的偏差按公式[$1+(\Delta R_{ct}/R_{ct,m})$]确定和修正,通过测利用匀质材料(例如泡沫材料)多层叠加(最终达到被测试样的厚度 d)所测定的 R_{ct} 值进行修正(图 4)。

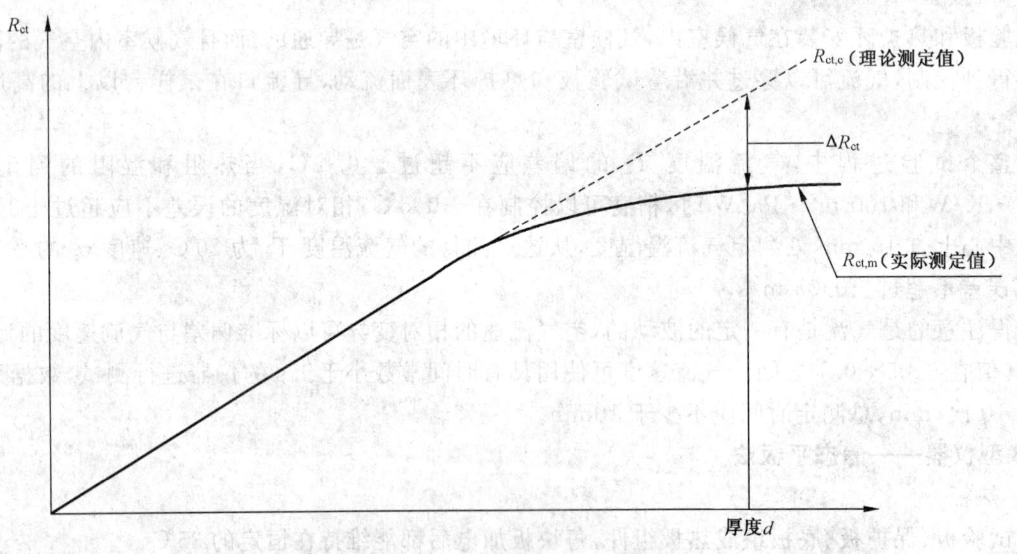

图 4 热阻测定中边缘热损失的修正

6.2.2 如果热护环不配置像试验板那样的多孔板和定量供水系统,那么在测定湿阻时,试样垂直边被不能渗透水蒸气的框架包围,其高度大约与试样不受外力放置时的高度一样,其内部框架尺寸和试验板的多孔金属板上的各边一样。

6.2.3 通常试样应在 7.3 和 7.4 规定的试验气候中调湿至少 24 h。

6.2.4 如果样品含有松散的填充物或厚度呈不均匀状,例如被子、睡袋、羽绒服等,则试样需要按附录

A 进行制备。

7 试验程序

7.1 仪器常数的测定

以本标准所述装置测得的试样的热阻和湿阻中，包含有固定的仪器常数，这些常数是由测试装置本身的热阻以及附着于试样表面的边界空气层的阻力决定的，后者受试样上方空气流速和波动程度的影响。

这些仪器常数 R_{ct0} 和 R_{et0} 又称作“空板”值，测定时试验板上表面与试样台应处于同一平面。

7.1.1 R_{ct0} 的测定

调节试验板表面温度 T_m 为 35℃，气候室温度 T_a 为 20℃，相对湿度为 65%，空气流速 v_a 为 1 m/s（B 型仪器 $v_a<0.1$ m/s），以上各值的误差均应在第 5 章要求的范围内。待测定值 T_m，T_a，R. H.，H 都达到稳定后记录它们的值。

注：通常不超过 3 min 记录 1 次测定值，试验时间至少 30 min 可达到稳定（不包括预热时间）；对于间歇式加热的仪器，试验时间应为完整加热循环。

空板值 R_{ct0} 由式(3)确定，结果保留 3 位有效数字：

$$R_{ct0}=\frac{(T_m-T_a)\cdot A}{H-\Delta H_c} \qquad \cdots\cdots(3)$$

ΔH_c 是一个修正值，由附录 B 描述的方法确定。

7.1.2 R_{et0} 的测定

7.1.2.1 测定湿阻时，需用定量供水装置保持试验板表面的湿润。在多孔试验板上覆盖一层光滑的透气而不透水的薄膜（可用厚 10 μm～50 μm 的纤维素薄膜），薄膜的安放要确保平整无皱，且薄膜事先要经蒸馏水浸渍。

供给试验板的水应经过二次蒸馏并经过煮沸才能使用，这样水中就没有气泡以防止薄膜下出现气泡。

7.1.2.2 试验板表面温度 T_m 及周围空气温度均控制在 35℃，空气流速 v_a 为 1 m/s。空气的相对湿度应保持为 40%，其水蒸气压力 p_a 为 2 250 Pa。假设试验板表面周围水蒸气与其表明温度相同，其所对应的饱和水蒸气压力 p_m 则为 5 620 Pa，以该值计算不影响试验的正确性。

以上各值 T_m、T_a、v_a、R. H. 的偏差均应在第 5 章要求的范围内，待测定值 T_m，T_a，R. H.，H 都达到稳定后记录它们的值。

注：通常不超过 3 min 记录 1 次测定值，试验时间至少 30 min 可达到稳定（不包括预热时间）；对于间歇式加热的仪器，试验时间应为完整加热循环。

7.1.2.3 空板值 R_{et0} 由式(4)确定，结果保留 3 位有效数字：

$$R_{et0}=\frac{(P_m-P_a)\cdot A}{H-\Delta H_e} \qquad \cdots\cdots(4)$$

ΔH_e 是一个修正值，由附录 B 中所描述的方法来确定。

7.1.3 参照样

通过测定已标定热阻或湿阻的参照样可以对仪器进行核查，核查方法参见附录 C。

7.1.4 仪器常数的核查

要定期核查仪器常数 R_{ct0} 和 R_{et0}，当偏差超出仪器精度范围（见第 8 章）时，则需要进行调整。大多数情况下，R_{ct0} 和 R_{et0} 的改变是由于试样表面气流速度 v_a 的变化引起的，试样表面上方的气流速度需按 5.1.3 的描述的技术要求进行定期检查。

试样表面上方的气流（速度和波动程度）影响了附着于试样表面的边界空气层的阻力，从而影响到了测试结果。

7.2 试样在试验板上的放置

7.2.1 试样的放置位置方向与气流方向有关，应在试验报告中予以规定和说明。

试样应平置于试验板上，将通常接触人体皮肤的一面朝向试验板。多层织物也是如此，试样在试验板上的放置就像在人体上一样。试样不应有起泡和起皱，以免试样与试验板间、多层织物的各层之间产生不应有的空气层。可用防水胶带或一轻质金属架固定在试样边缘以保持其平整。

7.2.2 通常，试样在不受张力或负荷作用、多层试样各层之间无空气缝隙的情况下测试。如果试验在拉伸或受压力或夹有空气缝隙时进行，应在试验报告中说明。

7.2.3 当试样的厚度超过 3 mm 时，应调节试验板高度以使试样的上表面与试样台平齐(A 型仪器)。

7.3 热阻 R_{ct} 的测定

7.3.1 调节试验板表面温度 T_m 为 35℃，气候室空气温度 T_a 为 20℃，相对湿度为 65%，空气流速为 1 m/s(B 型仪器 $v_a<0.1$ m/s)，以上各值的偏差均应在第 5 章要求的范围内。

如有需要，也可采用其他的温度 T_a、相对湿度 R. H. 和气流速度 v_a，但应在试验报告中说明具体试验条件，并说明这些条件与在本标准规定的环境下进行试验所得结果的差异。

在试验板上放置试样后，待 T_m，T_a，R. H. ，H 达到稳定后，记录它们的值。

注：通常不超过 3 min 记录 1 次测定值，试验时间至少 30 min 可达到稳定(不包括预热时间)；对于间歇式加热的仪器，试验时间应为完整加热循环。

7.3.2 根据式(5)计算热阻。

$$R_{ct}=\frac{(T_m-T_a)\cdot A}{H-\Delta H_c}-R_{ct0} \qquad \cdots\cdots(5)$$

计算所测试样热阻 R_{ct} 的算术平均值作为样品的检验结果，结果保留 3 位有效数字。

7.4 湿阻 R_{et} 的测定

7.4.1 为测定湿阻，应将能透过水蒸气而不能透过水的薄膜放置在 7.1.2 所述的试验板上。

7.4.2 调节试验板表面温度 T_m 和空气温度 T_a 为 35℃，相对湿度为 40%，空气流速为 1 m/s。以上各值的偏差均应在第 5 章要求的范围内。这些等温条件是为了使水蒸气在试样内不致冷凝。

如有需要，可以采用其他的相对湿度 R. H. 和气流速度 v_a，但应在试验报告中说明具体试验条件，并说明这些条件与在本标准规定的环境下进行试验所得结果的差异。如果改变空气温度 T_a，试验板表面温度与大气温度不是等温条件，不属于本标准适用范围。

在试验板上放置试样后，待测定值 T_m，T_a，R. H. ，H 达到稳定后，再记录它们的值。

注：通常不超过 3 min 记录 1 次测定值，试验时间至少 30 min 可达到稳定(不包括预热时间)；对于间歇式加热的仪器，试验时间应为完整加热循环。

7.4.3 根据式(6)计算湿阻：

$$R_{et}=\frac{(P_m-P_a)\cdot A}{H-\Delta H_e}-R_{et0} \qquad \cdots\cdots(6)$$

计算所测试样湿阻 R_{et} 的算术平均值作为样品的检验结果，结果保留 3 位有效数字。

7.5 其他指标的计算

如果需要，可以根据 7.3 和 7.4 的测定结果，计算透湿指数、透湿率、克罗值及热导率。

7.5.1 透湿指数

$$i_{mt}=S\cdot R_{ct}/R_{et} \qquad \cdots\cdots(7)$$

式中：S=60 Pa/K。

7.5.2 透湿率

$$W_d=\frac{1}{R_{et}\cdot \Phi_{T_m}} \qquad \cdots\cdots(8)$$

当 T_m=35℃时，Φ_{T_m}=0.627 W·h/g。

7.5.3 克罗值

$$\text{clo} = R_{ct}/0.155 = 6.451\ R_{ct} \tag{9}$$

7.5.4 热导率

$$k = 10^{-3} \cdot d/R_{ct} \tag{10}$$

其中 d 是按 GB/T 3820 测定的厚度(mm)。

8 结果的重复性、再现性

8.1 采用 A 型仪器

8.1.1 重复性

在测定单层织物试样的热阻 R_{ct}时,如试样的热阻不高于 $50\times10^{-3}\ m^2\cdot K/W$,则其重复性误差为 $3.0\times10^{-3}\ m^2\cdot K/W$;在测定蓬松材料时,当 R_{ct} 的值超过 $50\times10^{-3}\ m^2\cdot K/W$ 时,其重复性误差为 7%。

在测定单层织物试样的湿阻 R_{et} 时,如果试样的湿阻不高于 $10\ m^2\cdot Pa/W$,则其重复性误差为 $0.3\ m^2\cdot Pa/W$;在测定蓬松材料时,当 R_{et}的值超过 $10\ m^2\cdot Pa/W$ 时,其重复性误差为 7%。

8.1.2 再现性

利用厚度分别为 3 mm,6 mm,12 mm 的蓬松材料在 4 个实验室中进行试验,热阻 R_{ct}的平均标准偏差为 $6.5\times10^{-3}\ m^2\cdot K/W$,湿阻 R_{et}的平均标准偏差为 $0.67\ m^2\cdot Pa/W$。

8.2 采用 B 型仪器

8.2.1 重复性

在相同的试验设备上对从同一批试样中随机抽取的两个样品进行试验,在 95%的置信度条件下,试验结果之间的差异不超过其平均值的 4.5%。

8.2.2 再现性

在 5 个实验室里对从 5 种材料随机抽取的样品进行试验,在 95%的置信度条件下,试验结果之间的差异不超过其平均值的 10%。

9 试验报告

试验报告应至少包括以下内容:

a) 说明试验是按本标准进行的;

b) 样品的详细描述;

c) 试样放置状态说明(7.2);

d) 试样数量;

e) 所采用的仪器类型及型号;

f) 试验条件和参数;

g) 热阻和(或)湿阻的算术平均值;

h) 如果需要,报告按 7.5 计算的结果;

i) 任何偏离本标准的细节及不正常的现象;

j) 试验日期。

附 录 A
（规范性附录）
对含有松散填充物和不均匀厚度的试样的制备

A.1 对含有松散填充物和不均匀厚度的样品，例如被褥、睡袋、羽绒服等，如果可能，每个样品应最少取 3 块试样，如果条件不允许，应在试验报告中注明实际的试样数。如果材料的不均匀度是由绗缝而引起，则至少要各准备 2 块试样测定热阻和湿阻。

A.2 试验时试样要放在一个高度约和试样不受外力作用时高度一致的框架中。在测定热阻时，框架的内边尺寸至少为$(L+2b)$；在测定湿阻时，框架的内边尺寸要和试验板的金属板各边尺寸 L 一致（见图 1 和图 2）。

A.3 在准备 A.1 中规定的至少 2 块试样时，在样品的中心区域内，一块含尽可能多的绗缝数，另一块含尽可能少的绗缝数。

附　录　B
（规范性附录）
加热功率的修正值的确定

B.1　在热阻和湿阻的测定过程中，试验板和热护环（保护板）的温度被设定为同一个值，但按 5.1 和 5.2的允差在实际中会造成试验板和热护环间明显的温度差异。在这种情况下，提供给试验板的加热功率不等于穿过试样的热流量，在测定热阻和湿阻的过程中需对加热功率进行修正，修正量分别以 ΔH_c 和 ΔH_e 表示。

B.2　加热功率的修正值 ΔH_c 与试验板和热护环之间的温度差异呈线性关系。由式（B.1）计算：

$$\Delta H_c = \alpha \cdot (T_m - T_s) \qquad \cdots\cdots(B.1)$$

斜率 α 可以通过下面的方式确定：选取一种高绝热性的材料（例如厚度至少为 4 mm 的泡沫材料），剪取足够大的尺寸以使试验板和热护环完全被覆盖；大气温度设定为 20℃，试验板温度设定为 35℃，调节热护环的温度控制器使热护环温度以 0.2℃的梯度在 34℃～36℃之间递变。在每个设定的值达到稳定后，记录下提供给试验板的加热功率。

由这个加热功率与试验板和热护环间的温度差异的线性关系可作出一条直线，其斜率即为 α。

B.3　加热功率的修正值 ΔH_e 由式（B.2）确定：

$$\Delta H_e = \beta \cdot (T_m - T_s) \qquad \cdots\cdots(B.2)$$

斜率 β 由下述方式确定：试验板被 7.1.2 中描述的薄膜覆盖，并由泵水装置提供水。选取一种不透气的材料（例如 PET 聚酯薄膜）和一种高绝热材料（例如最少厚度为 4 mm 的泡沫材料），剪取足够大的尺寸以使试验板和热护环完全被覆盖。大气温度设定为 35℃，相对湿度设定为 40%，热护环的温度被定为 35℃。

试验板温度相对于热护环温度以 0.2℃为梯度递增。当各个设定值达到稳定时，记录下提供给试验板的加热功率。

由这个加热功率与试验板和热护环间的温度差异的线性关系可作出一条直线，其斜率即为 β。

B.4　在 α，β 的值改变或试验仪器修理后，加热功率的修正量斜率 α，β 需要核查。

附 录 C
（规范性附录）
仪器的校准

C.1 热阻的校准

C.1.1 仪器热阻的校准应采用经标定的参照样进行。

C.1.2 对仪器的热阻测定值和线性值应同时进行校准。

C.1.3 按标准条件分别测定空板、1～4层校准样的总热阻 R_{ct}。

a) 将一层校准织物覆盖于测试板表面，并测试总热阻（R_{ct1}）；

b) 将二层校准织物覆盖于测试板表面，测试总热阻（R_{ct2}）；

c) 将三层校准织物覆盖于测试板表面，测试总热阻（R_{ct3}）；

d) 将四层校准织物覆盖于测试板表面，测试总热阻（R_{ct4}）。

C.1.4 仪器应达到以下要求：

a) 1～4层参照样的各自总热阻应不超过标定值的±10%；

b) 将参照样的层数对应的空板热阻值、1层、2层、3层、4层总热阻值作回归关系曲线，其应呈线性关系；

c) 回归曲线的斜率应不超过标定值回归曲线斜率的±10%；

d) 任何一次单独测定都不能超出回归曲线所给值的±10% 。

C.1.5 如果仪器没能达到以上任何一个要求，调节仪器直到达到以上要求。

C.1.6 当仪器进行修理之后或长期未用而重新启用时，要对仪器进行校准，应达到以上要求才可使用。

C.1.7 如果仪器不能调整到符合上述要求，如实际偏差呈线性，可以对检验结果进行修正，但应在报告中说明；当实际偏差呈非线性（无规律），则仪器不能再继续使用。

C.1.8 如果利害各方同意，可以仅采用单层参照样进行校准，但应注明。

C.2 湿阻的校准

仪器湿阻的校准与C.1热阻的校准程序和要求相同，只是需采用湿阻参照样。

ICS 59.080.60
W 56

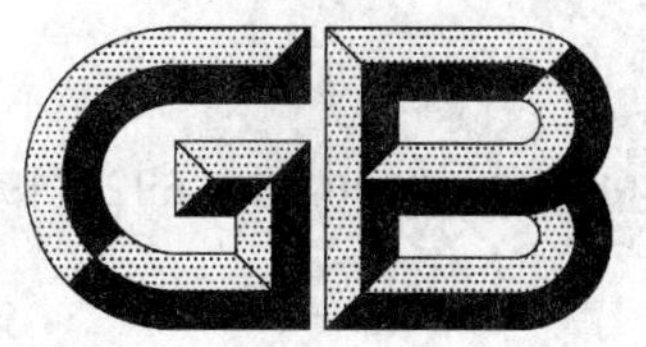

中华人民共和国国家标准

GB/T 11049—2008/ISO 6925:1982
代替 GB/T 11049—1989

地毯燃烧性能　室温片剂试验方法

Burning behaviour of carpets—Tablet test at ambient temperature

(ISO 6925:1982, Textile floor coverings—Burning behaviour—Tablet test at ambient temperature, IDT)

2008-06-16 发布　　2009-03-01 实施

中华人民共和国国家质量监督检验检疫总局
中国国家标准化管理委员会　发布

前 言

本标准等同采用ISO 6925:1982《纺织品铺地物　燃烧性能　在室温条件下的片剂试验》(英文版)。本标准相对于ISO 6925:1982主要做了如下编辑性修改:

——依据我国地毯分类命名标准,将标准名称中"铺地纺织品"改为"地毯";

——删除ISO 6925:1982的前言;

——增加本标准的前言;

——作为小数点的","改为小数点"."。

本标准是对GB/T 11049—1989《铺地纺织品燃烧性能在室温下片剂试验》的修订。与GB/T 11049—1989相比主要变化如下:

——增加规范性引用文件;

——将结果表示中"试验结果以八块试样的平均值和最大值表示"改为按国际标准表述"试验结果应以每块试样最大损毁长度表示"。

本标准由中国轻工业联合会提出。

本标准由全国地毯标准化技术委员会归口。

本标准起草单位:中国工艺美术协会地毯专业委员会、天津市地毯研究所、威海市山花地毯集团有限公司、威海海马地毯有限公司。

本标准主要起草人:武淑雯、陈贵生、马志军、张波。

本标准所代替标准的历次版本发布情况为:

——GB/T 11049—1989。

地毯燃烧性能　室温片剂试验方法

1　范围

本标准规定了地毯在控制的实验室条件下,以水平位置暴露于小火源时的表面燃烧性能试验方法。

本标准适用于各种组织结构和纤维组分的地毯。

本标准规定试样处于水平位置,其试验结果不适用以其他位置使用的地毯的燃烧性能。

本方法仅用于在控制的实验室条件下,地毯材料或组合系统对热和火焰的反应性能评定,而不能用于对地毯在实际着火条件下的易燃性的评价或规定。在贸易中,按照ISO 2859抽样方案进行抽样,本方法可以作为一种满意的试验手段在商品验收试验中广泛应用。

2　规范性引用文件

下列文件中的条款通过本标准的引用而成为本标准的条款,凡是注日期的引用文件,其随后所有的修改单(不包括勘误的内容)或修订版均不适用于本标准,然而,鼓励根据本标准达成协议的各方研究是否可使用这些文件的最新版本。凡是不注日期的引用文件,其最新版本适用于本标准。

QB/T 1087　机制地毯　物理试验的取样和试样的截取法(QB/T 1087—2001,eqv ISO 1957:1986)

ISO 139　纺织品的调试和试验用标准大气

ISO 2589　计数抽样操作程序和表格

3　原理

在规定条件下,将水平位置的试样暴露在小火源即六亚甲基四胺片剂(以下简称片剂)的作用中,并测量试验后的损毁长度和火焰蔓延时间。

4　设备和材料

4.1　试验箱:内部尺寸为300 mm×300 mm×300 mm,由硬质耐火绝缘板制成,具有与石棉水泥板相似的耐热性能,厚度不小于6 mm。箱顶敞开,并有一块用同一材料制成的可移动底板,结合处密接。

注:能给出相同结果的其他试验箱体均可使用。

4.2　方形金属板:230 mm×230 mm,厚(6.5±0.5) mm,中间开一个直径为205 mm的圆孔。

4.3　干燥器:存放片剂及干燥试样。建议使用变色硅胶作为干燥剂。

4.4　烘箱:应有通风和恒温控制。箱内温度为(105±2)℃。

4.5　手套:聚乙烯、聚丙烯和橡胶手套均可。

4.6　钢尺:分度值为毫米。

4.7　吸尘器:与试样接触的所有表面应平整光滑。

4.8　实验室通风橱:容积约2 m^3,密闭,试验时排风装置能关闭。通风橱的前面或一个侧面应装有供观察试样用的玻璃窗。

4.9　片剂:为六亚甲基四胺(商品名为乌洛托品)扁平片剂,每片质量为(150±5)mg,直径为6 mm。

注:片剂贮存于干燥器内,可减少点燃时破裂的现象。

4.10　计时器:可选用秒表。

5 试样和调湿

5.1 取样和试样截取

按 QB/T 1087 的规定截取试样。

5.2 试样尺寸和数量

每个样品上至少截取八块试样，尺寸为 230 mm×230 mm，允差±3 mm。

5.3 衬垫

衬垫的使用不作规定，如果有关双方认可，则本方法可用于评定地毯和衬垫的组合效果。

5.4 试样调湿

用吸尘器清洁试样，除掉绒头上的散绒毛等杂物。

按具体情况选用下述方法之一调湿试样，试样应单个、毯面朝上放置，或按有关双方认可的方法进行：

a 法：采用 ISO 139 中规定，试样在温度(20±2)℃，相对湿度(65±4)%的标准大气中放置 24 h，然后取出放入密封容器内。

b 法：将试样放在(105±2)℃的烘箱内烘 2 h 后，把试样移入干燥器内直至达到室温。

注：b 法调湿的试样更严格，a 法调湿的试样更现实，方法选择应按具体情况而定。

6 试验程序

6.1 应在温度 10 ℃～30 ℃，相对湿度 20%～65%的大气中进行试验。

6.2 将试验箱放入通风橱内，关闭排风装置。

6.3 戴上手套从调湿大气或干燥器中取出一块试样，对绒头试样，需沿逆绒头倒伏方向将绒头刷至直立。

6.4 将试样使用面朝上平放在试验箱底板上，将金属板放在试样上，四边与试样对齐。

6.5 取一片剂平放在试样中心，用点燃的火柴或点火器的火焰与片剂表面轻轻接触，点燃片剂。如需计时应启动秒表，注意切勿以点燃的火柴和点火器的火焰接触到试样。

试样从容器或干燥器中取出至片剂点燃相隔的时间应控制在 2 min 以内，如超过 2 min 应另取试样按 6.3～6.5 重新试验。

如点燃时片剂破裂，则试验结果无效。

6.6 点燃的火焰或任何蔓延的火焰燃烧至熄灭，让有焰或无焰燃烧蔓延至金属板孔的任何一边缘，如达到以上两个条件之一时，即为试验终止，立即停止计时，开启通风橱的排风装置，排除烟雾及有毒气体。

6.7 用钢尺测量试样的中心至损毁区边缘的最大距离，单位为毫米(mm)。

6.8 取出试样，清除试验箱内底板上的残渣。各次试验之间要有足够时间以便试验箱冷却至室温±5 ℃。

6.9 按 6.4～6.8 规定的方法重复进行其余的七块试样。

6.10 如需要，用计时器以秒计测量片剂点燃至火焰或无焰燃烧延至金属板孔边缘的时间。

7 结果的表示

试验结果应以每块试样的最大损毁长度(mm)表示。

8 试验报告

试验报告应包括以下内容：

a) 说明试验是按本标准进行的；

b) 说明使用的取样方法；

c) 试验中是否使用衬垫；

d) 试样的调湿方法(a 法或 b 法)；

e) 每块试样的最大损毁长度；

f) 如需要,每块试样的火焰蔓延时间；

g) 偏离本试验方法的任何细节。

ICS 75.060
E 24

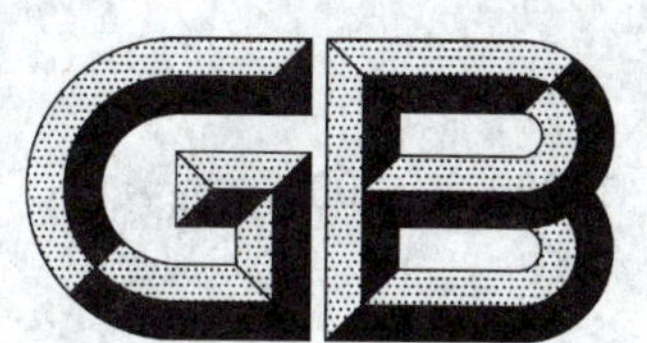

中华人民共和国国家标准

GB/T 11060.2—2008
代替 GB/T 11060.2—1998

天然气　含硫化合物的测定
第2部分：用亚甲蓝法测定硫化氢含量

Natural gas—Determination of sulfur compound—
Part 2: Determination of hydrogen sulfide content by methylene blue method

2008-12-29 发布　　2009-05-01 实施

中华人民共和国国家质量监督检验检疫总局
中国国家标准化管理委员会　发布

前言

GB/T 11060《天然气　含硫化合物的测定》分为以下五个部分：

——第1部分：用碘量法测定硫化氢含量；

——第2部分：用亚甲蓝法测定硫化氢含量；

——第3部分：用乙酸铅反应速率双光路检测法测定硫化氢含量；

——第4部分：用氧化微库仑法测定总硫含量；

——第5部分：用氢解-速率计比色法测定总硫含量。

本部分为GB/T 11060的第2部分。

本部分是对GB/T 11060.2—1998《天然气中硫化氢含量的测定　亚甲蓝法》的修订，代替GB/T 11060.2—1998。

本部分与GB/T 11060.2—1998的主要差异是：

——为了同系列标准一致，改变了标准名称；

——在范围一章内增加了有关安全方面的要求；

——将原标准4.14的脚注1)改为标准的条文；

——将原标准第6章“溶液的配制”合并到第4章“试剂和材料”，其他章节号作相应的变化；

——将原标准第10章“分析结果的计算”改为第9章“计算”。

本部分由全国天然气标准化技术委员会提出。

本部分由全国天然气标准化技术委员会(SAC/TC 244)归口。

本部分起草单位：西南油气田分公司天然气研究院、大庆油田工程有限公司。

本部分主要起草人：罗鉴生、涂振权、罗勤、黄黎明、常宏岗、张娅娜。

本部分所代替标准的历次版本发布情况为：

——GB 11060.2—1989、GB/T 11060.2—1998。

天然气　含硫化合物的测定
第2部分:用亚甲蓝法测定硫化氢含量

1　范围

GB/T 11060 的本部分规定了用亚甲蓝法测定天然气中硫化氢含量的试验方法。

本部分适用于天然气中硫化氢含量的测定,测定范围:0 mg/m^3～23 mg/m^3。

本部分不涉及与其应用有关的所有安全问题。在使用本部分前,使用者有责任制定相应的安全和保健措施,并明确其限定的适用范围。

2　规范性引用文件

下列文件中的条款通过 GB/T 11060 的本部分的引用而成为本部分的条款。凡是注日期的引用文件,其随后所有的修改单(不包括勘误的内容)或修订版均不适用于本部分,然而,鼓励根据本部分达成协议的各方研究是否可使用这些文件的最新版本。凡是不注日期的引用文件,其最新版本适用于本部分。

GB/T 6682　分析实验室用水规格和试验方法(GB/T 6682—2008,ISO 3696:1987,MOD)

GB/T 13609　天然气的取样导则(GB/T 13609—1999,eqv ISO 10715:1997)

3　试验原理

用乙酸锌溶液吸收气样中的硫化氢,生成硫化锌。在酸性介质中和三价铁离子存在下,硫化锌同 *N*,*N*-二甲基对苯二胺反应,生成亚甲蓝。通过用分光光度计测量溶液吸光度的方法测定生成的亚甲蓝。

4　试剂和材料

4.1　试验用水为蒸馏水。应符合 GB/T 6682 规定的三级水的技术要求。

4.2　*N*,*N*-二甲基对苯二胺盐酸盐[$(CH_3)_2NC_6H_4NH_2 \cdot 2HCl$]:化学纯。

4.3　三氯化铁[$FeCl_3 \cdot 6H_2O$]:分析纯。

4.4　乙酸锌[$Zn(CH_3COO)_2 \cdot 2H_2O$]:分析纯。

4.5　重铬酸钾:基准试剂。

4.6　硫代硫酸钠($Na_2S_2O_3 \cdot 5H_2O$):分析纯。

4.7　碘:分析纯。

4.8　碘化钾:分析纯。

4.9　无水碳酸钠:分析纯。

4.10　可溶性淀粉:分析纯。

4.11　盐酸:分析纯。

4.12　硫酸:分析纯。

4.13　冰乙酸:分析纯。

4.14　硫化钠($Na_2S \cdot 9H_2O$):分析纯。

4.15　硫化氢:瓶装气(体积分数不低于 99.5%)。在没有瓶装气时,可用含硫化氢的天然气或无干扰成分的硫化氢。

4.16　盐酸溶液(1+2)。

4.17 盐酸溶液(4+6)。

4.18 盐酸溶液(1+11)。

4.19 硫酸溶液(1+8)。

4.20 乙酸锌溶液(20 g/L):称取23.9 g乙酸锌,溶于500 mL水中,滴加一滴～二滴冰乙酸并搅动使溶液变清亮,稀释至1 L。

4.21 *N*,*N*-二甲基对苯二胺盐酸盐溶液(二胺溶液)(1 g/L):称取0.1 g *N*,*N*-二甲基对苯二胺盐酸盐,用盐酸溶液(4.17)溶解并稀释至100 mL。用棕色试剂瓶储存,常温下有效期14 d。

4.22 三氯化铁溶液(27 g/L):称取2.7 g三氯化铁,用盐酸溶液(4.17)溶解并稀释至100 mL。

4.23 碘储备溶液(50 g/L):称取50 g碘和150 g碘化钾,溶于200 mL水中,加入1 mL盐酸,加水稀释至1 L,储存于棕色试剂瓶中。

4.24 碘溶液(2.5 g/L):取碘储备溶液(4.23)稀释配制。

4.25 硫代硫酸钠标准储备溶液[$c(Na_2S_2O_3)=0.1$ mol/L]

4.25.1 配制

称取26 g硫代硫酸钠和1 g无水碳酸钠,溶于1 L水中,缓缓煮沸10 min,冷却,储存于棕色试剂瓶中,放置14 d,倾取清液标定后使用。

4.25.2 标定

称取在120 ℃烘至恒重的重铬酸钾0.15 g,称准至0.000 2 g,置于500 mL碘量瓶中,加入25 mL水和2 g碘化钾,摇动,使固体溶解后,加入20 mL盐酸溶液(4.16)或硫酸溶液(4.19),立即盖上瓶塞,轻轻摇动后,置于暗处10 min。加入150 mL水,用硫代硫酸钠溶液滴定。近终点时,加入2 mL～3 mL淀粉指示液,继续滴定至溶液由蓝色变为亮绿色。同时作空白试验。

硫代硫酸钠标准储备溶液的浓度c按式(1)计算:

$$c=\frac{m}{49.03(V_1-V_2)}\times 10^3 \qquad \cdots\cdots(1)$$

式中:

c——硫代硫酸钠标准储备溶液的浓度,单位为摩尔每升(mol/L);

m——重铬酸钾的质量,单位为克(g);

V_1——试液滴定时硫代硫酸钠溶液的耗量,单位为毫升(mL);

V_2——空白滴定时硫代硫酸钠溶液的耗量,单位为毫升(mL);

49.03——$M(1/6K_2Cr_2O_7)$,单位为克每摩尔(g/mol)。

两次标得硫代硫酸钠溶液的浓度相差不应超过0.000 2 mol/L。

4.26 硫代硫酸钠标准溶液[$c(Na_2S_2O_3)=0.01$ mol/L]:取新标定过的硫代硫酸钠标准储备溶液(4.25),用新煮沸并冷却的水准确稀释配制。

4.27 淀粉指示液(5 g/L):称取1 g可溶性淀粉,加入10 mL水,搅拌下注入200 mL沸水中,再微沸2 min,冷却后,将清液倾入试剂瓶中备用。该溶液于使用前制备。

4.28 比色管架。

5 仪器

5.1 吸收器:由比色管,胶塞和鼓泡管组成,如图1。沿鼓泡管球部的一周均匀分布有四个直径不大于0.5 mm的小孔。

5.2 分光光度计:可测定波长670 nm处吸光度的任何型号的分光光度计。

5.3 比色管:容量50 mL。

5.4 湿式气体流量计:分度值0.01 L,示值误差±1%。

5.5 恒温水槽:控温精度±1 ℃。

5.6 停表。

5.7 温度计:测量范围 0 ℃~50 ℃,分度值 0.5 ℃。

5.8 大气压力计:测量范围 80 kPa~106 kPa,分度值 0.01 kPa。

单位为毫米

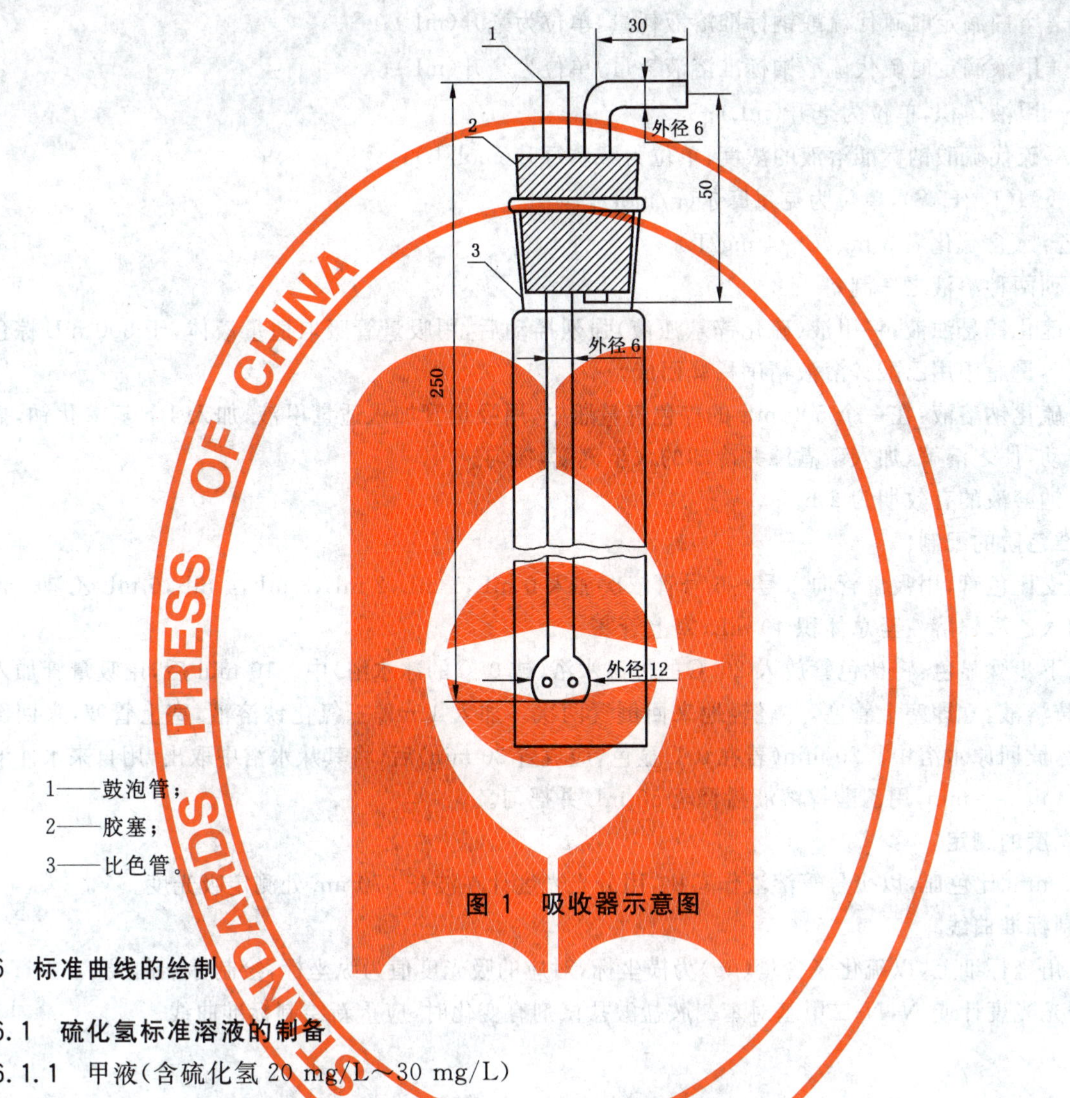

1——鼓泡管;

2——胶塞;

3——比色管。

图 1 吸收器示意图

6 标准曲线的绘制

6.1 硫化氢标准溶液的制备

6.1.1 甲液(含硫化氢 20 mg/L~30 mg/L)

6.1.1.1 配制:选下列两种溶液之一制备。

——硫化锌悬浊液:在一个 500 mL 锥形瓶中加入 400 mL 水,塞上胶塞,用注射器取 10 mL 硫化氢气体,经胶塞注入瓶内,强烈摇动后加入 100 mL 乙酸锌溶液,混匀。当无硫化氢气体时,可将含硫化氢较低的天然气通入用 100 mL 乙酸锌溶液加 400 mL 水配制成的吸收液中,直至溶液明显变浑浊为止。

——硫化钠溶液:取一粒或数粒硫化钠晶体,用少量水洗去表面的变质产物,用滤纸吸干后,称取 0.5 g 无色透明的晶体,加入 1 g 氢氧化钠,于棕色试剂瓶中用新煮沸并冷却的水溶解后稀释至 500 mL。硫化钠溶液不稳定,需立即标定和使用。

6.1.1.2 标定:在一个 250 mL 碘量瓶中,用吸量管加入 10.00 mL 碘溶液(4.24),加入 10 mL 盐酸溶液(4.18),再用吸量管加入 50.00 mL 新配制好的甲液(硫化钠溶液或硫化锌悬浊液),放置 2 min~3 min。用硫代硫酸钠标准溶液(4.26)滴定。近终点时,加入 2 mL~3 mL 淀粉指示液(4.27),继续滴定至溶液蓝色消失。另取 50 mL 水,按同样的步骤作空白试验。

甲液中硫化氢的质量浓度 ρ_1(mg/L)按式(2)计算:

$$\rho_1 = \frac{17.04\,c\,(V_3 - V_2)}{V_4} \times 10^3 \qquad \cdots\cdots(2)$$

式中：

ρ_1——甲液中硫化氢的质量浓度，单位为毫克每升(mg/L)；

V_3——空白滴定时硫代硫酸钠标准溶液耗量，单位为毫升(mL)；

V_2——甲液滴定时硫代硫酸钠标准溶液耗量，单位为毫升(mL)；

V_4——甲液体积，单位为毫升(mL)；

c——硫代硫酸钠标准溶液的浓度，单位为摩尔每升(mol/L)；

17.04——$M(1/2H_2S)$，单位为克每摩尔(g/mol)。

6.1.2 乙液(含硫化氢 3 mg/L～4 mg/L)

选下列两种溶液之一制备。

——硫化锌悬浊液：将甲液(硫化锌悬浊液)强烈摇动后，用吸量管吸取适量液体，于 500 mL 棕色容量瓶中用乙酸锌溶液精确稀释而成。

——硫化钠溶液：在一个 500 mL 的棕色容量瓶中，用吸量管加入适量甲液，加入 1 g 氢氧化钠，摇动，使之溶解，加入新煮沸并冷却的水至刻度，摇匀。

硫化钠溶液的有效期为 2 h。

6.2 标准色阶的配制

取六支比色管，用吸量管向 1 号～6 号管依次加入 0 mL，1 mL，2 mL，3 mL，4 mL，6 mL 乙液。再向各管加入乙酸锌溶液至总体积 40 mL，塞上管塞。

按以下步骤显色：将比色管放入 20 ℃的恒温水浴(或 0 ℃的冰水浴)中。10 min 后，用吸量管加入 5 mL 二胺溶液，立即塞上管塞，并轻轻地来回倒置两次。加入 1 mL 三氯化铁溶液，塞上管塞，来回倒置两次后，放回原水浴中。20 min(若在 0 ℃显色，应放置 30 min)后，将其从水浴中取出，用自来水冲淋比色管 2 min～3 min，用乙酸锌溶液稀释至 50 mL 并摇匀。

6.3 吸光度的测定

用 20 mm 比色皿，以 1 号管溶液作参比，用分光光度计在波长 670 nm 处测定吸光度。

6.4 绘制标准曲线

在直角坐标纸上，以硫化氢含量(μg)为横坐标，对应的吸光度值为纵坐标，绘制标准曲线。

当分光光度计或 N,N-二甲基对苯二胺盐酸盐试剂有变化时，应重新绘制标准曲线。

7 取样

7.1 取样按 GB/T 13609 执行。

7.2 硫化氢的吸收应在取样现场完成，不允许用任何类型的容器将样品气运回实验室。每次试样用量的选择见表 1。

7.3 取样步骤见 8.1。

表 1 试样参考用量表

预计的硫化氢浓度/(mg/m³)	试样用量/L
<0.5	20
0.5～2	10
2～5	4
5～10	2
10～23	1

8 分析步骤

8.1 吸收

按图2安装仪器，于吸收器5中加入35 mL乙酸锌溶液，用短节胶管将仪器的各部分紧密对接。全开螺旋夹3，缓缓打开阀2，用待分析气经排气管4充分置换取样管线内的气体。记录流量计读数，作为取样时的初始读数。调节螺旋夹3，使气体以0.5 L/min～1 L/min的流量通过吸收器。吸收过程中分几次记录气体的温度。待通过表1中规定量的气样后，关闭阀2。记录取样体积，气体平均温度和大气压力。

在吸收过程中应避免日光直射。

8.2 显色

取下吸收器，将其置入与绘制标准曲线相同温度的水浴中。10 min后用吸量管经鼓泡管(见图1)入口加入5 mL二胺溶液，轻轻摇动使混匀后，再加入1 mL三氯化铁溶液，取下胶塞，用水小心淋洗鼓泡管。淋洗液并入显色液中，塞上管塞，将比色管来回倒置两次后放回原水浴中。以下步骤同6.2。

8.3 参比溶液的制备

取一支比色管，加入40 mL乙酸锌溶液，塞上管塞。按6.2的步骤显色。参比溶液的显色应与试验溶液同步进行。

8.4 吸光度的测定

将试验溶液和参比溶液分别注入20 mm的比色皿中，用分光光度计在波长670 nm处，测定吸光度。测定时应通过比色皿厚度的选择将吸光度调至0.2～0.7之间。

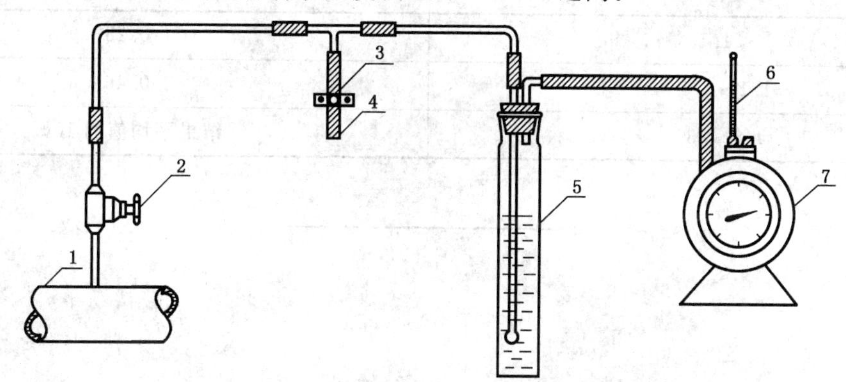

1——气源管道；
2——取样阀；
3——螺旋夹；
4——排空管；
5——吸收器；
6——温度计；
7——流量计。

图2 硫化氢吸收装置示意图

9 计算

9.1 气样的校正体积

气样的校正体积按式(3)计算：

$$V_n = V\frac{p - p_V}{101.3} \times \frac{293.2}{273.2 + t} \quad \cdots\cdots(3)$$

式中：

V_n——气样校正体积，单位为毫升(mL)；

V——取样体积，单位为升(L)；

p——取样时的大气压力，单位为千帕(kPa)；

p_V——温度 t 时水的饱和蒸气压，单位为千帕(kPa)；

t——气样平均温度，单位为摄氏度(℃)。

9.2 气样中硫化氢含量的计算

用测得的试验溶液的吸光度值，从标准曲线上查出吸收液中硫化氢的含量。气样中的硫化氢含量以质量浓度 ρ (mg/m^3)表示，按式(4)计算：

$$\rho = \frac{m}{V_n} \quad \cdots\cdots(4)$$

式中：

ρ——硫化氢质量浓度，单位为毫克每立方米(mg/m^3)；

m——吸收液中硫化氢的含量，单位为微克(μg)；

V_n——气样的校正体积，单位为升(L)。

10 精密度

在重复性条件下获得的两次独立测试结果的差值不超过表 2 给出的重复性限，超过重复性限的情况不超过 5%。

表 2 重复性

单位为毫克每立方米

浓度范围	重复性限
<1.1	0.23
1.1～4.6	0.46
4.6～23	结果平均值的 10%

ICS 77.150.99
H 68

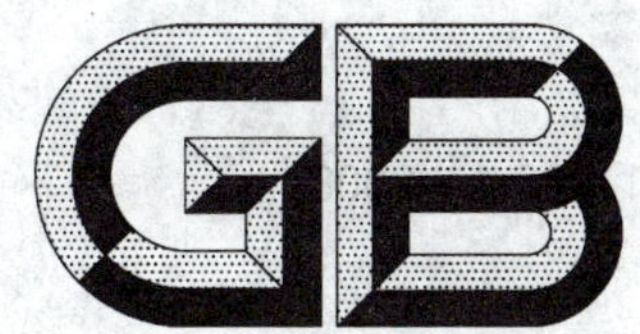

中华人民共和国国家标准

GB/T 11066.1—2008
代替 GB/T 11066.1—1989

金化学分析方法 金量的测定 火试金法

Methods for chemical analysis of gold—
Determination of gold content—
Fire assaying method

2008-06-09 发布 2008-12-01 实施

中华人民共和国国家质量监督检验检疫总局
中国国家标准化管理委员会 发布

前　言

GB/T 11066《金化学分析方法》分为如下10个部分：

——GB/T 11066.1　金化学分析方法　金量的测定　火试金法；

——GB/T 11066.2　金化学分析方法　银量的测定　火焰原子吸收光谱法；

——GB/T 11066.3　金化学分析方法　铁量的测定　火焰原子吸收光谱法；

——GB/T 11066.4　金化学分析方法　铜、铅和铋量的测定　火焰原子吸收光谱法；

——GB/T 11066.5　金化学分析方法　银、铜、铁、铅、锑和铋量的测定　原子发射光谱法；

——GB/T 11066.6　金化学分析方法　镁、镍、锰和钯量的测定　火焰原子吸收光谱法；

——GB/T 11066.7　金化学分析方法　银、铜、铁、铅、锑、铋、钯、镁、锡、镍、锰和铬量的测定　火花原子发射光谱法；

——GB/T 11066.8　金化学分析方法　银、铜、铁、铅、铋、锑、钯、镁、镍、锰和铬量的测定　乙酸乙酯萃取-ICP-AES法；

——GB/T 11066.9　金化学分析方法　砷和锡量的测定　氢化物-原子荧光光谱法；

——GB/T 11066.10　金化学分析方法　硅量的测定　钼蓝分光光度法。

本部分为第1部分。

本部分代替GB/T 11066.1—1989《金化学分析方法　火试金法测定金量》。本部分与GB/T 11066.1—1989相比，主要有如下的变动：

——将灰皿制作材料由“纯骨灰制成”改为“纯骨灰或镁砂制成”；

——增加了试样条款；

——将取样量“称取1.000 00 g试料”更改为“称取0.50或1.00 g试料”，由“每份试料及标样与2.5 g纯银”更改为“每份试料及纯金标样加1.25 g或2.5 g纯银”；

——将碾片中“由两端向片中线卷成两个相同的圆筒”内容，更改为“将退火后的金银片卷成圆筒状”；

——第三次分金中增加了“当试料称取量为1.00 g时，进行第三次分金”；

——在“分析结果的计算”条款内重新表述计算公式和结果的单位，并增加了计算结果表示到小数点后的位数内容；

——用精密度代替允许差；

——增加了质量保证和控制条款。

本部分由中国有色金属工业协会提出。

本部分由全国有色金属标准化技术委员会归口。

本部分由成都印钞公司负责起草。

本部分由成都印钞公司、沈阳造币厂、国家金银及制品质量监督检验中心起草。

本部分由上海造币厂、北京矿冶研究总院参加起草。

本部分主要起草人：王自森、陈杰、赖茂明、王德雨、张勃、黄蕊、陈菲菲、李华昌、符斌、于力、牟华、张波、孟波、薛世纯、魏灵芝、郭德谦。

本部分主要验证人：杜培勇、李天沸、何清平、张梅、朱秀芬、黄敏华。

本部分所代替标准的历次版本发布情况为：

——GB/T 11066.1—1989。

金化学分析方法
金量的测定 火试金法

1 范围

本部分规定了金中金含量的测定方法。

本部分适用于金中金含量的测定。测定范围:99.50%～99.95%。

2 方法提要

试料加入适量的银,包于铅箔中,于920℃进行灰吹,使铅及杂质氧化与金银分离,金银合金颗粒留在灰皿中。由金银合金颗粒制成的合金卷经硝酸分金后称重,用随同测定的纯金标样校正后计算试料的金含量。

3 试剂和材料

除非另有说明,在分析中仅使用确认为分析纯的试剂,如蒸馏水、去离子水或相当纯度的水。

3.1 铅箔:(纯铅,Pb质量分数不小于99.99%),碾成0.1 mm薄片,剪成正方形,每张重约3 g。

3.2 纯银:(Ag,质量分数不小于99.99%)。

3.3 硝酸(1+1)。

3.4 硝酸(2+1)。

3.5 纯金标样(金的质量分数不小于99.98%)。

4 仪器和器具

4.1 箱式高温炉。

4.2 天平:感量0.01 mg。

4.3 碾片机:可碾厚度0.1 mm。

4.4 分金篮:用0.5 mm～1.0 mm不锈钢片(或用铂金网)制成。

4.5 灰皿:纯骨灰或镁砂制成,尺寸$\phi \times h$:30 mm×20 mm,凹面深度为10 mm。

4.6 长柄灰皿钳子。

5 试样

为避免试样表面污染,可用(1+1)热盐酸浸泡15 min。由水洗净后用酒精或丙酮冲洗2次,在105℃～110℃烘箱内烘干。

6 分析步骤

6.1 试料

称取0.50 g或1.00 g试料,精确至0.000 01 g;称取与试料中含金质量相近的纯金标样(3.5)4份,精确至0.000 01 g。每份试料及纯金标样加1.25 g或2.5 g纯银(3.2),用两张铅箔(3.1)包成球型。

6.2 测定次数

独立地进行三次测定,取其平均值。

6.3 灰吹

灰皿(4.5)在950℃左右预热20 min,将已包好的试料(6.1)和标样(6.1)按顺序交叉放入排列好的灰皿中,待熔铅脱膜后稍开炉门通风,在920℃±20℃进行灰吹,视出现光辉点之后关闭炉门切断电源,在炉温降至750℃以下时取出灰皿冷却。

6.4 退火与碾片

6.4.1 用镊子将金银合金颗粒从灰皿中取出。用锤子敲打颗粒两侧,刷去附着物后,在650℃～700℃退火5 min。取出冷却碾成0.2 mm薄片,在650℃～700℃退火3 min。

6.4.2 将退火后的金银片卷成圆筒状,放入分金篮内。

6.5 分金

6.5.1 第一次分金:将分金篮放入预热至90℃～95℃的硝酸(3.3)中,加热30 min,取出分金篮,用热水洗涤3次。

6.5.2 第二次分金:将水洗后的分金篮放入预热至110℃的硝酸(3.4)中,加热40 min,取出分金篮,用热水洗涤3次。

6.5.3 当试料量为1.00 g时,进行第三次分金:操作同第二次分金,分金30 min,用热水洗涤5次～7次。

6.5.4 灼烧:金卷干燥后于650℃～700℃灼烧3 min,冷却至室温,称重。

7 分析结果的计算

试料金含量以金的质量分数 $w(\mathrm{Au})$ 计,数值以%表示,按下列步骤计算:

7.1 计算标样金卷分金后增量:

$$\Delta m = m_3 - m_4 \cdot D \qquad \cdots\cdots(1)$$

式中:

Δm——标样金卷分金后增量,单位为克(g);

m_3——测得标样金卷质量,单位为克(g);

m_4——称取标样质量,单位为克(g);

D——标样金的质量分数,数值以%表示。

7.2 当标样称取量为0.50 g或1.00 g,若标样金卷分金后增量极差值分别不大于0.000 10 g或0.000 15 g时,计算四份标样金卷分金后增量平均值$\overline{\Delta m}$;否则应重新进行测定。

7.3 按式(2)计算试料金的质量分数 $w(\mathrm{Au})$,数值以%表示:

$$w(\mathrm{Au}) = \frac{m_1 - \overline{\Delta m}}{m_2} \times 100 \qquad \cdots\cdots(2)$$

式中:

$\overline{\Delta m}$——标样金卷分金后增量平均值,单位为克(g);

m_1——测得试料金卷质量,单位为克(g);

m_2——称取试料质量,单位为克(g)。

计算结果表示到小数点后三位。

8 精密度

8.1 重复性

在重复性条件下获得的两次独立测试结果的绝对差值不大于重复性限(r),以大于重复性限(r)的情况不超过5%为前提,重复性限(r)值为0.015%。

8.2 再现性

在再现性条件下获得的两次独立测试结果的绝对差值不大于再现性限(R),以大于再现性限(R)的情况不超过5%为前提,再现性限(R)值为0.020%。

注:重复性限(r)为2.8S_r,S_r为重复性标准差;再现性限(R)为2.8S_R,S_R为再现性标准差。

9 质量保证和控制

应用国家级标准样品或行业标准样品(当前两者没有时,也可用控制标样替代),每周或两周校核一次本分析方法标准的有效性。当过程失控时,应找出原因,纠正错误后,重新进行校核。

ICS 77.150.99
H 68

中华人民共和国国家标准

GB/T 11066.2—2008
代替 GB/T 11066.2—1989

金化学分析方法
银量的测定　火焰原子吸收光谱法

Methods for chemical analysis of gold—
Determination of silver content—
Flame atomic absorption spectrometry

2008-06-09 发布　　2008-12-01 实施

中华人民共和国国家质量监督检验检疫总局
中国国家标准化管理委员会　发布

前言

GB/T 11066《金化学分析方法》共分为以下10部分：

——GB/T 11066.1 金化学分析方法 金量的测定 火试金法；

——GB/T 11066.2 金化学分析方法 银量的测定 火焰原子吸收光谱法；

——GB/T 11066.3 金化学分析方法 铁量的测定 火焰原子吸收光谱法；

——GB/T 11066.4 金化学分析方法 铜、铅和铋量的测定 火焰原子吸收光谱法；

——GB/T 11066.5 金化学分析方法 银、铜、铁、铅、锑和铋量的测定 原子发射光谱法；

——GB/T 11066.6 金化学分析方法 铁、镍、锰和钯量的测定 火焰原子吸收光谱法；

——GB/T 11066.7 金化学分析方法 银、铜、铁、铅、锑、铋、钯、镁、锡、镍、锰和铬量的测定 火花原子发射光谱法；

——GB/T 11066.8 金化学分析方法 银、铜、铁、铅、锑、铋、钯、镁、镍、锰和铬量的测定 乙酸乙酯萃取-ICP-AES法；

——GB/T 11066.9 金化学分析方法 砷和锡量的测定 氢化物-原子荧光光谱法；

——GB/T 11066.10 金化学分析方法 硅量的测定 硅钼蓝分光光度法。

本部分为第2部分。

本部分代替GB/T 11066.2—1989《金化学分析方法 火焰原子吸收光谱法测定银量》。与GB/T 11066.2—1989相比，主要有如下变动：

——将对仪器的要求灵敏度改为特征浓度；

——删除了允许差，增加了精密度；

——增加了质量保证和控制章。

本部分由中国有色金属工业协会提出。

本部分由全国有色金属标准化技术委员会归口。

本部分负责起草单位：成都印钞公司。

本部分起草单位：北京矿冶研究总院、成都印钞公司。

本部分参加起草单位：上海造币厂、沈阳造币技术研究所、江西铜业公司、紫金铜业集团、湖北大冶有色金属集团、国家金银及制品质量监督检验中心。

本部分主要起草人：符斌、阮桂色、李华昌、陈杰、王自森、马玉勤、刘烽。

本部分主要验证人：王皓莹、阴东霞。

本部分所代替标准的历次版本发布情况为：

——GB/T 11066.2—1989。

金化学分析方法
银量的测定　火焰原子吸收光谱法

1　范围

本部分规定了金中银含量的测定方法。

本部分适用于金中银含量的测定。测定范围：0.000 5%～0.040 0%。

2　方法提要

试料用王水分解，在 3 mol/L 盐酸介质中，用乙酸乙酯萃取分离金，水相浓缩后制成盐酸(1+9)待测试液，使用空气-乙炔火焰，于原子吸收光谱仪波长 328.1nm 处测量银的吸光度。

3　试剂

除非另有说明，在分析中仅使用确认为分析纯的试剂和蒸馏水或去离子水或相当纯度的水。

3.1　盐酸(ρ 约 1.19 g/mL)，优级纯。

3.2　盐酸(1+1)。

3.3　盐酸(1+9)。

3.4　盐酸(c(HCl) = 3 mol/L)。

3.5　硝酸(ρ 约 1.42 g/mL)，优级纯。

3.6　硝酸(1+1)。

3.7　稀王水：以 1 份硝酸与 3 份盐酸和 3 份水混匀。

3.8　乙酸乙酯。

3.9　银标准贮存溶液：称取 0.100 0 g 金属银(质量分数≥99.95%)，低温加热溶于 10 mL 硝酸(3.6)中，加入 30 mL～40 mL 盐酸(3.1)，加热煮沸至沉淀完全溶解，冷至室温。移入 1 000 mL 容量瓶中，用盐酸(3.2)稀释至刻度，混匀。此溶液 1 mL 含 100 μg 银。

3.10　银标准溶液：移取 25.00 mL 银标准贮存溶液(3.9)于 200 mL 容量瓶中，用盐酸(3.3)稀释至刻度，混匀。此溶液 1 mL 含 12.5 μg 银。

4　仪器

原子吸收光谱仪，附银空心阴极灯。

在仪器最佳工作条件下，凡能达到下列指标者均可使用。

——特征质量浓度：在与测量试料溶液基体相一致的溶液中，银的特征质量浓度应不大于 0.033 μg/mL。

——工作曲线线性：将工作曲线按质量浓度等分成五段，最高段吸光度差值与最低段的吸光度差值之比，应不小于 0.85。

——精密度：用最高质量浓度的标准溶液测量 10 次吸光度，其标准偏差应不超过平均吸光度的 1%；用最低质量浓度的标准溶液(不是"零"标准溶液)测量 10 次吸光度，其标准偏差应不超过最高质量浓度标准溶液平均吸光度的 0.5%。

——推荐使用 P-E1100 型原子吸收光谱仪测定银的参考工作条件如表 1。

表 1

波长/nm	灯电流/mA	单色器通带/nm	观测高度/ mm	乙炔流量/(L/min)	空气流量/(L/min)
328.1	3	0.7	8.0	0.9	5.5

5 分析步骤

5.1 试料

根据银含量按表 2 称取试样,精确至 0.001 g。

表 2

银的质量分数/%	试料量/g	试液总体积/mL
0.000 5～0.002 5	1.0	10
>0.002 5～0.012 5	1.0	50
>0.012 5～0.040 0	0.5	100

5.2 空白试验

随同试料做空白试验。

5.3 测定

5.3.1 将试料(5.1)置于 100 mL 烧杯中,加入 6 mL 稀王水(3.7),盖上表皿,低温加热使试料完全分解,低温蒸发至试液颜色呈棕褐色(约 2 mL)取下,打开表皿挥发氮的氧化物,冷却至室温。

5.3.2 用盐酸(3.4)洗涤表皿并将试液移入 125 mL 分液漏斗中,稀释至约 30 mL。

5.3.3 加入 20 mL 乙酸乙酯(3.8),振荡 20 s,静置分层,水相放入另一分液漏斗中。有机相加入 2 mL 盐酸(3.4),轻轻振荡 3 次～5 次,静置分层,水相合并(保存有机相以回收金)。

5.3.4 合并后的水相,按 5.3.3 重复操作一次,静置分层后的水相均放入原烧杯中。

5.3.5 低温将溶液蒸发至约 3 mL,冷却至室温,用盐酸(3.3)按表 1 移入容量瓶中并稀释至刻度,混匀。

5.3.6 使用空气-乙炔火焰,在原子吸收光谱仪波长 328.1 nm 处,以水调零,与标准溶液系列平行测量试液的吸光度,减去随同试料空白溶液的吸光度,从工作曲线上查出相应的银质量浓度。

5.4 工作曲线的绘制

5.4.1 移取 0 mL,2.00 mL,4.00 mL,6.00 mL,8.00 mL,10.00 mL 银标准溶液(3.10),分别置于一组 50 mL 容量瓶中,用盐酸(3.3)稀释至刻度,混匀。

5.4.2 在与试料测定相同条件下,以水调零,测量标准溶液的吸光度,减去“零”质量浓度溶液的吸光度。以银质量浓度为横坐标,吸光度为纵坐标绘制工作曲线。

6 分析结果的计算

按式(1)计算银的质量分数 $w(\mathrm{Ag})$,数值以%表示:

$$w(\mathrm{Ag}) = \frac{\rho \cdot V \times 10^{-6}}{m} \times 100 \qquad \cdots\cdots(1)$$

式中:

ρ——自工作曲线上查得的银质量浓度,单位为微克每毫升(μg/mL);

V——试液的总体积,单位为毫升(mL);

m——试料的质量,单位为克(g)。

7 精密度

7.1 重复性

在重复性条件下获得的两次独立测试结果的测定值，在以下给出的平均值范围内，这两个测试结果的绝对差值不大于重复性限(r)，以大于重复性限(r)的情况不超过5%为前提，重复性限(r)按表3数据采用线性内插法求得。

表 3

质量分数/%	r/%
0.000 8	0.000 2
0.002 9	0.000 3
0.038 9	0.002 9
注：重复性限(r)为 $2.8S_r$，S_r 为重复性标准差。	

7.2 再现性

在再现性条件下获得的两次独立测试结果的测定值，在以下给出的平均值范围内，这两个测试结果的绝对差值不大于再现性限(R)，以大于再现性限(R)的情况不超过5%为前提，再现性限(R)按表4数据采用线性内插法求得。

表 4

质量分数/%	R/%
0.000 8	0.000 3
0.002 9	0.000 8
0.038 9	0.004 8
注：再现性限(R)为 $2.8S_R$，S_R 为再现性标准差。	

8 质量保证和控制

应用国家级标准样品或行业级标准样品(当两者没有时，也可用控制样替代)，每周或每两周验证一次本分析方法标准的有效性。当过程失控时，应找出原因，纠正错误后，重新进行校核，并采取相应的预防措施。

ICS 77.150.99
H 68

中华人民共和国国家标准

GB/T 11066.3—2008
代替 GB/T 11066.3—1989

金化学分析方法 铁量的测定 火焰原子吸收光谱法

**Methods for chemical analysis of gold—
Determination of iron content—
Flame atomic absorption spectrometry**

2008-06-09 发布　　　　2008-12-01 实施

中华人民共和国国家质量监督检验检疫总局
中国国家标准化管理委员会　发布

前　言

GB/T 11066《金化学分析方法》共分为以下10部分：

——GB/T 11066.1　金化学分析方法　金量的测定　火试金法；

——GB/T 11066.2　金化学分析方法　银量的测定　火焰原子吸收光谱法；

——GB/T 11066.3　金化学分析方法　铁量的测定　火焰原子吸收光谱法；

——GB/T 11066.4　金化学分析方法　铜、铅和铋量的测定　火焰原子吸收光谱法；

——GB/T 11066.5　金化学分析方法　银、铜、铁、铅、锑和铋量的测定　原子发射光谱法；

——GB/T 11066.6　金化学分析方法　铁、镍、锰和钯量的测定　火焰原子吸收光谱法；

——GB/T 11066.7　金化学分析方法　银、铜、铁、铅、锑、铋、钯、镁、锡、镍、锰和铬量的测定　火花原子发射光谱法；

——GB/T 11066.8　金化学分析方法　银、铜、铁、铅、锑、铋、钯、镁、镍、锰和铬量的测定　乙酸乙酯萃取-ICP-AES法；

——GB/T 11066.9　金化学分析方法　砷和锡量的测定　氢化物-原子荧光光谱法；

——GB/T 11066.10　金化学分析方法　硅量的测定　硅钼蓝分光光度法。

本部分为第3部分。

本部分代替GB/T 11066.3—1989《金化学分析方法　火焰原子吸收光谱法测定铁量》。与GB/T 11066.3—1989相比，本部分主要有如下变动：

——对仪器的要求，将灵敏度改为特征浓度；

——用精密度代替允许差；

——增加了质量保证和控制条款。

本部分由中国有色金属工业协会提出。

本部分由全国有色金属标准化技术委员会归口。

本部分负责起草单位：成都印钞公司。

本部分起草单位：北京矿冶研究总院、成都印钞公司。

本部分参加起草单位：上海造币厂、沈阳造币技术研究所、江西铜业公司、紫金铜业集团、湖北大冶有色金属集团、国家金银及制品质量监督检验中心。

本部分主要起草人：符斌、汤淑芳、李华昌、陈杰、王自森、邢桂珍、马玉勤、刘烽。

本部分主要验证人：高颖剑、姜求韬。

本部分所代替标准的历次版本发布情况为：

——GB/T 11066.3—1989。

金化学分析方法
铁量的测定　火焰原子吸收光谱法

1　范围

本部分规定了金中铁含量的测定方法。

本部分适用于金中铁含量的测定。测定范围:0.000 5%～0.008 0%。

2　方法提要

试样用王水分解,在1 mol/L 盐酸介质中,用乙酸乙酯萃取分离金,水相浓缩后制成盐酸(1+19)待测试液,使用空气-乙炔火焰,于原子吸收光谱仪波长248.3 nm处测量铁的吸光度。

3　试剂

除非另有说明,在分析中仅使用确认为分析纯的试剂和蒸馏水或去离子水或相当纯度的水。

3.1　盐酸(ρ约1.19 g/mL),优级纯。

3.2　盐酸(1+11)。

3.3　盐酸(1+19)。

3.4　硝酸(ρ约1.42 g/mL),优级纯。

3.5　稀王水:以1份硝酸与3份盐酸和3份水混匀。

3.6　乙酸乙酯。

3.7　铁标准贮存溶液:称取0.714 9 g三氧化二铁(优级纯),低温加热溶于100 mL盐酸(3.1)中,冷却至室温,用水移入1 000 mL容量瓶中并稀释至刻度,混匀。此溶液1 mL含500 μg铁。

3.8　铁标准溶液:移取25.00 mL铁标准贮存溶液(3.7)于1 000 mL容量瓶中,用盐酸(3.3)稀释至刻度,混匀。此溶液1 mL含12.5 μg铁。

4　仪器

原子吸收光谱仪,附铁空心阴极灯。

在仪器最佳工作条件下,凡能达到下列指标者均可使用。

——特征质量浓度:在与测量试液的基体相一致的溶液中,铁的特征质量浓度应不大于0.079 μg/mL。

——工作曲线线性:将工作曲线按质量浓度等分成五段,最高段吸光度差值与最低段的吸光度差值之比,应不小于0.85。

——精密度:用最高质量浓度的标准溶液测量10次吸光度,其标准偏差应不超过平均吸光度的1%;用最低质量浓度的标准溶液(不是“零”标准溶液)测量10次吸光度,其标准偏差应不超过最高质量浓度标准溶液平均吸光度的0.5%。

——推荐使用P-E1100型原子吸收光谱仪测定铁的参考工作条件如表1。

表1

波长/nm	灯电流/mA	单色器通带/nm	观测高度/mm	乙炔流量/(L/min)	空气流量/(L/min)
248.3	10	0.2	8.0	0.9	5.5

5 分析步骤

5.1 试料

称取 1.0 g 试料，精确到 0.001 g。

5.2 空白试验

随同试料做空白试验。

5.3 测定

5.3.1 将试料(5.1)置于 100 mL 烧杯中，加入 6 mL 稀王水(3.5)，盖上表皿，低温加热使试料完全分解，低温蒸发至试液颜色呈棕褐色(约 2 mL)取下，打开表皿挥发氮的氧化物，加入 4 mL 水，微沸，冷却至室温。

5.3.2 用盐酸(3.2)洗涤表皿并将试液移入 125 mL 分液漏斗中，稀释至约 30 mL。

5.3.3 加入 20 mL 乙酸乙酯(3.6)，振荡 20 s，静置分层，水相放入另一分液漏斗中。有机相加入 2 mL 盐酸(3.2)，轻轻振荡 3 次～5 次，静置分层，水相合并(保存有机相以回收金)。

5.3.4 合并后的水相，按 5.3.3 重复操作一次，静置分层后的水相均放入原烧杯中。

5.3.5 低温将试液蒸发至约 2 mL，冷却至室温，用盐酸(3.3)按表 2 移入容量瓶中并稀释至刻度，混匀。

表 2

铁的质量分数/%	试液总体积/mL
≤0.002 5	10
>0.002 5～0.008 0	50

5.3.6 使用空气-乙炔火焰，在原子吸收光谱仪波长 248.3 nm 处，以水调零，与系列标准溶液平行测量试液的吸光度，减去随同试料空白溶液的吸光度，从工作曲线上查出相应的铁质量浓度。

5.4 工作曲线的绘制

5.4.1 移取 0 mL、2.00 mL、4.00 mL、6.00 mL、8.00 mL、10.00 mL 铁标准溶液(3.8)，分别置于一组 50 mL 容量瓶中，用盐酸(3.3)稀释至刻度，混匀。

5.4.2 在与试料测定相同条件下，以水调零，测量系列标准溶液的吸光度，减去"零"质量浓度溶液的吸光度。以铁质量浓度为横坐标，吸光度为纵坐标绘制工作曲线。

6 分析结果的计算

按式(1)计算铁的质量分数 $w(\mathrm{Fe})$，数值以%表示：

$$w(\mathrm{Fe})=\frac{\rho \cdot V \times 10^{-6}}{m}\times 100 \qquad (1)$$

式中：

ρ——自工作曲线上查得的铁质量浓度，单位为微克每毫升(μg/mL)；

V——试液总体积，单位为毫升(mL)；

m——试料的质量，单位为克(g)。

7 精密度

7.1 重复性

在重复性条件下获得的两次独立测试结果的测定值，在以下给出的平均值范围内，这两个测试结果的绝对差值不大于重复性限(r)，以大于重复性限(r)的情况不超过 5% 为前提，重复性限(r)按表 3 数据采用线性内插法求得。

表 3

铁的质量分数/%	r/%
0.000 8	0.000 1
0.003 9	0.000 5
0.006 5	0.000 8
注：重复性限(r)为 $2.8S_r$，S_r 为重复性标准差。	

7.2 再现性

在再现性条件下获得的两次独立测试结果的测定值，在以下给出的平均值范围内，这两个测试结果的绝对差值不大于再现性限(R)，以大于再现性限(R)的情况不超过5%为前提，再现性限(R)按表4数据采用线性内插法求得。

表 4

铁的质量分数/%	R/%
0.000 8	0.000 3
0.003 9	0.000 8
0.006 5	0.001 0
注：再现性限(R)为 $2.8S_R$，S_R 为再现性标准差。	

8 质量保证和控制

应用国家级标准样品或行业级标准样品(当两者没有时，也可用控制样替代)，每周或每两周验证一次本分析方法标准的有效性。当过程失控时，应找出原因，纠正错误后，重新进行校核，并采取相应的预防措施。

ICS 77.150.99
H 68

中华人民共和国国家标准

GB/T 11066.4—2008
代替 GB/T 11066.4—1989

金化学分析方法 铜、铅和铋量的测定 火焰原子吸收光谱法

Methods for chemical analysis of gold—Determination of copper, lead and bismuth contents—Flame atomic absorption spectrometry

2008-06-09 发布　　　　2008-12-01 实施

中华人民共和国国家质量监督检验检疫总局
中国国家标准化管理委员会　发布

前言

GB/T 11066《金化学分析方法》共分为以下10部分：

——GB/T 11066.1 金化学分析方法 金量的测定 火试金法；

——GB/T 11066.2 金化学分析方法 银量的测定 火焰原子吸收光谱法；

——GB/T 11066.3 金化学分析方法 铁量的测定 火焰原子吸收光谱法；

——GB/T 11066.4 金化学分析方法 铜、铅和铋量的测定 火焰原子吸收光谱法；

——GB/T 11066.5 金化学分析方法 银、铜、铁、铅、锑和铋量的测定 原子发射光谱法；

——GB/T 11066.6 金化学分析方法 铁、镍、锰和钯量的测定 火焰原子吸收光谱法；

——GB/T 11066.7 金化学分析方法 银、铜、铁、铅、锑、铋、钯、镁、锡、镍、锰和铬量的测定 火花原子发射光谱法；

——GB/T 11066.8 金化学分析方法 银、铜、铁、铅、锑、铋、钯、镁、镍、锰和铬量的测定 乙酸乙酯萃取-ICP-AES法；

——GB/T 11066.9 金化学分析方法 砷和锡量的测定 氢化物-原子荧光光谱法；

——GB/T 11066.10 金化学分析方法 硅量的测定 硅钼蓝分光光度法。

本部分为第4部分。

本部分代替GB/T 11066.4—1989《金化学分析方法 火焰原子吸收光谱法测定铜、铅、铋和锑量》。与GB/T 11066.4—1989相比，本部分主要有如下变动：

——删除了锑量测定的有关内容；

——对仪器的要求，将灵敏度改为特征浓度；

——将允许差条款改为精密度(重复性和再现性)；

——增加了质量保证和控制条款。

本部分由中国有色金属工业协会提出。

本部分由全国有色金属标准化技术委员会归口。

本部分负责起草单位：成都印钞公司。

本部分起草单位：北京矿冶研究总院、成都印钞公司。

本部分参加起草单位：成都印钞公司、上海造币厂、沈阳造币技术研究所、江西铜业公司、紫金铜业集团、湖北大冶有色金属集团、国家金银及制品质量监督检验中心。

本部分主要起草人：符斌、于力、李华昌、陈杰、王自森、刘烽、邢桂珍、马玉勤。

本部分主要验证人：邓海虹、刘春峰。

本部分所代替标准的历次版本发布情况为：

——GB/T 11066.4—1989。

金化学分析方法
铜、铅和铋量的测定
火焰原子吸收光谱法

1 范围

本部分规定了金中铜、铅和铋含量的测定方法。

本部分适用于金中铜、铅和铋含量的同时测定，也适用于其中一个元素的独立测定。测定范围见表1。

表 1

元素	Cu	Pb	Bi
质量分数/%	0.000 5～0.025 0	0.000 5～0.006 0	0.000 5～0.003 0

2 方法提要

试样用王水分解，在2 mol/L盐酸介质中，用乙酸乙酯萃取分离金，水相浓缩后制成盐酸(1+9)待测试液，使用空气-乙炔火焰，于原子吸收光谱仪按表2所列波长处，测量各元素的吸光度。

表 2

元素	Cu	Pb	Bi
波长/nm	324.7	217.0	223.1

3 试剂

除非另有说明，在分析中仅使用确认为分析纯的试剂和蒸馏水或去离子水或相当纯度的水。

3.1 盐酸(ρ约1.19 g/mL)，优级纯。

3.2 盐酸(1+1)。

3.3 盐酸(1+9)。

3.4 盐酸(c(HCl)=2 mol/L)。

3.5 硝酸(ρ约1.42 g/mL)，优级纯。

3.6 硝酸(1+1)。

3.7 稀王水：以1份硝酸与3份盐酸和3份水混匀。

3.8 酒石酸溶液，500 g/L，优级纯。

3.9 洗涤液，移取9 mL酒石酸溶液(3.8)于300 mL盐酸(3.4)中，混匀。

3.10 乙酸乙酯。

3.11 铜标准贮存溶液：称取0.500 0 g金属铜(Cu质量分数≥99.95%)，低温加热溶于20 mL硝酸(3.6)中，加入20 mL水，煮沸驱除氮的氧化物，冷却至室温，用水移入1 000 mL容量瓶中并稀释至刻度，混匀。此溶液1 mL含500 μg铜。

3.12 铅标准贮存溶液：称取1.000 0 g金属铅(Pb质量分数≥99.95%)，低温加热溶于20 mL硝酸(3.6)中，煮沸驱除氮的氧化物，冷却至室温，用水移入1 000 mL容量瓶中并稀释至刻度，混匀。此溶液1 mL含1 mg铅。

3.13 铋标准贮存溶液：称取1.000 0 g金属铋(Bi质量分数≥99.95%)，低温加热溶于100 mL硝酸

(3.6)中，煮沸驱除氮的氧化物，冷却至室温，用水移入1 000 mL容量瓶中并稀释至刻度，混匀。此溶液1 mL含1 mg铋。

3.14 铜、铅和铋混合标准溶液：分别移取25.00 mL铜和铅标准贮存溶液(3.11，3.12)及50.00 mL铋标准贮存溶液(3.13)于1 000 mL容量瓶中，用盐酸(3.3)稀释至刻度，混匀。此溶液1 mL分别含12.5 μg铜、25.0 μg铅、50.0 μg铋。

4 仪器

原子吸收光谱仪，附铜、铅和铋空心阴极灯。

在仪器最佳工作条件下，凡能达到下列指标者均可使用。

——特征质量浓度：在与测量试液的基体相一致的溶液中，铜、铅和铋的特征质量浓度应分别不大于0.048 μg/ mL，0.158 μg/ mL和0.246 μg/ mL。

——工作曲线线性：将工作曲线按质量浓度等分成五段，最高段的吸光度差值与最低段的吸光度差值之比，应不小于0.85。

——精密度：用最高质量浓度的标准溶液测量10次吸光度，其标准偏差应不超过平均吸光度的1.0%；用最低质量浓度的标准溶液(不是“零”标准溶液)测量10次吸光度，其标准偏差应不超过最高质量浓度标准溶液平均吸光度的0.5%。

——推荐仪器工作条件：使用P-E1100型原子吸收光谱仪测定铜、铅和铋的参考工作条件如表3。

表 3

元素	波长/nm	灯电流/mA	单色器通带/nm	观测高度/mm	乙炔流量/(L/min)	空气流量/(L/min)
Cu	324.7	4	0.7	8.0	0.9	5.0
Pb	217.0	4	0.7	8.0	0.9	5.0
Bi	223.1	5	0.2	8.0	0.9	5.5

5 分析步骤

5.1 试料

按表4称取试料，精确到0.001 g。

表 4

<table>
<tr><th rowspan="2">被测元素的质量分数/%</th><th rowspan="2">试料量/g</th><th rowspan="2">烧杯体积/mL</th><th colspan="2">稀王水量</th><th rowspan="2">萃取水相体积/mL</th><th colspan="2">乙酸乙酯量</th><th colspan="3">试液总体积/mL</th></tr>
<tr><th>加入次数</th><th>mL</th><th>加入次数</th><th>mL</th><th>Cu</th><th>Pb</th><th>Bi</th></tr>
<tr><td rowspan="3">w(Cu)、w(Pb)、w(Bi)各≤0.002 5</td><td rowspan="3">10</td><td rowspan="3">250</td><td>1</td><td>35</td><td rowspan="3">40</td><td>1</td><td>25</td><td rowspan="3">100</td><td rowspan="3">50</td><td rowspan="3">25</td></tr>
<tr><td>2</td><td>20</td><td>2</td><td>20</td></tr>
<tr><td>3</td><td>10</td><td>3</td><td>20</td></tr>
<tr><td rowspan="3">w(Cu)>0.002 5～0.010 0；
w(Pb)>0.002 5～0.006 0；
w(Bi)>0.002 5～0.003 0</td><td rowspan="3">2.0</td><td rowspan="3">100</td><td rowspan="3">1</td><td rowspan="3">12</td><td rowspan="3">30</td><td>1</td><td>20</td><td rowspan="3">100</td><td rowspan="3">25</td><td rowspan="3">25</td></tr>
<tr><td>2</td><td>20</td></tr>
<tr><td>3</td><td>20</td></tr>
<tr><td rowspan="3">w(Cu)>0.010 0～0.025 0</td><td rowspan="3">2.0</td><td rowspan="3">100</td><td rowspan="3">1</td><td rowspan="3">12</td><td rowspan="3">30</td><td>1</td><td>20</td><td rowspan="3">200</td><td rowspan="3">—</td><td rowspan="3">—</td></tr>
<tr><td>2</td><td>20</td></tr>
<tr><td>3</td><td>20</td></tr>
</table>

5.2 空白试验

随同试料做空白试验。

5.3 测定

5.3.1 将试料(5.1)按表4置于烧杯中,按表4加入稀王水(3.7),盖上表皿,低温加热使试料完全分解,在水浴上加热蒸发至试液颜色呈棕褐色,取下,打开表皿挥发氮的氧化物,冷却至室温。

5.3.2 边摇动边加入10 mL水,0.9 mL酒石酸溶液(3.8),加热至微沸,取下冷却。

5.3.3 用盐酸(3.4)洗涤表皿并将试液移入125 mL分液漏斗中,按表4稀释体积,加入乙酸乙酯(3.10),振荡20 s,静置分层(保存有机相以回收金)。

注:金量大于2 g有机相在下层。

5.3.4 水相中再按表4加入乙酸乙酯(3.10),振荡20 s,静置分层,水相放入另一分液漏斗中。有机相加入2 mL洗涤液(3.9)轻轻振荡3次～5次,静置分层,水相合并(保存有机相以回收金)。

5.3.5 合并后的水相,按5.3.4重复操作一次,静置分层后的水相均放入原烧杯中。

5.3.6 低温将试液蒸发至约3 mL,冷却至室温,用盐酸(3.3)按表4移入容量瓶中并稀释至刻度,混匀。

5.3.7 使用空气-乙炔火焰,在原子吸收光谱仪按表2所列波长处,以水调零,与系列标准溶液平行测量试液的吸光度,减去随同试料空白溶液的吸光度,从工作曲线上查出相应的被测元素质量浓度。

5.4 工作曲线的绘制

5.4.1 移取0 mL,2.00 mL,4.00 mL,6.00 mL,8.00 mL,10.00 mL铜、铅和铋混合标准溶液(3.14),分别置于一组50 mL容量瓶中,用盐酸(3.3)稀释至刻度,混匀。

5.4.2 在与试料测定相同条件下,以水调零,测量系列标准溶液的吸光度,减去“零”质量浓度溶液的吸光度。以被测元素质量浓度为横坐标,吸光度为纵坐标绘制工作曲线。

6 分析结果的计算

按式(1)计算铜、铅、铋的质量分数 $w(X)$,数值以%表示:

$$w(X) = \frac{\rho \cdot V \times 10^{-6}}{m} \times 100 \qquad \cdots\cdots(1)$$

式中:

X——被测元素(Cu、Pb、Bi);

ρ——自工作曲线上查得的被测元素质量浓度,单位为微克每毫升(μg/mL);

V——试液的总体积,单位为毫升(mL);

m——试料的质量,单位为克(g)。

7 精密度

7.1 重复性

在重复性条件下获得的两次独立测试结果的测定值,在以下给出的平均值范围内,这两个测试结果的绝对差值不大于重复性限(r),以大于重复性限(r)的情况不超过5%为前提,重复性限(r)按表5数据采用线性内插法求得。

表5

元素	质量分数/%	r/%
Cu	0.000 5	0.000 1
	0.007 0	0.000 9
	0.021 1	0.001 8

表 5（续）

元素	质量分数/%	r/%
Pb	0.000 6	0.000 1
	0.002 2	0.000 2
	0.004 3	0.000 4
Bi	0.000 9	0.000 1
	0.002 2	0.000 2
	0.003 0	0.000 3
注：重复性限(r)为 $2.8S_r$，S_r 为重复性标准差。		

7.2 再现性

在再现性条件下获得的两次独立测试结果的测定值，在以下给出的平均值范围内，这两个测试结果的绝对差值不大于再现性限(R)，以大于再现性限(R)的情况不超过5%为前提，再现性限(R)按表6数据采用线性内插法求得。

表 6

元素	质量分数/%	R/%
Cu	0.000 5	0.000 2
	0.007 0	0.001 2
	0.021 1	0.003 0
Pb	0.000 6	0.000 3
	0.002 2	0.000 5
	0.004 3	0.000 8
Bi	0.000 9	0.000 2
	0.002 2	0.000 4
	0.003 0	0.000 6
注：再现性限(R)为 $2.8S_R$，S_R 为再现性标准差。		

8 质量保证和控制

应用国家级标准样品或行业级标准样品（当两者没有时，也可用控制样替代），每周或每两周验证一次本分析方法标准的有效性。当过程失控时，应找出原因，纠正错误后，重新进行校核，并采取相应的预防措施。

ICS 77.150.99
H 68

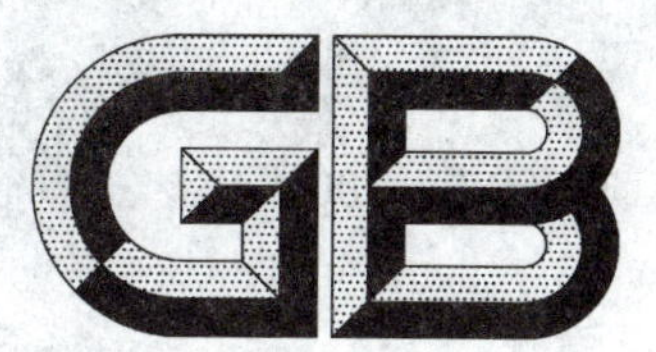

中华人民共和国国家标准

GB/T 11066.5—2008
代替 GB/T 11066.5—1989

金化学分析方法 银、铜、铁、铅、锑和铋量的测定 原子发射光谱法

Methods for chemical analysis of gold—
Determination of silver, copper, iron, lead, antimony and bismuth contents—
Atomic emission spectrometry

2008-06-09 发布　　　　2008-12-01 实施

中华人民共和国国家质量监督检验检疫总局
中国国家标准化管理委员会　发布

前　言

GB/T 11066《金化学分析方法》分为如下 10 个部分：

——GB/T 11066.1　金化学分析方法　金量的测定　火试金法；

——GB/T 11066.2　金化学分析方法　银量的测定　火焰原子吸收光谱法；

——GB/T 11066.3　金化学分析方法　铁量的测定　火焰原子吸收光谱法；

——GB/T 11066.4　金化学分析方法　铜、铅和铋量的测定　火焰原子吸收光谱法；

——GB/T 11066.5　金化学分析方法　银、铜、铁、铅、锑和铋量的测定　原子发射光谱法；

——GB/T 11066.6　金化学分析方法　镁、镍、锰和钯量的测定　火焰原子吸收光谱法；

——GB/T 11066.7　金化学分析方法　银、铜、铁、铅、锑、铋、钯、镁、锡、镍、锰和铬量的测定　火花原子发射光谱法；

——GB/T 11066.8　金化学分析方法　银、铜、铁、铅、铋、锑、钯、镁、镍、锰和铬量的测定　乙酸乙酯萃取-ICP-AES 法；

——GB/T 11066.9　金化学分析方法　砷和锡量的测定　氢化物-原子荧光光谱法；

——GB/T 11066.10　金化学分析方法　硅量的测定　钼蓝分光光度法。

本部分为第 5 部分。

本部分代替 GB/T 11066.5—1989《金化学分析方法　发射光谱法测定银、铜、铁、铅、锑和铋量》。本部分与 GB/T 11066.5—1989 相比，主要有如下的变动：

——删除了引用标准，并对方法提要内容进行了修改；

——将以“$\lg R$-$\lg C$”绘制工作曲线修改为以“$\lg R$-$\lg w$”绘制工作曲线；

——删除了分析结果中“金含量的确定”；

——用精密度代替允许差。

本部分中：银质量分数范围 0.000 5%～0.020 0%时仲裁测量推荐采用第 2 部分；铜质量分数范围 0.000 5%～0.020 0%时仲裁测量推荐采用第 4 部分；铅质量分数范围 0.000 5%～0.006 0%时仲裁测量推荐采用第 4 部分；铋质量分数范围 0.000 5%～0.003 0%时仲裁测量推荐采用第 4 部分；铁质量分数范围 0.001 0%～0.008 0%时仲裁测量推荐采用第 3 部分。

本部分由中国有色金属工业协会提出。

本部分由全国有色金属标准化技术委员会归口。

本部分由成都印钞公司负责起草。

本部分由成都印钞公司、沈阳造币厂、北京矿冶研究总院起草。

本部分由上海造币厂、国家金银及制品质量监督检验中心(长春)参加起草。

本部分主要起草人：王自森、陈杰、赖茂明、王德雨、张勃、黄蕊、陈菲菲、李华昌、符斌、于力、杨晓东、马玉芹、牟华、张波、常启金、李鸿珍、王俊山。

本部分主要验证人：陈丽、朱秀芬、黄敏华。

本部分所代替标准的历次版本发布情况为：

——GB/T 11066.5—1989。

金化学分析方法
银、铜、铁、铅、锑和铋量的测定
原子发射光谱法

1 范围

本部分规定了金中银、铜、铁、铅、锑和铋的测定方法。

本部分适用于纯金(质量分数为99.95%～99.99%)中银、铜、铁、铅、锑和铋的同时测定。测定范围见表1。

表1

元素	测定范围/%	元素	测定范围/%
Ag	0.000 5～0.020 0	Pb	0.000 5～0.010 0
Cu	0.000 5～0.020 0	Sb	0.001 0～0.010 0
Fe	0.001 0～0.010 0	Bi	0.000 5～0.010 0

2 方法提要

采用工作曲线法,使用纯金棒状电极,交流电弧激发,对金中的银、铜、铁、铅、锑和铋元素进行光谱测定。

3 试剂和材料

除非另有说明,在分析中仅使用确认为分析纯的试剂和蒸馏水或去离子水或相当纯度的水。

3.1 无水乙醇。

3.2 显影液A:2 g对甲氨基酚硫酸盐(米吐尔),52 g无水亚硫酸钠,10 g对苯二酚,依次溶于700 mL水(35℃～45℃)中,冷却后稀释至1 000 mL并混匀。

3.3 显影液B:40 g无水碳酸钠,12 g溴化钾,依次溶于700 mL水(35℃～45℃)中,冷却后稀释至1 000 mL并混匀。

3.4 定影液:240 g硫代硫酸钠,15 g无水亚硫酸钠,15 mL冰乙酸(98%),7.5 g硼酸,15 g明矾,依次溶于700 mL水(35℃～45℃)中,冷却后稀释至1 000 mL并混匀。

3.5 脱脂棉。

3.6 感光板:紫外Ⅱ型。

3.7 标样:有证光谱标准样品,其杂质元素含量范围须涵盖本方法测定范围。

4 仪器和设备

4.1 摄谱仪:中型光栅(或棱镜)摄谱仪。线色散倒数不小于0.8 nm/mm。

4.2 光源:交流电弧发生器。

4.3 测微光度计。

4.4 电极加工车床。

4.5 锉刀:镀铬平面细纹锉。

5 分析步骤

5.1 试样

5.1.1 将试样浇铸成 ϕ6 mm，长约 50 mm～60 mm 的金属棒，并将试样铸棒截成与标样(3.7)同等长度。用脱脂棉和酒精将试样擦洗两遍。

5.1.2 在车床上用锉刀(4.5)将试样及标样两端加工成半球形的放电面，放电面不应有肉眼可见的裂缝或气孔。

5.2 测定条件

5.2.1 激发条件：交流电弧激发，电流 3 A，电极距离 2.5 mm。

5.2.2 曝光条件：光谱级次为Ⅰ级，中心波长 300.00 nm，中间光栏 5 mm，狭缝宽度 10 μm，预燃时间 30 s，曝光时间 40 s，滤光器透射率为 4.5% 和 100% 两阶。

注：如果无法使用 4.5% 和 100% 两阶滤光器，可采用分段曝光方式，预燃 20 s，曝光 10 s，测定银、铜，板移一次继续曝光 40 s，测定铁、铅、锑、铋。

5.3 暗室处理

5.3.1 显影：显影液 A(3.2)和显影液 B(3.3)按相同体积混和配制，显影液温度为 20℃，显影 4 min。

5.3.2 定影：将显影后的感光板立即水洗后放入定影液(3.4)中定影至通透，流水冲洗 10 min。用蒸馏水冲洗，干燥。

5.4 测量

在测微光度计(4.3)上，用 S 标尺按表 2 所列分析线对黑度进行测定。

表 2

分析元素	分析线/nm	内标元素	内标线/nm
Ag	328.068	Au	330.831
Cu	324.754	Au	330.831
Fe	259.940	Au	269.437
Pb	368.347	Au	330.831
Bi	306.771	Au	330.831
Sb	259.806	Au	269.437

5.5 工作曲线的绘制

根据标样的黑度测量数据，分别以 $\lg R$-$\lg w$ 绘制工作曲线。

6 分析结果的计算

根据试样的黑度测量数据，分别在工作曲线上求出各元素的质量分数，数值以%表示。

7 精密度

7.1 重复性

在重复性条件下获得的两次独立测试结果的测定值，在以下给出的平均值范围内，这两个测试结果的绝对差值不大于重复性限(r)，以大于重复性限(r)的情况不超过 5% 为前提，重复性限(r)按表 3 数据采用线性内插法求得。

表 3

银的质量分数/(%)	0.003 5	0.013 3	0.020 0
r/(%)	0.000 5	0.003 1	0.004 6

表 3（续）

铜的质量分数/(%)	0.001 7	0.004 9	0.018 5
r/(%)	0.000 2	0.000 7	0.003 1
铁的质量分数/(%)	0.001 4	0.002 6	0.005 6
r/(%)	0.000 3	0.000 4	0.001 3
铅的质量分数/(%)	0.000 75	0.002 7	0.006 4
r/(%)	0.000 23	0.000 8	0.002 5
锑的质量分数/(%)	0.001 0	0.003 0	0.006 9
r/(%)	0.000 3	0.000 6	0.001 5
铋的质量分数/(%)	0.000 65	0.002 6	0.006 5
r/(%)	0.000 14	0.000 5	0.001 6
注：重复性限(r)为 $2.8S_r$，S_r 为重复性标准差。			

7.2 再现性

在再现性条件下获得的两次独立测试结果的测定值，在以下给出的平均值范围内，这两个测试结果的绝对差值不大于再现性限(R)，以大于再现性限(R)的情况不超过5%为前提，再现性限(R)按表4数据采用线性内插法求得。

表 4

银的质量分数/(%)	0.003 5	0.013 3	0.020 0
R/(%)	0.000 7	0.003 3	0.005 0
铜的质量分数/(%)	0.001 7	0.004 9	0.018 5
R/(%)	0.000 4	0.001 0	0.004 0
铁的质量分数/(%)	0.001 4	0.002 6	0.005 6
R/(%)	0.000 4	0.000 7	0.001 5
铅的质量分数/(%)	0.000 75	0.002 7	0.006 4
R/(%)	0.000 28	0.000 9	0.002 5
锑的质量分数/(%)	0.001 0	0.003 0	0.006 9
R/(%)	0.000 3	0.000 8	0.002 0
铋的质量分数/(%)	0.000 65	0.002 6	0.006 5
R/(%)	0.000 22	0.000 7	0.001 9
注：再现性限(R)为 $2.8S_R$，S_R 为再现性标准差。			

8 质量保证和控制

应用国家级标准样品或行业标准样品(当前两者没有时，也可用控制标样替代)，每周或两周校核一次本分析方法标准的有效性。当过程失控时，应找出原因，纠正错误后，重新进行校核。

ICS 77.160
H 72

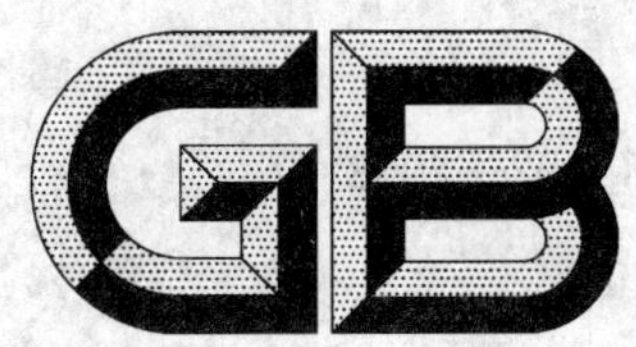

中华人民共和国国家标准

GB/T 11102—2008
代替 GB/T 11102—1989

地质勘探工具用硬质合金制品

Cemented carbide products for geological exploration drilling tools

2008-06-09 发布　　2008-12-01 实施

中华人民共和国国家质量监督检验检疫总局
中国国家标准化管理委员会　发布

前　言

本标准代替 GB/T 11102—1989《地质勘探工具用硬质合金制品》。

本标准与 GB/T 11102—1989 相比，主要变化如下：

——增加了 T22 形状；

——增加了 T3010B 型号；

——提高了制品尺寸的普通级允许偏差；

——增加了公称尺寸 26 mm～30 mm 制品的规格及尺寸允许偏差。

本标准由中国有色金属工业协会提出。

本标准由全国有色金属标准化技术委员会归口。

本标准由株洲硬质合金集团有限公司负责起草。

本标准主要起草人：邹德良、王祖娟、蔡海燕、马自省、杨建国、梁鸿。

本标准历次版本发布情况为：

——GB/T 11102—1989。

地质勘探工具用硬质合金制品

1 范围

本标准规定了地质勘探工具用硬质合金制品的要求、试验方法、检验规则和标志、包装、运输、贮存及订货单(合同)内容。

本标准适用于地质勘探工具用硬质合金制品。

2 规范性引用文件

下列文件中的条款通过本标准的引用而成为本标准的条款。凡是注日期的引用文件,其随后所有的修改单(不包括勘误的内容)或修订版均不适用于本标准,然而,鼓励根据本标准达成协议的各方研究是否可使用这些文件的最新版本。凡是不注日期的引用文件,其最新版本适用于本标准。

GB/T 5242 硬质合金制品检验规则与试验方法

GB/T 5243 硬质合金制品的标志、包装、运输和贮存

3 要求

3.1 分类

地质勘探工具用硬质合金制品按形状分为T10、T11、T12、T20、T21、T22、T30、T40、T50九种。

3.2 型号表示规则

3.2.1 制品型号主要由制品代号T、形状代号、主要尺寸组成。

3.2.2 对于主要尺寸相同,其他尺寸不同的制品,则在代号后附加大写英文字母(如A、B等)表示。

3.2.3 制品型号表示见示例。

示例:

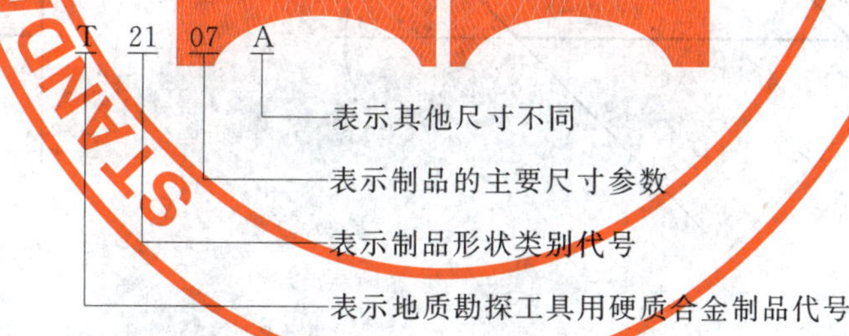

3.3 型号、尺寸、推荐用途及示意图

3.3.1 T10形的型号、尺寸及推荐用途见表1,示意图见图1。

表1

单位为毫米

型号	公称尺寸			推荐用途
	B	*H*	*S*	
T1003	3	15	1.5	用于油井钻进刮刀钻头及自磨式取岩心钻头
T1006	6	20	4	
T1008	8	20	6	

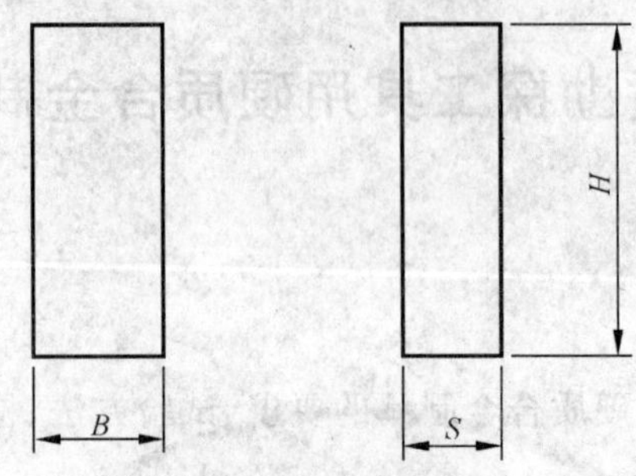

图 1

3.3.2 T11 形的型号、尺寸及推荐用途见表 2,示意图见图 2。

表 2

单位为毫米

型号	公称尺寸		推荐用途
	H	S	
T1108	8.5	3	用于钻进中软地层取岩心钻头
T1112	12	4	

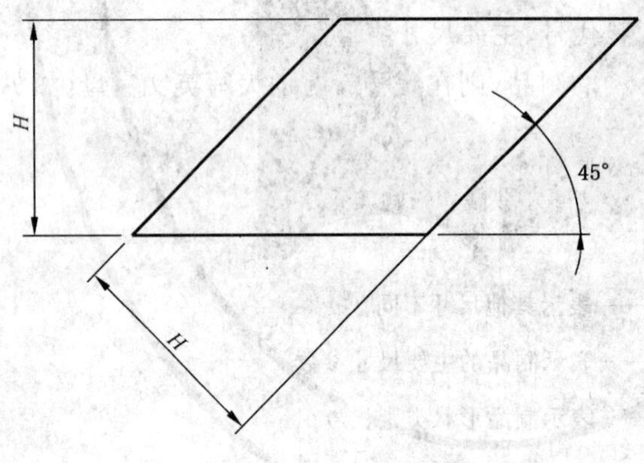

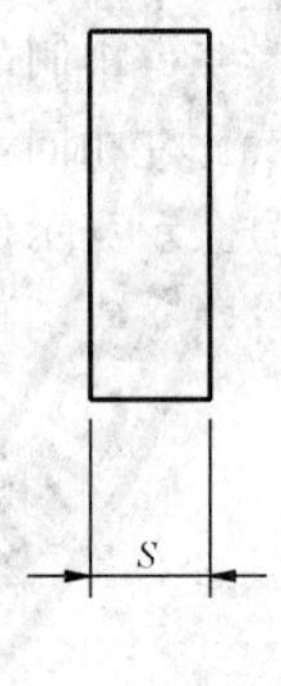

图 2

3.3.3 T12 形的型号、尺寸及推荐用途见表 3,示意图见图 3。

表 3

单位为毫米

型号	公称尺寸			推荐用途
	H	L	S	
T1208	8.5	17.5	3	用于钻进中软地层取岩心钻头
T1212	12	24	4	

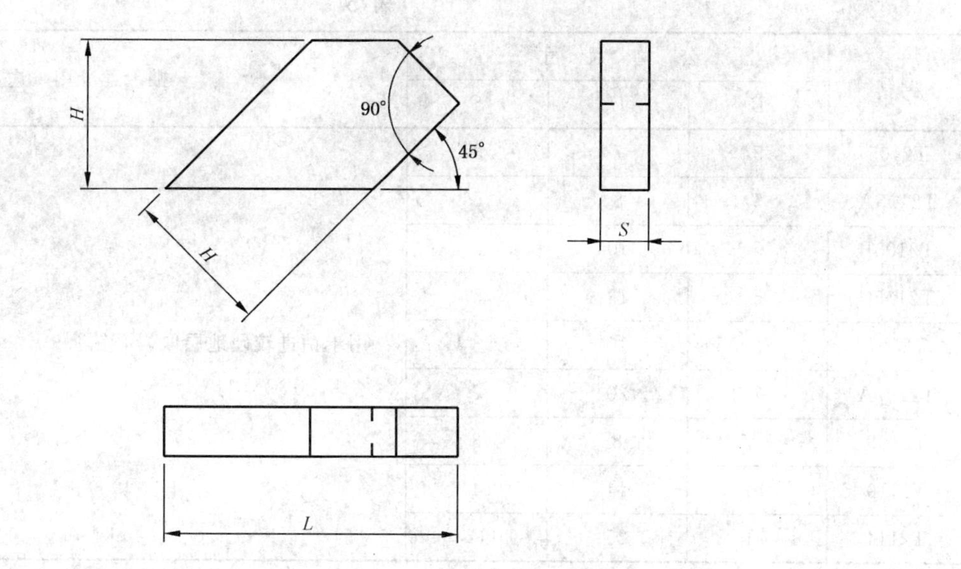

图 3

3.3.4 T20形的型号、尺寸及推荐用途见表4,示意图见图4。

表 4

单位为毫米

型号	公称尺寸			推荐用途
	B	H	S	
T2004	4	15	3.6	用于钻进较硬地层取岩心钻头
T2005	5	20	4	
T2006	6	20	6	
T2008	8	20	6	
T2010	10	20	8	

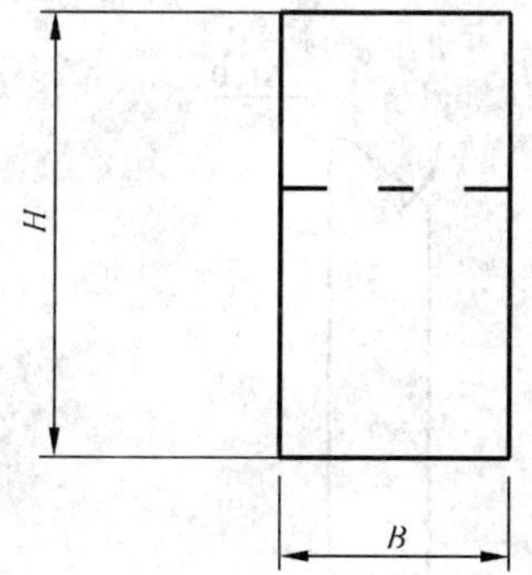

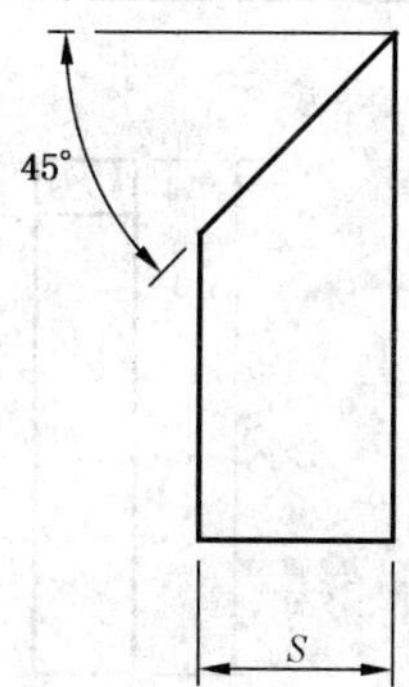

图 4

3.3.5 T21 形的型号、尺寸及推荐用途见表 5，示意图见图 5。

表 5

单位为毫米

型号	公称尺寸			推荐用途
	B	*H*	*S*	
T2105	5	7	3	用于钻进较硬地层取岩心钻头
T2105A	5	8	5	
T2105B	5	10	5	
T2105C	5	13	5	
T2107	7.5	10	3	
T2107A	7	20	7	
T2108	8.5	8	3	
T2110	10	14	4	
T2114	14	25	12	

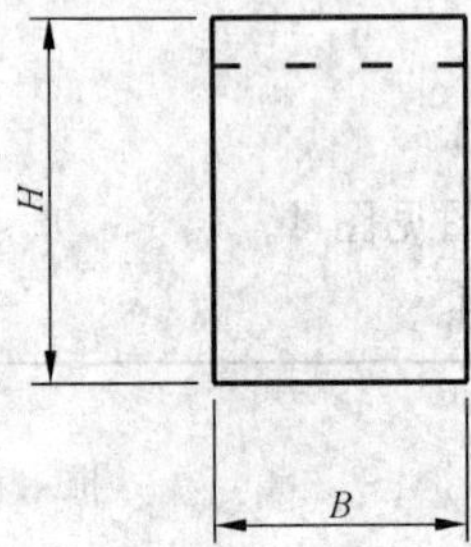

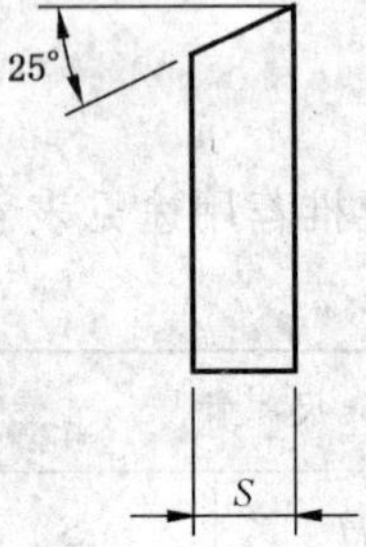

图 5

3.3.6 T22 形的型号、尺寸及推荐用途见表 6，示意图见图 6。

表 6

单位为毫米

型号	公称尺寸				推荐用途
	B	*H*	*S*	*α*	
T2225	6	25	2.5	45°	用于钻进较硬地层取岩心钻头
T2227	6	27	2.5	60°	
T2230	6	30	2.5	65°	

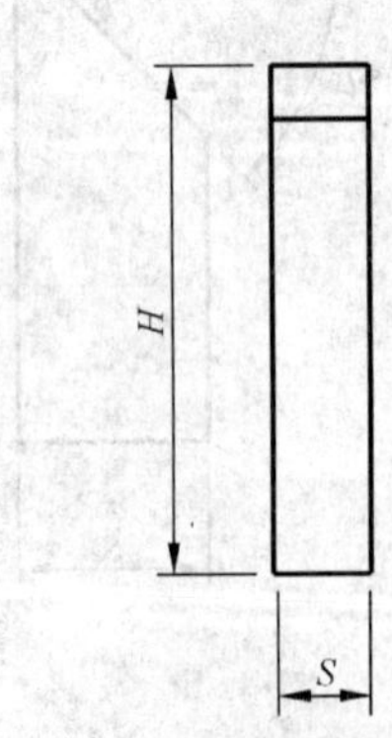

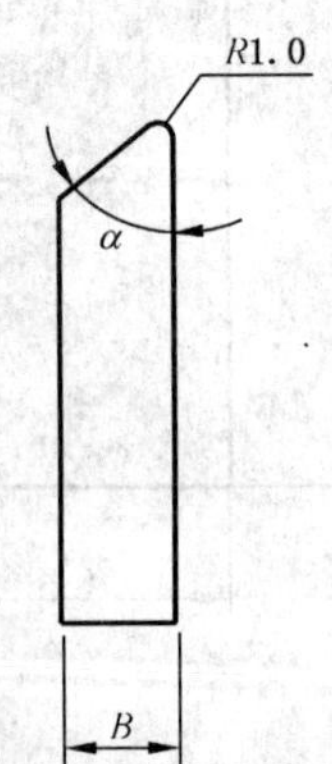

图 6

3.3.7 T30形的型号、尺寸及推荐用途见表7,示意图见图7。

表7

单位为毫米

型号	公称尺寸		推荐用途
	D	H	
T3005	5	10	用于钻进硬地层取岩心钻头
T3007	7	10	
T3007A	7	15	
T3007B	7	20	
T3010	10	15	
T3010B	10	16	
T3010A	10	20	

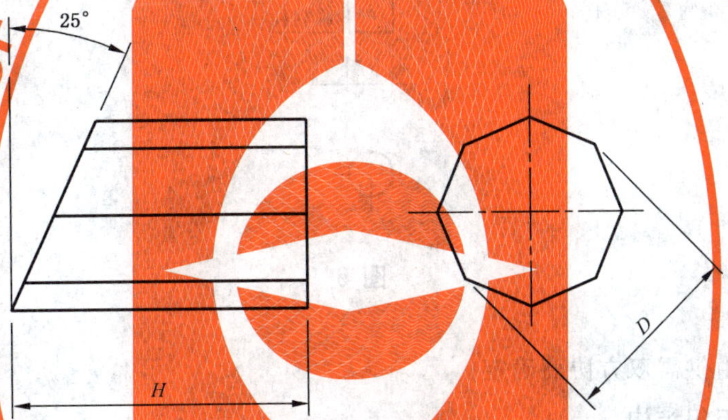

图7

3.3.8 T40形的型号、尺寸及推荐用途见表8,示意图见图8。

表8

单位为毫米

型号	公称尺寸				推荐用途
	B	H	S	R	
T4010	10	16	8	4	用于冲击回转钻进破碎岩层钻头
T4012	12	16	8	4	
T4014	14	16	8	4	

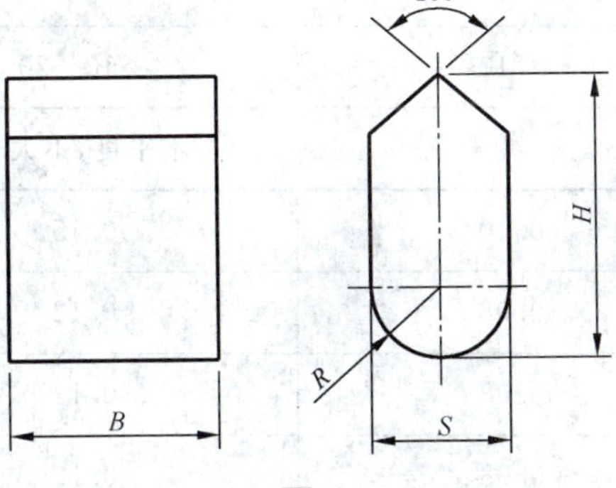

图8

3.3.9　T50形的型号、尺寸及推荐用途见表9,示意图见图9。

表 9

单位为毫米

型号	公称尺寸		推荐用途
	H	D	
T5010	10	1.8	用于钻进中硬地层自磨式取岩心钻头
T5015	15	1.8	
T5020	20	2.0	

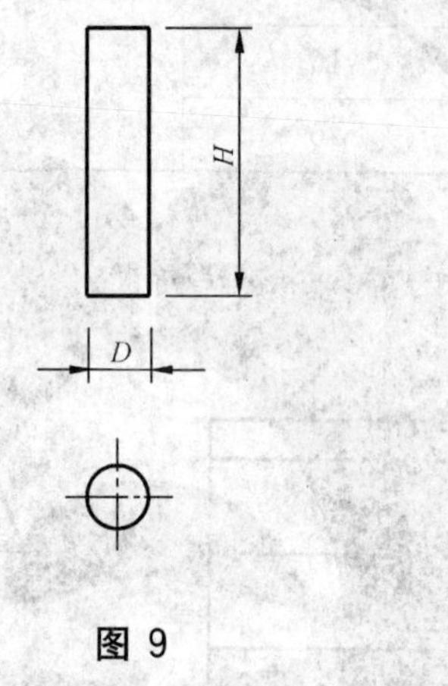

图 9

3.4　**化学成分**

制品的化学成分由供需双方协商确定。

3.5　**物理力学性能、组织结构**

制品的物理力学性能、组织结构由供需双方按GB/T 5242协商确定。

3.6　**外观质量**

制品表面应进行喷砂处理,不允许起皮、鼓泡、分层、裂纹、未压好等缺陷;制品工作面掉边、掉角深度不大于0.3 mm,非工作面掉边、掉角深度不大于0.5 mm。

3.7　**尺寸及尺寸允许偏差**

3.7.1　制品角度的允许偏差为±2°。

3.7.2　制品支承面的不平度不大于0.1 mm,非支承面的不平度应符合表10规定。

表 10

单位为毫米

厚度	高度		
	≤10	>10～20	>20
	不平度,不大于		
≤4.5	0.10	0.15	0.25
>4.5～5.0	0.08	0.12	0.25
>5.0～6.0	0.08	0.12	0.25
>6.0	0.08	0.10	0.20

3.7.3 制品公称尺寸的允许偏差应符合表11的规定。

表11

单位为毫米

公称尺寸	允许偏差	
	普通级	较高级
≤2.5	±0.20	±0.15
>2.5～5.0	±0.25	±0.20
>5.0～11.0	±0.30	±0.25
>11.0～18	±0.45	±0.30
>18～26	±0.55	±0.35
>26～30	±0.60	±0.45

4 试验方法

4.1 制品的化学成分分析按供需双方协商确定的方法进行。

4.2 制品的物理力学性能、组织结构的检验由供需双方按GB/T 5242协商确定的方法进行。

4.3 制品的外观质量检验按GB/T 5242的规定进行。

4.4 制品的尺寸及尺寸允许偏差检验按GB/T 5242的规定进行。

5 检验规则

5.1 检查和验收

5.1.1 制品应由供方质量检验部门进行检验，保证制品质量符合本标准及订货单(或合同)的规定，并填写质量证明书。

5.1.2 需方应对收到的制品按本标准及订货单(或合同)的规定进行复验。复验结果与本标准及订货单(或合同)的规定不符时，应在收到制品之日起三个月内应以书面形式向供方提出，由供需双方协商解决。如需仲裁，仲裁取样应由供需双方共同进行。

5.2 组批

制品的组批按GB/T 5242的规定进行。

5.3 检验项目及取样数量

制品的检验项目及取样数量应符合表12的规定。

表12

检验项目	取样数量	要求的章条号	试验方法的章条号
化学成分	每批1份	3.4	4.1
物理力学性能、组织结构	按GB/T 5242的规定进行	3.5	4.2
外观质量	逐件检验	3.6	4.3
尺寸及尺寸允许偏差	逐件检验	3.3、3.7	4.4

5.4 检验结果的判定

5.4.1 制品的化学成分检验不合格，判该批不合格。

5.4.2 制品的物理力学性能、组织结构检验结果的判定按GB/T 5242的规定进行。

5.4.3 制品的外观质量检验不合格，判该件不合格。

5.4.4 制品的尺寸及尺寸允许偏差检验不合格，判该件不合格。

6 标志、包装、运输、贮存

制品的标志、包装、运输和贮存按 GB/T 5243 的规定进行。

7 订货单(或合同)内容

订货单(或合同)内应包括下列内容：

a) 制品名称；

b) 制品型号；

c) 制品净重或数量；

d) 本标准编号；

e) 特殊要求。

ICS 75.080
E 30

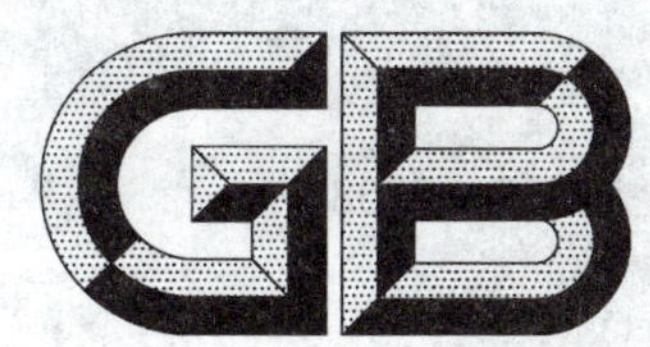

中华人民共和国国家标准

GB/T 11132—2008
代替 GB/T 11132—2002

液体石油产品烃类的测定 荧光指示剂吸附法

Standard test method for hydrocarbon types in liquid petroleum products by fluorescent indicator adsorption

2008-06-23 发布　　　　2008-12-01 实施

中华人民共和国国家质量监督检验检疫总局
中国国家标准化管理委员会　发布

前 言

本标准修改采用美国材料与试验协会标准 ASTM D 1319—2003$^{\varepsilon1}$《液体石油产品烃类测定法(荧光指示剂吸附法)》。

本标准根据 ASTM D 1319—2003$^{\varepsilon1}$ 重新起草。

考虑到我国国情,在采用 ASTM D 1319—2003$^{\varepsilon1}$ 时,本标准做了一些修改。本标准与 ASTM D 1319—2003$^{\varepsilon1}$ 的主要差异:

——本标准引用标准采用了我国相应的国家标准和行业标准;

——本标准注射针头型号按我国标准。

为了便于使用,本标准还做了下列编辑性修改:

——将重复性和再现性的文字表述按我国习惯改写。

本标准代替 GB/T 11132—2002《液体石油产品烃类测定法(荧光指示剂吸附法)》,GB/T 11132—2002 等效采用 ASTM D 1319—1999。

本标准与 GB/T 11132—2002 的主要差异:

——本标准取消了脱除戊烷的规定,不再脱除戊烷;

——本标准增加了试验中部分数值和吸附柱尺寸的允许公差,增加"表 1 吸附柱尺寸允许公差";

——本标准在"范围"章中阐明了两个精密度表的应用范围;

——本标准将"引用标准"章改为"规范性引用文件"章,删除了脱戊烷等标准,增加了其他引用文件;

——本标准删除了"干扰物质"章、"样品准备"条;

——本标准在"吸附柱"中允许使用市售连接器;

——本标准取消了液体荧光指示剂的相关内容;

——本标准增加了"按 GB/T 6536 满足挥发性条件 2 组或更低的样品,在打开、转移和试验前应确保其温度≤4 ℃"的规定;

——本标准在试验步骤 10.5 后增加了阐明烯烃和饱和烃之间界面的注;

——本标准删除了"报告"章中关于脱戊烷样品内容;

——本标准修正了"含有含氧化合物样品的重复性和再现性"表中烯烃重复性和再现性的数值,并增加脚注,为计算烯烃的重复性和再现性提供示例。

本标准由全国石油产品和润滑剂标准化技术委员会(SAC/TC 280)提出。

本标准由中国石油化工集团公司归口。

本标准起草单位:中国石油化工股份有限公司抚顺石油化工研究院。

本标准主要起草人:蔡秀党、赵彬。

本标准所代替标准的历次版本发布情况为:

——GB/T 11132—1989、GB/T 11132—2002。

液体石油产品烃类的测定 荧光指示剂吸附法

1 范围

1.1 本标准规定了沸点低于315 ℃的石油馏分中烃类的测定方法。测定浓度范围:芳烃的体积分数为5%～99%,烯烃的体积分数为0.3%～55%,饱和烃的体积分数为1%～95%;本标准也可用于浓度超出上述范围的样品,但是没有确定精密度。本标准不适用于含有影响烃类色层读数的深色组分的样品。

1.2 本标准可用于测定全沸程范围的石油产品,但统计试验数据表明,本标准精密度不适用于沸点接近于315 ℃的窄石油馏分,此类样品不能正常分离,且测定结果不稳定。

1.3 本标准尚未确定是否适用于由非石油矿物燃料如煤、页岩或油砂沥青得到的产品,其精密度或许适用于此类产品,或许不适用。

1.4 本标准的精密度用两个表描述。第一个表适用于不含含氧化合物的调合组分的无铅燃料,它可能适用于也可能不适用于含铅抗爆混合物的车用汽油。第二个表适用于含氧化合物(如MTBE,乙醇)调合的车用火花点火式燃料样品,该样品中芳烃含量范围的体积分数为13%～40%,烯烃含量范围的体积分数为4%～33%,饱和烃含量范围的体积分数为45%～68%。

1.5 本标准适用于含有某些含氧化合物调合组分的样品。这些含氧化合物为:甲醇、乙醇、甲基叔丁基醚(MTBE)、叔戊基甲醚(TAME)和乙基叔丁基醚(ETBE),它们在一般调合产品中的浓度不会影响烃类测定,随醇类洗脱剂一起而不被检测,其他含氧化合物必须一一验证。当分析含有含氧化合物调合组分的样品时,其结果应以全样品为基准进行修正。

注:如果测定浓度低于0.3%(体积分数)的烯烃,可以用其他方法,如GB/T 11136。

1.6 本标准采用国际单位制单位。

1.7 本标准涉及某些有危险的材料、操作和设备,但是无意对与此有关的所有安全问题都提出建议。因此,用户在使用本标准之前应建立适当的安全和防护措施,并确定有适用性的管理制度。对于具体的危险声明,见第7章、第8章和10.5。

2 规范性引用文件

下列文件中的条款通过本标准的引用而成为本标准的条款。凡是注日期的引用文件,其随后所有的修改单(不包括勘误的内容)或修订版均不适用于本标准,然而,鼓励根据本标准达成协议的各方研究是否可使用这些文件的最新版本。凡是不注日期的引用文件,其最新版本适用于本标准。

GB/T 4756 石油液体手工取样法(GB/T 4756—1998,eqv ISO 3170:1988)

GB/T 5816 催化剂和吸附剂表面积测定法

GB/T 6003.1 金属丝编织网试验筛

GB/T 6536 石油产品蒸馏测定法

GB 6537 3号喷气燃料

GB/T 11136 石油烃类溴指数测定法(电位滴定法)

GB 17930 车用汽油

SH/T 0663 汽油中某些醇类和醚类测定法(气相色谱法)

SH/T 0720 汽油中含氧化合物测定法(气相色谱及氧选择性火焰离子化检测器法)

3 术语和定义

下列术语和定义适用于本标准。

3.1

芳烃 aromatics

单环和多环芳烃、芳烯烃、某些二烯烃，以及含硫、氮的化合物，或者有较高沸点的含氧化合物(列于1.5中的那些含氧化合物除外)。

3.2

烯烃 olefins

烯烃、环烯烃以及某些二烯烃。

3.3

饱和烃 saturates

烷烃和环烷烃。

4 方法概要

取约 0.75 mL 试样注入装有活化过的硅胶的玻璃吸附柱中，在吸附柱的分离段装有一薄层含有荧光染料混合物的硅胶。当试样全部吸附在硅胶上后，加入醇脱附试样，加压使试样顺柱而下。试样中的各种烃类根据其吸附能力强弱分离成芳烃、烯烃和饱和烃。荧光染料也和烃类一起选择性分离，使各种烃类区域界面在紫外灯下清晰可见。根据吸附柱中各烃类色带区域的长度计算出每种烃类的体积百分含量。

5 意义和用途

测定石油馏分中的饱和烃、烯烃及芳烃的体积分数，对表征如汽油调合组分和催化重整进料等石油馏分的质量特性十分重要，同时该数值对表征经催化重整、热裂化及催化裂化得到的发动机燃料、航空燃料调合组分等石油馏分和石油产品的质量特性也十分重要。如在 GB 6537 及 GB 17930 中，该数值就作为重要的质量指标。

6 仪器

6.1 吸附柱：由精密内径玻璃管制成(如图 1 中 b)所示)，包括具有毛细管颈的加料段、分离段和分析段；或者由标准壁玻璃管制成(如图 1 中 a)所示)。吸附柱尺寸允许公差见表 1。

6.1.1 精密内径玻璃管吸附柱：分析段的内径应为 1.60 mm～1.65 mm，且约 100 mm 长的水银柱在分析段的任何部分其长度变化不应超过 0.3 mm。吸附柱各段之间应该用长锥形连接。在 12/2 球形接合处球和窝之间放一小片玻璃棉，承托吸附柱中的硅胶并覆盖分析段出口。与球形窝相连接的柱末端内径应为 2 mm。球形接合处球与窝用夹子夹紧固定，确保柱末端在装柱和测试过程中与分析段保持在一条直线上。对于一次性使用的 3 mm 直径的分析段，如果其内部几何尺寸基本与前面的步骤是一致的，能为两段玻璃柱内径提供平滑的转换连接，则可以使用市售的挤压式连接器来连接分离段底部(已削切成直角)。在 3 mm 直径分析段的末端类似的市售连接器也可使用，因它具有完整的多孔渗透结构，可以承托吸附柱中的硅胶。

单位为毫米

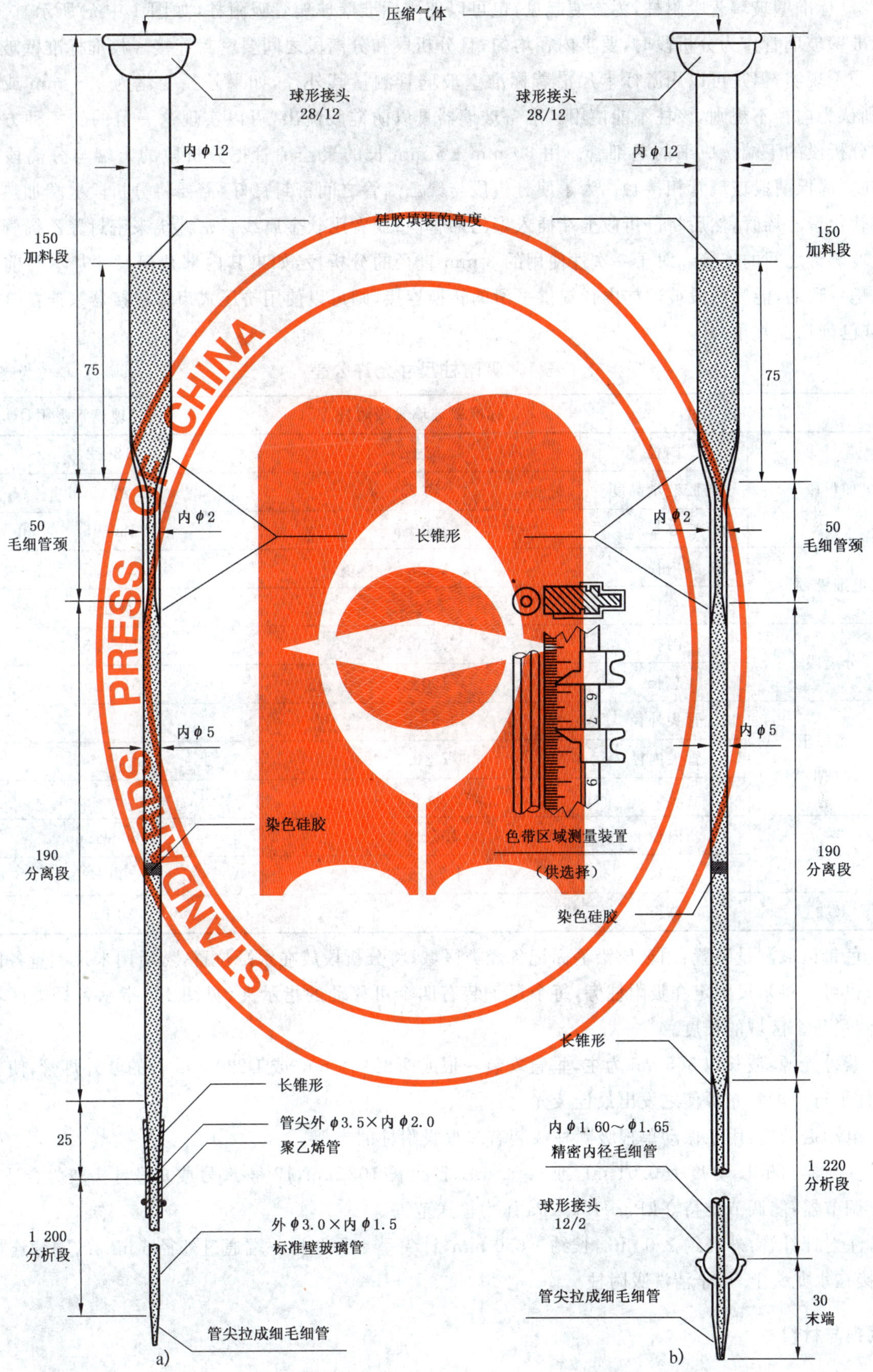

图 1　标准壁玻璃管吸附柱(a))和精密内径玻璃管吸附柱(b))

6.1.2 标准壁玻璃管吸附柱:为方便起见,也可以使用标准壁玻璃管吸附柱(如图1中a)所示)。当使用标准壁玻璃管作为分析段时,要求内径均匀,且分析段和分离段之间要密封连接。校准标准壁玻璃管的内径不现实,但是可以用游标卡尺沿着标准壁玻璃管测量其外径,如果外径变化为0.5 mm或者更大,则认为内径不规则,该柱不能使用。准备玻璃器具以防硅胶流出,可以实现这一目的的一种方法是把作分析段的下端拉成细的毛细管。用30 mm±5 mm长的聚乙烯管把分析段的上端与分离段相连接,并要确保两段玻璃管相接触。为了使分析段与聚乙烯管之间密封良好,需要将分析段上端加热至刚好能软化聚乙烯管,然后将分析段上端插入聚乙烯管内;或者用软金属线紧密缠绕来密封聚乙烯管与分析段玻璃管之间的连接。对于一次性使用的3 mm直径的分析段,如果其内部几何尺寸基本与前面的步骤是一致的,能为两段玻璃柱内径提供平滑的转换连接,则可以使用挤压式市售连接器来连接分离段底部(已削切成直角)。

表1 吸附柱尺寸允许公差

单位为毫米

吸附柱各段尺寸		标准壁玻璃管吸附柱	精密内径玻璃管吸附柱
加料段	内径	12±2	12±2
	硅胶装填高度	约75	约75
	总长	150±5	150±5
毛细管颈	内径	2±0.5	2±0.5
	总长	50±5	50±5
分离段	内径	5±0.5	5±0.5
	总长	190±5	190±5
分离段下长锥形	管尖外径	3.5±0.5	—
	管尖内径	2±0.5	—
	总长	25±2	—
分析段	内径	1.5±0.5	1.60~1.65
	总长	1 200±30	1 200±30
末端	总长	—	30±5

6.2 色带区域测量装置:用玻璃铅笔标记各烃类区域,将分析段放在水平位置,然后用米尺测量各区域长度;也可以将米尺固定在吸附柱旁,每个尺子装有四个可移动的指示夹(见图1),指示各烃类区域界面并测量每个区域的长度。

6.3 紫外光源:波长以365 nm为主,垂直安装一根或两根915 mm或1 220 mm长的紫外灯管,使之与吸附柱平行。调整光源使之发出最佳荧光。

6.4 电动振动器:用于振动单根吸附柱或装有多根吸附柱的支架。

6.5 注射器:1 mL,分度为0.01 mL或0.02 mL,针头长102 mm,12号、9号或7号针头较为合适。

6.6 调节器:能调节维持0 kPa~103 kPa压力输送范围。

6.7 注射针针管:外径约1.0 mm,长约1 650 mm,针尖呈45°角,另一端通过外径6 mm的铜管连接橡胶管接在水龙头上,用于清洗吸附柱。

7 试剂与材料

7.1 硅胶:符合表2所示规格要求。

pH 值的测定:用 pH 值分别为 4 和 7 的标准缓冲溶液校准 pH 计,将 5 g 硅胶置于 250 mL 烧杯中,加入 100 mL 水和搅拌棒,置于磁力搅拌器上搅拌 20 min,然后用经过校准的 pH 计测定其 pH 值。硅胶在使用前应活化,将其置于浅的容器中,在 175 ℃下干燥 3 h,趁热装入密封的容器中,以免受潮。

注:有些硅胶虽然符合规格要求,却发现能使烯烃色带界面颜色褪色,确切原因尚不明了,但能影响准确性和精密度。

表 2 硅胶规格要求

项目			质量指标
表面积[a]/(m^2/g)			430～530
5%水悬浊液的 pH 值			5.5～7.0
955 ℃灼烧损失(质量分数)/%			4.5～10.0
铁含量(以 Fe_2O_3 计算,干基)/(mg/kg)			≤50
未通过筛子的颗粒量(质量分数)/%	筛号[b]/目	筛孔/μm	
	60	250	0.0
	80	180	≤1.2
	100	150	≤5.0
	200	75	≥85.0

[a] 用 GB/T 5816 测定表面积。

[b] 这些筛号的试验筛详细要求见 GB/T 6003.1。

7.2 荧光指示剂染色硅胶:标准染色硅胶,由重结晶油红 AB4 和用色层吸附得到的烯烃和芳烃染料纯化部分,经特定的程序,沉积在硅胶上得到。染色硅胶应置于暗处在常压氮气中保存,这样染色硅胶可至少有 5 年的使用寿命。日常使用的染色硅胶最好取出一部分装在小瓶里,避免因经常取用而影响大部分染色硅胶的使用寿命。

7.3 异戊醇:分析纯。(**警告:易燃,有害健康。**)

7.4 异丙醇:分析纯,含量不小于 99%。(**警告:易燃,有害健康。**)

7.5 压缩气体:空气(或氮气),在 0 kPa～103 kPa 可控制压力范围下输送到吸附柱顶部。(**警告:小心高压下的压缩气体。**)

7.6 丙酮:分析纯。(**警告:易燃,有害健康。**)

7.7 缓冲溶液:pH 值分别为 4 和 7。

8 取样

按 GB/T 4756 采取有代表性的样品,对按 GB/T 6536 满足挥发性条件 2 组或更低的样品,打开或转移时确保样品温度≤4 ℃。(**警告:易燃,有害健康。**)

9 仪器准备

将仪器置于暗室或暗处,便于观察各烃类界面。如果进行多个样品测定,装配仪器要包括紫外光源,可固定多个吸附柱的支架,带有支管及球形接头的供气系统,供气系统与待测吸附柱相连接。

10 试验步骤

10.1 在开始分析样品之前,确保硅胶紧密地装填于吸附柱和加料段中适当高度,在分离段约一半高度处添加适当数量的染色硅胶(3 mm～5 mm)。详细的操作见注。

注：一种准备分析样品吸附柱的方法：将固定夹置于加料段球形接头下面的位置，使吸附柱自由悬挂。启动振动器，一边振动整个柱子，一边用玻璃漏斗向吸附柱内逐渐装填硅胶。当装至分离段一半时，关闭振动器，加一层 3 mm～5 mm 荧光指示剂染色硅胶。再启动振动器，继续装填硅胶，直至填紧的硅胶层进入加料段 75 mm 处为止。振动吸附柱时，用湿布擦拭整个吸附柱，消除静电，有助于更好地装填硅胶。装填结束后再振动吸附柱 4 min。用一个装有振动器的支架可同时装填多根吸附柱。

10.2 将装填好硅胶的吸附柱安装到置于暗室或暗处的装配仪器上。当使用永久安装的米尺测量时，用橡皮筋将吸附柱末端捆在固定的尺子上。

10.3 对于按 GB/T 6536 满足挥发性条件 2 组或更低的样品，将试样和进样注射器(包括注射针头)冷却至 4 ℃以下。用注射器吸取 0.75 mL±0.03 mL 试样，注入到加料段硅胶面以下约 30 mm 处。

10.4 试样全部被吸附后，向加料段中注入异丙醇至球形接头处，将吸附柱顶端与供气系统相连接，用夹子夹紧球形磨口接头。供气，在 14 kPa±2 kPa 压力下保持 2.5 min±0.5 min，使液体沿着吸附柱向下行进。然后加压至 34 kPa±2 kPa，再保持 2.5 min±0.5 min。最后将气压调到适当的压力，使液体向下行进的时间约为 1 h。通常汽油类试样大约需要 28 kPa～69 kPa，喷气燃料类的试样需要 69 kPa～103 kPa。所需气体压力取决于吸附柱中硅胶装填的紧密程度和试样的分子量。一般来讲，分离时间 1 h较为理想，但分子量较大的试样所需的时间要长一些。

10.5 当红色的醇-芳烃界面进入分析段约 350 mm 后，按以下顺序(从下至上)迅速标记出在紫外灯光下观察到的各烃类的界面，测得一组数据(警告：直接暴露在紫外光下是有害的，在操作中宜尽量避免紫外线照射，尤其注意保护眼睛)。对无荧光的饱和烃区域，需标记出试样的前沿和黄色荧光首次达到最强的位置；对于第二部分即烯烃区域的上端，标记出首次出现强蓝色荧光的位置；对于第三部分即芳烃区域的上端，标记出第一个红色或棕色环的上端(见图 2)。对于无色的馏分，通过一个红色环可以清楚地确定醇-芳烃界面，但裂化燃料中的杂质常会使这个红色环变得模糊，出现长度不定的棕色区域，它仍作为芳烃区域的一部分来计算。只有在吸附柱中不出现蓝色荧光的情况下，此棕色或红色环才被认作是环下面另一个可辨区域的一部分。对于某些含有含氧化合物的调合燃料样品，在红色或棕色醇-芳界面的上面可能出现另一个几厘米长的红色带(见图 3)，此红色带应忽视，不计入烃类色带中。标记各烃类区域界面时应避免手与吸附柱表面接触。如果用指示夹标记各烃类区域界面，则直接记录测量结果。

注：首次达到最强黄色荧光位置是指最弱强度黄色荧光带的中心。

10.6 为尽可能减小读数期间由于界面行进引起的误差，当试样中的烃类又向下行进至少 50 mm 时，按与 10.5 相反的顺序标记各烃类界面位置，进行第二次标记。如果用玻璃铅笔标记，则需要用两种颜色的笔加以区别，然后将分析段水平放置在试验台上，用米尺测量其长度。如果用指示夹标记各烃类区域界面，则直接记录测量结果。

10.7 如果硅胶装填不当或醇类洗脱烃类不完全，都会导致测定结果不准确。使用精密内径玻璃管吸附柱时，可以从烃类区域总长判断洗脱不完全，烃类区域总长至少 500 mm 才会获得较满意的分析结果；使用标准壁玻璃管吸附柱时，因每根吸附柱分析段的内径不相同，此规则不适用。

注：试样中含有大量沸点高于 204 ℃的物质时，用异戊醇代替异丙醇会增强洗脱效果。

10.8 解除气体压力，断开与供气系统的连接。将精密内径玻璃管吸附柱倒转置于水槽上，从吸附柱的敞口端插入一根另一端接在水龙头上的注射针针管，以快速水流冲洗柱中用过的硅胶。再用丙酮冲洗干净，抽干或自然晾干。

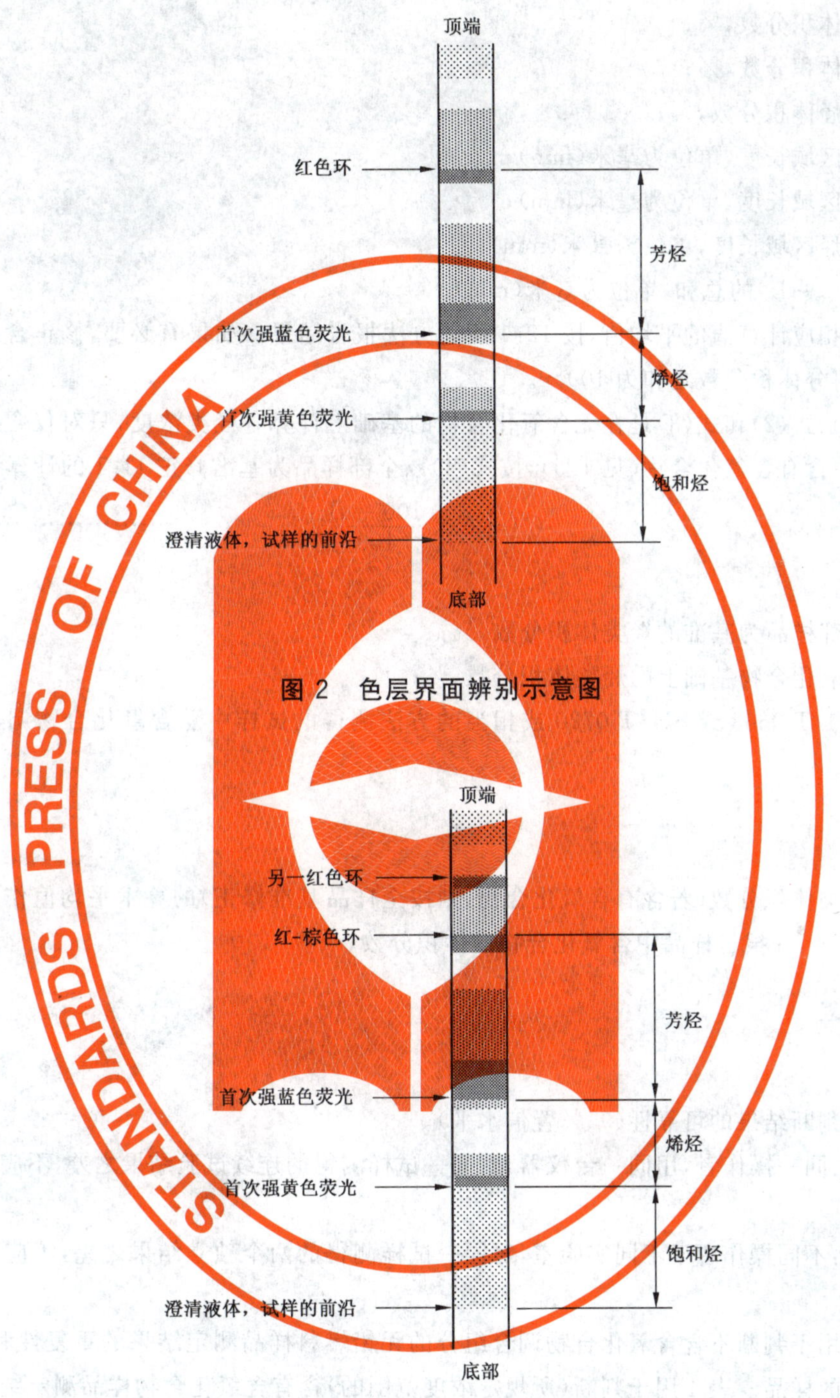

图 2　色层界面辨别示意图

图 3　含有含氧化合物调合燃料样品色层界面辨别示意图

11　计算

11.1　每组烃类的体积分数分别按式(1)、式(2)和式(3)计算，精确至 0.1%：

$$C_a = (L_a / L) \times 100 \tag{1}$$

$$C_o = (L_o / L) \times 100 \tag{2}$$

$$C_s = (L_s / L) \times 100 \tag{3}$$

式中：

C_a——芳烃体积分数，%；

C_o——烯烃体积分数，%；

C_s——饱和烃体积分数，%；

L_a——芳烃区域长度，单位为毫米(mm)；

L_o——烯烃区域长度，单位为毫米(mm)；

L_s——饱和烃区域长度，单位为毫米(mm)；

L——$L_a+L_o+L_s$ 的总和，单位为毫米(mm)。

取每种烃类相应计算值的平均值，按12.1所述方法报告结果。如果有必要，修正含量最大组分的测定结果，使各组分体积分数之和为100%。

11.2 上述式(1)、式(2)和式(3)是在无含氧化合物的基础上计算各烃类浓度，只对仅含有烃类的样品适用；如果试样中含有含氧化合物(见1.5)，按式(4)以全部样品为基准修正11.1的计算结果：

$$C' = C \times \frac{100 - B}{100} \quad \cdots\cdots\cdots\cdots(4)$$

式中：

C'——以全部样品为基准的烃类体积分数，%；

C——无含氧化合物基础上的烃类体积分数，%；

B——用SH/T 0663或SH/T 0720或相当的方法测得的试样中总含氧化合物调合组分的体积分数，%。

12 报告

12.1 取每种烃类体积分数(若含有含氧化合物，则按全样品基准修正)的算术平均值作为试样的测定结果，精确至0.1%，并报告样品中含氧化合物的体积分数。

13 精密度及偏差

13.1 精密度

按以下规定判断结果的可靠性(95%置信水平)。

13.1.1 重复性：同一操作者，用同一台仪器，对同一试样测得的连续试验结果之差，不应大于表3或表4中所列数值。

13.1.2 再现性：不同操作者于不同实验室，对同一试样测得的两个独立结果之差，不应大于表3或表4中所列数值。

13.1.3 表3应用于判断不含含氧化合物调合组分的无铅燃料样品测定结果的重复性和再现性，用于所规定浓度范围的样品。表4用于判断(所规定浓度范围的)含有含氧化合物样品测定结果的重复性和再现性。

注：表4中所示精密度是用含有含氧化合物调合组分和非含氧化合物组分的车用火花点火式发动机燃料测定的。SH/T 0663和SH/T 0720都是用于测定实验室间精密度(列于表4)研究中含氧化合物的。

13.2 偏差

由于没有适合的参考物质，无法确定测定过程中产生的偏差。

表 3 不含含氧化合物样品的重复性和再现性

烃类	含量/%	重复性/%	再现性/%
芳烃	5	0.7	1.5
	15	1.2	2.5
	25	1.4	3.0
	35	1.5	3.3
	45	1.6	3.5
	50	1.6	3.5
	55	1.6	3.5
	65	1.5	3.3
	75	1.4	3.0
	85	1.2	2.5
	95	0.7	1.5
	99	0.3	0.7
烯烃	1	0.4	1.7
	3	0.7	2.9
	5	0.9	3.7
	10	1.2	5.1
	15	1.5	6.1
	20	1.6	6.8
	25	1.8	7.4
	30	1.9	7.8
	35	2.0	8.2
	40	2.0	8.4
	45	2.0	8.5
	50	2.1	8.6
	55	2.0	8.5
饱和烃	1	0.3	1.1
	5	0.8	2.4
	15	1.2	4.0
	25	1.5	4.8
	35	1.7	5.3
	45	1.7	5.6
	50	1.7	5.6
	55	1.7	5.6
	65	1.7	5.3
	75	1.5	4.8
	85	1.2	4.0
	95	0.3	2.4

表 4 含有含氧化合物样品的重复性和再现性

烃类	含量范围/%	重复性/%	再现性/%
芳烃	13～40	1.3	3.7
烯烃[a,b]	4～33	$0.26X^{0.6}$	$0.82X^{0.6}$
饱和烃	45～68	1.5	4.2

[a] X——烯烃的体积分数，%。

[b] 计算出的样品典型烯烃含量(体积分数)的重复性和再现性示例，%：

含量	重复性	再现性
4.0	0.6	1.9
10.0	1.0	3.3
20.0	1.6	4.9
30.0	2.0	6.3
33.0	2.1	6.6

14 关键词

荧光指示剂吸附(FIA)；烃类；芳烃；烯烃；饱和烃。

ICS 75.080
E 30

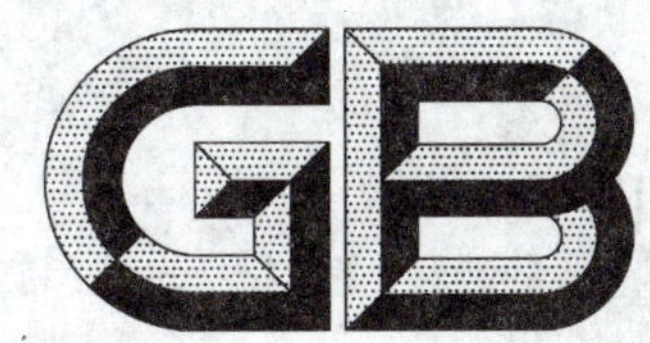

中华人民共和国国家标准

GB/T 11140—2008
代替 GB/T 11140—1989

石油产品硫含量的测定 波长色散X射线荧光光谱法

Standard test method for sulfur in petroleum products by wavelength dispersive X-ray fluorescence spectrometry

2008-08-25 发布　　2009-02-01 实施

中华人民共和国国家质量监督检验检疫总局
中国国家标准化管理委员会　发布

前言

本标准修改采用美国试验与材料协会标准 ASTM D2622:2007《波长色散 X 射线荧光光谱法测定石油产品硫含量的方法》。

本标准根据 ASTM D2622:2007 重新起草。

为了适合我国国情,本标准在采用 ASTM D2622:2007 时进行了修改。本标准与 ASTM D2622:2007 的技术差异如下:

——本标准将 ASTM D2622:2007 中部分引用标准修改为引用我国相应国家标准和行业标准。

为了使用方便,本标准还做了如下编辑性修改。

——重复性和再现性的文字表达按我国的习惯进行了修改。

本标准代替 GB/T 11140—1989《石油产品硫含量测定法(X 射线光谱法)》,GB/T 11140—1989 是参照采用 ASTM D2622:1982 制定的。

本标准与 GB/T 11140—1989 相比主要技术差异如下:

——本标准的名称进行了修改,由《石油产品硫含量测定法(X 射线光谱法)》修改为《石油产品硫含量的测定　波长色散 X 射线荧光光谱法》;

——本标准扩充了适用范围;

——本标准的测定限值有所改变,由 10 mg/kg～5.0%(质量分数)改为 3 mg/kg～4.6%(质量分数);

——本标准引用标准有所增加;

——本标准干扰元素有增减;

——本标准的试验步骤章中不同晶体的 2θ 角度有增减;

——本标准增加了意义与用途、干扰因素、质量控制三个章;

——本标准将 GB/T 11140—1989 方法中的取样、准备工作章修改为取样和试样制备、校准章;

——本标准的精密度进行了修改;

——本标准增加了附录 A《精密度的说明》。

本标准的附录 A 为资料性附录。

本标准由全国石油产品和润滑剂标准化技术委员会提出。

本标准由全国石油产品和润滑剂标准化技术委员会石油燃料和润滑剂分技术委员会归口。

本标准起草单位:中国石油化工股份有限公司上海高桥分公司。

本标准主要起草人:曹毅春、桑国翠。

本标准所代替标准的历次版本发布情况为:

——GB/T 11140—1989。

石油产品硫含量的测定
波长色散 X 射线荧光光谱法

1 范围

1.1 本标准规定了单相及室温条件下液态的、适当加热呈液态的或者可溶于烃类溶剂的石油和石油产品总硫含量的测定方法。本标准适用于测定柴油、喷气燃料、煤油、其他馏分油、石脑油、渣油、润滑油基础油、液压油、原油、车用汽油、含醇汽油和生物柴油。

1.2 用 ASTM D6259 统计过程计算出本标准的合并测定极限值为 3 mg/kg。

1.2.1 对于一台特定的实验室仪器，其测定极限值和精密度取决于仪器的 X 射线管的功率(低或高功率)、样品的类型以及实验室对此方法的具体操作。

1.3 对于硫含量超过 4.6%(质量分数)的样品可以通过对样品的稀释，使其硫含量达到本标准的适用范围。稀释后样品测定结果会比第 14 章提到的未稀释样品测定结果的误差高。

1.4 挥发性样品(如高蒸气压汽油或轻质烃类)因为分析期间轻质组分的选择性损失，可能不符合本标准的精密度。

1.5 本标准的一个基本假定，是标准样品与待测样品的基体物质非常匹配或如 12.2 中所说明的基体物质的不同。标准样品与待测样品之间碳氢质量比的差异或存在其他干扰元素或物质(见表 1)，会造成基体物质的不匹配。

1.6 本标准采用 SI 国际单位制单位。

1.7 本标准只对某些与试验过程有关的特殊危险予以说明，而没有提及所有的安全问题。因此，用户在使用本标准之前应建立适当的安全和防护措施，并制定相应的管理制度。

2 规范性引用文件

下列文件中的条款通过本标准的引用而成为本标准的条款。凡是注日期的引用文件，其随后所有的修改单(不包括勘误的内容)或修订版均不适用于本标准，然而，鼓励根据本标准达成协议的各方研究是否可使用这些文件的最新版本。凡是不注日期的引用文件，其最新版本适用于本标准。

GB/T 4756 石油液体手工取样法(GB/T 4756—1998,eqv ISO 3170:1988)

GB/T 8170 数值修约规则

GB/T 17040 石油和石油产品硫含量的测定 能量色散 X 射线荧光光谱法

SH/T 0631 润滑油和添加剂中钡、钙、磷、硫和锌测定法(X 射线荧光光谱法)

ASTM D6259 测量下限值的确定标准实用方法

ASTM D6299 应用统计学质量认证技术评价分析测定体系性能的方法

ASTM D7343 用 X 射线荧光光谱法对石油产品和润滑油进行样品处理校准和验证以及元素分析最优化

3 方法概要

将样品置于 X 射线光束中，测定 0.537 3 nm 波长下硫 Kα 谱线强度。将最高强度减去在 0.519 0 nm(对于铑靶 X 射线管为 0.543 7 nm)的推荐波长下测得的背景强度，作为净计数率与预先制定的校准曲线进行比较(见第 12 章)，从而获得质量分数或毫克每千克(mg/kg)表示的硫含量。

4 意义与用途

4.1 本标准提供了样品量较少、快速而精确的测定石油和石油产品硫含量方法。典型分析时间是每个样品 1 min～2 min。

4.2 许多石油产品的质量与其硫含量相关。出于加工目的,应了解油品中的硫含量。

4.3 本标准为石油或石油产品硫含量限值提供了分析手段。

4.4 当本标准测定的石油产品其基体物质明显不同于本标准规定的白油基体物质时,其对测定结果的影响可参照第 5 章的介绍。

注:本标准使用的仪器,价格往往高于诸如 GB/T 17040 等备选的试验方法所要求使用的仪器。

表 1 干扰元素的浓度

元素及化合物	允许的质量分数/%
磷	0.3
锌	0.6
钡	0.8
铅	0.9
钙	1
氯	3
氧	2.8
脂肪酸甲酯(见 10.13.1 中的注 2)	25
乙醇(见 10.13.1 中的注 2)	8.6
甲醇(见 10.13.1 中的注 2)	6

5 干扰

5.1 待测样品所含的元素(除硫外)与校准样品明显不同时,会导致硫含量测定出错。比如,待测样品与校准样品的碳氢质量比差异会导致测定结果出现误差。表 1 列出了一些干扰元素及其浓度。如果待测样品所含干扰元素的浓度超过表 1 所列的浓度时,应用无硫溶剂进行稀释,以降低干扰元素的浓度,减少干扰元素的影响。

注:表 1 中列出的物质的浓度主要是通过对每种元素的质量吸收系数之和的计算而得到的,对于含有 3%(质量分数)的干扰物质及 0.5%(质量分数)硫的有代表性的样品,对其进行稀释,然后再进行计算。

5.2 待测样品含有大量乙醇和甲醇的燃料(见表 1),其氧含量高,会明显的吸收硫 Kα 辐射,造成硫含量测定值偏低。不过,如果用校正因子进行校正(用白油校准时)或者校准样品与待测样品的基体物质一致,可以运用本标准来分析这类燃料(见 11.5)。

5.3 通常可以用成分相同或相似的基体物质制成校准样品,来测定与 9.1 条所规定的与白油基体物质不同的石油样品。这样,可以按照待测样品的芳烃化合物含量的比例,混合异辛烷和甲苯来模拟汽油。用这种模拟汽油制成的标准测得的结果,比用白油基体物质制成的校准样品测得的结果更为精确。

5.4 由于 SH/T 0631 使用元素间校正因子,因此常作为测定硫含量大于 100 mg/kg 的润滑油和润滑油添加剂的推荐试验方法。而本标准是不适合的,因为它不能测定润滑油和其添加剂中存在的造成基体物质不匹配的元素。

6 仪器设备

6.1 波长色散 X 射线荧光光谱仪,其配套的波长检测器范围为 0.52 nm～0.55 nm(最适宜在

0.537 nm 处)。具有对硫的最适宜灵敏度,仪器应配备下述装置:

6.1.1 光程,由仪器供应商指定,氦是比较适合的,空气和氮气次之。

6.1.2 脉冲高度监测器,或其他能量甄别装置。

6.1.3 检测器,用于检测其波长在 0.52 nm~0.55 nm 的 X 射线。

6.1.4 分光晶体,适用于检测器角度范围内硫 Kα 和背景 X 射线的色散。通常使用季戊四醇或锗。也可参考仪器供应商的意见,使用一些其他的晶体。

6.1.5 X 射线管,能激发硫 Kα 辐射。尽管可使用其他阳极管,但带有铑、铬和钪阳极管最为常用。

注:暴露在大量高能量如 X 射线光谱仪产生的射线中,对人体非常有害,分析者应采取一定的防护措施,不仅包括一级 X 射线,还包括次级和散射的 X 射线。所以,应根据操作规程,正确使用 X 射线光谱仪。

6.2 分析天平,精确到 0.1 mg,最大量程为 100 g。

7 试剂与材料

7.1 试剂纯度:试验中所用化学试剂均为分析纯。如果其他纯度的试剂可确保不降低测定结果的准确度,也可以使用。

7.2 二正丁基硫醚:优级纯。分子式为 $C_8H_{18}S$。在计算校准样品准确浓度时,应使用经鉴定的硫含量及其纯度(见 9.1)。

警告——二正丁基硫醚易燃,有毒。其配制好的溶液的有效期只有几个月。

注:由于杂质也可能是化合态的硫,因而不仅要知道二正丁基硫醚的纯度,更要了解二正丁基硫醚的硫浓度。其硫含量可以通过与 NIST(美国国家标准技术院)或其他主要标准化团体的参考材料进行对比分析,用无硫的白油进行稀释来测定。

7.3 漂移校正检测物(可选的):人们发现,有几种不同物质适宜用作于漂移校正检测物。适当的漂移检测物应该是重复放入 X 射线中,其测定值是稳定的。稳定液体如多硫化物,玻璃或金属类样品都是适宜的漂移检测物。有分解现象的液体、粉末和固体材料将不能使用。适用的含硫物质的样品包括可再生的液态石油样品、金属合金或熔化玻璃圆盘。一定时间内的检测物计数率,应小于 1% 的相对计算误差。在校准(见 9.4)和分析(见 10.1)时,应测定检测物质的计数率。这些计数率用于计算漂移校正因子(见 11.1)。

7.3.1 尽管可以手工计算,但通常用软件进行漂移校正。对于高度稳定的 X 射线光谱仪,单个漂移校正因子的大小可能没有明显差异。

7.4 多硫化物油,一般为用某碳氢化合物稀释后的已知其硫含量的壬基多硫化物。

警告——可能会引起过敏性皮肤反应。

注:多硫化物油一般为含有 50%(质量分数)硫含量的高分子量油。当完全溶解在白油中时,仍保持原有的特性,如低黏度,低挥发性及持久的有效性。多硫化物油有很广的商业用途。其硫含量可以通过与 NIST 或其他主要标准化团体的参考材料进行对比分析,用无硫的白油进行稀释来测定。

7.5 矿物油:白油,其硫含量低于 2 mg/kg,分析纯,或者其他硫含量低于 2 mg/kg 的适当基体物质。当预测样品硫含量低于 200 mg/kg 时,基体物质的硫含量也应纳入校正标准浓度的计算之内(见 9.1)。当溶剂或试样的硫含量未知时,应测定其硫含量。用最纯级别的物质来校正。另外,测定其碳氢质量比也是非常重要的(见第 12 章和图 1)。

7.6 X 射线透明薄膜:所有耐样品腐蚀的透明薄膜,无硫,足以被 X 射线穿透。薄膜包括聚酯薄膜、聚丙烯薄膜、聚碳酸酯薄膜和聚酰亚胺薄膜。不过,芳烃含量高的样品能溶解聚酯薄膜和聚碳酸酯薄膜。

7.7 氦气:最低纯度为 99.9%(体积分数)。

7.8 计数气体:用于带流通式比例计数器的仪器。其纯度应与仪器说明书上的规格一致。

7.9 样品皿:与样品和荧光光谱仪的几何尺寸要求一致。对于硫含量低于 50 mg/kg 的样品,应使用一次性样品皿。

7.10 校正用对照样品:已知硫含量(包括多硫化物油、二正丁基硫醚、噻吩等)且不用于制备校准曲线的液态石油或石油产品。校正用对照样品一般用于测定初始校准曲线的准确度和精密度(见 9.5)。

7.11 质量控制样品:能代表被测样品特性的稳定的石油产品或固态样品,用来检查系统是否处于满意的工作状态下(见第 13 章)。

注 1:建议,通过使用质量控制样品和控制图来检查系统控制情况。每个实验室必须具备质量控制程序。

注 2:如果这些典型样品比较稳定,可以通过混合其留存物,来经常制备合适的质量控制样品。作为检测物,常用固体材料。质量控制样品的保质期必须很长。

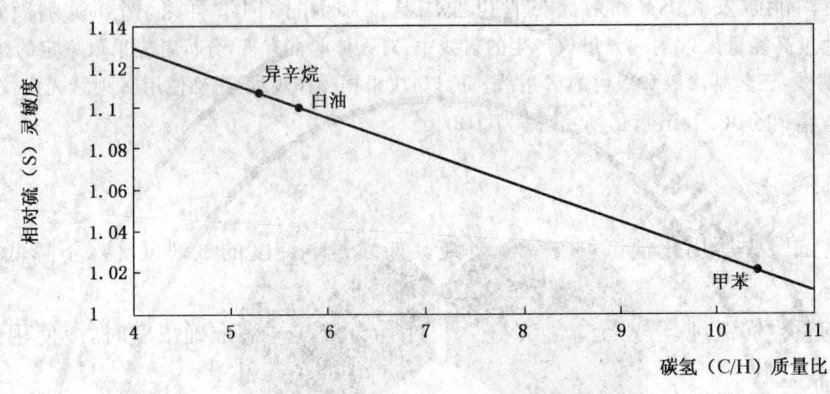

图 1 相对硫灵敏度

8 取样和样品制备

8.1 除非另有规定,取样应按 GB/T 4756 进行。

8.2 如果使用的是可重复使用的样品皿时,每次使用前应清洁样品皿并使之干燥。一次性样品皿不能重复使用。每测定一个样品都要使用新的 X 射线透明薄膜,避免接触样品皿的内部、窗口薄膜部分,或者暴露于 X 射线的仪器窗口。分析低硫含量样品时,指纹印上的油污会影响测定结果,薄膜起皱也会影响硫的 X 射线透射强度。为了确保试验结果可靠性,应保持薄膜拉紧和清洁,如果窗口薄膜的类型和厚度有变化,分析者可按要求重新校准。样品皿装样后,应有一个小的排气孔,除非样品皿是全封闭的类型。

8.3 选取合适的方法取样、保存样品和混合样品。冷却汽油或其他相似的易挥发性的样品,保持样品在贮存状态下的完整性,但在测定前,应将其升到室温。然后在周围环境中放置一段时间,使样品适于分析。

8.4 每卷/批聚酯薄膜的杂质或厚度各不相同,都会影响低硫含量样品的测定结果。因此,在开始使用新卷或新批的薄膜前,应对校准情况进行核对。

9 校准

9.1 用无硫白油或其他适当的基体物质稀释经鉴定的二正丁基硫醚(见 7.2),得到一系列不同浓度的校准样品,来制备校准曲线。未知样品的含量必须在此曲线的测定范围内。有关标准硫含量的范围列于表 2 中。在计算硫含量低于 0.02%(质量分数)(200 mg/kg)样品时,考虑到基体物质中的硫含量,用式(1)来计算:

$$S = [(m_{DBS} \times S_{DBS}) + (m_{WO} \times S_{WO})]/(m_{DBS} + m_{WO}) \quad \cdots\cdots(1)$$

式中:

S——校准样品中的硫含量,用%(质量分数)表示;

m_{DBS}——二正丁基硫醚的实际质量,单位为克(g);

S_{DBS}——二正丁基硫醚中的硫含量,一般为 21.91%(质量分数);

m_{WO}——白油的质量,单位为克(g);

S_{WO}——白油的硫含量，用%(质量分数)表示。

注：如果有需求，可以对表 2 所列浓度范围外的校准样品进行配制和分析。

表 2 硫校准曲线浓度范围

0(mg/kg)～1 000(mg/kg)	0.10%(质量分数)～1.00%(质量分数)	1.0%(质量分数)～5.0%(质量分数)
0.0[a,b]	0.100	1.0
5[b]	0.250	2.0
10[b]	0.500	3.0
100[b]	1.000	4.0
250	—	5.0
500	—	—
750	—	—
1 000	—	—

a 基体物质；

b 重复分析这些校准样品，取其平均值用于校准曲线。

9.1.1 校准样品可以通过混合相同基体物质的有证标准样品来制得，这些混合物的硫含量及其不确定性必须已由鉴定机构鉴定。

9.1.2 另外，校准样品也可以通过用白油稀释多硫化物油来制得。用多硫化物油制得的校准曲线应该由有证标准样品来校正。多硫化物油校准曲线建立好以后，校准样品应装入琥珀色的玻璃瓶里，在室温下贮存好，避免日光直射。多硫化物油校准样品的浓度范围可以从百万分之几到百分之几不等。它们很容易配制，也是很好的质量控制样品。充分混合每一个新配制的多硫化物油校准样品，以使其混合均匀。这些硫混合物的分子量比较大，蒸气压低，抑制了 X 射线透明膜的膜扩散。因此，在测定过程中，可以使用自动取样器。结果证明，由多硫化物油制得的校准曲线的线性非常好，这也有利于分析者观察此方法的动态范围。

注：如果已知市售样品准确的硫含量，且其浓度近似在表 2 中所列的浓度范围内，则也可以使用。

9.2 按第 10 章和第 11 章规定的步骤，仔细测量每个校准样品发射的硫辐射净强度，来确立校准曲线数据。

9.2.1 总硫含量等于或小于 100 mg/kg 的校准样品应测定两次，两次测定值或它们的平均值均可用于制作校准曲线。测定范围内的所有样品(见 10.12)都应分析两次，其测定结果见 12.1.1。

9.3 用设备供应商提供的软件建立一个校正模型。这个校正模型可以采用下列任一种形式(参考仪器供应商提供的软件而建立的准确的公式)：

线性校正：
$$C_S=a+bI \qquad \cdots\cdots(2)$$

基体物质影响的校正：
$$C_S=(a+bI)(1+\sum\alpha_{ij}c_j) \qquad \cdots\cdots(3)$$

基体物质影响的可选择性校正：
$$C_S=a+bI(1+\sum\alpha_{ij}c_j) \qquad \cdots\cdots(4)$$

二次项校正：
$$C_S=a+bI+cI^2 \qquad \cdots\cdots(5)$$

式中：

C_S——硫含量，%(质量分数)，取决于校正变量 a、b、c 的值；

I——测得的硫射线的净强度；

a——校正曲线的截矩；

b——校正曲线的斜率；

c——二次项的校正系数；

α_{ij}——干扰元素(j)对硫(i)测定的影响因子，当 α 被基体物质抵消时，干扰元素可能是硫，则可直接使用经验校正值；

c_j——干扰元素(j)的浓度。

注：可以根据经验和理论测定公式中的系数 α_{ij}。仪器销售商往往可以提供计算理论 α 的软件。

9.3.1 在做校准曲线时，如果有必要，可根据平时所测样品硫含量的范围，选择多个范围内的校准曲线。例如(表2)：硫含量(质量分数)的范围包括：0%～0.1%，0.1%～1.0%，1.0%～5.0%。

注：校准曲线与0.10%(质量分数)范围内的硫含量呈线性。分析者在绘制此范围的曲线时，应选择一个线性模型。当绘制更高硫含量的曲线时，可以选择其他的校正模型(基体物质影响的校正或二次项的校正)。

9.4 使用漂移校正检测物时，在校准期间测定漂移校正检测物的强度。测定值与11.1式(7)的系数 A 一致。

9.5 在完成校准后，立即测定校准样品的硫含量(见7.10)。两次测得值的差应在本标准的重复性范围内(见14.1.1)，否则，仪器的稳定性和样品制备的重复性便是不可信的，应重新进行校准。当评定校准曲线时，还应考虑待测样品和校准样品之间基体物质不匹配的程度。如第13章所描述的，如果此方法在统计控制范围内，也可以建立一个这些物质的统计质量控制图。

10 试验步骤

10.1 仪器设置——在使用任何波长色散X射线荧光光谱仪之前，必须按说明书将仪器设定好。参照说明书，对光谱仪进行质量控制检查。

10.2 特别注意测角仪安装，以确保测角仪的位置准确无误。在进行测角仪的校正前，对于每一种元素及其应用的背景而言，角度由脉冲高度监测器设定。应首先检查角度，再检查脉冲高度监测器，如果脉冲高度监测器的设定改变了，还需对角度重新进行检查。一点点的校正角度偏差都会导致脉冲高度监测器的不准确。对于高含硫量样品的测定，可以选用硫的Kβ线，其灵敏度低于Kα线的10%。

10.3 对于仪器干扰因素的说明。包括晶体荧光，管线的交迭以及仪器材料中某些元素的光谱污染等。铅是硫测定的一个很重要的影响因素。许多干扰因素可以通过对窗口设定的选择来避免，如脉冲高度监测器的安装，对于元素的干扰，可以采用不同的分析线，用高解析度瞄准器最大化的减少管线的交迭以及晶体的选择。

10.4 在式(8)中使用系数 F' 时(第11章)，定期分析空白样品，以便测定系数 F'。用无硫样品如基体物质，来测定适当硫峰强度和背景角度。

10.5 使用与特定仪器的良好使用规范相一致的技术，将试样置入适当的样品皿内。虽然硫辐射仅经过一小段距离透过样品，但从样品皿散射，样品会各不相同。确保样品皿的装样超过最小深度，装入的样品超过这个深度，计数率的变化就不明显了。通常，将样品皿装样至容量的三分之二以上。样品皿应有一个小的排气孔，除非样品皿是封闭的。

10.6 将试样置于X射线束中，使X射线光程达到平衡。

10.7 通过在此波长的精确角度位置进行计数率的测定，测定0.537 3 nm波长下硫Kα辐射的强度。

注：建议取足够多的计数数字，以满足1.0%或1.0%以下的变异系数(%相对偏差)。由于灵敏度或浓度这两者的原因，不能收集足够的计算数字以达到1.0%的变异系数时，应使用能够在每项分析规定时间内得到最大统计精密度的公认的技术。

10.8 按式(6)计算变异系数 CV：

$$CV = [100(N_p + N_b)^{1/2}]/(N_p - N_b) \quad \cdots\cdots(6)$$

式中：

CV——变异系数，%；

N_p——硫光谱线在波长0.537 3 nm处收集到的计数数字；

N_b——与收集 N_p 计数所花费的相同时间内，在背景波长下所收集的计数数字。

10.9 在先前选择并固定的角度位置、接近硫 Kα 峰强度下测量背景计数率。

注：所有背景位置的适宜性都取决于所使用的 X 射线阳极管。建议在使用铬或钪时波长为 0.519 0 nm；而锗射线管最适宜的波长为 0.543 7 nm。表 3 列出了各种晶体的 2θ、峰强度和背景以及角度。

10.10 按 11 章所示，测定校正计数率，并且计算试样的硫含量。

表 3 各种晶体的 2θ 角度

晶体	$2d$/nm	硫 Kα (0.537 3 nm)	背景/度	
			0.519 0 nm	0.543 7 nm
季戊四醇(002)	0.874 2	75.85	72.84	76.92
锗(111)	0.653 2	110.68	105.23	112.68

10.11 按照 10.5～10.10 进行测定，计数率大于校准曲线最高点的计数率时，用基体物质来稀释样品，直至硫计数率在校准曲线的限量范围内，并且重复第 10.5～10.10 所述的测定步骤。

10.12 对于总硫含量≤100 mg/kg 的试样，需进行重复测定。每次都要更换新的试样进行测定，并按 10.5～10.10 进行分析。两次分析之间的误差应等于或低于 14.1.1 中规定的重复性值。如果误差很大，就要仔细分析试样制备过程中各种可能污染的原因并进行重新分析。重复测定也是为了保证低硫样品的精确度。

10.13 当试样所含干扰物的浓度大于表 1 所列出的浓度时，应用基体物质稀释试样至表中列出的浓度。

10.13.1 当试样质量吸收系数乘质量分率与校准标准质量吸收系数乘质量分率的差值不大于后者的 4%～5%时，收集的数据(见 5.1 注)显示出较好的 X 射线结果。吸收干扰是附加的，只能通过稀释来降到最低，不能完全消除。因此，表 1 可作为干扰元素的参考浓度，作为一相对量，如果不造成明显误差，这些干扰元素的浓度是可以接受的。

注 1：也可以以经验或理论来校正基体物质干扰的影响。

注 2：把乙醇(或甲醇)加到烃类和二正丁基硫醚的混合物中，直到总的质量系数增加 5%，这时，可以通过计算得到乙醇和甲醇的浓度。换言之，就是计算造成硫测量结果 5%误差的乙醇(或甲醇)的量。采用本标准来测定含醇汽油(或 M85 和 M100)的硫含量，乙醇(或甲醇)的允许浓度参见表 1。

10.13.2 将混合物完全混合(混合方法主要取决于基体物质的类型)，以确保均匀并将其移到测量仪器中。

10.13.3 以 10.5～10.9 所述的方法步骤测定混合物的硫含量，并且根据第 11 章计算所述初始标准样品的硫含量。

11 计算

11.1 在使用 7.3 所述的漂移校正检测物时，按式(7)计算日常仪器灵敏度变化的校正因子：

$$F = A/B \qquad \cdots\cdots(7)$$

式中：

F——校正因子；

A——校准时(见 9.4)测定的漂移校正检测物的计数率；

B——分析时(见 10.1)测定的漂移校正检测物的计数率。

11.2 按式(8)测定经校正的净计数率(强度)：

$$R = [(N_p/S_1) - (N_b F'/S_2)]F \qquad \cdots\cdots(8)$$

式中：

R——校正的净计数率；

N_p——0.537 3 nm 波长下收集的总计数；

N_b——从 10.8 条中选择的背景位置收集的总计数；

S_1 和 S_2——收集 N_p,N_b 计数所需的时间,s;

F'——在选择的背景下,无硫样品在 0.537 3 nm 波长下的计数率/s;

F——可选择因子(见注)。

注:对于一些仪器,式(8)中此系数就不是必需的或必要的。在此情况下,F 是统一规定的。建议用户基于仪器使用的稳定性和标准质量控制原则,绘制 F 系数图,并且制定相关准则。

11.2.1 式(8)中系数 F' 是可选择的。通常,应使用多通道光谱仪来测量峰强度和背景强度。

注:绘制 F' 系数图,即使不用于式(8),也可使用户警觉因诸如晶体、高解析度瞄准器和固定窗口等系统部件的玷污而造成的仪器工作的变化。

11.3 将式(8)的校正净计数率放入第 9 章的校准模式,计算试样硫含量。在许多情况下,仪器销售商会提供计算软件。

11.4 按式(9)计算稀释试样的硫含量:

$$S = S_b \times [(m_S + m_O)/m_S] \qquad \cdots\cdots(9)$$

式中:

S——试样的硫含量,%(质量分数);

S_b——试样稀释后硫含量,%(质量分数);

m_S——试样的质量,g;

m_O——稀释剂质量,g。

11.4.1 要求输入所需的质量时,仪器销售商可能会提供进行该项计算的软件。

11.5 当用白油作为基体物质制备校准样品的校准曲线分析高乙醇或高甲醇含量(见表 1)的燃料时,按式(10)对 11.3 获得的测定结果进行修正(见 10.13.1 中注 2):

$$S_{fuel} = M/F \qquad \cdots\cdots(10)$$

式中:

S_{fuel}——校正后的试样硫含量,%(质量分数);

M——测得的试样硫含量,%(质量分数);

F——校正因子,例如:对于 $M85$,$F=0.59$;对于 $M100$,$F=0.55$。

11.5.1 如 5.2 中所叙述的那样,如果校准样品和试样的基体物质一致,就可以不用式(10)修正。

11.6 关于回归计算的内容可以参考 ASTM D 7343 中的内容。

12 报告

12.1 对于未经稀释的试样,报告按 11.3 计算的结果。对于经过稀释的试样,报告按 11.4 计算的结果。总硫含量结果大于 0.100 0%(质量分数)的取 3 位有效数字、介于 1 000(mg/kg)~10(mg/kg)的取 3 位有效数字、小于 10 mg/kg 的取 2 位有效数字。在控制舍入的有效数字上,应符合 GB/T 8170。

12.1.1 对于总硫含量低于 100 mg/kg 的试样,重复测定,取其平均值,结果按 12.1 报告。

12.2 当用做校准曲线的基体物质为白油时,可以用式(11)进行修正:

$$S_{C/H} = [1.195 - 0.016\,4(C/H)_{whiteoil}]/(1.195 - 0.016\,4(C/H)) \cdot S_{whiteoil} \qquad \cdots\cdots(11)$$

式中:

$S_{C/H}$——对碳氢质量比不同的基体物质校正后试样的硫浓度;

$(C/H)_{whiteoil}$——白油的碳氢质量比,由图 1 得出,数值为 5.7;

(C/H)——样品的碳氢质量比;

$S_{whiteoil}$——由校正曲线得到的白油硫浓度。

12.2.1 对于未知样品,可以输入碳氢质量比的值,对于不同的碳氢质量比,$S_{whiteoil}$ 需要校正。如果用不同的溶剂来稀释校准样品,溶剂的碳氢质量比可以用 $(C/H)_{whiteoil}$ 来代替。校准样品和试样之间的碳氢质量比的不同将会导致测量结果的误差(见表 6)。如果误差太大,就要用式(11)来校正。

13 质量控制

13.1 建议每个实验室制定计划,以确保本标准所述测量体系处于统计控制下。计划的其中一个部分可以是质量控制样品的定期使用与绘制(见7.11)。建议按照方法ASTM D6299,对代表典型实验室样品的至少一种质量控制样品进行分析。

表4 所有样品的精密度

S/(mg/kg)	重复性(r)/(mg/kg) 式(12)的值	再现性(R)/(mg/kg) 式(13)的值
1.0	0.8	2.5
5.0	0.9	2.9
10.0	1.1	3.5
25.0	1.6	5.0
50.0	2.3	7.6
100.0	3.9	12.5
500	15	49
1 000	28	91
0.500%	123	402
1.00%	235	764
4.60%	968	3 148

13.2 在日常测定中,除了对质量控制样品(7.11)进行分析外,还应对校准样品(如基体物质)进行分析。

13.2.1 基体物质的硫含量应低于2 mg/kg,如果高于2 mg/kg,需要重新标定仪器,并重新对基体物质进行测定(用新鲜的样品和样品皿)。如果测定结果仍超出了范围,就要对曲线重新校正。尤其在测定小于20 mg/kg的低硫样品时,如果样品的放入通道被污染,在使用前,应按照说明书,对其进行清洗。

13.2.2 为了使校准曲线在低浓度下也有很好的适用性,应在浓度逐渐变小的同时调整权重系数,或者改变加权方法。有的软件默认为加权平方根误差,也有的加权线性误差或不加权误差。

13.3 结果的确认:一旦进行样品和校准样品的测定,程序将会自动执行,以使测量有效。这就要求分析者在操作前仔细检查样品是否有明显破损的地方,如样品盒的泄漏,样品盒窗口是否褶皱以及对二次膜的检查。

13.4 分析结果的观察——如果测定结果超出了正常的范围,分析者应重新测定。

13.5 经常对仪器进行检查,以确保净化气在仪器的规格范围内。

13.6 在日常分析中,应使用漂移和质量控制标准物检测。如果测定结果超出了正常的范围,可以对仪器进行漂移检测或重新标定。所有的检测结果被接受前需重复测定的测定方法都应是被外界所接受的现在通用的检测方法。

14 精密度与偏差

14.1 按下述规定判断试验结果的可靠性(95%置信水平),包括27种样品,如汽油、馏分油、生物柴油、残渣油和原油,确定了本标准的精密度。对于所有类型的样品,都限制合并测量极限值约为3 mg/kg。无论高功率或低功率的X射线荧光光谱仪,汽油和柴油样品的精密度列于附录A中。一些样品的硫含量范围及其精密度列在14.1.1和14.1.2中。这些统计表适用的样品的干扰物质的含量低于表1列出的值(见1.4)。

表5 NIST SRM(工作标准样品)数据和ASTM实验室测定结果的比较

NIST SRM编号	S/(mg/kg) NIST	ASTM样品编号	基体物质	平均值/(mg/kg) ASTM	再现性/(mg/kg) ASTM	误差/(mg/kg)	相对误差/%
2298	4.7	1	汽油	6.0	2.9	1.3	27.7
2723a	11.0	5	柴油	10.1	3.6	−0.9	−8.18
2299	13.6	3	汽油	14.2	3.8	0.6	4.41
2296	40.0	2	汽油	40.2	6.6	0.2	0.5
2770	41.6	7	柴油	42.1	6.8	0.5	1.20
2724b	426.5	8	柴油	420.9	42.5	−5.6	−1.31
2722	2 103	10	原油	2 054	181	−49	−2.33
1619b	6 960	12	残渣燃料油	6 448	546	−512	−7.36
2721	15 830	9	原油	15 884	1 170	54	0.34
1620c	45 610	13	残渣燃料油	44 424	3 123	−1 186	−2.60

表6 用矿物油做校准样品时,对于不同碳氢质量比,NIST SRM数据和ASTM实验室测定结果的比较

NIST SRM编号	S/(mg/kg) NIST	碳氢质量比	基体物质	平均值/(mg/kg) ASTM	再现性/(mg/kg) ASTM	误差/(mg/kg)	相对误差/%
2298	4.7	5.47	汽油	6.0	6.0	1.3	27.66
2723a	11.0	5.99	柴油	10.1	10.2	−0.8	−7.27
2299	13.6	6.17	汽油	14.2	14.3	0.7	5.15
2296	40.0	6.42	汽油	40.2	40.6	0.6	1.50
2770	41.6	5.75	柴油	42.1	42.4	0.8	1.92
2724b	426.5	7.18	柴油	420.9	426.4	−0.1	−0.02
2722	2 103	7.22	原油	2 054	2 105	2	0.10
1619b	6 960	8.80	残渣燃料油	6 448	6 804	−156	−2.24
2721	15 830	7.17	原油	15 884	16 217	387	2.44
1620c	45 610	7.93	残渣燃料油	44 424	46 535	935	2.05

14.1.1 重复性(r)

同一操作者在同一实验室,使用相同仪器,按方法规定的步骤,对同一样品进行重复测定所得两个结果之差,不应超过式(12)的计算值,计算值见表4。

$$r = 0.045\,19(X + 20)^{0.928\,8} \qquad (12)$$

式中:

X——总硫的含量,单位为毫克每千克(mg/kg)。

14.1.2 再现性(R)

不同操作人员在不同实验室,使用不同仪器,按方法规定的步骤,对同一样品进行测定所得的两个独立结果之差,不应超出式(13)的计算值,计算值见表4。

$$R = 0.146\,9(X + 20)^{0.928\,8} \qquad (13)$$

式中：

X——总硫的含量，单位为毫克每千克(mg/kg)。

14.1.3 前面所提到的实验室间研究的有关汽油和柴油样品的重复性和再现性的值列于附录 A 中。高功率(>1 kW)的仪器的精密度的值及其图表在附录 A 中也有叙述。

14.2 偏差——实验室间研究包括 10 个 NIST 的工作标准样品。表 5 给出了经鉴定的硫含量数值、实验室间循环试验(RR)数值、测得的碳氢质量比、绝对偏差以及相对偏差。表 6 将 NIST 数值与碳氢质量比经校正的硫浓度作了比较。人们假定白油具有 5.698($C_{22}H_{46}$)的碳氢质量比。

14.2.1 图 1 显示了作为碳氢质量比函数的相对硫灵敏度。

14.2.2 基于对 10 个 NIST 工作标准样品的分析，尤其应用了碳氢质量比的校正之后，对于任何的工作标准样品和其类型在测定再现性的范围内，在已鉴定数值与实验室间研究获得的结果之间，没有显著的偏差。

15 关键词

分析；柴油；汽油；喷气燃料；煤油；石油；光谱测定法；硫；波长色散 X 射线荧光；X 射线。

附 录 A
（资料性附录）
精密度的说明

A.1 汽油的精密度

实验室间的研究中，用了5个汽油样品，其总硫含量大约在5(mg/kg)～70(mg/kg)，其精密度的控制为：

样品1　NIST SRM 2298，高辛烷值汽油

样品2　NIST SRM 2296，含13%的乙基叔丁基醚汽油

样品3　NIST SRM 2299，新配方汽油

样品4　含5%乙醇的汽油

样品11　普通无铅汽油

A.1.1 重复性(*r*)

同一操作者在同一实验室，使用相同仪器，按方法规定的步骤，对同一样品进行重复测定所得两个结果之差不应超过式(A.1)的计算值，计算结果见表A.1，其数据图见图A.1。

$$r = 0.500\,6X^{0.437\,7} \qquad \cdots\cdots (A.1)$$

式中：

X——总硫含量，mg/kg。

A.1.2 再现性(*R*)

不同操作人员在不同实验室，使用不同仪器，按方法规定的步骤，对同一样品进行测定所得的两个独立结果之差，不应超出式(A.2)的计算值，计算结果见表A.1，其数据图见图A.1。

$$R = 1.453\,3X^{0.437\,7} \qquad \cdots\cdots (A.2)$$

式中：

X——总硫的含量，mg/kg。

表A.1 汽油的精密度值

S/(mg/kg)	式(A.1)的重复性值 r/(mg/kg)	式(A.2)的再现性值 R/(mg/kg)
5.0	1.01	2.94
10.0	1.37	3.98
25.0	2.05	5.95
70.0	3.21	9.33

A.2 柴油的精密度

实验室间的研究中，用了5个柴油样品，其总硫含量大约在11(mg/kg)～5 500(mg/kg)，其精密度的控制为：

样品5　NIST SRM 2723a

样品7　NIST SRM 2770

样品8　NIST SRM 2724b

样品15　柴油

样品 22　　含 5%生物柴油的柴油

A.2.1　重复性(r)

同一操作者在同一实验室，使用相同仪器，按方法规定的步骤，对同一样品进行重复测定所得两个结果之差不应超过式(A.3)的计算值，计算结果见表 A.2，其数据图见图 A.2。

$$r = 0.1037X^{0.8000} \qquad \cdots\cdots(A.3)$$

式中：

X——总硫的含量，mg/kg。

A.2.2　再现性(R)

不同操作人员在不同实验室，使用不同仪器，按方法规定的步骤，对同一样品进行测定所得的两个独立结果之差，不应超出式(A.4)的计算值：计算结果见表 A.2，其数据图见图 A.2。

$$R = 0.3856X^{0.8000} \qquad \cdots\cdots(A.4)$$

式中：

X——总硫的含量，mg/kg。

表 A.2　柴油的精密度值

S/(mg/kg)	式(A.3)的重复性值 r/(mg/kg)	式(A.4)的再现性值 R/(mg/kg)
11	0.71	2.63
25	1.36	5.06
100	4.13	15.35
500	15.0	55.6
0.100%	26.0	96.9
0.550%	102	379

A.3　高功率仪器的精密度

X 射线荧光光谱源的功率会影响其测定结果的精密度，大于 1 000 W 的为高功率，小于 1 000 W 的为低功率。在实验室间的研究中，5 个参与者用了低功率的仪器，10 个参与者用了高功率的仪器。高功率仪器的精密度规定如下。

A.3.1　重复性(r)

同一操作者在同一实验室，使用相同的仪器，按方法规定的步骤，对同一样品重复测定所得两个结果之差不应超过式(A.5)的计算值，计算结果见表 A.3。

$$r = 0.08681X^{0.8383} \qquad \cdots\cdots(A.5)$$

式中：

X——总硫的含量，mg/kg。

A.3.2　再现性(R)

不同操作者在不同实验室，使用不同仪器，按方法规定的步骤，对同一样品进行测定所得的两个结果之差，不应超出式(A.6)的计算值：计算结果见表 A.3。

$$R = 0.3086X^{0.8383} \qquad \cdots\cdots(A.6)$$

式中：

X——总硫的含量，mg/kg。

表 A.3　所有样品在高功率仪器下的精密度值

S/(mg/kg)	式(A.5)的重复性值 r/(mg/kg)	式(A.6)的再现性值 R/(mg/kg)
1.0	0.09	0.31
5.0	0.33	1.19
10.0	0.60	2.13
25.0	1.28	4.58
50.0	2.31	8.20
100.0	4.12	14.66
500	15.9	56.5
0.100%	28.4	101.0
0.500%	109.5	389.3
1.00%	196	696
4.60%	704	2 501

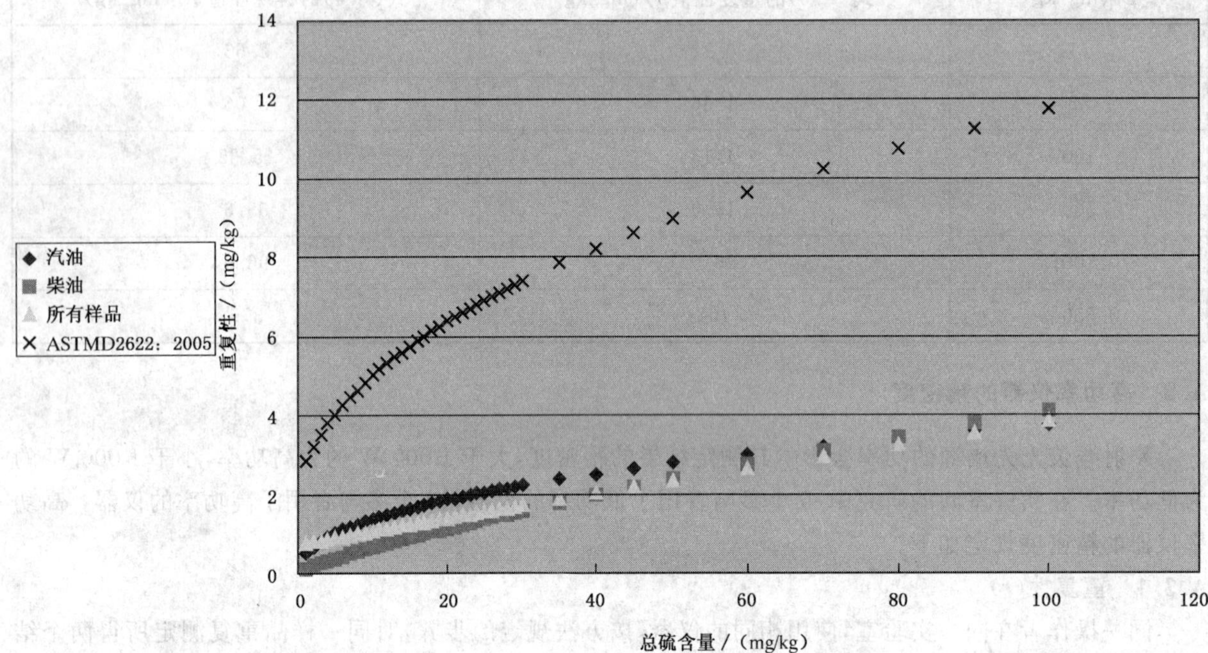

图 A.1　汽油、柴油和所有样品的重复性

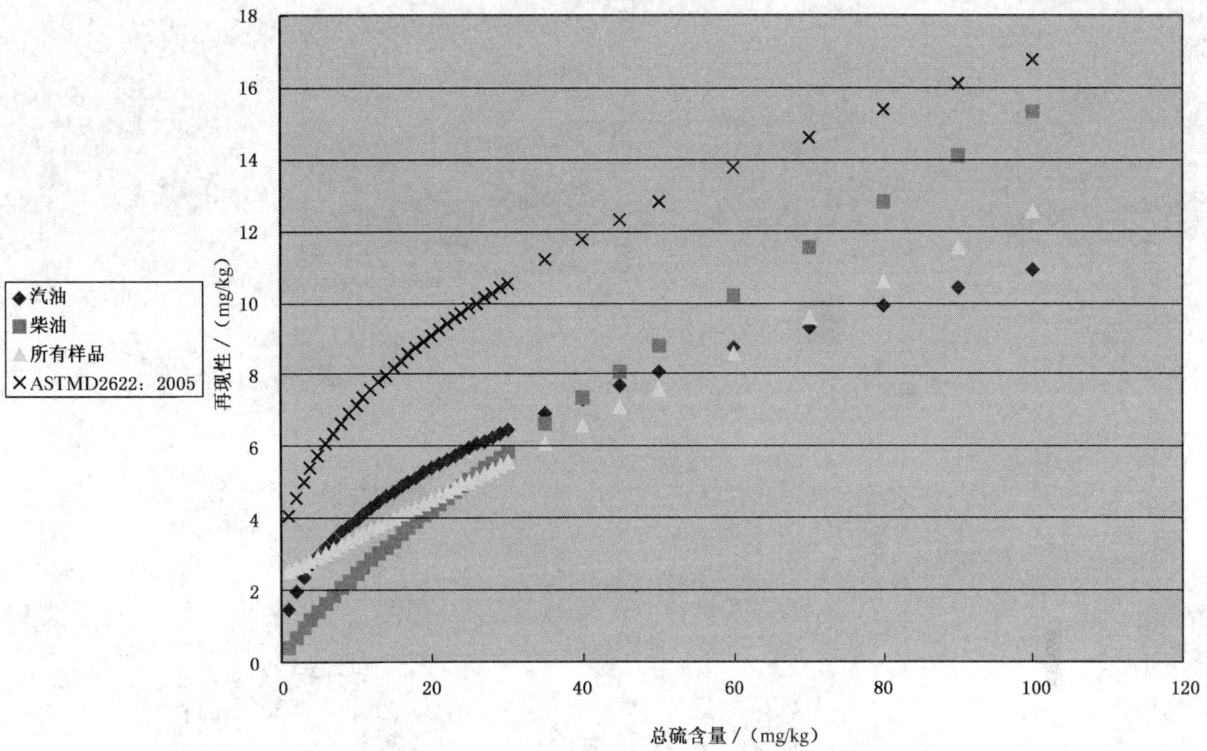

图 A.2　汽油、柴油和所有样品的再现性

ICS 75.100
E 34

中华人民共和国国家标准

GB/T 11143—2008
代替 GB/T 11143—1989

加抑制剂矿物油在水存在下防锈性能试验法

Standard test method for rust-preventing characteristics of inhibited mineral oil in the presence of water

2008-02-13 发布　　2008-09-01 实施

中华人民共和国国家质量监督检验检疫总局
中国国家标准化管理委员会　发布

前　言

本标准修改采用美国材料与试验协会标准 ASTM D665-03《加抑制剂矿物油在水存在下防锈性能试验法》。

本标准根据 ASTM D665-03 重新起草。

为了适应我国国情，本标准在采用 ASTM D665-03 时进行了少量修改，本标准与 ASTM D665-03 的结构差异参见附录 A。本标准与 ASTM D665-03 的主要技术差异如下：

——本标准的引用标准采用了我国相应的现行有效标准；

——本标准建议试验周期为 24 h，在第 3 章和 9.1.4 的注中增加了对建议试验周期的差异说明；

——ASTM D665-03 规定采用沉淀石油醚或异辛烷或 IP60/80 规格的汽油清洗试验钢棒、搅拌器和烧杯盖。本标准规定采用分析纯的异辛烷和 90℃～120℃石油醚。

本标准代替 GB/T 11143—1989《加抑制剂矿物油在水存在下防锈性能试验法》。GB/T 11143—1989 参照采用 ASTM D665-83。

本标准与 GB/T 11143—1989 相比，主要变化如下：

——增加了意义和用途一章；

——本标准将对测试样温度所用温度计的规定作为注，并补充了 GB/T 514 中 GB-76 号温度计（相当于 IP21C）或 ASTM 9C 温度计均可测定试样温度；

——本标准增加了采样一章，对样品的采集提出了具体要求，规定采样应符合 GB/T 4756 中设备和技术要求；

——ASTM D665-03 建议试验周期为 4 h，在第 3 章和 9.1.4 后增加注予以说明；

——本标准结果判断中明确给出了锈蚀的定义；

——本标准增加了参比油配制内容。

本标准的附录 A 为资料性附录。

本标准由中国石油化工集团公司提出。

本标准由中国石油化工股份有限公司石油化工科学研究院归口。

本标准起草单位：中国石油化工股份有限公司石油化工科学研究院。

本标准主要起草人：郑煜、王瑞荣、陈少红。

本标准所代替标准的历次版本发布情况为：

——GB/T 11143—1989。

加抑制剂矿物油在水存在下防锈性能试验法

1 范围

本标准规定了加抑制剂矿物油在水存在下防锈性能的测定方法。本标准适用于评价加抑制剂矿物油,特别是汽轮机油在与水混合时对铁部件的防锈能力,还适用于液压油、循环油等其他油品及比水密度大的液体。

本标准涉及到某些有危险性的材料、操作及设备,但并未对所有的安全问题提出建议。因此,用户在使用本标准前应建立适当的安全防范措施,并制定相应的管理制度。

2 规范性引用文件

下列文件中的条款通过本标准的引用而成为本标准的条款。凡是注日期的引用文件,其随后所有的修改单(不包括勘误的内容)或修订版均不适用于本标准,然而,鼓励根据本标准达成协议的各方研究是否可使用这些文件的最新版本。凡是不注日期的引用文件,其最新版本适用于本标准。

GB/T 514 石油产品试验用玻璃液体温度计技术条件

GB/T 1220 不锈钢棒

GB/T 4756 石油液体手工取样法(GB/T 4756—1998,eqv ISO 3170:1988)

GB/T 6682 分析实验室用水规格和试验方法(GB/T 6682—1992, neq ISO 3696:1987)

SH/T 0006 工业白油

ASTM A108 冷加工碳素钢和合金钢棒材的标准规范

BS 970 第1部分:碳素钢与碳锰钢(包括易切削钢)

3 方法概要

将300 mL试样和30 mL蒸馏水或合成海水混合,把圆柱形的试验钢棒全部浸在其中,在60℃下进行搅拌。建议试验周期为24 h,也可根据合同双方的要求,确定适当的试验周期。试验周期结束后观察试验钢棒锈蚀的痕迹和锈蚀的程度。

注:在ASTM D665-03中指出,1999年之前,ASTM D665建议的试验周期一直采用24 h,采用不同的试验周期进行对比联合实验,统计结果表明,对于试验周期4 h与24 h的试验钢棒,未发现锈蚀等级差异,故ASTM D665-03建议试验周期为4 h。

4 意义和用途

很多情况下,如汽轮机中,水分可能混入润滑油,从而使铁部件生锈。本试验能表明加入适量抑制剂的矿物油,有助于防止这种情况引起的锈蚀。本方法还适用于液压油和循环油等其他油品及比水密度大的液体。并可用于表示新油品规格指标测定及监测正在使用的油品。

5 仪器

5.1 油浴:可保持试样温度在60℃±1℃的恒温液体浴。适宜作浴用的油,其40℃运动黏度为28.8 mm^2/s~35.2 mm^2/s。浴槽应带盖,盖上具有放试验烧杯用的孔。

注:测试样温度所用温度计,其分度值为0.5℃。在试样中,按其规定的浸入深度能准确测量60℃,GB/T 514中GB-76号温度计(相当于IP 21C)或ASTM 9C温度计均适合测定试样温度。

5.2 烧杯:容积为 400 mL,耐热高型无嘴烧杯(如图 1),高度(从内底中心测量)约为 127 mm,内径约为 70 mm(在中段测得)。

单位为毫米

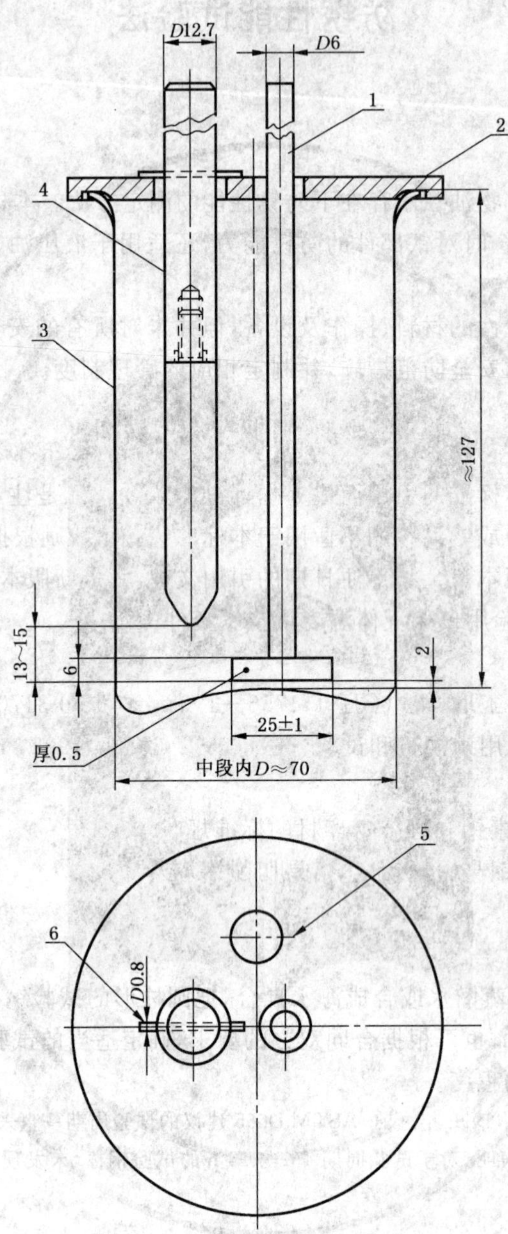

1——搅拌器;
2——烧杯盖;
3——烧杯;
4——试验钢棒组合件;
5——温度计插孔;
6——销子。

图 1 仪器组装示意图

5.3 烧杯盖:由玻璃或聚甲基丙烯酸甲酯树脂(PMMA)制成的扁平烧杯盖,用适当的方法,如带边或者带槽,使盖定位。在盖的任意直径上备有两个孔,一个孔用于安装搅拌器,孔的直径为 12 mm,其圆心到盖的中心距离为 6.4 mm,另一个孔在盖的中心另一边,用于放置试验钢棒组合件,孔的直径为

18 mm,其圆心到盖的中心距离为 16 mm。另外,第三个孔用于放置温度计,孔的直径为 12 mm,其圆心到盖的中心距离为 22.5 mm,且位于通过另外两孔直径的中垂线上。

注:倒置的培养皿可作为合适的盖,因为培养皿的周边可以使它保持固定位置,用适合的聚甲基丙烯酸甲酯树脂做烧杯盖(如图 2 所示)。盖上开一个宽 1.6 mm 长 27 mm 的长孔,其中心线通过搅拌器孔的中心,并垂直于通过盖的钢棒孔和搅拌器孔两圆心的一条直径,便于在不取下烧杯盖时可取出搅拌器。在试验其他试样如合成液时,烧杯盖应用耐化学品的材料如聚三氟氯乙烯(PCTFE)制成。

单位为毫米

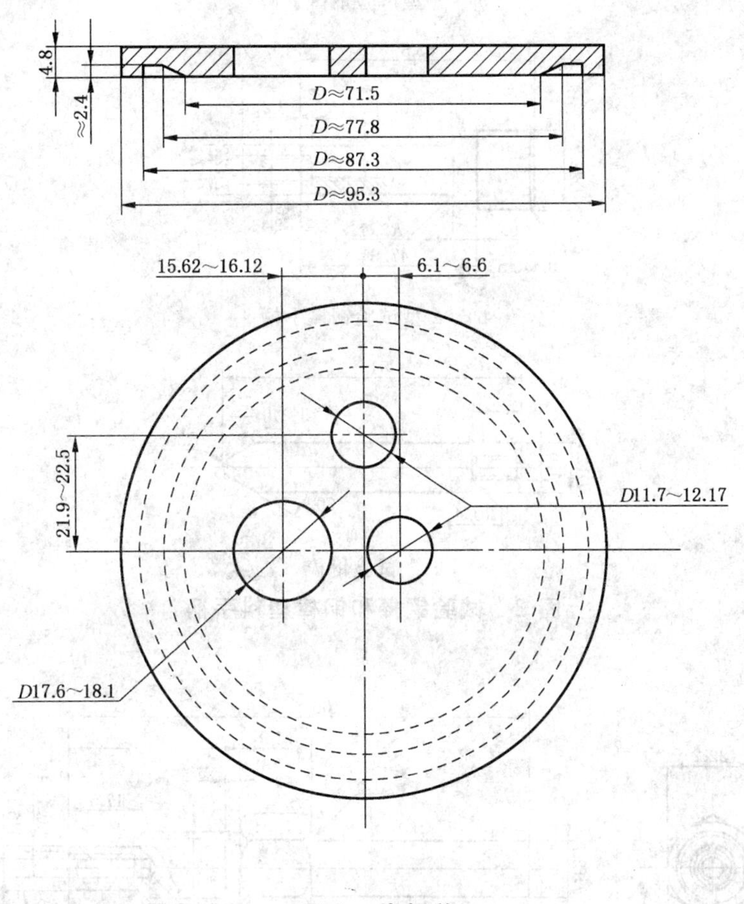

图 2　烧杯盖

5.4　试验钢棒:尺寸如图 3 所示,材质应符合 ASTM A108 的 10180 级或 BS970 第 1 部分:1983-070M20 钢棒的技术要求,即如下规定:

碳(C):0.15%～0.20%(质量分数);锰(Mn):0.60%～0.90%(质量分数);硫(S):≤0.05%(质量分数);磷(P):≤0.04%(质量分数);硅(Si):<0.10%(质量分数)。

如没有这些钢材,也可以使用其他通过比对验证,结果令人满意,能够证明其性能相当的钢材。

5.5　钢棒塑料手柄:由聚甲基丙烯酸甲酯树脂(PMMA)制成,其尺寸如图 3 所示(图中画出了两种类型的手柄)。当试验合成液时,塑料手柄应用耐化学品的材料,例如聚四氟乙烯(PTFE)制成。

5.6　搅拌器:由符合 GB/T 1220 中 1Cr18Ni9Ti 要求的不锈钢制成,其结构成倒"T"字型,在直径为 6 mm 的搅拌杆上装一个 25 mm×6 mm×0.6 mm 的扁平叶片,叶片对称于杆并在同一垂直平面内。

注:也可采用耐热玻璃作搅拌器,其尺寸与用不锈钢制成的搅拌器规定的尺寸相同。

5.7　搅拌装置:可保持搅拌速度在 1 000 r/min±50 r/min 的适宜搅拌装置。

5.8　研磨和抛光设备:可夹住试验钢棒的合适夹头及一台速度为 1 700 r/min～1 800 r/min 旋转试验钢棒的设备(如图 3、图 4)。

单位为毫米

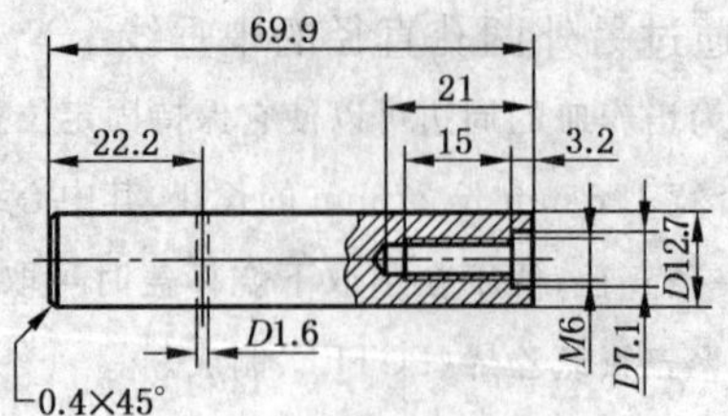

a) 1型试验钢棒手柄

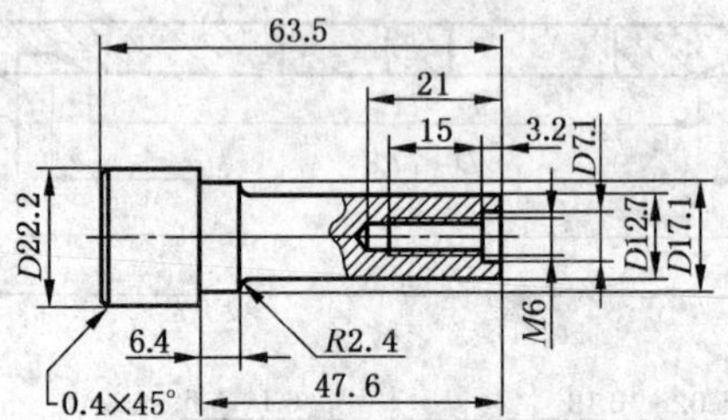

b) 2型试验钢棒手柄

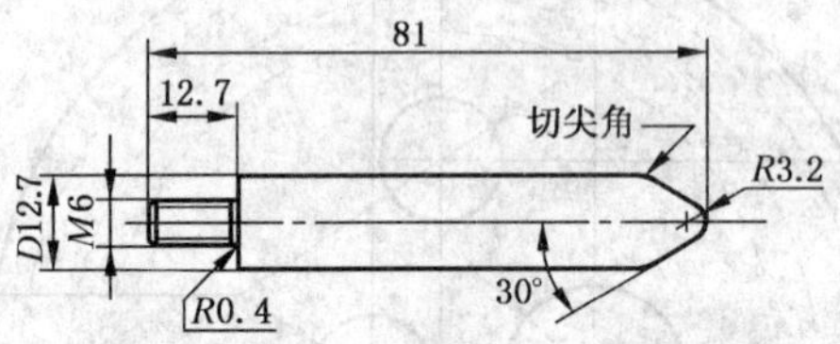

c) 试验钢棒

图 3 试验钢棒和钢棒塑料手柄

单位为毫米

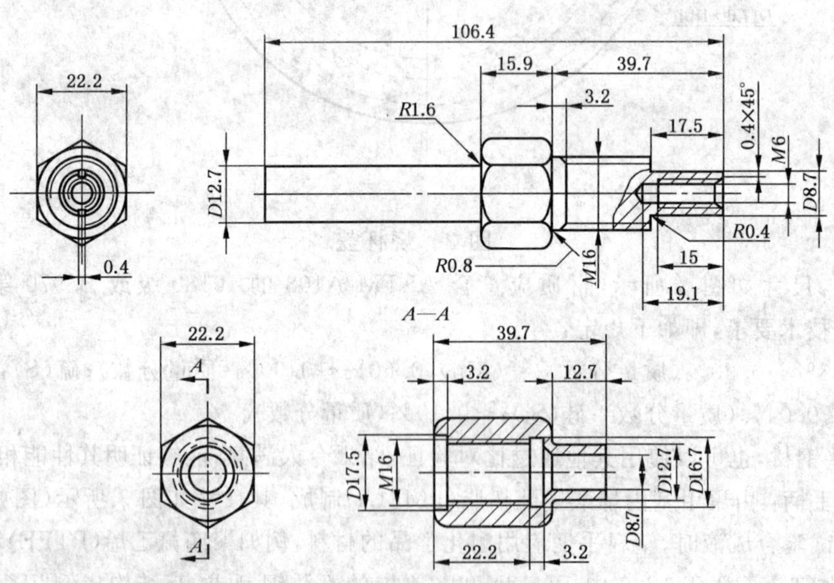

图 4 抛光试验钢棒用夹头

5.9 烘箱：能保持温度在 65℃。

6. 试剂和材料

6.1 异辛烷：分析纯。

6.2 石油醚:分析纯,90℃~120℃。

6.3 蒸馏水:符合 GB/T 6682 中三级水要求。

6.4 铬酸清洗溶液或其他相当的、有效的玻璃器皿清洗剂。

6.5 砂布:150 号(99 μm)和 240 号(53.5 μm)或与其等效的金属加工用氧化铝砂布。

6.6 合成海水:其组成如下:

盐	质量浓度/(g/L)
氯化钠($NaCl$)	24.54
氯化镁($MgCl_2 \cdot 6H_2O$)	11.10
硫酸钠(Na_2SO_4)	4.09
氯化钙($CaCl_2$)	1.16
氯化钾(KCl)	0.69
碳酸氢钠($NaHCO_3$)	0.20
溴化钾(KBr)	0.10
硼酸(H_3BO_3)	0.03
氯化锶($SrCl_2 \cdot 6H_2O$)	0.04
氟化钠(NaF)	0.003

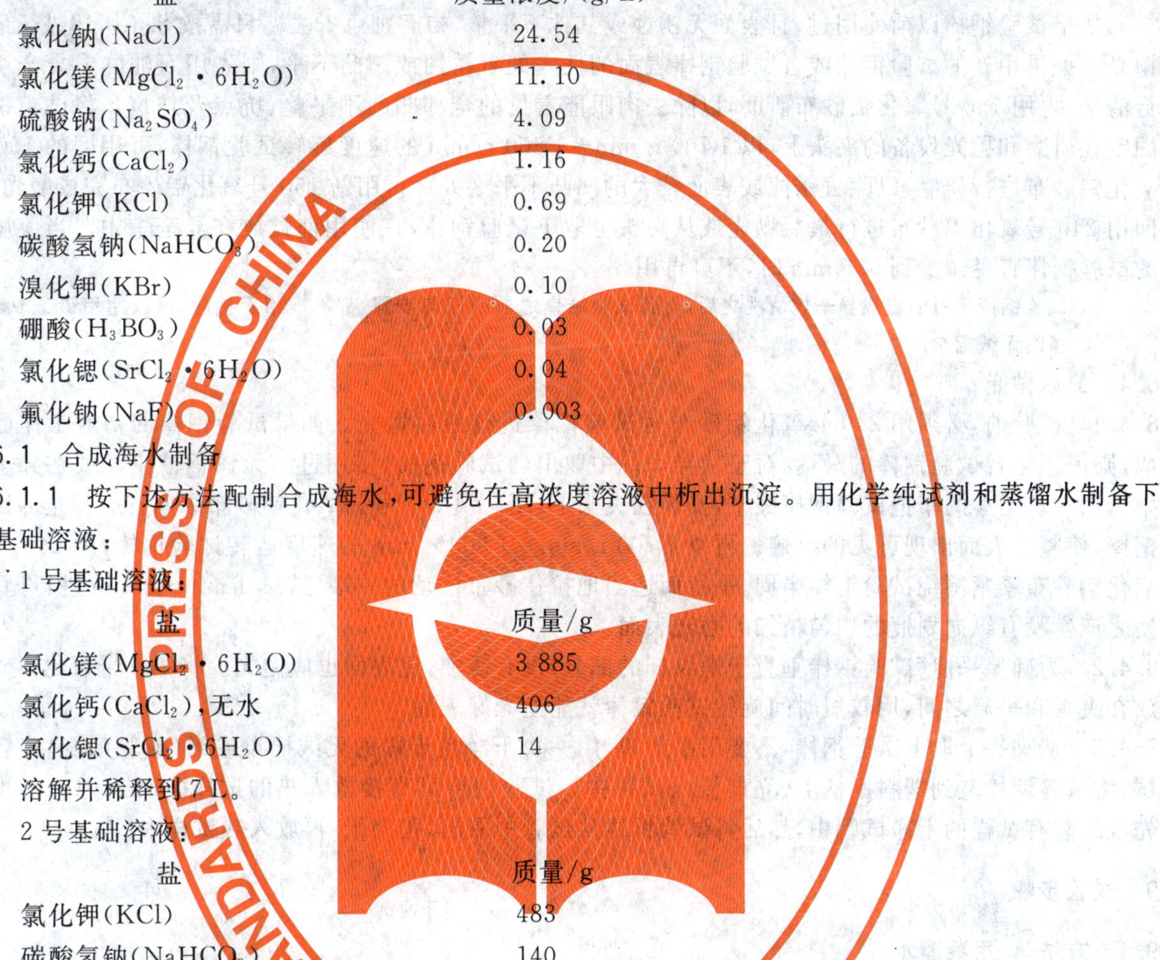

6.6.1 合成海水制备

6.6.1.1 按下述方法配制合成海水,可避免在高浓度溶液中析出沉淀。用化学纯试剂和蒸馏水制备下列基础溶液:

1 号基础溶液:

盐	质量/g
氯化镁($MgCl_2 \cdot 6H_2O$)	3 885
氯化钙($CaCl_2$),无水	406
氯化锶($SrCl_2 \cdot 6H_2O$)	14

溶解并稀释到 7 L。

2 号基础溶液:

盐	质量/g
氯化钾(KCl)	483
碳酸氢钠($NaHCO_3$)	140
溴化钾(KBr)	70
硼酸(H_3BO_3)	21
氟化钠(NaF)	2.1

溶解并稀释到 7 L。

6.6.1.2 制备合成海水,将 245.4 g 氯化钠($NaCl$)和 40.94 g 硫酸钠(Na_2SO_4)溶解于几升蒸馏水中,加入 200 mL 1 号基础溶液和 100 mL 2 号基础溶液,稀释到 10 L,进行搅拌,再加入 0.05 mol/L 碳酸钠溶液(Na_2CO_3),直到 pH 值为 7.8~8.2(约需碳酸钠溶液 1 mL~2 mL)。

7 采样

样品可取自油罐、油桶、小容器或运行设备,并具有代表性,采样应符合 GB/T 4756 中设备和技术要求。

8 准备工作

8.1 每次试验应准备两根试验钢棒,可以是新的或使用过的试验钢棒,并应按 8.2 和 8.3 进行准备。

注：在做对比试验时，显示锈蚀的试验钢棒不应再使用。在各种油的试验中重复出现锈蚀的试验钢棒可能是有问题的。这些试验钢棒应放于合格的油中进行试验，如果在重复试验中仍然发生锈蚀，则这些试验钢棒应废弃。

8.2 试验钢棒组合件由一根装到塑料手柄上的圆柱形试验钢棒组成。新的圆柱形试验钢棒直径为12.7 mm，长度约为68 mm（不包括拧入塑料手柄的螺纹部分），试验钢棒的一端做成如图3所示的锥形。

8.3 初磨：

如果试验钢棒以前使用过，且表面无锈蚀或其他不平整，初磨则可省去。只需按8.4所述进行最后抛光。如果用新的试验钢棒或者试验钢棒表面的任一处有锈蚀或凹凸不平，则先用石油醚或异辛烷进行清洗，再用150号氧化铝砂布研磨，以除去肉眼能看见的全部凹凸不平整、坑点及伤痕。将试验钢棒固定在研磨和抛光设备的夹头上，以1 700 r/min～1 800 r/min的速度旋转试验钢棒，可用旧的150号氧化铝砂布进行研磨，以除去锈蚀或表面较大的凹凸不平之处。再用新150号氧化铝砂布完成磨光，立即用240号氧化铝砂布进行最后抛光或从夹头上取下试验钢棒，在使用前贮放在异辛烷中。当使用过的试验钢棒直径减少到9.5 mm时，不可再用。

注：试验钢棒用石油醚或异辛烷清洗之后，直到试验结束之前的任何步骤，都不准用手接触，可以使用镊子或者干净的无绒棉布。

8.4 最后抛光：

8.4.1 试验前，必须用240号氧化铝砂布对试验钢棒进行最后抛光。如果试验钢棒的初磨工作已完成，则停止运转试验钢棒的马达，对于从异辛烷中取出的试验钢棒（使用过的无锈钢棒应贮放在异辛烷中），用一块干净的布把试验钢棒擦干，安装在夹头上，用一块240号新氧化铝砂布纵向打磨静止的试验钢棒，使整个表面出现可见的痕迹。再以1 700 r/min～1 800 r/min的速度运转试验钢棒，用240号新氧化铝砂布紧紧围绕试验钢棒半周，平稳而适当地拉住砂布松动的一端，持续1 min～2 min进行抛光，使之产生没有纵向划痕的均匀精细的磨光表面。

8.4.2 为确保平肩（试验钢棒垂直于螺纹杆的部分）没有锈蚀，此表面也应抛光。将240号氧化铝砂布放在夹具和平肩之间，用较短时间旋转试验钢棒就能抛光好表面。

8.4.3 从夹头上取下试验钢棒，不要用手触摸，用一块干净且干燥的无绒棉布或纸（或驼毛刷）轻轻揩拭，将试验钢棒装到塑料手柄上，立即浸入试样中。试验钢棒可直接放入热的试样中（见9.1.1），也可先放入装有试样的干净试管中，然后将试验钢棒从试管中取出，稍沥干，再放入热试样中。

9 试验步骤

9.1 方法A（用蒸馏水）

9.1.1 按照试验步骤清洗烧杯，用蒸馏水彻底清洗并放入烘箱中干燥。用同样的方法清洗玻璃烧杯盖和玻璃搅拌棒。不锈钢搅拌棒体和PMMA盖则先用石油醚或异辛烷清洗，再用热水充分冲洗，最后用蒸馏水洗，放在温度不超过65℃的烘箱中烘干。

9.1.2 将300 mL试样倒入烧杯，并将烧杯放入能使试样温度保持在60℃±1℃的油浴孔中，借烧杯的边缘固定，使烧杯悬挂在油浴盖上。浴中的液面不应低于烧杯内油面。盖上烧杯盖，装上搅拌器，使搅拌杆距离装有试样的烧杯中心6 mm，叶片距烧杯底不超过2 mm。将温度计插入烧杯盖上温度计孔中，其浸入深度为56 mm。开动搅拌器，当温度达到60℃±1℃时，放入按第8章准备好的试验钢棒。

注：当把多个具有相同特性的样品同时放入恒温油浴时，不必在每个样品中都插入温度计，因为恒温浴能在允许的范围内控制每个烧杯试样的温度。分析单个样品时，应把温度计插入烧杯盖上温度计孔中，其浸入深度为56 mm。开动搅拌器，当温度达到60℃±1℃时，放入试验钢棒。为保持油浴的热平衡，试验开始后不要再向烧杯内添加试样。

9.1.3 将试验钢棒组合件悬挂在烧杯盖上的试样孔中，使其下端距离烧杯底13 mm～15 mm，两种类型的塑料手柄均可使用（如图3），试验钢棒悬挂于试样孔中应无任何阻碍，仪器组装示意图见图1。

9.1.4 继续搅拌30 min，以确保试验钢棒完全润湿。在搅拌的情况下，取下温度计片刻，通过温度计孔加入30 mL蒸馏水，水沉入烧杯底部，重新放回温度计。由水加入时起，以1 000 r/min±50 r/min的速度继续搅拌 24 h，并保持油-水混合物温度在 60℃±1℃。在 24 h 后，停止搅拌，取出试验钢棒沥干，然后用石油醚或异辛烷洗涤，如有必要可以用漆涂层将试验钢棒保护起来。

注：ASTM D665-03 建议试验周期为 4 h，但按合同双方的要求，试验周期亦可长可短。

9.2　**方法 B(用合成海水)**

9.2.1　加抑制剂矿物油在合成海水存在下防锈性能方法，应与 9.1.1～9.1.4 相同，只是用合成海水代替 9.1.4 所述方法部分中的蒸馏水。

9.3　**方法 C(适用于比水密度大的液体)**

9.3.1　由 5.6 中规定的搅拌器所产生的搅拌作用不足以使水和比水密度大的液体达到完全混合，本条所述表示对测试比水密度大的液体在标准中所作的修改。除非另有说明，其他步骤和要求仍按第 1 章～第 9 章的规定进行。由于本方法可用蒸馏水或合成海水，因此若用方法 C，应在报告中注明是蒸馏水还是合成海水。

9.3.2　仪器

9.3.2.1　烧杯盖：与 5.3 所述相同。

注：某些比水密度大的液体可能会腐蚀或溶解聚甲基丙烯酸甲酯树脂(PMMA)制成的烧杯盖及手柄。因此，在试验比水密度大的液体时，建议使用聚三氟氯乙烯(PCTFE)烧杯盖和聚四氟乙烯(PTFE)手柄。

9.3.2.2　搅拌器：除与 5.6 所述相同外，在搅拌杆上安装一个辅助叶片(如图 5 所示)，其材质为不锈钢，尺寸为 19.0 mm×12.7 mm×0.6 mm，辅助叶片在搅拌杆上的位置是其底边距 T 型叶片的顶边 57 mm 处，并且两个叶片的平面在同一垂直平面上。

单位为毫米

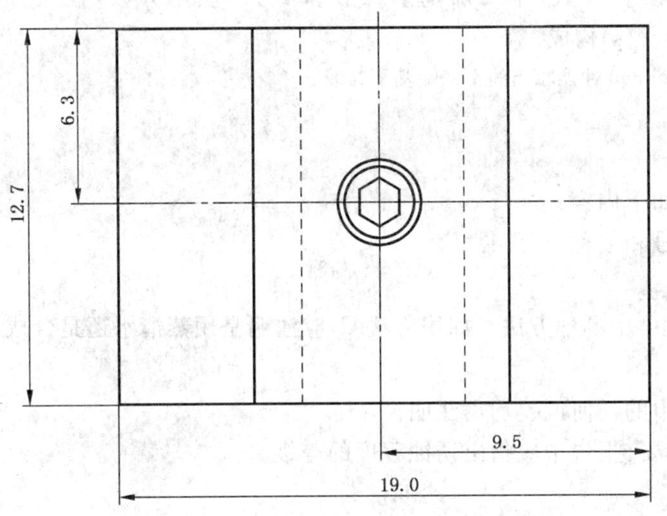

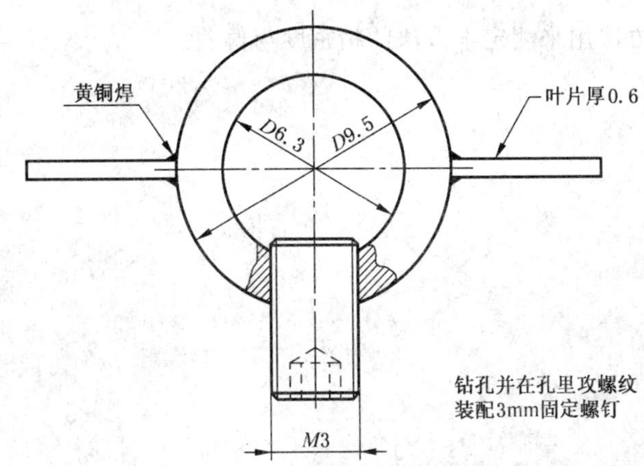

图 5　辅助叶片

9.3.2.3 试验钢棒及其准备工作与第8章所述相同。

10 结果判断

10.1 试验结束时,试验钢棒的所有检查均不使用放大镜,并应在普通光线(照度650 lx)下进行。通过上述检查过程,凡在试验钢棒上出现任何肉眼可见的锈点和条纹即为锈蚀的试验钢棒。

10.2 本试验中,锈蚀是指发生腐蚀的试验面积,可以通过颜色的变化判断,或用无绒棉布或薄纸揩拭后,在试验钢棒表面可判断出的坑点及凹凸不平。在试验钢棒本身不褪色或不存在斑点的情况下,如果表面褪色或斑点可被无绒棉布或薄纸很容易擦掉,则不应认为是锈蚀。

10.3 为了报告某种试样合格与否,必须进行平行试验。如在试验周期结束时,两根试验钢棒均无锈蚀,那么试样为"合格"。如两根试验钢棒均锈蚀,则应报告为"不合格"。如一根试验钢棒锈蚀而另一根不锈蚀,则应再取两根试验钢棒重新试验。如果重做的两根试验钢棒中任何一个出现锈蚀,则应报告该试样为不合格。如果重做的两根试验钢棒都没有锈蚀,则应报告该试样为合格。

注:当需指出锈蚀的程度时,为统一起见,建议按下述的锈蚀程度分级。

轻微锈蚀:限于锈点不超过6个,每个锈点直径不大于1 mm。

中等锈蚀:锈蚀超过6个点,但小于试验钢棒表面积的5%。

严重锈蚀:锈蚀面积超过试验钢棒表面积的5%。

10.4 参比油:在方法A中合格而方法B中不合格,其配制如下所述:

在白矿物油(运动黏度符合SH/T 0006中32号工业白油要求)中加入0.015 0%(质量分数)的添加剂,添加剂由60%(质量分数)十二烯基丁二酸和40%(质量分数)普通石蜡基油(40℃运动黏度19.8 mm^2/s~24.2 mm^2/s)构成。

注:应使用与Lubrizol 850性能相当的十二烯基丁二酸。

11 报告

试验报告应包含如下内容:

11.1 测试产品的型号和名称。

11.2 试验日期。

11.3 指明采用A、B、C中哪种方法。如用方法C,应注明是用蒸馏水还是合成海水。

11.4 试验周期。

11.5 试验操作过程中的任何偏差均需注明。

11.6 试验结果,如需要,报告中应指出锈蚀程度的等级。

12 精密度与偏差

没有可普遍接受的方法用来测定本方法的精密度与偏差。

附 录 A
（资料性附录）
本标准章条编号与 ASTM D665-03 章条编号对照

A.1 表 A.1 中给出了本标准章条编号与 ASTM D665-03 章条编号对照一览表。

表 A.1 本标准章条编号与 ASTM D665-03 章条编号对照

本标准章条编号	ASTM D665-03 章条编号
—	1.1[a]
—	2
2	—
5.4	6.7
6.1～6.5	—
—	6.1～6.2
6.6	6.3
—	6.4～6.6
8.1[a]	8.2[a]
9.1	9
9.2	10
9.3	11
10	12
11	13
12	14
—	15
[a] 表中的章条以外的本标准其他章条编号和 ASTM D665-03 章条编号均相同且内容相对应。	

参 考 文 献

［1］ ASTM E1 ASTM 温度计规格

［2］ IP 石油和石油产品试验方法标准年鉴附录 A，标准温度计规格

ICS 75.140
E 43

中华人民共和国国家标准

GB/T 11148—2008
代替 GB/T 11148—1989

石油沥青溶解度测定法

Test method for solubility of asphalt

2008-02-13 发布 2008-09-01 实施

中华人民共和国国家质量监督检验检疫总局
中国国家标准化管理委员会 发布

前　言

本标准修改采用美国材料与试验协会标准 ASTM D2042-01《沥青材料在三氯乙烯中溶解度的测定方法》(英文版)。

本标准根据 ASTM D2042-01 重新起草。

为适合我国国情,本标准在采用 ASTM D2042-01 时进行了部分修改。本标准与 ASTM D2042-01 的主要差异如下:

——删除了图 1 过滤设备装配图,增加吸滤瓶、玻璃接头和古氏坩埚的示意图;

——删除了式 1 不溶物含量的计算式;

——删除了第 12 章的相关内容,采用 GB/T 11148—1989 规定的精密度。

本标准代替 GB/T 11148—1989《石油沥青溶解度测定法》。本标准与 GB/T 11148—1989 相比主要变化如下:

——增加了涉及安全性的条款;

——将 3.5 橡胶管或接头改为 5.2 玻璃接头;

——将 3.8 双联球改为 5.4 真空泵或水流泵;

——增加了吸滤瓶、玻璃接头和古氏坩埚的示意图;

——删除了 4.2 中"苯、四氯化碳";

——以 ASTM D2042-01 中溶解度计算式代替 GB/T 11148—1989 中第 7 章中溶解度计算式。

本标准由全国石油产品和润滑剂标准化技术委员会(SAC/TC 280)提出。

本标准由中国石油大学(华东)重质油研究所归口。

本标准起草单位:中国石油大学(华东)重质油研究所。

本标准主要起草人:刘国祥、张小英。

本标准于 1989 年 3 月首次发布,本次修订为第 1 次修订。

石油沥青溶解度测定法

1 范围

本标准规定了石油沥青溶解度测定法。

本标准适用于测定石油沥青在三氯乙烯中的溶解度，不适用于测定改性沥青的溶解度。

本标准未涉及有关使用的安全规定，标准使用者有责任在使用前制定合适的安全应用规程。

2 规范性引用文件

下列文件中的条款通过本标准的引用而成为本标准的条款。凡是注日期的引用文件，其随后所有的修改单(不包括勘误的内容)或修订版均不适用于本标准，然而，鼓励根据本标准达成协议的各方研究是否可使用这些文件的最新版本。凡是不注日期的引用文件，其最新版本适用于本标准。

GB/T 11147 石油沥青取样法

3 方法概要

样品溶解在三氯乙烯中，用玻璃纤维滤纸过滤，不溶物经洗涤，干燥和称重，计算出溶解度。

4 意义与用途

沥青中的三氯乙烯可溶物含量反映其有效黏结成分含量。

5 仪器与材料

5.1 古氏坩埚：顶部内径约 32 mm，高约 80 mm；下部为具塞式，经仔细研磨，可与 34 号标准磨口严密配合。

5.2 玻璃接头：用于将古氏坩埚固定在吸滤瓶上，上部为 34 号标准磨口，可与古氏坩埚严密配合；下部经仔细研磨，可与 24 号标准磨口严密配合。

5.3 吸滤瓶：玻璃材质，锥形，厚壁，带支管，瓶口为 24 号标准磨口，可与玻璃接头严密配合。

古氏坩埚、玻璃接头和吸滤瓶示意如图 1。

单位为毫米

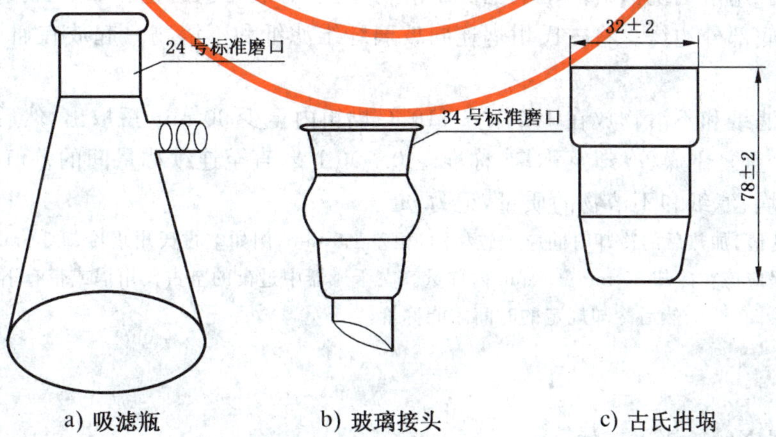

a) 吸滤瓶　　b) 玻璃接头　　c) 古氏坩埚

图 1 吸滤瓶、玻璃接头与古氏坩埚示意图

5.4 真空泵或水流泵：能保证吸滤所需的真空度。

5.5 锥形烧瓶：250 mL，具塞。

5.6 玻璃纤维滤纸：平均孔径小于 1 μm，直径约 26 mm。

5.7 洗瓶或滴管。

5.8 量筒：100 mL。

5.9 干燥器。

5.10 烘箱：能保持温度 105 ℃～110 ℃。

5.11 水浴：能保持温度 38 ℃±0.5 ℃。

5.12 分析天平：感量为 0.000 2 g。

5.13 溶剂：三氯乙烯，化学纯。

注：三氯乙烯有毒，试验须在具有良好的通风设施中进行。可以用化学纯三氯甲烷代替三氯乙烯，但仲裁试验时应使用三氯乙烯。

6 试验准备

6.1 古氏坩埚的准备：将玻璃纤维滤纸放入洁净的古氏坩埚中，用少量溶剂洗涤，待溶剂挥发后，将带有滤纸的古氏坩埚在 105 ℃～110 ℃的烘箱内干燥 30 min，取出放在干燥器中冷却 30 min 后进行称量，称准至 0.000 1 g。然后重复干燥、冷却、称量过程，直至连续称量间的差值不大于 0.000 3 g 为止，古氏坩埚与滤纸的质量记作 m_1。存在干燥器中备用。

6.2 样品的准备：按 GB/T 11147 获取有代表性的样品，将待试验样品熔化脱水，控制加热温度不超过试样估计软化点 100 ℃，加热时间不超过 1 h，如怀疑样品含有杂质，须用筛孔为 0.6 mm～0.8 mm 的金属筛过滤。

7 试验步骤

7.1 在预先干燥并已称重的锥形烧瓶中称取约 2 g 沥青样品，称准至 0.000 1 g，记为 m_2。在不断摇动下分次加入三氯乙烯，直到样品溶解，加入三氯乙烯总量为 100 mL，盖上瓶塞，在室温下放置至少 15 min。

注：仲裁试验时，在进行过滤之前把样品溶液在 38.0 ℃±0.5 ℃水浴中保持 1 h。

7.2 将预先准备好并已恒重的古氏坩埚，通过玻璃接头安装在吸滤瓶上，用少量的三氯乙烯润湿玻璃纤维滤纸。先过滤澄清溶液，控制过滤速度使滤液以滴状过滤。视需要是否进行轻微抽滤。当不溶物明显时，尽可能将不溶物保留在锥形烧瓶中，直到滤液滤完。用少量溶剂洗涤锥形烧瓶，将不溶物全部转移到古氏坩埚中。用溶剂洗涤古氏坩埚上的不溶物，直至滤液无色为止。取下古氏坩埚，用少量三氯乙烯洗涤古氏坩埚底部外边缘。将古氏坩埚连同玻璃纤维滤纸和不溶物一起放在通风处，直至无三氯乙烯气味为止。

7.3 将古氏坩埚、滤纸和不溶物放在 105 ℃～110 ℃烘箱内至少 30 min 后取出，然后放在干燥器中冷却 30 min 后称量。重复干燥、冷却及称量，称准至 0.000 1 g，直至连续称量间的差值不大于 0.000 3 g 为止。记录古氏坩埚、滤纸和不溶物的质量，记为 m_3。

注：为测得准确的值，加热后的冷却时间应大致相同，相差±5 min，例如空古氏坩埚冷却 30 min 后称量，则含不溶物的古氏坩埚应该在冷却 30 min±5 min 内称量。在干燥器中过夜的空古氏坩埚或带有不溶物的古氏坩埚，应在烘箱中加热 30 min，然后冷却规定的时间才能称量。

8 计算

8.1 试样的溶解度 X(%)按下式计算：

$$X=\frac{m_2-(m_3-m_1)}{m_2}\times 100$$

式中：

m_1——古氏坩埚和滤纸质量的数值，单位为克(g)；

m_2——试样质量的数值，单位为克(g)；

m_3——古氏坩埚、滤纸和不溶物质量的数值，单位为克(g)。

8.2 对于溶解度大于99.0%的结果，准确到0.01%，对于溶解度等于或小于99.0%的结果，准确到0.1%。

9 精密度

用下述规定判断试验结果的可靠性(95%置信区间)。

9.1 重复性：同一操作者，重复测定两个结果之差不应超过下述数值：

溶解度/%	>99.0
重复性/%	0.1

9.2 再现性：两个实验室，所得两个结果之差不应超过下述数值：

溶解度/%	>99.0
再现性/%	0.26

10 报告

取平行测定两个结果的算术平均值作为试样的溶解度。

ICS 71.040.10
N 61

中华人民共和国国家标准

GB/T 11158—2008
代替 GB/T 11158—1989

高温试验箱技术条件

Specifications for high temperature test chambers

2008-06-30 发布

2009-01-01 实施

中华人民共和国国家质量监督检验检疫总局
中国国家标准化管理委员会 发布

前言

本标准是“环境试验设备技术条件”系列标准之一。该系列标准由以下几项标准组成：

——GB/T 10586—2006 湿热试验箱技术条件

——GB/T 10587—2006 盐雾试验箱技术条件

——GB/T 10588—2006 长霉试验箱技术条件

——GB/T 10589—2008 低温试验箱技术条件

——GB/T 10590—2006 高低温/低气压试验箱技术条件

——GB/T 10591—2006 高温/低气压试验箱技术条件

——GB/T 10592—2008 高低温试验箱技术条件

——GB/T 11158—2008 高温试验箱技术条件

——GB/T 11159—2008 低气压试验箱技术条件

本标准代替 GB/T 11158—1989《高温试验箱技术条件》。

本标准与 GB/T 11158—1989 相比主要变化如下：

——增加了“术语和定义”一章，内容采用 IEC 60068-3-5 的相关部分；

——按 IEC 60068-3-5 的温度波动度的概念，温度波动度指标改为 1 ℃（见表 1）；

——按 IEC 60068-3-5 的温度数据记录要求，改为每分钟记录一次数据（见 6.3）；

——按 IEC 60068-3-5 的升温速率测试方法修改了升温速率测试方法（见 6.5）；

——扩大了使用环境条件大气压的范围（见 4.1）；

——修改了温度等级（见表 1）；

——修改了风速要求（见表 1）；

——升温条件除升温速率，增加了升温时间（见表 1）；

——修改了安全保护要求，增加了电绝缘强度的要求（见 5.3）；

——测试条件改在空载条件下进行（见 6.2）；

——增加了温度偏差测量不确定度评定方法及其应用的信息（见附录 B）。

本标准的附录 A 和附录 B 为资料性附录。

本标准由中国机械工业联合会提出。

本标准由机械工业实验室仪器及设备标准化技术委员会归口。

本标准负责起草单位：重庆银河试验仪器有限公司、上海爱斯佩克环境设备有限公司、信息产业部电子第五研究所、上海实验仪器厂有限公司。

本标准参加起草单位：重庆四达试验设备有限公司、无锡苏南试验设备有限公司、成都天宇试验设备有限公司、湖南省计量检测研究院。

本标准主要起草人：王华斌、陆礼明、赖文光、冯明康、陈云生、倪一明、蒯正心、李庆先、许清禄。

本标准所代替标准的历次版本发布情况为：

——GB/T 11158—1989。

高温试验箱技术条件

1 范围

本标准规定了高温试验箱(简称“试验箱”)的术语和定义,使用条件、技术要求、试验方法、检验规则及标志、包装、贮存。

本标准适用于对电工、电子及其他产品、零部件、材料进行高温试验的试验箱。

2 规范性引用文件

下列文件中的条款通过本标准的引用而成为本标准的条款。凡是注日期的引用文件,其随后所有的修改单(不包括勘误的内容)或修订版均不适用于本标准,然而,鼓励根据本标准达成协议的各方研究是否可使用这些文件的最新版本。凡是不注日期的引用文件,其最新版本适用于本标准。

GB/T 191—2008 包装储运图示标志(ISO 780:1997,MOD)

GB 14048.1—2006 低压开关设备和控制设备 第1部分:总则(IEC 60947-1:2001,MOD)

JB/T 9512—1999 气候环境试验设备与试验箱 噪声声功率级的测定

JJF 1059—1999 测量不确定度评定与表示

3 术语和定义

下列术语和定义适用于本标准。

3.1

试验箱 test chamber

其中某部分能满足规定的试验条件的密闭箱体和空间。

3.2

温度设定值 temperature setpoint

用试验箱控制装置设定的期望温度。

3.3

实际温度 achieved temperature

稳定后,试验箱工作空间内任意一点的温度。

3.4

温度稳定 temperature stabilization

工作空间内所有点的温度均达到温度设定值并维持在规定的容差范围内。

3.5

温度波动度 temperature fluctuation

稳定后,在规定的任意时间间隔内,工作空间内任一点的最高和最低温度之差。

3.6

工作空间 working space

试验箱内能将规定的条件维持在规定容差范围内的部分。

3.7

温度梯度 temperature gradient

稳定后,在任意时间间隔内,工作空间内任意两点的温度平均值之差的最大值。

3.8

温度变化速率　temperature rate of change

在工作空间中心测得的两个给定温度之间的转变率，以℃/min为单位。

3.9

温度偏差　temperature variation

稳定后，在任意时间间隔内，工作空间中心温度的平均值和工作空间内其他点的温度的平均值之差。

3.10

极限温度　temperature extremes

稳定后，工作空间内所达到的最高和最低温度。

4　使用条件

4.1　环境条件

a)　温度5 ℃～40 ℃；

b)　相对湿度：不大于85%RH；

c)　大气压80 kPa～106 kPa；

d)　周围无强烈振动；

e)　无阳光直接照射或其他热源直接辐射；

f)　周围无强烈气流：当周围空气需强制流动时，气流不应直接吹到箱体上；

g)　周围无强电磁场影响；

h)　周围无高浓度粉尘及腐蚀性物质。

4.2　供电条件

a)　交流电压220 V±22 V或380 V±38 V；

b)　频率50 Hz±0.5 Hz。

4.3　负载条件

试验箱的负载应同时满足下列条件：

a)　负载的总质量在每立方米工作室容积内放置不超过80 kg；

b)　负载的总体积不大于工作室容积的1/5；

c)　在垂直于主导风向的任意截面上，负载面积之和应不大于该处工作室截面积的1/3，负载置放时不可阻塞气流的流动。

5　技术要求

5.1　产品性能

试验箱性能项目及指标见表1。

表1　试验箱性能项目及指标

序号	性能项目	单位	规　定　值
1	温度范围[a]	℃	(室温+15)～200
2	温度偏差	℃	±2
3	温度梯度	℃	≤2
4	温度波动度	℃	≤1
5	设定值与中心温度平均值之差	℃	±2

表 1（续）

序号	性能项目	单位	规定值
6	工作室内壁温度与工作空间温度之差	K	应不高于试验箱温度的 3%
7	升温速率[b]	℃/min	一般情况下，试验箱每 5 min 的平均升温速率应不大于 1 ℃/min。试验样品对升温速率不敏感时，本项目可用升温时间替代
8	风速[c]	m/s	≤1.7 或可调

[a] 温度范围超过 200 ℃时，温度偏差、温度梯度可适当放宽。

[b] 由制造商在产品技术文件中规定最快升温时间；升温时间是指试验箱工作空间从室温升至最高工作温度的时间。

[c] 由制造商在产品技术文件中规定风速。

5.2 产品结构及外观要求

5.2.1 试验箱内壁应使用耐热不易氧化、耐腐蚀和具有一定机械强度的材料制造，应无影响试验的污染源。

5.2.2 保温材料应能耐高温并具有阻燃性能。

5.2.3 保温层的厚度应保证试验箱外部易触及部位的温度不高于环境温度+35 ℃。

5.2.4 加热器件不应构成对样品的直接辐射。

5.2.5 应设有引线孔。

5.2.6 箱门的密封性能应良好，密封条应有耐高温性能并便于更换。

5.2.7 应有放置或悬挂试验样品的样品架，样品架应有良好耐热不易氧化和耐腐蚀性能。

5.2.8 外观涂镀层应平整光滑、色泽均匀。不得有露底、起泡、起层或擦伤痕迹。

5.3 安全和环境保护要求

5.3.1 电源接线端子对箱体金属外壳之间：

——绝缘电阻值应满足：冷态电阻≥2 MΩ，热态电阻≥1 MΩ；

——应能承受 50 Hz、1 500 V 交流电压，施压时间为 5 s 的耐电压试验。

5.3.2 保护接地端子与试验箱外壳的电气联接及接线，应符合 GB 14048.1—2006 的 7.1.9 的规定。

5.3.3 应有超温和过电流保护及报警装置。

5.3.4 整机噪声的 A 计权声功率级不应大于 70 dB。

6 试验方法

6.1 主要测试仪器与装置

6.1.1 风速仪

感应量应不低于 0.05 m/s 的风速仪。

6.1.2 温度计

采用铂电阻、热电偶或其他类似温度传感器组成的并满足下列要求的测温系统：

传感器时间常数：20 s～40 s。

测温系统的扩展不确定度（$k=2$）：不大于 0.4 ℃。

6.1.3 表面温度计

采用铂电阻或其他类似传感器组成并满足下列要求的测温系统。

传感器时间常数：20 s～40 s。

测温系统扩展不确定度（$k=2$）：不大于 1.0 ℃。

6.2 测试条件

6.2.1 测试条件应满足 4.1 和 4.2 的要求。

6.2.2 测试在空载条件下进行。

6.3 温度测试方法

6.3.1 测试点的位置及数量

6.3.1.1 在试验箱工作室内定出上、中、下三个测试面，简称上、中、下层。上层与工作室顶面的距离为工作室高度的 1/10，中层通过工作室几何中心，下层在最低层样品架上方 10 mm 处。

注：工作室具有斜顶或尖顶时，顶面为通过斜面与垂直壁面交线的假想水平面。

6.3.1.2 测试点位于三个测试面上，中心测试点位于工作室几何中心，其余测试点到工作室壁的距离为各自边长的 1/10(图 1)。但对工作室容积不大于 1 m³ 的试验箱，该距离不小于 50 mm。

6.3.1.3 测试点的数量与工作室容积大小的关系为：

a) 工作室容积不大于 2 m³ 时，测试点为 9 个，布放位置如图 1 所示。

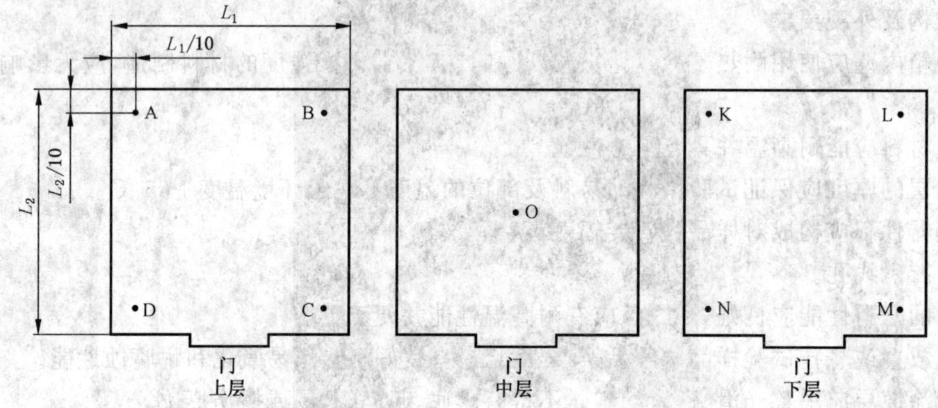

A,B,…,M,N——温度测试点

图 1

b) 工作室容积大于 2 m³ 时，测试点为 15 个，布放位置如图 2 所示。

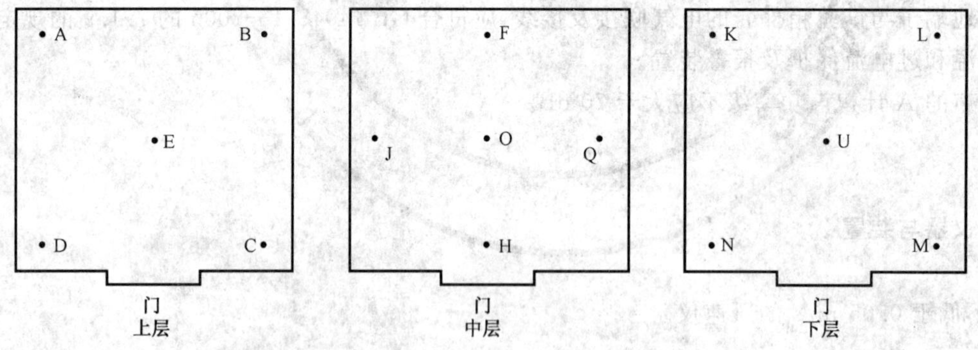

A,B,…,N,U——温度测试点

图 2

c) 当工作室容积大于 50 m³ 时，应适当增加温度测试点的数量。

6.3.2 测试程序

6.3.2.1 在试验箱温度可调范围内，选取最高标称温度或用户要求的温度作为测试温度。

6.3.2.2 在工作空间中心测试点的温度达到测试温度并稳定 2 h，每隔 1 min 测试所有测试点的温度 1 次，在 30 min 内共测 30 次。

6.3.3 **数据处理和试验结果**

6.3.3.1 对测得的温度数据，按测试仪表的修正值进行修正。

6.3.3.2 剔除可疑数据(参考附录 A)。

6.3.3.3 对在温度恒定阶段测得的数据(即 6.3.2.2 测得的数据)，按式(1)计算每点 30 次测得的温度平均值：

$$\overline{T} = \frac{1}{n}\sum_{i=1}^{n} T_i \qquad \cdots\cdots(1)$$

式中：

$\overline{T}$——温度平均值，单位为摄氏度(℃)；

T_i——第 i 次测试值，单位为摄氏度(℃)；

n——测量次数。

6.3.3.4 按式(2)计算温度梯度：

$$\Delta T_{\mathrm{j}} = \overline{T}_{\mathrm{h}} - \overline{T}_{\mathrm{L}} \qquad \cdots\cdots(2)$$

式中：

ΔT_{j}——温度梯度，单位为摄氏度(℃)；

$\overline{T}_{\mathrm{h}}$——温度平均值的最大值，单位为摄氏度(℃)；

$\overline{T}_{\mathrm{L}}$——温度平均值的最小值，单位为摄氏度(℃)。

6.3.3.5 按式(3)计算温度波动度：

$$\Delta T_{\mathrm{b}} = T_{i\mathrm{h}} - T_{i\mathrm{L}} \qquad \cdots\cdots(3)$$

式中：

ΔT_{b}——温度波动度，单位为摄氏度(℃)；

$T_{i\mathrm{h}}$——工作空间第 i 点的最高温度值，单位为摄氏度(℃)；

$T_{i\mathrm{L}}$——工作空间第 i 点的最低温度值，单位为摄氏度(℃)。

6.3.3.6 按式(4)计算温度偏差：

$$\Delta T_i = \overline{T}_i - \overline{T}_0 \qquad \cdots\cdots(4)$$

式中：

ΔT_i——温度偏差，单位为摄氏度(℃)；

$\overline{T}_0$——工作空间中心点的温度平均值，单位为摄氏度(℃)；

$\overline{T}_i$——工作空间其他点的温度平均值，单位为摄氏度(℃)。

6.3.3.7 按式(5)计算设定值与中心温度平均值之差：

$$\Delta T_{\mathrm{s}} = T_{\mathrm{s}} - \overline{T}_0 \qquad \cdots\cdots(5)$$

式中：

ΔT_{s}——设定值与中心温度平均值之差，单位为摄氏度(℃)；

$\overline{T}_0$——工作空间中心点的温度平均值，单位为摄氏度(℃)；

T_{s}——温度设定值，单位为摄氏度(℃)。

6.3.3.8 试验箱控制仪表的设定值与中心测试值之差应满足表 1 中温度偏差的要求。以上计算结果均应符合表 1 的规定。

6.3.3.9 根据实际需要，评定测量结果的不确定度(参考附录 B)。

6.4 工作室内壁与工作空间的温度差的测试方法

6.4.1 **测试点布放位置及数量**

6.4.1.1 在工作空间几何中心布放 1 个温度传感器；在工作室六面内壁几何中心各布放 1 个表面温度传感器。

6.4.1.2 若工作室内壁中心有引线孔或其他装置，则测试点与孔壁或其他装置的距离应不小于 100 mm。

6.4.2 **测试程序**

6.4.2.1 在试验箱温度可调范围内，选用最高标称温度为测试温度。

6.4.2.2 在工作空间几何中心点的温度第一次达到测试温度并稳定 2 h，每隔 2 min 测试所有测试点的温度值 1 次，共测 5 次。

6.4.3 **试验结果的计算与判定**

6.4.3.1 将测得的温度值按测试仪表的修正值修正。

6.4.3.2 分别计算各测试点温度的算术平均值。

6.4.3.3 将工作室内壁与工作空间几何中心测试点温度的平均值代入式(6)：

$$A=\frac{|\overline{T}_n-\overline{T}_0|}{\overline{T}_0}\times 100\% \qquad \cdots\cdots(6)$$

式中：

A——工作室内壁与工作室热力学温度之差的百分比；

$\overline{T}_n$——工作室内壁测试点的平均热力学温度，单位为开尔文(K)；

$\overline{T}_0$——工作空间几何中心测试点的平均热力学温度，单位为开尔文(K)。

其结果应符合表 1 的规定。

6.5 **升温速率测试方法**

6.5.1 **测试点**

测试点为工作空间几何中心点。

6.5.2 **测试程序**

6.5.2.1 在试验箱温度可调范围内，选取室温为最低规定温度，最高标称温度为最高规定温度。

6.5.2.2 开启热源，使试验箱由室温升高至最高规定温度，检测试验箱温度从温度范围的 10%升到 90%的时间。

6.5.2.3 在升温过程每 1 min 记录温度值一次。

6.5.3 **试验结果的计算与评定**

6.5.3.1 将测得的温度值按测试仪表的修正值修正。

6.5.3.2 按式(7)计算升温平均速率：

$$V_T=\frac{0.8\times(T_2-T_1)}{t} \qquad \cdots\cdots(7)$$

式中：

V_T——升温平均速率，单位为摄氏度每分钟(℃/min)；

T_1——室温，单位为摄氏度(℃)；

T_2——最高规定温度，单位为摄氏度(℃)；

t——从温度范围的 10%升到 90%的升温时间，单位为分钟(min)。

其结果应符合表 1 的规定。

6.6 **风速测试方法**

6.6.1 **测试条件**

本测试在空载和室温条件下进行。

6.6.2 **测试点**

测试点的数量及位置与 6.3.1 相同。

6.6.3 **测试程序**

6.6.3.1 将细棉纱线或其他轻飘物体悬挂于测试点，关闭箱门开启风机，找出各测试点的主导风向。

6.6.3.2 将风速传感器置于测试点，关闭箱门后测出各测试点主导风向的风速值。

6.6.4 试验结果的计算与评定

6.6.4.1 将测得的风速值按风速仪的修正值修正。

6.6.4.2 按式(8)计算所有测试点风速的平均值:

$$V=(V_A+V_B+\cdots+V_M)/n \qquad \cdots\cdots(8)$$

式中:

V——试验箱风速,单位为米每秒(m/s);

$V_A,\cdots,V_M$——测量点的风速,单位为米每秒(m/s);

n——测量点的数量。

计算结果应符合表1的规定。

6.7 保温层保温性能测试方法

试验箱温度稳定在最高工作温度点测试。用表面温度计检查试验箱外壁(观察窗框架、引线孔及门框边100 mm范围除外)的温度,其结果应符合5.2.3的要求。

6.8 箱门密封性能测试方法

6.8.1 6.3～6.8的试验开始前及全部结束后各检查一次。

6.8.2 将厚0.1 mm、宽50 mm、长200 mm的纸条垂直地放在门框和箱门密封条之间的任一部位,关闭箱门后,用手轻拉纸条,如不能自由滑动,即符合5.2.6的要求。

6.9 噪声测试方法

试验箱整机噪声的测试方法见JB/T 9512—1999,结果应符合5.3.4的规定。

6.10 安全保护性能测试方法

6.10.1 电绝缘及保护接地端子的测试

6.10.1.1 电源接线端子对箱体金属外壳之间的耐压试验,采用5 kV耐压测试仪,在6.3试验前进行,其结果应符合5.3.1的要求。

6.10.1.2 绝缘电阻及保护性接地端子的测试,采用500 V准确度为1.0级绝缘电阻测量仪,在6.3试验前后各进行一次,其结果均应符合5.3.1和5.3.2的要求。

6.10.2 安全保护装置测试

6.10.2.1 在试验箱温度可调范围内,按表1规定的温度范围中任选3个温度作为试验温度。

6.10.2.2 将超温保护及报警温度设定为测试温度,然后升温。当工作空间几何中心点的温度到达设定温度时超温保护装置应动作(停止加热)并同时发出报警信号即符合5.3.3的要求,本试验应连续进行三次。

6.10.2.3 目视检查是否有过电流等保护及报警装置。在试验过程中,如报警及保护装置每次均动作即符合要求。

6.11 外观涂镀层质量的检查及判定方法

检查方法为目测。应在6.3～6.10规定的试验前和试验后各检查一次。外观涂镀层应符合5.2.8规定。

7 检验规则

7.1 检验类型

试验箱的检验分型式检验和出厂检验两类。

7.2 检验项目

型式检验和出厂检验的项目见表2。

表 2 检验项目

序号	检验项目	技术要求章条号	试验方法章条号	型式检验	出厂检验
1	外观质量	5.2.8	6.11	○	○
2	箱门密封性	5.2.6	6.8	○	○
3	噪声	5.3.4	6.9	○	—
4	安全保护性能	5.3.1～5.3.3	6.10	○	○
5	保温性能	5.2.3	6.7	○	—
6	温度偏差	表 1 序号 2	6.3	○	○
7	温度梯度	表 1 序号 3		○	○
8	温度波动度	表 1 序号 4		○	○
9	设定值与中心温度平均值之差	表 1 序号 5		○	○
10	内壁与工作空间温差	表 1 序号 6	6.4	○	—
11	升温速率(升温时间)	表 1 序号 7	6.5	○	○
12	风速	表 1 序号 8	6.6	○	—
注：有“○”者为应检验项目。					

7.3 型式检验

7.3.1 应进行型式检验的情形

a) 新产品试制定型鉴定；

b) 正式生产的产品在结构、材料、工艺、生产设备和管理等方面有较大改变，可能影响产品性能时；

c) 国家质量监督机构进行质量监督检验时；

d) 出厂试验结果与上次型式试验结果有较大差异时；

e) 产品停产一年以上再生产时；

f) 产品批量生产时，每两年至少一次的定期抽检。

7.3.2 抽样及判定规则

7.3.2.1 成批生产的试验箱，批量在 20 台以上时，抽检 2 台；不足 20 台时，抽检 1 台。

7.3.2.2 抽检样品的型式检验项目应全部合格，否则，对不合格项目加倍抽检。第二次抽检合格时，仅将第一次抽检不合格项目返修，检验合格后允许出厂；如第二次抽检样品中仍有 1 台不合格，则判该批产品不合格，如第二次抽检样品全部合格，则判该批产品合格。

7.4 出厂检验

7.4.1 检验部门

出厂检验由制造厂质量检验部门负责。

7.4.2 检验条件

本检验在空载条件下进行。

7.4.3 检验项目

7.4.3.1 检验项目见表 2。

7.4.3.2 除温度梯度及温度偏差采用抽样检验外，其他项目应逐台进行检验，检验项目均应合格。

7.4.4 抽样及判定规则

7.4.4.1 温度梯度及温度偏差的出厂抽检量按产品批量的 10% 计算，但不得少于 2 台。

7.4.4.2 检验项目应全部合格，如有 1 台不合格，应加倍抽检；第二次抽检合格时，仅将第一次抽样不合格产品返修，检验合格后允许出厂，如第二次抽检仍有1台不合格，则应对该批产品逐台检验。

8 标志、包装、贮存

8.1 标志

8.1.1 试验箱的铭牌，字迹应清晰耐久，固定牢靠。

8.1.2 铭牌的内容应包括：

a) 产品型号、名称；

b) 温度范围；

c) 电源电压、频率及总功率；

d) 制造日期或制造批号；

e) 制造单位名称。

8.2 包装

8.2.1 包装箱的文字及标志应符合GB/T 191—2008的规定。

8.2.2 包装箱应牢固可靠。

8.2.3 包装箱应防雨淋、防潮气聚集。

8.2.4 试验箱的附件、备件和专用工具应单独包装，牢靠的固定在包装箱内。

8.2.5 试验箱的技术文件如装箱清单、产品使用说明书、产品合格证等应密封防潮，固定在包装箱内明显的地方。

8.3 贮存

8.3.1 包装完备的试验箱应贮存在通风良好无腐蚀性气体及化学药品的库房内。

8.3.2 贮存期长达一年以上的试验箱，出厂前应重新进行出厂检验，合格后方能出厂。

附 录 A
（资料性附录）
可疑数据判别方法

A.1 对一组修正后的测试数据的某个极大或极小值有怀疑时，应利用专业知识找出原因，在未判明它是否合理前，既不要轻易保留，也不要随意剔除，可用下述方法判别，决定取舍。

A.2 利用式(1)、式(A.1)算出数据的平均值及单次测得值的标准偏差：

$$S(T_i)=\sqrt{\frac{\sum_{i=1}^{n}(T_i-\overline{T})^2}{n-1}} \qquad \text{(A.1)}$$

式中：

T_i——第 i 次测量值，单位为摄氏度(℃)；

$\overline{T}$——温度平均值，单位为摄氏度(℃)；

$S(T_i)$——单次测得值的标准偏差，单位为摄氏度(℃)；

n——测量次数。

A.3 求格拉布斯准则计算统计量：

$$G(n)=(T_{(n)}-\overline{T})/S(T_i) \qquad \text{(A.2)}$$

式中：

$T_{(n)}$——测量数据的极大值或极小值，单位为摄氏度(℃)。

A.4 对于本标准，取显著水平 $\alpha=0.01$，临界值 $G_{99}(n)$ 为：

当 $n=30$ 时，$G_{99}(n)=3.103$；

$n=29$ 时，$G_{99}(n)=3.085$；

$n=28$ 时，$G_{99}(n)=3.068$；

$n=27$ 时，$G_{99}(n)=3.049$。

当 $|G(n)|>G_{99}(n)$ 时，则舍去该 $T_{(n)}$ 值，并重新按式(1)、式(A.1)和式(A.2)计算剩下数值的平均值及标准偏差和 $G(n)$，按本法检验直到无可疑数据为止。

附 录 B
（资料性附录）
温度偏差的测量不确定度评定

B.1 温度偏差的测量不确定度评定依据为 JJF 1059—1999《测量不确定度评定与表示》。

B.2 温度偏差的测量不确定度评定的主要流程如下：

a) 建立数学模型，确定被测量 Y 与输入量 $X_1, \cdots, X_n$ 的关系；

b) 求最佳值，由 X_i 的最佳值 x_i 求得 Y 的最佳值 y；

c) 列出测量不确定度来源；

d) 标准不确定度分量评定：A 类评定和 B 类评定；

e) 计算合成标准不确定度；

f) 评定扩展不确定度；

g) 不确定度报告。

B.3 温度偏差的测量不确定度评定的主要步骤如下：

a) 根据温度偏差的定义，其测量过程的数学模型为式(4)。

b) 求最佳值：

T_i的最佳值为工作空间其他点在 30 min 内的温度测量值的算术平均值$\overline{T}_i$，T_0 的最佳值为工作空间中心点在 30 min 内的温度测量值的算术平均值$\overline{T}_0$，均按式(1)计算。

因此，温度偏差的最佳值 ΔT_i 就是式(4)。

c) 列出测量不确定度来源

温度偏差的测量不确定度主要来源有：

- 由于各种随机因素影响，工作空间其他点在 30 min 内的温度测量值数据不重复引入的标准不确定度 u_1；
- 测试工作空间其他点的温度时，由于测温系统的不准确引入的标准不确定度 u_2；
- 由于各种随机因素影响，工作空间中心点在 30 min 内的温度测量值数据不重复引入的标准不确定度 u_3；
- 测试工作空间中心点的温度时，由于测温系统的不准确引入的标准不确定度 u_4。

d) 标准不确定度分量评定

- 根据实测数据按 A 类评定，工作空间其他点在 30 min 内的温度测量值的算术平均值 T_i 的实验标准差就是标准不确定度 u_1；工作空间中心点在 30 min 内的温度测量值的算术平均值 T_0 的实验标准差就是标准不确定度 u_3；均按式(A.1)和式(B.1)计算：

$$S(\overline{T}) = \frac{S(T_i)}{\sqrt{n}} \qquad \text{(B.1)}$$

- 标准不确定度 u_2应是测温系统测试工作空间其他点温度时的合成标准不确定度，标准不确定度 u_4应是测温系统测试工作空间中心点温度时的合成标准不确定度。

其中，标准不确定度分量 u_1、u_2、u_3和 u_4互不相关，不确定度传播律公式(B.2)为：

$$u_c^2 = u_1^2 + u_2^2 + u_3^2 + u_4^2 \qquad \text{(B.2)}$$

e) 计算合成标准不确定度 u_c见式(B.3)

$$u_c = \sqrt{u_1^2 + u_2^2 + u_3^2 + u_4^2} \qquad \text{(B.3)}$$

f) 评定扩展不确定度 U

按置信水平 $P=0.95$，取包含因子 $k=2$，扩展不确定度式(B.4)为

$$U = 2 \times u_c \quad \cdots\cdots (B.4)$$

g) 不确定度报告

温度偏差的测量不确定度可用如式(B.5)形式表示：

$$\Delta T_i = \overline{T_i} - \overline{T}_0 \pm U \quad \cdots\cdots (B.5)$$

例如：上偏差 ΔT_{max}＝(1.0±0.3)℃，k＝2；

下偏差 ΔT_{min}＝(－1.5±0.2)℃，k＝2。

h) 如果温度偏差的测量不确定度为最大温度偏差值的 1/10～1/3 时，测量不确定度对判定测试结论的影响可忽略不计。若计算出的温度偏差合格，则说明试验箱的该项技术指标满足要求。

B.4 试验箱其他技术性能的测量不确定度评定亦可参照上述方法进行。

ICS 77.080.20
H 11

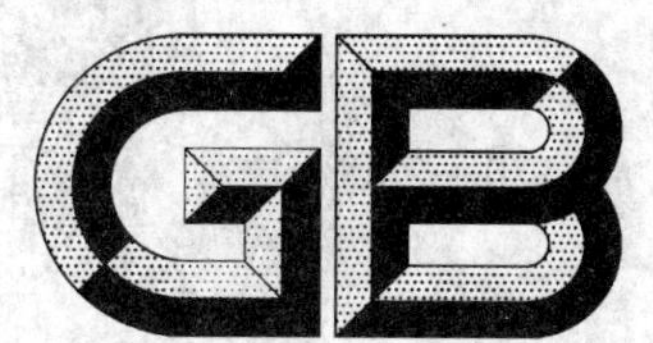

中华人民共和国国家标准

GB/T 11170—2008
代替 GB/T 11170—1989

不锈钢　多元素含量的测定
火花放电原子发射光谱法(常规法)

Stainless steel—Determination of multi-element contents—Spark discharge atomic emission spectrometric method (Routine method)

2008-09-11 发布　　　　2009-05-01 实施

中华人民共和国国家质量监督检验检疫总局
中国国家标准化管理委员会　发布

前　言

本标准代替 GB/T 11170—1989《不锈钢的光电发射光谱分析方法》。

本标准与 GB/T 11170—1989 相比较主要进行了以下修改：

——标准名称改为《不锈钢　多元素含量的测定　火花放电原子发射光谱法》；

——增加了第 2 章"规范性引用文件"和第 11 章"实验报告"；

——增加了铌、钒、钴、硼、砷、锡、铅等元素含量的测定，并扩展了部分元素测定范围；

——修改了对火花放电原子发射光谱仪、激发光源、氩气系统、对电极、分光计的要求；

——修改了对取样和制样设备的描述，并对所取样品进行了规定；

——删除了采用单点标准化的内容；

——删除了激发光源的内容，并修改了电源、光学系统、测光系统的部分内容；

——修改了分析条件，增加了内标线和各分析元素的分析线；

——重新组织了精密度共同试验。

本标准由中国钢铁工业协会提出。

本标准由全国钢标准化技术委员会归口。

本标准负责起草单位：钢铁研究总院。

本标准参与起草单位：宝山钢铁股份有限公司研究院、宝山钢铁股份有限公司特种钢分公司、太原钢铁公司技术中心、首钢总公司技术研究院、岛津国际贸易（上海）有限公司、北京纳克分析仪器有限公司。

本标准主要起草人：胡月、赵雷、周秀霞、袁良经、陈祖旺、贾云海。

本标准所代替标准的历次版本发布情况为：

——GB/T 11170—1989。

不锈钢　多元素含量的测定 火花放电原子发射光谱法(常规法)

1　范围

本标准规定了用火花放电原子发射光谱法测定碳、硅、锰、磷、硫、铬、镍、钼、铝、铜、钨、钛、铌、钒、钴、硼、砷、锡、铅含量的分析方法。

本标准适用于不锈钢中碳、硅、锰、磷、硫、铬、镍、钼、铝、铜、钨、钛、铌、钒、钴、硼、砷、锡、铅含量的测定,各元素测定范围见表1。

表1　各元素测定范围

元　素	测定范围(质量分数)/%
C	0.01～0.30
Si	0.10～2.00
Mn	0.10～11.00
P	0.004～0.050
S	0.005～0.050
Cr	7.00～28.00
Ni	0.10～24.00
Mo	0.06～3.50
Al	0.02～2.00
Cu	0.04～6.00
W	0.05～0.80
Ti	0.03～1.10
Nb	0.03～2.50
V	0.04～0.50
Co	0.01～0.50
B	0.002～0.020
As	0.002～0.030
Sn	0.005～0.055
Pb	0.005～0.020

2　规范性引用文件

下列文件中的条款通过本标准的引用而成为本标准的条款。凡是注日期的引用标准,其随后所有的修改单(不包括勘误的内容)或修改版均不适用于本标准,然而,鼓励根据本标准达成协议的各方研究是否可使用这些标准的最新版本。凡是不注日期的引用标准,其最新版本适用于本标准。

GB/T 6379.1 测量方法与结果的准确度(正确度与精密度) 第1部分:总则与定义(GB/T 6379.1—2004,ISO 5725-1:1994,IDT)

GB/T 6379.2 测量方法与结果的准确度(正确度与精密度) 第2部分:确定标准测量方法重复性与再现性的基本方法(GB/T 6379.2—2004,ISO 5725-2:1994,IDT)

GB/T 20066 钢和铁 化学成分测定用试样的取样和制样方法(GB/T 20066—2006,ISO 14284:1996,IDT)

3 原理

将制备好的块状样品作为一个电极,用光源发生器使样品与对电极之间激发发光,并将该光束引入分光计,通过色散元件将光束色散后,对选定的内标线和分析线的强度进行测量。根据标准样品制作的校准曲线,求出分析样品中待测元素的含量。

4 仪器

火花放电原子发射光谱仪为真空型或充气型,主要由以下单元组成。

4.1 激发光源

激发光源应是稳定的火花放电光源。

4.2 火花室

火花室应是为使用氩气而专门设计的,火花室直接装在分光计上,有一个氩气冲洗火花架,以放置平面样品和棒状对电极。火花室的氩气气路应能置换分析间隙和聚光镜之间光路中的空气,并为分析间隙提供氩气气氛。

4.3 氩气系统

氩气系统主要包括氩气容器,两级压力调节器、气体流量计和能够按照分析条件自动改变氩气流量的时序控制部分。

氩气的纯度及流量对分析测量值有很大的影响,应保证氩气的纯度不小于99.996%,否则必须使用氩气净化装置,并且火花室内氩气的压力和流量必须保持恒定。

4.4 对电极

不同型号的设备使用不同的对电极。一般使用直径为4 mm~7 mm,顶端加工为30°~120°的圆锥形钨棒,也可使用直径1 mm的平头钨电极。每个实验室根据具体情况确定更换对电极的时间。

4.5 分光计

一般分光计的一级光谱线色散的倒数应小于0.6 nm/mm,焦距为0.5 m~1.0 m,波长范围为120.0 nm~623.0 nm,分光计的真空度应在3 Pa以下工作,或充高纯氮气或氩气等气体(该气体不吸收波长小于200 nm谱线,且纯度不低于99.999%)。

4.6 测光系统

测光系统应包括接收信号的光电倍增管(或其他光电转换装置)、能储存每一个输出的电信号的积分电容器、直接或间接记录电容器上电压的测量单元和为所需要的时序而提供的必要的开关电路装置。

5 取样和制样设备

5.1 取样和制样

按照GB/T 20066的要求进行取样和制样。所取样品表面应保证能够不重叠地激发两点,推荐厚度不小于3 mm,无物理缺陷。

5.2 制样设备

研磨设备可采用砂轮机、砂纸磨盘或砂带研磨机,亦可采用铣床、车床等。

6 标准样品、标准化样品及控制样品

6.1 标准样品

标准样品是日常分析绘制校准曲线所需的有证参考物质。标准样品中各分析元素含量应有适当的梯度，且化学定值准确，无物理缺陷。所选择的标准样品应尽可能与被测样品的类型接近。

6.2 标准化样品

由于仪器状态的变化，导致测定结果的偏离，为直接利用原始校准曲线，求出准确结果，用(1～2)个样品对仪器进行标准化，这种样品称为标准化样品。标准化样品应是非常均匀并要求有适当的含量，它可以从标准样品中选出，也可以专门冶炼。当使用两点标准化时，其含量分别取每个元素校准曲线上限和下限附近的含量。

6.3 控制样品

控制样品是与分析样品有相似的冶金加工过程和化学成分，用于对分析样品测定结果进行校正的样品。

7 仪器的准备

7.1 基本要求

光谱仪应放置在防震、洁净，室内温度为 16 ℃～30 ℃，相对湿度为 40%～70%的实验室中。在同一校准周期内，室内最大允许温差为 5 ℃/h。

7.2 电源

为保证仪器的稳定性，电源电压变化应在±10%以内，频率变化不应超过±2%。应保证交流电源为正弦波。根据仪器使用要求，配备专用地线。

7.3 对电极

对电极应定期清理、更换并用定距规调整分析间隙的距离，使其保持正常工作状态。

7.4 光学系统

聚光镜应定期清理，光路应定期描迹。

7.5 测光系统

为使测光系统工作稳定，在使用前应预先通电。较长时间停机后，应按仪器使用说明通电稳定。

通过制作预燃曲线选择分析元素的适当预燃时间。积分时间是以分析精度为基础进行实验确定的。

8 分析条件和分析步骤

8.1 分析条件

本标准推荐的分析条件见表 2，分析线和内标线见表 3。

表 2 分析条件

项 目	内 容
分析间隙	3 mm～6 mm
氩气流量	冲洗：6 L/min～15 L/min 积分：2.5 L/min～7 L/min 静止：0.5 L/min～1 L/min
预燃时间	2 s～20 s
积分时间	2 s～20 s
放电形式	预燃期高能放电，积分期低能放电

表 3　推荐的分析线和内标线

元　素	波长/nm	可能干扰的元素
Fe	187.7(内标线)	
	271.4(内标线)	
	273.0(内标线)	
	281.3(内标线)	
	287.2(内标线)	
	322.8(内标线)	
	360.8(内标线)	
	372.0(内标线)	
	373.0(内标线)	
C	133.6	
	156.1	
	165.8	
	193.1	Al、Mo、Co、Cr、Ni
Si	212.4	
	251.6	Ti、V、Mo
	288.1	Mo、Cr、W、Al
Mn	263.8	Cr
	290.0	
	293.3	
	346.8	Cr、Si、Ni、Mo
P	178.3	Cu、Mn、Ni、Nb、Cr、Mo
S	180.7	Mn、Ni
Cr	213.9	
	265.9	
	267.7	
	286.1	Mn、Ni
	286.3	
	298.9	
	425.4	
	597.8	
Ni	218.5	
	225.4	
	227.7	
	231.6	
	243.8	Mn、Cr、Cu、Mo
	319.5	
	341.4	
	352.4	
	376.9	
Mo	202.0	Cr、Ni
	277.5	
	281.6	Mn、Al
	317.0	

表 3（续）

元　素	波长/nm	可能干扰的元素
Al	237.2	
	305.5	Mn、Mo
	308.2	
	309.2	
	394.4	Cr
	396.1	
Cu	223.0	
	224.3	Ni
	324.8	
	327.4	Cr、Ni
	510.5	
W	209.8	
	220.4	Co、Nb、V
	400.8	
Ti	324.2	
	337.3	
	337.5	Cr、Mo
Nb	313.0	
	319.5	Mo、Cr
V	310.2	
	311.0	Mn
	437.9	
	622.1	
Co	228.6	Ni
	258.0	
	345.3	
	384.5	
B	182.6	
As	189.0	
	197.3	Cr
Sn	190.0	
	317.5	Mo、Ni
Pb	405.7	Mn

8.2 样品制备

标准样品、控制样品和分析样品应在同一条件下研磨，不得过热。并保证样品表面平整、洁净。

选择不同的研磨材料可能对相关的痕量元素检测带来影响。

8.3 分析步骤

8.3.1 按 7.1～7.5 的要求，准备好仪器。

8.3.2 分析前，先用一块样品，激发(2～5)次，确认仪器处于最佳工作状态。

8.3.3 校准曲线的绘制：在所选定的工作条件下，激发一系列标准样品，每个样品至少激发 3 次，以每个待测元素相对强度的平均值对标准样品中该元素与内标元素的浓度比绘制校准曲线。如有必要，应进行基体校正和干扰元素校正。

8.3.4 应定期用标准化样品对仪器进行校准,校准的时间间隔取决于仪器的稳定性。

8.3.5 按选定的工作条件激发分析样品,每个样品至少激发2次,取平均值。必要时,可选择控制样品,对分析样品测定结果的校正。

9 分析结果的计算

根据分析线对的相对强度,从校准曲线上求出分析元素的含量。

待测元素的分析结果,应在校准曲线所用的一系列标准样品的含量范围内。

10 精密度

本标准的精密度试验是在2008年由8个实验室对各分析元素的(5～15)个水平进行测定,每个实验室对每个水平的元素含量按照GB/T 6379.1的规定测定2次。对各实验室报出的原始数据(测定值)按照GB/T 6379.2进行统计分析,精密度见表4。

表4 精密度

元素	水平范围(质量分数)/%	重复性限 r	再现性限 R
C	0.01～0.30	$r=0.0009+0.09933m$	$R=0.0069+0.1650m$
Si	0.10～2.00	$r=0.0084+0.01942m$	$R=0.0378+0.005225m$
Mn	0.10～11.00	$\lg r=-1.6525+0.8129\lg m$	$\lg R=-1.3518+0.5924\lg m$
P	0.004～0.050	$r=0.0019+0.04734m$	$R=0.0027+0.06679m$
S	0.005～0.050	$r=0.0016+0.1110m$	$R=0.0015+0.1434m$
Cr	7.00～28.00	$\lg r=-1.5272+0.7370\lg m$	$\lg R=-1.0866+0.5140\lg m$
Ni	0.10～24.00	$\lg r=-1.5874+0.7186\lg m$	$\lg R=-1.1448+0.5574\lg m$
Mo	0.06～4.00	$r=0.0008+0.02179m$	$R=0.0119+0.02512m$
Al	0.02～2.00	$r=0.0020+0.03046m$	$\lg R=-1.3329+0.4059\lg m$
Cu	0.04～6.00	$\lg r=-1.4488+0.7486\lg m$	$R=0.0213+0.02348m$
W	0.05～0.80	$r=0.0038+0.02951m$	$R=0.0116+0.06927m$
Ti	0.03～1.10	$\lg r=-1.2707+0.9091\lg m$	$\lg R=-1.1874+0.8141\lg m$
Nb	0.05～2.50	$\lg r=-1.5332+0.7514\lg m$	$\lg R=-1.2135+0.7097\lg m$
V	0.04～2.50	$r=0.0028+0.02216m$	$R=0.0020+0.07553m$
Co	0.01～0.50	$r=0.0013+0.07366m$	$R=0.0016+0.1173m$
B	0.002～0.020	$r=0.0014+0.1474m$	$R=0.0017+0.1578m$
As	0.002～0.030	$r=0.0018+0.07779m$	$R=0.0027+0.09205m$
Sn	0.005～0.055	$r=0.0016+0.06612m$	$R=0.0021+0.07386m$
Pb	0.005～0.020	$r=0.0022+0.1012m$	$R=0.0021+0.2068m$
式中 m 是两个测定值的平均值(质量分数)。			

重复性限(r)、再现性限(R)按表4给出的方程求得。

在重复性条件下,获得的两次独立测试结果的绝对差值不大于重复性限(r),以大于重复性限(r)的情况不超过5%为前提;

在再现性条件下,获得的两次独立测试结果的绝对差值不大于再现性限(R),以大于再现性限(R)的情况不超过5%为前提。

11 试验报告

试验报告应包括下列内容：

a) 鉴别试料、实验室和分析日期等资料；

b) 遵守本标准规定的程度；

c) 分析结果及其表示；

d) 测定中观察到的异常现象；

e) 对分析结果可能有影响而本标准未包括的操作或者任选的操作。

ICS 71.060.40
G 11

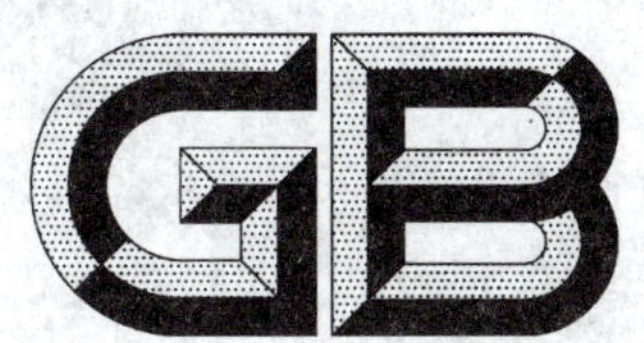

中华人民共和国国家标准

GB/T 11200.2—2008
代替 GB/T 11200.2—1989

高纯氢氧化钠试验方法
第2部分:三氧化二铝含量的测定
分光光度法

Test methods of high-purity sodium hydroxide—
Part 2:Determination of aluminium oxide content—
Spectrometric method

(ISO 6353/1:1982 Reagents for chemical analysis—
Part 1:General test methods NEQ)

2008-06-18 发布　　2009-02-01 实施

中华人民共和国国家质量监督检验检疫总局
中国国家标准化管理委员会　发布

前　言

GB/T 11200《高纯氢氧化钠试验方法》预计分为以下三部分：

——第1部分：氯酸钠含量的测定　邻-联甲苯胺分光光度法；

——第2部分：三氧化二铝含量的测定　分光光度法；

——第3部分：钙含量的测定　火焰原子吸收法。

本部分为GB/T 11200的第2部分。本部分对应于ISO 6353-1:1982《化学试剂 通用方法》GM 9：铝(英文版)，与ISO 6353-1:1982一致性程度为非等效。

本部分代替GB/T 11200.2—1989《离子交换膜法氢氧化钠中三氧化二铝含量的测定　分光光度法》。

本部分与GB/T 11200.2—1989相比主要变化如下：

——修改了标准名称；

——增加了标准"前言"；

——修改了取样量(1989版的第6章；本版的6.2)；

——修改了试料溶液的制备(1989版的第6章；本版的6.2)；

——修改了铝含量计算公式(1989版的第9章；本版的第7章)；

——增加"试验报告"章(见第9章)。

本部分由中国石油和化学工业协会提出。

本部分由全国化学标准化技术委员会氯碱分会(SAC/TC 63/SC 6)归口。

本部分起草单位：锦西化工研究院、昊华宇航化工有限责任公司、天津大沽化工股份有限公司、上海氯碱化工股份有限公司、浙江巨化股份有限公司电化厂。

本部分主要起草人：陈沛云、刘志强、胡立明、裴建华、曹建芳、李富荣、程治平。

本部分所代替标准的历次版本发布情况为：

——GB/T 11200.2—1989。

请注意本部分的某些内容有可能涉及专利。本部分的发布机构不应承担识别这些专利的责任。

高纯氢氧化钠试验方法 第2部分:三氧化二铝含量的测定 分光光度法

1 范围

GB/T 11200的本部分规定了高纯氢氧化钠中三氧化二铝含量的测定方法。

本部分适用于氢氧化钠中三氧化二铝含量为0.000 1%~0.005%的产品。

2 规范性引用文件

下列文件中的条款通过GB/T 11200的本部分的引用而成为本部分的条款。凡是注日期的引用文件,其随后所有的修改单(不包括勘误的内容)或修订版均不适用于本部分,然而,鼓励根据本部分达成协议的各方研究是否可使用这些文件的最新版本。凡是不注日期的引用文件,其最新版本适用于本部分。

GB/T 602 化学试剂 杂质测定用标准溶液的制备(GB/T 602—2002,ISO 6353-1:1982,NEQ)

GB/T 603 化学试剂 试验方法中所用制剂及制品的制备(GB/T 603—2002,ISO 6353-1:1982,NEQ)

GB/T 6682 分析实验室用水规格和试验方法(GB/T 6682—2008,ISO 3696:1987,MOD)

3 原理

在pH4~pH5的乙酸介质中,铝与铝试剂(玫红三羧酸铵)生成微红色络合物,加入保护胶,使溶液颜色稳定,用分光光度计测定吸光度。

4 试剂和材料

本方法所用试剂和水,在没有注明其他要求时,均指分析纯试剂和GB/T 6682中规定的三级水或相应纯度的水。

试验中所需标准溶液、制剂及制品在没有其他规定时,均按GB/T 602、GB/T 603的规定制备。

4.1 盐酸溶液:15%。

4.2 乙酸溶液:30%。

4.3 抗坏血酸溶液:10%。

4.4 乙酸-乙酸铵缓冲溶液:pH4~pH5。

4.5 铝标准溶液:0.1 mg/mL。

4.6 铝标准溶液:0.01 mg/mL。

吸取50.00 mL铝标准溶液(4.5),移入500 mL容量瓶中,用水稀释至刻度,摇匀。该溶液使用前制备。

4.7 铝试剂溶液:0.05%

称取0.25 g铝试剂和5 g阿拉伯树胶粉,用温热水溶解,再加入87 g乙酸铵,溶解后,加145 mL盐酸溶液,稀释至500 mL,必要时过滤,使用期一个月。

4.8 酚酞指示液:10 g/L。

5 仪器和设备

一般实验室仪器和分光光度计。

6 分析步骤

6.1 标准曲线的绘制

6.1.1 标准比色溶液的配制

依次吸取 0.0 mL、0.2 mL、0.4 mL、0.8 mL、1.2 mL、1.6 mL 铝标准溶液(4.6),分别置于 50 mL 容量瓶中,加入 1.0 mL 乙酸溶液、1.0 mL 抗坏血酸溶液,摇匀,再加入 10.0 mL 乙酸-乙酸铵缓冲溶液,摇匀,然后加 3.0 mL 铝试剂溶液,用水稀释至刻度,摇匀,静置 15 min 显色。

6.1.2 标准比色溶液吸光度的测定

用分光光度计,于波长 530 nm 处,以水调节分光光度计零点,选用适宜的比色皿进行吸光度的测定。

6.1.3 标准曲线的绘制

从标准比色溶液的吸光度中扣除试剂空白的吸光度,以 50 mL 标准比色溶液中铝的质量(μg)为横坐标,以与其对应的吸光度为纵坐标,绘制标准曲线或回归线性方程。

6.2 试料溶液的制备

6.2.1 称取相当于 20 g 氢氧化钠的固体或液体样品,称准至 0.01 g,溶于水,稀释至 200 mL。

6.2.2 当 50 mL 标准比色溶液中铝的含量大于 16 μg 时,吸取 6.2.1 中试料溶液,稀释适当倍数,测定按 6.4 进行。计算结果依据式(1)乘以相应试样溶液的稀释倍数。

6.3 空白试验

空白试验与样品测定同时进行,其测定程序和所用试剂量均与测定样品时相同,只是不加中和试样用的盐酸溶液。

6.4 吸光度的测定

吸取 10.0 mL 试料溶液(6.2),置于 50 mL 容量瓶中,加 1 滴酚酞指示液,用盐酸溶液中和至中性,冷却至室温。加 1.0 mL 乙酸溶液、1.0 mL 抗坏血酸溶液,摇匀,再加 10.0 mL 乙酸-乙酸铵缓冲溶液,摇匀,然后再加 3.0 mL 铝试剂溶液,用水稀释至刻度,摇匀,静置 15 min,显色,以下按 6.1.2 规定进行。

7 结果计算

铝含量以三氧化二铝(Al_2O_3)的质量分数 w 计,数值以%表示,按式(1)计算:

$$w=\frac{(m_1-m_2)\times10^{-6}}{m\times10/200}\times100\times1.8895=\frac{20(m_1-m_2)}{m}\times10^{-4}\times1.8895 \qquad(1)$$

式中:

m——试样的质量数值,单位为克(g);

m_1——由标准曲线查得或回归线性方程计算的铝的质量的数值,单位为微克(μg);

m_2——由标准曲线查得或回归线性方程计算的空白试验铝的质量的数值,单位为微克(μg);

1.889 5——铝换算为三氧化二铝的系数。

8 允许差

取平行测定结果的算术平均值为测定结果。平行测定结果之差的绝对值不应超过 0.000 25%。

9 试验报告

试验报告应包括以下内容：

a) 识别测试样品所需的全部信息；

b) 使用的标准；

c) 试验结果，包括各单次试验结果和它们的算术平均值；

d) 与规定的分析步骤的差异；

e) 试验中观察到的异常现象说明；

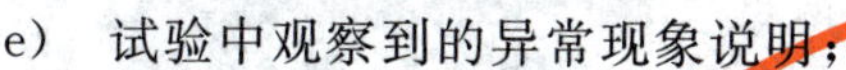

f) 试验日期。

ICS 71.060.40
G 11

中华人民共和国国家标准

GB/T 11200.3—2008
代替 GB/T 11200.3—1989

高纯氢氧化钠试验方法 第3部分：钙含量的测定 火焰原子吸收法

Test methods of high-purity sodium hydroxide—Part 3: Determination of calcium contents—Flame atomic absorption method

2008-06-18 发布　　2009-02-01 实施

中华人民共和国国家质量监督检验检疫总局
中国国家标准化管理委员会　发布

前 言

GB/T 11200《高纯氢氧化钠试验方法》预计分为以下三部分：

——第1部分：氯酸钠含量的测定 邻-联甲苯胺分光光度法；

——第2部分：三氧化二铝含量的测定 分光光度法；

——第3部分：钙含量的测定 火焰原子吸收法。

本部分为GB/T 11200的第3部分，本部分修改采用日本标准JIS K 1200-8-1：2000《工业用氢氧化钠 第8部分 第1节 钙含量的测定 火焰原子吸收法》（日文版）。

本部分与JIS K 1200-8-1：2000的主要技术性差异为：

——修改了钙标准溶液的表示方法；

——根据产品质量状况，对标准曲线中钙标准溶液用量进行了调整；

——修改了结果计算公式。

本部分代替GB/T 11200.3—1989《离子交换膜法氢氧化钠中钙含量的测定 火焰原子吸收法》。

本部分与GB/T 11200.3—1989相比主要变化如下：

——修改了标准名称；

——增加了“前言”；

——修改了取样量（1989版的6.1；本版的6.1）；

——修改了试样溶液的制备（1989版的6.1；本版的6.1）；

——增加了以工作曲线法为主体的操作方法和添加抗干扰剂氯化镧溶液（本版的6.2）；

——根据产品质量状况，对标准曲线中钙标准溶液用量进行了调整（1989版6.2；本版的6.2.1）；

——修改了氧化钙含量计算公式（1989版的第8章；本版的第7章）。

本部分由中国石油和化学工业协会提出。

本部分由全国化学标准化技术委员会氯碱分会（SAC/TC 63/SC 6）归口。

本部分起草单位：锦西化工研究院、唐山冀东氯碱有限公司。

本部分主要起草人：胡立明、陈沛云、王志芳、李富荣、田友利。

本部分所代替标准的历次版本发布情况为：

——GB/T 11200.3—1989。

请注意本部分的某些内容有可能涉及专利。本部分的发布机构不应承担识别这些专利的责任。

高纯氢氧化钠试验方法 第3部分：钙含量的测定 火焰原子吸收法

1 范围

GB/T 11200的本部分规定了用原子吸收光谱分析法测定工业用氢氧化钠中钙含量的方法。

本部分适用于钙含量（以氧化钙计）大于0.000 035%的产品。

2 规范性引用文件

下列文件中的条款通过GB/T 11200的本部分的引用而成为本部分的条款。凡是注日期的引用文件，其随后所有的修改单（不包括勘误的内容）或修订版均不适用于本部分，然而，鼓励根据本部分达成协议的各方研究是否可使用这些文件的最新版本。凡是不注日期的引用文件，其最新版本适用于本部分。

GB/T 6682 分析实验室用水规格和试验方法（GB/T 6682—2008，ISO 3696:1987，MOD）

GB/T 9723 化学试剂 火焰原子吸收光谱法通则

3 原理

用盐酸将试样酸化，采用原子吸收方法，在乙炔-空气火焰下为消除干扰物，可添加镧离子后测定钙。

4 试剂和材料

本方法所用试剂和水，为高纯试剂和GB/T 6682中规定的二级水或相应纯度的水。

4.1 盐酸：钙含量小于0.000 005%。

4.2 氯化镧溶液：5 g/L（溶液中钙含量小于0.000 01%）。

4.3 可按以下任一方法制取：

a) 将5.9 g氧化镧（La_2O_3）溶于15 mL盐酸中，移入1 000 mL的容量瓶中，稀释至刻度，摇匀。

b) 将13.4 g氯化镧（$LaCl_3 \cdot 7H_2O$）溶于水中，移入1 000 mL容量瓶中，稀释至刻度，摇匀。

4.4 氯化钠酸性溶液：58.5 g/L

称取29 g氯化钠置于500 mL锥形瓶中，加250 mL水及40 mL盐酸溶解，煮沸5 min后，冷却至室温，移入500 mL容量瓶中，加水至刻度，摇匀。

4.5 钙标准溶液：100 μg/mL

称取预先经250 ℃烘干并恒量的碳酸钙（纯度＞99.99%）0.249 7 g，精确到0.000 1 g，置于250 mL烧杯中，再将10 mL盐酸和15 mL水混合后注入烧杯中，然后将溶液全部移入1 000 mL容量瓶中，稀释至刻度，摇匀。备用。

注：可购买市售的原子吸收光谱用标准溶液

4.6 钙标准溶液：10 μg/mL

吸取20.0 mL钙标准溶液（4.5），置于200 mL容量瓶中，稀释至刻度，摇匀，该溶液使用前配制。

5 仪器和设备

一般实验室仪器和以下仪器。

5.1 原子吸收光谱分析装置(带有背景扣除装置)。

5.2 钙空心阴极灯。

6 分析步骤

6.1 试样溶液的制备

称取相当于约10 g氢氧化钠的固体或液体试样,精确至0.01 g,加50 mL水溶解后,移入250 mL的容量瓶中,加水至刻度线附近,冷却到室温,再稀释至刻度,混匀。之后,移入保持气密性的干燥的聚乙烯瓶中。如果测定操作中,盐(氯化钠)堵塞装置严重时,可将试样溶液稀释适当倍数,所用试剂和溶液的用量也相应地减少,稀释倍数计入结果计算。

6.2 工作曲线法

6.2.1 标准溶液的制备

分别向五个100 mL容量瓶中加入25 mL氯化钠溶液和20 mL氯化镧溶液,再加0.0 mL,0.5 mL,1.0 mL,2.5 mL,5.0 mL钙标准液(4.5),稀释至刻度,摇匀。见表1。

表1 加入钙标准溶液的体积与钙含量对应关系

序 号	钙标准溶液加入量/mL	相应钙的含量/μg
1	0.0	0
2	0.5	5.0
3	1.0	10.0
4	2.5	25.0
5	5.0	50.0

6.2.2 标准溶液的测定

按GB/T 9723操作方法,使用钙空心阴极灯,在波长422.7 nm测定标准溶液吸光度。

6.2.3 标准曲线的绘制

以钙含量(μg)为横坐标,与其对应的吸光度为纵坐标绘制标准曲线。

6.2.4 空白试验

测定的同时进行空白试验,不加试样溶液,操作中所用试剂和用量与6.2.5.1测定时相同。

6.2.5 测定

6.2.5.1 移取25.0 mL试样溶液置于100 mL的锥形瓶中,加20 mL水,缓慢地加4.0 mL盐酸。微沸5 min,冷却至室温,移入100 mL的容量瓶中,加入20 mL氯化镧溶液,稀释至刻度,摇匀。

6.2.5.2 按GB/T 9723规定工作曲线法,使用钙空心阴极灯,在波长422.7 nm测定其吸光度。测定结果按7.1中公式(1)计算。

6.3 检查试验

量取4~5份试样溶液,分别添加成比例的钙标准溶液(4.5),重复6.2.5.1操作,按GB/T 9723规定的标准加入法,来确认是否有干扰。

6.4 标准加入法

当检测出存在干扰时,按6.3重新测定。测定结果按7.2中公式(2)计算。

7 结果计算

7.1 工作曲线法

氧化钙含量以氧化钙(CaO)的质量分数 w_1 计,数值以%表示,按公式(1)计算:

$$w_1 = \frac{10m_1(A_1 - A_0)}{m(A_2 - A_3)} \times 10^{-4} \times 1.3992 \qquad (1)$$

式中：

A_0——空白试验溶液的吸光度；

A_1——试验溶液的吸光度；

A_2——与试验溶液的吸光度最近的两个标准溶液的吸光度平均值；

A_3——标准溶液中添加了 0.0 mL 钙标准溶液的吸光度；

m——试样质量的数值，单位为克(g)；

m_1——距试验溶液的吸光度最近的两个标准溶液的钙量的平均值(μg)；

1.399 2——钙换算为氧化钙的系数。

7.2 标准加入法

氧化钙含量以氧化钙(CaO)的质量分数 w_2 计，数值以%表示，按公式(2)计算：

$$w_2=\frac{m_2}{m\times 25/250}\times 10^{-4}\times 1.3992 \quad \cdots\cdots(2)$$

式中：

m——试样质量的数值，单位为克(g)；

m_2——由检测曲线求出的钙量的数值，单位为微克(μg)；

1.399 2——钙换算为氧化钙的系数。

8 允许差

平行测定结果之差的绝对值：

氧化钙含量小于 0.000 1%时，应不大于 0.000 005%。

氧化钙含量大于或等于 0.000 1%时，应不大于 0.000 05%。

取其平均值为测定结果。

ICS 71.060.40
G 11

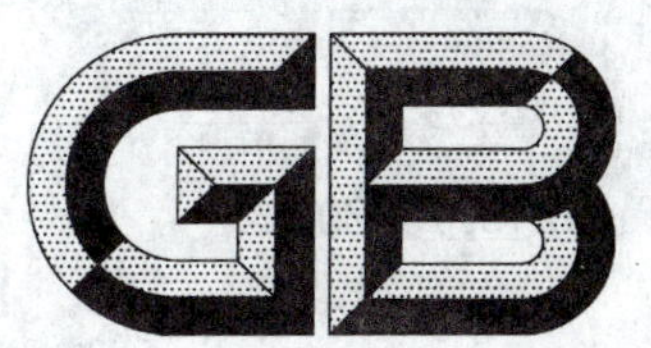

中华人民共和国国家标准

GB/T 11213.7—2008
代替 GB/T 11213.7—1989

化纤用氢氧化钠试验方法 第7部分:铜含量的测定 分光光度法

Test methods of sodium hydroxide for chemical fiber use—Part 7: Determination of copper content—Spectrometric method

2008-06-18 发布 2009-02-01 实施

中华人民共和国国家质量监督检验检疫总局
中国国家标准化管理委员会 发布

前 言

GB/T 11213《化纤用氢氧化钠试验方法》分为以下几部分：

——第1部分：氢氧化钠含量的测定；

——第2部分：氯化钠含量的测定　分光光度法；

——第3部分：钙含量的测定　EDTA络合滴定法；

——第4部分：硅含量的测定　还原硅钼酸盐分光光度法；

——第5部分：硫酸盐含量的测定；

——第7部分：铜含量的测定　分光光度法。

本部分为GB/T 11213的第7部分，本部分修改采用英国标准BS 6075-12-1981《工业用氢氧化钠取样和试验方法　第12部分　铜含量的测定》(英文版)。

本部分与BS 6075-12-1981主要技术性差异为：

——增加了试料中铜含量大于100 μg时处理方法，扩大了使用范围；

——将测定步骤中过滤操作修改为"小心将萃取物收集在50 mL容量瓶中，避免将固体颗粒物带入容量瓶中"；

——依据计量单位修改了结果计算公式；

——增加了允许差规定；

——增加了"试验报告"章。

本部分代替GB/T 11213.7—1989《化纤用氢氧化钠中铜含量的测定　分光光度法》。

本部分与GB/T 11213.7—1989相比主要变化如下：

——修改了标准名称；

——增加了标准"前言"；

——修改了取样量(1989版的第5章；本版的6.2)；

——增加了试料中铜含量大于100 μg时处理方法(本版的6.2)；

——将测定步骤中过滤操作修改为"小心将萃取物收集在50 mL容量瓶中，避免将固体颗粒物带入容量瓶中"(1989版的6.2.1；本版的6.2)；

——增加了"试验报告"章(见第9章)。

本部分由中国石油和化学工业协会提出。

本部分由全国化学标准化技术委员会氯碱分会(SAC/TC 63/SC 6)归口。

本部分起草单位：锦西化工研究院、天津大沽化工股份有限公司、昊华宇航化工有限责任公司、上海氯碱化工股份有限公司、锦化化工集团氯碱股份有限公司。

本部分主要起草人：胡立明、李计涛、刘志强、曹建芳、陈沛云、宫耀富、田友利。

本部分所代替标准的历次版本发布情况为：

——GB/T 11213.7—1989。

请注意本部分的某些内容有可能涉及专利。本部分的发布机构不应承担识别这些专利的责任。

化纤用氢氧化钠试验方法
第7部分:铜含量的测定　分光光度法

1　范围

GB/T 11213 的本部分规定了化纤用氢氧化钠中铜含量的测定方法。

本部分适用于氢氧化钠中铜含量为 0.000 01%～0.000 1%的产品。

2　规范性引用文件

下列文件中的条款通过 GB/T 11213 的本部分的引用而成为本部分的条款。凡是注日期的引用文件,其随后所有的修改单(不包括勘误的内容)或修订版均不适用于本部分,然而,鼓励根据本部分达成协议的各方研究是否可使用这些文件的最新版本。凡是不注日期的引用文件,其最新版本适用于本部分。

GB/T 603　化学试剂　试验方法中所用制剂及制品的制备(GB/T 603—2002, ISO 6353-1:1982 NEQ)

GB/T 6682　分析实验室用水规格和试验方法(GB/T 6682—2008,ISO 3696:1987,MOD)

3　原理

试样中的铜被抗坏血酸还原后与 2,2′-联喹啉作用,形成一种紫色络合物,用异戊醇萃取该络合物,再用分光光度计在波长 545 nm 处测定其吸光度。

4　试剂和材料

本方法所用试剂和水,在没有注明其他要求时,均指分析纯试剂和 GB/T 6682 中规定的三级水或相应纯度的水。

试验中所需制剂及制品在没有其他规定时,均按 GB/T 603 的规定制备。

4.1　氢氧化钠。

4.2　无水硫酸钠。

4.3　盐酸。

4.4　异戊醇。

4.5　溴水。

4.6　+)-酒石酸溶液:500 g/L。

4.7　氢氧化钠溶液:200 g/L。

4.8　L-抗坏血酸溶液:100 g/L。

4.9　2,2′-联喹啉络合溶液:0.5 g/L 异戊醇溶液。

称取 0.25 g 2,2′-联喹啉,溶于异戊醇中,用异戊醇稀释至 500 mL。

4.10　铜标准溶液:0.1 mg/mL。

称取 0.393 g 五水合硫酸铜($CuSO_4 \cdot 5H_2O$),溶于水中,加 25 mL 硫酸(3 mol/L),用水稀释至 1 000 mL。

4.11　铜标准溶液:0.01 mg/mL。

吸取 10.0 mL 铜标准溶液(4.10)用水稀释至 100 mL。该溶液使用前配制。

4.12 甲基橙指示溶液:0.5 g/L。

4.13 精密 pH 试纸:5.5~7.0。

5 仪器和设备

一般实验室仪器和分光光度计。

6 分析步聚

警告——异戊醇试剂及蒸气有毒,有不愉快气味。分析操作过程应在通风柜内或通风良好处进行。

6.1 标准曲线的绘制

6.1.1 标准比色溶液的配制

依次吸取 0.0 mL、2.0 mL、4.0 mL、6.0 mL、8.0 mL、10.0 mL 铜标准溶液(4.11),分别置于六个 500 mL 分液漏斗中,加水稀释约至 400 mL。然后加 2.0 mL+)-酒石酸溶液,以 pH 试纸做指示,用氢氧化钠溶液(4.7)调节溶液 pH 值为 6 左右,再加入 2.0 mL L-抗坏血酸溶液,充分混匀,放置 5 min。加入 10.0 mL 2,2′-联喹啉络合溶液,振摇约 2 min。分别用两份 20 mL 异戊醇萃取,经过两次萃取后,把两次萃取物放入 100 mL 烧杯中。加入 2 g 无水硫酸钠,充分搅拌,以除掉其中的痕量水。小心将萃取物收集在 50 mL 容量瓶中,避免将固体颗粒物带入容量瓶中,再每次用 2 mL 异戊醇洗涤烧杯中固体颗粒物两次,洗液也并入 50 mL 容量瓶中,用异戊醇稀释至刻度。

6.1.2 吸光度的测定

以异戊醇调整分光光度计零点,选用 5 cm 比色皿,于 545 nm 处测定吸光度。

6.1.3 标准曲线的绘制

从标准比色溶液的吸光度中扣除试剂空白的吸光度,以 50 mL 标准比色溶液中所含的铜的质量(μg)为横坐标,以其对应的吸光度为纵坐标,绘制标准曲线或回归线性方程。

6.2 试料溶液的制备

称取相当于 10 g 氢氧化钠的固体或液体试样,精确到 0.01 g,移至 400 mL 烧杯中,加入 100 mL 水溶解,加 1 滴甲基橙指示溶液,用盐酸中和,当溶液由黄色变为橙色时再过量 5 mL,加入 10 mL 溴水,加热煮沸,驱除剩余的溴,冷却至室温。

当 50 mL 比色溶液中铜含量大于 100 μg 时,适当减少称样量。

6.3 空白试验

空白试验与试样测定同时进行,其测定步骤与所用试剂量均与测定试样时相同,只是用试剂氢氧化钠(4.1)代替试样。

6.4 测定

将试料溶液(6.2)全部移入 500 mL 分液漏斗中,用水稀释至约 400 mL,然后加入 2.0 mL+)-酒石酸溶液,以 pH 试纸做指示,用氢氧化钠(4.7)调节试料溶液 pH 值为 6 左右,再加入 2.0 mL L-抗坏血酸溶液,充分混匀,放置 5 min。加入 10.0 mL 2,2′-联喹啉络合溶液,振摇约 2 min。分别用两份 20 mL 异戊醇萃取,经两次萃取后,把两次萃取物放入 100 mL 烧杯中。加入 2 g 无水硫酸钠,充分搅拌,以除去其中的痕量水。小心将萃取物收集在 50 mL 容量瓶中,应避免固体颗粒物带入容量瓶中,再每次用 2 mL 异戊醇洗涤烧杯中固体颗粒物两次,洗液也并入 50 mL 容量瓶中,用异戊醇稀释至刻度。按6.1.2 操作测定试样溶液的吸光度。

7 结果计算

铜含量以铜(Cu)的质量分数 w 计,数值以%表示,按式(1)计算:

$$w = \frac{(m_1 - m_2) \times 10^{-6}}{m} \times 100 \quad \cdots\cdots(1)$$

式中：

m——试样的质量的数值，单位为克(g)；

m_1——由标准曲线查得的或回归线性方程计算的试料中铜的质量的数值，单位为微克(μg)；

m_2——由标准曲线查得的或回归线性方程计算的空白试验中铜的质量的数值，单位为微克(μg)。

8 允许差

取平行测定结果的算术平均值为测定结果。平行测定结果之差的绝对值不应超过 0.000 02%。

9 试验报告

试验报告应包括以下内容：

a) 识别测试样品所需的全部信息；

b) 使用的标准；

c) 试验结果，包括各单次试验结果和它们的算术平均值；

d) 与规定的分析步骤的差异；

e) 试验中观察到的异常现象说明；

f) 试验日期。

ICS 91.010.30
P 30

中华人民共和国国家标准

GB/T 11228—2008
代替 GB/T 11228—1989

住宅厨房及相关设备基本参数

Fundamental parameters for kitchens and related equipments in housing

2008-11-04 发布　　　　2009-06-01 实施

中华人民共和国国家质量监督检验检疫总局
中国国家标准化管理委员会　发布

前　言

本标准代替 GB/T 11228—1989《住宅厨房及相关设备基本参数》。

本标准与 GB/T 11228—1989 相比，主要变化如下：

——增加了住宅厨房分类；

——增加了住宅无障碍厨房的相关规定；

——增加了住宅厨房中进行炊事行为时必须使用的水、电、燃气、暖气和通风等管线的综合布置要求；

——增加了住宅厨房中燃气管线和计量表具进入管井与其他管线综合布置的要求；

——增加了住宅厨房典型平面布置图和综合设计图作为资料性附录。

本标准附录 A、附录 B 为资料性附录。

本标准由中华人民共和国住房和城乡建设部提出。

本标准由住房和城乡建设部建筑制品与构配件产品标准化技术委员会归口。

本标准负责起草单位：中国建筑标准设计研究院。

本标准参加起草单位：清华大学建筑学院、清华大学建筑设计研究院、北京市煤气热力工程设计院有限公司、中国建筑装饰协会厨卫工程委员会、北京市工商联厨卫行业商会、青岛海尔厨房设备有限公司、博西华电器（江苏）有限公司、博洛尼家居用品（北京）有限公司、宁波方太厨具有限公司、广州欧派厨柜企业有限公司、成都倍特厨柜制造有限公司、河南省大信整体厨房科贸有限公司、东莞佳居乐橱柜有限公司、广东万家乐燃气具有限公司、樱花卫厨（中国）有限公司、北京康洁家具有限公司、成都爱普装饰材料有限公司、山东欧普科贸有限公司。

本标准主要起草人：张树君、马韵玉、李端文、周燕珉、傅昕、戚大明、蒋惠、田万良、胡亚南、牟勇、王莉、高益宏、蔡明、茅忠群、姚良松、刘定河、庞学元、李向阳、余少言、沈铭中、蒋志平、王占府、巫敏、刘长生。

本标准所代替标准的历次版本发布情况为：

——GB/T 11228—1989。

住宅厨房及相关设备基本参数

1 范围

本标准规定了住宅厨房及相关设备基本参数和厨房设备与厨房设施的范围、术语和定义、分类、要求。

本标准适用于有供水、排水、电气、燃气设施等管线的新建、改建城镇住宅厨房及相关设备的基本参数。

2 规范性引用文件

下列文件中的条款通过本标准的引用而成为本标准的条款。凡是注日期的引用文件，其随后所有的修改单(不包括勘误的内容)或修订版均不适用于本标准，然而，鼓励根据本标准达成协议的各方研究是否可使用这些文件的最新版本。凡是不注日期的引用文件，其最新版本适用于本标准。

GB/T 18884.1 家用厨房设备 第1部分:术语

GB 50028 城镇燃气设计规范

GB/T 50100 住宅建筑模数协调标准

CJJ 12 家用燃气燃烧器具安装及验收规程

CJJ 94 城镇燃气室内工程施工及验收规范

JGJ 50 城市道路和建筑物无障碍设计规范

3 术语和定义

GB/T 18884.1 确立的以及下列术语和定义适用于本标准。

3.1

住宅厨房 kitchens in housing

住宅中供居住者进行炊事活动的空间。

3.2

无障碍厨房 accessible kitchen

住宅中供乘坐轮椅的残疾人、老年人使用的无障碍设施齐全的厨房。

3.3

厨房家具 furniture for kitchen

厨房中用于膳食制作和存放功能的厨柜(包括固定家具、辅助柜等)，如地柜、吊柜、高柜等。

3.4

厨房设备 equipment for kitchen

进行炊事行为使用的灶具、吸油烟机、洗涤池、冰箱、洗碗机、微波炉、垃圾处理机等工业化产品。

3.5

厨房设施 facility for kitchen

进行炊事行为时必须使用的水、电、燃气、暖气与通风、电视与电话等管线及表具。

3.6

地柜 floor unit

炊事活动中用于配餐、备餐等功能的厨房家具。

3.7

地柜高度 height of floor unit

地面和地柜面之间的垂直距离。

3.8

地柜深度　depth of floor unit

地柜的前缘垂线与地柜、洗涤柜等正面垂线之间的水平距离。

3.9

地柜宽度　width of floor unit

地柜平行于操作正面的水平尺寸。

3.10

底座深度　depth of plinth recess

底座正面垂线与地柜前缘垂线之间的水平距离。

3.11

底座高度　height of plinth recess

地面与厨房家具底板下缘之间的垂直净距。

3.12

整体台面　integrated board

厨房中用于膳食制作地柜的顶面部分，为一完整的整体。

3.13

辅助台　subsidiary board

厨房中除地柜以外，用于辅助炊事行为的厨房家具。

3.14

管线区　area for pipes and power lines

住宅建筑中用于给水、排水、热水、燃气等厨房设施（含表具）在垂直方向或水平方向集中布置的区域。

3.15

设备接口　joint of equipments

住宅厨房中各种厨房设备与厨房设施的连接部位。

3.16

操作厨房　working kitchen

住宅中进行洗、切、烧等炊事行为的空间。

3.17

餐室厨房　kitchen with dining

厨房内除炊事行为空间外，还兼有进餐行为空间，且各空间功能分区明确。

3.18

起居餐室厨房　kitchen with dining and living

炊事行为空间包容于进餐、起居行为空间之中，且各空间功能分区明确。

4　分类

4.1　住宅厨房按使用功能分为操作厨房（K）、餐室厨房（DK）和起居餐室厨房（LDK）三种类型。

4.2　住宅厨房按使用者分为普通厨房（以下简称厨房）和无障碍厨房两种类型。

5　要求

5.1　一般规定

5.1.1　住宅厨房建筑模数应符合 GB/T 50100 的规定。

5.1.2　住宅厨房家具尺寸应与建筑模数相协调。住宅厨房净尺寸和厨房家具的基本模数数值为

100 mm，其符号为 M。厨房开间与进深和厨房家具的模数化尺寸，应是基本模数的倍数。

注 1：厨房净尺寸指建筑装修后的尺寸。

注 2：M 是国际通用的建筑模数符号，1M＝100 mm。

5.1.3　住宅厨房家具的主要布置形式分为单排型、双排型、L 型、U 型和壁柜型，其厨房净宽度（短边）、净长度（长边）尺寸应符合表 1 的规定。典型布置形式参见附录 A。

表 1　住宅厨房宽度、长度尺寸限值

厨房家具布置形式	厨房平面示意图	厨房最小净宽度/mm	厨房最小净长度/mm
单排型		1 500(1 600)/2 000 (15M(16M)/20M)	3 000/3 000 (30M/30M)
双排型		2 200/2 700 (22M/27M)	2 700/2 700 (27M/27M)
L 型		1 600/2 700 (16M/27M)	2 700/2 700 (27M/27M)
U 型		1 900/2 100 (19M/21M)	2 700/2 700 (27M/27M)
壁柜型		700/— (7M/—)	2 100/— (21M/—)
按炊事操作流程排列，厨房地柜净长不应小于 2.1 m。			

注 1：布置双排型厨房家具的厨房中，两排厨房家具之间的净距为 0.90 m。

注 2：/下尺寸为无障碍厨房的尺寸。

注 3：壁柜型厨房宜用于家庭人口少且在家做饭机率少的家庭，灶具为电气灶。可利用炊事行为空间兼容其他功能行为空间。

注 4：通风道、管井等未计入厨房尺寸限值中。

5.1.4 无障碍厨房应除符合JGJ 50的相关规定外，还应符合下列要求：

a) 无障碍厨房的使用面积不应小于6.00 m²。厨房内应设冰箱位置和二人就餐位置。

b) 厨房净宽不应小于2.00 m；布置双排地柜的厨房通道净宽不应小于1.50 m。通道应能满足轮椅的回转活动（可利用地柜、餐台下部的局部凹入空间），轮椅的回转直径不宜小于1 500 mm。灶台和洗涤池宜就近布置。参见附录A的图A.10、图A.11。

c) 地柜高度宜为0.75 m。深度宜为0.60 m。地柜台面下方净宽度不应小于0.60 m；高度不应小于0.65 m；深度不应小于0.35 m，如图1所示。

d) 吊柜柜底高度，不应大于1.20 m；深度不应大于0.25 m。

e) 燃气热水器的阀门及观察孔高度，不应大于1.10 m。吸油烟机的开关宜为低位式开关。

单位为毫米

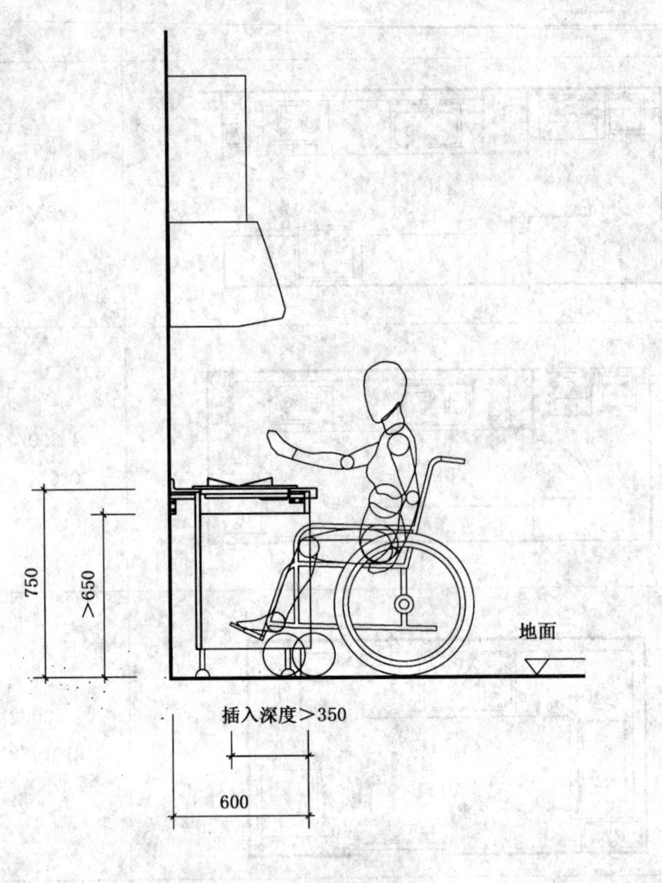

图1 无障碍厨房家具

5.2 厨房净尺寸限值

5.2.1 开间净尺寸，操作厨房不应小于1.60(1.50)m；与餐厅合用的餐室厨房不应小于2.70 m；与起居室、餐厅合用的起居餐室厨房不应小于3.30 m，或视平面布局确定。

5.2.2 进深净尺寸，操作厨房和与餐厅合用的餐室厨房不宜小于3.00 m。

5.2.3 安装燃气灶的空间净高不应低于2.20 m；安装燃气热水器和燃气壁挂式采暖炉的空间净高宜大于2.40 m。

5.3 厨房家具

厨房家具，如图2所示。

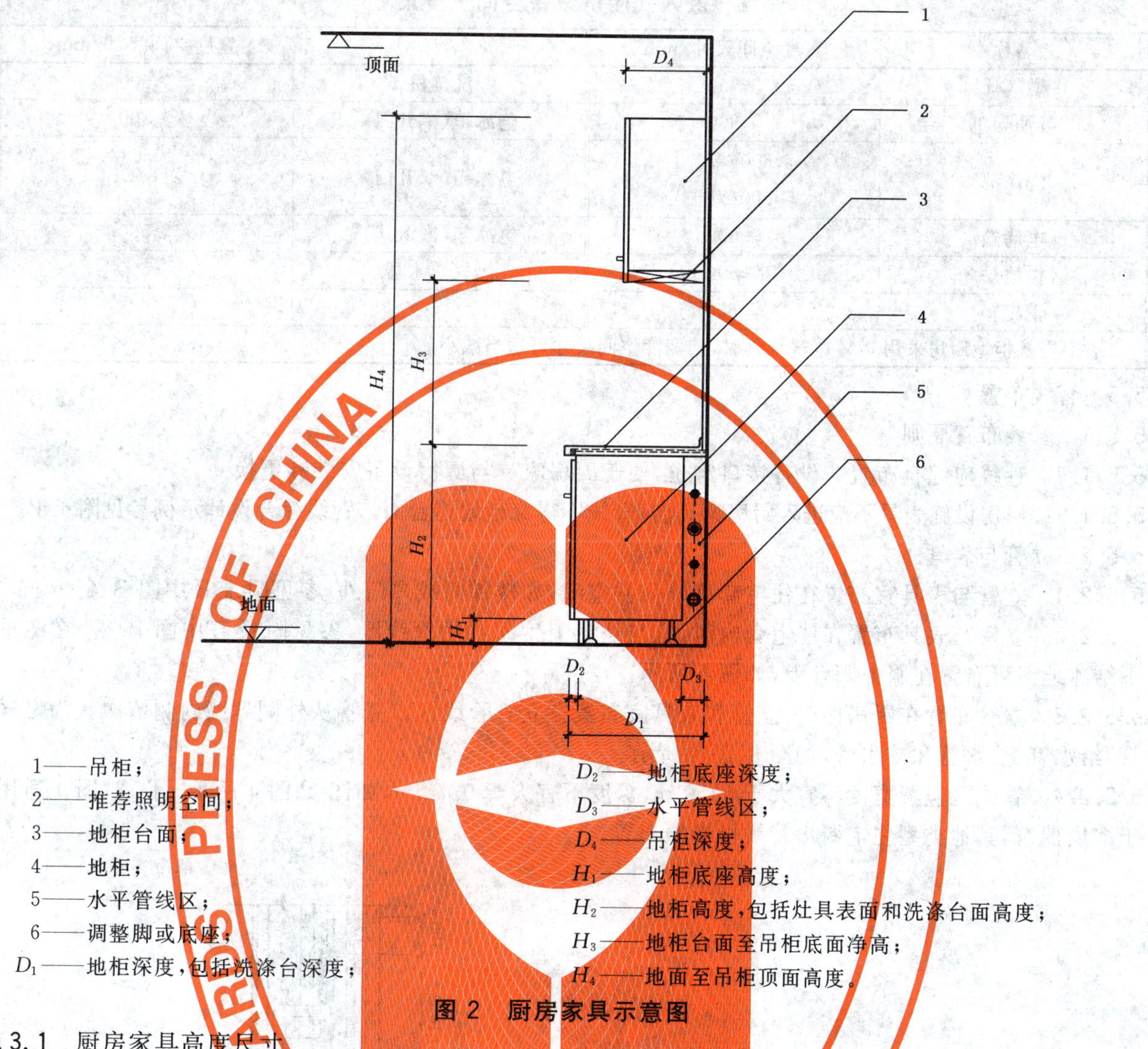

1——吊柜；
2——推荐照明空间；
3——地柜台面；
4——地柜；
5——水平管线区；
6——调整脚或底座；
D_1——地柜深度，包括洗涤台深度；
D_2——地柜底座深度；
D_3——水平管线区；
D_4——吊柜深度；
H_1——地柜底座高度；
H_2——地柜高度，包括灶具表面和洗涤台面高度；
H_3——地柜台面至吊柜底面净高；
H_4——地面至吊柜顶面高度。

图 2 厨房家具示意图

5.3.1 厨房家具高度尺寸

5.3.1.1 地柜台面高度，包括灶台和洗涤台高度宜为 8 M、8.5 M 及 9 M，推荐尺寸为 8.5 M。当为台式燃气灶时，灶台高度为地柜台面高度减去台式燃气灶高。地柜底座高度宜为 1 M，地柜底座深度不宜小于 0.5 M。

5.3.1.2 辅助台台面高度宜为 8 M、8.5 M 及 9 M，且宜与地柜台面高度一致。

5.3.1.3 地柜台面至吊柜底面净空距离宜为 0.6 M。

5.3.1.4 灶台上烹调器具的支承面与安装在灶台上方的吸油烟机最低部位的距离宜为 0.65 m～0.70 m。

5.3.1.5 高柜与吊柜顶面高度宜为 22 M。

5.3.2 厨房家具深度尺寸

5.3.2.1 地柜的深度宜为 6 M、6.5 M 及 7 M，推荐尺寸为 6 M。

5.3.2.2 辅助台的深度宜为 3 M、3.5 M、4.0 M、4.5 M，推荐尺寸为 4 M。

5.3.2.3 吊柜的深度宜为 3 M、3.5 M、4.0 M，推荐尺寸为 3.5 M。

5.3.3 厨房家具宽度尺寸

5.3.3.1 地柜宽度宜为 6 M、9 M、12 M，推荐尺寸为 6 M。

5.3.3.2 灶柜的宽度为 6 M、7.5 M、8 M、9 M，推荐尺寸为 7.5 M。

5.3.3.3 洗涤柜的宽度宜为 6 M、8 M、9 M，推荐尺寸为 6 M、9 M。

5.4 嵌入式厨房设备空间宽度尺寸应符合表 2 的规定。

表 2 嵌入式厨房设备空间宽度尺寸

名称	宽度空间尺寸/mm	名称	宽度空间尺寸/mm
燃气灶	≥750	洗碗机	≥600
吸油烟机	≥900	电冰箱(单开门)	≥700
洗涤池	≥600(单池) ≥900(双池)	电冰箱(双开门)	≥1 000
电烤箱	≥600	电冰箱(嵌入式)	≥600
微波炉	≥600	燃气热水器	≥600
消毒柜	≥600		
注：当壁柜型厨房采用 3 M 电气灶具时，其宽度空间尺寸可适当减小。			

5.5 管线布置

5.5.1 管线布置原则

5.5.1.1 管线应综合布置。设备接口定位，便于厨房家具与厨房设备安装和更换。

5.5.1.2 厨房设施表具不应进入厨房家具内，管线不得穿越地柜台面。管线综合设计示例参见附录 B。

5.5.2 立管与表具

5.5.2.1 立管与表具宜布置在住宅套型外公共空间，如楼梯间或户门外，参见附录 B 中图 B.4。

5.5.2.2 立管与表具布置在住宅套内时，宜与住宅卫生间共用管线区，参见附录 B 中图 B.3。在冬季不结冰地区可布置在服务阳台上，如图 6 所示。

5.5.2.3 立管布置在厨房内时，立管和表具宜布置在立管管线区。立管从外侧到墙内侧依次宜为燃气管、给水管、热水管和排水管，如图 3、图 4 所示。

5.5.2.4 管线区包覆宽度不宜大于 0.50 m，深度不宜大于 0.70 m，如图 3、图 4 所示。图 3、图 4 适用于多层建筑，其他类型住宅厨房管线可参照布置。

单位为毫米

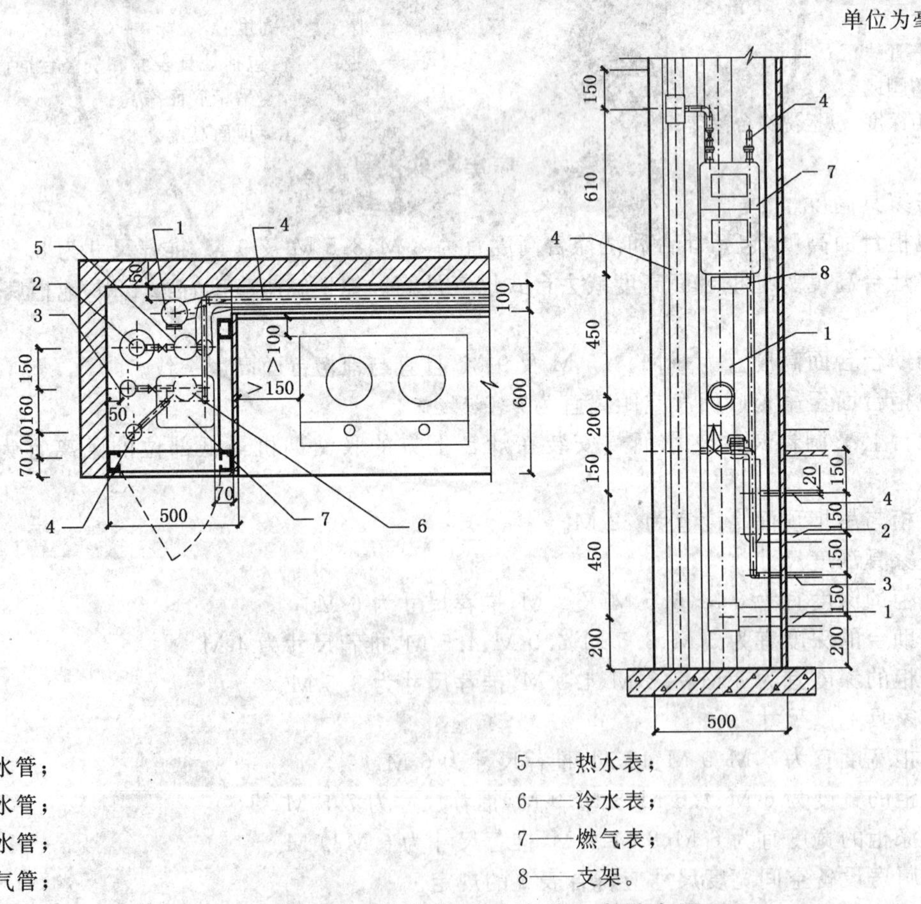

1——排水管；

2——热水管；

3——冷水管；

4——燃气管；

5——热水表；

6——冷水表；

7——燃气表；

8——支架。

图 3 厨房家具单排布置时管道和表具布置图

单位为毫米

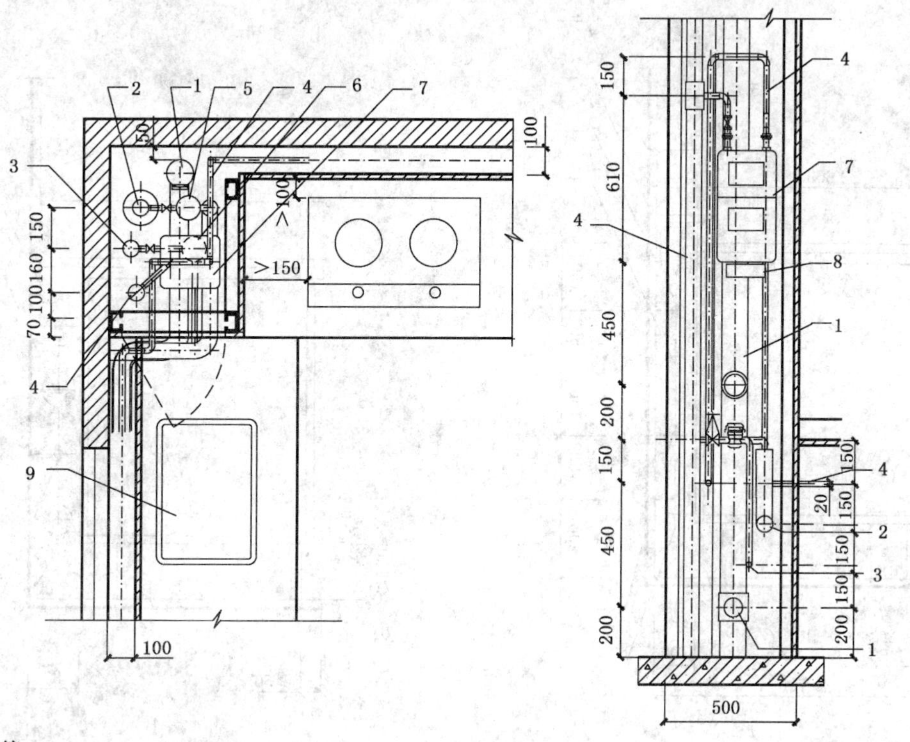

1——排水管；
2——热水管；
3——冷水管；
4——燃气管；
5——热水表；
6——冷水表；
7——燃气表；
8——支架；
9——水池。

图 4 厨房家具 L 型布置时管道和表具布置图

5.5.3 水平管线

5.5.3.1 水平管线应布置在地柜后部的管线区内，其宽度不宜小于 80 mm，高度由地面至整体台面底，如图 5 所示 。

5.5.3.2 当地柜后部的管线区，宽度为 80 mm 时，管线上下排列顺序需考虑灶具和洗涤池的位置。管线靠近灶具时，燃气管线在上；管线靠近洗涤池时，给水管线在上，如图 5b）所示。

5.5.3.3 当地柜后部的管线区宽度为 100 mm 时，管线顺序从上至下依次为燃气管、热水管、给水管和排水管，如图 5a）所示。

单位为毫米

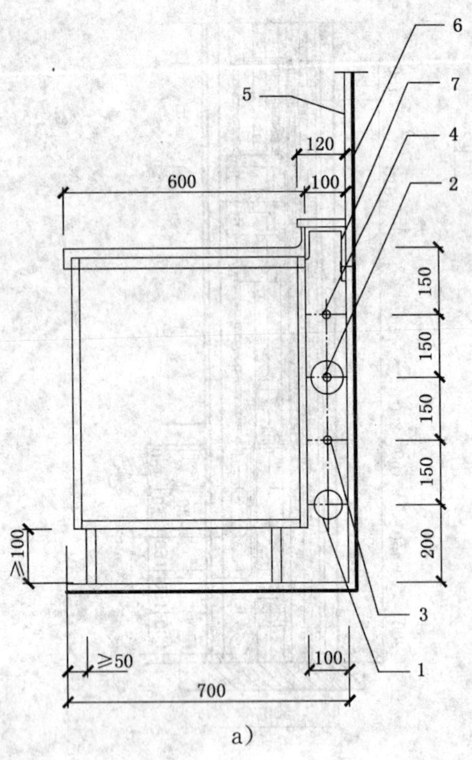

a)

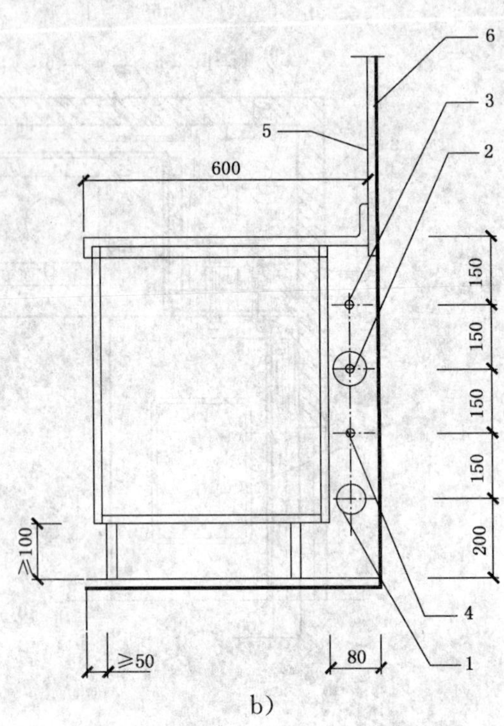

b)

1——排水管；
2——热水管；
3——冷水管；
4——燃气管；
5——装修面；
6——墙体；
7——角钢。

图5 水平管线布置图

5.5.4 燃气管道

5.5.4.1 燃气管道宜布置在通风良好、可拆卸且检修方便的管线区内，如图3、图4和图6所示。

5.5.4.2 厨房内燃气管与墙面的净距不小于表3的规定。

表3 燃气管与墙面净距

燃气管径	与墙面净距/mm
当管径≤DN25时	30
当管径在DN25～DN40时	50
当管径＝DN50时	70

5.5.4.3 燃气管的布置和与电器设备及其他相邻管线之间净距应符合GB 50028的有关规定。

5.5.4.4 管线区，管线布置如图3、图4、图6所示。厨房管线综合布置示例参见附录B图B.1和图B.2。

5.5.4.5 夏热冬暖地区可将管道和表具布置在阳台上，如图6所示。

单位为毫米

1——排水管；
2——热水管；
3——冷水管；
4——燃气管；
5——热水表；
6——冷水表；
7——燃气表；
8——支架。

图 6 管道和表具布置在阳台图

5.6 燃气设备和排烟

5.6.1 燃气设备

5.6.1.1 燃气表与用气设备、电气设施的最小净距，燃具与电气设备、相邻管道之间的最小净距应符合 CJJ 94 的规定。

5.6.1.2 燃气设备的入口高度应符合下列要求：

a) 燃气表燃气入口管高度宜为 1.80 m～2.50 m；

b) 双眼灶燃气入口管高度宜为 0.65 m；

c) 热水器燃气入口管和冷热水进出口管高度宜为 1.20 m 左右；

d) 燃气壁挂式采暖炉入口管和冷热水进出口管高度各异。

5.6.2 燃气的排烟

5.6.2.1 燃具的排烟设施应符合 CJJ 12 和 GB 50028 的规定。

5.6.2.2 排烟道口径应符合下列要求：

a) 双眼灶的吸油烟机烟口直径不应小于 DN180；

b) 热水器的排烟口直径不应小于 DN100；

c) 壁挂式(容积式)暖浴炉排烟口直径不应小于 DN80。

5.6.2.3 热负荷 30 kW 以下的居民用气设备，烟道的抽力不应小于 3 Pa。

5.7 电气设施

5.7.1 电源插座宜成组布置，并靠近用电设备。电源插座高度、数量宜符合表 4 的规定。

表 4　电源插座高度、数量

高度/mm	数量/个	适用设备举例	备　注
300	3	洗碗机、烤箱、电冰箱	当电源线穿过水平管线区时，必须加钢套管
1 200	4	微波炉、电饭锅、消毒柜、烤箱、开水壶等厨房小家电、热水器	
2 100	2	吸油烟机、燃气报警装置、排气扇	

5.7.2　相关厨房电器技术参数宜符合表 5 的要求。

表 5　相关厨房电器技术参数

	额定功率/W	额定电压/V	额定频率/Hz
双眼电灶	3 000	220	50
电烤箱	2 000～3 600		
消毒柜	600		
洗碗机	2 200		
橱柜式净水设备	300		
垃圾处理器	400		
燃气热水器	130		

5.8　暖气管道、散热器及水表

5.8.1　暖气立管不宜设置在厨房内，若受条件限制布置在厨房内时，宜位于不穿越地柜台面和不干扰水、气设施管线的位置。

5.8.2　散热器宜采用组合式水平管组，可兼作晾晒、悬挂轻型物品用。

附 录 A
（资料性附录）
住宅厨房典型平面布置示例

A.1 住宅厨房典型平面布置示例如图 A.1～图 A.12。

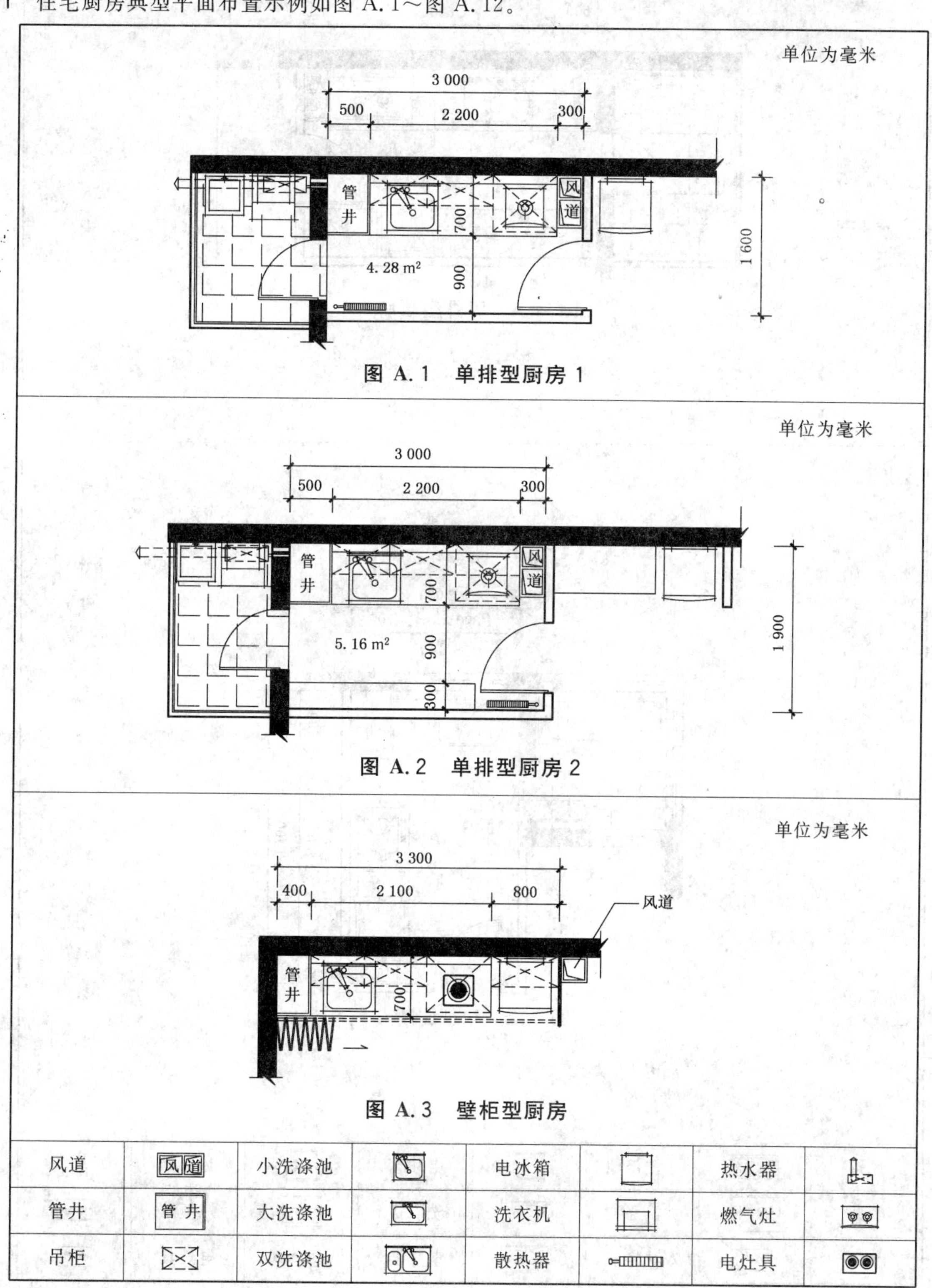

图 A.1 单排型厨房 1

图 A.2 单排型厨房 2

图 A.3 壁柜型厨房

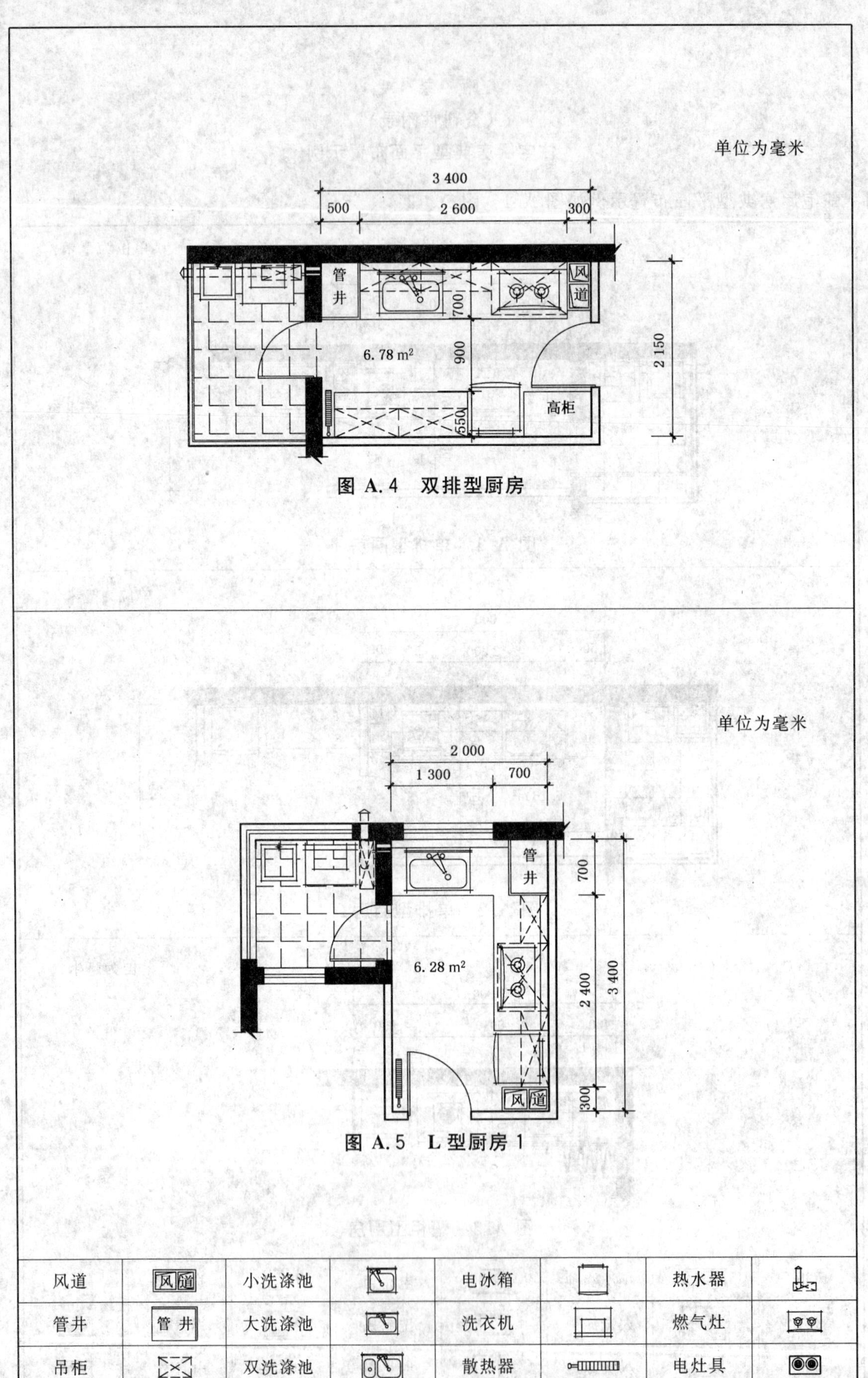

图 A.4 双排型厨房

图 A.5 L型厨房 1

风道		小洗涤池		电冰箱		热水器	
管井		大洗涤池		洗衣机		燃气灶	
吊柜		双洗涤池		散热器		电灶具	

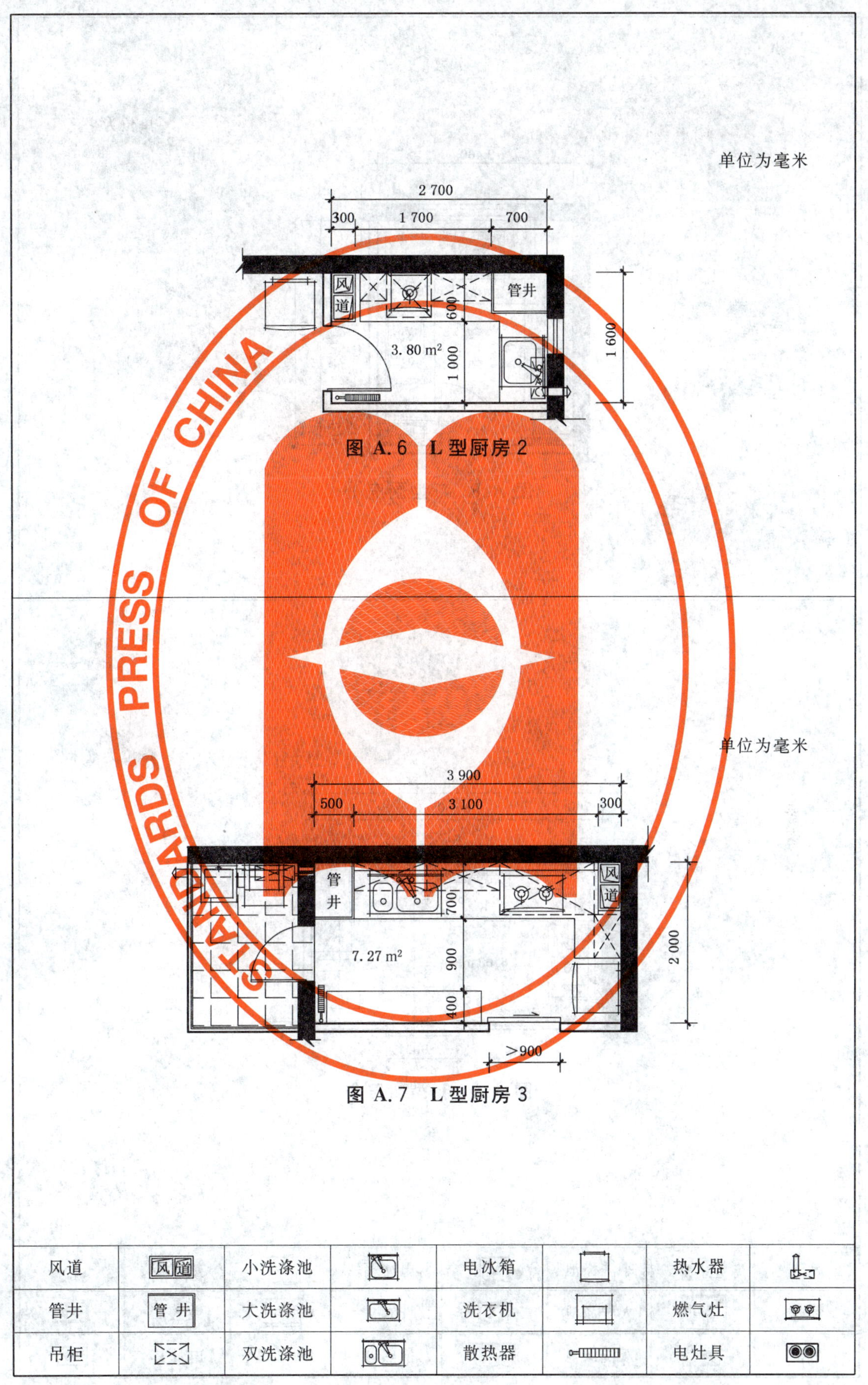

图 A.6 L 型厨房 2

图 A.7 L 型厨房 3

风道		小洗涤池		电冰箱		热水器	
管井		大洗涤池		洗衣机		燃气灶	
吊柜		双洗涤池		散热器		电灶具	

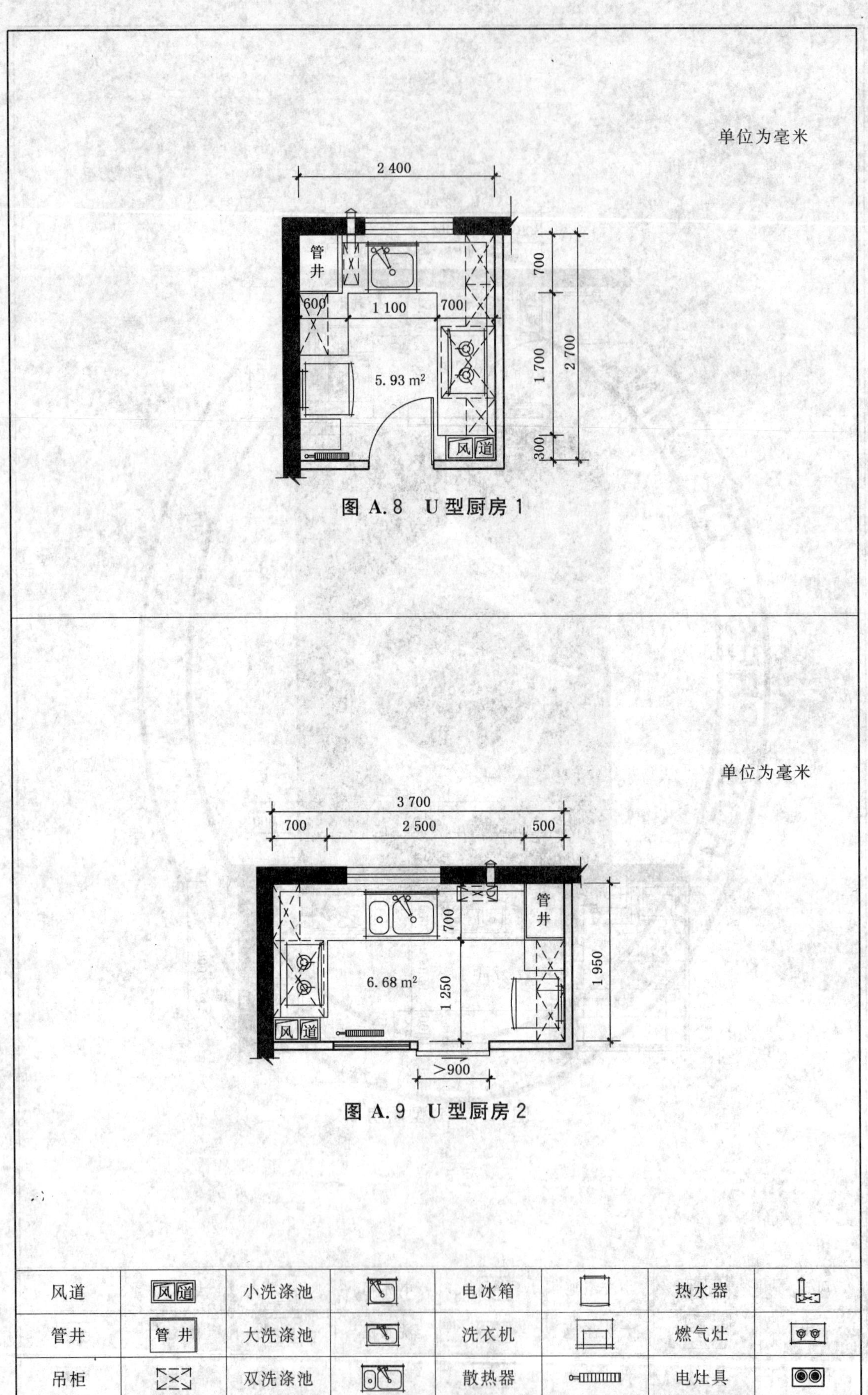

图 A.8 U 型厨房 1

图 A.9 U 型厨房 2

风道		小洗涤池		电冰箱		热水器	
管井		大洗涤池		洗衣机		燃气灶	
吊柜		双洗涤池		散热器		电灶具	

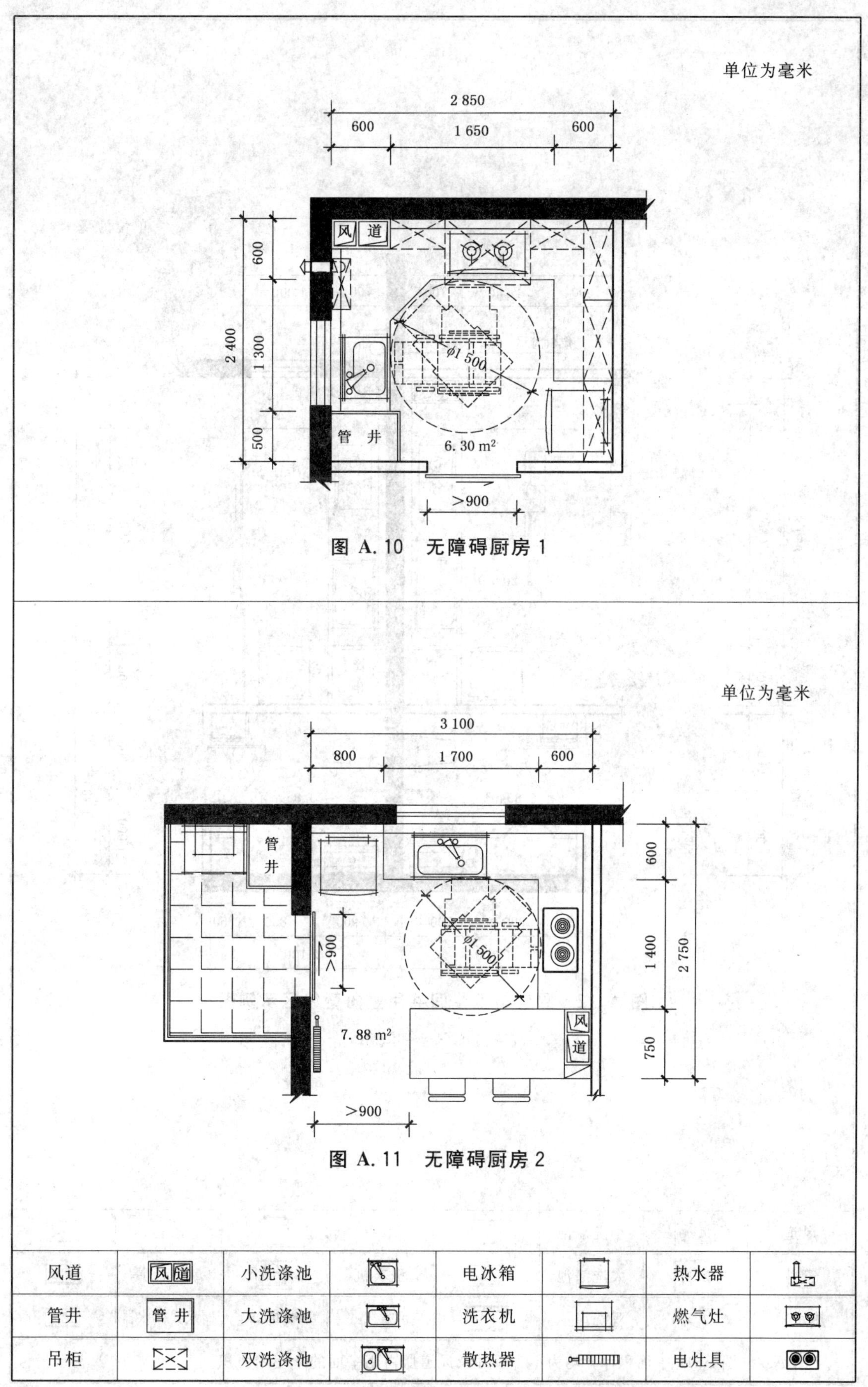

图 A.10 无障碍厨房 1

图 A.11 无障碍厨房 2

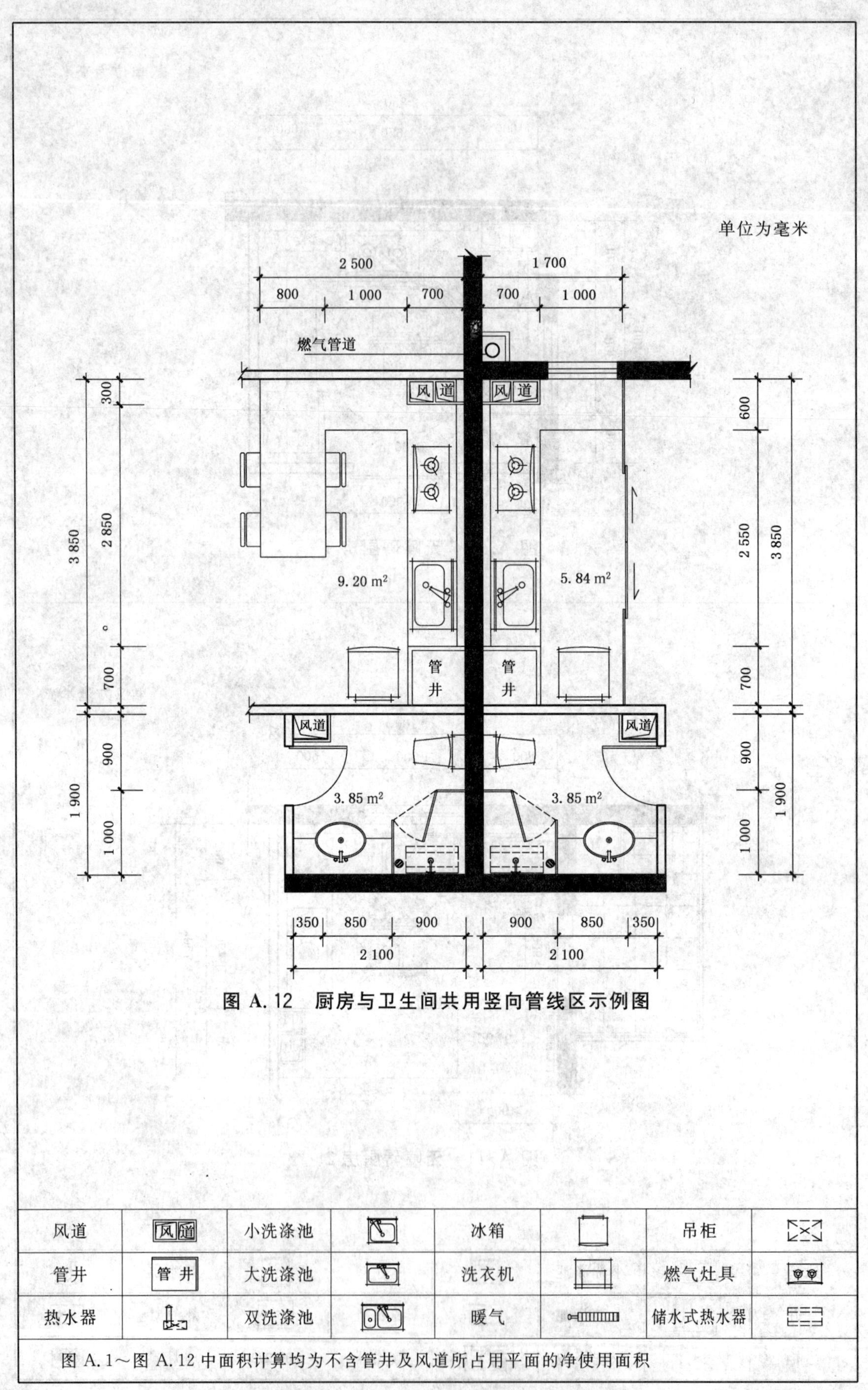

图 A.12 厨房与卫生间共用竖向管线区示例图

风道	风道	小洗涤池		冰箱		吊柜	
管井	管井	大洗涤池		洗衣机		燃气灶具	
热水器		双洗涤池		暖气		储水式热水器	

图 A.1～图 A.12 中面积计算均为不含管井及风道所占用平面的净使用面积

附 录 B
（资料性附录）
住宅厨房管线综合设计示例

B.1 住宅厨房管线综合设计示例如图 B.1～图 B.3。有压力管的设施竖管及表具布置在公共区域示例如图 B.4。

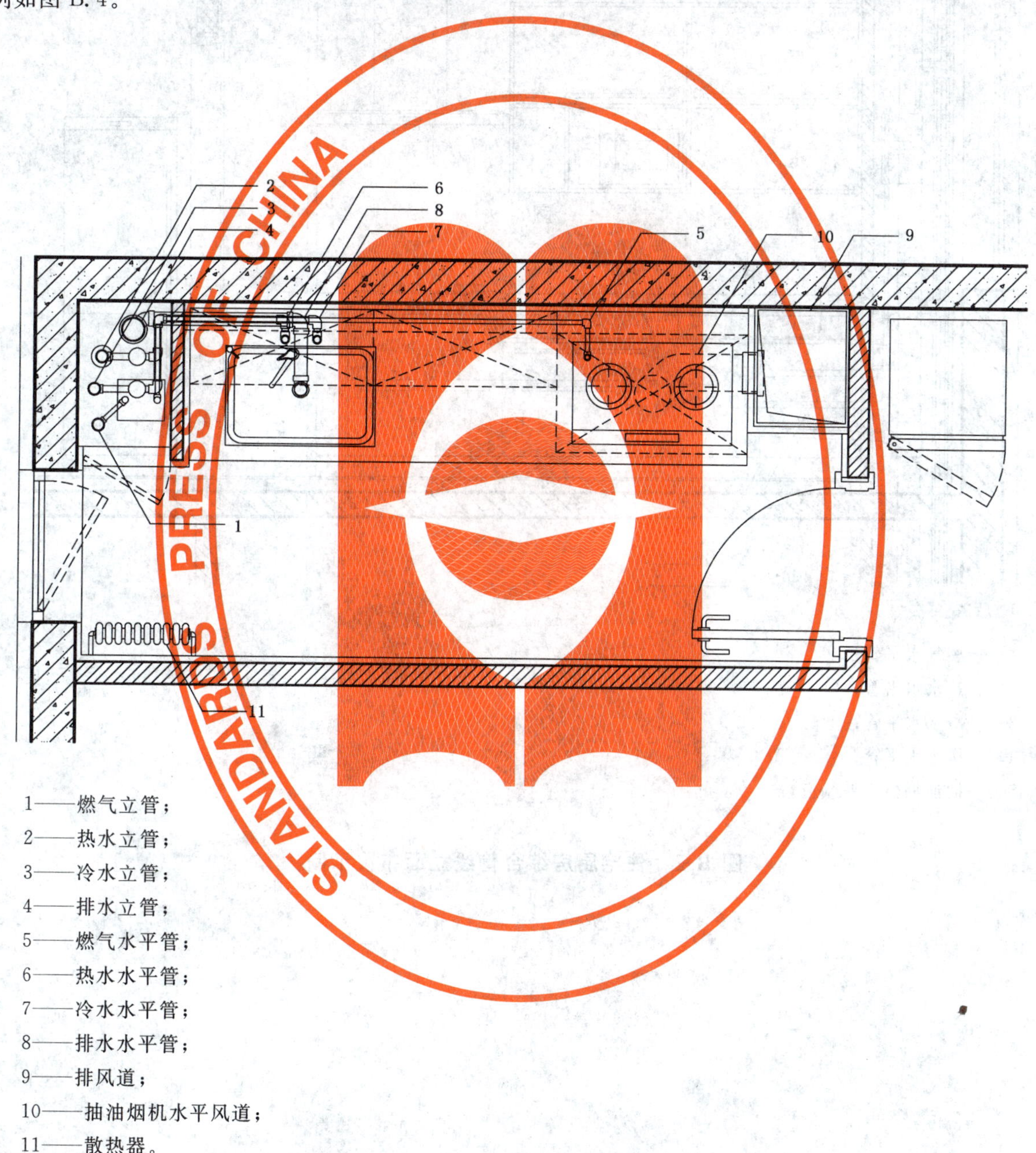

1——燃气立管；
2——热水立管；
3——冷水立管；
4——排水立管；
5——燃气水平管；
6——热水水平管；
7——冷水水平管；
8——排水水平管；
9——排风道；
10——抽油烟机水平风道；
11——散热器。

图 B.1 住宅厨房综合管线平面布置示例

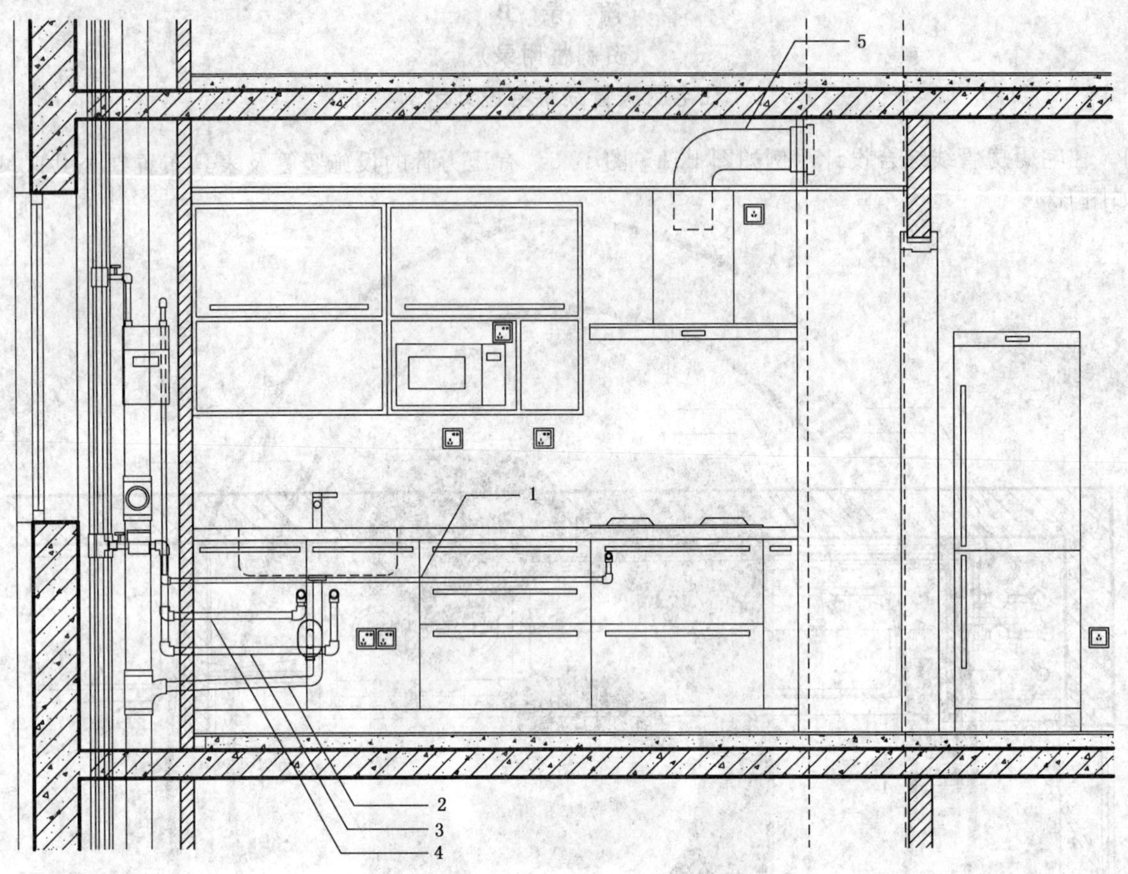

1——燃气水平管；
2——热水水平管；
3——冷水水平管；
4——排水水平管；
5——抽油烟机水平风道。

图 B.2　住宅厨房综合管线立面布置示例

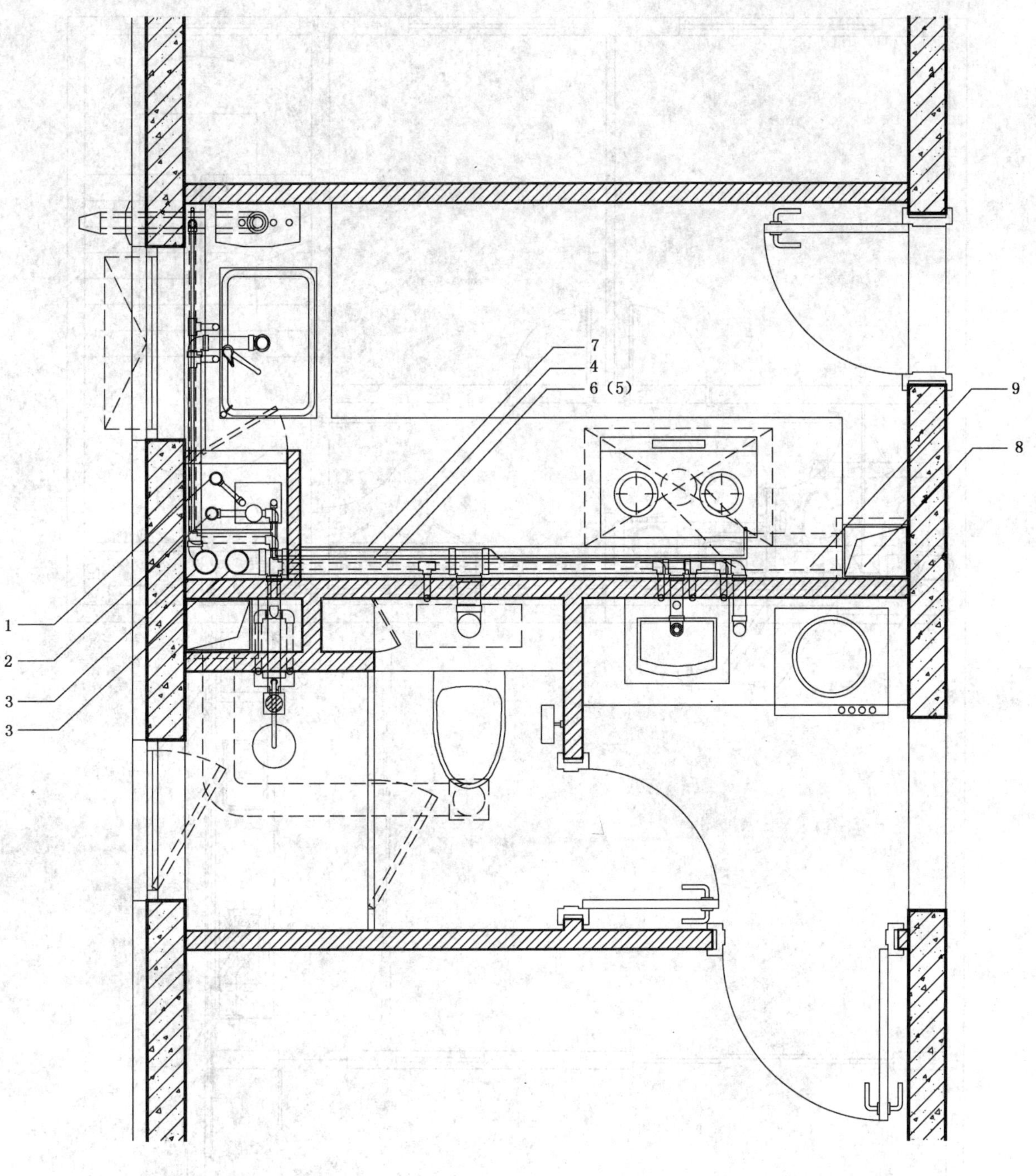

1——燃气立管；
2——冷水立管；
3——排水立管；
4——燃气水平管；
5——热水水平管；
6——冷水水平管；
7——排水水平管；
8——排风道；
9——抽油烟机水平风道。

图 B.3 厨卫共用管线区示例

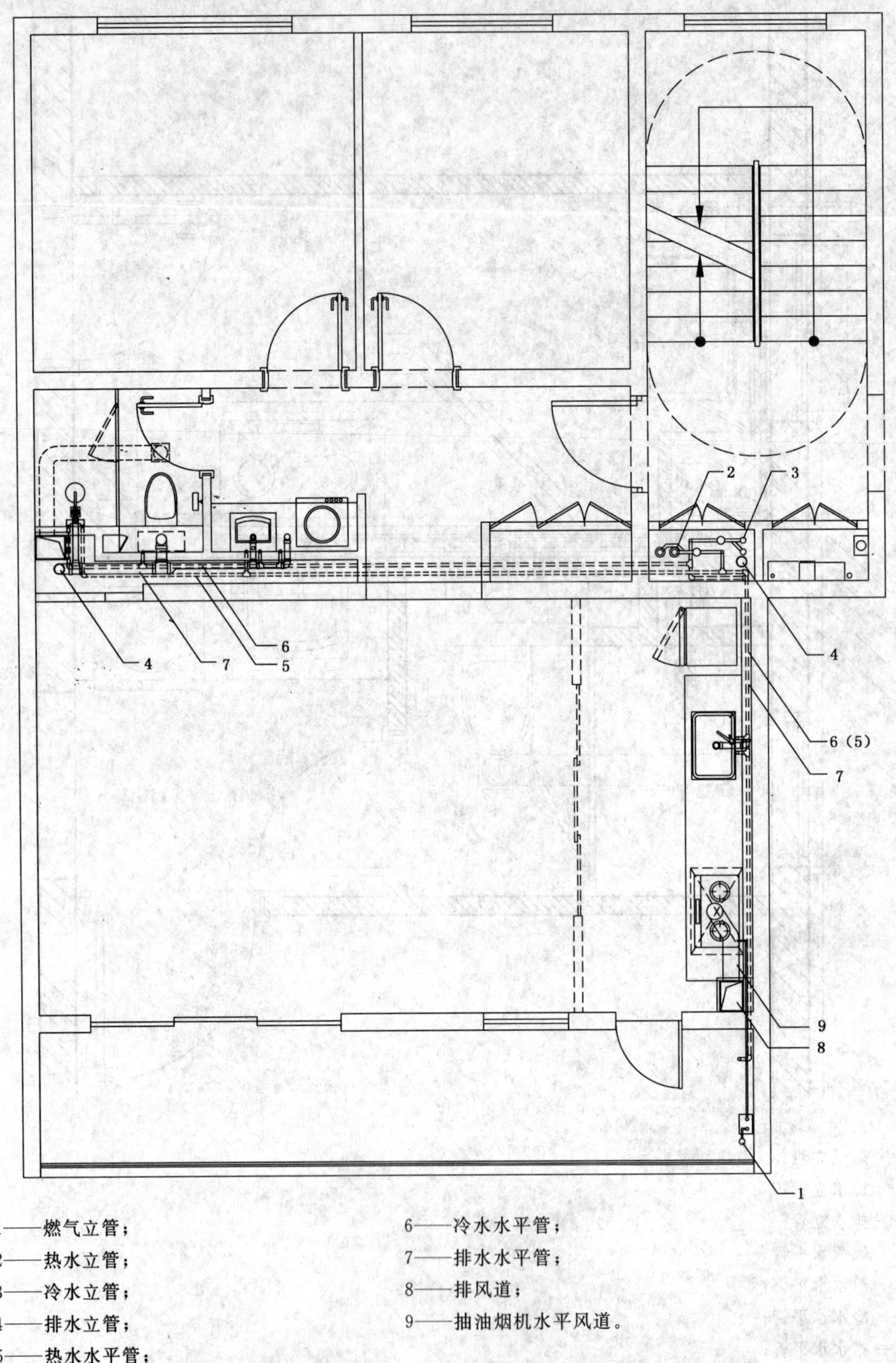

1——燃气立管；

2——热水立管；

3——冷水立管；

4——排水立管；

5——热水水平管；

6——冷水水平管；

7——排水水平管；

8——排风道；

9——抽油烟机水平风道。

图 B.4 有压力管的设施竖管及表具布置在公共区域示例

ICS 11.040.55
C 39

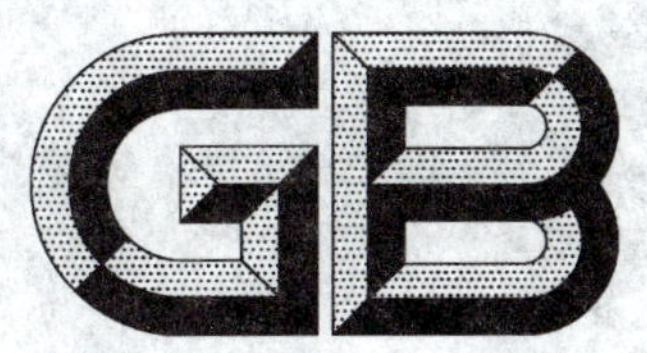

中华人民共和国国家标准

GB 11243—2008/IEC 60601-2-19:1990
代替 GB 11243—2000

医用电气设备
第2部分:婴儿培养箱安全专用要求

Medical electrical equipment—
Part 2:Particular requirements for safety of baby incubators

(IEC 60601-2-19:1990,A1:1996,IDT)

2008-12-30 发布　　　　2010-03-01 实施

中华人民共和国国家质量监督检验检疫总局
中国国家标准化管理委员会　发布

前　言

本标准的全部技术内容为强制性。

本标准等同采用 IEC 60601-2-19:1990《医用电气设备　第 2 部分:婴儿培养箱安全专用要求》及修改件 1(1996)。

本标准对 IEC 60601-2-19:1990 做了下列编辑性修改:

——对于标准中引用的国际标准,若已转换为我国标准,本标准中将国际标准编号换成国内标准编号;

——删除了 IEC 60601-2-19 标准中的封面、前言和引言;

——IEC 60601-2-19 标准中大写字母表示的术语,本标准用黑体字体表示。

本标准应与 GB 9706.1—2007《医用电气设备　第 1 部分:安全通用要求》配合使用。本标准中的要求优先于该标准中的相应要求。

本标准代替 GB 11243—2000《医用电气设备　第 2 部分:婴儿培养箱安全专用要求》。

本标准与 GB 11243—2000 的主要技术内容差异如下:

——删除了 GB 11243—2000 与 GB 9706.1—2007《医用电气设备　第 1 部分:安全通用要求》重复的部分(通用标准中修订件 2);

——增加了 GB 11243—2000 遗漏 IEC 60601-2-19 中的一些内容;

——纠正了 GB 11243—2000 中的一些笔误。

——电磁兼容要求原引用 IEC 60601-1-2:1993 现改为引用(YY 0505-2005)IEC 60601-1-2:2001

本标准的附录 L 为规范性附录,附录 AA 为资料性附录。

本标准由国家食品药品监督管理局提出。

本标准由全国医用电器标准化技术委员会医用电子仪器标准化分技术委员会(SAC/TC 10/SC 5)归口。

本标准起草单位:上海市医疗器械检测所。

本标准主要起草人:卓越、俞及。

本标准代替标准的历次版本发布情况为:

——GB 11243—1989,GB 11242—1989;

——GB 11243—2000。

引　言

本专用标准涉及婴儿培养箱的安全要求。本标准修正和补充 GB 9706.1—2007《医用电气设备　第1部分:安全通用要求》,以下简称《通用标准》。本专用标准的要求优先于通用标准。本专用标准的标题与《通用标准》一致。本专用标准中没有提及的篇、章或条,《通用标准》或特定并列标准的这些篇、章或条无修改地适用。《通用标准》中凡是不适用的内容和结果由本专用标准指出。

本标准的章、条编号对应于《通用要求》的章、条编号。增加的条款或图从 101 开始;增加的附录为 AA、BB 等。增加的项为 aa)、bb)等。

要求后面是相应的试验规定。

对于一些非常重要要求所相适应的基本原理,在附录 AA 给出。考虑对这些要求成因的理解,不仅促进了标准的应用,而且在一定的时间内可加快由临床实践的变化或技术发展的因素所进行的修改,但附录 AA 不是本标准中要求的组成部分。在附录 AA 中有基本原理的条款,在条号后作记号"*"。

医用电气设备
第2部分:婴儿培养箱安全专用要求

第一篇 概 述

除下列章条外,通用标准的该篇适用。

1 适用范围和目的

除下列条文外,通用标准的该章适用。

1.1 适用范围

补充:

本标准规定了本标准中2.1.101所定义的**培养箱**的安全要求。

本标准不适用于供运输婴儿用的运输用培养箱[1)]。

1.2 目的

补充:

本标准的目的是为**培养箱**规定出要求,以便对**患者**和**使用者**的危害减至最低,并规定出鉴别是否符合要求的试验。

1.3 专用标准

补充以下新文本:

在婴儿**培养箱**专用标准的修订本中要考虑以下文件:

GB 9706.1 医用电气设备 第1部分:安全通用要求

专用标准优先于以上所述标准修订本,其余参照通用标准。

补充:

1.5 并列标准

GB 9706.15—2008 医用电气设备 第1-1部分:安全通用要求 并列标准:医用电气系统安全要求

GB 9706.12—1997 医用电气设备 第一部分:安全通用要求 3.并列标准:诊断X射线设备辐射性防护通用要求

YY 0505—2005 医用电气设备 第1-2部分:安全通用要求 并列标准:电磁兼容性 要求和试验

IEC 60601-1-4:1996,医用电气设备 第1部分:安全通用要求 4.并列标准:程序可控的医用电气系统

2 术语和定义

除下列条文外,通用标准的该章适用。

2.1.101

培养箱 **incubator**

一种**设备**,具有一个**婴儿舱**,该**婴儿舱**是由已加热空气来控制婴儿特定环境。

2.1.102

婴儿舱 **baby compartment**

一种环境可控的箱体用于安放一个婴儿,并具有可观察到婴儿的部分。

---

1) 对于运输用培养箱见IEC 60601-2-20。

2.1.103

空气温度控制的培养箱　air controlled incubator

培养箱中的空气温度由空气温度传感器自动控制到接近**使用者**所设定的值。

2.1.104

婴儿温度控制的培养箱　baby controlled incubator

一种**空气温度控制的培养箱**，它有一个附加功能，能自动控制**培养箱**空气温度，使婴儿**皮肤温度传感器**测得的温度，接近于**使用者**所设定的温度。

2.9　控制装置和限制装置

补充定义：

2.9.101

皮肤温度传感器　skin temperature sensor

一个用来测量婴儿**皮肤温度**的传感器装置。

2.9.102

皮肤温度　skin temperature

婴儿皮肤上放置**皮肤温度传感器**处的温度。

2.9.103

平均温度　average temperature

代替：

在**稳定温度状态**时，**婴儿舱**内的任何规定点均匀间隔读取的温度平均值。

2.9.104

控制温度　control temperature

在温度控制器上选择的温度。

2.9.105

培养箱温度　incubator temperature

婴儿舱内垫子表面中心上方 10 cm 处的空气温度(见图 102，点 A)。

2.9.106

平均培养箱温度　average incubator temperature

在**稳定温度状态**时，均匀间隔读取**培养箱温度**的平均值(见图 101)。

2.10　设备的运行

补充定义：

2.10.101

稳定温度状态　steady temperature condition

在 1 h 时间间隔中，**培养箱温度**变化不超过 1 ℃时的状态(见图 101)。

3　通用要求

除下列条文外，通用标准的该章适用。

3.6*

补充：

适用的单一故障状态是指元件或布线短接和开路时会

——产生火花，或

——增加火花能量，或

——升高温度。

补充：

3.101 对于结合了可替换热源的**设备**,例如培养箱具有辐射加热器、可加热床垫等,应符合这些可替换热源的安全专用要求。本标准的专用安全要求不应因这些由制造商规定的附加热源而改变,其细节在使用说明书中提供。

是否符合要求,通过检查第 42 章和 56.6 来验证。

4 试验的通用要求

除下列条文外,通用标准的该章适用。

4.5 环境温度、湿度和大气压力

替换:

a) * 如果本专用标准中未另行规定,所有试验均应在 21 ℃～26 ℃的环境温度下进行。

4.6 其他条件

补充:

aa) 如果未另行规定,**控制温度**应是 34 ℃±1 ℃,且应始终至少高出环境温度 3 ℃。

6 识别、标记和文件

除下列条文外,通用标准的该章适用。

6.1 补充:

6.1.101* 只有氧气输入装置,但无氧分析仪的**培养箱**,应在显著位置标有"输氧气时使用氧监护仪"的文字说明。

6.1.102 如果不使用工具就能触及加热器,应在加热器附近给出明显告示或标记出有高表面温度的警告。

6.3 补充:

b) * 应在控制器上或其附近清晰地标记出温度控制器的各设定值。**空气温度控制的培养箱**标记的间隔应不大于 0.5 ℃,**婴儿温度控制的培养箱**标记的间隔应不大于 0.25 ℃。

就控制器档位和/或指示值而言,控制器和指示器最大值和最小值的标记应不会引起混乱。

6.7 指示灯和按钮

补充

a) 如适用,**培养箱**应配备一个符合 54.101 要求的黄色指示灯。

6.8 随机文件

6.8.2 使用说明书

补充:

aa) 使用说明书中还应包括:

——为确保产品符合要求而推荐的保养方法和保养周期的详细说明。

1* 说明**培养箱**只能由经过专门训练的工作人员,在熟悉**培养箱**使用中普遍已知的风险与好处的合格医务人员指导下使用。

2* 阳光直射或其他辐射热源会使**培养箱**温度升高至危险程度的警告。

3* 说明使用氧气会增加着火危险,以及会产生火花的辅助设备不应放入**培养箱**。

4* 警告在接通氧气时,即使是少量易燃剂,如乙醚和酒精等留在**培养箱**内也能引起着火。

5* 按 50.108 的规定所测得的**培养箱**预热时间指标。

6* 如适用,推荐使用**皮肤温度传感器**的放置位置和使用方法,还应包括不要将其用作肛门温度传感器的警告。

7* **培养箱**的控制温度范围和相对湿度范围的资料。如果**培养箱**没有提供湿度控制装置,则应在使用说明书中说明。

8* 建立符合 44.7 要求的推荐方法。

9* 如适用,说明能放在与**培养箱**相连的架上的辅助设备最大允许重量。

——对于 **B 型应用部分**,可能婴儿与地之间无绝缘,须警告要特别注意保证与婴儿相连的附加设备在电气上是安全的。

——如适用,应有关于如何检验听觉、视觉报警器的资料。

——警告当使用氧气会对**培养箱**内的婴儿增加噪声声级。

——提供与**培养箱**同时使用的辅助氧气设备的操作说明或如同**随机文件**中的规定。

——说明当提供氧气给婴儿时,应使用氧气分析仪。

10 制造商应提供与**设备**特殊联用品的详细说明(见 3.101)。

11 制造商应规定在 105.1 要求下试验的 CO_2 最大值。

第二篇 环境条件

除下列章条外,通用标准的该篇适用。

10 环境条件

10.2.1 环境

代替:

a) 周围环境温度在+20 ℃~+30 ℃。

补充:

aa) 周围环境空气流速低于 0.3 m/s。

第三篇 对电击危险的防护

除下列章条外,通用标准的该篇适用。

20 电介质强度

除下列条文外,通用标准的该章适用。

20.2 对有应用部分的设备的要求

B-b

修改:

不适用于**培养箱**。

20.3 试验电压值

补充:

对 B-d 绝缘的基准电压应至少是 250 V。

对 B-e 绝缘的试验电压应至少是 1 500 V。

第四篇 对机械危险的防护

除下列章条外,通用标准的该篇适用。

21 机械强度

除下列条文外,通用标准的该章适用。

21.6*

补充:

b) 通过上述试验后,仍应能**正常使用**,应确保**培养箱**的机械和结构完整;例如插销和门保持紧闭，由制造商提供或可向制造商索取的辅助设备应保持牢固。

补充：

21.101　使用墙壁、板壁等档隔，应使婴儿被安全地保留在**婴儿舱**内。如门、出入口等档隔能被打开或拆去以便接触婴儿时，它们在下述规定的试验条件下，应紧闭而不会被打开。当表现为扣住时，应不可能出现档隔关闭不紧或锁闭不牢的情况，在下述试验条件下，**培养箱**应保证其机械紧闭性。

应通过检查及下述试验验证是否符合要求：

不使用任何**工具**，故意使所有出入口的门，看上去已经关好了，尽可能地不关牢，将一水平方向的力作用在出入口的门的中央。该作用力应在5 s～10 s时间内从零逐渐增加至20 N，并在最大值保持5 s。

21.102　**附件**用的支架和托架应合适，并按其用途有足够的强度。

是否符合要求，应通过检查和下述试验进行验证：

用一逐渐增加的力垂直作用于支架和托架的中心。例如在伸出位置的附件架上放置制造商建议的负载。在5 s～10 s内，力从零开始增加到等于3倍建议值，并保持1 min。受试部件不应有受损迹象。

22　运动部件

除下列条文外，通用标准的该章适用。

22.2　**修改：**

b)　如果空气循环用风扇只有在**培养箱**中无婴儿时和要拆除相应**设备**的部件进行清理时才能接触到，该条要求不适用。

24　正常使用时的稳定性

除下列条文外，通用标准的该章适用。

24.1　**代替：**

在正常使用中倾斜了5°及在转运时倾斜了10°时，**培养箱**都应保持稳定。

24.3　**代替：**

b)　将**设备**放在**正常使用**时的任何可能的位置，并与水平面成0.09 rad(5°)角的斜面上。如果装有轮子，应将轮子暂时固定在最不利的位置。门、抽屉及类似装置应放置在**正常使用**时的最不利的位置。床垫托盘应伸出箱罩外。

应在角度0.18 rad(10°)重复该试验，床垫托盘不应伸出箱罩外。门、抽屉及类似装置应放置在最不利的位置。

24.102　能使**培养箱**翻倒的侧向力，应大于100 N。

是否符合要求，应通过下述试验进行验证：

将婴儿**培养箱**的轮子锁住，并将**设备**的部件和附件，组合成最不利的状态，加上一个侧向力，并用测力计测量，力的作用点应在**设备**机身的最高处，当作用力小于等于100 N时，**培养箱**不应翻倒。

24.103　如果床垫托盘可以伸展到箱罩外，则应加以限制，以保证托盘与**培养箱**保持相连，并得到支撑，且在婴儿重量下不会翻倒。

是否符合要求，应通过下述试验进行验证：

在床垫托盘完全伸展的情况下，对床垫托盘外边缘的中央施加一个逐渐增加的向下力，在5 s～10 s内将力增加到100 N，并保持1 min。托盘对**培养箱**水平轴线的倾斜应不超过5°，支承结构不应有可见的损伤迹象。

24.104*　如果**设备**安装在轮子上，制造商应提供能防止**设备**在对水平面至少10°的斜坡上发生移动的装置。

是否符合要求，通过检验及下述试验进行验证：

将**设备**的轮子置于制住位置，**设备**及安装好的所有附件放在与水平面成10°的倾斜面上，记录**设备**

是否处于稳定状态。

第七篇　对超温和其他安全方面危险的防护

除下列章条外，通用标准的该篇适用。

42　超温

除下列条文外，通用标准的该章适用。

42.1　修改：

删去表 10a）中最后一行第一栏的“在**正常使用**中，可能与**患者**短时接触的**设备**部件”和第二栏中的“50”（℃）。

42.3　1）代替：

1）　用作与婴儿接触的表面温度不应超过 40 ℃，可能会接触到婴儿的其他表面温度，金属表面应不超过 40 ℃，其他材料应不超过 43 ℃。这些要求适用于**正常状态**和**单一故障状态**。

包括：

——空气循环发生故障时；

——恒温器发生故障时；

——**皮肤温度传感器**断开时。

是否符合要求，应通过下述试验进行验证：

用作与婴儿接触的以及可能与婴儿接触的表面最高温度应按通用标准中 42.4 的要求进行测量，并按本专用标准中 101.1 和 56.6aa）的符合性试验所规定的测试条件。

43*　防火

除下列条文外，通用标准的该章适用。

补充：

43.101*　为了消除有供氧系统的**设备**封闭舱内可能成为点燃源的电气元件引起的氧气着火危险至少应满足下列要求之一：

——应用符合 43.102 要求的档隔件将电气元件与可能积聚氧气的舱室隔开。

——包含电子元件的设备部分应按 43.103 要求进行通风。

——在**正常使用**和**单一故障状态**下，可能成为点燃源的电气元件应符合 43.104 的要求。

43.102　任何按 43.101 要求而设立的档隔件，应在所有连接点和电缆孔或其他用途的孔处密封。

是否符合要求，应通过检查进行验证，如果可能，可通过通用标准的 40.5 规定的限制通气的罩壳的符合性试验来进行验证。

43.103*　43.101 的通风要求使装有电气元件的舱内氧气浓度不应超过环境水平的 4％体积浓度。如果用强迫通风来满足此要求，则应配备故障状态的报警装置。

是否符合要求，应通过下述试验进行验证：

应在可能的最高氧气浓度出现时，在以下条件下测量氧气浓度：

——包括可能的氧气泄漏的**单一故障状态**；

——选择最不利的控制设定值；

——网电源电压偏移±10％时。

试验应在电源切断 4 h 后，即供电切断且保持供氧的情况下，重复进行。

测试室的空气交换率应为每小时 3～10 倍的容积。

43.104*　可能产生火花或引起表面温度的升高从而成为引燃源的电路，应设计成不会发生点燃，在**正常状态**和**单一故障状态**下，至少应满足下述 2 项要求：

——空载电压有效值和短路电流有效值乘积应不超过 10 VA；

——元件的表面温度应不超过 300 ℃。

是否符合要求,应通过下述试验进行验证:

应在**正常状态**和**单一故障状态**下测量或计算电压和电流,以及测量表面温度。

44 溢流、液体泼洒、泄漏、受潮、进液、清洗、消毒、灭菌和相容性

除下列条文外,通用标准的该章适用。

44.3 液体倒翻

代替:

* **培养箱**应制作成液体倒翻时不会弄湿那些一旦受潮后会产生**安全方面危险**的部件。

这类的液体倒翻被认为是**单一故障状态**。

是否符合要求,可通过下述试验进行验证:

按**正常使用**放置**设备**,其舱罩处于正常位置;将 200 mL 水匀速地倒在**设备**顶部表面的任意点上,这一试验后,**设备**应符合本标准的要求。

44.4 泄漏

补充:

* **培养箱**应制作成即使在**婴儿舱**内表面,包括婴儿托盘上沉聚液体时,也不会降低**培养箱**的安全性。

200 mL 的泄漏被认为是**正常状态**。

是否符合要求,可通过下述试验进行验证:

在**婴儿舱**所有内表面应喷上这一数量的水,使其凝聚并沿壁流下,应再用 200 mL 水匀速地倒在婴儿托盘上。

在此试验后,**设备**应符合本标准的所有要求。

44.7 清洗、消毒和灭菌

补充:

* 如果装有湿化器,应将它设计成在使用之间的间隔期可清除微生物。

46 人为差错

除下列条文外,通用标准的该章适用。

补充:

46.101* 所有温度传感器(包括**皮肤温度传感器**)应清楚地标明它们的预期功能。应不可能将传感器与**设备**上不适合的插座连接。

用检查的方法验证是否符合要求。

46.102* 当**婴儿温度控制的培养箱**作为**空气温度控制的培养箱**运行时,应有明显的指示,指出其使用的工作模式。

通过检查进行验证。

46.103 每一旋转式温度控制器,应设计成顺时针方向旋转时温度升高。

是否符合要求,应通过检查进行验证。

49 供电电源的中断

除下列条文外,通用标准的该章适用。

49.2 代替:

设备应设计成当供电电源中断又恢复后,不应引起**控制温度**或其他预置值的改变。

是否符合要求,通过关断和接通**供电电源**,并对**设备**进行检查来验证。

第八篇　工作数据的准确性和危险输出的防止

除下列章条外，通用标准的该篇适用。

50　工作数据的准确性

除下列条文外，通用标准的该章适用。

补充：

50.101* 在**稳定温度状态**，**培养箱温度**与**平均培养箱温度之间**差异不应超过 0.5 ℃。

在**控制温度**为 32 ℃和 36 ℃时，至少进行 1 h 的测试，以检查是否符合要求。

50.102* 在**正常使用**时，**空气温度控制的培养箱**，其**控制温度**置于范围内的任何温度时，试验说明中规定的 A、B、C、D 和 E 点每一处的**平均温度**与**平均培养箱温度之间**差异不应大于 0.8 ℃。倾斜床垫在任一位置时，该值都不应大于 1 ℃。

是否符合要求，通过下述试验进行验证。

校准过的温度传感器应放在床垫上方 10 cm 并与垫子平行的平面上五个点处。点 A 应在垫子中心上方 10 cm 处(见图 102，点 A)。其余各点应在长度和宽度的二等分线形成的四块面积的中心(见图 102，点 B 至点 E)。应在**控制温度**为 32 ℃和 36 ℃时，测量这五点的每一点的**平均温度**。

5 个测得值与测得的**平均培养箱温度**之间的差，应按规定进行比较。应在**培养箱**床垫托盘为水平方向和 2 个倾斜角为极限值时的位置下分别进行试验。

50.103* **婴儿温度控制的培养箱**应设有**皮肤温度传感器**，传感器测得的温度应连续显示并清晰易见。另外，如果显示器还用来显示其他参数，则应仅当需要时，用瞬时动作的开关来实现。显示温度范围应至少从 33 ℃至 38 ℃。

是否符合要求，通过检查进行验证。

50.104* 测量皮肤温度的**皮肤温度传感器**的精度应在±0.3 ℃内。

是否符合要求，通过下述试验进行验证。

皮肤温度传感器应浸入水浴中，水浴能控制住水温的波动在其控制值的±0.1 ℃范围内，水浴的温度应标定为 36 ℃。标准温度计的温度传感器靠近**皮肤温度传感器**。**皮肤温度**的读数应与水浴温度无差异。在大于 0.3 ℃时，试验不确定度不应大于 0.05 ℃。

50.105* 在**稳定温度状态**下，使**培养箱**工作在**婴儿温度控制的培养箱**方式，使床垫水平方向放置，由**皮肤温度传感器**测得的温度与**控制温度之间**差异不应大于 0.7 ℃。

是否符合要求，通过下述试验进行验证：

皮肤温度传感器自由悬挂在床垫表面中心上方 10 cm 处，应在 36 ℃**控制温度**时测量**皮肤温度**。

如果能证明别的试验方法更合适，制造商可以提出验证其性能要求的方法。

50.106* **培养箱温度**指示应由独立于任何**培养箱温度**控制用的装置来提供，它应专用于**培养箱温度**的指示，并放置在甚至当温度设定为最大时也不必打开**培养箱**就能方便地读数的位置。

不应使用玻璃柱水银温度计。

平均温度装置读数与标准温度计测得的**平均培养箱温度之间**的差异扣去标准温度计的误差后应不大于 0.8 ℃。标准温度计应精确到±0.05 ℃内，它的测量范围应至少为 20 ℃～40 ℃。如果任何装置的敏感元件置于一空气温度始终与**培养箱温度**不同的点上，该装置可用一规定的偏量值进行专门校准，以满足上述要求。然而在此情况下，专门校准的细节，应在**随机文件**中规定。

是否符合要求，在**控制温度**为 32 ℃和 36 ℃时，通过检查和测量来进行验证。

50.107* **培养箱**以**空气温度控制的培养箱**方式工作时，**平均培养箱温度**与**控制温度之间**差异不应大于 1.5 ℃。

是否符合要求，在**控制温度**为 36 ℃时，并在**稳定温度状态下**，测量**平均培养箱温度**进行验证。

50.108* **设备**的升温时间不应大于使用说明书中规定的升温时间的20%,见6.8.2的aa)。

是否符合要求,应通过下述试验进行验证:

设备工作在**空气温度控制的培养箱**方式,供电电压等于额定电压,**控制温度**设定高于环境温度12 ℃,从**冷态**开始将**培养箱**通电,测量**培养箱温度**上升11 ℃的时间(见图101),如果装有温度控制器,则应设定在最大值,湿化器的水容器的水位应正常,水容器中的水温应为环境温度。

50.109* 按下述试验中所述的状态调节**控制温度**后,**培养箱温度**的超调量不应大于2 ℃,而**稳定温度状态**应在15 min内恢复。

是否符合要求,应通过下述试验进行验证:

工作在**空气温度控制的培养箱**,在**控制温度**为32 ℃时,直到达到**稳定温度状态**,然后将温度控制器调到36 ℃的**控制温度**,应测量**培养箱温度**的超调量和从第一次经过36 ℃起到新的**稳定温度状态**的时间。

如**稳定温度状态**已达到,而温度未超调(温度不超过36 ℃),该**设备**被认为符合本章条要求。

50.110* 所有相对湿度指示值的精确度应在实际测得值的±10%内。

是否符合要求,应通过位于箱罩中心的湿度测量装置测量相对湿度来进行验证,控制温度应设定在32 ℃～36 ℃之间。

50.111* 如果氧气监护仪作为**培养箱**整体的部分提供,则应符合有关的ISO 7767:1988标准。

是否符合要求,应通过检查进行验证。

50.112* 假如一台氧控仪作为**培养箱**整体部分提供,应有相互独立的氧气传感器监视和控制。

如果氧浓度显示值与控制设定值偏差超过±5%氧体积浓度,应有声光报警。

是否符合要求,应通过下述试验进行验证:

设置氧浓度至35%体积浓度,当达到稳定状态时,快速将浓度降至低于29%体积浓度,确认报警器在显示氧浓度不低于30%体积浓度时动作。

回复至35%氧体积浓度,当达到稳定状态时,快速将浓度升至高于41%体积浓度,确认报警器在显示氧浓度不高于40%体积浓度时动作。

第十篇 结构要求

除下列章条外,通用标准的该篇适用。

54 概述

除下列条文外,通用标准的该章适用。

补充:

54.101* 控制温度范围

*对**空气温度控制的培养箱**而言,**控制温度**范围应从30 ℃或更低到不超过37 ℃,除非通过操作者的特别操作才可超过。在此情况下最高**控制温度**不应超过39 ℃,该工作方式应用易于辨认的,包括或兼有有关温度范围指示的警示灯指示。**控制温度**的最高设定值不应低于36 ℃。

是否符合要求,通过检查进行验证。

54.102*

对**婴儿温度控制的培养箱**而言,**控制温度**范围应从35 ℃或更低到不超过37.5 ℃,除非通过**操作者**的特别操作才可超过。在此情况下最高**控制温度**不应超过39 ℃,该工作方式应用易于辨认的,包括或兼有有关温度范围指示的警示灯指示。

是否符合要求,应通过检查进行验证。

55 外壳和罩盖

除下列条文外,通用标准的该章适用。

补充：

55.3 **培养箱**应有一个不需要完全移开罩，就能从婴儿身上断开软管、电线、导联等类似物或可将婴儿送进或取出培养箱的装置。

56 元器件和组件

除下列条文外，通用标准的该章适用。

56.6 温度和过载控制装置

补充：

aa) ***空气温度控制的培养箱**应设有**热断路器**，其动作应独立于所有**恒温器**，它应使**培养箱温度**不超过 38 ℃时就能切断加热器的供电，并有听觉和视觉的报警。

按本标准 54.101，有**控制温度**越过并到达 39 ℃的**培养箱**，应另配备在**培养箱温度**为 40 ℃时动作的第二**热断路器**。在此情况下，38 ℃的热切断作用应能自动地或通过操作者的特别操作而停止。

——**热断路器**应是非自动复位的，但可以手动复位，或；

——应在**培养箱温度**为 39 ℃和 34 ℃之间时，是自动复位的。同时报警应继续到手动复位时。

是否符合要求，通过检查和下述试验进行验证。

设定**培养箱**为**空气温度控制的培养箱**工作方式，让**恒温器**不起作用，并将**培养箱**电源接通。当警报器工作时，**培养箱温度**不应超过上述规定值，而且加热器的供电应切断。加热器电源不应被恢复直到：

——**热断路器**被手动复位，或；

——**培养箱温度**降至 39 ℃以下。

bb) **婴儿温度控制的培养箱**应设有**热断路器**，其动作应独立于所有**恒温器**，它应使**培养箱温度**不超过 40 ℃时就能切断加热器的供电，并有听觉和视觉报警。

——**热断路器**应是非自动复位的，但可以手动复位，或；

——应在**培养箱温度**为 39 ℃和 34 ℃之间时，是自动复位的。同时报警应继续到手动复位时。

是否符合要求，通过检查和下述试验进行验证：

设定**培养箱**为**婴儿温度控制的培养箱**工作方式，让**恒温器**不起作用，将**皮肤温度传感器**另外保持在**控制温度**以下，当警报器报警时，**培养箱温度**不应超过上述规定温度，而且加热器的供电应被切断。加热器电源不应被恢复直到：

——**热断路器**被手动复位，或；

——**培养箱温度**降至 39 ℃以下。

cc) **婴儿温度控制的培养箱**在**正常状态**下，用**皮肤温度传感器**测得的婴儿温度低于**控制温度**时，在**热断路器**未动作的条件下，应能达到**稳定温度状态**。

培养箱设定为**婴儿温度控制的培养箱**工作方式，**控制温度**置于最高温度，另外保持**皮肤温度传感器**至少低于此**控制温度** 2 ℃的条件下，用温度测量和功能检验来检查是否符合要求。

dd) ***空气温度控制的培养箱**在达到**稳定温度状态**后，显示的空气温度与**控制温度**间的温度偏差超过±3 ℃应使听觉和视觉报警动作。如显示的空气温度超过**控制温度** 3 ℃，**设备**加热器应被切断。

是否符合要求，通过检查和下述试验进行验证：

试验 1：

控制温度设置在 32 ℃。温度指示变化不超过±0.5 ℃至少 10 min 后，升高显示的空气温度。记录当要求达到时听觉和视觉报警器是否工作，以及**设备**加热器是否关闭。

试验 2：

如试验 1，但在此**控制温度**设定在 35 ℃。温度指示变化不超过±0.5 ℃至少 10 min 后，降低显示的空气温度。记录当要求达到时听觉和视觉报警器是否工作，此时**设备**加热器保持工作。

ee) * **婴儿温度控制的培养箱**在达到**温度稳定状态**后，显示的皮肤温度与**控制温度**间的偏差超过±1 ℃应使声响和可见光报警动作。如显示皮肤温度超过**控制温度** 1 ℃，**设备**加热器应被切断。

是否符合要求，通过检查和下述试验进行验证：

试验 1：

婴儿温度控制的培养箱的**控制温度**设定在 36 ℃，且将**皮肤温度传感器**浸没在维持 36 ℃±0.1 ℃的水浴里。温度指示变化不超过±0.5 ℃至少 10 min 后，提高水浴温度的控制设定至 38 ℃。记录当要求达到时听觉和视觉报警器是否工作，以及**设备**加热器是否关闭。

试验 2：

婴儿温度控制的培养箱的**控制温度**设定在 36 ℃，且将**皮肤温度传感器**浸没在维持 36 ℃±0.1 ℃的水浴里。温度指示变化不超过±0.5 ℃至少 10 min 后，降低水浴温度的控制设定至 34 ℃，记录当要求达到时听觉和视觉报警器是否工作。

补充：

56.10b) 与其操作机构间的相对运动会影响**培养箱温度**设定值的任何控制旋钮，它们应确实被牢靠地固定在一起，能防止被调节到不正确的位置上。

第十一篇 补充要求

101 报警

101.1* 如果**培养箱**装有空气循环风扇，则应配备一个视觉可分辨的可听的报警器。当出现

——风扇转动故障，或

——**婴儿舱**的空气出口堵塞，以及

——空气入口可能的堵塞

危险时，应切断加热器电源。

当风扇出现故障时，**设备**不应射出火焰、熔化的金属或有毒或易燃的气体，并且婴儿可触及的部分不应超过本标准 42.3 中规定的温度。

是否符合要求，以**空气温度控制的培养箱**方式运行**培养箱**，一直达到 34 ℃**控制温度**的**稳定温度状态**，然后应轮流在：

——风扇不能工作时；

——用一块密织的布塞住**婴儿舱**罩的出风口处时。

如果备有若干个的空气入口或能防止无意的堵塞，则第二部分的试验可不作要求；

——如适用，将空气入口堵塞，

来检验要求的符合性。

101.2* **婴儿温度控制的培养箱**应提供一个视觉可分辨的听觉报警器，当接至**皮肤温度传感器**的连接器出现：

——电气上不连接时；

——有开路的连线时，或

——有短路连线时；

报警器就报警。

对加热器的供电应自动断开，或**培养箱**应自动切换到空气温度控制方式，而**控制温度**为 36 ℃±0 5 ℃或为使用者所设定的**控制温度**。

是否符合要求，应通过模拟出规定的故障状态，并观察效果，来进行检验。

为了检测是否存在任何中间位置阻止报警器报警的情况，应将制造商推荐的传感器的插头缓慢地插入控制装置的相应插座来进行连接。

101.3 **培养箱**应提供在供电中断时，有听觉报警和视觉指示。

在**培养箱**接通电源的情况下，以中断供电来进行验证。

供电中断的听觉报警和视觉指示两者均应至少保持 10 min。

101.4 故意将听觉报警关掉，则可见指示应保持下去。

这类报警在制造商规定的时间内应能恢复它们的正常功能。

培养箱从**冷态**开始预热的时间，可为 30 min。

是否符合要求，应通过功能检查和时间测量来进行验证。

101.5 应提供校验听觉的和视觉的报警方法给**使用者**，这些方法可作为资料在使用说明书中给出。

是否符合要求，应通过检查进行验证。

102 声压级

102.1* 在**正常使用**时，**婴儿舱**内声级除了 102.2 的规定外，不应超过 60 dB 的 A 加权声压级。

是否符合要求，应通过下述试验进行验证：

符合 IEC 60651 出版物中Ⅲ类要求的声级计的传声器放置在婴儿托盘中心上方 100 mm～150 mm 处，测得的声级应不超过规定值。进行这一试验，**培养箱**应工作在 30 ℃～33 ℃的**控制温度**，且湿度为最大的状态，在**婴儿舱**内测的背景声级应至少比试验时要测得的值低 10 dB。

102.2 当**培养箱**的任何报警器报警时**婴儿舱**内声级不应超过 80 dB 的 A 加权声压级。

是否符合要求，应通过下述试验进行验证，应让报警器报警并按 102.1 进行测量。

102.3* 听觉报警应有的声级，在控制装置正前方 3 m 处，至少为 65 dB 的 A 加权声压级(例如 ISO 3743)。听觉报警器可以由**操作者**调节，但最低声压级设置应不低于 50 dB，A 加权。

是否符合要求，通过检查和听觉报警声级的测量进行验证。使用按本标准 102.1 规定的声级计，在距控制装置 3 m，在地面上方 1.5 m 处进行测量。

102.4* 如果听觉报警的频率是**操作者**可调节，102.3 应适用于任一调节出的频率。

103 加湿装置

103.1* 如果水箱是**培养箱**整体的一部分，如水箱中水位无法看得见，则应有“最高”和“最低”的标记水位器，水箱应设计成不用**培养箱**倾斜就可以排水。

是否符合要求，应通过检查进行验证。

104 箱罩内最大空气速率

104.1 在**正常使用**时，床垫上方的空气流速不应超过 0.35 m/s。

是否符合要求，通过在 50.102 中试验规范规定的四点外进行测量来验证。

105 二氧化碳(CO_2)浓度

105.1 制造商应在**随机文件**中规定出在**正常状态**下进行下述试验时，在**婴儿舱**内出现的最高二氧化碳浓度。

是否符合要求，应通过下述试验进行验证。

应将 4%的二氧化碳与空气的混合气以 750 mL/min 输入在由垫子到箱顶的垂直方向的 8 mm 直径的管子至床垫中心上方 10 cm 处(见图 102 点 A),当达到稳定后,在距 A 点 15 cm 处测量二氧化碳浓度。

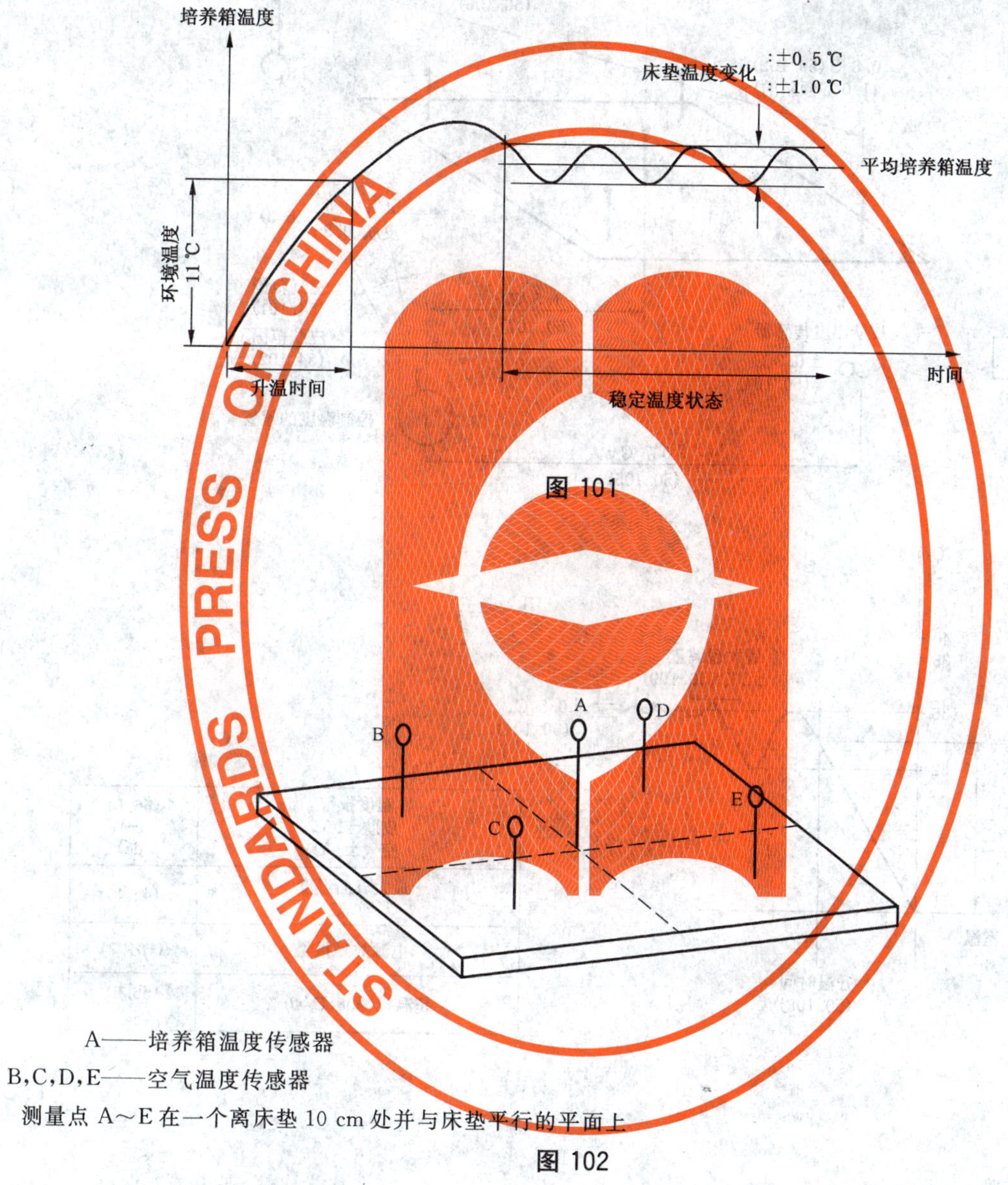

图 101

A——培养箱温度传感器

B,C,D,E——空气温度传感器

测量点 A~E 在一个离床垫 10 cm 处并与床垫平行的平面上

图 102

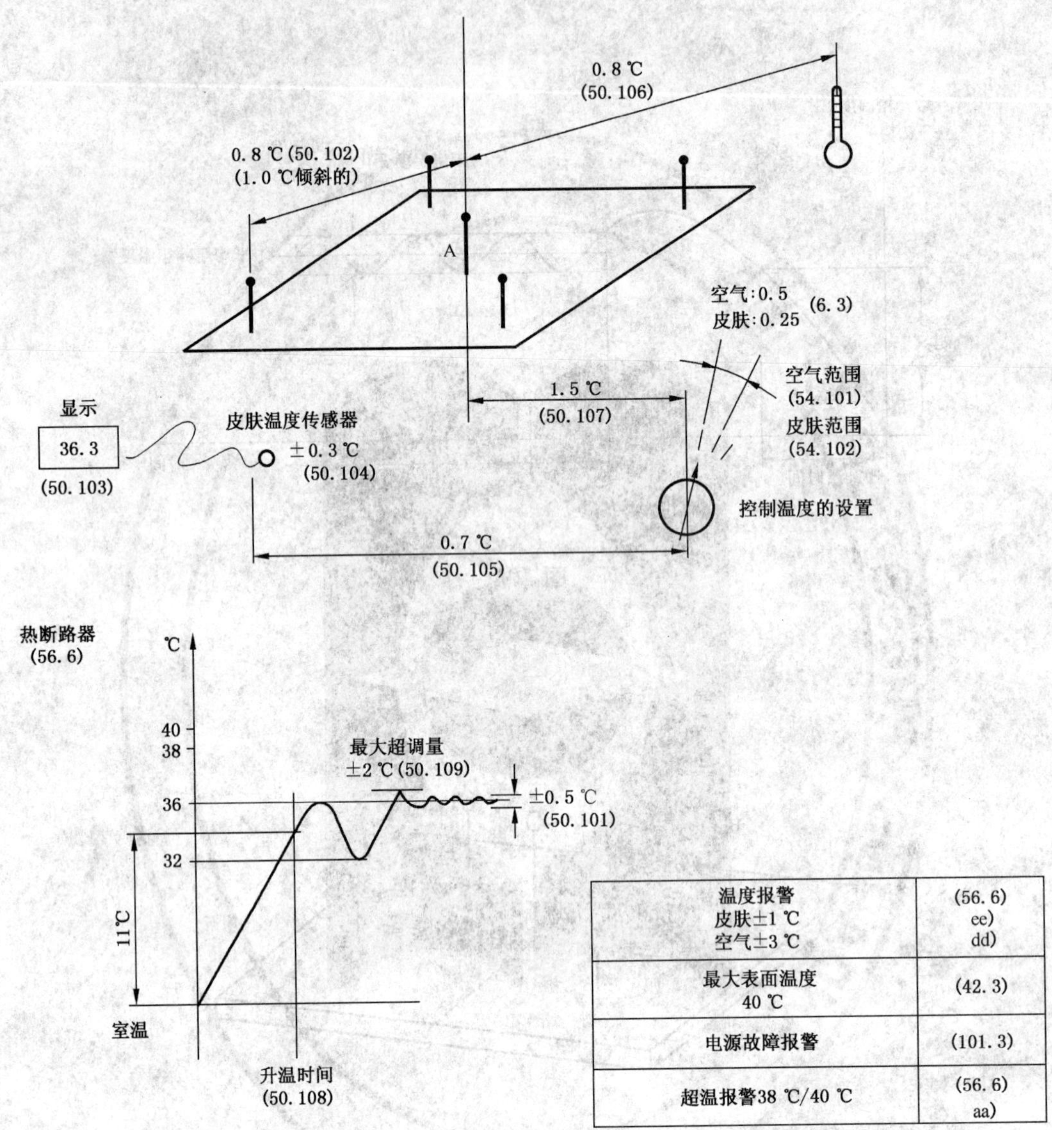

注:括号内的数字是指相应的条款。

图 103　本标准主要要求的图解

附 录 L
（规范性附录）
参考文献——本标准提到的出版物

除下列内容外。通用标准的本附录适用。

补充：

ISO 7767:1988 监视病人呼吸混合物的氧分析仪 安全要求

附 录 AA
（资料性附录）
导则和原理说明

以下附录的序号与本标准序号对应。

3.6 附加规定的**单一故障状态**特别适用专用标准中43.104。

4.5

a) 有关婴儿**培养箱**温度的精度和稳定度正确要求，为满足**患者**的治疗是极重要的。这是考虑到这些要求可以通常地技术性地限制在环境温度范围内。这温度范围即为婴儿**培养箱**在本标准内所要求的。这试验环境温度范围限制在21 ℃～26 ℃。

6.1.101 婴儿需要供氧就会增加危险，因为婴儿动脉吸收氧气考虑仅呼吸环境空气是不够的。供氧总量不足会引起脑故障或坏死。过量供氧会引起晶状体纤维组织形成的危险的增加。当考虑到氧气的浓度不能与动脉血气值是否足够直接发生联系。主治医生应意识到为了能确立观察婴儿生理状态变化的依据，所吸氧的浓度(以及其他影响主体供氧的因素)是重要的。

6.3

b) 在门诊情况下，用于**婴儿温度控制的培养箱**的温度使用范围在35 ℃～37 ℃。因此要求为**婴儿温度控制的培养箱**提供狭窄的温度范围。

已报道过情况，因氧气控制器设置错误，可能使“最大”和“最小”记号在控制量程内太接近，应考虑此处做到100%的氧气由21%的氧气代替。

6.8.2 aa)

1* **培养箱**针对**患者**有效的原有设计和功能，在另一方面可能有潜在危险，因此合格的主治医生必须熟悉个别的重要**患者**的状况和医药知识来使用各种类形的**培养箱**。

2* **培养箱**的空气温度控制系统不可能提供由阳光直接照射和其他照射面的照射使婴儿超温的保护。婴儿通常背光一面受热比阳光照射超温来得快。对这种伤害提供保护应是防止它的出现来得到实现。

3*/4* 许多由氧引起**培养箱**起火事故已有报道(M. Cara，La Nauvelle Presse N'edicale，22 Apri! 1978，7 No.16)。清洁过程后酒精挥发体留存被认为是主要着火材料，与恒温器弧面接触被认为是着火源。

5* 必须知道为**培养箱**配备升温时间功能。

6* 不正确的放置或接触的**皮肤温度传感器**会引起不正确的皮肤温度读数或不恰当的控制，可能得出假的或过高结果。

7* 原理见50.110。

8* 作为一种清洁方法，**设备**中有可靠的灭菌和防传染的设计。说明书中详细介绍这些方法的使用。

9* 搁架的超载会引起**培养箱**倾倒或机械损坏，这都会造成伤害。

21.101 婴儿会从开放的**培养箱**翻出和落到地上。边护板会倒翻能使婴儿滚出舱，拙劣设计的栅栏使保护婴儿失败。

24.104 有锁紧功能的轮子可消除**设备**非故意的移动，这移动会对**患者**形成伤害。

43 医用**设备**富氧气体起火的报告是不太寻常的。因此，当这种起火出现时将是猛烈的和危险的。同见6.8.2 aa)、3*/4*。

43.101 能引火的材料戒为火源部分是存在的，因而在空气中不引火的材料可能会在氧气中猛烈起火或燃烧。

43.103 当在氧气中氧浓度超过26%～28%时，可燃材料的燃烧速度比在空气中更快。允许实验中的失误，它比空气中高4个百分数似乎还合适，因不会由燃烧速度加快而形成伤害。

43.104 由电火花增加而形成起火的危害。

——在电功率产生火花的纯电阻线路；

——在电感电容贮存能量转化成火花。

由于**设备**的设计和会起火的材料是各种各样的，这样就不能规定单一最大功率或/和在氧气中来燃烧电路的能量。

该准则可见"国家防火协会(NFPA)U. S. A出版物53M"，"在富氧大气中的起火伤害"。

设备的开路电压和短路电流要求不超过10 VA，这数不包括全部实验基数。但在德国标准中规定(VDE0750，Feill，1977)(见标准34章)。按德国标准制造的**设备**要求检验氧燃烧的最低危险，并排除为制造商提供太多麻烦。最高表面温度300 ℃，符合NFPA出版物53M，表5-2中所述的最高表面温度。

44.3 应考虑**培养箱**罩盖上由于液体倒翻而流下引起的事故。

本试验用来模拟典型的溢出。

44.4 **正常使用**时液体的量相当于**婴儿舱**内的贮存量，特别是在婴儿托盘上。

正常使用时考虑不超过200 mL。因此所有防护办法将阻止液体通入**培养箱**控制系统。

44.7 见6.8.2 aa)8*

46.101 婴儿体内温度反应至环境温度的改变是缓慢的，所以用其反应去控制**培养箱温度**是不合适的。这条中的要求是打算消除**皮肤温度传感器**的错用。

46.102 对于控制模式的不完全理解，会造成对**患者**的伤害。

50.101 由于**培养箱温度**变化而引成精神发育不全，结果已经被证实。

当没有科学证明来说明，温度变化通常面对**培养箱**形成精神发育不全的结果，应选恒温值。

50.102 为婴儿**培养箱**进行医药和技术所需的长期实验得出适宜值(1 ℃)，该值适宜用于维持婴儿温度和快速测试技术。

50.103 甚至**皮肤温度传感器**也不能承担所有情况下检测真实的皮肤温度，清晰显示的仪表按要求能使操作人员监视控制系统的运作。

50.104 **皮肤温度传感器**温度显示的错误仅是皮肤表面温度检测中所有系统错误的一部分。其他错误由传感器的接触区域变化产生，接触压力和热变存在于传感器和环境之间。

50.105 按要求制定的这温度精度是**皮肤温度传感器**控制系统最佳达到的功能。

已知所推荐的可行校正方法不同于**设备**的**正常使用**情况。50.104不确切叙述的常规**皮肤温度传感器**和不同环境热变化，难以规定这种校正方法。因此规定校正应考虑逐渐能表示皮肤真实温度和皮肤表面温度转化成环境温度相一致。

50.106 为了安全地使用一台**培养箱**，应能使校正**培养箱温度**独立于**控制温度**，着重指出的是培养箱作为**婴儿温度控制的培养箱**时或**恒温器**失效时，见50.103。

50.107 见图101。这要求保证了**培养箱**运行时的温度尽可能接近**使用者**的设置值和同时**培养箱**不同部分的环境温度尽可能保持恒定。

50.108 已知的升温时间作为**培养箱**一种功能是必须的。

50.109 附加

环境温度变化由以下试验说明。**培养箱温度**与**控制温度之间**差异不大于2 ℃。

50.110 为关怀婴儿的呼吸和对评价空气温度的要求，相对温度的知识是重要的。当空气温度保持不变的情况下，相对温度增加会使婴儿热量减失。

50.111 ISO 7767发布的最低性能要求和氧分仪的安全或作为病人呼吸混合器中指示氧气量的指示器的安全，这也包括麻醉机、肺功能机和婴儿培养箱的使用。

50.112 相对低的氧气浓度会引起**患者**脑损伤。相对高的氧气浓度会引起患者眼晶状体纤维素增生。

在**单一故障状态**下,使用一个氧气传感器会引起婴儿**安全方面危险**。因此要求氧气传感器独立运行。

54.101 这特定要求考虑到满足目前医疗要求,由于错误的温度设置得到最小的伤害结果。

54.102 见54.101。

54.102 在正常照料状态下,一些早产儿的中心温度能高达38 ℃;这可能是正常的,并且可能要求更高的皮肤温度。

56.6

aa) 供婴儿呼吸的空气温度任何时候不超过40 ℃,温度不大于40 ℃,会增加呼吸压力和引起喉管痉挛。

主要控温安全失效和**培养箱温度**接连增加,一个报警器发生提醒主治医生,婴儿有过热危险。

56.6

dd)和ee)目前婴儿培养箱标准允许培养箱在没有给**操作者**报警方式下温度可以上升或下降。温度的偏离会引起婴儿在短时间内体温下降的风险,比如打开舱门或加热器坏了等。在国际市场上对培养箱的有关审查中,这点风险认为在目前技术水平下是可以接受的。

101.1 空气循环部分,当风机停转或空气通风口绒布堵塞,这将是使婴儿的环境温度超过安全值而未及时报警或加热器安全装置失灵的原因。

101.2 **皮肤温度传感器**破碎和连接传感器到控制部分的电线使用一段时间后断裂形成开路。也可能三段电线之间绝缘层脱落或潮湿使传感器短路。开路或短路的使用或有缺陷的传感器使用或传感器不正确地连接到控制系统,会造成控制系统的操作失误。

102.1 已知听力失常的人会连锁使用高音量的声音。在没有科学环境或规定情况可告示声音量已达到噪声音量时,通常目前**培养箱**应使用不损害听力的音量。保守量的选择是基于专家提出的人类能承受的最大音量。

102.3 在重病看护保育室里65 dB(A计权)是一个相当高的噪声声级。在近来看护护理实践中的改善是降低噪声声级和减少患者骚动到最低限度。因此,**操作者**应该想办法降低声级。

102.4 **操作者**要求可调节听觉报警的频率,为了更易识别正在报警的个别培养箱。

103.1 "MIN"指示是所需的。因为湿度缺乏会对病人造成伤害。

"MAX"指示是用来阻止过多流入和溢出。

104.1 温度分布要求不会遇到空气高速地流失,而使**患者**水蒸发的损失增加。0.35 m/s的限制是从这些相关的可接受的试验中得出。

105.1 考虑到常规试验,适合所有**培养箱**,应给出明确可行性。已知**婴儿舱**空气内的混合二氧化碳不易识别,因此二氧化碳和空气混合体要处理好。

ICS 19.100
J 04

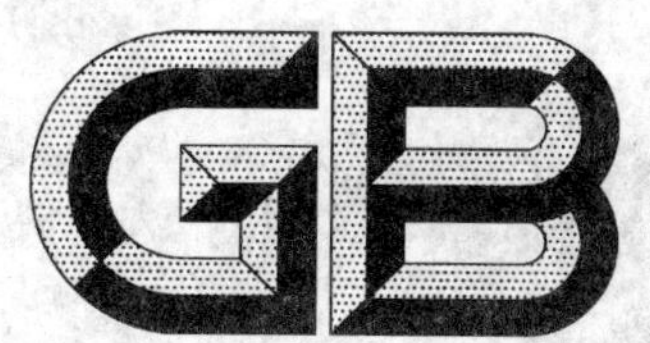

中华人民共和国国家标准

GB/T 11259—2008
代替 GB/T 11259—1999

无损检测 超声检测用钢参考试块的制作与检验方法

Non-destructive testing—Practice for fabrication and control of steel reference blocks used in ultrasonic testing

2008-07-30 发布 2009-02-01 实施

中华人民共和国国家质量监督检验检疫总局
中国国家标准化管理委员会 发布

前 言

本标准修改采用 ASTM E428-00《超声检测用钢参考试块的制作与控制方法》(英文版)。

本标准根据 ASTM E428-00 重新起草。

考虑到我国国情,在采用 ASTM E428-00 时,本标准做了一些修改。有关技术性差异如下:

——删除 ASTM 标准的 1.2、1.3 和 1.4;

——删除规范性引用文件 ASTM E127 和 E1158;

——将规范性引用文件 ASTM E1316 更改为我国标准 GB/T 12604.1 和 GB/T 20737;

——删除 ASTM 标准的第 11 章。

为便于使用,本标准还做了下列编辑性修改:

——“本方法”和“本规程”一词改为“本标准”;

——用国际单位制的数值代替英制单位的数值;

——在第 2 章中插入 GB/T 1.1—2000 规定的引导语;

——按 GB/T 1.1—2000 规定的格式要求,对第 1 章、第 2 章、第 4 章、第 5 章、第 7 章、第 9 章中的部分条号做了修改。

本标准代替 GB/T 11259—1999《超声波检验用钢对比试块的制作与校验方法》。

本标准与 GB/T 11259—1999 相比主要变化如下:

——增加了规范性引用文件(见第 2 章);

——增加了术语和定义(见第 3 章);

——增加了概述(见第 4 章)。

本标准由中国机械工业联合会提出。

本标准由全国无损检测标准化技术委员会(SAC/TC 56)归口。

本标准起草单位:山东济宁模具厂、上海苏州美柯达探伤器材有限公司。

本标准主要起草人:桂根生、魏忠瑞。

本标准所代替标准的历次版本发布情况为:

——GB/T 11259—1989、GB/T 11259—1999。

无损检测　超声检测用钢参考试块的制作与检验方法

1　范围

本标准规定了超声检测用合金参考试块的制作与检验规程。该试块为圆柱体形状，内含有平底孔(FBH)，端面为声波进入平面。它可用于超声检测仪器和探头性能的测试，也可用于金属合金产品超声检测的校准与控制。该试块不仅适用于直接接触法，也适用于液浸脉冲回波超声法。

虽然本标准基本上是论述碳钢及合金钢试块的制作和检验，以及这些材料的检测，但是其制作和检验方法也适用于其他材料，如镍基合金、某些铝合金等的试块制备。当制作除碳钢及合金钢以外的材料的参考试块时，也许需要一些附加的规程和检验。在特定应用场合，本标准不排除一些规范以及认为必要的一些附加补充要求。

2　规范性引用文件

下列文件中的条款通过本标准的引用而成为本标准的条款。凡是注日期的引用文件，其随后所有的修改单(不包括勘误的内容)或修订版均不适用于本标准，然而，鼓励根据本标准达成协议的各方研究是否可使用这些文件的最新版本。凡是不注日期的引用文件，其最新版本适用于本标准。

GB/T 12604.1　无损检测　术语　超声检测(GB/T 12604.1—2005,ISO 5577:2000,IDT)

GB/T 20737　无损检测　通用术语和定义(GB/T 20737—2006,ISO/TS 18173:2005,IDT)

3　术语和定义

GB/T 12604.1 和 GB/T 20737 确立的术语和定义适用于本标准。

4　概述

本标准详述了与被检材料相一致的碳钢和合金钢参考试块的基本制作和检验规程以及明确了最低技术要求。当使用本标准去制作其他类型材料或更大直径反射体孔的参考试块时，可能需要附加要求。孔的物理特性可以通过评价塑性复制品来确认。但必须认识到，采用复制品来评价孔尺寸，具有局限性。

5　材料选择

5.1　用作参考试块的材料宜与被检材料有相似的声衰减特性。在比较声学响应时，像材料的晶粒尺寸、热处理状态、物理及化学成分、表面状态以及加工工艺(轧制、锻造等)等因素是应加以考虑的变量。

5.1.1　总的评定规程是：应将一束纵波脉冲回波声束导入到试块的任何一侧，使用声束轴线来确定金属声程距离。使用洁净的水作耦合剂的液浸法以及使用合适的耦合剂(油、甘油等)的直接接触法均可。用于评定所需制备参考试块的原材料的检测仪器、探测频率及探头应与产品检测所使用的相似。

5.1.2　用作参考试块的材料应100%扫查，如有可能，检测系统调整到显示状态时，将材料的噪声水平调整至20%满屏刻度。若材料的透声性能无法满足要求时，也应显示出一个可读的噪声水平。当系统灵敏度被调至其极限灵敏度范围时，不要将材料中的噪声水平同经常能观察到的仪器电噪声相混淆。

5.1.3　用于制作参考试块的材料应无波高为按5.1.2要求所测噪声电平幅度两倍的离散性超声不连续显示回波。

5.1.4　应通过比较试块材料和被检材料的多次背面回波反射情况，来检查材料的衰减情况。将一次反射背面回波调整至满屏刻度的90%时，两种试样前三次背面回波之和的变化应在25%之内，或者满足使用要求。对于具有直径小于1.2 mm平底孔反射体的两试样，其衰减回波变化应在10%以内，或者满足使用要求。

5.1.5　降低检测频率将会减小响应的分辨率。在检测频率为 1.0 MHz 时，许多材料均会呈现相似的透声性并能满足 5.1.4 的要求。在检测频率为 5.0 MHz 或更高时，微观组织的变化常常导致声响应的分辨率的差别并限制参考试块的使用。

6　制作工艺

6.1　按表 1 所列来选择和制作试块，除非另有规定。常用试块的分组情况如下：

6.1.1　D/A 组(距离-幅度响应)；

6.1.2　A/A 组(面积-幅度响应)；

6.1.3　基本组(从 D/A 组和 A/A 组中选取)。

表 1　试块分组与尺寸

单位为毫米

标称声程，尺寸“A”	平底孔直径，尺寸“D”													
	D/A 组，每组 19 块			基本组，共 10 块			A/A 组，共 8 块							
	1.2	2.0	3.2	1.2	2.0	3.2	0.4	0.8	1.2	1.6	2.0	2.4	2.8	3.2
1.6	1.2	2.0	3.2	—	—	—								
3.2	1.2	2.0	3.2	—	2.0	—								
6.4	1.2	2.0	3.2	—	2.0	—								
9.5	1.2	2.0	3.2	—	—	—								
12.7	1.2	2.0	3.2	—	2.0	—								
15.9	1.2	2.0	3.2	—	—	—								
19.1	1.2	2.0	3.2	—	2.0	—								
22.2	1.2	2.0	3.2	—	—	—								
25.4	1.2	2.0	3.2	—	—	—								
31.8	1.2	2.0	3.2	—	—	—								
38.1	—	—	—	—	2.0	—								
44.5	1.2	2.0	3.2	—	—	—								
50.8	—	—	—	—	—	—								
57.2	1.2	2.0	3.2	—	—	—								
63.5	—	—	—	—	—	—								
69.9	1.2	2.0	3.2	1.2	2.0	3.2	0.4	0.8	1.2	1.6	2.0	2.4	2.8	3.2
76.2	—	—	—	—	—	—								
82.6	1.2	2.0	3.2	—	—	—								
88.9	—	—	—	—	—	—								
95.3	1.2	2.0	3.2	—	—	—								
101.6	—	—	—	—	—	—								
108.0	1.2	2.0	3.2	—	—	—								
114.3	—	—	—	—	—	—								
120.7	1.2	2.0	3.2	—	—	—								
127.0	—	—	—	—	—	—								
133.4	1.2	2.0	3.2	—	—	—								
139.7	—	—	—	—	—	—								
146.1	1.2	2.0	3.2	—	2.0	3.2								
152.4														
158.8														
165.1														

注 1：材料由用户规定。

注 2：全部尺寸和公差按图 1。

注 3：按 1 in=25.4 mm 换算而来。

注 4：试块分组为常用类型，特殊应用时可根据需要增加或减少。

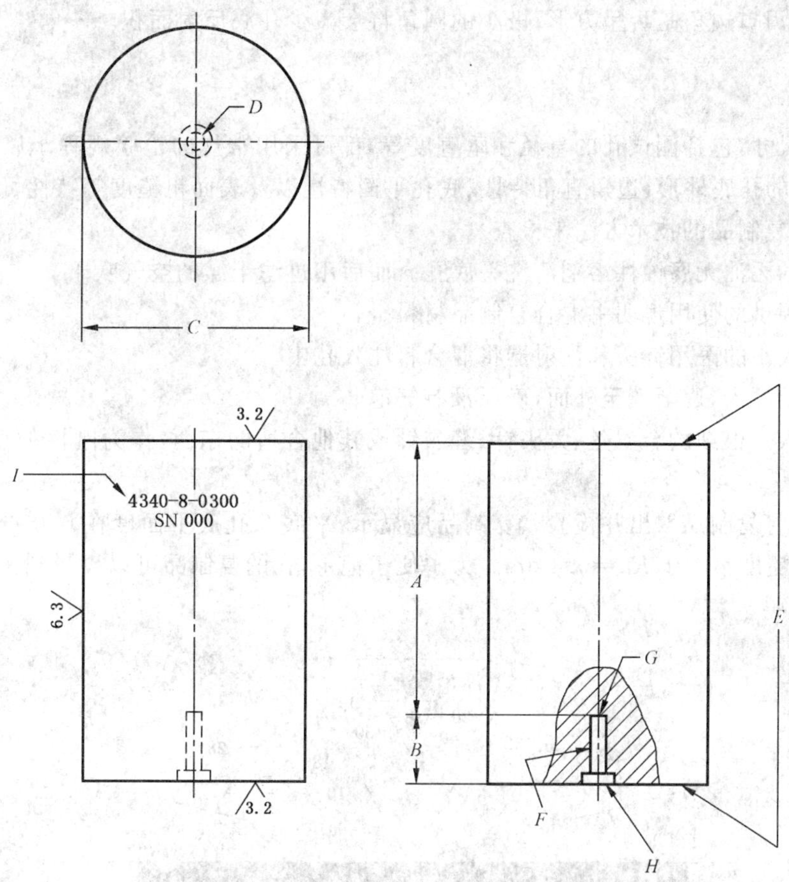

A——声程距离，公差为±0.38 mm。

B——孔深标称值，(19.0±1.6) mm。

C——试块直径，公差为±0.76 mm。检测距离不大于 152 mm 时，适用直径为 50.8 mm；检测距离大于152 mm、不大于 305 mm 时，适用直径为 63.5 mm；检测距离大于 305 mm 时，适用直径可更大或成锯齿状。

D——孔径，孔径不大于 1.6 mm 时，公差为±0.013 mm，孔径大于 1.6 mm 时，公差为±0.03 mm。

E——表面，平直度不大于 0.01 mm，平行度不大于 0.02 mm。

F——孔，相对于检测面的平直度和垂直度必须在 0°20′以内。

G——孔底，平整度必须在 1 mm/125 mm 以内，距离轴线在 0.38 mm 以内。

H——平底扩孔，直径约 6.4 mm，深约 1.6 mm。

I——试块型号标识。

图 1　超声参考试块的尺寸和公差

6.2　按图 1 要求制作全部试块。尺寸“A”(声程距离)和尺寸“D”(平底孔 FBH 直径)由表 1 给出；尺寸“E”(试块长度)是给定的。推荐以下加工顺序。

注：本标准可用于制作更大尺寸的平底孔试块，但需征得各方的同意。

6.2.1　全部试块经机械加工后的表面粗糙度均为 $Ra=0.8\ \mu m$，并符合尺寸公差要求。

6.2.2　用标准钻头，钻孔至标称深度 19.0 mm。

6.2.3　准备一支平底钻头或切割铣刀，其切削边缘呈方形且切削面平面度在 0.013 mm 以内，并和其长轴相垂直(切削面的平面度、和边缘的垂直度等应在至少放大 60 倍的光学比较仪上检查)。

6.2.4　连续钻孔，直至全部钻除孔底锥形轮廓部分。

6.2.5　取出钻头，检查刃口部分，如有必要，重新修磨钻头。

6.2.6　将孔底再钻 0.13 mm。

6.2.7　在光学比较仪上再次检查钻头的切削刃口，如有必要予以修磨，并重复 6.2.5 和 6.2.6 步骤。

必须注意切削工具刃口边角是否呈方形,极小的圆角将会减少孔底反射面积。

7 物理特性检验

7.1 试块的全部尺寸,包括测试孔的直径和垂直度等,都可采用常规的检验规程予以检验。对于孔径大于等于 1.2 mm 的孔底外形,边角直角特性、底孔平面特性以及表面粗糙度等特性可以通过以下推荐的制作和评价塑性复制品的技术方法来检查。

7.1.1 先用适宜的无油无腐蚀性溶剂清洗平底孔。而后用过滤干燥的空气吹干。

7.1.2 按制造商提供的使用说明书混合复制品材料。

7.1.3 采用适当大小的医用针头和注射器将混合料注入孔中。

7.1.4 从孔底开始注入,逐渐填至外面,确保没有气泡。

7.1.5 在孔内插入一根细的金属丝、大头针、缝衣针或其他合适的东西,作为刚性的型芯,以便于拔出复制品。

7.1.6 固化后,可将复制品取出并检验。复制品应显示:平底孔孔底平面度在 0.03 mm 以内,孔径为 3.2 mm,孔表面粗糙度不大于 $Ra=0.4\ \mu m$。为了便于记录,孔的复制品可以投影到比较仪的荧屏上并于图 2 所示予以拍照。

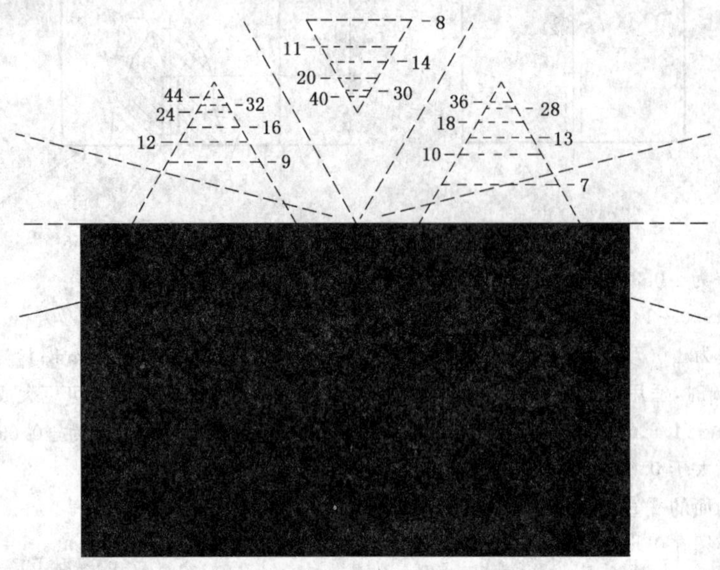

图 2 在带有商用观察屏(已减半)的 62.5 倍光学比较仪下观察 6.4 mm 直径平底孔复型件的阴影图(放大 20 倍)

8 超声响应特性检验

8.1 具有满意的外观和合适的孔复型件外形的参考试块,应接受进一步的检验以检查其超声响应特性。如果是用液浸法测定超声响应特性,所钻的平底孔应清理干净并用压紧配合的 TFE 氟塑料塞住孔口或用其他合适的技术方法密封以保证孔口密封不致渗漏。推荐对所制作的试块按组数进行比较,以确定它们之间超声响应特性的相互关系。对于包含那些平底孔直径小于 1.2 mm 不能够有很好复型的试块组来讲,尤其需要做这样的测试。

8.2 面积-幅度响应曲线:A/A 组试块包括一系列的具有相同外形尺寸和从反射面到反射孔具有相同距离,不同平底孔尺寸的试块。从这一系列不同反射体尺寸的一组试块中,选择反射体尺寸最居中的一个试块,通过调节检测灵敏度将其反射体的幅度调至满屏刻度的 30%～40%,就可建立面积-幅度响应曲线。不改变其他的检验参数,将剩余的比该孔直径更大的和更小的试块孔径的超声响应值绘制在响应曲线图上。如图 3,是一个显示一组 4340 钢试块的典型的面积-幅度曲线。任何出现不规则的超声响应试块以及不能出现在正常距离-幅度响应曲线内的试块都被认为是不符合要求的,并且不能使用。对平底孔进行修正以便使之满足所需要的超声响应的要求是不被认可的办法。

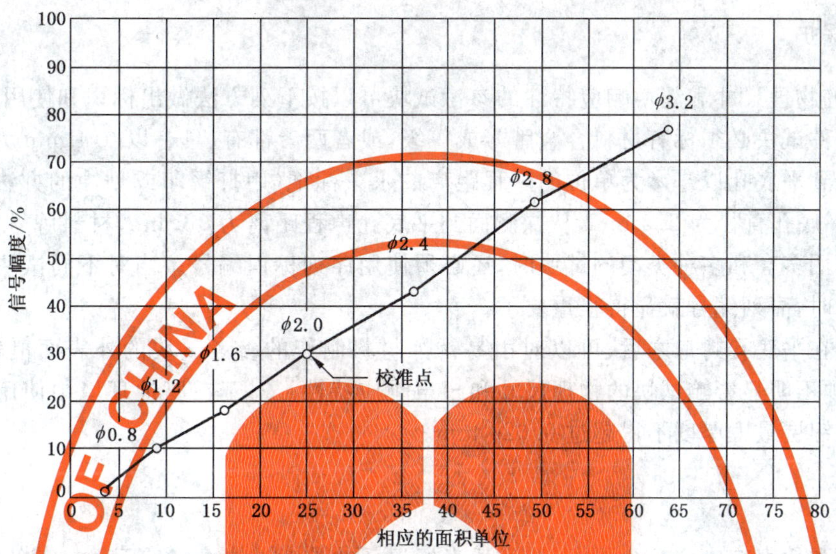

测试频率:10 MHz;水中距离:76 mm;探头晶片直径:9.5 mm;测试孔尺寸:φ0.8 mm～φ3.2 mm。

图 3　4340 钢参考试块的典型面积-幅度超声响应曲线

8.3　距离-幅度响应曲线:D/A 组试块可由许多块外形尺寸和平底孔孔径相同但探测面至平底孔声程不同的试块组成。测定距离-幅度响应曲线时,可先选一块其探测面至平底孔距离小于距离范围 1/4 的试块作为基准,调节探测灵敏度,将其平底孔的回波幅度调至满屏刻度的 70%～80%。不改变其他的检验参数,将从平底孔声程距离小于或大于该试块的其余试块上得到的超声响应,绘制成响应曲线。图 4是典型材料 4340 一组钢试块的典型距离-幅度曲线。超声响应不规则或不能出现于正常距离-幅度响应曲线范围内的试块应认为是不符合要求的并不应投入使用。任何情况下都不可通过修改平底孔来改变参考试块的超声响应特性。

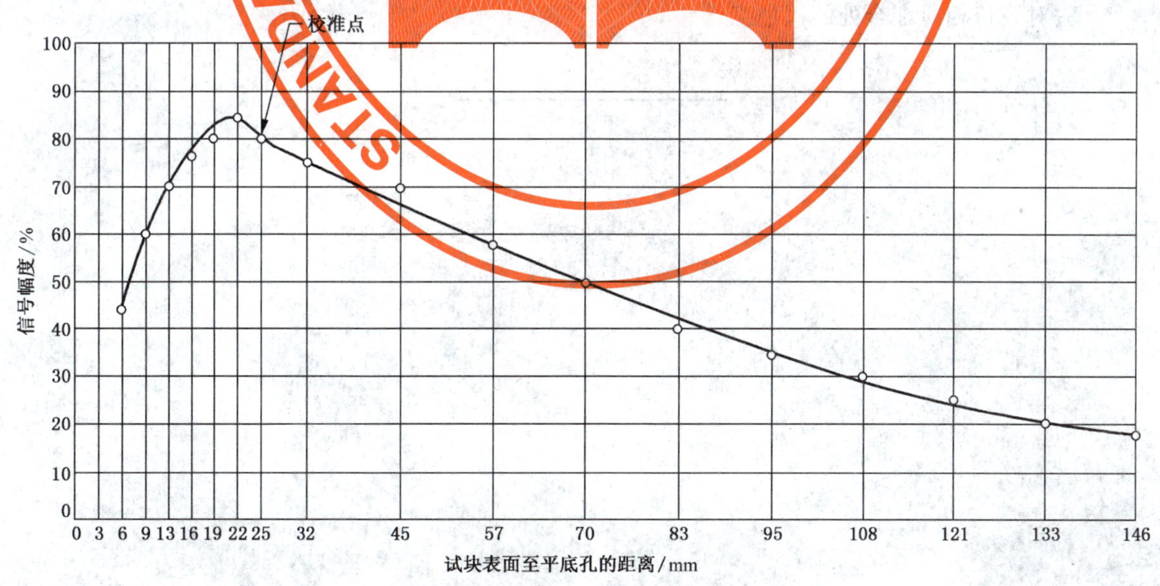

测试频率:10 MHz;水中距离:76 mm;探头晶片直径:9.5 mm;测试孔尺寸:φ2.0 mm。

图 4　4340 钢参考试块的典型距离-幅度超声响应曲线

8.4 面积-幅度和距离-幅度响应曲线在很大程度上受探头声束形状变化的影响，受近场和远场特性及检测仪器水平线性和垂直线性响应的影响。因此，在评定参考试块响应曲线时应考虑仪器和探头的工作特性（通常可以从设备制造厂得到）。

9 试块标识和保护

9.1 具有合格的物理尺寸和超声响应特性的参考试块可以按下列方法做出标识和使用表面保护。

9.1.1 标识：每件试块必须标有材料合金牌号或等级，或者两者都有，具有以 0.4 mm 为增量的孔径尺寸以及从探测面到平底孔以毫米为单位的声程距离的永久标记（用打钢印或刻蚀的方法）。例如，标识 4340-2-76 表示平底孔直径为 2.0 mm，从探测面到平底孔声程距离为 76 mm，材料牌号为 4340 的钢质参考试块。当使用多套和多种类型的试块时，还必须使用序列标识编号。当对不同试块套数间响应曲线进行相互比较时，序列编号就显得很重要了。

9.1.2 保护层：在平底孔封口之后，可以对由易锈蚀材料制作的参考试块的外表面覆盖一层保护层。但是，保护层必须不明显影响试块的物理尺寸和超声响应特性。对于在腐蚀环境中使用的碳钢及合金钢试块，通常，镀镍层最大厚度不得超过 0.020 mm。

10 封口方法

10.1 物理尺寸和超声响应均符合要求，并经适当标识后的参考试块可以按下面推荐的方法进行封口：

a) 用防腐溶剂清洗检验孔并用过滤干燥的空气流吹干；

b) 在开口相对配合处，塞一压紧配合的孔塞（孔塞和参考试块的合金材料相同），见图 1；

c) 敲击孔塞的外缘，移去开口相对配合处外面的金属以达到密封开口的目的；

d) 将配合后的底面和孔塞按图 1 所示的公差要求磨平。

10.2 对于用耐腐蚀的合金制作的参考试块可以用下述可选择的孔塞封口方法封口：

a) 如 10.1 a）所述，清洗检验孔反射体；

b) 向孔内塞入一 3.2 mm 长的压紧配合的苯酚或 TFE 氟塑料塞至 1/2 孔深处；

c) 用硅胶混合物或合适的环氧类密封胶填满孔其余的部分；

d) 如有需要，将孔塞磨至和底面齐平，若采用本封口方法，在孔底必须保留足够的空气间隙，可免去对开口相对配合处的机加工。

ICS 77.040.20
H 26

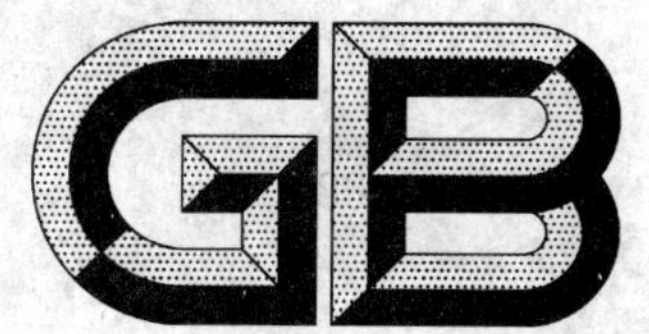

中华人民共和国国家标准

GB/T 11260—2008
代替 GB/T 11260—1996、GB/T 17990—1999

圆钢涡流探伤方法

Round steel—The inspection method for eddy current test

2008-10-10 发布　　2009-05-01 实施

中华人民共和国国家质量监督检验检疫总局
中国国家标准化管理委员会　发布

前言

本标准代替 GB/T 11260—1996《圆钢穿过式涡流探伤检验方法》和 GB/T 17990—1999《圆钢点式(线圈)涡流探伤检验方法》。

本标准与原标准相比,有如下变化:

——头、尾人工缺陷的位置由原标准距两端不大于 200 mm 修改为不大于 100 mm;

——用于穿过式线圈检验的人工缺陷形状,将原加工成矩型或 U 型纵向槽,修改为矩型或 U 型横向槽,并将原标准中的人工缺陷尺寸采用的相对值和绝对值统一修改为绝对值;

——用于放置式(点式)线圈检验人工缺陷尺寸采用的相对值和绝对值统一修改为绝对值;

——根据穿过式线圈检验的特点,增加了钻孔方式加工的人工缺陷,并确定了参数;

——人工缺陷尺寸等级增加了"圆钢产品标准公差之半做为探伤标准"的条款;

——仪器的校准时间由原标准的每隔 2 h 校准一次,修改为每隔 4 h 校准一次。

本标准的附录 A 为资料性附录。

本标准由中国钢铁工业协会提出。

本标准由全国钢标准化技术委员会归口。

本标准主要起草单位:东北特殊钢集团有限责任公司、爱德森(厦门)电子有限公司、冶金工业信息标准研究院、宝山钢铁股份有限公司特殊钢分公司。

本标准主要起草人:邵长禄、林俊明、黄颖、王勇灵、董泽华、刘学英。

本标准所代替标准的历次版本发布情况为:

——GB/T 17990—1999;

——GB/T 11260—1989、GB/T 11260—1996。

圆钢涡流探伤方法

1 范围

本标准规定了圆钢涡流探伤的术语和定义、原理、检验方法、对比试样、检验设备、检验条件和步骤、结果的评定、检验报告等。

本标准适用于直径为 2 mm～100 mm 圆钢(含钢丝)的表面和近表面缺陷的涡流探伤。

其他规格可参照本标准执行。

2 规范性引用文件

下列文件中的条款通过本标准的引用而成为本标准的条款。凡是注日期的引用文件,其随后所有的修改单(不包括勘误的内容)或修订版均不适用于本标准,然而,鼓励根据本标准达成协议的各方研究是否可使用这些文件的最新版本。凡是不注日期的引用文件,其最新版本适用于本标准。

GB/T 9445 无损检测 人员资格鉴定与认证(GB/T 9445—2008,ISO 9712:2005,IDT)

GB/T 12604.6 无损检测 术语 涡流检测

GB/T 14480 涡流探伤系统性能测试方法

YB/T 4083 钢管自动涡流探伤系统综合性能测试方法

YB/T 145 钢管探伤对比试样人工缺陷尺寸测量方法

3 术语和定义

GB/T 12604.6 确立的术语和定义适用于本标准。

4 原理

当表面或近表面有缺陷的圆钢通过由交流电流激励的线圈时,圆钢表层感应出的涡流会发生畸变,这一变化使线圈的阻抗发生变化,导致在线圈内产生的电信号发生变化。经信号处理,可得到缺陷信号的显示图像、电信号、声光报警、记录等。根据缺陷信号的幅值和相位可对缺陷进行分析判断,进而完成对圆钢的探伤。

5 检验方法

5.1 圆钢涡流探伤一般分为穿过式线圈探伤和放置式(点式)线圈探伤两种方法。

注:阵列涡流检测技术亦可用于圆钢涡流探伤,见附录 A。

5.2 穿过式线圈探伤

5.2.1 根据圆钢规格选择适当规格尺寸线圈,采用圆钢与检测线圈作相对匀速直线运动的方式进行检验。

5.2.2 为了抑制铁磁性圆钢材料磁性不均匀对检验结果的影响,检验时须采用磁饱和技术,检验后应进行有效的退磁。

5.3 放置式(点式)线圈探伤

5.3.1 根据圆钢规格选择适当尺寸的旋转头或探头支架,采用圆钢与线圈作相对匀速旋转运动或匀速直线运动的方式进行检验。

5.3.2 检验时必须保证良好的同心度,注意克服提离效应的影响,保证正常检验时缺陷信号幅度波动不大于 2 dB。

5.4 检验结果评定采用自然缺陷信号与人工缺陷信号当量比较法。

6 对比试样

6.1 用途

对比试样用于调整涡流探伤设备的灵敏度，测定探伤设备的综合性能及在探伤过程中校验设备。

6.2 材料

对比试样应与被检圆钢的公称规格相同，化学成分、热处理工艺、表面状况相似，即具有相似的电磁特性，对比试样上不应有影响人工缺陷正常指示的自然缺陷存在。

6.3 长度和平直度

对比试样的长度和平直度应满足检验方法和设备的要求。

6.4 人工缺陷

6.4.1 形状

人工缺陷可加工成适于穿过式线圈的钻孔或矩形、U 型横向槽和适于放置式(点式)线圈的矩形、U 型、V 型纵向槽。

6.4.2 位置

6.4.2.1 穿过式线圈

对比试样的表面共加工成 5 个尺寸相同的钻孔或横向槽，其中 3 个人工缺陷位于试样中部，周向间隔互为 120°，轴向距离应使人工缺陷显示信号可明显分辨且不大于 200 mm；另外两个人工缺陷分别距试样两端不大于 100 mm 处(其中盘圆钢丝试样两端可不加工人工缺陷)。

6.4.2.2 放置式(点式)线圈

对比试样的表面共加工成 3 个尺寸相同的纵向槽，其中一个位于试样中部，另外两个分别在距试样端部不大于 100 mm 处。

6.4.3 尺寸等级

人工缺陷尺寸等级(槽深、槽宽、槽长、孔径和孔深)可根据圆钢产品标准，选取表 1、表 2 中的尺寸或由供需双方在合同中约定，也可以根据圆钢产品标准公差之半的槽深作为探伤标准。

注：对比试样上人工缺陷的尺寸不应解释为可以检测到的最小自然缺陷尺寸。

6.4.4 制作与测量

纵向槽和横向槽的尺寸和精度应满足表 1 要求，钻孔的尺寸和精度应满足表 2 要求。加工制作方法推荐采用电火花加工法、机械加工法或腐蚀法，测量方法根据 YB/T 145 规定进行，可采用塞规测量、复型法或其他方法。

表 1 槽尺寸质量等级 单位为毫米

等级	人工缺陷尺寸			
	槽深 h	槽深允许偏差	槽宽	槽长
1	0.05	±0.02	≤0.30	≤20
2	0.07	±0.02	≤0.30	≤20
3	0.10	±0.02	≤0.30	≤20
4	0.15	±0.05	≤0.30	≤20
5	0.20	±0.05	≤0.50	≤20
6	0.25	±0.05	≤0.50	≤20
7	0.30	±0.05	≤0.50	≤20
8	0.40	±0.05	≤0.50	≤20

表 1（续）

单位为毫米

等级	人工缺陷尺寸			
	槽深 h	槽深允许偏差	槽宽	槽长
9	0.60	±0.05	≤0.50	≤20
10	0.80	±0.05	≤0.50	≤20
11	1.00	±0.05	≤0.50	≤20
12	1.20	±0.05	≤0.50	≤20
13	1.50	±0.05	≤0.50	≤20

注 1：质量等级的选择应考虑被检圆钢表面粗糙度、平直度和加工状态的因素。

注 2：槽长的选择可根据探伤速度及探头个数确定，槽深应按合同选定。

注 3：槽深最小不能小于产品公差之半。

表 2　钻孔尺寸质量等级

单位为毫米

等级	人工缺陷尺寸	
	孔径	孔深
1	0.8	2.0
2	1.0	2.0
3	1.5	2.0
4	2.0	2.0
5	2.5	3.0
6	3.0	3.0

注 1：钻孔孔径小于 1.1 mm 时，孔径不得大于规定值的 0.10 mm。

注 2：钻孔孔径不小于 1.1 mm 时，孔径不得大于规定值的 0.20 mm。

注 3：钻孔时要保持钻头垂直于圆钢轴线，防止局部过热和表面毛刺。

7　检验设备

检验设备一般应由涡流探伤仪、传动装置、上下料架、记录装置及其他辅助装置组成。

7.1　涡流探伤仪

涡流探伤仪由振荡器、放大器、检测线圈、信号处理和缺陷显示单元等组成，涡流探伤仪的性能应满足 GB/T 14480 标准的规定。

7.2　检测线圈

7.2.1　穿过式线圈

穿过式线圈可采用绝对式、差动式等方式，穿过式线圈探伤须具备磁饱和装置，磁饱和装置应能充分有效的对圆钢检验部位进行均匀磁化以满足探伤检验的需要。

7.2.2　放置式（点式）线圈

放置式（点式）线圈可采用绝对式、差动式等方式，线圈和仪器应有良好匹配。采用放置式（点式）线圈的涡流探伤仪应具有间隙补偿功能，以克服提离效应引起的检测误差。

7.3　传动装置

传动装置应使圆钢匀速、同心地通过检测线圈或旋转头，保持检测线圈与圆钢间隙稳定，且圆钢不应有影响检验结果的抖动。

7.4 记录装置

记录装置应稳定可靠,并能真实记录探伤仪的输出信号。

7.5 辅助装置

辅助装置包括:磁饱和装置、退磁装置(穿过式线圈探伤用)、旋转头(放置式(点式)线圈探伤用)、标记装置、分选装置和记数装置等。这些装置应能准确标记缺陷位置、有效地去除圆钢磁性、准确分选记数等。

检验盘圆钢丝,应具备可靠的收、放料装置和可靠的定心装置。

8 检验条件和步骤

8.1 检验条件

8.1.1 被检验圆钢表面粗糙度与规定的人工缺陷尺寸之比不大于1∶3,且无铁屑、锈蚀,端部无毛刺,平直度满足检验设备的要求。

8.1.2 穿过式检测线圈尺寸、放置式(点式)线圈的各通道、探伤仪检验频率、增益、相位、高低通滤波、报警门限等的调整应以获得最佳检测效果为准。

8.1.3 穿过式线圈探伤时,磁饱和磁化电流的调整应保证使圆钢的检验部位得到足够的磁化,其标志是使对比试样上人工缺陷的信噪比最大。

8.1.4 检验系统综合性能,如端部盲区、信噪比、周向灵敏度差、漏误报率等指标应符合 YB/T 4083 标准要求。

8.1.5 涡流探伤仪器应定期进行校验,并在有效期内使用。

8.1.6 检验设备应由取得相关部门按 GB/T 9445 要求认定的Ⅰ级及以上技术资格的探伤人员操作。

8.2 检验步骤

8.2.1 仪器通电、预热

探伤仪在调试前应预先通电、预热,以确保仪器使用过程中性能稳定。

8.2.2 确定参数

按被检材料的合同要求,准确确定探伤设备、仪器参数,准备好探伤用导套、对比试样及必要的材料、工具等。

8.2.3 穿过式线圈探伤的调整

选择适当的检验速度,调整检测线圈与对比试样的同心度及探伤仪有关参数,使对比试样中部的3个人工缺陷周向灵敏度差不大于3 dB,并在此检验条件下检验出试样上的每个人工缺陷。

8.2.4 点式线圈探伤的调整

调整设备的机械装置,使对比试样、探头具有良好的同心度。调整探伤仪的频率、增益、滤波、相位、报警门限等参数,使人工缺陷波形清晰且信噪比最大,并能可靠报警。

8.2.5 探伤前,在上述调整的基础上,用选定的探伤速度,连续运行对比试样,保证至少通过3次,每次对比试样上的所有人工缺陷均能可靠报警,作为检验灵敏度。

8.2.6 当圆钢直径、材质、热处理工艺发生变化时,都要重新进行8.2.2、8.2.3、8.2.4、8.2.5的步骤调试。

8.2.7 正常检验

完成上述调试后即可进行正常检验。

8.2.8 设备校验

设备在连续使用中,至少每隔4 h应按8.2.5的步骤校验一次,如符合要求可继续探伤,否则应按8.2.3、8.2.4、8.2.5重新调试,并对上次设备校验后的圆钢重新探伤。

8.2.9 圆钢端部盲区可采用其他检验方法保证其质量(盘圆钢丝除外)。

9 结果评定

9.1 经上述检验的圆钢，如无超标缺陷信号，则判为涡流探伤合格。

9.2 圆钢(盘圆钢丝除外)在检验中，如出现超标缺陷的信号，则判为涡流检验不合格或可疑品。此时，可加以修磨或切除可疑部位，修磨或可疑部位切除后，圆钢的规格、尺寸应在允许偏差范围内。可疑品经处理后，重新进行涡流检验，若缺陷信号小于人工缺陷信号，则判为合格品；若缺陷信号仍不小于人工缺陷信号，则判为不合格品。

9.3 对上述圆钢可疑部位用其他方法重新进行探伤检验的，应采用由供需双方商定的方法和验收标准。

9.4 对盘条钢丝的报警缺陷应准确标记，并在探伤报告中记录缺陷的数量。

10 检验报告

整批圆钢检验结束后，应填写检验记录。签发检验报告人员应取得有关部门按 GB/T 9445 标准要求认定的涡流Ⅱ级及以上技术资格证书。检验记录和检验报告应包括下列内容：

a) 牌号、规格、炉批号、重量或支数、技术条件；

b) 验收等级；

c) 探伤方式；

d) 探伤仪型号、探伤类型；

e) 检验设备参数；

f) 合格量与不合格量；

g) 探伤人员及签发报告人；

h) 检验日期。

附 录 A
（资料性附录）
阵列涡流检测技术

阵列涡流检测技术是圆钢表面裂纹的有效探伤方法之一。它是通过涡流检测线圈结构的特殊设计，并借助于计算机化的涡流探伤仪强大的分析、计算及处理功能，实现对材料和零件快速有效的检测。在圆钢表面沿周向按一定方式布满涡流放置式（点式）探头，这些探头是由多个独立工作的线圈构成，这些线圈按照特殊的方式排布，且激励（又称发射）与检测（又称接收）线圈之间形成两种方向互相垂直的电磁场传递方式，利用电子旋转切换扫描原理，在圆钢直线运动的同时，完成圆钢表面的涡流探伤。线圈的这种排布方式，具有检测灵敏度高和检测速度快的优点，有利于发现取向不同的表面缺陷。阵列涡流检测技术克服了普通线圈对缺陷方向性敏感性的缺点。

ICS 25.040.20
J 07

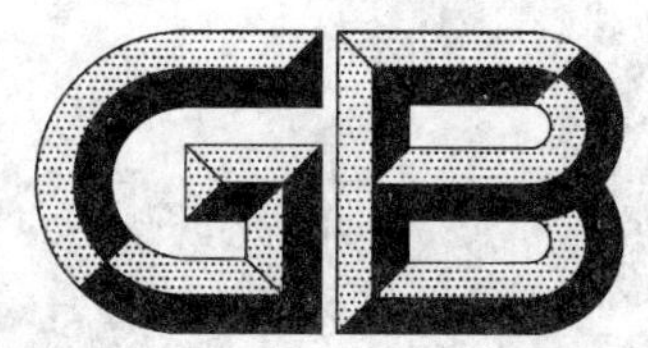

中华人民共和国国家标准

GB/T 11292—2008/ISO 4343:2000
代替 GB/T 11292—1989

工业自动化系统
机床数值控制　NC处理器输出
后置处理命令

Industrial automation systems—Numerical control of machines—NC processor output—Post processor commands

(ISO 4343:2000,IDT)

2008-08-19 发布　　2009-03-01 实施

中华人民共和国国家质量监督检验检疫总局
中国国家标准化管理委员会　发布

前　言

本标准等同采用 ISO 4343:2000《工业自动化系统　机床数值控制　NC 处理器输出　后置处理命令》。

本标准等同翻译 ISO 4343:2000。

为便于使用,本标准做了下列编辑性修改:

——用“本标准”代替“本国际标准”。

——删除了 ISO 4343:2000 的前言。

——删除了规范性引用文件中的引导语,用 GB/T 1.1—2000 中 6.2.3 规定的引导语代替。

——对于 ISO 4343:2000 引用的其他国际标准中有被等同采用为我国标准的,本标准用引用我国的国家标准代替对应的国际标准,其余未有等同采用为我国标准的国际标准,在本标准中均直接引用。

本标准修订并代替 GB/T 11292—1989《数字控制机床的数控处理程序输出 2000 型记录辅元素(后置处理命令)》(eqv ISO 4343:1978),与前一版本相比,主要技术变化如下:

——内容进行全面的调整,更系统规范,逻辑性更强。

——从后置处理器命令的一般结构开始描述,然后通用语言,各类加工及测量、测绘等语言逐一说明,极大地丰富了数控系统在机床行业的应用。并可以拓展至相关领域。

——增加了机床类型。

——增加了测量及测绘等相关类型。

本标准附录 A、附录 B 为规范性附录。

本标准由中国机械工业联合会提出。

本标准由全国工业自动化系统与集成标准化技术委员会(SAC/TC 159)归口。

本标准起草单位:北京机床研究所、北京凯恩帝数控技术有限责任公司。

本标准主要起草人:梁若琼、杨洪丽、张莉彦。

本标准所代替标准的历次版本发布情况为:

——GB/T 11292—1989。

引　言

一般用途的数值控制处理器的输出是用来作为后置处理的输入信息，这个信息称为CLDATA，最初来自于切削刀具库的数据。

CLDATA提供了一种通用语言，可以将加工信息从数值控制处理器传递到后置处理器，而该通用语言被转换成了为专用数值控制设备所需要的具体格式。GB/T 12177则给出了CLDATA记录的逻辑和物理结构。

本标准根据命令字以及与命令字相关的参数来定义了一个标准的后置处理器词汇表。该词汇表的编码采用了由GB/T 12177给出的2 000型（整数型后置处理命令）和20 000型（文字型后置处理命令）的CLDATA记录。

在后置处理术语元素和后置处理命令元素之间，CLDATA记录有一对一的关系。这个标准的附录B给出的整数代码数字是用来表达2 000型CLDATA记录关键词的代码数字。附录B给出的关键词的名字是用来表达20 000型CLDATA记录关键词的名字。

数值控制已被应用到许多类型的机械，但是本标准所定义的语言最初是用于数值控制机床的，因而用本语言描述的词汇“tool”和“part”分别是指加工元素和工艺元素，许多本词汇表的词汇也同样来自金属加工术语。

工业自动化系统 机床数值控制 NC处理器输出 后置处理命令

1 范围

本标准用数值控制软件定义了一系列后置处理语句的元素。这些后置处理语句用2 000型和20 000型CLDATA记录或其他等效形式编码。

凡采用国际标准数值控制编程语言的处理器能够产生符合本标准的后置处理命令的刀具位置数据(CLDATA)记录。

每个后置处理器能够采用本标准定义的后置处理命令的CLDATA记录作为输入。

本标准没有描述以下内容:

a) 这些语句被处理的机制;

b) 记录这些输入语言语句的介质;

c) 输出机床控制数据的介质及格式;

d) 一个零件程序中语句的顺序。

2 规范性引用文件

下列文件中的条款通过本标准的引用而成为本标准的条款。凡是注日期的引用文件,其随后所有的修改单(不包括勘误的内容)或修订版均不适用于本标准,然而,鼓励根据本标准达成协议的各方研究是否可使用这些文件的最新版本。凡是不注日期的引用文件,其最新版本适用于本标准。

GB/T 8870 机床数字控制点位、直线运动和轮廓控制系统的数据格式(GB/T 8870—1988,eqv ISO 6983-1:1982)

GB/T 12177 工业自动化系统 机床数值控制 NC处理器的输出 文件结构和语言格式(GB/T 12177—2008,ISO 3592:2000,IDT)

GB/T 12646 数字控制机床的数控处理程序输入基本零件源程序参考语言(GB/T 12646—1990,eqv ISO 4342:1985)

GB/T 19660—2005 工业自动化系统与集成 机床数值控制 坐标系和运动命名(ISO 841:2001,IDT)

3 坐标系

3.1 零件程序参考

GB/T 19660—2005是定义CLDATA坐标系的基础。

在CLDATA中,坐标系的参考轴是x、y和z轴。坐标系是指相对零件坐标系的刀具上的参考点(通常是刀尖中心)。CLDATA能够定义下列位置及方向:

x 平行于X轴的尺寸;

y 平行于Y轴的尺寸;

z 平行于Z轴的尺寸;

i 刀具轴矢量在X轴方向的分量;

j 刀具轴矢量在Y轴方向的分量;

k 刀具轴矢量在 Z 轴方向的分量；

l 第二方向矢量在 X 轴方向的分量；

m 第二方向矢量在 Y 轴方向的分量；

n 第二方向矢量在 Z 轴方向的分量。

除非有其他的定义，后置处理命令中的尺寸值是指在 CLDATA 坐标系下的。下列句法可以用 CLDATA 的坐标、刀具轴方向矢量及第二方向矢量表示的数字串来替换。

XCOORD,x

YCOORD,y

ZCOORD,z

TLVEC,i,j,k

NORMAL, l, m, n

COORD, x, y, z {, i, j, k[, l, m, n]}

3.2 机床编程参考

GB/T 19660—2005 是定义机床轴标准配置的基础。

在机床上，坐标系的参考轴是 x，y 和 z。坐标是指机床上相对机床的坐标系的一个参考点(通常是刀具夹持机构的中心)。CLDATA 的原点和机床参考系统的原点一致。本标准中要作一些规定来定义 CLDATA 与机床参考系统之间的互换关系。下面的机床轴确认为：

a 绕 X 轴的角度尺寸；

b 绕 Y 轴的角度尺寸；

c 绕 Z 轴的角度尺寸；

p 平行于 X 轴的第三尺寸；

q 平行于 Y 轴的第三尺寸；

r 平行于 Z 轴的第三尺寸；

u 平行于 X 轴的第二尺寸；

v 平行于 Y 轴的第二尺寸；

w 平行于 Z 轴的第二尺寸；

x 平行于 X 轴的初始尺寸；

y 平行于 Y 轴的初始尺寸；

z 平行于 Z 轴的初始尺寸；

下列句法允许用数值串表示机床线性轴坐标。

$$\left\{\begin{array}{l}\text{PAXIS}\\ \text{QAXIS}\\ \text{RAXIS}\\ \text{UAXIS}\\ \text{VAXIS}\\ \text{WAXIS}\\ \text{XAXIS}\\ \text{YAXIS}\\ \text{ZAXIS}\end{array}\right\},a$$

下列句法允许用数值表示机床旋转轴坐标。当已知轴中有多个旋转轴时，起始的关键词 HEAD 和 TABLE 用来进一步限定。

$$\left\{\begin{bmatrix}\text{HEAD,}\\\text{TABLE}\end{bmatrix}\begin{matrix}\text{AAXIS}\\\text{BAXIS}\\\text{CAXIS}\\\\\text{DAXIS}\\\text{EAXIS}\end{matrix}\right\},a$$

平面角度的正方向是逆时针方向,参考轴如表1所示。角度的正向是指从参考轴开始沿逆时针方向。

表 1 参考轴

平面	参考轴
XY	x
YZ	y
ZX	z

3.3 测量单位

角度以度和小数的度来表示。

CLDATA 的线性单位是毫米。GB/T 12177 规定了其他单位的定义。单位的改变是模态的。后续坐标数据一直应用到下次改变。

除非特别说明,后置处理命令中的尺寸值与 CLDATA 具有相同的参考单位。本标准提供后置处理命令中简单参数的测量单位的确切定义。表2列出了首选的非尺寸关键词,紧跟着偏右侧的非首选单位为替换的。只有首选关键词才能出现在句法定义中。可以替换非首选关键词,但不推荐这样使用。

表 2 尺寸关键词

首选关键词 　非首选替换	
PERMIN	CLDATA 单位/分钟
IPM	英寸/分钟
MMPM	毫米/分钟
PERREV	CLDATA 主轴单位/主轴转
IPR	英寸/主轴转
MMPR	毫米/主轴转
TPI	IPR 的倒数
MXPERM	最大 CLDATA 单位/分钟
MAXIPM	最大英寸/分钟
MXMMPM	最大毫米/分钟
CSS	用 CLDATA 单位的表面速度/分钟
SFM	用英尺表示的表面速度/分钟
SMM	用米表示的表面速度/分钟

除非特别说明,由机床程序产生的后置处理命令中的尺寸值与 CLDATA 具有相同的参考单位。由于机床的限制,后置处理器不可能负责将 CLDATA 的单位转换成机床支持的单位。本标准提供与 CLDATA 无关的全部机床程序的输出单位的确切定义。

4 后置处理命令的通用结构

4.1 NC 处理器

GB/T 12646 定义了 NC 处理器输入语言标准的句法和语义,包括后置处理字符的限制集。后置处理命令的名字用主要类型关键字来定义,名字与参数表以分隔符“/”分开,参数表本身以逗号分隔。参数可以由与特定后置处理命令句法有关的数值、关键词、引用的分隔字符串组成。

4.2 刀具位置数据(CLDATA)

GB/T 12177 定义了用于后置处理命令的 CLDATA 的记录格式。本标准定义了与命令名及命令参数有关的规定。

2 000 型记录执行后置处理指令并且形成如下元素:

a) 元素 1(整数)是 CLDATA 记录的顺序号;

b) 元素 2(整数)是 2 000,它识别该记录为整数代码类型的后置处理命令;

c) 元素 3(整数)是识别后置处理命令的主词的整数代码;

d) 元素 4 之后(多种)是后置处理命令参数的选择列表。

元素 3 和之后以整数代码表示关键词。

20 000 型记录同样执行后置处理指令且元素的形成如下:

a) 元素 1(整数)是 CLDATA 记录的顺序号;

b) 元素 2(整数)是 20 000,它识别该记录为文本类型的后置处理命令;

c) 元素 3(整数)是表明后置处理命令是否跨越多个记录的代码;

d) 元素 4(关键词)是识别后置处理命令的关键词主词的文本;

e) 元素 5 之后(多种)是后置处理命令参数的选择列表。

元素 4 和之后以字符文本形式表示关键词。

4.3 后置处理器

每个后置处理器都应该支持通用语言部分中定义的基本命令集(见第 5 章),同时支持一种或多种机床类型部分定义的附加命令集。每种机床类型部分只定义了应用于本类型机床的命令。两部分加在一起构成所有的语言。当一台机床支持本标准定义的多种类型机床的功能时,应用指令 APPLY (见 5.4)将被用于定义所使用的机床类型。

表 3 列出各类语言章节所对应的命令。

表 3 指令和语言章节对照表

指令	通用	电火花放电加工	火焰切割	磨削	激光加工	铣削	冲压	车削	线切割放电加工	探测	绘图
ADAPTV	5.2										
AIR	5.3										
APPLY	5.4	6.2	7.2	8.2	9.2	10.2	11.2	12.2	13.2	14.2	
ARCSLP						10.3					
ASSIST			7.3		9.3						
AUXFUN	5.5										
BARFED								12.3			
BREAK	5.6										
CALSUB	5.7										
CATCHR								12.4			
CHUCK								12.5			
CLAMP	5.8					10.4	11.3	12.6			
CLDATA	5.9										

表 3（续）

指令	通用	电火花放电加工	火焰切割	磨削	激光加工	铣削	冲压	车削	线切割放电加工	探测	绘图
CLDIST			7.4		9.4				13.3		
CLEARP						10.5					
COOLNT						10.6		12.7			
COUPLE	5.10							12.8			
CUTCOM	5.11	6.3				10.7		12.9	13.4		
CYCLE					9.5	10.8	11.4		13.5		
DEFCON								12.10			
DEFSUB	5.12										
DELAY	5.13										
DISPLY	5.14										
DRAFT											15.2
DRESS				8.3							
END	5.15										
ENDSUB	5.16										
FEDRAT	5.17										
FLUSH		6.4							13.6		
GENRTR		6.5							13.7		
GOHOME	5.18										
GOPARK	5.19										
HEAD						10.9					
HOMEPT	5.20										
INCLUDE	5.21										
INDPOS						10.10					
INSERT	5.22										
LEADER	5.23										
LETTER											15.3
LIMIT	5.24										
LINTOL						10.11					
LOAD		6.6				10.12	11.5	12.11	13.8	14.3	
LOCATE	5.25										
LPRINT	5.26										
MACHIN	5.27										
MATERL	5.28										
MCHFIN	5.29										

表 3（续）

指令	通用	电火花放电加工	火焰切割	磨削	激光加工	铣削	冲压	车削	线切割放电加工	探测	绘图
MCHTOL	5.30										
MODE	5.31							12.12		14.4	
MOVETO	5.32										
OP		6.7						12.13			
OPSKIP	5.33										
OPSTOP	5.34										
ORIGIN	5.35					10.13			13.9		
OVPLOT											15.4
PARKPT	5.36										
PARTNO	5.37										
PENDWN											15.5
PENUP											15.6
PIERCE			7.5		9.6		11.6				
PITCH								12.14			
PPFUN	5.38										
PPLOT											15.7
PPRINT	5.39										
PPTIME	5.40										
PREFUN	5.41										
PROBE										14.5	
RAPID	5.42										
RESET	5.43										
RETRCT						10.14					
REWIND	5.44										
ROTATE						10.15					
SAFETY								12.15			
SAFPOS	5.45										
SELECT		6.8				10.16	11.7	12.16	13.10	14.6	
SEQNO	5.46										
SPINDL		6.9				10.17		12.17			
STAN								12.18	13.11		
STDYRS								12.19			
STOP	5.47										
SYNCTR	5.48										

表 3（续）

指令	通用	电火花放电加工	火焰切割	磨削	激光加工	铣削	冲压	车削	线切割放电加工	探测	绘图
TLLIFE	5.49										
TLSTCK								12.20			
TMARK	5.50										
TOOLNO		6.10				10.18	11.8	12.21	13.12	14.7	
TORCH			7.6								
TRANS	5.51										
TURRET								12.22			
UNLOAD		6.11				10.19	11.9	12.23	13.13	14.8	
VERIFY										14.9	

5 通用语言

5.1 概述

5.1.1 通用句法

通用语言部分定义了用于多种机床类型的共性语言部分。通用语言部分和特定机床部分共同构成了该机床的所有语言集。某类机床的后置处理器将提供该类语言集的识别和解决方案。

5.1.2 子目录

1) ADAPTV 指令，控制自适应控制器的使用，参见 5.2；

2) AIR 指令，控制气源，参见 5.3；

3) APPLY 指令，定义机床系列的选择，参见 5.4；

4) AUXFUN 指令，用于插入辅助功能(M)指令，参见 5.5；

5) BREAK 指令，用于机床程序分段，参见 5.6；

6) CALSUB 指令，激活预先定义的或机床特定的子程序，参见 5.7；

7) CLAMP 指令，控制坐标轴装夹，参见 5.8；

8) CLDATA 指令，控制零件程序数据的输入，参见 5.9；

9) COUPLE 指令，定义零件程序坐标轴和机床坐标轴之间的关系，参见 5.10；

10) CUTCOM 指令，控制工件补偿，参见 5.11；

11) DEFSUB 指令，表示子程序定义的开始，参见 5.12；

12) DELAY 指令，暂停机床坐标轴的动作，参见 5.13；

13) DISPLY 指令，控制操作员信息在机床控制台上的显示，参见 5.14；

14) END 指令，指定机床程序的结束，参见 5.15；

15) ENDSUB 指令，表示子程序定义的结束，参见 5.16；

16) FEDRAT 指令，控制与进给速度有关的各种功能，参见 5.17；

17) GOHOME 指令，控制机床移到原位，参见 5.18；

18) GOPARK 指令，控制机床移到第二原位，参见 5.19；

19) HOMEPT 指令，定义机床原位，参见 5.20；

20) INCLUDE 指令，指定附加零件程序数据的来源，参见 5.21；

21) INSERT 指令，用于插入机床程序数据，参见 5.22；

22) LEADER 指令，用于插入前导空格，参见 5.23；

23） LIMIT 指令，定义行程极限和防护罩区域，参见 5.24；
24） LOCATE 指令，预加载机床参考系坐标轴，参见 5.25；
25） LPRINT 指令，用于后处理器列表控制，参见 5.26；
26） MACHIN 指令，定义后处理器，参见 5.27；
27） MATERL 指令，定义工件材料，参见 5.28；
28） MCHFIN 指令，定义合格加工粗糙度，参见 5.29；
29） MCHTOL 指令，定义合格加工公差，参见 5.30；
30） MODE 指令，控制各种模态设置，参见 5.31；
31） MOVETO 指令，控制机床坐标轴的移动，参见 5.32；
32） OPSKIP 指令，控制程序段删除指令的插入，参见 5.33；
33） OPSTOP 指令，指定机床程序中可选停止点，参见 5.34；
34） ORIGIN 指令，定义零件和机床参考系之间的关系，参见 5.35；
35） PARKPT 指令，定义机床第二原位，参见 5.36；
36） PARTNO 指令，提供唯一的机床程序识别符，参见 5.37；
37） PPFUN 指令，提供后处理器的专用指令或规程，参见 5.38；
38） PPRINT 指令，在输出数据中提供信息，参见 5.39；
39） PPTIME 指令，用于修改后处理器计算的运行时间，参见 5.40；
40） PREFUN 指令，用于插入准备功能(G)代码，参见 5.41；
41） RAPID 指令，指定快移运动，参见 5.42；
42） RESET 指令，在机床程序中指定重新启动点，参见 5.43；
43） REWIND 指令，控制磁带倒带，参见 5.44；
44） SAFPOS 指令，定义加工元件更换位置，参见 5.45；
45） SEQNO 指令，控制机床程序段的编号，参见 5.46；
46） STOP 指令，指定机床程序中要求的停止点，参见 5.47；
47） SYNCTR 指令，控制多个机床主轴头的同步化，参见 5.48；
48） TLLIFE 指令，控制刀具寿命监控设备的使用，参见 5.49；
49） TMARK 指令，用于插入倒带停止代码，参见 5.50；
50） TRANS 指令，翻译零件程序坐标，参见 5.51。

5.1.3 限定

无。

5.2 自适应指令 (ADAPTV)

控制自适应装置的使用。

$$\text{ADAPTV/}\begin{pmatrix}\text{ON}\\ \text{OFF}\end{pmatrix}$$

5.2.1 句法

这个指令用于接通和断开自适应装置，该装置用于调整工作中探测到的环境反应。

ON（关键字）打开自适应装置，在机床程序中，从该点起作用直至它断开。

OFF（关键字）断开自适应装置，返回机床程序。

5.2.2 示例

无。

5.2.3 限定

无。

5.3 空气指令（AIR）

控制气源。

AIR/ $\begin{pmatrix} \text{ON} \\ \text{THRU} \end{pmatrix}$ [，a]

AIR / OFF

5.3.1 句法

这个指令控制气源。如果持续时间没有说明，该指令为模态指令。

ON（关键词）指定一个通用空气设备。

THRU（关键词）指定一个交换空气设备。

a（实数）表示空气的接通时间(s)。持续时间为大于零的值。如果忽略持续时间，则应持续接通空气设备。

OFF（关键词）终止空气设备的持续操作。

5.3.2 示例

以下指令接通空气设备工作 6 s。

AIR/ON，6

以下指令在换刀期间接通空气设备。

AIR/THRU

LOAD/TOOL，1

AIR/OFF

5.3.3 限定

无。

5.4 应用指令(APPLY)

定义机床类型的选择。

APPLY/ $\left\{\begin{matrix} \text{DEDM} \\ \text{FLAME} \\ \text{GRIND} \\ \text{LASER} \\ \text{MILL} \\ \text{PROBE} \\ \text{PUNCH} \\ \text{TURN} \\ \text{WEDM} \end{matrix}\right\}$

5.4.1 句法

这个命令用于在同一个后置处理器中，从一个机床类型的应用编程变换到另一个基本机床类型的控制。后续的零件程序数据被解释为用语言定义过的被命名的机床类型。

DEDM（关键词）是指电火花放电加工。

FLAME（关键词）是指火焰、等离子或水喷射加工。

GRIND（关键词）是指磨削。

LASER（关键词）是指激光加工。

MILL（关键词）是指铣削或钻削。

PROBE（关键词）是指探测或测量。

PUNCH（关键词）是指金属薄板成型。

TURN（关键词）是指车削。

WEDM（关键词）是指线切割放电加工。

5.4.2 示例

无。

5.4.3 限定

无。

5.5 辅助功能指令（AUXFUN）

插入各种辅助功能(M)代码。

AUXFUN / $a^{0'n}$[,a] [,NOW]

5.5.1 句法

这个指令提供向机床程序中插入各种辅助功能(M)代码的能力。

a（实数）是指输出的辅助功能(M)代码值。如果指定多个代码，就像每一个单独使用 AUXFUN 指令插入机床程序。

NOW（关键词）紧跟在每个 M 代码之后，表示一个停顿。这个缺省动作是使(M)代码与后面的机床程序数据合并。

5.5.2 示例

以下指令将在加工程序中输出两个(M)代码，在每个(M)代码后面都出现了一个隔离的停顿。

AUXFUN/5,4,NOW

以下单独指令同以上描述的指令一样完成同样的功能。

AUXFUN/5,NOW

AUXFUN/4,NOW

5.5.3 限定

这个指令产生的加工程序可能并不简便。

5.6 断开指令（BREAK）

提供对加工程序的分割。

$$\text{BREAK}\ \left[/\ \left\{\begin{array}{l}\text{LENGTH,a}\\ \text{TIME,b}\\ \text{NOW}\end{array}\right\}\right]$$

5.6.1 句法

这个指令用于对加工程序的分割。分割可以立即或按程序大小或加工时间执行。

LENGTH,a（关键词）指定了在每个加工程序分割前，最大加工程序长度。

TIME,b（关键词）在每个加工程序分割前以秒为单位指明程序的运行时间。

NOW（关键词）指明加工程序分割应立即发生。

该指令后面没有跟参数，认为立即执行，分割请求。

5.6.2 示例

无。

5.6.3 限定

无。

5.7 调用子程序指令（CALSUB）

调用预定义或机床特定的子程序。

$$\text{CALSUB/}\ \left\{\begin{array}{l}\text{a}\\ \text{'b'}\end{array}\right\}\left\{\begin{array}{l}\text{,CLDATA}\\ \text{SYSTEM}\end{array}\right\}\ [\text{,ON}]\ [\text{,TIMES,c}]\ [\text{,'d'}]$$

CALSUB / OFF

5.7.1 句法

这个指令控制调用预定义或机床特定的子程序。

a（实数）通过数字识别子程序。

b（文本）通过文本识别子程序。

CLDATA（关键词）指明已经由DEFSUB 指令（见 5.12）预先定义了的被调用的子程序。

SYSTEM（关键词）指明将要调用的子程序是机床特定子程序，这个子程序已经被预先加载到了机床上。机床的特定子程序并没有在零件程序中定义。

ON（关键词）指明对于跟在零件程序之后的每次运动，子程序都应该被调用一次直至被CALSUB/OFF 指令取消为止。在缺少这个限定词的情况下，子程序应该立即被调用。

OFF（关键词）指明终止模态调用。

TIMES，c 指明调用子程序的次数。对于模态指令而言，在零件程序中的每次运动时，是按照指定次数调用子程序。如果这个限定词缺省，则子程序调用一次。

d（文本）指明将要附加到每个子程序段之后的可选机床的特定数据。提供了向子程序传递参数的基本途径。该文本同 INSERT 指令（见 5.22）一样的方式对待。

预定义子程序是在零件程序中预先定义的程序。一个预定义的子程序包括用 DEFSUB 指令命名子程序、一个或多个零件程序定义的子程序主体和终止 ENDSUB 指令（见 5.16）。

CALSUB 指令是在将要执行的子程序中复制零件程序数据。在不支持子程序的机床上，后置处理器将子程序定义的零件程序数据，放在加工程序 CALSUB 出现处。

模态指令 CALSUB 导致在零件程序中每个运动处调用已命名的子程序直至被 CALSUB/OFF 指令取消。后置处理器尽可能将运动和子程序调用指令放在一个单独语句中，否则，先执行运动指令，然后调用子程序。这提供了在一系列点处执行循环操作的能力。

5.7.2 示例

以下示例对直线形式的每个点处调用一次子程序。

```
CALSUB/9010,CLDATA,ON
GOTO/4,1,0
GOTO/4,2,0
GOTO/4,3,0
CALSUB/OFF
```

传递机床特定参数时，以下示例表示调用一次子程序。

```
CALSUB/8100,SYSTEM,'P01=4.5   P02=2'
```

5.7.3 限定

当机床不支持子程序时，不能使用机床的特定参数。

这类机床指定的命令格式产生的机床程序也不一定是最简便的。

5.8 夹紧指令（CLAMP）

控制轴上卡紧装置的应用。

```
CLAMP/ ( {mc-axis} )  [ ,ON  ]
       ( ALL       )  [ OFF  ]
                      [ AUTO ]
```

5.8.1 句法

这个指令控制夹紧操作。

{mc-axis}（关键词）通过命名指定机床轴（见 3.2 机床轴列表及相关语法）。

ALL（关键词）指定所有机床轴。

ON（关键词）开始夹紧操作。

OFF（关键词）终止夹紧操作。

AUTO（关键词）指明若缺省时轴应始终被夹紧。当程序驱动轴运动时，自动解除夹紧，轴的运动停止后自动恢复夹紧状态。

5.8.2 示例

下面例子是在循环钻孔过程中，夹紧旋转工作台A轴。

```
CYCLE/DRILL,DEPTH, 4, PERREV, .012, CLEAR, .1,RETURN, .5
CLAMP/ TABLE,AAXIS,AUTO
GOTO/0, 0, 8, 0, 0, 1
GOTO/0, 8, 0, 0, 1, 0
GOTO/0, 0, −8, 0, 0, −1
GOTO/0, −8, 0, 0, −1, 0
CLAMP/TABLE, AAXIS, OFF
CYCLE/OFF
```

5.8.3 限定

无。

5.9 刀具位置数据指令（CLDATA）

控制零件程序数据的输入

CLDATA/ (ON | OFF)

5.9.1 句法

这个指令允许程序员有选择的向加工的后处理器输入程序数据。这个指令不能应用于绘图后处理器。

ON（关键词）指明指令后的所有的零件程序数据应由加工后处理器处理。

OFF（关键词）指明除了本指令外，其后所有的零件程序数据都被加工后处理器忽略。

5.9.2 示例

无。

5.9.3 限定

无。

5.10 同步指令（COUPLE）

定义了零件程序坐标系与机床坐标系的关联性。

COUPLE / {XCOORD | YCOORD | ZCOORD} ,{mc-axis}$^{0;n}$ [, {XCOORD | YCOORD | ZCOORD} ,{mc-axis}]

5.10.1 句法

这个指令分配零件参考系到机床特定坐标的运动坐标。它用于有一个或多个直线轴或旋转轴的机床。该指令为模态指令。

[XYZ]COORD（关键词）指明零件参考系下，与机床特定坐标有关的三个主要的坐标轴之一。

{mc-axis}（关键词）指定一个将用于连续运动中的共线性或共旋转轴（见3.2机床坐标名称和相关句法列表）。对于共线性轴，由被命名的共线性轴的移动决定，沿着指定的零件参考轴移动。对于共旋转轴，由被命名的共旋转轴的旋转决定，绕着指定的零件参考轴旋转。

5.10.2 示例

以下指令表明零件参考系下的X轴运动是与机床Z轴同步的；零件参考系下的Y轴运动是与机床X轴同步的；零件参考系下的Z轴运动是与机床Y轴同步的。这是一个为卧式车床编程的常见配置。

COUPLE/XCOORD，ZAXIS，YCOORD，XAXIS，ZCOORD，YAXIS

以下指令表明零件参考系下的Y轴运动是与机床Z轴同步的;零件参考系下的Z轴运动是与机床Y轴同步的。这是一个为立式车床编程的常见配置。

COUPLE/YCOORD，ZAXIS，ZCOORD，YAXIS

以下指令指定零件参考系下的Z轴与到机床W轴(第二Z轴)是同步的

COUPLE/ZCOORD，WAXIS

以下指令重新设定零件参考系下的Z轴为机床Z轴

COUPLE/ZCOORD,ZAXIS

5.10.3 限定

零件/机床坐标的同步性应由GB/T 19660—2005所定义的构成来限制。

5.11 刀具补偿指令(CUTCOM)

控制工件的刀具补偿。

```
CUTCOM / ON    1   ⎛ , ⎛XCOORD⎞ ,a ⎞
              ：n  ⎜   ⎜YCOORD⎟    ⎟
                   ⎝   ⎝ZCOORD⎠    ⎠

CUTCOM/ OFF    1   ⎛ , XCOORD ⎞
              ：n  ⎜   YCOORD ⎟
                   ⎝   ZCOORD ⎠
```

CUTCOM/ ON，COORD，a

CUTCOM/ OFF，COORD

5.11.1 句法

这个指令控制工件的刀具补偿的应用和取消。

ON(关键词)指明应用刀具补偿。

OFF(关键词)取消刀具补偿。

[XYZ]COORD(关键词)识别一个应用或取消刀具补偿的机床轴。

COORD(关键词)识别从所有轴中一个应用或取消通用工件补偿。

a(实数)用做工件补偿的机床上的偏置寄存器。

5.11.2 示例

无。

5.11.3 限定

无。

注：关键词XCOORD、YCOORD、ZCOORD是指机床轴，与3.2节所描述的相反。在本标准修订本中，工件补偿的轴定义形式保持了连续性。

5.12 子程序定义开始指令(DEFSUB)

指明子程序定义的开始

```
DEFSUB / ⎛a  ⎞
         ⎝'b'⎠
```

5.12.1 句法

这个指令指明预定义子程序的开始。

a(实数)由数字识别符识别子程序。

b(文本)由文本识别符识别子程序。

一个预定义子程序包括指令DEFSUB对子程序的命名，一个或多个零件程序指令作为子程序的主体，还有终止子程序指令ENDSUB(见5.16)。子程序通过相应的子程序识别符被指令CALSUB调用。

这个子程序应由后置处理器储存,以便为随后的CALSUB命令处理。在支持子程序的机床上,子程序的存储应以适当的形式出现在机床程序中。在不支持子程序的机床上,后置处理器应推迟子程序的处理直至CALSUB指令的出现。

5.12.2 示例

当子程序运行时,与机床位置相关的包含循环操作的子程序应给予特殊考虑。用于这一目的的子程序应按以下开始和结束:

```
DEFSUB / 9010
FROM / 0,0,0
MODE / INCR
…
…
MODE / ABSOL
ENDSUB
```

当子程序被调用时,FROM语句定义了与刀具位置相关的刀具的起始位置。此语句中的坐标点不必为(0,0,0)。MODE / INCR指令定义了随后的刀具位置输出为增量模式。MODE/ABSOL指令在从子程序返回之前,把位置输出重新设置到了绝对模式。如果刀具在子程序开始和结束的位置不同,增量模式可能出现位置的歪斜,绝对模式消除了这种潜在的可能。

5.12.3 限定

无。

5.13 延迟指令(DELAY)

表示机床上坐标运动的暂时停止。

DELAY / [DWELL, | REV] a

5.13.1 句法

这个指令使机床坐标的运动在指定期间暂停,与GB/T 8870定义的G04相符。

DWELL(关键词)指明延迟以秒为单位计时。

REV(关键词)指明延迟以主轴的转数计时。

a(实数)以特定的单位表示的延迟数。这个值是个非零正值。如果DWELL或REV都没有被指定,缺省值为秒。

5.13.2 示例

无。

5.13.3 限定

以主轴转数为延迟单位时,只对机床主轴有效,并且只有当主轴旋转时有效。

5.14 显示指令(DISPLY)

控制在机床控制器上操作者信息的显示。

DISPLY / {a | 'b' | ON | OFF}

5.14.1 句法

这个指令控制在控制台上操作者信息的输出。信息可以由显示DISPLY命令或者由随后的打印PPRINT命令(见5.39)指定输出。

a(实数)指明操作台灯或显示按钮。

b（文本）指明在操作台显示的信息。

ON（关键词）指明随后的打印命令将在操作台显示。

OFF（关键词）指明随后的打印命令不在操作台显示。

5.14.2 示例

以下示例输出一系列信息到操作台上。

DISPLY /′MESSAGE 1′

DISPLY /′MESSAGE 2′

DISPLY /′MESSAGE 3′

下面例子完成同样的功能。

DISPLY / ON

PPRINT /′MESSAGE 1′

PPRINT /′MESSAGE 2′

PPRINT /′MESSAGE 3′

DISPLY / OFF

5.14.3 限定

无。

5.15 结束指令（**END**）

指定加工程序的结束。

END

5.15.1 句法

这个指令指明加工程序的结束，与 GB/T 8870 定义的 M02 相同。

5.15.2 示例

无。

5.15.3 限定

无。

5.16 子程序定义结束指令（**ENDSUB**）

指明子程序定义的结束。

ENDSUB

5.16.1 句法

这个指令指明预定义子程序的结束。

一个预定义子程序包括指令 DEFSUB(见 5.12)对子程序的命名，一个或多个零件程序指令作为子程序的主体，还有终止子程序指令 ENDSUB。子程序通过相应子程序识别符被指令 CALSUB(见 5.7)调用。

5.16.2 示例

无。

5.16.3 限定

无。

5.17 进给速率指令（**FEDRAT**）

5.17.1 概述

控制进给运动速度，或者是进给速率倍率取消。

5.17.1.1 子目录

1） 进给运动速度说明，参照 5.17.2；

2） 进给倍率取消说明，参照 5.17.3。

5.17.1.2 限定

无。

5.17.2 进给运动速度说明

```
FEDRAT / ┌PERMIN,┐ a [,MXPERM,b]
         │PERREV │
         └FPT    ┘
```

5.17.2.1 句法

这个指令指定进给运动速度同时可以选择设定速度的上限。

PERMIN (关键词) 指明在零件程序中进给速度以每分钟零件程序单位计算，与 GB/T 8870 定义的 G94 一致。

PERREV (关键词) 指明在零件程序中速度以主轴的转数计算，与 GB/T 8870 定义的 G95 一致。

FPT (关键词) 指明在零件程序中速度以主轴的每转每齿进给量计算。齿数由 TOOLNO 指令的 FLUTES 的限定词定义。如果没有指明 FLUTES，则假设为单个齿。

a (实数) 指明在指定的或缺省的单位下的进给运动速度。这个进给速度应该是非零正值。进给速度单位的指定为模态。在零件程序起始时，缺省进给速度单位是每分钟。

MXPERM，b (关键词，实数) 指明进给速度上限，以每分钟零件程序单位测量。这个速度最大值应为非零正值。这个极限值保持有效直至下一个进给速度说明指令。如果省略该值，则不会出现进给极限。

5.17.2.2 示例

以下示例指明以主轴每转 0.2 零件程序单位的进给速度，上限为每分钟 56.0 个零件程序单位。

FEDRAT / PERREV,.2,MXPERM,56

5.17.2.3 限定

无。

5.17.3 进给速率倍率取消说明

```
FEDRAT/LOCK, ┌ON ┐
             └OFF┘
```

5.17.3.1 句法

这个指令控制在机床上进给速率倍率能力的使用。

LOCK，ON (关键词) 指定对编程的进给速度锁定，取消机床的进给速率倍率。

LOCK，OFF (关键词) 打开编程的进给速度锁定，允许使用机床的进给速率倍率。

5.17.3.2 示例

无。

5.17.3.3 限定

无。

5.18 回参考点指令 (GOHOME)

移动机床回到参考点位置。

GOHOME[/ {mc-axis} ^{0,n}[,{mc-axis}]]

5.18.1 句法

这个指令使机床快速移动到参考点位置，或者移动到由 HOMEPT 指令(见 5.20)定义的参考点位置 (如果使用了该指令的话)。

{mc-axis}(关键词) 指明一个或多个机床轴移动到参考点(见 3.2 机床轴名列表和相关的句法)。由于所有指定轴将被同时移动，所以这些轴的顺序并不重要。如果回参考点 GOHOME 指令没有指明任何机床轴的名字,如果需要的话,所有具有参考点的轴都将被移动到参考点。

5.18.2 示例

以下指令将首先移动 Z 和 W 轴,然后移动所有的机床轴回归原位。

GOHOME / ZAXIS,WAXIS

GOHOME

5.18.3 限定

无。

5.19 回第二参考点位置指令(GOPARK)

移动机床到第二参考点位置。

GOPARK [/ {mc-axis} $^{0;n}$[,{mc-axis}]]

5.19.1 句法

这个指令使机床快速移动到第二参考点位置,或者移动到由 PARKPT 指令(见 5.36)定义的参考点位置(如果使用了该指令的话)。如果没有定义机床第二参考点位置,则将使用初始参考点位置(见 5.20)。

{mc-axis}(关键字)指明要移动到第二参考点位置的一个或多个机床轴(见 3.2 机床轴名列表和相关的句法)。如果回第二参考点位置指令 GOPARK 没有指定任何轴的名字,所有具有第二参考点位置的轴都将移动回第二参考点位置。

5.19.2 示例

无。

5.19.3 限定

无。

5.20 定义参考点指令(HOMEPT)

定义机床的参考点位置。

HOMEPT/ $\begin{pmatrix}\{\text{mc-axis}\}\\\{\text{cl-axis}\}\end{pmatrix}$,a $^{0;n}\left[,\ \begin{pmatrix}\{\text{mc-axis}\}\\\{\text{cl-axis}\}\end{pmatrix},\text{a}\right]$

HOMEPT/ NOMORE

5.20.1 句法

这个指令定义机床参考点位置供 GOHOME 指令(见 5.18)使用。如果机床有一个固定的参考点,那么 HOMEPT 指令将被忽略;如果机床有一个参考点,那么这个指令只用于信息目的。在其他条件下,这个指令将用于定义原点位置。缺省参考点位置由零件程序中第一个 FROM 运动定义的坐标系。

{mc-axis}(关键词)指明被定义参考点的机床轴(见 3.2 的机床轴名称和相关句法列表)。

{cl-axis}(关键词)指明被定义参考点的零件参考轴(见 3.1 的零件程序名称和相关句法列表)。

a(实数)参考点位置。

NOMORE(关键词)取消最后被指定的 HOMEPT 位置,并重新设置参考点为零件程序中第一个 FROM 运动定义的坐标系。

在 HOMEPT 中提到的这些轴,只有通过 GOHOME 指令才可以驱动。所有未提到的轴保持不变。

5.20.2 示例

无。

5.20.3 限定

无。

5.21 包含指令(INCLUDE)

指明附加的零件程序数据的来源。

INCLUDE / ‘a’

5.21.1 句法

这个指令为后置处理器输入数据流包括次要的程序数据。这对后置处理器加载标准信息是有益处的，例如 TOOLNO 和 MATERL 说明。

a（文本）指明被读写的文件名称，这个文件用在继续主程序之前的次程序。

这个指令 INCLUDE 并不能产生输入数据流的永久改变。当在次要程序中遇到一个文件结束或 FINI 记录时，在该指令后的流程将回到主程序中继续处理。

次要文件可以包括包含指令。

5.21.2 示例

无。

5.21.3 限定

INCLUDE 指令不应循环地涉及零件程序文件。

5.22 插入指令（INSERT）

为机床程序数据提供插入功能。

INSERT / ‘a’ [, NEXT]

5.22.1 句法

这个指令提供向机床程序插入数据的能力。

a（文本）指明要插入机床程序中的数据。

NEXT（关键词）指明的数据应被附加到下一段程序中。当缺少限定词时，应立即输出数据。后置处理器将提供顺序号信息及适当的地方字符数据程序段的结束。

5.22.2 示例

无。

5.22.3 限定

这个指令产生的机床程序数据可能并不是最简便的。

5.23 引导指令（LEADER）

为引导空隔的插入做准备。

LEADER / [LENGTH,] a

5.23.1 句法

这个指令指明插入控制记录带引导空隔数量。

LENGTH,a（关键词,实数）指明以零件参考单位计算的引导长度。LENGTH 关键词是可选的，而且对 LEADER 指令的运行没有影响。

5.23.2 示例

无。

5.23.3 限定

无。

5.24 极限指令（LIMIT）

定义行程极限和保护区域。

LIMIT / a, $\begin{pmatrix}\text{IN}\\ \text{OUT}\end{pmatrix}^{1:n}$ (, {*mc-axis*} ,*b* , *c*)

LIMIT/ a, $\begin{pmatrix}\text{ON}\\ \text{OFF}\end{pmatrix}$

5.24.1 句法

这个指令定义了一个空间区域，加工元素（刀具）必须完全保持在其内（行程极限）或者其外（保护区域)。

a(实数)当报告超过行程极限时,提供用后置处理器的行程极限区域的整数识别。

IN(关键词)指明刀具必须保持在定义的区域内。

OUT(关键词)指明刀具必须保持在定义的区域外。

{mc-axis}(关键词)指明需要进行行程极限检查的机床轴(见3.2机床轴名称及相关句法列表)。

b,c(实数)指明指定机床轴的行程极限的上下限值。行程极限对线性轴是以机床单位测量,对旋转轴以度来测量。

ON(关键词)指定的行程区域可使用极限检查。当定义一个区域时,缺省值是使用极限检查。

OFF(关键词)在指定的行程区域不使用极限检查。

5.24.2 示例

以下示例设定了行程极限,作为区域1,这个区域限定机床的X轴从0到20,Y轴从−5到5的区域中运行。

LIMIT/1,IN,XAXIS,0,20,YAXIS,−5,5

下一个示例设定了一个保护区域,作为区域2,这个区域禁止X轴从15到30的区域中运行。区域1和区域2的共同作用将限定X轴在0到15的区域内运行。

LIMIT/2,OUT,XAXIS,15,30

这个最后示例是把前一个示例的区域2的限制区域取消了。

LIMIT/2,OFF

5.24.3 限定

无。

5.25 定位指令(LOCATE)

预载机床参考系轴

LOCATE / {mc-axis},a $^{0:n}$[,{*mc-axis*},*a*]

LOCATE / OFF

5.25.1 句法

这个指令将给参考系统轴预载指定值。一个预载操作并不导致运动的发生。只有那些在LOCATE指令中指定的轴被预载,其他的轴保持着现有的设置不变。

{mc-axis}(关键词)指明需要预载操作的机床轴(见3.2机床轴名称及相关句法列表)。

a(实数)为指定的机床轴设定预载值。预载值对线性轴是以机床单位测量,对旋转轴以度来测量。

OFF(关键词)使机床轴重新设定为初始状态,清除所有的预载值。

5.25.2 示例

以下示例使机床第二Z轴(W)从原点位置移动到20机床单位的位置。这时定位指令LOCATE指令将该点设置为机床轴的原点。

MOVETO/WAXIS,20

LOCATE/WAXIS,0

下一个示例是很典型的常见的编程练习,在机床程序的开始输出一段代码,将机床轴重新设置到需要的起始位置。机床操作人员的责任是确认在加工程序开始前机床处于正确的位置。

PARTNO/'SAMPLE'

LOCATE/XAXIS,50,YAXIS,0,ZAXIS,10

FROM/50,0,10

…

…

5.25.3 限定

无。

5.26 打印列表指令（LPRINT）

控制后置处理器输出列表。

$$\text{LPRINT} / \begin{pmatrix} \text{ON} \\ \text{OFF} \end{pmatrix}$$

5.26.1 句法

这个指令控制对后置处理器列表的信息输出。

ON（关键词）指定所有相关的数据都应输出到后置处理器列表文件里。

OFF（关键词）暂停向后置处理器列表文件输出数据。

5.26.2 示例

无。

5.26.3 限定

无。

5.27 机床指令（MACHIN）

定义后置处理器

$$\text{MACHIN} / \text{a,b,} \begin{bmatrix} \text{INCH} \\ \text{MM} \\ \text{CM} \\ \text{FEET} \end{bmatrix}$$

5.27.1 句法

这个指令为后置处理器指定机床，并提供初始化参数。

a（实数）指明后置处理器的名称。名称由1～6个字符数字组成的字符串。

b（实数）用特定的数字进一步表示后置处理器。

INCH（关键词）指明加工程序单位应为in，与GB/T 8870定义的G70一致。

MM（关键词）指明加工程序单位应为mm，与GB/T 8870定义的G70一致。

CM（关键词）指明加工程序单位应为cm。

FEET（关键词）指明加工程序单位应为ft。

5.27.2 示例

以下示例要求机床程序的单位为mm，后置处理器名称“Test”，识别数字为7。

MACHIN/TEST,7,MM

5.27.3 限定

无。

5.28 材料指令（MATERL）

定义工件材料。

$$\text{MATERL/ [TYPE,a] [,COND,b]}^{0,n} \begin{bmatrix} , \begin{pmatrix} \text{XDIM} \\ \text{YDIM} \\ \text{ZDIM} \\ \text{DIAMET} \end{pmatrix} ,\text{c} \end{bmatrix}$$

5.28.1 句法

这个指令定义了工件材料的类型、硬度和尺寸。

TYPE,a（关键词，实数）由特定代码数字确定的材料类型。

COND,b（关键词，实数）根据硬度值确定的材料条件。

[X,Y,Z]DIM,c (关键词,实数) 指明沿着特定零件参考轴的方向测量时工件的长度。尺寸值用零件参考单位。

DIAMET,c (关键词,实数) 指明工件的直径。尺寸值以零件参考单位为单位。

5.28.2 示例

以下指令为转塔式冲床定义了一个 3 mm 厚的钢板。

MATERL/ZDIM,3

5.28.3 限定

至少指定一种类型、硬度或尺寸信息。使用机床特定材料代码也许并不简便。

5.29 加工精度指令(MCHFIN)

定义可允许的加工粗糙度。

```
MCHFIN / ⎧a      ⎫
         ⎨FINE   ⎬
         ⎩COARSE ⎭
```

5.29.1 句法

这个指令定义一个对材料加工允许的加工粗糙度。

a (实数) 指明在用 RMS 测量的粗糙度。

FINE (关键词) 指明要求很好的表面粗糙度。

COARSE (关键词) 指明允许比较粗糙的表面粗糙度。

5.29.2 示例

无。

5.29.3 限定

无。

5.30 加工公差指令 (MCHTOL)

定义允许的加工公差

```
MCHTOL / ⎧a           ⎫
         ⎪FINE        ⎪
         ⎨COARSE      ⎬
         ⎩TO,b,PAST,c ⎭
```

5.30.1 句法

这个指令定义在间隔时机床动力下滑,实际刀具路径允许的最大误差。

a (实数) 指定了允许误差值,以零件参考单位来测量。

FINE (关键词) 指明允许的误差应为最小。

COARSE (关键词) 指明可以允许正常误差。

TO,b (关键词,实数) 指明允许误差的下限,以零件参考单位测量。

PAST,c (关键词,实数) 指明允许误差的上限,以零件参考单位测量。

5.30.2 示例

无。

5.30.3 限定

无。

5.31 方式指令 (MODE)

5.31.1 概述

控制机床的定位方式、曲线插补方式或者圆弧插补方式的一种规定。

5.31.1.1 子目录

1) 机床定位方式说明,见 5.31.2;

2) 曲线插补方式说明,见 5.31.3;

3) 圆弧插补方式说明,见 5.31.4。

5.31.1.2 限定

无。

5.31.2 机床定位方式说明

MODE / (INCR / ABSOL)

5.31.2.1 句法

这个指令定义机床使用的定位方式。

INCR (关键词) 指明机床轴的运动编程数据以增量格式,与 GB/T 8870 定义的 G91 一致。

ABSOL (关键词) 指明了机床轴的运动编程数据以绝对格式,与 GB/T 8870 定义的 G90 一致。

5.31.2.2 示例

无。

5.31.2.3 限定

无。

注:对机床定位方式的选择只是输出习惯。并不影响零件程序里坐标点数据的说明,他们总是以绝对值方式在工件坐标系中设定的。

5.31.3 曲线插补方式说明

MODE / (LINEAR / CIRCUL / PARAB / SPLINE)

5.31.3.1 句法

这个指令定义在机床上包括多点线性移动的每点之间的插补方式。

LINEAR (关键词) 指明在多点线性移动的每点之间执行直线插补。这是缺省值。

CIRCUL (关键词) 指明在多点线性移动的每点之间执行圆弧插补。

PARAB (关键词) 指明在多点线性移动的每点之间执行抛物线插补。

SPLINE (关键词) 指明在多点线性移动的每点之间执行样条插补。

5.31.3.2 示例

无。

5.31.3.3 限定

如果机床上没有要求插补方式,则用直线插补。

注 1:多点运动在 GB/T 12177 CLDATA 作为两个或更多的坐标系数据设定包括 5 000 型记录以及 0 个或多个 5 000型的子类型 6 型的连续记录被定义。

注 2:多点运动在 GB/T 12646 NC 处理器源 CLDATA 输出中作为一个或多个移动命令并跟随终止 GOTO 命令来定义。

注 3:多点运动在 GB/T 12646 NC 处理器输入中是用任何一种连续运动状态来定义的。

5.31.4 圆弧插补方式说明

MODE / LINCIR, ON [, ANGLE , a]

MODE / LINCIR, OFF

5.31.4.1 句法

当机床处理圆弧插补零件程序时,这个指令定义插补方式。

LINCIR,ON (关键词)指明以一个指定的或缺省的公差,执行直线插补完成逼近圆弧运动,与GB/T 8870定义的G01一致。

LINCIR,OFF (关键词) 指明应执行圆弧插补,与GB/T 8870 定义的 G02 和 G03 一致。这是缺省值。

ANGLE,a (关键词,实数)采用线性逼近圆弧时,输出每点之间的最大角度。如果省略了这个限定词,则将使用从零件程序运动开始的原始中间点。如果省略了这个限定词并且零件程序运动只定义了最后点,则中间点将用最后指定的 INTOL 或 OUTTOL 程序值中的比较大的值计算。

由 INTOL 和 OUTTOL 的记录指定的公差定义在圆弧上中间点的最大弦高。在 MODE / LINCIR 的指令中角度 ANGLE 限定词,指定在圆弧的中间点的角度公差。当逼近圆弧时,由角度限定词的存在与否,决定选择公差的方法。

5.31.4.2 示例

无。

5.31.4.3 限定

如果在机床上不能使用圆弧插补,则将采用直线插补逼近圆弧运动。

注 1:零件程序圆弧运动在 GB/T 12177 CLDATA 中作为 3 000 型记录定义的圆。随后或是以 15 000 型非分段运动记录或是 5 000 型多点运动的记录来定义。多点运动记录包括两个或更多的座标数据设定,包括 5 000 型记录和零或多 5 000 型到 6 型连续记录。

注 2:零件程序圆弧运动在 GB/T 12646 NC 处理器源 CLDATA 输出作为 MOVARC 命令定义圆。随后或是用简单 GOTO 命令或是用多点运动记录。多点运动记录包括一个或多个 MOVE 命令,跟随终止 GOTO 命令。

注 3:零件程序圆弧运动在 GB/T 12646 NC 处理器输入中当与圆柱导动表面或零件表面接触时,用任一连续运动状态来定义。

5.32 移动指令 (MOVETO)

控制机床轴的运动。

MOVETO / {mc-axis},a $^{0:n}$[,{mc-axis},a]

5.32.1 句法

这个指令将移动一个或多个机床轴到特定位置。只有在 MOVETO 指令涉及的轴才移动,其他的轴保持当前位置不动。移动在程序设置的速度下执行,无论是进给速度或是快速移动。

{mc-axis}(关键词) 指明需要移动的机床轴(见 3.2 机床轴的名称和相关句法列表)。由于所有指定的轴将被同时移动,所以轴的顺序并不重要。

a (实数) 指明指定的机床轴新位置的绝对值。对线性轴这个值采用机床单位,对旋转轴,采用度。

5.32.2 示例

以下示例使机床轴 X 和 Y 轴快速移动到机床原点,然后使机床轴 Z 轴以可控的进给速度下降。

```
RAPID
MOVETO/XAXIS,0,YAXIS,0
FEDRAT/PERMIN,250
MOVETO/ZAXIS,-50
```

5.32.3 限定

无。

5.33 程序段注销指令 (OPSKIP)

控制程序段删除代码的插入。

OPSKIP/ $\begin{pmatrix}\text{ON}\\\text{OFF}\end{pmatrix}$ [,a]

5.33.1 句法

这个指令在加工程序中控制程序段的输出删除代码。机床操作人员可以通过转换设置进行选择来加工或者跳过这个加工程序段。

ON（关键词）定义任选跳过区域的开始。

OFF（关键词）定义任选跳过区域的结束。

a（实数）由一个整数确定任选跳过的区域。当由多个区域重叠时应用这个参数。

5.33.2 示例

无。

5.33.3 限定

无。

5.34 选择停指令（**OPSTOP**）

在机床程序中设计一个可选择的停止点。

OPST OP

5.34.1 句法

这个指令在机床程序中设计一个可选择的停止点。机床的操作人员可以通过转换设置选择忽略或者执行停止的要求。

5.34.2 示例

无。

5.34.3 限定

无。

5.35 原点指令（**ORIGIN**）

定义了零件和机床参考系统之间的关系。

ORIGIN / [COORD] a,b [,c]

$$\text{ORIGIN} \;/\; \left(\begin{matrix}\text{XCOORD}\\ \text{YCOORD}\\ \text{ZCOORD}\end{matrix}\right), d \quad {}^{0:n}\left[\,,\left(\begin{matrix}\text{XCOORD}\\ \text{YCOORD}\\ \text{ZCOORD}\end{matrix}\right), d\right]$$

5.35.1 句法

这个指令定义零件参考坐标系原点和机床参考坐标系原点之间的关系。

COORD,a,b,c（关键词）指明在机床参考坐标系原点下的零件参考系统 X,Y,Z 的坐标。COORD 关键词是可选的,并不能影响到 ORIGIN 指令。

[XYZ]COORD,d（关键词,实数）指明沿着已命名的零件轴测量的机床参考系统原点的位置。这个数值在零件参考系中是有符号值。

5.35.2 示例

以下示例指定零件参考坐标系(X=0,Y=10,Z=4)作为机床原点。

ORIGIN/0,10,4

实际上,零件参考系原点与机床坐标系下(X=0,Y=－10,Z=－4)相符,但不包括由于单位和轴符号反向的变换。

5.35.3 限定

无。

5.36 第二参考点指令（**PARKPT**）

$$\text{PARKPT} \;/\; \left(\begin{matrix}\{\text{mc-axis}\}\\ \{\text{cl-axis}\}\end{matrix}\right), a \quad {}^{0:n}\left[\,,\left(\begin{matrix}\{\text{mc-axis}\}\\ \{\text{cl-axis}\}\end{matrix}\right), a\right]$$

PARKPT / NOMORE

5.36.1 句法

这个指令定义了用于 GOPARK 指令(见 5.19)使用的机床的第二参考点。如果机床有一个固定的第二参考点,则 PARKPT 指令将被忽略,如果机床有一个参考的第二参考点指令,这个指令仅用于信息的目的。在其他情况下,这个指令用于定义第二参考点。第二参考点缺省是第一参考原点由 HOMEPT 命令(见 5.20)定义的。

{mc-axis}(关键词) 指明要定义第二参考点的机床轴(见 3.2 机床轴名称和相关句法的列表)。由于所有已命名的轴将被同时移动,所以轴的顺序并不重要。

{cl-axis}(关键词) 指明了要定义第二参考点的零件参考轴(见 3.1 零件程序轴名称和相关句法的列表)。

a (实数) 为第二参考点(或是命名的机床轴或是命名的零件座标轴)。

NOMORE (关键词) 取消最后指定的第二参考点并把第二参考点重新设置成由最后的 HOMEPT 指令定义的坐标。

只有用指令 PARKPT 提及的轴才能由回第二参考点指令 GOPARK 驱动。所有没有提及的轴保持不变。

5.36.2 示例

无。

5.36.3 限定

无。

5.37 零件号指令 (PARTNO)

为机床程序提供唯一的识别号。

PARTNO / 'a'

5.37.1 句法

这个指令为机床程序提供唯一的识别号。

a (文本) 指定机床程序标识号。

5.37.2 示例

无。

5.37.3 限定

无。

5.38 后置处理功能指令 (PPFUN)

为后置处理器提供专门指令或命令

PPFUN / $a^{0:n}$[,a]

5.38.1 句法

这个指令表明后置处理器使用的,由零件程序员提供的特殊指令或命令。

5.38.2 示例

无。

5.38.3 限定

使用这个指令并不简便。

5.39 后置处理打印指令 (PPRINT)

在输出数据中提供信息。

PPRINT / 'a'

5.39.1 句法

这个指令提供的信息输出到后置处理器的清单上,或者到机床控制台上,由 DISPLY 指令的取值决定。

a(文本) 信息。

5.39.2 示例

无。

5.39.3 限定

无。

5.40 修正时间指令(PPTIME)

修正后置处理计算的运行时间

PPTIME / a

5.40.1 句法

这个指令定义了要增加到后置处理计算的时间中的时间量。

a(实数) 指明增加到后置处理器计算时间量,单位为 s。

5.40.2 示例

无。

5.40.3 限定

无。

5.41 准备功能指令(PREFUN)

提供插入准备功能(G 代码)的能力。

PREFUN / a $^{0;n}$[,a][,NOW]

5.41.1 句法

这个指令提供向机床程序中插入准备功能(G 代码)的能力。

a(实数) 指明将输出准备功能(G)代码。如果指定多个代码,就像单独被指定一样插入到机床程序中。

NOW(关键词) 表明在输出的每个(G)代码与其后立即出现一个新的程序段之间停顿。如果可能,缺省是(G)代码与随后的程序合并。

5.41.2 示例

无。

5.41.3 限定

无。

5.42 快速指令(RAPID)

指明以快速移动速度运动。

RAPID

5.42.1 句法

这个指令指明下面的运动应以快速的速度执行。随后的运动回复到最后指定的进给速率(见 5.17.2)。

5.42.2 示例

无。

5.42.3 限定

无。

5.43 重新设置指令(RESET)

在机床程序中设置了重新开始的点。

RESET

5.43.1 句法

这个指令在机床程序中设置了重新开始的点。后置处理器应确认输出充足的信息,保证机床程序能从这个点重新开始而不丢失坐标点。

5.43.2 示例

无。

5.43.3 限定

无。

5.44 倒带指令(REWIND)

重绕控制带。

REWIND [/ a]

5.44.1 句法

这个指令反绕控制带到有特定标记的位置,这个标记由 TMARK 指令产生(见 5.50),或者到控制带的开始,与 GB/T 8870 定义的 M30 一致。

a(实数)指明控制带反绕的标记。如果省略,控制带将重绕到开始。

5.44.2 示例

无。

5.44.3 限定

无。

5.45 安全位置指令(SAFPOS)

定义了加工元素更换位置。

SAFPOS / $\left(\begin{matrix}\{\text{mc-axis}\}\\\{\text{cl-axis}\}\end{matrix}\right)$, a $\left[, \left(\begin{matrix}\{\text{mc-axis}\}\\\{\text{cl-axis}\}\end{matrix}\right), \text{a}\right]^{0:n}$

SAFPOS / NOMORE

5.45.1 句法

这个指令用指定的指令 LOAD 定义加工元素(刀具)更换的位置。如果机床有一个固定的换刀位置,则 SAFPOS 指令应被忽略。如果机床有一个参考换刀位置,则该指令只用于信息目的。在其他情况下是用于定义一个刀具变更位置。缺省时换刀位置是由 HOMEPT 指令(见 5.20)定义的初始坐标参考点位置。

{mc-axis}(关键词)指明要定义换刀位置的机床轴(见 3.2 机床轴名称和相关句法的列表)。

{cl-axis}(关键词)指明要定义换刀位置的零件参考轴(见 3.1 零件程序轴名称和相关句法的列表)。

a(实数)换刀位置。

NOMORE(关键词)取消最后指定的 SAFPOS 位置。随后的换刀将不产生运动。

只有在安全位置 SAFPOS 指令中提及的轴才能由加载 LOAD 指令驱动。所有没有提及的轴保持不变。

5.45.2 示例

无。

5.45.3 限定

无。

5.46 顺序号指令(SEQNO)

控制机床程序段的顺序编号。

SEQNO/ $\left|\begin{matrix}\text{ON}\\\text{OFF}\\\text{AUTO}\end{matrix}\right|$

SEQNO / CONST,a

SEQNO / b [,INCR,c [,d]]

SEQNO / [b,]INCR,c [,d]

5.46.1 句法

这个指令控制机床程序段的顺序编号。

ON (关键词) 重新开始输出顺序号信息。

OFF (关键词) 指明不再输出顺序号信息。

AUTO (关键词) 指明顺序号应与零件程序识别号一致。

CONST,a (关键词,实数) 指明带指定的顺序号的随后的程序段的输出。

b,INCR,c,d (实数,关键词,实数) 指明随后的程序段应以数字 b 为开始顺序号,每隔 d 程序段增加 c。如果省略起始顺序号,则下一个程序段将是比最后输出的顺序号要大 c。如果省略了增量,则增量为 1。如果省略了间隔,则在每个程序段上输出顺序号。

5.46.2 示例

以下指令将在每个程序段上输出以 100 开始,增量为 2 的数字。

SEQNO/100,INCR,2

5.46.3 限定

无。

5.47 停止指令 (STOP)

在机床程序中设置了一个需要停止的点。

STOP

5.47.1 句法

该指令在机床程序中设置了一个需要停止的点。必须操作人员的干涉才能重新启动机床程序。

5.47.2 示例

无。

5.47.3 限定

无。

5.48 同步指令 (SYNCTR)

控制多个机床头架的同步。

SYNCTR / (ON | OFF)

SYNCTR/ { head-identifier }

SYNCTR/ NEXT [, a]

5.48.1 句法

这个指令用于控制在一个机床上的两个或多个独立编程的头架同步。

ON (关键词) 开始所有头架的同步操作。

OFF (关键词) 结束所有头架的同步操作,并且回复到随后单个头架的操作。

{head-identifier}(关键词) 指明随后的零件程序数据应该控制被命名头架。

NEXT (关键词)为当前运行的头架指明一个同步点。同样的指令必须轮流给头架编程。

a (实数) 指明同步点的整数识别号。标识符是可选的,但是如果标识符被指定,对于轮换的头架必须是相同的 SYNCTR/ NEXT 指令,并且是带标识的标识符值。

在缺少同步指令的时候,机床的主要头架应该被控制。所有其他头架保持非活动状态。

特定的头架由 SYNCTR/ {head-identifier}控制。随后的零件程序应由已命名的头架处理。在随后的操作方式中(缺省)其他的头架都保持非活动状态。编写新的 SYNCTR/ {head-identifier}同步指令编码使当前头架非活动，并且激活一个新指定的头架。

两个或多个头架的同步操作由已编码的 SYNCTR/ON 指令指定。这个指令后跟随着两个或多个附在各自零件程序数据的 SYNCTR/{head-identifier}。所有的头架都应同步开始执行并且独自运行。每个头当遇到 SYNCTR/OFF 指令时都应中断进程。

SYNCTR/NEXT 指令为头架识别同步点。对所有的头架，有相应的 SYNCTR/NEXT 指令进行编码。当所有头架已经处理了 SYNCTR/NEXT 指令，所有头架开始同步运行。

如果头架中的一个遇到 SYNCTR/OFF 指令，则将结束头架的同步操作。而遇到 SYNCTR/OFF 指令的头架将是唯一一个处于可活动的头架。

5.48.2 示例

以下示例对“main”头架中执行了一系列的操作，随后对“side”头架中执行了一系列操作。

SYNCTR/MAIN

…

…

SYNCTR/SIDE

…

…

以下示例在“main”头架和“side”头架同时执行了一系列的操作

SYNCTR/ON

SYNCTR/MAIN

…

…

SYNCTR/SIDE

…

…

SYNCTR/OFF

5.48.3 限定

无。

注：头架标识符关键字的选择取决于机床类型的控制。对复合车床，使用了“主”“副”，对于合并外形的线切割放电加工，使用“上”“下”。

5.49 刀具寿命指令（TLLIFE）

控制刀具寿命监视设备的使用。

TLLIFE/ $\begin{Bmatrix} \text{ON} \\ \text{OFF} \end{Bmatrix}$

5.49.1 句法

这个指令用于激活或取消刀具（加工元素）寿命监视。

ON（关键词）打开刀具寿命监视。后置处理器为刀具寿命监视设备提供特定的控制信息。这个信息将显示刀具以进给运动还是以快速运动。刀具寿命监视设备计算得出刀具寿命是在进给速率控制次数基础上进行。

OFF（关键词）在后置处理器和机床上两者同时断开对刀具寿命的监视。

5.49.2 示例

无。

5.49.3 限定

无。

5.50 带标记指令(TMARK)

提供插入倒带停止标记。

TMARK / $\begin{Bmatrix} \text{a} \\ \text{ON} \\ \text{OFF} \end{Bmatrix}$

TMARK / AUTO [,b]

5.50.1 句法

这个指令在用适合于 REWIND 指令(见 5.44)控制输出倒带停止信息。

a(实数) 输出记录带标记的识别数码。

ON(关键词) 恢复记录带标记信息的自动输出。

OFF(关键词) 指明不再自动输出记录带标记的信息。

AUTO,b(关键词,实数) 指明在每个 b 程序段中,记录带标记将自动输出。如果省略了程序段数,则由后置处理器自行决定周期性的输出倒带标记。

5.50.2 示例

无。

5.50.3 限定

无。

5.51 变换指令(TRANS)

变换零件程序坐标。

TRANS / [COORD,] a, b [, c]

TRANS/ $\begin{Bmatrix} \text{XCOORD} \\ \text{YCOORD} \\ \text{ZCOORD} \end{Bmatrix}, d \quad {}^{0'n} \begin{bmatrix} , \begin{Bmatrix} \text{XCOORD} \\ \text{YCOORD} \\ \text{ZCOORD} \end{Bmatrix}, \text{d} \end{bmatrix}$

5.51.1 句法

这个指令用于模态的变换零件程序坐标。

COORD,a,b,c(关键词,实数) 指明在零件参考系 X,Y,Z 坐标轴的变换量。COORD 关键字是可选的,并且对 TRANS 指令没有影响。

[XYZ]COORD,d(关键词,实数) 沿着已命名的零件编程轴的变换量。该尺寸是有符号值,以零件参考系为单位。

变换不可以积累。每个 TRANS 指令可以代替任何由于先前 TRANS 指令的影响的变换。

变换是基于零件参考系方向的。尤其是,由机床旋转轴驱动零件参考系统的旋转对变换矢量没有影响。

5.51.2 示例

以下示例变换零件程序坐标 X=0,Y=10 和 Z=4

TRANS/0,10,4

由于变换的影响,零件参考系原点与机床坐标系(X=0,Y=10,Z=4)相符,排除由于单位和轴符号的反向的变换。

5.51.3 限定

无。

6 电火花放电加工语言

6.1 概述

6.1.1 通用句法

电火花放电加工机床语言这一章定义了电火花放电加工机床类的术语。电火花放电加工机床是利用静止或旋转的加工元素(电极)对静止的工件加工。

通用语言(见第5章)和电火花放电加工机床语言一起给电火花放电加工机床或类似机床提供了标准术语。

当单个机床支持由本标准定义的多种机床的能力,指令 APPLY(见5.4和6.2)用于定义这类轴上测量的刀具设定距离机床。

6.1.2 子目录

1) 指令 APPLY 选择电火花放电加工机床,见6.2;

2) 指令 CUTCOM,编程尺寸和实际电极尺寸之间的不同补偿,见6.3;

3) 指令 FLUSH,控制工作液槽的充满或冲刷,见6.4;

4) 指令 GENRTR,控制放电间隙生成器的设置,见6.5;

5) 指令 LOAD,电极或工件的加载,见6.6;

6) 指令 OP,提供非模态化的一系列预设置操作,见6.7;

7) 指令 SELECT,电极或工件的选择,见6.8;

8) 指令 SPINDL,控制相关主轴的各种功能,见6.9;

9) 指令 TOOLNO,定义电极,见6.10;

10) 指令 UNLOAD,命令电极或工件的卸载,见6.11。

6.1.3 限定

无。

6.2 应用指令(APPLY)

选择电火花放电加工类的机床。

APPLY / DEDM

6.2.1 句法

当某机床提供由本标准定义的多种类型机床的功能时,该指令为随后的操作选择机床类型。

DEDM(关键词)指定用电火花放电加工类的机床进行处理后续的零件程序数据。

6.2.2 示例

无。

6.2.3 限定

无。

注:全部指令 APPLY 可在通用语言5.4中找到。

6.3 刀具补偿指令(CUTCOM)

6.3.1 概述

控制激活或取消的电极长度或直径补偿。

6.3.1.1 子目录

1) 电极长度补偿,见6.3.2;

2) 电极直径补偿,见6.3.3。

6.3.1.2 限定

无。

注:刀具补偿指令的附加形式在通用语言5.11中已定义。

6.3.2 电极长度补偿

CUTCOM / ON, LENGTH [,POSX | POSY | POSZ | NEGX | NEGY | NEGZ] [,OSETNO,a]

CUTCOM / OFF,LENGTH

6.3.2.1 句法

这个指令控制激活或取消电极长度或直径补偿,与 GB/T 8870 定义的 G43 和 G44 一致。

ON,LENGTH (关键词) 激活电极长度补偿。

OFF,LENGTH (关键词) 取消电极长度补偿。

POSX (关键词) 指明电极长度补偿在 X 轴正向。

POSY (关键词) 指明电极长度补偿在 Y 轴正向。

POSZ (关键词) 指明电极长度补偿在 Z 轴正向。这个对电火花成型机床来说是缺省值。

NEGX (关键词) 指明电极长度补偿在 X 轴负向。

NEGY (关键词) 指明电极长度补偿在 Y 轴负向。

NEGZ (关键词) 指明电极长度补偿在 Z 轴负向。

OSETNO,a (关键词) 在机床上识别使用电极长度补偿的偏置寄存器。如果省略这个数值,将使用缺省的寄存器。

6.3.2.2 示例

无。

6.3.2.3 限定

无。

6.3.3 电极直径补偿

CUTCOM / (ON | OFF)

CUTCOM / (LEFT | RIGHT) [,XYPLAN | YZPLAN | ZXPLAN] [,OSETNO,a]

6.3.3.1 句法

这个指令控制激活或取消电极直径补偿。

ON (关键词) 激活电极直径补偿。

OFF (关键词)取消电极直径补偿,与 GB/T 8870 定义的 G40 一致。

LEFT (关键词) 沿前进方向,电极直径补偿在工件的左边,与 GB /T 8870 定义的 G41 一致。

RIGHT (关键词) 沿前进方向,电极直径补偿在工件的右边,与 GB/T 8870 定义的 G42 一致。

XYPLAN (关键词) 指明补偿应该在机床的 XY 参考平面上应用。对于电火花放电加工机床来说,这是个缺省的补偿平面。

YZPLAN (关键词) 指明补偿应该在机床的 YZ 参考平面上应用。

ZXPLAN (关键词) 指明补偿应该在机床的 ZX 参考平面上应用。

OSETNO,a (关键词) 识别使用电火花放电加工机床类偏置寄存器。如果省略这个数值,将使用缺省寄存器。

6.3.3.2 示例

无。

6.3.3.3 限定

电极直径补偿的 ON 形式是无效的，直至指明 LEFT 或 RIGHT。

6.4 工作液指令（FLUSH）

6.4.1 概述

控制工作液箱的注入或冲刷。

6.4.1.1 子目录

1） 注入说明，见 6.4.2；

2） 冲刷说明，见 6.4.3。

6.4.1.2 限定

无。

6.4.2 注入说明

```
FLUSH / ⎧IN ⎫
        ⎩OUT⎭
```

6.4.2.1 句法

这个指令控制工件周围工作液的高度。

IN（关键词）指明放置工件的工作液箱将充满工作液。

OUT（关键词）指明放置工件的工作液箱将排空工作液。

6.4.2.2 示例

无。

6.4.2.3 限定

无。

6.4.3 冲刷说明

```
FLUSH / ⎧ON ⎫
        ⎩OFF⎭

FLUSH/ ⎧PIPE^{1,n}(,a)⎫ ⎡[,PRSSUR], ⎧LOW   ⎫⎤ [,PULSE]
       ⎪ALL           ⎪ ⎢           ⎨MEDIUM⎬⎥
       ⎨FLOOD         ⎬ ⎢           ⎩HIGH  ⎭⎥
       ⎪TOOL          ⎪ ⎣,PRSSUR,b          ⎦
       ⎩PART          ⎭
```

6.4.4 句法

这个指令控制冲刷蚀除物的工作液的流量和来源。

ON（关键词）重启工作液的流动。如果以前没有设定工作液，ON 指令开始成为工作液流动的缺省值。

OFF（关键词）终止工作液的流动。

PIPE,a（关键词，实数）一个或多个机床特定输送工作液的管道识别号。

ALL（关键词）指明所有可利用的冲刷孔。

FLOOD（关键词）指明一般的灌注。

TOOL（关键词）指明经过电极冲刷。

PART（关键词）指明经过工件冲刷。

PRSSUR,LOW（关键词）指明工作液流动的低速度。

PRSSUR,MEDIUM (关键词) 指明工作液流动的中等速度。

PRSSUR,HIGH (关键词) 指明工作液流动的高速度。

PRSSUR,b (关键词,实数) 指明工作液的流动压力。

PULSE (关键词) 指明工作液的间隔。在缺少这个关键词时,工作液的保持稳定的流动速度。

6.4.4.1 示例

无。

6.4.4.2 限定

这个指令产生的机床特定格式输出的代码,也许并不简便。

6.5 放电间隙指令 (GENRTR)

控制放电间隙生成器的设置。

GENRTR / a

GENRTR / TLLIFE,b

GENRTR / FACE,c [,SIDE,d] [,VOLUME,e]

6.5.1 句法

这个指令定义了用于放电间隙生成器设置计算的参数。

a (实数) 指明以机床特定格式,设定放电间隙生成器。

TLLIFE,b (关键词,实数)说明电极的最大蚀除量(预期寿命)占工件去除量的百分比。

FACE,c (关键词,实数) 指明以零件参考单位测量前面的面积。

SIDE,d (关键词,实数) 指明以零件参考单位测量侧边的面积。

VOLUME,e (关键词,实数) 指明以零件参考单位测量电极插入工件中的总体积。

6.5.2 示例

无。

6.5.3 限定

这个指令的机床特定格式产生的输出代码,也许并不简便。

6.6 加载指令 (LOAD)

控制电极或工件的加载。

$$\text{LOAD/ TOOL, a} \quad \begin{bmatrix} \text{,CLW} \\ \text{CCLW} \end{bmatrix} \begin{bmatrix} \text{,ADJUST,} \begin{pmatrix} \text{NOW} \\ \text{NEXT} \end{pmatrix} \end{bmatrix}$$

$$\text{LOAD/ PART, } [\ ,\ \text{a}\ ] \begin{bmatrix} \text{,CLW} \\ \text{CCLW} \end{bmatrix} \begin{bmatrix} \text{,ADJUST,} \begin{pmatrix} \text{NOW} \\ \text{NEXT} \end{pmatrix} \end{bmatrix}$$

6.6.1 句法

这个指令执行加载序列。如果它需要选择新的条目,并且它还没有被选择上,这个加载序列应该提示 SELECT 指令(见 6.8)的执行。如果卸载一个旧条目,并还没被卸载,就执行 UNLOAD(见 6.11)。

TOOL (关键词) 指明由前面 TOOLNO 指令加载的电极。

PART (关键词) 指明将要被加载的工件。在缺少识别号时,将假定一个简单的工件转换操作。

a (实数) 由识别号识别电极或工件。

CLW (关键词) 指明加载设备的顺时针方向分度。

CCLW (关键词) 指明加载设备的逆时针方向分度。

ADJUST,NOW (关键词)由于加载操作应立即在一个单独的程序段中输出,指定偏置补偿是有必要的。

ADJUST,NEXT (关键词) 由于加载操作插入下一个运动,指定偏置补偿是有必要的。

6.6.2 示例

无。

6.6.3 限定

无。

6.7 预设置指令(OP)

6.7.1 概述

非模态化地预设置一系列操作。

OP / {*type*} ^{1,n}(,{*qualifier*})

6.7.1.1 通用句法

OP 指令是非模态化地预设置一系列操作,这些操作指导加工轴移动完成下陷 plunge,扩展 expansion 和攻丝 threading。

{type}(关键词) 识别预设置操作的类型。

{qualifier}(多种),定义和提供基本蚀除操作修改的参数。在不同的操作中,qualifier 的意思是一样的。

操作的控制点由在零件程序中的下一个运动定义。

6.7.1.2 子目录

1) EXPAND 操作说明,提供扩展侵蚀,见 6.7.2;

2) IN 操作说明,提供下陷侵蚀,见 6.7.3;

3) THREAD 操作说明,提供攻丝侵蚀,见 6.7.4。

6.7.1.3 限定

无。

6.7.2 扩展侵蚀说明(OP / EXPAND)

OP / EXPAND, DIAMET, a [, RETURN]

6.7.2.1 句法

这个指令激活了扩展侵蚀操作。操作从 OP 指令后的电极位置开始,向外扩展到指定的直径(见图 1)。扩展发生的平面,与由 OP 指令后的零件程序中电极位置连接的向量正交。

EXPAND (关键词) 指明执行螺旋扩展侵蚀操作。

DIAMET,a (关键词,实数) 指明相对电极参考点的轨道直径,是以零件参考单位测量的无符号值。

RETURN (关键词) 指明在操作完成的时候,电极应该回归到先于 OP 指令的位置。如果省略了限定词,电极应该维持 OP 指令后的零件程序运动定义的位置。

6.7.2.2 示例

无。

6.7.2.3 限定

无。

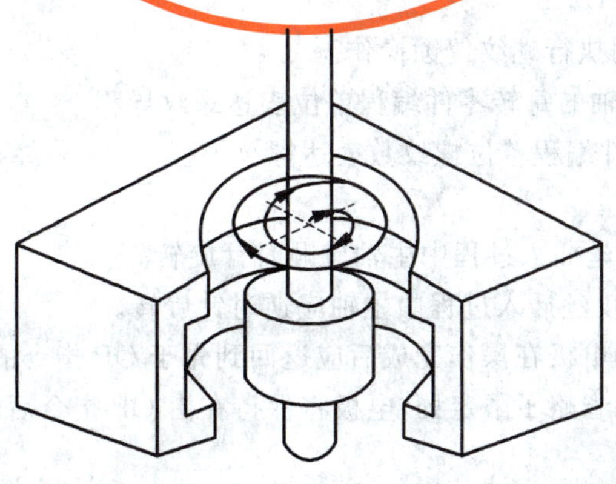

图 1 EXPAND 操作

6.7.3 内部侵蚀说明(OP/IN)

OP / IN [,DIAMET,a] [,RETURN]

6.7.3.1 句法

这个指令激活下陷侵蚀操作。操作从先于 OP 指令的电极位置开始,在由随后的零件程序运动定义的电极位置结束(见图 2)。下陷操作的加工向量是由两个位置连接的向量决定的。

IN (关键词) 指明执行下陷侵蚀操作。

DIAMET,a (关键词,实数) 指明在操作最大深度处,相对电极参考点的轨道直径,是以零件参考单位测量的无符号值。锥形的顶点在先于 OP 指令的电极位置处。如果省略了限定词,或者指定直径为零,则下陷操作将不包括侧面内容。

RETURN (关键词) 指明电极在操作完成后应返回到先于 OP 指令的位置。如果省略了限定词,电极将保持在由随后 OP 指令的零件程序运动定义的位置。

6.7.3.2 示例

无。

6.7.3.3 限定

无。

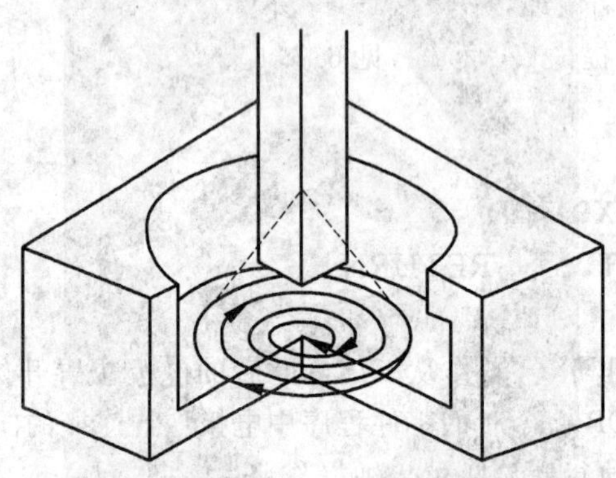

图 2 用 DIAMET 进行 IN 操作

6.7.4 攻丝侵蚀说明(OP / THREAD)

OP / THREAD $\left(, \begin{pmatrix}\text{PERREV}\\ \text{LEAD}\end{pmatrix}, \text{a}\right)\begin{pmatrix}\text{,CLW}\\ \text{CCLW}\end{pmatrix}$ [,RETURN]

6.7.4.1 句法

这个指令激活攻丝侵蚀的操作。操作从先于 OP 指令的电极位置开始,在由随后的零件程序运动定义的电极位置结束(见图 3)。攻丝操作的加工向量是由两个位置连接的向量决定的。进给速率直接由 SPINDL 指令控制(见 6.9.3)。

THREAD (关键词) 指明执行螺纹侵蚀操作。

PERREV (关键词) 用主轴的每转零件编程单位表达螺纹导程。

LEAD (关键词) 用每零件编程单位螺纹数表达螺纹导程。

a (实数) 用单位指明导程。

CLW (关键词) 指明在攻丝插入过程中主轴应顺时针旋转。

CCLW (关键词) 指明在攻丝插入过程中主轴应逆时针旋转。

RETURN (关键词) 指明电极在操作完成后应返回到先于 OP 指令的位置。返回运动是与主轴的旋转和下降方向相反的。如果省略了限定词,电极将保持在由 OP 指令后的零件程序运动定义的位置。

6.7.4.2 示例

无。

6.7.4.3 限定

主轴的转速应在执行攻丝前设定。

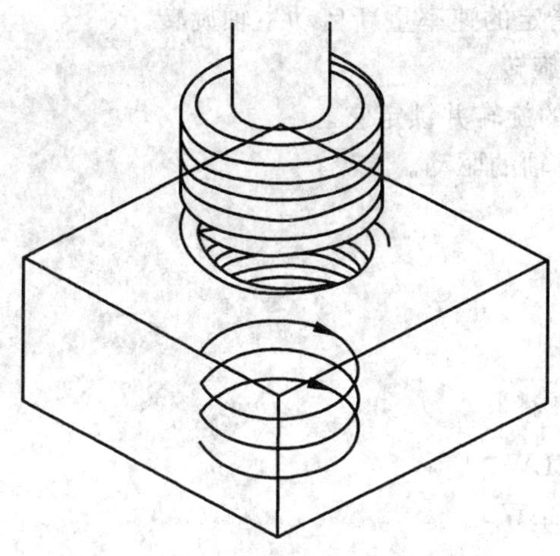

图 3 THREAD 操作

6.8 选择指令（SELECT）

命令选择电极或工件。

SELECT / $\begin{pmatrix}\text{TOOL}\\\text{PART}\end{pmatrix}$,a$\begin{bmatrix},\text{CLW}\\\text{CCLW}\end{bmatrix}$

6.8.1 句法

这个指令执行选择顺序，使被选择的项目处于准备好的状态，但并不加载它。

TOOL（关键词）指明要选择已由 TOOLNO 指令定义的电极。

PART（关键词）指定被选择的工件。

a（实数）由识别号识别电极或工件。

CLW（关键词）指明选择设备的顺时针分度方向。

CCLW（关键词）指明选择设备的逆时针分度方向。

6.8.2 示例

无。

6.8.3 限定

无。

6.9 主轴指令（SPINDL）

6.9.1 概述

控制主轴的方式、旋转速率或定向。

6.9.1.1 子目录

1) 主轴的方式的说明，见 6.9.2；

2) 主轴的旋转速率说明，见 6.9.3；

3) 主轴的定向说明，见 6.9.4。

6.9.1.2 限定

无。

6.9.2 主轴的方式说明

SPINDL / $\begin{bmatrix}\text{ON}\\\text{OFF}\\\text{LOCK}\\\text{NEUTRL}\end{bmatrix}$

6.9.2.1 句法

这个指令控制主轴的基本操作方式。

ON（关键词）以最后一次指定的速率重新启动主轴旋转。

OFF（关键词）停止主轴的旋转。

LOCK（关键词）停止主轴的旋转并锁定它。

NEUTRL（关键词）脱离主轴的驱动。

6.9.2.2 示例

无。

6.9.2.3 限定

无。

6.9.3 轴旋转速率说明

SPINDL/ [RPM,] a ⎡,CLW ⎤
⎣CCLW⎦

6.9.3.1 句法

这个指令指明主轴旋转速度和方向。

RPM,a（关键词,实数）指明用每分钟转数表示主轴转速的单位,与 GB/T 8870 定义的 G97 一致。RPM 这个关键词是可选的。

CLW（关键词）指明主轴顺时针旋转。

CCLW（关键词）指明主轴逆时针旋转。

6.9.3.2 示例

无。

6.9.3.3 限定

轴的旋转速率为非零的正值。

6.9.4 主轴的定向说明

SPINDL/ORIENT [,a]

6.9.4.1 句法

这个指令对主轴定向并锁定。

ORIENT,a（关键词,实数）指明主轴的定向角度,从机床特定的参考系中以度来测量。如果省略了定向角度,应使用机床特定的缺省角度。

6.9.4.2 示例

无。

6.9.4.3 限定

无。

6.10 刀具号指令（TOOLNO）

定义电极。

TOOLNO / a ⎡,IN,b ⎤ [,DEDM] {geometry-qualifiers} {machine-qualifiers}
⎣,MANUAL⎦

对{ geometry-qualifiers }定义如下：

⎡,SETOOL,c,d,e⎤ [,DIAMET,f] [,TLMATL,g]
⎣,LENGTH,e ⎦

对{ machine-qualifiers }定义如下：

[,OSETND,h] ⎡,HOLDER, ⎧SMALL ⎫⎤
⎢ ⎨MEDIUM⎬⎥
⎣ ⎩LARGE ⎭⎦

6.10.1 句法

这个指令指明指定电极的刀具信息，与由 SELECT/TOOL、LOAD/TOOL 和 UNLOAD/TOOL 指令有关。

a（实数）指明电极号。

IN，b（关键词，实数）指明加载电极的槽号。

MANUAL（关键词）指明操作人员必须手动加载电极。

DEDM（关键词）指明电火花放电加工机床用刀具。当 TOOLON 状态（在由 APPLY/DEDM 指令处理的零件程序段）显示时，或者该机床不支持其他电火花放电加工机床加工功能时，这是缺省的。

SETOOL，c，d，e，（关键词）指明用零件 X，Y，Z 轴测量的刀具设定距离，从电极顶端或参考点到机床测量参考点的距离。

LENGTH，e（关键词，实数）指明从电极顶端或参考点到机床测量参考点，用零件 Z 坐标系上测量刀具的设定长度。

DIAMET，f（关键词，实数）指明以零件参考单位的电极直径。

TLMATL，g（关键词，实数）用刀具寿命设备识别的编号指明电极材料。

OSETNO，h（关键词，实数）指明与电极相关的刀具修改调节器和寄存器。

HOLDER，SMALL（关键词）指明电极安装在小夹持器上。

HOLDER，MEDIUM（关键词）指明电极安装在中夹持器上。

HOLDER，LARGE（关键词）指明电极安装在大夹持器上。

6.10.1.1 示例

无。

6.10.1.2 限定

无。

6.11 卸载指令（UNLOAD）

指令对电极或工件的卸载。

$$\text{UNLOAD} / \begin{pmatrix}\text{TOOL}\\ \text{PART}\end{pmatrix}\begin{bmatrix},\text{CLW}\\ \text{CCLW}\end{bmatrix}$$

6.11.1 句法

这个指令执行卸载序列。

TOOL（关键词）指明应该卸载电极。把电极从工作环境中移走并且存放到储存区域。

PART（关键词）指明应该卸载工件。把工件从工作环境中移走并且存放到储存区域。

CLW（关键词）指明卸载设备的顺时针分度方向。

CCLW（关键词）指明卸载设备的逆时针分度方向。

6.11.2 示例

无。

6.11.3 限定

无。

7 火焰切割语言

7.1 概述

7.1.1 句法

火焰切割语言这一章定义了对于火焰和等离子体喷射切割类加工的术语。火焰切割机床是利用加热后的高温气体，压缩成平行喷射流侵蚀零件材料的。

通用语言（见第 5 章）和火焰切割语言一起为火焰切割机提供标准术语，或者具有火焰切割能力的机器。

当单个机床支持由本标准定义的多种机床的能力，指令 APPLY（见 5.4 和 7.2）用于定义这类机床。

7.1.2 子目录

1) APPLY 指令选择机床的火焰切割能力，见 7.2；
2) ASSIST 指令控制切割辅助气体的流动，见 7.3；
3) CLDIST 指令控制喷嘴和零件表面之间的距离，见 7.4；
4) PIERCE 指令控制切割操作，见 7.5；
5) TORCH 指令控制点燃或熄灭割具，见 7.6。

7.1.3 限定

无。

7.2 应用指令（APPLY）

选择机床的火焰切割能力。

APPLY / FLAME

7.2.1 句法

当单个机床有由本标准定义的多种类型机床的功能时，该指令为随后的操作选择机床类型。

FLAME（关键词）指明利用机床的火焰切割能力处理后续的零件程序数据。

7.2.2 示例

无。

7.2.3 限定

无。

注：完整的 APPLY 指令定义可在通用语言 5.4 查找。

7.3 辅助指令（ASSIST）

控制切割辅助气体的流动。

```
ASSIST / (ON  )
         (OFF )

ASSIST / (AIR   ) [[,PRSSUR], (LOW   )]
         (OXYGEN) [           (MEDIUM)]
                  [           (HIGH  )]
                  [,PRSSUR,a          ]
```

7.3.1 句法

这个指令控制切割辅助气体的类型和压力。

ON（关键词）重启切割辅助气体的流动。如果开始并没有确定切割辅助气体，ON 指令开始切割辅助气体的流动为缺省值。

OFF（关键词）终止切割辅助气体的流动。

AIR（关键词）指明空气作辅助切割。

OXYGEN（关键词）指明氧气作辅助切割。

PRESSUR，LOW（关键词）指明低压力。

PRESSUR，MEDIUM（关键词）指明中等压力。

PRESSUR，HIGH（关键词）指明高压力。

PRESSUR，a（关键词）指明以机床特定单位的气体压力。

7.3.2 示例

无。

7.3.3 限定

机床特殊压力代码的使用也许并不简便。

7.4 距离指令(CLDIST)

定义喷嘴和零件表面之间的安全距离。

CLDIST / a

CLDIST / NOMORE

7.4.1 句法

这个指令定义了从编程零件坐标系到喷嘴端面的安全距离。

a(实数) 指明从零件编程坐标系到喷嘴端面的增量值,是一个沿工具轴的方向以零件参考单位测量的有符号值。

NOMORE(关键词) 取消 CLDIST 指令的定义。喷嘴端面定位在随后的运动中没有补偿的零件编程坐标系值。

7.4.2 示例

无。

7.4.3 限定

应用于具有可编程的头架轴的机床。

7.5 穿孔指令(PIERCE)

控制切割操作。

$$\text{PIERCE / ON } [\text{,DWELL,a}]\ [\text{,FUEL,b}] \left[, \begin{pmatrix} \text{OXYGEN} \\ \text{WATTS} \end{pmatrix} [\text{,c}]\text{,d} \right]$$

PIERCE / OFF

7.5.1 句法

该指令控制割具预热或切割气体的选择。

穿孔或切割的选择是靠增加切割喷射强度和/或降低喷嘴端面对工件的高度。当正在进行切割时,喷嘴端面追踪或者按零件的坐标或者保持一个在零件坐标上特定的安全距离(见 7.4)。

通过氧气或功率设置的方式,指定在切割操作中的预热穿孔。第一步设置是指明作为预热的延迟时间。第二步设置开始进行切割操作。缺少预热设置,应用切割设置后将会发生延迟。

降低切割喷射强度和/或增加喷嘴端面对工件的高度到预定高度,将使穿孔或切割不能进行。

ON(关键词) 开始切割操作。

OFF(关键词) 终止切割操作。

DWELL,a(关键词,实数) 指明在操作开始时的一个延迟期,以秒测量。零秒的延迟意味着在切割操作的开始,禁止延迟。

FUEL,b(关键词,实数) 指明以机床指定单位,设置燃料。燃料的类型依赖切割工艺和零件材料。一般燃料包括火焰切割的乙炔和等离子体切割的氮或氢。

OXYGEN,c,d(关键词,实数) 对火焰切割,以机床指定单位,指定加热的 c 和切割 d 氧气设置。允许单一值的设置,并且指明在没有预热或切割时的氧气设置。

WATTS,c,d(关键词) 对等离子体切割,指明以瓦特为单位的加热 c 和切割 d 的能量设置。允许单一值的设置,并且指明在没有预热或切割时的瓦特数。

7.5.2 示例

以下程序段切割了一系列的槽。

TORCH/ON

RAPID,GOTO/0,0,0

ASSIST/OXYGEN

```
PIERCE/ON,DWELL,2
FEDRAT/250,PERMIN
GOTO/1000,0,0
PIERCE/OFF
RAPID,GOTO/1000,100,0
PIERCE/ON
GOTO/0,100,0
PIERCE/OFF
RAPID,GOTO/0,200,0
PIERCE/ON
…
…
```

7.5.3 限定

DWELL 限定词对预热操作是强制的。

机床特定的燃料和氧气设置代码的使用也许并不简便。

7.6 割具指令(TORCH)

点燃或熄灭割具

TORCH / (ON / OFF)

7.6.1 句法

这个指令点燃或熄灭割具

ON (关键词) 点燃割具。

OFF (关键词) 熄灭割具。

7.6.2 示例

无。

7.6.3 限定

无。

8 磨削语言

8.1 概述

8.1.1 句法

磨削语言这一章对磨削机床类定义了术语。磨床是靠旋转砂轮去除零件材料的。磨削一般是加工光滑面的精加工过程。

通用语言(见第 5 章)和磨削语言一起给磨床或类似机床提供了标准术语。

当单个机床支持由本标准定义的多种机床的能力,指令 APPLY (见 5.4 和 8.2)用于定义这类机床。

8.1.2 子目录

1) APPLY 指令,选择机床的磨床能力,见 8.2;

2) DRESS 指令,修整砂轮,见 8.3。

8.1.3 限定

无。

注:磨削语言不完全。由于专家协会中缺少这个领域的代表,所以还没有对国际标准的最新版本进行修订。

8.2 应用指令（APPLY）

选择机床的磨削能力。

APPLY / GRIND

8.2.1 句法

当某机床提供本标准定义的多种类型机床的功能时，该指令为随后的操作选择机床类型。

GRIND（关键词）指明后续的零件程序数据将使用具有的磨削能力的机床进行处理。

8.2.2 示例

无。

8.2.3 限定

无。

注：完整的应用指令的定义可以在通用语言 5.4 中找到。

8.3 修整指令（DRESS）

提供对砂轮的修整。

DRESS

8.3.1 句法

这个指令产生一个循环去自动修整砂轮。修整指令从变钝的砂轮上去除结合剂(变锐)，同时从表面去除部分材料，恢复砂轮的原有几何形状。

8.3.2 示例

无。

8.3.3 限定

无。

9 激光加工语言

9.1 概述

9.1.1 句法

激光加工语言这一章定义了对于激光加工的术语。激光加工机床是靠光被放大、连续发射成单个波长的高精确度光束，去融化零件材料。

通用语言(见 5)和激光加工语言一起为激光机床或类似机床提供标准术语。

当单个机床支持由本标准定义的多种机床的能力，指令 APPLY（见 5.4 和 9.2)用于定义这类机床。

9.1.2 子目录

1） APPLY 指令选择机床的激光加工能力，见 9.2；

2） ASSIST 指令控制切割辅助气体的流动，见 9.3；

3） CLDIST 指令控制喷嘴和零件表面之间的安全距离，见 9.4；

4） CYCLE 指令提供预设置的一系列操作的模态应用，见 9.5；

5） PIERCE 指令控制切割操作，见 9.6。

9.1.3 限定

无。

9.2 应用指令（APPLY）

选择机床的激光加工能力。

APPLY / LASER

9.2.1 句法

当某机床提供本标准定义的多种类型机床的功能时，该指令为随后的操作选择机床类型。

LASER（关键词）指明利用具有激光加工能力的机床处理后续的零件程序数据。

9.2.2 示例

无。

9.2.3 限定

无。

注：完整的 APPLY 指令的定义可以在通用语言 5.4 中找到。

9.3 辅助指令（ASSIST）

控制切割辅助气体的流动。

$$\text{ASSIST/}\begin{pmatrix}\text{ON}\\ \text{OFF}\end{pmatrix}$$

$$\text{ASSIST/}\begin{Bmatrix}\text{AIR}\\ \text{ARGON}\\ \text{NITRGN}\\ \text{OXYGEN}\end{Bmatrix}\begin{bmatrix}[\text{,PRSSUR}],\begin{Bmatrix}\text{LOW}\\ \text{MEDIUM}\\ \text{HIGH}\end{Bmatrix}\\ \text{,PRSSUR,a}\end{bmatrix}$$

9.3.1 句法

这个指令控制切割辅助气体的类型和压力。

ON（关键词）重启切割辅助气体的流动。如果开始并没有设定切割辅助气体，ON 指令开始切割辅助气体的流动为缺省值。

OFF（关键词）终止切割辅助气体的流动。

AIR（关键词）指明辅助空气切割。

ARGON（关键词）指明辅助氩气切割。

NITRGN（关键词）指明辅助氮气切割。

OXYGEN（关键词）指明辅助氧气切割。

PRSSUR，LOW（关键词）指明低气压。

PRSSUR，MEDIUM（关键词）指明中等气压。

PRSSUR，HIGH（关键词）指明高气压。

PRSSUR，a（关键词）指明以机床特定单位的气体压力。

9.3.2 示例

无。

9.3.3 限定

机床指定压力代码的使用也许并不简便。

9.4 距离指令（CLDIST）

定义喷嘴和零件表面之间的安全距离。

CLDIST / a

CLDIST / NOMORE

9.4.1 句法

这个指令定义从加工零件坐标系到喷嘴端面的安全距离。

a（实数）指明从加工零件坐标系到喷嘴端面的增量值，是一个沿工具轴的方向以零件参考单位测量的有符号值。安全距离将对以后运动有效。

NOMORE（关键词）取消 CLDIST 指令的定义。在后续运动喷嘴端面定位到没有偏值的编程的零件坐标系值。

9.4.2 示例

无。

9.4.3 限定

应用于具有可编程的头架轴的机床。

9.5 循环指令（CYCLE）

提供预设置的一组操作的模态应用。

CYCLE / {type} $^{0:n}$[,{qualifier}]

$^{1:n}$({motion})

CYCLE / OFF

9.5.1 概述

9.5.1.1 句法

循环指令是一组对一个或多个控制点进行预设置的操作。

{type}(关键词) 识别预设置操作完成的类型。

{qualifier}(多种) 指明允许对基本循环进行修改的参数。当它们出现在不同的循环，限定词有一致的含义。

{motion}(多种) 定义循环的控制点。预设置操作应当在每个零件程序运动点时执行，直至取消循环指令。

OFF (关键词) 取消循环操作。

9.5.1.2 子目录

1） 一般操作说明，见 9.5.2；

2） PIERCE 循环说明，见 9.5.3。

9.5.1.3 限定

无。

注：循环指令的定义包括了{qualifier}项，以保持与本标准对循环指令定义的一致。目前，激光加工语法并没有定义循环指令有可选的限定词。

9.5.2 一般操作说明

CYCLE / OFF

CYCLE / ON $^{0:n}$[,(qualifier)]

9.5.2.1 句法

这些指令用于暂停和重新激活循环。

OFF (关键词) 暂停操作循环。

ON (关键词) 重启暂停的循环。

{qualifier}(多种) 修改暂停循环指令的被选择参数。暂停循环指令中没有指出的参数仍保持原值。

9.5.2.2 示例

无。

9.5.2.3 限定

一旦循环指令被暂停，ON 形式是有效的。

注 1：关键词 NOMORE 对 OFF 指令不是首选的。可用于可识别的结果。

注 2：循环指令的定义包括了{qualifier}项，以保持与本标准对循环指令定义的一致。目前，激光加工语言并没有定义循环指令有可选的限定词。

9.5.3 穿孔循环说明

CYCLE / PIERCE, { THRU | DWELL,a | PULSE,b }

9.5.3.1 句法

这个指令初始化一个循环，用循环程序在每个控制点，对零件穿一个垂直的通孔。

PIERCE（关键词）指明一个穿孔循环。

THRU（关键词，实数）指明用传感技术以探测烧穿的穿孔指令。

DWELL ,a（关键词，实数）指明以 s 为单位的切割时间。

PULSE ,b（关键词，实数）指明以脉冲为单位的切割时间。

9.5.3.2 示例

无。

9.5.3.3 限定

无。

9.6 穿孔指令(PIERCE)

控制切割操作

PIERCE / (ON / OFF)

PIERCE / [ON,] PULSE[,a] [,PERSEC,b] [,WATTS,c]

PIERCE / [ON,] CONST [,WATTS,c]

9.6.1 句法

激光加工机床用快门或类似光束发射技术控制激光束在工件上的操作。激光束自己可以被产生指定持续时间和频率的能量脉冲或产生固定速率下的能量来控制。

ON（关键词）开始切割操作，一般通过打开镜头快门。

OFF（关键词）终止切割操作，一般通过关闭镜头快门。

PULSE（关键词）指明脉冲的激光输出。

CONST（关键词）指明恒定波长的激光输出。

a（实数）指明每个脉冲的宽度，以 ms 为单位来测量。如果省略，则应该使用最后指明的脉冲宽度。

PERSEC,b（关键词，实数）指明以 Hz 为单位的脉冲频率。

WATTS,c（关键词，实数）指明以 W 为单位的激光能量设置。

9.6.2 示例

以下程序段利用脉冲波长的能量设置，切割一系列的槽。

```
RAPID,GOTO/0,0,0
PIERCE/ON,PULSE
FEDRAT/2500,PERMIN
GOTO/100,0,0
PIERCE/OFF
RAPID,GOTO/100,10,0
PIERCE/ON
GOTO/0,10,0
PIERCE/OFF
RAPID,GOTO/0,20,0
PIERCE/ON
...
```

9.6.3 限定

无。

10 铣削和钻削语言

10.1 概述

10.1.1 通用句法

铣削和钻削语言这一章定义了对于铣削和钻削类机床的术语。铣床和钻床是指主轴上的刀具旋转加工静止的工件。

通用语言(见第5章)和铣削和钻削语言一起为铣削和钻削类机床或者具有铣削和钻削能力的机床提供标准术语。

当单个机床支持由标准定义的多种机床的能力,指令 APPLY(见5.4和10.2)用于定义该类机床。

10.1.2 子目录

1) APPLY 指令选择铣削和钻削能力的机床,见10.2;
2) ARCSLP 指令控制螺旋插补的输出,见10.3;
3) CLAMP 指令控制托盘装置的操作。见10.4;
4) CLEARP 指令由 RETRCT 命令定义的安全平面,见10.5;
5) COOLNT 指令控制冷却液的流动,见10.6;
6) CUTCOM 指令补偿编程与实际刀具尺寸的差异,见10.7;
7) CYCLE 指令提供预设置系列操作的模态应用,见10.8;
8) HEAD 指令定义可移动的头架,见10.9;
9) INDPOS 指令定义指出旋转坐标轴的安全位置,见10.10;
10) LINTOL 指令定义允许的直线偏差,见10.11;
11) LOAD 指令定义各种项目的加载,见10.12;
12) ORIGIN 指令定义零件与机床参考系统的关系,见10.13;
13) RETRCT 指令移动刀具到安全平面,见10.14;
14) ROTATE 指令驱动旋转坐标轴,见10.15;
15) SELECT 指令各种项目的命令选择,见10.16;
16) SPINDL 指令控制与主轴相关的各种功能,见10.17;
17) TOOLNO 指令定义刀具,见10.18;
18) UNLOAD 指令各种项目的命令卸载,见10.19。

10.1.3 限定

无。

10.2 应用指令(APPLY)

选择机床的铣、钻加工的能力。

APPLY / MILL

10.2.1 句法

当某机床提供由本标准定义的多种类型机床的功能时,该指令为随后的操作选择机床类型。

MILL (关键词) 指明将利用机床的铣和钻的加工能力处理后续的零件程序数据。

10.2.2 示例

无。

10.2.3 限定

无。

注:完整的 APPLY 指令的定义可以在通用语言5.4节中找到。

10.3 螺旋插补指令(ARCSLP)

控制螺旋插补的输出。

ARCSLP / a

10.3.1 句法

这个指令表明随后的圆周运动应该作为螺旋弧输出。这个指令并不是模态的。

a(实数)对于完整的圆弧指定有符号的螺旋补偿。

正螺旋插补是在圆弧中心矢量的方向上测量的。圆弧中心矢量的方向是通过右手规则由圆弧旋转方向确定的。

10.3.2 示例

以下命令产生了12头螺旋线,导程为0,1,直径为4。

GOTO/2,0,0

ARCSLP/1.2

MOVARC/0,0,0,0,0,-1,2,TIMES,12

GOTO/2,0,0

10.3.3 限定

无。

10.4 夹紧指令(CLAMP)

控制托盘装置的操作。

CLAMP / PALLET $\left\{\begin{array}{l},\mathrm{ON}\\ \mathrm{OFF}\end{array}\right\}$

10.4.1 句法

这个指令控制托盘装置的夹紧。控制是指简单的激活和取消。

PALLET,ON (关键词) 指明托盘夹紧。

PALLET,OFF (关键词) 指明托盘松开。

10.4.2 示例

无。

10.4.3 限定

无。

注:在通用语言5.8节中定义了CLAMP指令的附加形式。

10.5 安全平面指令(CLEARP)

用RETRCT指令定义安全平面。

CLEARP / a,b,c,d

CLEARP / $\left\{\begin{array}{l}\{\text{mc-axis}\}\\ \{\text{cl-axis}\}\end{array}\right\}$,e $^{0'n}\left[,\ \left\{\begin{array}{l}\{\text{mc-axis}\}\\ \{\text{cl-axis}\}\end{array}\right\}\right]$,e

CLEARP / NOMORE

10.5.1 句法

这个指令为刀具定义了一个安全平面位置。随后的RETRCT指令(见10.14)将刀具按照最短的路径移动到安全平面位置。

a,b,c,d (实数) 指明在零件参考系下已定义的平面规范形式。a,b,c值定义了垂直于平面的向量;值d定义从零件的原点到平面的偏置。

{mc-axis}(关键词) 指明机床参考系定义的安全平面位置。

{cl-axis}(关键词) 指明零件参考系定义的安全平面位置。

e(实数) 指明安全平面位置在机床或零件参考系下的坐标值。

NOMORE(关键词) 删除 CLEARP 指令定义。随后的 RETRCT 指令应该把刀具返回到缺省的安全平面位置。

10.5.2 示例

无。

10.5.3 限定

无

10.6 冷却液指令(COOLNT)

COOLNT / {ON | OFF}

COOLNT / {FLOOD | MIST | TAPKUL | THRU} [,LOW | MEDIUM | HIGH] [,PIPE $^{1'n}$(,a)]

10.6.1 句法

这个指令控制冷却液的类型、大小和来源。

ON(关键词) 重启冷却液的流动。如果先前并没有确定冷却液,则 ON 指令开始冷却液的流动为缺省值。

OFF(关键词) 终止冷却液的流动。

FLOOD(关键词) 指明冷却液灌注。

MIST(关键词) 指明雾化冷却液。

TAPKOL(关键词) 指明攻丝冷却用油。

THRU(关键词) 指明冷却液穿过加工元件。

LOW(关键词) 指明冷却液的低流速。

MEDIUM(关键词) 指明冷却液的中等流速。

HIGH(关键词) 指明冷却液的高流速。

PIPE,a(关键词,实数) 指明一个或多个输送管路的数量。

10.6.2 示例

无。

10.6.3 限定

无。

10.7 刀具补偿指令(CUTCOM)

控制激活和取消刀具长度补偿或刀具直径补偿。

10.7.1 概述

10.7.1.1 子目录

1) 刀具长度补偿,见 10.7.2;

2) 刀具直径补偿,见 10.7.3。

10.7.1.2 限定

无。

注:在通用语言 5.11 节中定义了 CUTCOM 指令的附加形式。

10.7.2 刀具长度补偿

CUTCOM / (ON / OFF), LENGTH [,a], [POSX | POSY | POSZ | NEGX | NEGY | NEGZ | XYZ]

10.7.2.1 句法

这个指令控制刀具长度补偿的应用，与 GB/T 8870 定义的 G43 和 G44 一致。

ON (关键词) 指明激活刀具长度补偿。

OFF (关键词) 指明取消刀具长度补偿。

LENGH，a (关键词，实数) 指明在机床上用于刀具长度补偿的偏置寄存器。如果省略这个值，则应该使用缺省寄存器。

POS[XYZ 轴]或 NEG[XYZ 轴] (关键词) 指明补偿的方向。关键词表明两个意思，沿着轴补偿量，和刀具补偿的正方向。如果省略方向，则指定为 Z 轴正向。

XYZ (关键词) 指明应该按照刀具的轴向进行补偿。补偿轴随着刀具轴的变化而变化。

10.7.2.2 示例

无。

10.7.2.3 限定

无。

10.7.3 刀具直径补偿

CUTCOM / (ON / OFF)

CUTCOM / (LEFT / RIGHT) [,XYPLAN | YZPLAN | ZXPLAN | XYZ] [,OSETNO,a]

10.7.3.1 句法

这个指令控制刀具直径补偿的使用和取消。

ON (关键词) 指明使用刀具直径补偿。

OFF (关键词) 指明取消刀具直径补偿。

LEFT (关键词)沿着前进方向，刀具直径补偿在工件的左边，与 GB/T 8870 定义的 G41 一致。

RIGHT (关键词)沿着前进方向，刀具直径补偿在工件的右边，与 GB/T 8870 定义的 G42 一致。

XYPLAN (关键词) 指明补偿应该在机床参考的 XY 平面内。

YZPLAN (关键词) 指明补偿应该在机床参考的 YZ 平面内。

ZXPLAN (关键词) 指明补偿应该在机床参考的 ZX 平面内。

XYZ (关键词) 指明补偿应该在与刀具轴正交的平面内。补偿面随着刀具轴的变化而变化。

OSETNO，a (关键词) 指明在机床上用于刀具补偿的偏值寄存器。如果省略这个值，则使用缺省寄存器。

10.7.3.2 示例

无。

10.7.3.3 **限定**

在没有指定 LEFT 或 RIGHT 形式时，刀具补偿的 ON 形式是无效的。

10.8 循环指令(CYCLE)

提供预设置一系列操作的模态应用。

CYCLE / {type} ^{0,n}[,{qualifier}]

^{1,n}({motion})

CYCLE / OFF

10.8.1 概述

10.8.1.1 句法

循环是预设置的一系列操作，指引导机床坐标轴运动和/或主轴操作的完成，如：镗、钻、攻丝或其中几种的复合情况。

{type}(关键词) 指明执行预设置操作的类型。

{qualifier}(多种) 指明基本加工循环的允许修改参数。在不同的循环内限定词都有一致的含义。

{motion}(多种) 为循环定义控制点。预设置操作应该在每个零件编程运动点执行直至取消循环指令。

OFF (关键词) 取消循环操作。

对所有的循环来讲，操作的基本顺序是相似的(见图 4 和图 5)。

1) 刀具快速移动到控制点上方的安全平面。这个安全距离是由 CLEAR 限定词定义的，并且是以零件参考单位测量的有符号值。这个安全距离值是以刀具坐标轴的正向测量的。在逼近的过程中，刀具运动应为四方形。四方形运动的完成使刀具在高于或是当前位置或是接近循环点的安全平面时，为横向运动。
2) 刀具在安全面以下可能继续以快速移动向下一个特定距离。这下降距离是由 RAPTO 限定词定义的并且以零件参考单位测量的无符号值。如果没有 RAPTO 限定词，则不会产生附加的快移下降运动。
3) 由循环的类型决定各种辅助功能的产生。
4) 刀具以加工进给速度进一步下降到控制点以下的指定深度。这个深度是由特定的 DEPTH 限定词定义的并且以零件参考单位测量有符号值。这个深度值是以刀具坐标轴的负向测量的。在定义循环深度时，可利用在选择循环时的其他准备功能。
5) 由循环的类型决定各种辅助功能的产生。
6) 刀具以加工进给速度或快速退刀到下面情况之一：
   a) 由限定词 RAPTO 定义的平面；(如果指定了 RAPTO)
   b) 或到由限定词 CLEAR 定义的平面。(如果没有指定了 RAPTO)
7) 刀具以快速回到退刀安全平面。安全平面按以下定义。
   a) 在控制点以上的特定退刀安全距离，由限定词 RETURN 定义，是以零件参考单位测量的有符号值。该距离是沿刀具轴正向测量的。
   b) 在循环趋近运动前的初始刀具面。这个退刀距离的指定是由不带相关数值的限定词 RETURN 获得。
   c) 由 CLEAR 限定词定义的接近安全平面。这个退刀距离的指定是由省略限定词 RETURN 获得。

10.8.1.2 子目录

1) 仿真说明，见 10.8.2；
2) 一般操作说明，见 10.8.3；
3) 内循环参数修改，见 10.8.4；

4） 内循环避开说明，见 10.8.5；

5） 手动循环说明，见 10.8.6；

6） BORE 镗孔循环说明，见 10.8.7；

7） BRKCHP 断屑循环说明，见 10.8.8；

8） CSINK 沉孔循环说明，见 10.8.9；

9） DEEP 深孔循环说明，见 10.8.10；

10） DRILL 钻孔循环说明，见 10.8.11；

11） FACE 锪平面循环说明，见 10.8.12；

12） MILL 铣循环说明，见 10.8.13；

13） REAM 铰孔循环说明，见 10.8.14；

14） TAP 攻丝循环说明，见 10.8.15；

15） THRU 通孔循环说明，见 10.8.16。

10.8.1.3 **限定**

当刀具的坐标轴有变动时，在本标准中没有提供门式运动。

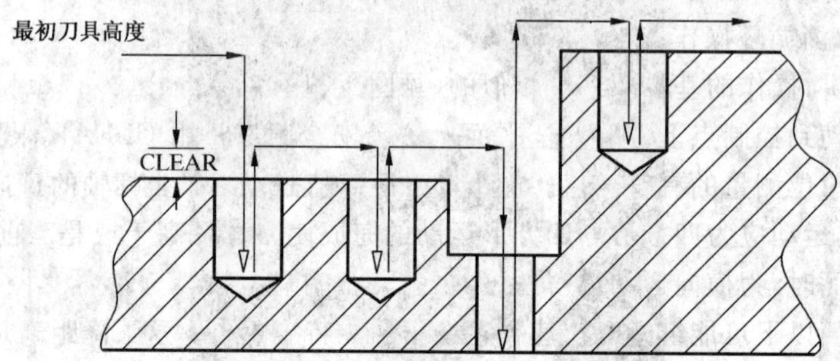

图 4 不带 RETURN 选择的 CYCLE

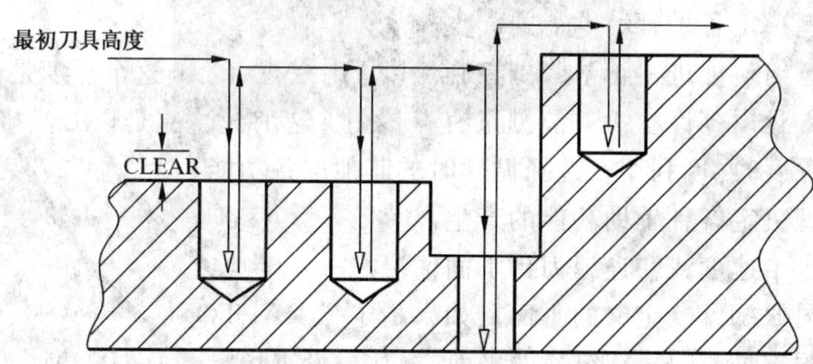

图 5 带 RETURN 选择的 CYCLE

10.8.2 **仿真说明**

由后置处理器控制循环仿真。

$$\text{CYCLE / AUTO,}\begin{pmatrix}\text{ON}\\\text{OFF}\end{pmatrix}$$

10.8.2.1 **句法**

AUTO（关键词）识别控制循环语句的仿真。

ON（关键词）用硬件循环定义的控制器指明后续循环的输出。

OFF（关键词）指明用后置处理机仿真后续的循环。

10.8.2.2 **示例**

无。

10.8.2.3 限定

无。

10.8.3 一般操作说明

CYCLE / OFF

CYCLE / ON $^{0:n}$[,{qualifier}]

10.8.3.1 句法

这些指令用于取消和激活循环。

OFF(关键词)暂停循环,与 GB/T 8870 定义的 G80 一致。

ON(关键词)重启暂停的循环。

{qualifier}(多种)修改暂停循环的已选择的加工参数。没有涉及的加工参数保持他们原来的值。

10.8.3.2 示例

无。

10.8.3.3 限定

一旦循环被暂停,ON 的形式才有效。

注:关键字 NOMORE 在 OFF 的情况下不是首选的,或是与识别结果一起使用。

10.8.4 内循环参数修改

CYCLE / MIDIFY $^{1:n}$[,{qualifier}]

10.8.4.1 句法

这个指令用在没有暂停循环的并在 10.8.3 中相关描述的情况下,循环程序段中修改一个或多个加工参数。

MODIFY(关键词)识别一个内循环参数修改循环状态。

{qualifier}(关键词)修改已选的循环加工参数。没有涉及的加工参数保持他们原来的值。

10.8.4.2 示例

无。

10.8.4.3 限定

当循环正在进行时,MODIFY 指令有效。

10.8.5 内循环避开说明

CYCLE / AVOID,a [,RETURN]

10.8.5.1 句法

这个指令是用于说明一个在循环程序段中两个点间需要有一个附加的安全距离。只有当循环是激活时并且只有对于紧跟的循环控制点才是有效的。

AVOID(关键词)识别一个内循环避开语句。

a(实数)指定在循环程序段的两点间移动的防护高度。防护高度增加到这两点的安全高度上,并且最大高度用于这些点间横向的运动。

RETURN(关键词)指明随后每个循环控制点的安全平面应该是防护高度。如果省略了这个关键词,则循环安全平面仍不改变。

10.8.5.2 示例

无。

10.8.5.3 限定

当循环激活,AVOID 才有效。

10.8.6 手动循环说明

CYCLE / MANUAL $^{0:n}$[,{qualifier}]

其中{qualifier}定义为零或更多:

```
CLEAR,a
RAPTO,b
RETURN  [,c]
```

10.8.6.1 句法

这个指令提供了在循环程序段的每个点手动完成系列操作的能力。循环包括快速移动到安全平面和机床停止。

MANUAL（关键词）指明手动循环操作的开始。

CLEAR,a（关键词,实数）指明在控制点之上的趋近安全距离初始值,是以零件参考单位测量的有符号值。这个距离值是从刀具坐标轴正向测量的。如果省略了CLEAR限定词,则该值为零。

RAPTO,b（关键词,实数）指定在接近安全平面以下以快速向下移动的附加距离,是以零件参考单位测量的无符号值。如果没有RAPTO限定词,则不会产生附加的快移下降运动。

RETURN,c（关键词,实数）指定在控制点之上的最终的退刀安全平面的距离,是以零件参考单位测量的有符号值。这个值是从刀具坐标轴正向测量的。如果省略了这个值,则退刀的安全平面定义为循环开始之前的初始刀具平面。如果省略RETURN限定词,则退刀安全平面缺省为趋近安全平面。

10.8.6.2 示例

无。

10.8.6.3 限定

无。

10.8.7 镗孔循环说明(**BORE**)

```
CYCLE / BORE,DEPTH,a ⎧,PERMIN⎫ , b,CLEAR,c   0:n[,{qualifier} ]
                     ⎨PERREV ⎬
                     ⎩FPT    ⎭
```

其中{qualifier}定义为零或更多:

```
RAPTO,d
RETURN[,e ]
ORIENT [,f ] [,NODRAG [,g ] ]
⎛DWELL⎞,h
⎝REV  ⎠
```

10.8.7.1 句法

这个指令激活镗孔循环,与G86、G87和G88的固定循环一致。循环包括进给深度、选择延时、主轴停止、带或不带横向安全距离的可选择的主轴定向、快速退刀和主轴重启(见图6)。

BORE（关键词）指明镗孔循环操作的开始。

DEPTH,a（关键词,实数）指明在控制点之下的镗孔操作的最终深度,是以零件参考单位测量的有符号补偿值。这个深度是从刀具坐标轴负向测量的。

PERMIN（关键词）指明速度的测量是以每分钟零件程序单位。

PERREV（关键词）指明速度的测量是以主轴每转零件程序单位。

FPT（关键词）指明速度的测量是以主轴每转每齿零件程序单位。齿的数量是由TOOLNO指令中限定词FLUTES(见10.18)定义的。如果没有指定FLUTES,则应假设为单个齿数(排屑槽)。

b（实数）指明以指定的单位下降的进给运动速度。

CLEAR,c（关键词,实数）指明在控制点之上的初始趋近安全距离,是以零件参考单位测量的有符号值。这个值是从刀具坐标轴正向测量的。

RAPTO,d（关键词,实数）指定在安全面以下继续以快速向下移动的附加距离,以零件参考单位测量的无符号值。如果没有RAPTO限定词,则不会产生附加的快移下降运动。

RUTURN,e (关键词,实数) 指定在控制点之上的最终的退刀平面的距离,是以零件参考单位测量的有符号值。这个值是从刀具坐标轴正向测量的。如果省略了这个值,则退刀的安全平面定义为循环开始之前的初始刀具平面。如果省略 RETURN 限定词,则退刀安全平面缺省为趋近安全平面。

ORIENT,f (关键词,实数)在镗孔退刀之前,指明主轴定向到指定角度。这个角度测量用与机床参考系相关的角度。若省略了这个角度,则刀具方向为缺省位置。如果省略了 ORIENT 这个限定词,则主轴应在没有定义的方向上停止。

NODRAG,g (关键词,实数)对镗孔循环退刀时,指定刀尖距圆柱面的横向安全距离。为零件参考单元测量的无符号值。这个值为零时,退刀时禁止横向让刀。如果缺省这个限定词,则横向安全距离值应该设置成后置处理器的缺省值。

DWELL,h (关键词,实数)指明在循环操作的底部暂停。这段时间是以秒为单位测量的。暂停应该在主轴停止或定向之前发生。

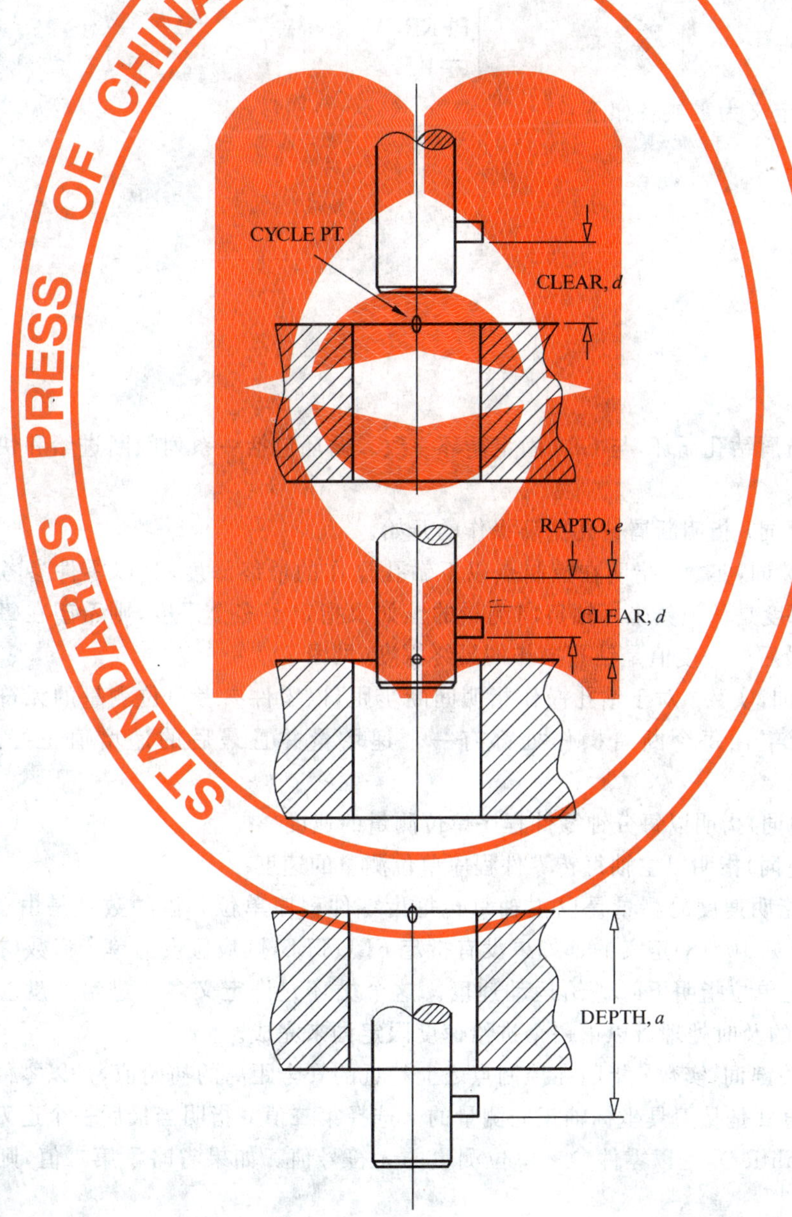

CYCLE/BORE,DEPTH,a,PERREV,c,CLEAR,d,RAPTO,e

图 6

REV,h (关键词,实数)指明在循环操作的底部暂停。这段时间是以主轴的转数为单位测量的。暂停应该在主轴停止或定向之前发生。

10.8.7.2　示例

无。

10.8.7.3　限定

无。

10.8.8　断屑循环说明（BRKCHP）

CYCLE / BRKCHP,DEPTH,a $^{1'n}$ (,STEP$^{1'n}$(,b) { ,PERMIN | PERREV | FPT } ,c) ,CLEAR,d [,e]$^{0'n}$[,{qualifier}]

CYCLE / BRKCHP $^{1'n}$ (,DEPTH$^{1'n}$(,a) { ,PERMIN | PERREV | FPT } ,c) ,CLEAR,d [,e]$^{0'n}$[,{qualifier}]

其中{qualifier}定义为零或者如下：

RAPTO,f

RETURN [,g]

{ DWELL | REV | BACK } ,h

TIMES,i

10.8.8.1　句法

这个指令激活断屑钻孔循环,与 G83 固定循环一致。循环包括一系列间断进给和快速退刀到最终深度。

BRKCHP (关键词) 指明断屑钻孔循环操作的开始。

DEPTH,a (关键词,实数) 指明在控制点以下钻孔操作的最终深度,是以零件参考单位测量的有符号补偿值。这个深度是从刀具坐标轴负向测量的。如果指定了多个深度,则希望在每个指定的深度都有断屑操作并且最后的深度值是钻孔操作的最终深度(见图 7)。

STEP,b (关键词,实数) 对于钻孔操作指明间断步距,以零件参考单位测量的无符号值。如果指定了多次重复,则希望在每个断屑操作处都有一个递增量并且最后的递增值正好达到最终深度(见图 8)。

PERMIN (关键词)指明以每分钟零件程序单位测量的速度。

PERREV (关键词)指明以主轴每转零件程序单位测量的速度。

FPT (关键词)指明速度的测量是以主轴每转每齿零件程序单位。齿的数量是由 TOOLNO 指令中限定词 FLUTES(见 10.18)定义的。如果没有指定 FLUTES,则应假设为单个齿数(排屑槽)。

c (实数) 用指定单位指明下降进给运动速度。这个循环允许定义多个进给速度。在指定的进给时,每次深度或增量的及时处理可以由一个进给速度限定词来完成。

CLEAR,d,e (关键词,实数) 指明在控制点之上趋近的安全距离的初始值,是以零件参考单位测量的有符号值。这个值 d 是从刀具坐标轴正向测量的。选择第二值 e 指明当最后一个退刀返回时的安全距离(见 TIMES qualifier),是以零件参考单位测量的无符号值。如果省略了第二值,则后置处理器应选择缺省值。

RAPTO,f (关键词,实数)指定在安全面以下继续以快速向下移动的附加距离,以零件参考单位测量的无符号值。如果没有 RAPTO 限定词,则不会产生附加的快移下降运动。

RETURN,g (关键词,实数) 指定在控制点之上的最终的退刀平面的距离,以零件参考单位测量的有符号值。这个值是从刀具坐标轴正向测量的。如果省略了这个值,则退刀的安全平面定义为循环开始之前的初始刀具平面。如果省略 RETURN 限定词,则退刀安全平面缺省为趋近安全平面。

DWELL,h (关键词,实数)指明在循环的每次间隔处暂停断屑。这段时间是以秒为单位测量的。

REV,h (关键词,实数) 指明在循环的每次间隔处暂停断屑。这段时间以主轴的转数来测量。

BACK,h (关键词,实数)指明在循环的每次间隔处抬刀断屑。该值是以零件参考单位测量的无符号值。

TIMES,j (关键词,实数)指定在一个允许除屑的完整退刀操作前的钻削间断步数。如果指定了 RAPTO 限定词,则退刀平面由 RAPTO 限定词定义,否则退刀平面是由 CLEAR 限定词定义的趋近安全平面。该限定词取值为 1,则与钻孔循环 DEEP 是一样的操作(见 10.8.10)。

10.8.8.2 示例

无。

10.8.8.3 限定

STEP 限定词只有当指定单个 DEPTH 值时才是有效的。

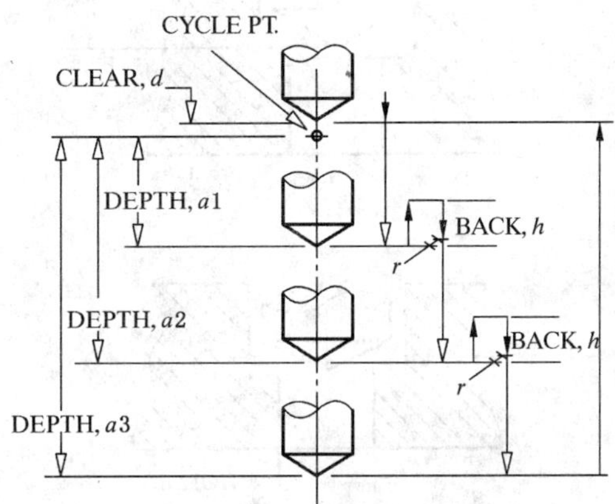

CYCLE/BRKCHP,DEPTH,*a*1,*a*2,*a*3,PERREV,*c*,CLEAR,*d*,*r*,BACK,*h*

图 7

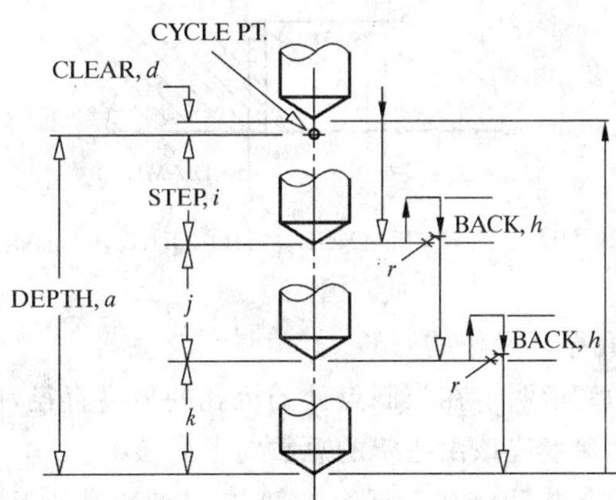

CYCLE/BRKCHP,DEPTH,*a*,STEP,*i*,*j*,*k*,PERREV,*c*,CLEAR,*d*,*r*,BACK,*h*

图 8

10.8.9 沉孔循环说明(CSINK)

CYCLE /CSINK,DIAMET,a,TLANGL,b [,HOLDIA,c] {,PERMIN / PERREV / FPT} ,d,CLEAR,e 0 : n[,{qualifier}]

其中{qualifier}定义为零或者如下：

RAPTO,f

RETURN [,g]

$\begin{pmatrix}\text{DWELL}\\\text{REV}\end{pmatrix}$,h

10.8.9.1 句法

这个指令激活沉孔循环，与G81和G82固定循环一致。这个循环包括了进给至深度、可选延迟和快速退刀(见图9)。循环深度是从倒角刀具的角度和倒角的最终直径计算的。

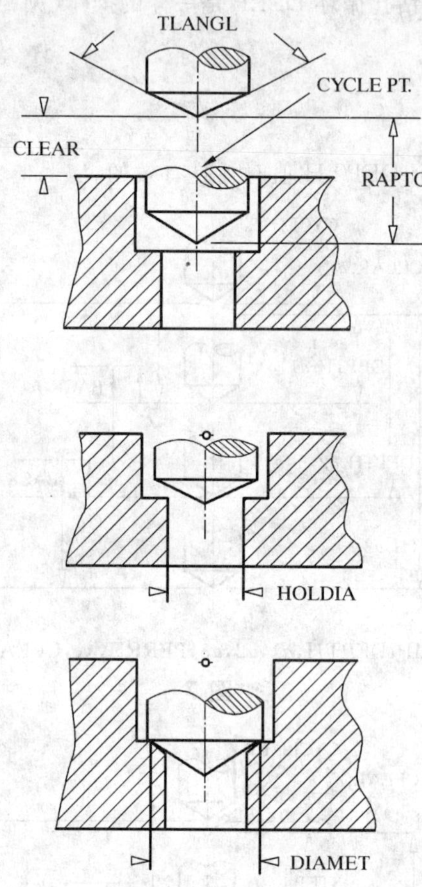

CYCLE/CSINK,DIAMET,*a*,TLANGL,*b*,HOLDIA,*c*,CLEAR,*f*,RAPTO,*g*

图 9

CSINK (关键词) 指明沉孔循环操作的开始。

DIAMET,a (关键词,实数) 指明了在控制点处的沉孔的最终直径，以零件参考单位测量的无符号值。如果指定 RAP.TO，则计算深度应该由指定的总数向下调整。

TLANGL,b (关键词,实数) 指明沉孔刀具的夹角，是以度测量的无符号值。

HOLDIA,c (关键词,实数) 指明在控制点处的定位孔的内径，以零件参考单位测量的无符号值。将产生一个附加的快速下降运动到达刀具与工件接触点。如果指定 RAPTO，则计算第二安全距离应该由指定的总数向下调整。

PERMIN (关键词)指明以每分钟零件程序单位测量的速度。

PERREV (关键词)指明以主轴每转零件程序单位测量的速度。

FPT (关键词)指明速度的测量是以主轴每转每齿零件程序单位。齿的数量是由 TOOLNO 指令中限定词 FLUTES(见 10.18)定义的。如果没有指定 FLUTES，则应假设为单个齿数(排屑槽)。

d（实数）指明以指定单位下降的进给运动速度。

CLEAR,e（关键词,实数）指明在控制点之上趋近的安全距离的初始值,是以零件参考单位测量的有符号值。这个值 d 是从刀具坐标轴正向测量的。

RAPTO,f（关键词,实数）指定在安全平面以下继续以快速向下移动的附加距离,以零件参考单位测量的无符号值。计算沉孔深度和计算第二安全平面都应由 RAPTO 数量向下调整。

RETURN,g（关键词,实数）指定在控制点之上的最终的退刀平面的距离,是以零件参考单位测量的有符号值。这个值是从刀具坐标轴正向测量的。如果省略了这个值,则退刀的安全平面定义为循环开始之前的初始刀具平面。如果省略 RETURN 限定词,则退刀安全平面缺省为趋近安全平面。

DWELL,h（关键词,实数）指明在整个循环操作的暂停。

REV,h（关键词,实数）指明在整个循环深度的暂停操作。这段时间是以主轴的转数为单位测量的。

10.8.9.2 示例

无。

10.8.9.3 限定

无。

10.8.10 深孔循环说明（DEEP）

CYCLE / DEEP,DEPTH,a $^{1:n}$ [,STEP$^{1:n}$(,b) {,PERMIN | PERREV | FPT} ,c] ,CLEAR,d [,e]$^{0:n}$[,{qualifier}]

CYCLE / DEEP $^{1:n}$ [,DEPTH$^{1:n}$(,a) {,PERMIN | PERREV | FPT} ,c] ,CLEAR,d [,e]$^{0:n}$[,{qualifier}]

其中{qualifier}定义为零或者如下：

RAPTO,f

RETURN [,g]

10.8.10.1 句法

这个指令激活深孔钻削循环,与固定循环 G83 一致。循环包括一系列间断进给,以及每次跟随着的为清除孔中切屑的快速退刀。

DEEP（关键词）指明深孔钻削循环操作的开始。

DEPTH,a（关键词,实数）指明在控制点以下钻孔操作的最终深度,是以零件参考单位测量的有符号补偿值。这个深度是从刀具坐标轴负向测量的。如果指定了多个深度,则希望在每个指定深度都有除屑操作并且最后的深度值是钻孔操作的最终深度(见图 10)。

STEP,b（关键词,实数）对于钻孔操作指明间断步距,以零件参考单位测量的无符号值。如果指定了多次重复,则希望在每个增加的进给距离都有除屑操作并且最后的深度值正好为钻削操作的最终深度(见图 11、图 12)。

PERMIN（关键词）指明以每分钟零件程序单位测量的速度。

PERREV（关键词）指明以主轴每转零件程序单位测量的速度。

FPT（关键词）指明速度的测量是以主轴每转每齿零件程序单位。齿的数量是由 TOOLNO 指令中限定词 FLUTES(见 10.18)定义的。如果没有指定 FLUTES,则应假设为单个齿数(排屑槽)。

c（实数）指明以指定单位下降的进给运动速度。这个循环允许定义多个进给速度。在指定进给时,每次深度或增量由指定一个及时处理的进给速度限定词来完成。

CLEAR,d,e（关键词,实数）指明了在控制点之上趋近的安全距离的初始值,是以零件参考单位测量的有符号值。这个值 d 是从刀具坐标轴正向测量的。选择第二值 e 指明了当最后一个退刀返回时的安全距离，是以零件参考单位测量的无符号值。如果省略了第二值，则后置处理机应选择一个缺省值。

RAPTO，f（关键词，实数）指定在安全平面以下继续以快速向下移动的附加距离，以零件参考单位测量的无符号值。如果没有 RAPTO 限定词，则不会产生附加的快移下降运动。

RETURN，g（关键词，实数）指定在控制点之上的最终的退刀平面的距离，是以零件参考单位测量的有符号值。这个值是从刀具坐标轴正向测量的。如果省略了这个值，则退刀的安全平面定义为循环开始之前的初始刀具平面。如果省略 RETURN 限定词，则退刀安全平面缺省为趋近安全平面。

为了从孔中清除切屑，深孔循环在循环中每一次进给后抬刀。如果指定 RAPTO 限定词，则退刀平面由 RAPTO 限定词定义，否则退刀平面是由 CLEAR 限定词定义的趋近安全平面。

10.8.10.2 示例

无。

10.8.10.3 限定

当指定了 DEPTH 时，STEP 限定词才有效。

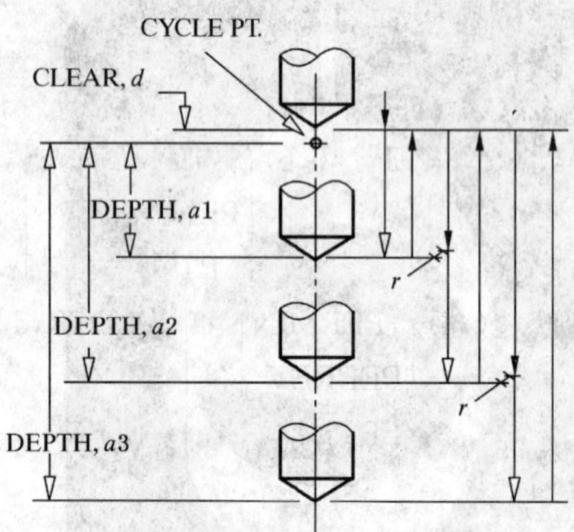

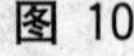

CYCLE/DEEP，DEPTH，$a1$，$a2$，$a3$，PERREV，c，CLEAR，d，r

图 10

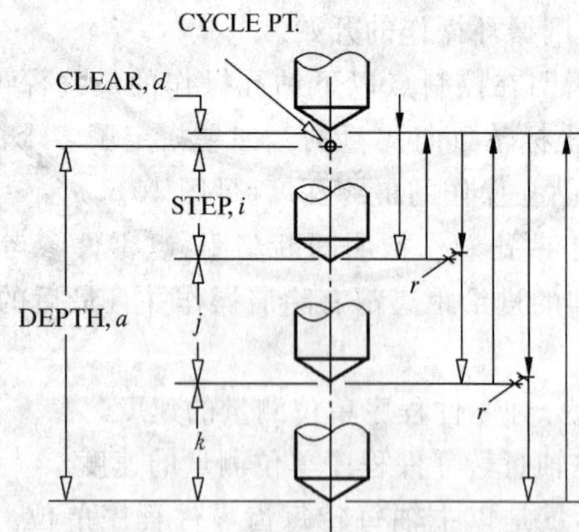

CYCLE/DEEP，DEPTH，a，STEP，i，j，k，PERREV，c，CLEAR，d，r

图 11 $a=i+j+k$

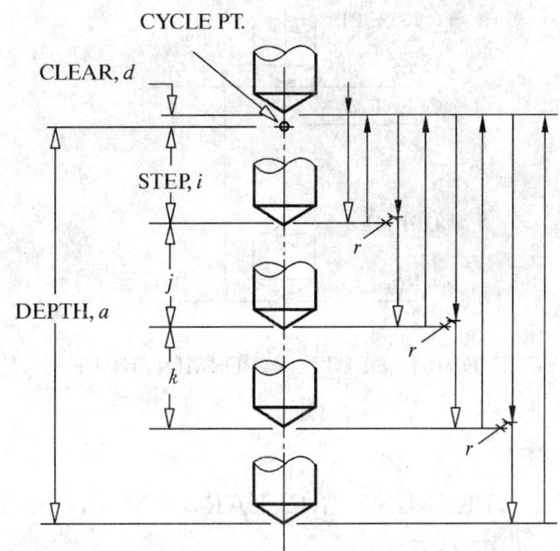

CYCLE/DEEP,DEPTH,*a*,STEP,*i*,*j*,*k*,PERREV,*c*,CLEAR,*d*,*r*

图 12 $a>i+j+k$

10.8.11 钻孔循环说明(DRILL)

CYCLE / DRILL,DEPTH,a {,PERMIN | PERREV | FPT} ,b,CLEAR,c $^{0:n}$[,{qualifier}]

其中{qualifier}定义为零或者如下：

RAPTO,d

RETURN [,e]

10.8.11.1 句法

这个指令激活钻孔循环，与固定循环 G81 一致。循环包括进给到最终深度和快速退刀(见图 13)。

DRILL (关键词)指明钻孔循环操作的开始。

DEPTH,a (关键词,实数) 指明在控制点以下钻孔操作的最终深度，是以零件参考单位测量的有符号补偿值。这个深度是从刀具坐标轴负向测量的。

PERMIN (关键词)指明以每分钟零件程序单位测量的速度。

PERREV (关键词)指明以主轴每转零件程序单位测量的速度。

FPT (关键词)指明速度的测量是以主轴每转每齿零件程序单位。齿的数量是由 TOOLNO 指令中限定词 FLUTES(见 10.18)定义的。如果没有指定 FLUTES,则应假设为单个齿数(排屑槽)。

b (实数) 指明以指定单位的下降进给运动速度。

CLEAR,c (关键词,实数) 指明在控制点之上的趋近安全距离的初始值，是以零件参考单位测量的有符号值。这个值是从刀具坐标轴正向测量的。

RAPTO,d (关键词,实数)指定在安全平面以下继续以快速向下移动的附加距离，以零件参考单位测量的无符号值。如果没有 RAPTO 限定词，则不会产生附加的快移下降运动。

RETURN,e (关键词,实数) 指定在控制点之上的最终的退刀安全平面的距离，以零件参考单位测量的有符号值。这个值是从刀具坐标轴正向测量的。如果省略了这个值，则退刀的安全平面定义为循环开始之前的初始刀具平面。如果省略 RETURN 限定词，则退刀安全平面缺省为趋近安全平面。

10.8.11.2 示例

无。

10.8.11.3 限定

无。

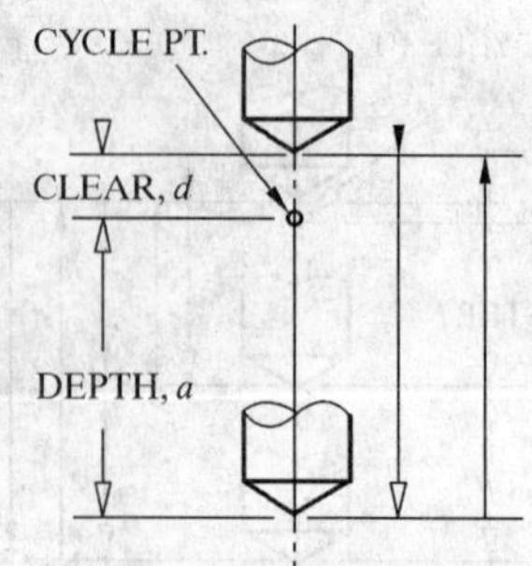

CYCLE/DRILL,DEPTH,a,PERMIN,b,CLEAR,d

图 13

10.8.12 锪平面循环说明(FACE)

CYCLE / FACE,DEPTH,a $\left\{\begin{array}{l},\text{PERMIN}\\ \text{PERREV}\\ \text{FPT}\end{array}\right\}$,b,CLEAR,c $^{0:n}$[,{qualifier}]

其中{qualifier}定义为零或者如下：

RAPTO,d

RETURN [,e]

$\left\{\begin{array}{l}\text{DWELL}\\ \text{REV}\end{array}\right\}$,f

10.8.12.1 句法

这个指令激活了锪平面循环，与固定循环 G82 一致。循环包括了进给到最终深度、暂停和快速退刀。

FACE (关键词)指明了锪平面循环操作的开始。

DEPTH,a (关键词,实数) 指明在控制点以下锪平面操作的最终深度，是以零件参考单位测量的有符号补偿值。这个深度是从刀具坐标轴负向测量的。

PERMIN (关键词)指明以每分钟零件程序单位测量的速度。

PERREV (关键词)指明以主轴每转零件程序单位测量的速度。

FPT (关键词)指明速度的测量是以主轴每转每齿零件程序单位。齿的数量是由 TOOLNO 指令中限定词 FLUTES(见 10.18)定义的。如果没有指定 FLUTES,则应假设为单个齿数(排屑槽)。

b (实数) 指明以指定单位的下降进给运动速度。

CLEAR,c (关键词,实数) 指明在控制点之上趋近的安全距离的初始值，是以零件参考单位测量的有符号值。这个值是从刀具坐标轴正向测量的。

RAPTO,d (关键词,实数)指定在安全面以下继续以快速向下移动的附加距离，以零件参考单位测量的无符号值。如果没有 RAPTO 限定词，则不会产生附加的快移下降运动。

RETURN,e (关键词,实数) 指定在控制点之上的最终退刀安全平面的距离，以零件参考单位测量的有符号值。这个值是从刀具坐标轴正向测量的。如果省略了这个值，则退刀的安全平面定义为循环开始之前的初始刀具平面。如果省略 RETURN 限定词，则退刀安全平面缺省为趋近安全平面。

DWELL,f (关键词,实数)指明在循环操作的最终深度暂停。以秒来测量的。

REV,f (关键词,实数)指明在循环操作的最终深度暂停。这段时间是以主轴的转数为单位测量。

10.8.12.2 示例

无。

10.8.12.3 限定

无。

10.8.13 铣循环说明（MILL）

CYCLE / MILL,DEPTH,a ⎧,PERMIN⎫ ,b,CLEAR,c ^{0,n}[,{qualifier}]
⎨PERREV⎬
⎩FPT⎭

其中{qualifier}定义为零或者如下：

RAPTO,d

RETURN [,e]

⎛DWELL⎞,f
⎝REV⎠

10.8.13.1 句法

这个指令激活固定深度铣循环。循环包括进给至深度和主轴在第一控制点的锁定，随之在后续控制点处的横向铣削，在循环结束时主轴解锁和快速退刀（见图14）。在循环程序段内可以指定FEDRAT指令，修改横向铣时的进给速度。

MILL（关键词）指明固定深度铣循环操作的开始。

DEPTH,a（关键词，实数）指明在第一控制点以下铣削操作的最终深度，是以零件参考单位测量的有符号补偿值。这个深度是从刀具坐标轴负向测量的。

PERMIN（关键词）指明以每分钟零件程序单位测量的速度。

PERREV（关键词）指明以主轴每转零件程序单位测量的速度。

FPT（关键词）指明速度的测量是以主轴每转每齿零件程序单位。齿的数量是由TOOLNO指令中限定词FLUTES（见10.18）定义的。如果没有指定FLUTES，则应假设为单个齿数（排屑槽）。

b（实数）指明以指定单位下降的进给运动速度和横向进给运动速度。

CLEAR,c（关键词，实数）指明在第一控制点之上趋近安全距离的初始值，是以零件参考单位测量的有符号值。这个值是从刀具坐标轴正向测量的。

RAPTO,d（关键词，实数）指定在安全平面以下继续以快速向下移动的附加距离，以零件参考单位测量的无符号值。如果没有RAPTO限定词，则不会产生附加的快移下降运动。

RETURN,e（关键词，实数）指定在控制点之上的最终的退刀安全平面的距离，以零件参考单位测量的有符号值。这个值是从刀具坐标轴正向测量的。如果省略了这个值，则退刀的安全平面定义为循环开始之前的初始刀具平面。如果省略RETURN限定词，则退刀安全平面缺省为趋近安全平面。

DWELL,f（关键词，实数）指明在循环操作下降到最终深度暂停。这段时间是以秒为单位测量。

REV,f（关键词，实数）指明在循环操作下降到最终深度暂停。这段时间是以主轴的转数为单位测量的。

在循环操作期间深度的变化是允许的，这个变化或者是由循环定义MODIFY引起的或者是由控制点高度的变化引起的。不管在什么情况下操作的顺序是一样的。

1） 如果需要解除主轴锁定。
2） 如果新的循环深度高于现在的深度，刀具将快速退刀到新的深度。
3） 在新的控制点处或者这个点的上方，刀具应以不变深度的切削进给速度移动。
4） 如果新的循环深度低于现在的深度，则刀具应以下降的进给速度下降到新的深度。如果需要，横向进给速度可以重新设置。
5） 如果需要，应该重复使用主轴锁定。

10.8.13.2 示例

无。

10.8.13.3 限定

无。

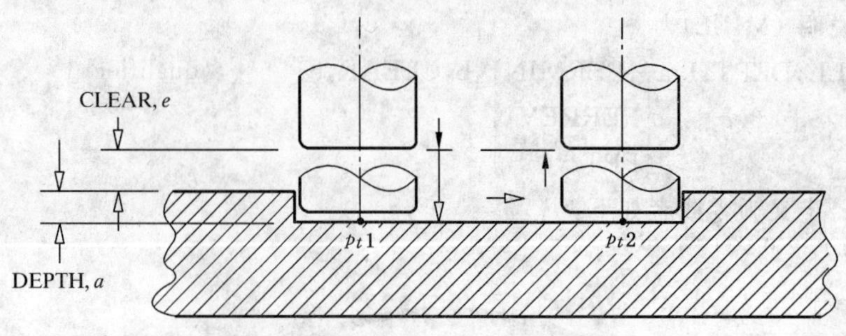

CYCLE/MILL,DEPTH,*a*,PERMIN,*b*,CLEAR,*e*

GOTO/*pt*1

GOTO/*pt*2

CYCLE/OFF

图 14

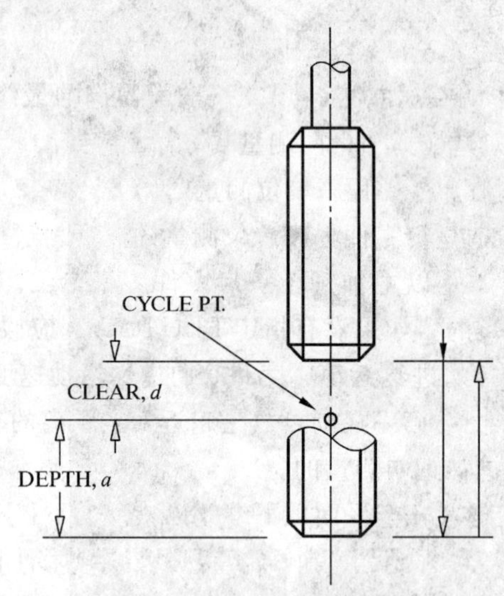

CYCLE/REAM,DEPTH,*a*,PERMIN,*b*,CLEAR,*d*

图 15

10.8.14 铰孔循环说明(REAM)

CYCLE / REAM,DEPTH,a ⎧,PERMIN ⎫ ,b,CLEAR,c 0'n[,{qualifier}]
⎨PERREV⎬
⎩FPT⎭

其中{qualifier}定义为零或者如下：

RAPTO,d

RETURN [,e]

⎛DWELL⎞,f
⎝REV⎠

10.8.14.1 句法

这个指令激活了铰孔循环，与固定循环 G85 和 G89 一致。循环包括进给到最终深度、选择暂停和以进给速度退刀(见图 15)。

REAM (关键词)指明铰孔循环操作的开始。

DEPTH,a (关键词，实数) 指明在第一控制点以下铣操作的最终深度，是以零件参考单位测量的有符号补偿值。这个深度是从刀具坐标轴负向测量的。

PERMIN (关键词)指明以每分钟零件程序单位测量的速度。

PERREV (关键词)指明以主轴每转零件程序单位测量的速度。

FPT (关键词)指明速度的测量是以主轴每转每齿零件程序单位。齿的数量是由 TOOLNO 指令中限定词 FLUTES(见 10.18)定义的。如果没有指定 FLUTES,则应假设为单个齿数(排屑槽)。

b (实数) 指明以指定单位的下降和退刀进给运动速度。

CLEAR,c (关键词,实数) 指明在控制点之上趋近的安全距离的初始值,是以零件参考单位测量的有符号值。这个值是从刀具坐标轴正向测量的。

RAPTO,d (关键词,实数)指定在安全面以下继续以快速向下移动的附加距离,以零件参考单位测量的无符号值。如果没有 RAPTO 限定词,则不会产生附加的快移下降运动。

RETURN,e (关键词,实数) 指定在控制点之上的最终的退刀安全平面的距离,是以零件参考单位测量的有符号值。这个值是从刀具坐标轴正向测量的。如果省略了这个值,则退刀的安全平面定义为循环开始之前的初始刀具平面。如果省略 RETURN 限定词,则退刀安全平面缺省为趋近安全平面。

DWELL,f (关键词,实数)指明在循环操作的最终深度暂停。这段时间是以秒为单位测量的。

REV,f (关键词,实数)指明在循环操作的最终深度暂停。这段时间是以主轴的转数为单位测量的。

10.8.14.2 示例

无。

10.8.14.3 限定

无。

10.8.15 攻丝循环说明(TAP)

CYCLE / TAP,DEPTH,a $\begin{pmatrix}\text{,PERREV}\\ \text{LEAD}\end{pmatrix}$,b,CLEAR,c $^{0:n}$[,{qualifier}]

其中{qualifier}定义为零或者如下：

RAPTO,d

RETURN [,e]

$\begin{pmatrix}\text{NOREVR}\\ \text{RAPOUT}\end{pmatrix}$

10.8.15.1 句法

这个指令激活了攻丝循环,与固定循环 G84 一致。基本循环包括主轴启动、进给至深度、主轴反转和进给退刀。主轴在进给操作期间的旋转方向是由最后指定的 SPINDL 指令控制的。(见 10.17.3)

TAP (关键词)指明攻丝循环操作的开始。

DEATH,a (关键词,实数) 指明在控制点以下攻丝操作的最终深度,是以零件参考单位测量的有符号补偿值。这个深度是从刀具坐标轴负向测量的。

PERREV (关键词)指明以主轴每转零件程序单位测量的速度。

LEAD (关键词)指定每零件程序单位螺纹的线数。定义速度这个值的倒数是以主轴每转零件程序单位测量。

b (实数) 指明以指定单位的下降及退刀的进给运动速度。

CLEAR,c (关键词,实数) 指明在控制点之上趋近的安全距离的初始值,是以零件参考单位测量的有符号值。这个值是从刀具坐标轴正向测量的。

RAPTO,d (关键词,实数)指定在安全面以下继续以快速向下移动的附加距离,以零件参考单位测量的无符号值。如果没有 RAPTO 限定词,则不会产生附加的快移下降运动。

RETURN,e (关键词,实数) 指定在控制点之上的最终的退刀安全平面的距离,是以零件参考单位测量的有符号值。这个值是从刀具坐标轴正向测量的。如果省略了这个值,则退刀的安全平面定义为循环开始之前的初始刀具平面。如果省略 RETURN 限定词,则退刀安全平面缺省为趋近安全平面。

NOREVR (关键词)指明应该使用非反转攻丝刀具。在深度上,基本的循环修改为以不带主轴反转进给速度退刀。

RAPOOT (关键词)指明应该使用可伸缩攻丝刀具。基本的循环修改为以不带主轴反转快速退刀。

基本的攻丝循环在循环的结束时执行以进给速度退刀。如果指定 RAPTO 限定词,则进给退刀安全平面由 RAPTO 限定词定义,否则进给退刀平面是由 CLEAR 限定词定义的趋近初始安全平面。任何附加的退刀运动都应该以快速执行。

10.8.15.2 **示例**

无。

10.8.15.3 **限定**

无。

10.8.16 **通孔循环说明 (THRU)**

CYCLE / THRU,DEPTH,a $^{0:n}$[,b,c] {,PERMIN | PERREV | FPT} ,d,CLEAR,e $^{0:n}$[,{qualifier}]

其中{qualifier}定义为零或者如下:

RAPTO,f

RETURN [,g]

10.8.16.1 **句法**

这个指令激活了通孔循环,这个钻削穿透由空气隔离的多壁通孔。循环包括在进给速度和快速退刀时,变换的序列下降操作,进给运动结束后跟随着快速退刀(见图 16)。

THRU (关键词)指明通孔循环操作的开始。

DEPTH,a (关键词,实数) 指明在控制点以下的第一个深度,是以零件参考单位测量的有符号补偿值。这个深度是从刀具坐标轴负向测量的。

b,c (实数)指明对于每个附加壁开始和结束时的深度信息。b 表明板上表面的控制点以下距离,以零件参考单位测量。刀具以快速下降到这个点之上的 CLEAR 距离。c 值表明在控制点之下钻孔操作的深度,是以零件参考单位测量的有符号补偿值。刀具以进给速度下降到这个深度。

PERMIN (关键词)指明以每分钟零件程序单位测量的速度。

PERREV (关键词)指明以主轴每转零件程序单位测量的速度。

FPT (关键词)指明速度的测量是以主轴每转每齿零件程序单位。齿的数量是由 TOOLNO 指令中限定词 FLUTES(见 10.18)定义的。如果没有指定 ELUTES,则应假设为单个齿数(排屑槽)。

d (实数) 指明以指定单位的下降进给运动速度。

CLEAR,e (关键词,实数) 指明在控制点之上趋近的安全距离的初始值,是以零件参考单位测量的有符号值。这个值是从刀具坐标轴正向测量的。

RAPTO,f (关键词,实数)指定在安全平面以下继续以快速向下移动的附加距离,以零件参考单位测量的无符号值。如果没有 RAPTO 限定词,则不会产生附加的快移下降运动。

RETURN,g (关键词,实数) 指定在控制点之上的最终的退刀安全平面的距离,以零件参考单位测量的有符号值。这个值是从刀具坐标轴正向测量的。如果省略了这个值,则退刀的安全平面定义为循环开始之前的初始刀具平面。如果省略 RETURN 限定词,则退刀安全平面缺省为趋近安全平面。

10.8.16.2 **示例**

无。

10.8.16.3 限定

无。

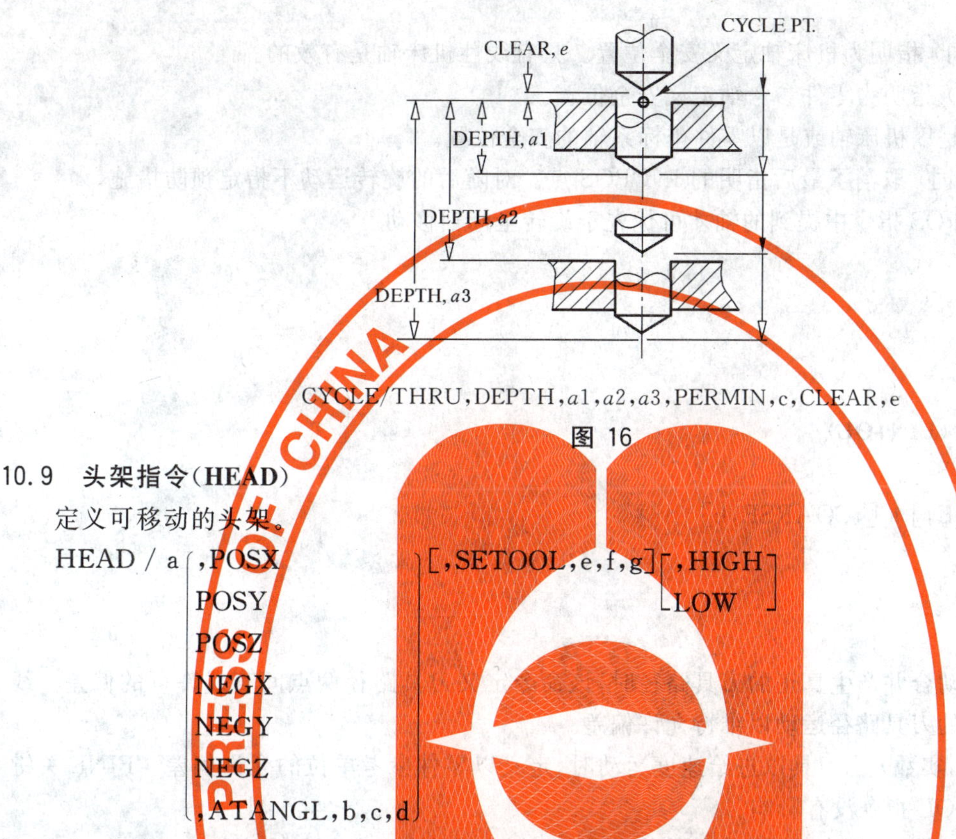

CYCLE/THRU,DEPTH,$a1$,$a2$,$a3$,PERMIN,c,CLEAR,e

图 16

10.9 头架指令(HEAD)

定义可移动的头架。

HEAD / a {,POSX / POSY / POSZ / NEGX / NEGY / NEGZ / ,ATANGL,b,c,d} [,SETOOL,e,f,g] [,HIGH / LOW]

10.9.1 句法

当机床具有使用多个头架的能力时，这个指令定义一个头架。必须应用 LOAD 指令（见 10.12）把头架加载到机床上。

a（实数）定义一个头架编号。

POS[XYZ]或NEG[XYZ]（关键词）当头架加载到机床上时，指明了刀具的方向。这个关键词既定义了平行于刀具的轴线的轴并且定义了刀具轴的正向。如果省略了方向，则假定为 POSZ。

ATANGL,b,c,d（关键词，实数）当头架加载到机床上时，指定零件坐标系下刀具轴向量的 X,Y,Z 分量。如果省略了方向，则假定为(0,0,1)的中心。

SETOOL,e,f,g（关键词，实数）指定刀具的设置距离，从刀具安装位置到机床测量参考点，在零件坐标系下沿 X、Y、Z 的距离。

HIGH（关键词）指明头架是一个高速头架。

LOW（关键词）指明头架是一个低速头架。

10.9.2 示例

无。

10.9.3 限定

无。

10.10 安全位置指令(INDPOS)

当旋转轴分度时，定义一个安全位置。

INDPOS / $\begin{pmatrix}\{mc\text{-}axis\}\\\{cl\text{-}axis\}\end{pmatrix}$, $a^{0:n}$ $\left[, \begin{pmatrix}\{mc\text{-}axis\}\\\{cl\text{-}axis\}\end{pmatrix}, a\right]$

INDPOS / NOMORE

10.10.1 句法

当旋转轴分度时，这个指令定义一个安全位置。在缺省的情况下，当旋转轴分度时没有特别的预警。

{mc-axis}（关键词）指明为机床轴定义安全位置。只有线性机床轴是有效的。

{cl-axis}（关键词）指明为零件参考轴定义安全位置。

a（实数）定义或是以机床轴或是以零件坐标系轴的安全位置。

NOMORE（关键词）取消了最后指明的 INDPOS 点。对随后的旋转运动不指定预防措施。

只有这些在 INDPOS 指令中提到的轴才可优先于旋转坐标轴移动。

10.10.2 示例

无。

10.10.3 限定

无。

10.11 线性公差指令(LINTOL)

定义许可的线性公差。

LINTOL / [FINE,] a [,COARSE,b]

$$\text{LINTOL / }\begin{pmatrix}\text{ON}\\ \text{OFF}\end{pmatrix}$$

10.11.1 句法

当线性和旋转运动合并产生真正的刀具路径时，该命令定义刀具路径两点间直线许可的偏差。线性化也许会产生附加的刀具路径运动以维持允许偏差。

FINE,a（关键词，实数）当刀具以进给速度运动时，定义以零件参考单位的允许偏差。FINE 关键词是可选的，对 LINTOL 指令没有影响。

COARSE,b（关键词，实数）当刀具在快速定位时，定义以零件参考单位的允许偏差。

ON（关键词）重新激活最后暂停的线性化。

OFF（关键词）暂停线性化。

10.11.2 示例

无。

10.11.3 限定

无。

10.12 加载指令(LOAD)

指令给刀具可移动头架、工件托盘或工件加载。

$$\text{LOAD / TOOL,}a\begin{bmatrix}\text{,CLW}\\ \text{CCLW}\end{bmatrix}[\text{,ORIENT}]\begin{bmatrix}\text{,ADJUST,}\begin{pmatrix}\text{NOW}\\ \text{NEXT}\end{pmatrix}\end{bmatrix}$$

$$\text{LOAD / HEAD,}a\begin{bmatrix}\text{,CLW}\\ \text{CCLW}\end{bmatrix}\begin{bmatrix}\text{,ADJUST,}\begin{pmatrix}\text{NOW}\\ \text{NEXT}\end{pmatrix}\end{bmatrix}$$

$$\text{LOAD / }\begin{pmatrix}\text{PALLET}\\ \text{PART}\end{pmatrix}[\text{ , }a\text{ }]\begin{bmatrix}\text{,CLW}\\ \text{CCLW}\end{bmatrix}\begin{bmatrix}\text{,ADJUST,}\begin{pmatrix}\text{NOW}\\ \text{NEXT}\end{pmatrix}\end{bmatrix}$$

10.12.1 句法

这个指令执行顺序加载。如果需要选择一个新的条目并且还没有选择好，则这个加载顺序应提示 SELECT 操作（见 10.16）。如果需要卸载一个旧的条目并且还没有卸载，则这个加载顺序应提示 UNLOAD 操作（见 10.19）。

TOOL（关键词）指明对先前 TOOLNO 命令定义的刀具加载。

HEAD（关键词）指明对先前 HEAD 命令定义的头架加载。

PALLET (关键词) 指明将要被加载的工件托盘。在缺少识别号时,将假定一个简单的托盘转换操作。

PART (关键词) 指明将要被加载的工件。在缺少可识别数字时,将假定一个简单的工件交换操作。

a (实数) 指明由识别号定义刀具,头架,托盘或工件。

CLW (关键词) 指明加载设备的顺时针方向。

CCLW (关键词) 指明加载设备的逆时针方向。

ORIENT (关键词) 仅对于刀具转换时,指明刀具应在预定义位置定向以保证相应的公差。

ADJUST,NOW (关键词) 由于加载操作立刻在单独程序段中输出,则任何偏置补偿都是需要的。

ADJUST,NEXT (关键词) 由于加载操作插入下一个运动,则任何偏置补偿都是需要的。

10.12.2 示例

无。

10.12.3 限定

无。

10.13 原点指令(ORIGIN)

10.13.1 概述

提供零件参考系统或是机床旋转工作台,或是机床旋转头支点的长度之间关系的定义。

10.13.1.1 子目录

1) 零件参考系和机床旋转轴之间的关系说明,见 10.13.2;

2) 旋转头架支点的长度说明,见 10.13.3。

10.13.1.2 限定

无。

注:ORIGIN 指令的附加形式在通用语言定义 5.35 节中。

10.13.2 零件参考系和机床旋转轴之间的关系说明

```
ORIGIN / ┌TABLE┐ ⎧AAXIS⎫ ,COORD,a,b,c
         └HEAD ┘ ⎪BAXIS⎪
                 ⎨CAXIS⎬
                 ⎪DAXIS⎪
                 ⎩EAXIS⎭
```

10.13.2.1 句法

这个指令定义零件参考系原点和指定的机床旋转轴之间的关系。后置处理器将用这些信息决定工件和机床参考坐标系之间的关系。

TABLE (关键词) 进一步限定已命名的旋转轴作为一个旋转台。当机床上同时有头架坐标旋转轴时,同样适用。

HEAD (关键词) 进一步限定已命名的旋转轴作为一个旋转头架。当机床上同时有转台坐标旋转轴时,同样适用。

[ABCDE]AXIS (关键词) 指明旋转轴的命名作为 ORIGIN 指令参考点使用。

COORD,a,b,c (关键词,实数) 指明转台中心顶面或旋转头架支点在零件参考系下的 X,Y,Z 坐标。

10.13.2.2 示例

无。

10.13.2.3 限定

无。

10.13.3 旋转头架支点的长度说明

```
ORIGIN /[HEAD,] ⎧AAXIS⎫ ,LENGTH,a
                ⎪BAXIS⎪
                ⎨CAXIS⎬
                ⎪DAXIS⎪
                ⎩EAXIS⎭
```

10.13.3.1 句法

这个指令重新定义了主轴测量参考点和旋转头架支点中心之间的距离。后置处理器将运用这些信息来代替先前预定义的支点长度信息。

HEAD,[ABCDE]AXIS(关键词) 指明旋转头架轴的名称,这些旋转头架主轴的支点长度将被重新定义。HEAD 关键词是可选的。

LENGTH,a(关键词,实数)指明支点和主轴测量点之间的距离,以零件参考系为单位测量与主轴平行的距离。

10.13.3.2 示例

无。

10.13.3.3 限定

无。

10.14 退刀指令(**RETRCT**)

移动刀具到安全平面。

RETRCT

10.14.1 句法

这个指令将刀尖沿着刀具轴的方向移动到由先前 CLEARP 指令定义的安全平面上去(见 10.5)。如果没有定义安全平面,则刀具应移动到初始原点的 Z 平面上。

10.14.2 示例

无。

10.14.3 限定

无。

10.15 旋转指令(**ROTATE**)

驱动旋转坐标轴。

```
ROTATE /⎡TABLE,⎤⎧AAXIS⎫⎡,ATANGL⎤,a⎡,CLW ⎤[,ROTREF]⎡,NOW ⎤
        ⎣HEAD  ⎦⎪BAXIS⎪⎣INCR   ⎦  ⎣CCLW ⎦         ⎣NEXT ⎦
                ⎨CAXIS⎬
                ⎪DAXIS⎪
                ⎩EAXIS⎭
```

10.15.1 句法

这个指令驱动已选头架或转台旋转轴到指定的位置或旋转指定的角度。角度是以度测量的。

TABLE(关键词) 进一步限定已命名的旋转轴作为一个旋转台。当机床上同时有头架坐标旋转轴时,同样适用。

HEAD(关键词) 进一步限定已命名的旋转轴作为一个旋转头架。当机床上同时有工作台坐标旋转轴时,同样适用。

[ABCDE]AXIS(关键词) 指明要运动的旋转轴的名字。

ATANGL(关键词)指明旋转运动终点的角度,是从零参考点测量的绝对值。

INCR(关键词)指明旋转运动终点的角度,是从当前位置测量的增量值取代。

a (实数)指明以度为单位的旋转运动终点的绝对或增量值。如果 ATANGL 或 INCR 都没有被指定,则假定为 ATANGL。

CLW (关键词)以顺时针方向驱动设备旋转到终点。

CCLW (关键词)以逆时针方向驱动设备旋转到终点。

ROTREF (关键词)当计算工件和刀具之间的关系时,指明后置处理器计算时要考虑旋转的影响。

NOW (关键词)指明应该立即输出旋转运动。

NEXT (关键词)指明旋转运动应该插入到下一个运动中去。

10.15.2 **示例**

无。

10.15.3 **限定**

无。

10.16 **选择指令(SELECT)**

命令对刀具,移动头架,托盘或工件的选择。

```
SELECT / TOOL,a ┌,CLW ┐┌,UPPER┐
                └CCLW ┘└LOWER ┘

SELECT / ┌HEAD  ┐,a┌,CLW ┐
         │PALLET│   └CCLW ┘
         └PART  ┘
```

10.16.1 **句法**

这个命令按选择顺序执行,这里的选择条目是在准备状态而不是加载。

TOOL (关键词)指明将要选择由先前 TOOLNO 指令定义的刀具。

HEAD (关键词)指明将要选择由先前 HEAD 指令定义的头架。

PALET (关键词)指明将要选择工件托盘。

PART (关键词)指明将要选择一个工件。

a (实数)由识别号识别刀具,头架,托盘和工件。

CCW (关键词)指明选择设备的顺时针分度方向。

CCLW (关键词)指明选择设备的逆时针分度方向。

UPPER (关键词)选择上位的刀具加载位置。

LOWER (关键词)选择下位的刀具加载位置。

10.16.2 **示例**

无。

10.16.3 **限定**

无。

10.17 **主轴指令(SPINDL)**

控制主轴模式、主轴转速或主轴定向。

10.17.1 **概述**

10.17.1.1 **子内容**

1) 主轴模式说明,见 10.17.2;

2) 主轴旋转速度说明,见 10.17.3;

3) 主轴定向说明,见 10.17.4。

10.17.1.2 **限定**

无。

10.17.2 主轴模式说明

SPINDL / {ON | OFF | LOCK | NEUTRL}

10.17.2.1 句法

这个指令控制主轴的基本操作模式。

ON (关键词)在最后指定速率下，重启主轴旋转。

OFF (关键词)停止主轴旋转。

LOCK (关键词)停止主轴旋转并且锁定。

NEUTRL (关键词)脱离主轴驱动。

10.17.2.2 示例

无。

10.17.2.3 限定

无。

10.17.3 主轴旋转速度说明

SPINDL / [RPM,] a [,CLW | CCLW] [,RANGE, {b | LOW | MEDIUM | HIGH}] [,FRSSUR, {LOW | MEDIUM | HIGH}]

10.17.3.1 句法

这个指令指明主轴的旋转速率、旋转方向、齿轮选择和开关压力。

RPM,a (关键词,实数)指明以每分钟的转数计算的主轴旋转速率,与 GB/T 8870 中定义的 G97 一致。关键词 RPM 是可选的。

CLW (关键词)指明主轴按顺时针方向旋转。

CCLW (关键词)指明主轴按逆时针方向旋转。

RANGE,b (关键词,实数)指明用于机床上使用的数字化齿轮范围。

RANGE,LOW (关键词)指明用于最低的齿轮范围。

RANGE,MEDIUM (关键词)指明用于中间的齿轮范围。

RANGE,HIGH (关键词)指明用于最高的齿轮范围。

PRSSUR,LOW (关键词)指明使用低旋启动压力。

PRSSUR,MEDIUM (关键词)指明使用正常启动压力。

PRSSUR,HIGH (关键词)指明使用高旋启动压力。

10.17.3.2 示例

无。

10.17.3.3 限定

主轴的旋转速率应为非零的正值。

10.17.4 主轴定向说明

SPINDL / ORIENT [,a]

10.17.4.1 句法

这个指令分度主轴并锁定它。

ORIENT,a (关键词,实数)在一个机床指定的参考系中,指明以度为单位测量的主轴的定向角度。如果省略了这个方向角度,则机床应使用一个特定的缺省角度。

10.17.4.2 示例

无。

10.17.4.3 限定

无。

10.18 刀具号指令(TOOLNO)

定义刀具。

TOOLNO / a ⌈,IN,b ⌉ ⌊,MANUAL⌋ [,MILL] {geometry-qualifiers} {machine-qualifiers}

对{ geometry-qualifiers }定义如下：

⌈,SETOOL,c,d,e⌉ ⌊,LENGTH,e⌋ [,DIAMET , f] [,FLUTES , g] [,TLMATL , h]

对{ machine-qualifiers }定义如下：

[OSETNO,i] [,HOLDER, {SMALL | MEDIUM | LARGE}]

10.18.1 句法

这个指令指明特定刀具的刀具信息,用 SELECT/TOOL,LOAD/TOOL 和 UNLOAD/TOOL 命令来选择。

a (实数) 指明刀具号。

IN, b (关键词,实数) 指明刀具加载的刀套号。

MANUAL (关键词) 指明操作人员必须手动加载刀具。

MILL (关键词) 对于既具有铣或有钻功能的机床指定刀具。当 TOOLON 说明在由 APPLY/MILL 指令执行的零件程序段中出现时,或者机床只提供铣或钻功能而不能提供其他功能时,这是缺省的。

SETOOL, c, d, e,(关键词) 指明从刀尖位置到机床测量参考点,在零件坐标系下 X,Y,Z。

LENGTH, e (关键词,实数) 指明从刀尖到机床测量参考点,沿零件坐标系 Z 轴方向测量刀具的设定长度。

DIAMET, f (关键词,实数) 指明以零件参考单位的刀具直径。

FOUTES,g (关键词,实数)指明刀具 切削表面的数。

TLMATL, h (关键词,实数) 用刀具寿命识别编码指定刀具材料。

OSETNO, i (关键词,实数) 指明刀具修正调节器或与刀具相关的寄存器。

HOLDER,SMALL (关键词) 指明刀具安装在小号刀柄中。

HOLDER,MEDIUM (关键词) 指明刀具安装在中号刀柄中。

HOLDER,LARGH (关键词) 指明刀具安装在大号刀柄中。

10.18.2 示例

无。

10.18.3 限定

无。

10.19 卸载指令 (UNLOAD)

命令对刀具、头架、托盘或工件的卸载。

UNLOAD / {TOOL | HEAD | PALLET | PART} ⌈,CLW ⌉ ⌊CCLW⌋

10.19.1 句法

这个指令执行卸载顺序。把这些条目从工作环境中移走并存放到存储区域。

TOOL(关键词)指明将要卸载的刀具。

HEAD(关键词)指明将要卸载的头架。

PALLET(关键词)指明将要卸载的托盘。

PART(关键词)指明将要卸载的工件。

CLW(关键词)指明卸载设备的顺时针分度方向。

CCLW(关键词)指明卸载设备的逆时针分度方向。

10.19.2 示例

无。

10.19.3 限定

无。

11 冲压成型加工语言

11.1 概述

11.1.1 句法

冲压成型加工语言这一章定义了转塔式冲床类术语。转塔式冲床机床是驱动静止的加工元素通过静止的工件达到加工成型的目的。

通用语言(见第5章)和冲压成型加工语言一起为转塔式冲床或者具有转塔式冲床加工能力的机床,提供标准的术语。

当单个机床支持由本标准定义的多种机床的能力,应用指令 APPLY (见5.4和11.2)用于定义该类机床。

11.1.2 子目录

1) APPLY 指令选择机床的冲压成型类机床,见11.2;

2) CLAMP 指令调整夹紧材料的位置,见11.3;

3) CYCLE 指令提供预设置一系列操作的模态应用,见11.4;

4) LOAD 指令命令各种项目的加载,见11.5;

5) PIERCE 指令控制冲压速度,见11.6;

6) SELECT 指令命令各种项目的选择,见11.7;

7) TOOLNO 指令定义刀具,见11.8;

8) UNLOAD 指令命令各种项目的卸载,见11.9。

11.1.3 限定

无。

11.2 应用指令(APPLY)

选择冲压成型机床。

APPLY / PUNCH

11.2.1 句法

当单个机床提供本标准定义的多种类型机床的功能时,该指令为随后的操作选择机床类型。

PUNCH(关键词) 指明将利用冲压成型加工机床处理后续的零件程序数据。

11.2.2 示例

无。

11.2.3 限定

无。

注:完整的 APPLY 指令的定义可以在通用语言5.4节中找到。

11.3 夹紧指令(CLAMP)

调整材料的夹紧位置。

CLAMP / MATERL,XDIST,a [,CLEAR,b]

11.3.1 句法

这个指令开始执行将材料从一个夹紧位置到另一个位置系列操作。它由一系列动作组成,包括:由压脚固定住材料、移动材料夹持器、材料夹持器移动到一个新位置、重新使用材料夹持器和移走压脚。

MATERL (关键词)指明材料的夹紧操作。

XDIST,a (关键词)指明移动材料夹持器的距离,是沿 X 轴方向以零件参考单位测量的有符号值。

CLEAR,b (关键词,实数)指明当移动夹持器时,需要一个附加的安全距离,是沿 Y 轴方向以零件参考单位测量的无符号值。

11.3.2 示例

无。

11.3.3 限定

无。

注:在 5.8 通用语言中定义了 CLAMP 指令的附加形式。

11.4 循环指令(CYCLE)

提供一系列预设置操作的模态应用。

CYCLE / {type} $^{0:n}$[,{qualifier}]

$^{1:n}$({motion})

CYCLE / OFF

11.4.1 概述

11.4.1.1 句法

这个循环是预设置的一系列操作,这些操作指导机床坐标轴运动和执行冲压的下列操作,如:拉伸、步冲、冲压和剪切。

{type}(关键词)识别执行预设置操作的类型。

{qualifier}(多种)指明允许基本循环修改的参数。在不同的循环内限定词都有一个固定的含义。

{motion}(多种)为循环定义控制点,预设置操作应该在每个零件程序运动点执行直至取消循环指令。

OFF (关键词) 取消循环操作。

11.4.1.2 子目录

1) 通用激活说明,见 11.4.2;
2) 循环内参数修改,见 11.4.3;
3) BOLTC 循环说明,见 11.4.4;
4) DRAW 循环说明,见 11.4.5;
5) NIBBLE 循环说明,见 11.4.6;
6) RCTNGL 循环说明,见 11.4.7;
7) ROUND 循环说明,见 11.4.8;
8) SHEAR 循环说明,见 11.4.9。

11.4.1.3 限定

无。

11.4.2 通用激活说明

CYCLE / OFF

CYCLE / ON $^{0:n}$[,{qualifier}]

11.4.2.1 句法

这个指令用于暂停或重启循环。

OFF (关键词)暂停正在进行的循环。

ON (关键词)重启一个暂停的循环。

{qualifier}(多种)修改暂停循环的已选择参数。没有提到的参数,仍为初始值。

11.4.2.2 示例

无。

11.4.2.3 限定

循环已经被暂停,ON 形式才有效的。

注:关键词 NOMORE 是 OFF 的非首选的替换词。两者产生同样的结果。

11.4.3 循环内参数修改

CYCLE / MIDIFY $^{1;n}$[,{qualifier}]

11.4.3.1 句法

这个指令用在循环程序段中,在没有暂停循环的情况下修改一个或多个加工参数,并且像 11.4.2 中描述的那样重新激活。

MODIFY (关键词)识别一个内循环参数修改循环状态。

{qualifier}(关键词)修改已选的循环加工参数。没有涉及的加工参数保持他们原来的值。

11.4.3.2 示例

无。

11.4.3.3 限定

当一个循环激活时,则 MODIFY 形式是有效的。

11.4.4 圆阵列说明 (BOLTC)

CYCLE / BOLTC,RADIUS,a,ATANGL b,TIMES c[[,SETP,d],(,CLW / CCLW)]

11.4.4.1 句法

这个指令开始在循环程序段的每个控制点冲压指定尺寸呈圆阵列孔系的循环。这个循环控制点是阵列圆的中心(见图 17)。

BOLTC (关键词)指明圆阵列的孔系冲压操作循环的开始。

RADIUS,a (关键词,实数)阵列圆半径,是以零件参考单位测量的无符号值。半径是从循环控制点到刀具控制点测量值。

ATANGL,b (关键词,实数)在 XY 平面内冲压的第一个孔的角度,以度测量的有符号值。

TIMES,c (关键词,实数)指明在圆弧上冲孔的个数。在缺少 STEP 参数时,冲压的所有孔在圆上均布。

STEP,d (关键词,实数)指明从角度距离来说,从一个冲压点到下一个冲压点的冲压频率。以度测量的无符号值。

CLW (关键词)指明冲压沿顺时针进行。如果同时省略顺时针和逆时针,对于后置信息处理器的判断行进方向是向左。

CCLW (关键词)指明冲压沿逆时针进行。如果同时省略顺时针和逆时针,对于后置信息处理器的判断行进方向是向左。

11.4.4.2 示例

无。

11.4.4.3 限定

当指定了 STEP 限定词时,必须指明顺时针和逆时针其中之一以指示行进方向。

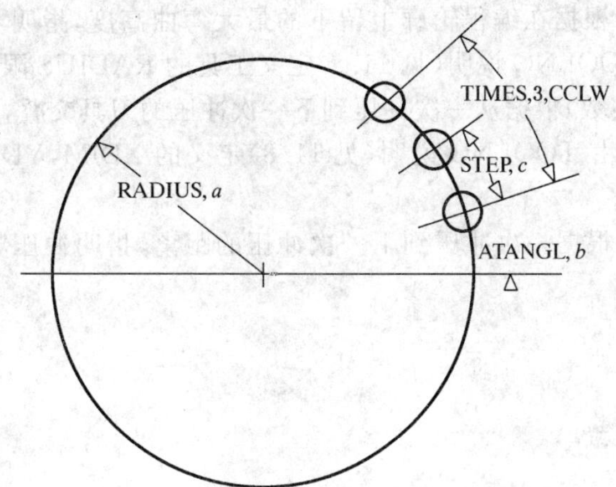

CYCLE/BOLTC, RADIUS, a, ATANGL, b, STEP, c, TIMES, 3, CCLW

图 17

11.4.5 拉伸循环说明（DRAW）

CYCLE / DRAW, DEPTH, a (,OVRLAP / STEP), b[,INCR, c [,ZIGZAG]]

11.4.5.1 句法

这个指令表明从循环段中第一控制点到最后控制点的间隔中一系列的冲压循环的初始化。这一系列动作可以以渐深的深度重复进行直至达到最终深度。这个循环用于成型和需要连续拉伸形成的其他形状。

DRAW（关键词）指明连续拉伸成型操作的开始。

DEPTH，a（关键词，实数）指明在控制点以下拉伸操作的最后深度，是以零件参考单位测量的有符号补偿值。这个深度是从刀具坐标轴负向测量的。

OVRLAP，b（关键词，实数）根据一次冲压到下一次冲压的刀具交叠，指明冲压频率，是以零件参考单位测量的无符号值。由 TOOLNO 说明（见 11.8）定义的 XDIM，YDIM 和 ATANGL 的刀具限定词来计算重叠距离。

STEP，b（关键词，实数）根据一次冲压到下一次冲压的距离，指明冲压频率，是以零件参考单位测量的无符号值。

INCR，c（关键词，实数）每次拉伸操作递增深度是以零件参考单位测量的无符号值。如果省略了 INCR 关键词，则拉伸循环在第一次冲压到最终深度，不再重复。

ZIGZAG（关键词）指明刀具方向，不同深度从循环程序段的最后点到首点往复。如果省略了 ZIGZAG，则刀具行进方向应该从第一控制点到最后控制点。

11.4.5.2 示例

无。

11.4.5.3 限定

无。

11.4.6 步冲循环说明（NIBBLE）

CYCLE / NIBBLE, {CUSP / OVRLAP / STEP}, a

11.4.6.1 句法

这个指令表明步冲循环初始化，从循环段中第一控制点到最后控制点以指定间隔（见图 18）执行一系列的冲压。这个循环被用于顺着轮廓去除材料。

NIBBLE（关键词）指明步冲操作的开始。

CUSP,a (关键词,实数)根据在编程轮廓上留下的最大弯曲高度,指明步冲的频率,是以零件参考单位测量的无符号值。由 TOOLNO 说明(见 11.8)定义工具的 RADIUS 限定词来计算弯曲高度。

OVRLAP,a (关键词,实数)根据从一次冲压到下一次冲压的刀具交叠,指明步冲的频率,是以零件参考单位测量的无符号值。由 TOOLNO 说明(见 11.8)定义的 XDIM,YDIM 和 ATANGL 限定词来计算重叠距离。

STEP,a (关键词,实数)根据一次冲压到下一次冲压的距离,指明冲压频率,是以零件参考单位测量的无符号值。

11.4.6.2 示例

无。

11.4.6.3 限定

无。

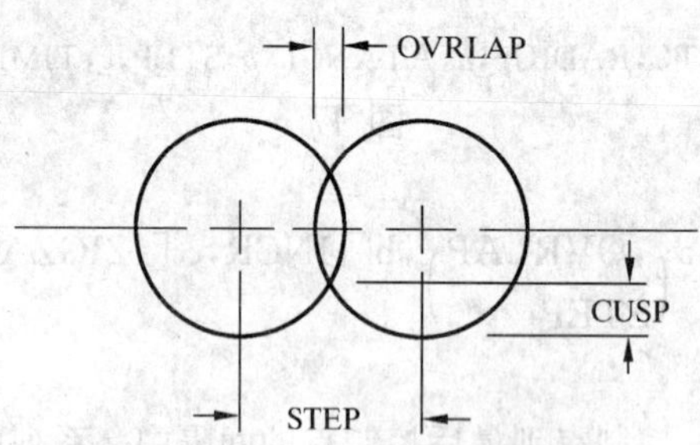

图 18 打孔间隔

11.4.7 矩形循环说明(RCTNGL)

CYCLE / RCTNGL,XDIM,a,YDIM,b $\left(\begin{matrix},OVRLAP\\STEP\end{matrix}\right)$,c[,{qualifier}]

其中{qualifier}定义为零或者如下:

ATANGL,d

CONTUR $\left[\begin{matrix},STOP\\OPSTOP\end{matrix}\right]$

11.4.7.1 句法

在一个循环程序段中每个控制点处(见图 19),这个指令将冲出指定尺寸为矩形面积操作的循环初始化。这个矩形区域是以循环控制点对中。

RCTNGL (关键词)指明冲矩形孔操作的开始。

XDIM,a (关键词,实数)指明矩形区域的一边的长度,是沿 X 轴方向以零件参考单位测量的无符号值。应该用以 TOOLNO 说明(见 11.8)定义刀具的 XDIM,YDIM 和 ATANGL 限定词来计算实际长度。

YDIM,a (关键词,实数)指明了矩形区域的第二条边的长度,是沿 Y 轴方向以零件参考单位测量的无符号值。应该用以 TOOLNO 说明(见 11.8)定义刀具的 XDIM,YDIM 和 ATANGL 限定词来计算实际长度。

OVRLAP,c (关键词,实数)根据从一次冲压到下一次冲压的刀具交叠距离,指明冲压的频率,是以零件参考单位测量的无符号值。由 TOOLNO 说明(见 11.8)定义刀具的 XDIM,YDIM 和 ATANGL 限定词来计算重叠距离。

STEP,c (关键词,实数)根据一次冲压到下一次冲压的距离,指明冲压频率,是以零件参考单位测量的无符号值。

ATANGL,d (关键词,实数)指明 XDIM 和 YDIM 剪切下的参数的旋转,以度测量的有符号值。在 XY 平面内,从循环控制点开始旋转。

CONTUR (关键词)指明只沿着矩形轮廓进行操作(见图 20)。如果省略了 CONTUR 限定词,则应该冲压全部的矩形区域。

STOP（关键词）指明在最后一次冲压轮廓后要求机床停止程序段，允许手动清除剩余材料。

OPSTOP（关键词）指明在最后一次冲压轮廓后可选机床停止程序段，允许手动清除剩余材料。

11.4.7.2　示例

无。

11.4.7.3　限定

由于刀具用于 RCTNGL 循环中，所以在 TOOLNO 说明中应指明 XDIM 和 YDIM。

不管 RCTNGL 循环的 ATANGL 限定词和 TOOLNO 说明之间有任何差值都应该是 90 度的倍数。

STOP 和 OPSTOP 限定词是在有 CONTUR 限定词时才有效。

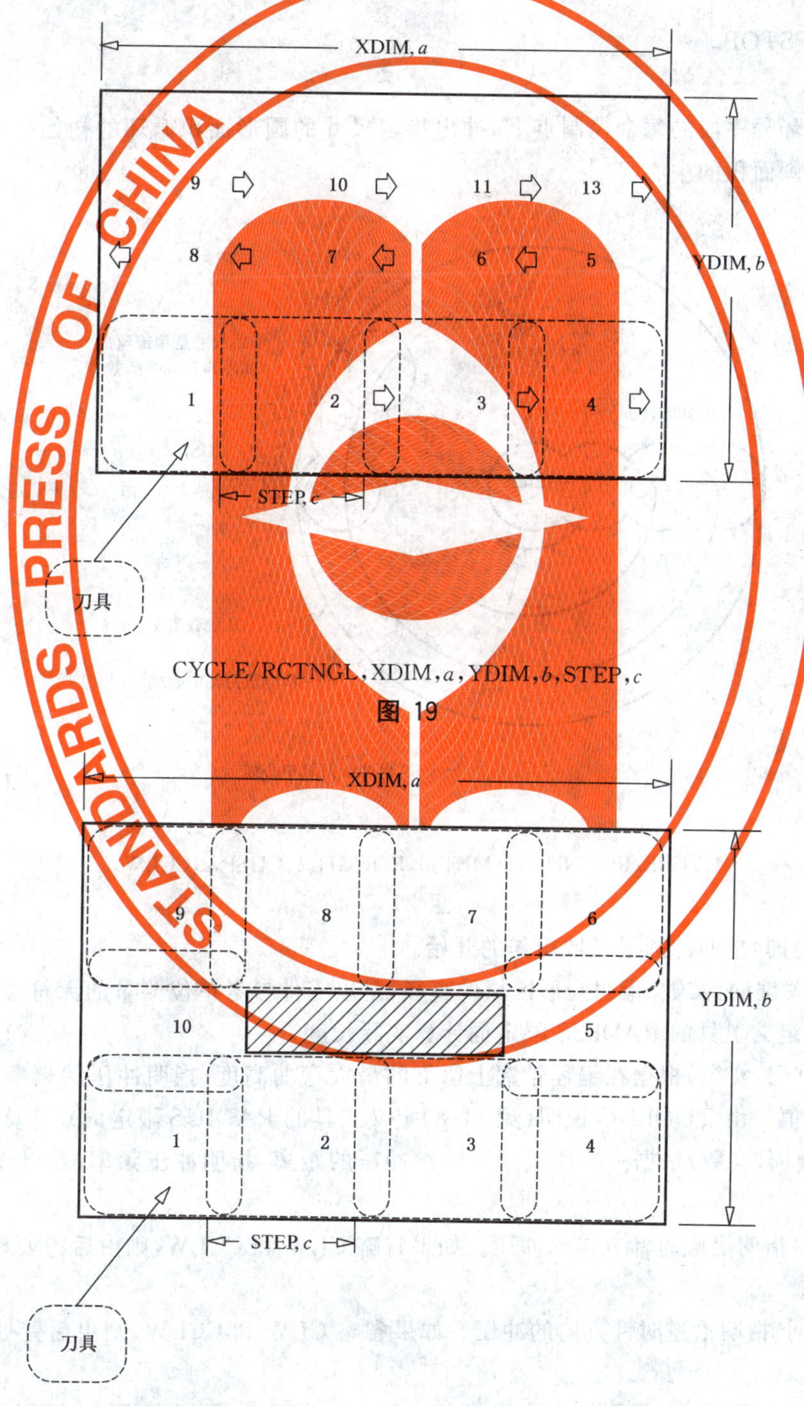

CYCLE/RCTNGL,XDIM,a,YDIM,b,STEP,c

图 19

CYCLE/RCTNGL,XDIM,a,YDIM,b,STEP,c,CONTUR

图 20

11.4.8 圆形循环说明（ROUND）

CYCLE / ROUND,DIAMET,a $\begin{pmatrix} ,\text{CUSP} \\ \text{STEP} \end{pmatrix}$,b [,{qualifier}]

其中{qualifier}定义为零或者如下：

$\begin{pmatrix} \text{CLW} \\ \text{CCLW} \end{pmatrix}$

ROUGH,c

CONTUR $\begin{bmatrix} ,\text{STOP} \\ \text{OPSTOP} \end{bmatrix}$

11.4.8.1 句法

这个指令在循环程序段的每个控制点上，冲出指定尺寸的圆形面积循环的初始化（见图 21），这个循环控制点指明了圆面积的中心。

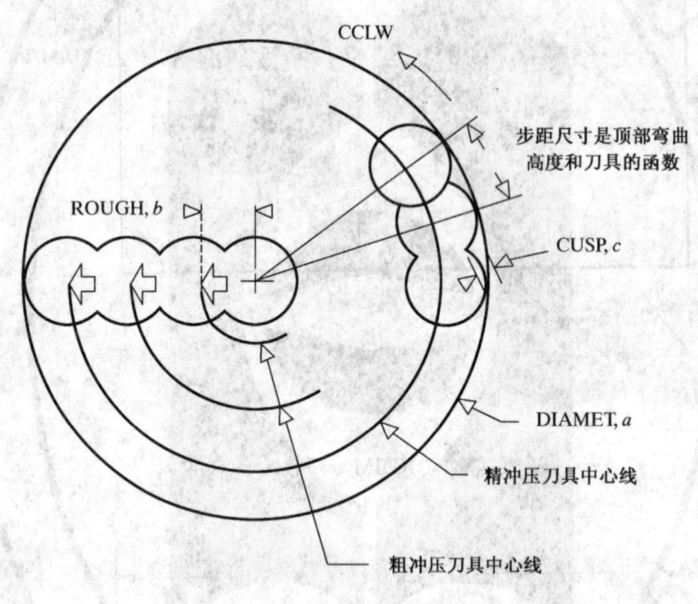

CYCLE/ROUND,DIAMET,*a*,ROUGH,*b*,CUSP,*c*,CCLW

图 21

ROUND（关键词）指明冲圆形区域操作的开始。

DIAMET,a（关键词，实数）指明圆形区域的直径，是以零件参考单位测量的无符号值。用 TOOLNO 说明（见 11.8）定义工具的 RADIUS 限定词计算实际长度。

CUSP,b（关键词，实数）根据在编程轮廓上留下的最大弯曲高度，指明冲压的频率，是以零件参考单位测量的无符号值。由 TOOLNO 说明（见 11.8）定义工具的 RADIUS 限定词来计算弯曲高度。

STEP,b（关键词，实数）根据一次冲压到下一次冲压的距离，指明冲压频率，是以零件参考单位测量的无符号值。

CLW（关键词）指明沿顺时针方向的冲压。如果省略 CLW 和 CCLW，则由后置处理器判断行进方向向左。

CCLW（关键词）指明沿逆时针方向的冲压。如果省略 CLW 和 CCLW，则由后置处理器判断行进方向向左。

ROUGH,c（关键词，实数）根据一次冲压到下一次冲压的距离，指明了粗冲压频率，是以零件参考单位测量的无符号值。如果省略了 ROUGH 限定词，则基本的冲压频率将用于内部和轮廓冲压。

CONTUR（关键词）指明冲压仅限于圆形区域轮廓（见图 22），如果 CONTUR 限定词省略，则在整个圆形区域冲压。

STOP（关键词）指明在最后一次冲压轮廓后要求机床停止程序段，允许手动清除剩余材料。

OPSTOP（关键词）指明在最后一次冲压轮廓后选择机床停止程序段，以清除剩余材料。

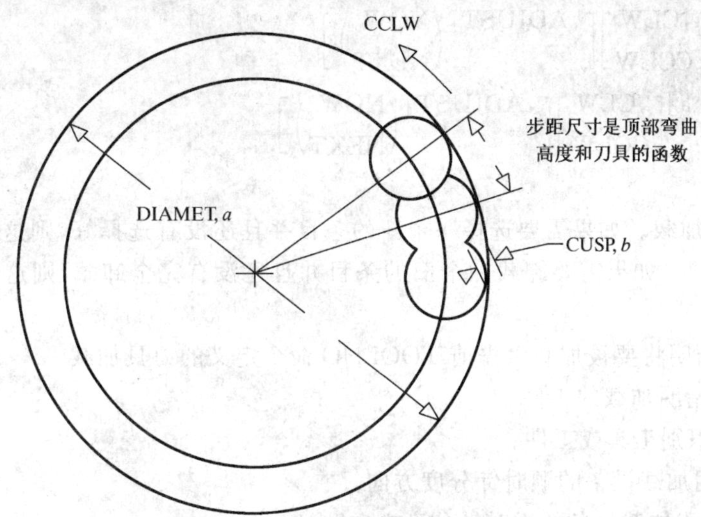

CYCLE/ROUND，DIAMET，a，CUSP，b，CONTUR，CCLW

图 22

11.4.8.2 示例

无。

11.4.8.3 限定

在 ROUND 循环中，在 TOOLNO 说明中使用的刀具应指明 RADIUS 限定词。

STOP 和 OPSTOP 只有和 CONTUR 限定词搭配时才有效。

CONTUR 和 ROUGH 限定词是互相排斥的。

11.4.9 剪切循环说明（SHEAR）

CYCLE / SHEAR，$\left(\begin{array}{l},\text{OVRLAP} \\ \text{STEP}\end{array}\right)$，a[，ZIGZAG]

11.4.9.1 句法

这个命令指明在循环程序段从第一个控制点到最后一个控制点分布间隔的开始一系列冲压循环。这个循环用于剪切按照指定轮廓的零件材料。

SHEAR（关键词）指明剪切材料操作的开始。

OVRLAP，a（关键词，实数）根据从一次冲压到下一次冲压的刀具交叠，指明冲压的频率，是以零件参考单位测量的无符号值。由 TOOLNO 说明（见 11.8）定义的 XDIM，YDIM 和 ATANGL 限定词来计算重叠距离。

STEP，a（关键词，实数）根据一次冲压到下一次冲压的距离，指明冲压频率，是以零件参考单位测量的无符号值。

ZIGZAG（关键词）指明刀具方向应该与交替冲压的方向相反使之与加载的剪切工具平行。在循环程序段的第一个控制点将发生初始冲压。然后，冲压按两次前进一次后退的步骤进行。如果省略了 ZIGZAG，则刀具行进方向不应相反。

11.4.9.2 示例

无。

11.4.9.3 限定

无。

11.5 加载指令 (LOAD)

命令工具或工件的加载。

$$\text{LOAD / TOOL,a}\begin{bmatrix}\text{,CLW}\\\text{CCLW}\end{bmatrix}\left[\text{,ADJUST,}\begin{pmatrix}\text{NOW}\\\text{NEXT}\end{pmatrix}\right]$$

$$\text{LOAD / PART [, a]}\begin{bmatrix}\text{,CLW}\\\text{CCLW}\end{bmatrix}\left[\text{,ADJUST,}\begin{pmatrix}\text{NOW}\\\text{NEXT}\end{pmatrix}\right]$$

11.5.1 句法

这个指令执行顺序加载。如果需要选择一个新的条目并且还没有选择好,则这个加载顺序应提示 SELECT 操作 (见 11.7)。如果需要卸载一个旧的条目并且还没有完全卸载,则这个加载顺序应提示 UNLOAD 操作 (见 11.9)。

TOOL (关键词) 指明将要被加载由先前 TOOLNO 命令定义的刀具加载。

PARTV (关键词)指明加载的工件。

a (实数)由识别号识别工具或工件。

CLW (关键词)指明加载设备的顺时针分度方向。

CCLW (关键词)指明加载设备的逆时针分度方向。

ADJUST,NOW (关键词) 由于加载操作立刻在单独程序段中输出,指明任何偏置补偿都是需要的。

ADJUST,NEXT (关键词) 由于加载操作插入下一个运动,指明任何偏置补偿都是需要的。

11.5.2 示例

无。

11.5.3 限定

无。

11.6 冲压速度指令 (PIERCE)

控制冲压速度。

PIERCE / PERMIN,a

$$\text{PIERCE /}\begin{bmatrix}\text{ON}\\\text{OFF}\end{bmatrix}$$

11.6.1 句法

这个指令激活或取消冲压循环,使其在后续运动坐标系发生或不发生冲压。这个指令也用于设置冲压循环速度。

PERMIN,a (关键词,实数)指明冲压速率,以每分钟冲压次数的无符号值。

ON (关键词)指明冲压在随后的运动坐标系中发生。

OFF (关键词)指明冲压不在随后的运动坐标系中发生。

11.6.2 示例

无。

11.6.3 限定

无。

11.7 选择指令 (SELECT)

命令工具或工件的选择。

$$\text{SELECT / TOOL,a}\begin{bmatrix}\text{,CLW}\\\text{CCLW}\end{bmatrix}$$

SELECT / TOOL [,a] ⎡,CLW ⎤
⎣CCLW⎦

11.7.1 句法

这个指令执行选择顺序。这是把选择的条目处于准备状态，但不加载它。

TOOL (关键词)指明选择由先前 TOOLNO 指令定义的工具。

PART (关键词)指明选择的工件。

a (实数)由识别号识别工具或工件。

CLW (关键词)指明选择设备的顺时针分度方向。

CCLW (关键词)指明选择设备的逆时针分度方向。

11.7.2 示例

无。

11.7.3 限定

无。

11.8 工具号指令 (TOOLNO)

定义工具。

TOOLNO / a ⎡,IN,b ⎤[,PUNCH] { geometry-qualifiers } { machine-qualifiers }
⎣,MANUAL⎦

对{geometry-qualifiers}定义如下：

[,SETOOL,c,d] [,XDIM,e,YDIM,f] [,RADIUS,g] [,ATANGL,h] [,TLMATL,i]

对{ machine-qualifiers }定义如下：

[,OSETNO,j] ⎡,HOLDER, ⎧SMALL ⎫⎤
⎢ ⎨MEDIUM⎬⎥
⎣ ⎩LARGE ⎭⎦

11.8.1 句法

这个指令指明用 SELECT/TOOL，LOAD/TOOL 和 UNLOAD/TOOL 说明刀具的刀具信息(见图 23 和图 24)。

a (实数) 指明刀具号。

IN, b (关键词，实数) 指明刀具加载的刀套号。

MANUAL (关键词) 指明操作人员必须手动加载刀具。

PUNCH (关键词)指明被定义的刀具用于转塔式冲床。当 TOOLNO 说明在由 APPLY/PUNCH 指令执行的零件程序段中出现时，或者当除了能提供转塔冲压功能而不能提供其他功能时，这是缺省值。

SETOOL,c,d (关键词)指明从刀尖位置到机床测量参考点，在零件坐标系下 X,Y 轴上测量的刀具设定距离。

XDIM,e (关键词，实数)指明忽略圆角半径的矩形刀具的一边的长度，是沿 X 轴方向以零件参考单位测量的无符号值。

YDIM,f (关键词，实数)指明忽略圆角半径的矩形刀具的第二条边的长度，是沿 Y 轴方向以零件参考单位测量的无符号值。

RADIUS,g (关键词，实数)指明刀具的圆角半径，是以零件参考单位测量的无符号值。

ATANGL,h (关键词，实数)指明 XDIM 和 YDIM 参数的旋转，是以度测量的有符号值。在 XY 平面上刀具中心进行旋转。

TLMATL,i (关键词，实数)用刀具寿命方法认可的编码识别刀具材料。

OSETNO,j (关键词，实数)指明刀具校正调节器或者与刀具相关的寄存器。

HOLDER,SMALL(关键词)指明刀具安装在小刀柄中。

HOLDER,MEDIUM(关键词)指明刀具安装在中刀柄中。

HOLDER,LARGE(关键词)指明刀具安装在大刀柄中。

XDIM、YDIM、RADIUS 和 ATANGL 限定词提供了基本的尺寸信息,在后置处理器中应用这些信息计算超步距和工具偏置。对于这个目的的这些限定词,将在限定中注释。

11.8.2 示例

无。

11.8.3 限定

如果使用了 XDIM、YDIM 其中之一,则它们都将被指定。

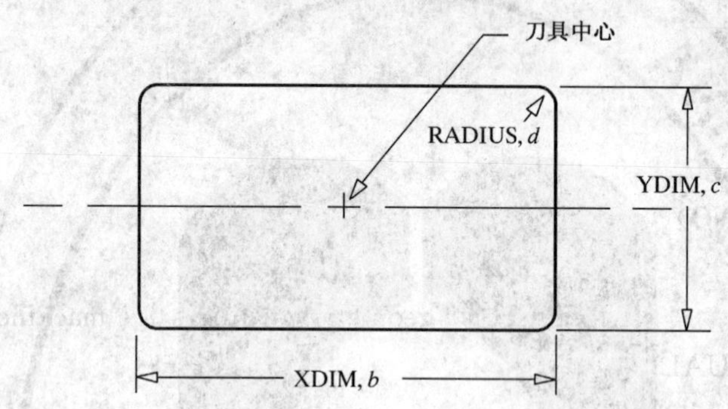

TOOLNO/a,PUNCH,XDIM,b,YDIM,c,RADIUS,d

图 23 $d<c$

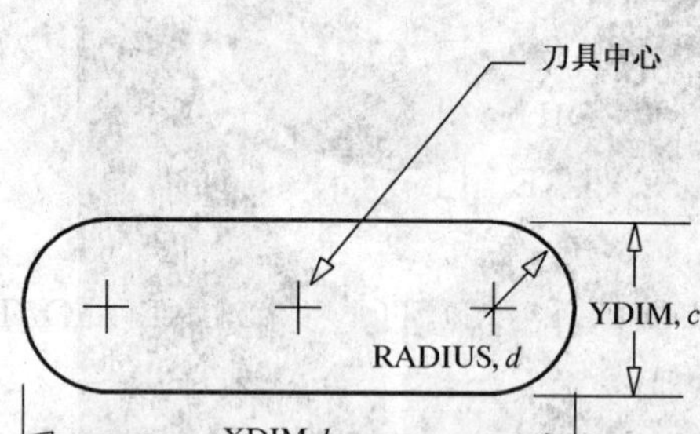

TOOLNO/a,PUNCH,XDIM,b,YDIM,c,RADIUS,d

图 24 $d=c$

11.9 卸载指令(UNLOAD)

命令对工具或工件的卸载。

$$\text{UNLOAD} / \begin{pmatrix}\text{TOOL}\\ \text{PART}\end{pmatrix} \begin{bmatrix},\text{CLW}\\ \text{CCLW}\end{bmatrix}$$

11.9.1 句法

这个指令执行卸载顺序。这个指令把条目从工作环境中移除并放到储存区域。

TOOL(关键词)指明应卸载的工具。

PART(关键词)指明应卸载工件。

CLW(关键词)指明卸载设备的顺时针方向。

CCLW(关键词)指明卸载设备的逆时针方向。

11.9.2 示例

无。

11.9.3 限定

无。

12 车削语言

12.1 概述

12.1.1 句法

车削语言这一章定义了针对车床类的术语。车床是指静止的加工元素，加工在主轴上夹持的旋转的工件。

通用语言(见第5章)和车削语言一起为车床或者具有车削能力的机床提供标准术语。

当单个机床支持由本标准定义的多种机床的能力，指令 APPLY (见5.4和11.2)用于定义该类机床。

12.1.2 参考系统

传统习惯规定对于卧式车床，零件X轴与机床Z轴对应，零件Y轴与机床X轴对应。对于立式车床则是相反的，零件Y轴与机床Z轴对应，零件X轴与机床的X轴一致。这样编程在XY平面进行，比在ZX平面简单，同时使卧式机床和立式机床的加工过程的形象化更为简单。尽管有传统惯例，但是本标准规定了零件主要参考线性轴应与机床主要参考轴相符。COUPLE 指令(见5.10)应该用于定义零件和机床参考轴之间的其他关系。

为了减少可能出现的混乱，与平行于主轴的机床轴对应的零件参考轴被命名为导轨“rail”，垂直于主轴的应被命名为横向滑板“cross slide”。

12.1.3 子目录

1) APPLY 指令选择机床的车削能力，见12.2；

2) BARFED 指令控制通过夹持收集器输送新工件材料，见12.3；

3) CATCHR 指令控制工件取回装置，见12.4；

4) CHUCK 指令定义一个装夹装置，见12.5；

5) CLAMP 指令提供多种夹紧操作，见12.6；

6) COOLNT 指令控制冷却液的流动，见12.7；

7) COUPLE 指令控制螺纹加工的同步，见12.8；

8) CUTCOM 指令控制激活和取消刀具半径补偿，见12.9；

9) DEFCON 指令定义用于后续车削操作的轮廓，见12.10；

10) LOAD 指令命令各种条目的加载，见12.11；

11) MODE 指令控制恒定的表面速度应用，见12.12；

12) OP 指令提供一系列预设置操作的非模态应用，见12.13；

13) PITCH 指令提供螺距说明，见12.14；

14) SAFETY 指令说明紧急停止时的退刀方向，见12.15；

15) SELECT 指令命令对各种条目的选择，见12.16；

16) SPINDL 指令控制主轴的相关功能，见12.17；

17) STAN 指令指明刀具设定的角度，见12.18；

18) STDYRS 指令控制固定支架的位置，见12.19；

19) TLSTCK 指令控制尾架和尾架顶针的位置，见12.20；

20) TOOLNO 指令定义刀具，见12.21；

21) TURRET 指令控制刀塔的分度，见12.22；

22) UNLOAD 指令命令各种条目的卸载，见12.23。

12.1.4 限定

无。

注1：车床可以完成沿主轴中心钻削操作。在这个指定的情况下，可以使用铣削和钻削语言中的 CYCLE 术语。在

车削语言章节里完成这些参考循环。

注 2：带有现场工艺的车床也可以完成钻削操作而不需要特殊限制。铣削和钻削语言的 APPLY 指令(见 10.2)必须被指定 APPLY 进入这个能力。

12.2 应用指令（APPLY）

选择机床的车削能力。

APPLY / TURN

12.2.1 句法

当某机床提供本标准定义的多种类型机床的功能时，该指令为随后的操作选择机床类型。

TURN (关键词)指明利用机床的车削能力处理后续的零件程序数据。

12.2.2 示例

无。

12.2.3 限定

无。

注：完整的应用指令定义见通用语言 5.4 节。

12.3 进料指令（BARFED）

控制通过夹持收集器输送新工件材料。

BARFED / a，TO，b

12.3.1 句法

这个指令控制通过夹持收集器输送工件材料。BARFED 指令执行这项任务的必要的所有动作，包括初始夹持收集器的松开，工料的进给和收集器再次夹紧。

a (实数)棒料端部在进料操作开始的初始位置，是以零件参考单位沿导轨方向测量的有符号值。

TO，b (关键词，实数)棒料端部在进料操作结束后的最终位置，是以零件参考单位沿导轨方向测量的有符号值。

12.3.2 示例

无。

12.3.3 限定

无。

12.4 工件取回装置指令（CATCHR）

控制工件接受器。

CATCHR / $\begin{pmatrix}\text{IN}\\ \text{OUT}\end{pmatrix}$

12.4.1 句法

这个指令控制工件取回装置的操作，工件取回装置是在切断操作或夹盘松开操作之后取回已完成工件。

IN (关键词)指明应把工件取回装置放置在取回或抓住工件的位置。

OUT (关键词)指明应该撤回工件取回装置。

12.4.2 示例

无。

12.4.3 限定

无。

12.5 夹盘指令(CHUCK)

定义一个固定装置。

CHUCK / a,AT,b [,DIAMET,c] [,FACE,d] $\left[,\begin{pmatrix}\text{IN}\\ \text{OUT}\end{pmatrix},e\right]\left[,\begin{pmatrix}\text{DEPTH}\\ \text{LENGTH}\end{pmatrix},f\right]$

12.5.1 句法

这个指令定义一个将要被选择的夹盘并且加载在零件程序中的最前面的点(见图 25)。加载指令 LOAD(见 12.11)用于把夹盘加载到机床上。

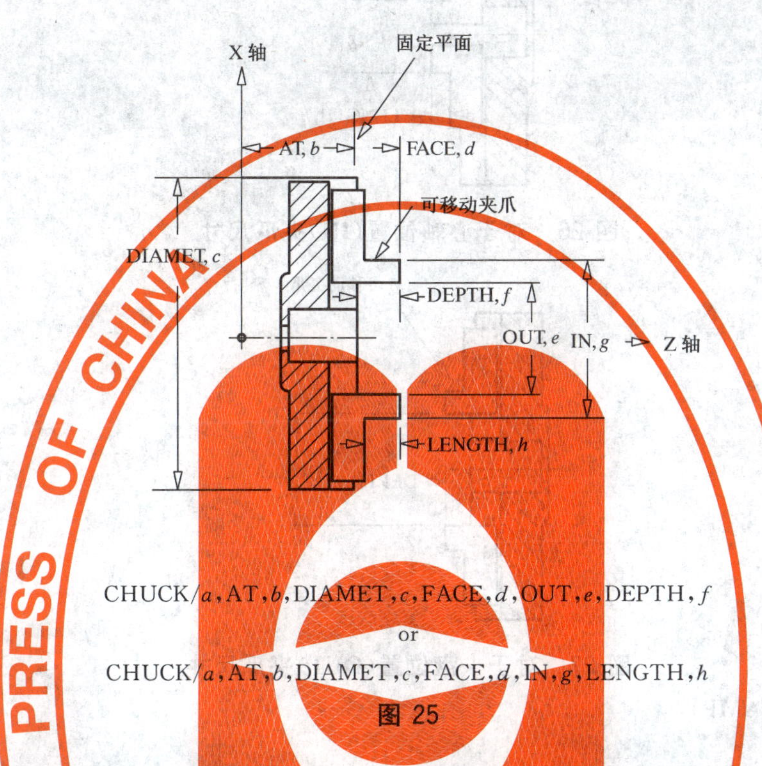

CHUCK/*a*,AT,*b*,DIAMET,*c*,FACE,*d*,OUT,*e*,DEPTH,*f*

or

CHUCK/*a*,AT,*b*,DIAMET,*c*,FACE,*d*,IN,*g*,LENGTH,*h*

图 25

a (实数)指明夹盘的识别号。

AT,b (关键词,实数)指明从机床原点到零件装夹面的夹盘前端距离,是以零件参考单位沿导轨方向测量的有符号值。

DIAMET,c (关键词,实数)指明夹盘的外径,是以零件参考单位测量的无符号值。这个信息用来防止碰撞。

FACE,d (关键词,实数)指明从零件装夹面的夹盘前端到夹盘前端面之间的距离,是以零件参考单位沿导轨方向测量的有符号值。这个信息用来防止碰撞。

IN,e (关键词,实数)表明夹爪作为心轴的位置(见图 26)和指明向外夹紧的直径,是以零件参考单位无符号值。

OUT,e (关键词,实数)表明夹爪作为夹盘的位置(见图 27)和向内夹紧的直径,是以零件参考单位无符号值。

DEPTH,f (关键词,实数)指明与 AT 限定词方向相反的外部夹紧直径的深度,是以零件参考单位沿着横向滑板方向测量无符号值。

LENGTH,f (关键词,实数)指明与 AT 限定词相同方向内部心轴的长度,是以零件参考单位沿着导轨方向测量无符号值。

12.5.2 示例

无

12.5.3 限定

无。

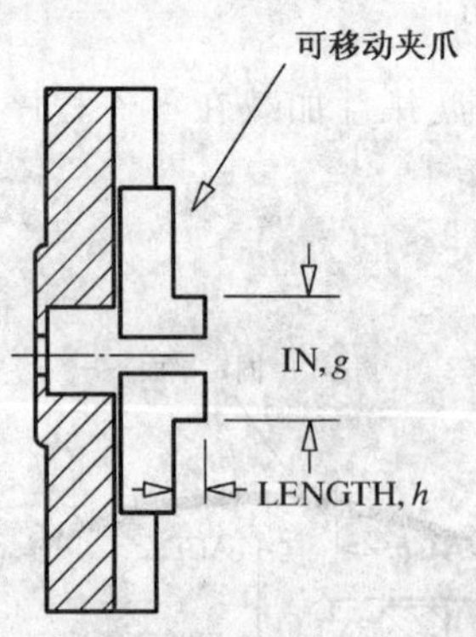

图 26　对于心轴位置(IN)夹爪尺寸

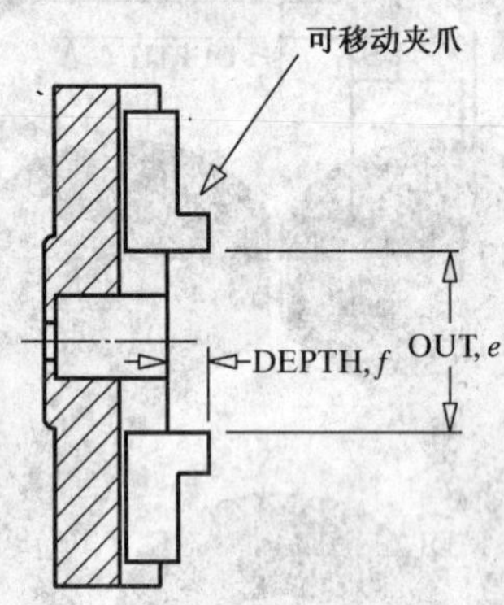

图 27　对于卡盘位置(OUT)夹爪尺寸

12.6　夹紧指令(CLAMP)

12.6.1　通用句法

控制轴夹紧、装夹装置的操作或者尾架的操作。

12.6.1.1　子目录

1)　装夹装置的操作，见 12.6.2；

2)　尾架操作，见 12.6.3。

12.6.1.2　限定

无。

注：在通用语言 5.8 中定义了 CLAMP 指令的附加形式。

12.6.2　装夹装置的操作

```
CLAMP / ⎧CHUCR ⎫⎡,ON ⎤⎡,XCOORD,a⎡,INVERS⎤⎤⎡⎡,PRSSUR],⎧LOW   ⎫⎤
        ⎨ARBOR ⎬⎣OFF ⎦                     ⎢          ⎨MEDIUM⎬⎥
        ⎩COLLET⎭                           ⎢          ⎩HIGH  ⎭⎥
                                           ⎣,PRESSUR,b         ⎦
```

12.6.2.1　句法

这个指令控制工件装夹装置的操作。

CHUCK(关键词)指明为夹盘操作(见图 28)，夹紧力是从外到里。

ARBOR(关键词)指明为心轴操作(见图 29)，夹紧力是从里到外。

COLLET(关键词)指明作为胀紧套操作，拉杆的夹紧力从外到里。

ON(关键词)指明激活装置，夹紧力作用在工件上。

OFF(关键词)指明将停止装置，从而取消工件上的夹紧力。

XCOORD,a(关键词，实数)指明夹紧平面的位置，在零件参考系中按导轨方向测量的。夹紧平面应该由后置处理器与用 CHUCK 指令(见 12.5)的 AT 限定词定义的夹盘夹紧平面相协调。

INVERS(关键词)指明零件参考系应该由后置处理器旋转 180°。如果省略了这个限定词,则不能旋转该零件参考系统。

PRSSUR,LOW(关键词)当有多个夹紧压力时,应使用低夹紧力。

PRSSUR,MEDIUM(关键词)当有多个夹紧压力时,应使用中等或正常的夹紧力。

PRSSUR,HIGH(关键词)当有多个夹紧压力时,应使用高的夹紧力。

PRSSUR,b(关键词,实数)指明以机床的特定单位的夹紧压力。

12.6.2.2 示例

无。

12.6.2.3 限定

XCOORD 和 INVERS 限定词取代由 ORIGIN 指令(见 5.35)定义的机床参考信息。

同样的,如果 ORIGIN 指令遇到随后的 CLAMP 指令,则它将跳过 CLAMP 指令的信息。

这个指令的加工特殊格式产生的输出代码也许并不简便。

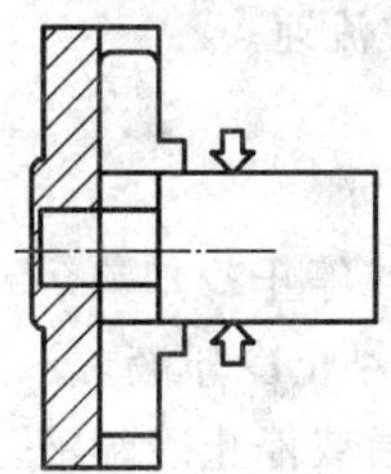

图 28 **CLAMP/CHUCK,ON**

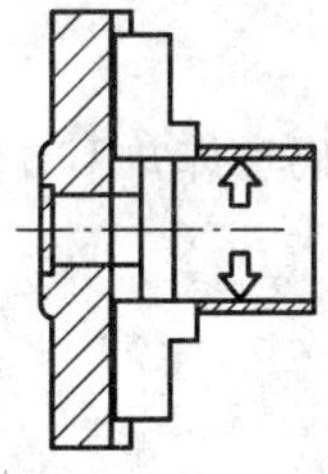

图 29 **CLAMP/ARBOR,ON**

12.6.3 **尾架操作(TLSTCK)**

CLAMP/ TLSTCK $\left(\begin{matrix},ON\\OFF\end{matrix}\right)$

12.6.3.1 句法

这个指令控制尾架操作。控制仅限于简单的激活或取消。尾架的运动或停止应该在操作人员的控制之下的机床上设置。

TLSTCK,ON(关键词)指明激活尾架,参与并支撑工件。

TLSTCK,OFF(关键词)指明停止尾架运动。

12.6.3.2 示例

无。

12.6.3.3 限定

无。

12.7 **冷却指令(COOLNT)**

控制冷却液的流动。

COOLNT / $\left(\begin{matrix}ON\\OFF\end{matrix}\right)$

```
COOLNT / ⎧FLOOD  ⎫ ⎡,LOW    ⎤0'n ⎡,a     ⎤
         ⎪MIST   ⎪ ⎢MEDIUM  ⎥    ⎢FRONT  ⎥
         ⎨TAPKUL ⎬ ⎣HIGH    ⎦    ⎢REAR   ⎥
         ⎩THRU   ⎭               ⎣SADDLE ⎦
```

12.7.1 句法

这个指令控制冷却液的类型、大小和来源。

ON (关键词) 重启冷却液的流动。如果先前并没有确定冷却液，则 ON 开始冷却液以缺省流动。

OFF (关键词) 结束冷却液的流动。

FLOOD (关键词) 指明注液冷却。

MIST (关键词) 指明喷雾冷却。

TAPKUL (关键词) 指明攻丝油。

THRU (关键词) 指明刀具带冷却。

LOW (关键词) 指明冷却液的低流速。

MEDIUM (关键词) 指明冷却液的正常流速。

HIGH (关键词) 指明冷却液的高流速。

a (实数) 指明机床输送管路的识别号。

FRONT (关键词) 对于前方刀塔，接通或停止冷却液。

REAR (关键词) 对于后方刀塔，接通或停止冷却液。

SADDLE (关键词) 指明在滑鞍上应接通或停止冷却液。

12.7.2 示例

无。

12.7.3 限定

这个指令的加工特殊格式产生的输出代码也许并不方便。

12.8 同步指令 (COUPLE)

控制螺纹加工的同步。

```
COUPLE / ⎛ON ⎞
         ⎝OFF⎠
```

12.8.1 句法

对于车螺纹操作来讲，这个指令控制进给速度和主轴转速的同步。当同步性被激活时，进给速率应该由 PITCH 指令(见 12.14)决定，当同步性没有激活时，回复正常的进给速率应该由 FEDRAT 指令(见 5.17.2)定义。

ON (关键词) 指明激活进给速率和主轴转速的同步，从而提供了车螺纹的能力。

OFF (关键词) 指明断开进给速率和主轴转速的同步性。

当同步性被激活时，将从当前位置由 PITCH 指令定义螺距的增加和减少。

12.8.2 示例

无。

12.8.3 限定

在同步开始之前应该指明 PITCH 指令，以在同步时定义进给速度。

注 1：OP / THREAD 指令(见 12.13.5)提供了更多的完整螺纹定义。

注 2：在通用语言 5.10 中定义了 COUPLE 指令的附加形式。

12.9 刀具补偿指令 (CUTCOM)

控制激活和取消刀具半径补偿。

```
CUTCOM / ⎛ON ⎞
         ⎝OFF⎠
```

CUTCOM / {LEFT | RIGHT} [,ZXPLAN][,OSETNO,a]

12.9.1 句法

这个指令控制刀具半径补偿的使用或取消。

ON (关键词) 指明应使用刀具半径补偿。

OFF (关键词) 指明应取消刀具半径补偿。

LEFT (关键词)沿着前进方向,刀具半径补偿在工件的左边,与 GB/T 8870 定义的 G41 一致。

RIGHT (关键词)沿着前进方向,刀具半径补偿在工件的右边,与 GB/T 8870 定义的 G42 一致。

ZXPLAN (关键词)指明补偿应该在机床的 ZX 参考平面上应用。这个平面对于车削来说是个缺省值。

OSETNO,a (关键词) 识别在机床上用于刀具半径补偿的偏置寄存器。如果省略这个值,则应该使用缺省寄存器。

12.9.2 示例

无。

12.9.3 限定

不指明 LEFT 或者 RIGHT 格式,刀具半径补偿的 ON 形式是无效的。

注:在通用语言 5.11 中定义了 CUTCOM 指令的附加形式。

12.10 轮廓指令(DEFCON)

定义用于后续车削操作的轮廓。

DEFCON / a

$^{1:n}$({ motion })

DEFCON / [b,] NOMORE

12.10.1 句法

这个指令分配一个可识别的数字,将一系列运动组成轮廓(见图 30)。在这种轮廓定义中,没有车削发生。在随后的轮廓和外形加工 OP 指令(见 12.13)中,这个轮廓被当作边界条件。

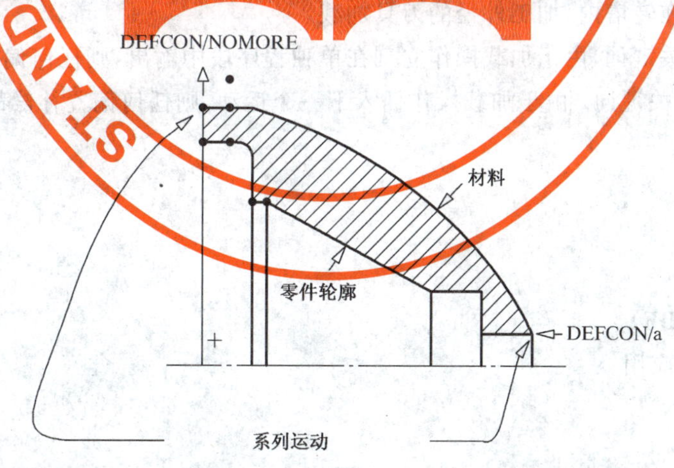

图 30

a (实数)识别轮廓的识别号。

b,NOMORE (实数,关键词)指明轮廓的结束。b 是可选的,但是如果它被指定,则它必须与先前 DEFCON 指令指定的轮廓识别号 a 相匹配。

在随后使用的 OP/CONTUR 和 OP/PROFIL 指令中,初始的 DEFCON 指令和终止 DEFCON/NOMORE

指令之间的零件程序数据应由后置处理器存储。其他运动的零件程序数据将在可接受 OP 指令的参考轮廓中定义的轮廓中显示。

12.10.2 示例

无。

12.10.3 限定

初始轮廓和在车削过程中产生的任何偏置轮廓一定不许自交叉也不许封闭。

12.11 加载指令（LOAD）

命令刀具、夹盘和工件的加载。

$$\text{LOAD / TOOL,a}\begin{bmatrix}\text{,CLW}\\ \text{CCLW}\end{bmatrix}\begin{bmatrix}\text{,ID}\\ \text{OD}\end{bmatrix}\left[\text{,ADJUST,}\begin{Bmatrix}\text{NOW}\\ \text{NEXT}\end{Bmatrix}\right]$$

$$\text{LOAD / CHUCK,a}\begin{bmatrix}\text{,CLW}\\ \text{CCLW}\end{bmatrix}\left[\text{,ADJUST,}\begin{Bmatrix}\text{NOW}\\ \text{NEXT}\end{Bmatrix}\right]$$

$$\text{LOAD / PART}\,[\text{,a}\,]\begin{bmatrix}\text{,CLW}\\ \text{CCLW}\end{bmatrix}\left[\text{,ADJUST,}\begin{Bmatrix}\text{NOW}\\ \text{NEXT}\end{Bmatrix}\right]$$

12.11.1 句法

这个指令执行加载的顺序。如果需要选择一个新的条目而且它还没有被选定，则加载顺序应提示 SELECT 操作（见 12.16）。如果需要卸载一个旧的条目而且它还没有被卸载，则加载顺序应提示 UNLOAD 操作（见 12.23）。

TOOL（关键词）指明对由先前 TOOLNO 指令定义的刀具加载。

CHUCK（关键词）指明对 CHUCK 指令定义的夹盘加载。

PART（关键词）指明工件加载。

a（实数）识别刀具或工件的识别号。

CLW（关键词）指明加载设备的顺时针分度方向。

CCLW（关键词）指明加载设备的逆时针分度方向。

ID（关键词）指明在转塔内，加工内径的刀具加载。

OD（关键词）指明在转塔内，加工外径的刀具加载。

ADJUST,NOW（关键词）由于加载操作立刻在单独程序段中输出，则任何偏置补偿都是需要的。

ADJUST,NEXT（关键词）由于加载操作插入下一个运动，则任何偏置补偿都是需要的。

12.11.2 示例

无。

12.11.3 限定

无。

12.12 方式指令（MODE）

控制恒定表面速度应用。

$$\text{MODE / CSS}\begin{Bmatrix}\text{,ON}\\ \text{OFF}\end{Bmatrix}$$

12.12.1 句法

这个指令用于使用或者取消对恒定的表面速度的主轴控制，这个控制是由先前的 SPINDL 指令定义的（见 12.17）。

CSS,ON（关键词）使用恒定的表面速度，主轴控制与 GB/T 8870 定义的 G96 一致。主轴的转速将是刀具横刀架位置的函数。

CSS,OFF（关键词）取消恒定的表面速度，主轴控制与 GB/T 8870 定义的 G97 一致。当遇到这个指令时，主轴的转速将被固定在有效的转速下。

12.12.2 示例

无。

12.12.3 限定

MODE 命令有效，主轴必在恒定表面速度下旋转。

注：在通用语言 5.31 中定义了 MODE 的附加形式。

12.13 预设置指令（OP）

12.13.1 概述

提供非模态的一系列预设置操作的应用。

OP / {type}$^{1:n}$(,{qualifier})

12.13.1.1 句法

一系列非模态的预设置操作使机床轴完成如下动作：轮廓加工、端面加工、槽加工、外型加工、车螺纹。

{type}（关键词）识别预设置操作的类型。

{qualifier}（多种）指明定义并提供修改基本车削操作的参数。限定词在不同的操作中有固定的含义。

12.13.1.2 子目录

1) CONTUR 操作说明，提供平行于给定轮廓的车削加工，见 12.13.2；

2) GROOVE 操作说明，提供车槽加工，见 12.13.3；

3) PROFIL 操作说明，提供外形车削加工，见 12.13.4；

4) THREAD 操作说明，提供螺纹车削加工，见 12.13.5；

5) TURN 操作说明，提供矩形区域的车削外形或车端面加工，见 12.13.6。

12.13.1.3 限定

无。

12.13.2 轮廓操作说明（CONTUR）

轮廓粗加工操作：

OP / CONTUR，a，DEPTH，b，STEP，c $\begin{pmatrix} \text{,PERMIN} \\ \text{PERREV} \end{pmatrix}$，d $^{0:n}$[，{qualifier}]

轮廓精加工操作：

OP / CONTUR，a

其中{qualifier}定义为零或者如下：

CUTANG，e

THICKD，f

THICKF，g

FINCUT，h

12.13.2.1 句法

这个指令执行用定义的控制器或软件模拟来轮廓车削操作（见图 31）。这个轮廓应该由先前的 DEFCON 指令（见 12.10）定义。本操作提供了在渐进的深度，由构成轮廓运动定义的方向，适合于多重路径偏置的轮廓。

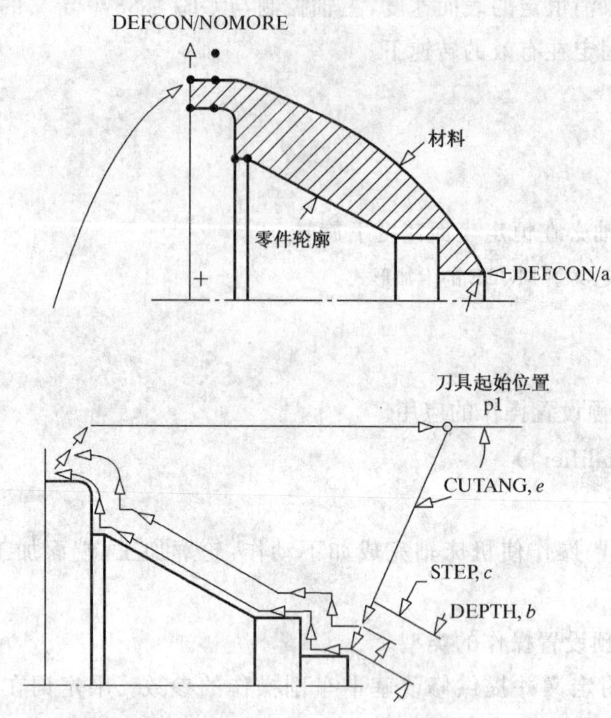

OP/CONTUR, a, DEPTH, b, STEP, c, PERREV, d, CUTANG, e

图 31

CONTUR,a（关键词,实数）指明平行于由前的 DEFCON 指令定义的轮廓的轮廓加工。

DEPTH,b（关键词,实数）指明轮廓加工的深度,以零件参考单位测量的无符号补偿值,与进给方向相反。

STEP,c（关键词,实数）指明一次粗加工切削的最大深度,以零件参考单位测量的无符号值。

PERMIN（关键词）指明以每分钟零件程序单位测量的速度。

PERREV（关键词）指明以主轴每转零件程序单位测量的速度。

d（实数）指明以指定的单位的加工进给移动速度。

CUTANG,e（关键词,实数）指明一个可选择的进给角度,以在机床 ZX 平面内以度为单位测量的有符号值。如果没有指定进给角度,则方向为先前 OP / CONTUR 指令的刀具位置到轮廓上的第一点刀具位置的方向。

THICKD,f（关键词,实数）指明为可选的精加工留下的在直径方向上的总的加工余量,是以零件参考单位沿横向滑板方向测量的有符号补偿值。这个余量通过 f 值变换所有横向滑板的位置实现。

THICKF,g（关键词,实数）指明为可选的精加工留下的在端面上的总的加工余量,是以零件参考单位沿导轨方向测量的有符号补偿值。这个余量通过 g 值变换所有导轨的位置实现。

FINCUT,h（关键词,实数）指明了最后一次切削的深度,是以零件参考单位测量的无符号值。

由于轮廓粗加工操作,执行第一次切削是从进给角度 e 相反的方向测量轮廓,切削厚度 b-c。如果没有指定进给角度,进给将沿着接近刀具位置向量进行,P1 点是指 OP / CONTUR 指令之前的刀具位置,P2 点轮廓上第一个运动点。随后几次的切削更加接近轮廓,每次之间的深度不超过最大值 c。最后一步的切削深度由 h 控制。所有的坐标点由 f 和 g 指定的数量转化。这为轮廓精加工预留了余量。由 d 指定的进给速度用于粗加工。每次切削之间的定位运动是以快速完成的并且通过 P1 点。在轮廓粗加工结束时,刀具将在 P1 点处。

对于轮廓精加工操作,包含轮廓定义的所有零件程序数据将被处理,就好像零件程序数据被编码来替换 OP / CONTUR 指令。在轮廓起始阶段缺少了 FEDRAT 指令(见 5.17.2)时,刀具应该以最后指定的进给速度进给。进给速度应该以 P1 起始,以 P2 结束。随后的轮廓精加工操作的刀具位置应该在轮廓的最后运动点上。

12.13.2.2 示例

无。

12.13.2.3 限定

无。

12.13.3 车槽操作说明（GROOVE）

OP / GROOVE $\begin{pmatrix} \text{,FACE} \\ \text{DIA} \end{pmatrix}$,DEPTH,a,DIST,b $\begin{pmatrix} \text{,PERMIN} \\ \text{PERREV} \end{pmatrix}$,c,CLEAR,d,CUTS,e $^{0:n}$[,{qualifier}]

其中{qualifier}定义为零或者如下：

AVOID,f

STEP,g

FINCUT,h

12.13.3.1 句法

这个指令执行定义的控制器或软件模拟的车槽操作(见图32)。车槽操作可以沿四个方向:沿着导轨和横向滑板的正向或者负向。这个操作包括多次切削到最终深度,进刀量由每次切削深度之间决定。这个操作同样提供选择精加工。

GROOVE(关键词)指明执行车槽操作。

FACE(关键词)指明在端面上车槽,槽的深度平行于导轨方向,槽宽度沿横向滑板方向测量。

DIA(关键词)指明在直径方向上车槽,槽的深度平行于横向滑板方向,槽宽度沿导轨方向测量。

DEPTH,a(关键词,实数)指明在控制点之下槽的最终深度,以零件参考单位测量的有符号补偿值。

当用FACE车槽并且a是正值时,槽是从后到头架。如果a值为负值,槽是从前到尾架。

当用DIA车槽并且a是正值时,槽为内部,深度是远离轴线方向测量。如果a为负值,槽为外部,深度是指向轴线测量。

DIST,b(关键词,实数)指明槽的长度(见图33),从控制点以零件参考单位测量的有符号补偿值。

当用FACE车槽并且b是正值时,槽的长度是向外远离轴线方向测量。如果b值为负值,槽的长度是指向轴线方向的测量。

当用DIA车槽并且b是正值时,将指向尾架方向测量长度。如果b值为负,则将在朝着头架方向测量长度。

PERMIN(关键词)指明以每分钟零件程序单位测量的速度。

PERREV(关键词)指明以主轴每转零件程序单位测量的速度。

c(实数)以指定单位的加工进给速度。

CLEAR,d(关键词,实数)指明在控制点之上的初始趋近安全距离,为零件参考单位测量的有符号值。安全距离值是按深度相反的方向测量的。

CUTS,e(关键词,实数)指明沿槽的长度方向每次下刀之间的距离,为零件参考单位测量的无符号值。

AVOID,f(关键词,实数)当从最终深度退刀到安全平面时,指明切槽侧面的安全距离f。

STEP,g(关键词,实数)对于切削-退刀、切削-退刀类型的深入切削和断屑的操作,指明每步的切入深度值h。

FINCUT,h(关键词,实数)指明沿着切槽底部移回到槽开始边的精加工余量h到最终深度值。

12.13.3.2 示例

无。

12.13.3.3 限定

无。

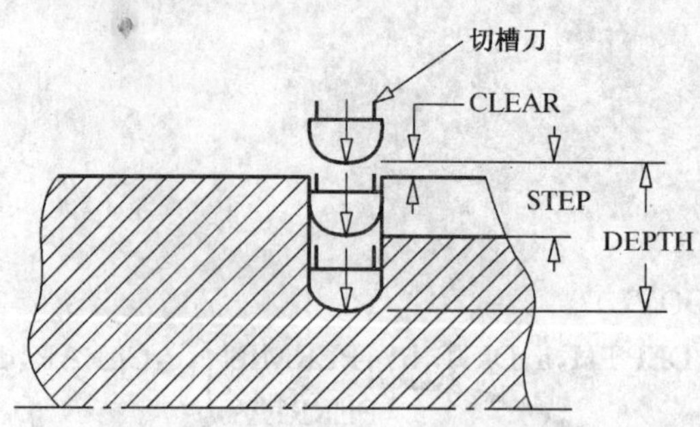

图 32 简单的 GROOVE 操作

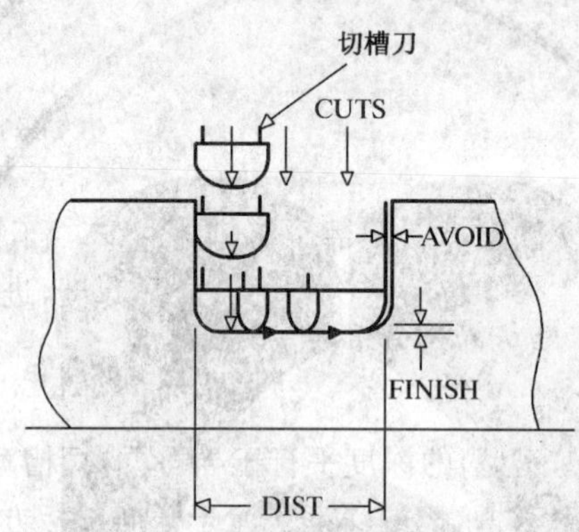

图 33 用 DIST 限定 GROOVE

12.13.4 外形加工操作说明(PROFIL)

OP / PROFIL,a $\left(\begin{matrix},FACE\\DIA\end{matrix}\right)$,STEP,b $\left(\begin{matrix},PERMIN\\PERREV\end{matrix}\right)$,c,CLEAR,d $^{0'n}$[,{qualifier}]

其中{qualifier}定义为零或者如下：

THICKD,e

THICKF,f

12.13.4.1 句法

这个指令完成用定义的控制器或软件模拟棒料外形的车削操作。这个轮廓应该由先前 DEFCON 指令(见 12.10)定义。这个操作提供多道加工,平行于横向滑板或者导轨、与轮廓正交。

PROFIL,a (关键词,实数)指明将要执行外形加工的轮廓,是由前 DEFCON 指令定义的。

FACE (关键词)指明平行于横向滑板(见图 34)的路线切割外形,每道之间的步距沿导轨方向测量。最终的精加工余量是轮廓上导轨的终点位置。

DIA (关键词)指明由平行于导轨(见图 35)的路线切割外形,每道之间的步距沿横向滑板方向测量。最终的精加工余量是轮廓上横向滑板的终点位置。

STEP,b (关键词,实数)指明粗加工的最大深度,以零件参考单位测量的无符号值。

PERMIN (关键词)指明以每分钟零件程序单位测量的速度。

PERREV (关键词)指明以主轴每转零件程序单位测量的速度。

c (实数)用指定的单位指明加工进给移动速度。

CLEAR,d (关键词,实数)指明当每次切削间返回时退刀安全距离。以零件参考单位测量的有符号值。

THICKD,e (关键词,实数)指明为精加工留下的在直径方向上的可选的加工余量,以零件参考单位沿横向滑板测量的有符号补偿值。这个余量通过 e 值变换所有横向滑板的位置。

THICKF,f (关键词,实数)指明为精加工留下的在端面上的可选的加工余量,以零件参考单位沿导轨方向测量的有符号补偿值。这个余量通过 f 值变换所有导轨的位置。

由前 OP/PROFIL 指令给出的刀具位置定义了外形加工操作的边界。外形加工方向由 FACE 或者 DIA 限定词的选择来控制。

当选择 FACE 时,切削方向应该由刀具起始位置开始,平行于横向滑板,在外形的相交处结束。刀具进给量增加 b 值,定义终点的方向是离起始点最远的导轨位置。最后一道切削应该在通过起始点且平行于导轨和与外形的直线交点处终止。

当选择 DIA 时,切削方向应该由刀具起始位置开始,平行于导轨,在外形的交点处结束。刀具进给量增加 b 值,定义终点方向是离起始点最远的横向滑板位置。最后一道切削应该在通过起始点且平行于横向滑板和与外形的直线交点处终止。

所有的坐标点都应由 e 和 f 指定的量变换。这是提供给 OP/CONTUR 轮廓精加工预留余量用。

每次切削之间的定位运动是以快速完成的。刀具从定位移动开始,退到指定 d 的安全表面。由指定 c 的进给速度用于所有其他的切削中。

12.13.4.2 示例

无。

12.13.4.3 限定

无。

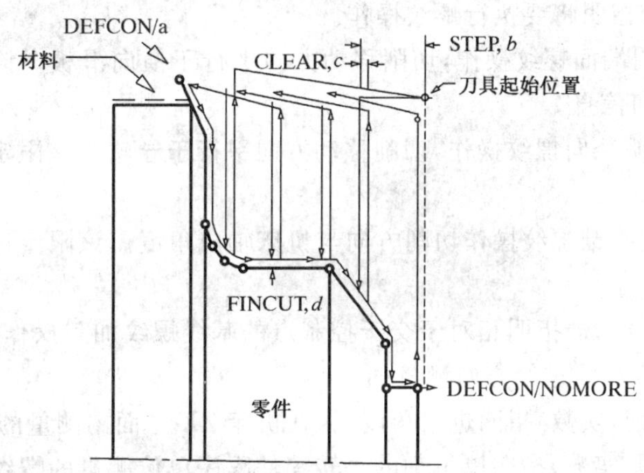

OP/PROFIL,*a*,FACE,STEP,*b*,CLEAR,*c*,FINCUT,*d*

图 34

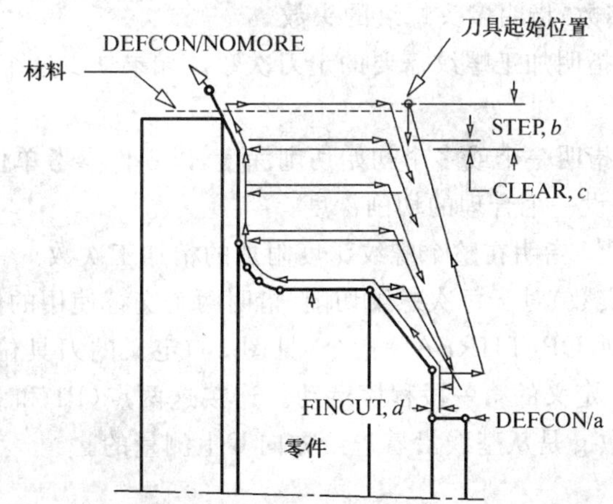

OP/PROFIL,*a*,DIA,STEP,*b*,CLEAR,*c*,FINCUT,*d*

图 35

12.13.5 螺纹操作说明(THREAD)

OP / THREAD ⎧,FACE⎫ ,DEPTH,a,CUTANG,b $^{0'n}$[,{qualifier}]
⎨TURN⎬
⎩TAPER⎭

其中{qualifier}定义为零或者如下：

PERREV,c

⎛INCR⎞,d
⎝DECR⎠

MULTRD,e

CUTS,f [, STEP $^{1'n}$(,g)]

FINCUT,h

OSETNO,i,j

12.13.5.1 句法

这个指令实现用定义的控制器或软件模拟在工件直径或端面方向完成恒定深度螺纹或锥螺纹的加工操作。螺纹操作的基本过程是通过对零件程序运动点的处理和随后的OP/THREAD指令来完成的。

THREAD(关键词)指明将要执行螺纹操作。

FACE(关键词)指明端面螺纹操作,切削移动方向平行于横向滑板。该限定词的信息来自于其后的控制点定义的螺纹几何信息。

TURN(关键词)指明径向螺纹操作,切削移动方向平行于导轨。该限定词的信息来自于其后的控制点定义的螺纹几何信息。

TAPER(关键词)指明锥螺纹操作切削方向与机床轴成角度。该限定词的信息来自于其后的控制点定义的螺纹几何信息。

DEPTH,a(关键词,实数)指明相对于交于控制点的基线螺纹加工操作的深度,以零件参考单位测量的无符号值。这个深度是沿进给方向测量的。

CUTANG,b(关键词,实数)指明进给角度,为在机床ZX平面内测量的以度为单位的有符号值。

PERREV,c(关键词,实数)指明以主轴的每转零件程序单位测量的螺纹加工速度。

INCR,d(关键词,实数)指明主轴每转螺距的增量,以零件参考单位测量的无符号值。

DECR,d(关键词,实数)指明主轴每转螺距的减少量,以零件参考单位测量的无符号值。

MULTRD,e(关键词,实数)指明多头螺纹的头数。

CUTS,f(关键词,实数)指明加工螺纹需要的走刀次数。如果缺少这个限定词,则一次切削完成螺纹深度。

STEP,g(关键词,实数)指明一个或多个初始切削深度,以零件参考单位测量的无符号值。如果缺少了该数据,则后置处理器假设一个合理的切削深度。

FINCUT,h(关键词,实数)指明在整个螺纹深度附加的精加工次数。

OSETNO,i,j(关键词,实数)对于每次螺纹切削,指明两个交替使用的修正调节偏置数字。

螺纹的起始点(P1)是由前OP/THREAD指令(见图36)定义的刀具位置。螺纹的终止点(P2)是由在OP/THREAD指令之后定义的第一段程序运动。连接这两点(P1和P2)的直线定义了螺纹的基线。螺纹的深度a和切削步数g是从基线沿着进给方向b上测量的。

每次螺纹加工路径如下：

1) 刀具进给从刀具起始点(P1)到一个与基线有关的切削深度。

2) 平行于基线车螺纹。

3) 快速退刀到P2。

4）快速返回到 P1。

12.13.5.2 示例

无。

12.13.5.3 限定

无。

图 36

12.13.6 车削操作说明(TURN)

OP / TURN,DEPTH,a, (,PERMIN / PERREV) ,b,CLEAR,c [,{qualifier}]

其中{qualifier}定义为零或者如下：

STEP,d [,FINCUT,e]

12.13.6.1 句法

这个指令实现用定义的控制器或软件模拟回转零件的直径或端面恒定深度的车削操作。车削操作的基线是 OP/THREAD 指令之后的第一个两个零件程序运动的连线。

TURN (关键词)指明将要执行车削操作。

DEPTH,a (关键词,实数)指明和与控制点相关的车削操作的深度,以零件参考单位测量的无符号值。这个深度是与切入进给方向相反,指向最初的刀具位置。

PERMIN (关键词)指明以每分钟零件程序单位测量的速度。

PERREV (关键词)指明以主轴每转零件程序单位测量的速度。

b (实数)指明以指定单位加工进给移动速度。

CLEAR,c (关键词,实数)指明每次切削之间快速回退的退刀安全距离,以零件参考单位测量的无符号值。

STEP,d (关键词,实数)指明一次粗加工的最大深度,以零件参考单位测量的无符号值。省略该限定词表明不再进行粗加工。

FINCUT,e (关键词,实数)可选择精加工深度。以零件参考单位测量的无符号值。

在 OP/TURN 指令(见图 37)之前的刀具位置定义了车削操作的起始点(P1)。在 OP/TURN 指令之后的两个程序点(P2 和 P3)为车削操作定义了基线,这个基线平行于 X 轴或者 Z 轴。进给方向垂直于基线,P1 处开始,指向 P2。切削方向是从 P2 到 P3。

如果指定了一个可选的切削行距值,则车削操作应该执行一系列的切削,但每个切削之间的切削行距不超过 d。如果指定了可选的精加工余量,则最后的或者只有一次的粗加工应该留出余量 e。在切削之间的定位,快速完成。刀具在定位初始位置上退刀到由 c 指定的安全平面上。

12.13.6.2　示例

无。

12.13.6.3　限定

无。

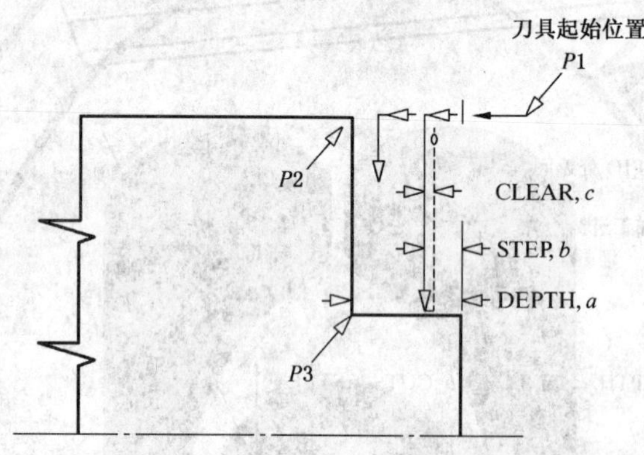

OP/TURN,DEPTH,*a*,STEP,*b*,CLEAR,*c*,PERMIN,*d*

图 37

12.14　螺距指令(PITCH)

螺距说明。

PITCH / a[({,INCH / DECR}),b][,MULTRD,c]

12.14.1　句法

这个指令为随后的 OP/THREAD(见 12.13.5)和 COUPLE/ON(见 12.8)指令指定了模态参数。

a(实数)指明螺距为 1/a 的函数。a 是以零件参考单位测量的。

INCR,b(关键词,实数)指明主轴每转螺距的增加值,为零件参考单位测量的无符号值。省略限定词 INCR 或 DECR 意味着恒定螺距。

DECR,d(关键词,实数)指明主轴每转螺距的减少量,以零件参考单位测量的无符号值。省略限定词 INCR 或 DECR 意味着恒定螺距。

MULTRD,c(关键词,实数)多头螺纹头数,省略该限定词意味着单头螺纹。

12.14.2　示例

无。

12.14.3　限定

无。

12.15　安全指令(SAFETY)

说明在紧急停止时的退刀方向。

SAFETY/ {BORE / FACE / TURN / ATANGL,a} [,DIST,b]

SAFETY/ OFF

12.15.1 句法

当操作人员采取机床的紧急停止或其他紧急退刀情况时，这个指令定义刀具移动的安全方向和距离。

BORE（关键词）指明刀具应该指向主轴的中心线方向退刀。

FACE（关键词）指明刀具应该向指向机床的尾架退刀。

TURN（关键词）指明刀具应该向离开主轴的中心线方向退刀。

ATANGL（关键词）指明退刀的方向，在机床的 ZX 平面内以度测量的。

DIST，b（关键词，实数）指明退刀的距离，以零件参考单位测量的无符号值。缺少了这个限定词，则用机床或后置处理器的缺省值。

OFF（关键词）在紧急停止时期，不能退刀。当紧急停止发生时，将不执行退刀。

12.15.2 示例

无。

12.15.3 限定

无。

12.16 选择指令（SELECT）

命令刀具，卡盘和工件的选择。

SELECT / TOOL，a [，CLW / CCLW] [，ID / OD]

SELECT / TOOL，a [，CLW / CCLW]

SELECT / PART [，a] [，CLW / CCLW]

12.16.1 句法

这个指令执行选择顺序。它将选择的条目处于准备状态。但不加载它。

TOOL（关键词）指明由前 TOOLNO 指令定义的刀具。

CHUCK（关键词）指明将要选择由前 CHUCK 指令定义的夹盘。

PART（关键词）指明将要选择的工件。

a（实数）由识别号辨别刀具、夹盘或工件。

CLW（关键词）指明选择设备按顺时针方向检索。

CCLW（关键词）指明选择设备按逆时针方向检索。

ID（关键词）指明完成内径加工转塔的刀具选择。

OD（关键词）指明完成外径加工转塔的刀具选择。

12.16.2 示例

无。

12.16.3 限定

无。

12.17 主轴指令（SPINDL）

12.17.1 概述

控制主轴模式、转速或定向中的一项。

12.17.1.1 子目录

1） 主轴模式说明，见 12.17.2；

2） 主轴转速说明，见 12.17.3；

3) 主轴定向说明,见12.17.4;

12.17.1.2 限定

无。

12.17.2 主轴模式说明

SPINDL / ⎡ON⎤
⎢OFF⎥
⎢LOCK⎥
⎣NEUTRL⎦

12.17.2.1 句法

这个指令控制主轴的基本操作模式。

ON(关键词)在最后指定速率下,重启主轴旋转。

OFF(关键词)停止主轴旋转。

LOCK(关键词)停止主轴旋转并且锁定。

NEUTRL(关键词)脱开主轴驱动。

12.17.2.2 示例

无。

12.17.2.3 限定

无。

12.17.3 主轴转速说明

SPINDL / [RPM] a {qualifiers}

SPINDL / [CSS,] a [, (MAXRPM / MXPERM) ,b] [,RADIUS,c] {qualifiers}

{qualifiers}被定义为:

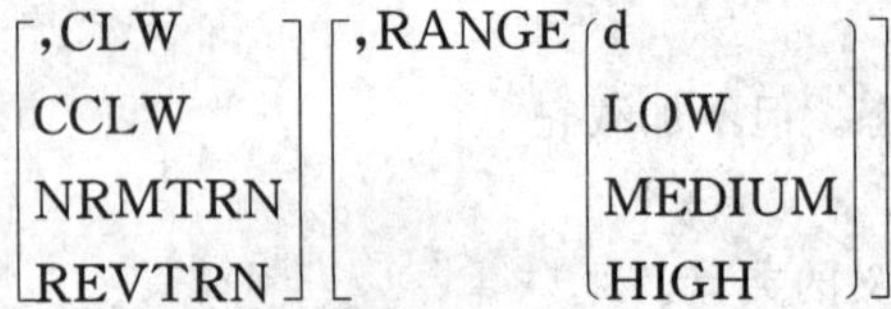

12.17.3.1 句法

这个指令指明主轴的旋转速率、旋转方向、齿轮选择和最大旋转速度。

RPM(关键词)指明每分钟主轴转速。与GB/T 8870中定义的G97一致。关键词RPM是模态的。

CSS(关键词)指明主轴的旋转速度为恒定表面速度,以每分钟零件程序单位测量的,与GB/T 8870定义的G96一致。对于CSS,旋转速度是横向滑板位置的函数,所以,当在横向滑板的位置变化时,主轴转速由机床进行动态调整。每分钟的旋转速度是按照(a/2*Pi*b)来计算的,其中a是按每分钟零件程序单位计算的表面速度,b从中心线到控制位置的径向距离。关键词CSS是模态的。

a(实数)指明以指定单位的主轴旋转速度。

MAXRPM(关键词)指明主轴旋转速度的上限,是由每分钟转测量的。

MXPERM(关键词)指明主轴旋转速度的上限,间接的由每分钟零件程序单位测量的进给速度定义的。主轴转速受到限制以致于每转单位的进给速度不会超过指定的最大值。

b(实数)指明以指定单位的主轴旋转速度的上限。这个限制一直有效直至下一个主轴速度说明指令。如果省略了这个上限值,则将不会发生主轴的限制。

RADIUS,c(关键词,实数)指明从主轴中心线到CSS控制位置的半径距离,以零件程序单位测量的。当省略了这个限定词时,缺省的半径距离是从中心线到刀尖测量值。

CLW (关键词)指明主轴旋转方向是顺时针。

CCLW (关键词)指明主轴旋转方向是逆时针。

NRMTRN (关键词)指明正常的旋转方向。

REVTRN (关键词)指明与正常方向相反的旋转方向。

RANGE,d (关键词,实数)指明用于机床的数量化齿轮范围。

RANGE,LOW (关键词)指明使用的最低的齿轮范围。

RANGE,MEDIUM (关键词)指明使用的中间范围的齿轮范围。

RANGE,HIGH (关键词)指明使用的最高的齿轮范围。

12.17.3.2 示例

无。

12.17.3.3 限定

主轴旋转速度应是非零的正值。

最高限的旋转说明和半径距离说明只有在 CSS 模式时是有效的。

12.17.4 主轴定向说明

SPINDL / ORIENT [,a]

12.17.4.1 句法

指令主轴分度并锁定。

ORIENT,a (关键词,实数)在一个机床指定的参考系中,指明以度为单位测量的主轴的定向角度。如果省略了这个定向角度,则用机床特定的缺省角度。

12.17.4.2 示例

无。

12.17.4.3 限定

无。

12.18 安装角度指令 (STAN)

指定刀具的安装角度。

STAN / a

12.18.1 句法

这个指令指明车刀的安装角度。

a (实数)指明车刀的安装角度,在机床 ZX 平面内测量的以度为单位的有符号值。

12.18.2 示例

无。

12.18.3 限定

无。

12.19 中心支架指令 (STDYRS)

控制中心支架位置。

STDYRS / $\begin{pmatrix} \text{IN} \\ \text{OUT} \end{pmatrix}^{0:n}$[,a]

12.19.1 句法

这个指令控制中心支架的位置。

IN (关键词)指明用中心支架。

OUT (关键词)指明不用中心支架。

a (实数)由识别号来指定用或不用中心支架。如果没有指定识别号,则中心支架将重新定位。

12.19.2 示例

无。

12.19.3 限定

无。

12.20 尾架位置指令（TLSTCK）

控制尾架和尾架顶针的位置

TLSTCK / [QUILL,] {IN | OUT}

12.20.1 句法

这个指令控制尾架和尾架顶针的位置。

QUILL（关键词）指明将要定位的尾架顶针。如果省略该限定词，则应把整个尾架定位。

IN（关键词）指明使用尾架。

OUT（关键词）指明不使用尾架。

12.20.2 示例

无。

12.20.3 限定

无。

12.21 刀具号指令（TOOLNO）

定义刀具。

TOOLNO / a [,IN,b | ,MANUAL] [,TURU] {geometry-qualifiers} {machine-qualifiers}

对{geometry-qualifiers}定义如下：

[,SETOOL,c,d,e] [,DIAMET,f] [,TLMATL,g]

对{machine-qualifiers}定义如下：

[,OSETNO,h [,i]] [,FRONT | REAR] [,ID | OD] [,HOLDER, {SMALL | MEDIUM | LARGE}]

12.21.1 句法

这个指令指明通过 SELECT/TOOL、LOAD/TOOL 和 UNLOAD/TOOL 指令指定刀具的刀具信息。

a（实数）指明刀具号。

IN, b（关键词，实数）指明刀具加载的刀套号。

MANUAL（关键词）指明操作人员必须手动加载刀具。

TURN（关键词）指明已定义的刀具应用于可提供车削功能的机床。当 TOOLNO 说明在由 APPLY / TURN 指令执行的零件程序段中出现时，或者机床只提供车削功能而不能提供其他功能时，这是缺省的。

SETOOL，c，d，e，（关键词）指明从刀尖位置到机床测量参考点，在零件坐标系下 X，Y，Z 轴上测量的刀具设定距离。

DIAMET，f（关键词，实数）指明以零件参考单位的刀具直径。

TLMATL，g（关键词，实数）用刀具寿命方法确认编码指明刀具材料。

OSETNO，h，i（关键词，实数）指明一个或两个刀具校正调节器或者与刀具相关的寄存器。

FRONT（关键词）在双刀塔车床上，指明刀具用在前刀塔或主刀塔上。

REAR（关键词）在双刀塔车床上，指明刀具用在后刀塔或次要刀塔上。

ID（关键词）在转塔上，指明内径刀具站使用的刀具。

OD（关键词）在转塔上，指明外径刀具站使用的刀具。

HOLDER,SMALL（关键词）指明刀具安装在小刀柄中。

HOLDER,MEDIUM（关键词）指明刀具安装在中刀柄中。

HOLDER,LARGE（关键词）指明刀具安装在大刀柄中。

12.21.2 示例

无。

12.21.3 限定

无。

12.22 刀塔指令（TURRET）

控制刀塔的分度。

TURRET / a [,b [,c,d]] {,FRONT | REAR | SIDE | RAIL | SADDLE} {,CLW | CCLW} {,NOW | NEXT}

12.22.1 句法

这个指令控制刀塔的分度。

a（实数）指明由数字确定的刀塔分度的位置。

b（实数）指明修正调节数字。

c,d（实数）指明在从刀具的参考点到刀塔参考点 X 和 Y 的距离，以零件参考单位内测量的有符号值。

FRONT（关键词）指明前刀塔的分度。

REAR（关键词）指明后刀塔的分度。

SIDE（关键词）指明侧刀塔的分度。

RAIL（关键词）指明移动刀塔的分度。

SADDLE（关键词）指明鞍式刀塔的的分度。

CLW（关键词）指明刀塔的分度为顺时针方向。

CCLW（关键词）指明刀塔的分度为逆时针方向。

NOW（关键词）指明在处理下一个运动之前的程序段中输出新刀偏更正动作。

NEXT（关键词）指明在后续的移动中，采用新刀偏的更正动作。

12.22.2 示例

无。

12.22.3 限定

无。

注：TURRET 指令对于 LOAD/TOOL 不是首选的替代者。TURRET 指令还用于本标准的版本中是出于连续性的目的。TURRET 指令的语法在这个版本中并没有改变。

12.23 卸载指令（UNLOAD）

命令对刀具、夹盘或工件的卸载。

UNLOAD / {TOOL | CHUCK | PART} [,CLW | CCLW]

12.23.1 句法

这个指令执行卸载顺序。把这些东西从工作环境中移走并存放到储存区域。

TOOL (关键词)指明将要卸载的刀具。

CHUCK (关键词)指明将要卸载的夹盘。

PART (关键词)指明将要卸载的工件。

CLW (关键词)指明卸载设备的顺时针分度方向。

CCLW (关键词)指明卸载设备的逆时针分度方向。

12.23.2 示例

无。

12.23.3 限定

无。

13 线切割放电加工语言

13.1 概述

13.1.1 通用句法

线切割放电加工这一节是对线切割放电加工类机床定义了术语。放电加工机床加工是利用静止的加工元素(电极丝)对静止的工件加工。

通用语言(见第5章)和线切割放电加工语言一起为线切割放电加工机床或者具有线切割放电加工能力的机床提供标准术语。

当单个机床支持由本标准定义的多种机床的能力,应用指令 APPLY (见5.4和13.2)用于定义该类机床。

13.1.2 子目录

1) APPLY 指令选择机床的线切割放电加工能力,见13.2;
2) CLDIST 指令对上导丝装置定义安全距离,见13.3;
3) CUTCOM 指令控制激活或取消线径补偿,见13.4;
4) CYCLE 指令提供预设置一系列操作的模态应用,见13.5;
5) FLUSH 指令控制工作液槽的充满或冲刷,见13.6;
6) GENRTR 指令控制放电间隙生成器的设置,见13.7;
7) LOAD 指令命令加载各种条目,见13.8;
8) ORIGIN 指令定义导丝的参考位置,见13.9;
9) SELECT 指令命令选择各种条目,见13.10;
10) STAN 设置指令控制电极丝的角度,见13.11;
11) TOOLNO 指令定义电极丝,见13.12;
12) UNLOAD 指令命令卸载各种条目,13.13。

13.1.3 限定

无。

13.2 应用指令(APPLY)

选择机床的线切割放电加工能力。

APPLY / WEDM

13.2.1 句法

当某机床提供本标准定义的多种类型机床的功能时,该指令为随后的操作选择机床类型。

WEDM (关键词)指明将利用机床的电火花线切割加工能力处理后续的零件程序数据。

13.2.2 示例

无。

13.2.3 限定

无。

注：APPLY 应用指令的完全定义可在通用语言 5.4 节中找到。

13.3 间隙距离指令（CLDIST）

对上导丝装置定义安全距离。

CLDIST / a

CLDIST / NOMORE

13.3.1 句法

这个指令定义从编程的 Z 坐标到上导丝位置的安全距离。

a（实数）指定从编程的 Z 坐标到上导丝的增量距离，以零件参考单位测量的有符号值。这个安全距离对随后的运动有效。

NOMORE（关键词）删除 CLDIST 的定义。上导丝的位置应该在随后的运动中保持现在的位置。

13.3.2 示例

无。

13.3.3 限定

适用于有一个可编程的头架轴的线切割放电加工机床。

13.4 直径补偿指令（CUTCOM）

控制电极丝直径补偿的激活或取消。

CUTCOM / $\begin{Bmatrix} \text{ON} \\ \text{OFF} \end{Bmatrix}$

CUTCOM / $\begin{Bmatrix} \text{LEFT} \\ \text{RIGHT} \end{Bmatrix}$ [,XYPLAN] [,OSETNO,a] [,ROUND,b]

13.4.1 句法

这个指令控制电极丝直径补偿的应用和取消。

ON（关键词）指明使用电极丝直径补偿。

OFF（关键词）指明取消电极丝直径补偿，与 GB/T 8870 定义的 G40 一致。

LEFT（关键词）沿着运动方向，电极丝直径补偿在工件的左边，与 GB/T 8870 定义的 G41 一致。

RIGHT（关键词）沿着运动方向，电极丝直径补偿在工件的右边，与 GB/T 8870 定义的 G42 一致。

XYPLAN（关键词）指明补偿应该在机床参考的 XY 平面内应用。对于线切割放电加工机床的补偿平面，该值为缺省值。

OSETNO,a（关键词）识别在机床上用于电极丝直径补偿的偏置寄存器。如果省略这个值，则应该使用缺省寄存器。

ROUND,b（关键词，实数）指明所有形状的角都应该由圆角代替。圆角的半径是以零件参考单位测量的无符号值。半径为零将在交接处产生尖角。

13.4.2 示例

无。

13.4.3 限定

指明左边或右边的形式，电极丝直径补偿的 ON 形式才有效。

注：CUTCOM 的附加形式在通用语言 5.11 中已定义。

13.5 循环指令（CYCLE）

13.5.1 概述

提供预设置一系列操作的模态应用。

CYCLE / {type} ^{0,n}[,{qualifier}]

^{1,n}({motion})

CYCLE / OFF

13.5.1.1 **通用句法**

循环是用于一个或多个控制点上,一系列预设置的操作。

{type}(关键词) 指明执行预设置操作的类型。

{ qualifiler }(多种) 指明允许修改基本加工循环的参数。在不同的循环内限定词都有一个固定的含义。

{motion}(多种) 为循环定义控制点。预设置操作应该在每个零件程序运动点执行直至取消循环指令。

OFF (关键词) 取消循环操作。

13.5.1.2 **子目录**

1) 通用激活说明,见 13.5.2;

2) PIERCE 循环说明,见 13.5.3。

13.5.1.3 **限定**

无。

注:{qualifiler} 项已经包含在循环定义中,以保持和在本标准中的循环定义一致。目前,线切割放电加工语言并不定义有可选择的限定词的循环。

13.5.2 **激活说明**

CYCLE / OFF

CYCLE / ON ^{0,n}[,{qualifier}]

13.5.2.1 **句法**

这个指令用于暂停或重启循环。

OFF (关键词)暂停循环运动。

ON (关键词)重启暂停循环运动。

{ qualifiler }(多种)修改暂停循环的已选择的加工参数。没有涉及的暂停循环的参数保持原值。

13.5.2.2 **示例**

无。

13.5.2.3 **限定**

一旦循环被暂停,则 ON 形式是有效的。

注 1:对于 OFF 关键词 NOMORE 不是首选的。使用任何一个产生同样的结果。

注 2:{qualifiler}项已经包含在了循环定义中,以保持和在本标准中的循环定义一致。线切割放电机床语言目前没有定义有可选择限定词的循环。

13.5.3 **穿孔循环说明 (PIERCE)**

CYCLE / PIERCE,DEPTH,a

13.5.3.1 **句法**

这个指令开始对循环程序段中通过在每个控制点处打孔。打孔操作是使用一个电极的附件在材料上穿孔,为穿丝做准备。

PIERCE (关键词)指明一个穿孔循环。

DEPTH,a (关键词,实数)指明在控制点之下的穿孔操作的最终深度,是以零件参考单位测量的有符号补偿值。这个深度是沿着工具轴的负向测量的。

13.5.3.2 **示例**

无。

13.5.3.3 **限定**

无。

13.6 工作液指令（FLUSH）

13.6.1 概述

控制工作液箱的注入或冲刷。

13.6.1.1 子目录

1） 注入说明，见 13.6.2；

2） 冲洗说明，见 13.6.3。

13.6.1.2 限定

无。

13.6.2 注入说明

FLUSH / (IN | OUT)

13.6.2.1 句法

这个指令控制工件周围工作液的高度。

IN（关键词）指明放置工件的工作液箱将充满工作液。

OUT（关键词）指明放置工件的工作液箱将排空工作液。

13.6.2.2 示例

无。

13.6.2.3 限定

无。

13.6.3 冲洗说明

FLUSH / (ON | OFF)

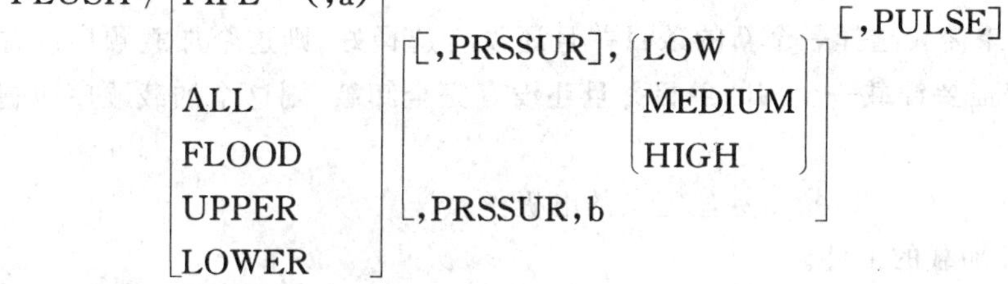

13.6.4 句法

这个指令控制冲刷蚀除物的工作液的流量和来源。

ON（关键词）重启工作液的流动。如果以前没有设定工作液，ON 指令开始工作液以缺省值流动。

OFF（关键词）终止工作液的流动。

PIPE，a（关键词，实数）指明一个或多个机床特定的输送工作液的管道识别号。

ALL（关键词）指明所有可利用的冲刷孔。

FLOOD（关键词）指明一般的灌注。

UPPER（关键词）指明经过上导丝冲刷喷嘴的冲刷。

LOWER（关键词）指明经过下导丝冲刷喷嘴的冲刷。

PRSSUR，LOW（关键词）指明工作液低速流动。

PRSSUR，MEDIUM（关键词）指明工作液中速流动。

PRSSUR，HIGH（关键词）指明工作液高速流动。

PRSSUR，b（关键词，实数）指明以机床指定单位的工作液的流动压力。

FULSE（关键词）指明间隔使用工作液。在缺少这个关键词时，工作液保持稳定的流动速度。

13.6.4.1 示例

无。

13.6.4.2 限定

这个指令的机床特殊格式产生输出并不简便的代码。

13.7 放电间隙指令（GENRTR）

控制放电间隙生成器的设置。

GENRTR / a

GENRTR / LENGTH，b

13.7.1 句法

这个指令定义用于放电间隙生成器设定计算的参数。

a（实数）指明以机床指定格式，设定放电间隙生成器。

LENGTH，b（关键词，实数）指明电极丝的接触长度，以零件参考单位测量的无符号值。

13.7.2 示例

无。

13.7.3 限定

这个指令的机床特殊格式产生输出并不简便的代码。

13.8 加载指令（LOAD）

控制电极丝或工件的加载。

$$\text{LOAD/ WIRE, a}\left[\begin{matrix},\text{CLW}\\ \text{CCLW}\end{matrix}\right]\left[,\text{ADJUST},\left(\begin{matrix}\text{NOW}\\ \text{NEXT}\end{matrix}\right)\right]$$

$$\text{LOAD/ PART,}\left[\text{ , a }\right]\left[\begin{matrix},\text{CLW}\\ \text{CCLW}\end{matrix}\right]\left[,\text{ADJUST},\left(\begin{matrix}\text{NOW}\\ \text{NEXT}\end{matrix}\right)\right]$$

13.8.1 句法

这个指令执行加载顺序。如果需要选择一个新的条目并且还没有选择好，则这个加载顺序应提示SELECT 操作（见 13.10）。如果需要卸载一个旧的条目并且还没有完全卸载，则这个加载顺序应提示UNLOAD 操作（见 13.13）。

WIRE（关键词）指明一个前 TOOLNO 指令穿丝定义的电极丝。

PART（关键词）指明将要被加载的工件。

a（实数）用识别号识别电极丝或工件。

CLW（关键词）指明加载设备的顺时针分度方向。

CCLW（关键词）指明加载设备的逆时针分度方向。

ADJUST，NOW（关键词）由于加载操作立刻在单独程序段中输出，指明任何偏置补偿都是需要的。

ADJUST，NEXT（关键词）由于加载操作插入下一个运动，指明任何偏置补偿都是需要的。

13.8.2 示例

无。

13.8.3 限定

无。

13.9 原点指令（ORIGIN）

定义导丝的参考位置。

ORIGIN / UPPER，a，LOWER，b

13.9.1 句法

这个指令定义零件参考系的原点和上、下导丝的参考平面之间的关系。

UPPER,a (关键词,实数)指明沿零件参考 Z 轴方向上测量的上导丝参考平面(UV)的高度。

LOWER,b (关键词,实数)指明沿零件参考 Z 轴方向上测量的下导丝装置参考平面(XY)的高度。

13.9.2 示例

无。

13.9.3 限定

适用于分别使用 XY 和 UV 坐标系平面编程的放电加工机床。

注:ORIGIN 的附加形式在通用语言 5.35 中已经定义。

13.10 选择指令(SELECT)

命令选择电极丝或工件。

SELECT/ WIRE,a

SELECT/ PART [,a] [,CLW | CCLW]

13.10.1 句法

这个指令执行选择顺序,使被选择的条目处于准备状态,但并不加载。

WIRE (关键词) 指明由之前选择的 TOOLNO 指令定义的电极丝。

PART (关键词) 指令被选择的工件。

a (实数) 由识别号确认电极丝或工件。

CLW (关键词) 指明选择设备的顺时针分度方向。

CCLW (关键词) 指明选择设备的逆时针分度方向。

13.10.2 示例

无。

13.10.3 限定

无。

13.11 角度设置指令(STAN)

控制电极丝的角度。

STAN / a [, {PERPTO | INTOF | LEAD,b | LAG,c}] [,NOW | NEXT]

13.11.1 句法

这个指令对于后续的运动定义了电极丝的角度。电极丝角度的定义与运动前进的方向有关。

a (实数)指明电极丝的角度,沿行进方向上看,电极丝的角度在正交于行进的方向的平面上以角度测量的。垂直的电极丝是零度角。当从行进的后方看时,斜向右侧的电极丝的角度为正角。

PERPTO (关键词) 指明电极丝总是位于正交向前运动方向的平面中。这导致圆锥拐角段。PERPTO 说明是模态的,优先于 LEAD,LAG 和 INTOF 说明。

INTOF (关键词)指明电极丝的角度应该由连续运动间的对等分角度来计算。这导致两条线段相交的尖角和对于圆弧运动的圆柱拐角段。INTOF 说明是模态的,优先于 LEAD,LAG 和 PERPTO 说明。

LEAD,b (关键词,实数)指明电极丝的角度是在平行于行进方向并正交于 XY 平面的平面中,以度为单位来测量。垂直的电极丝是零度角。斜向前方(上导丝先于下导丝)的角为正角。LEAD 说明是模态的,优先于 LAG,PERPTO 和 INTOF 说明。

LAG,c (关键词,实数)指明电极丝的角度是在平行于行进方向和正交于 XY 平面的平面中以度为单位来测量。垂直的电极丝是零度角。斜向后方(下导丝先于上导丝)的角为正角。LAG 说明是模态的,优先于 LEAD,PERPTO 和 INTOF 说明。

MOW (关键词)根据后续运动确定的行进方向,指明应立即计算并定位这个电极丝角度。

NEXT (关键词)根据后续运动确定的行进方向,指明应立即计算角度,并且插入到下个运动当中。如果既没有 NOW 也没有 NEXT,则这个是一个缺省值。

13.11.2 示例

无。

13.11.3 限定

无。

13.12 刀具号指令 (**TOOLNO**)

定义电极丝。

TOOLNO / a ⎡,IN,b ⎤ [,WEDM] [,DIAMET, c] [, TLMATL, d] [, OSETNO,e]
⎣,MANUAL⎦

13.12.1 句法

这个指令指明刀具信息,用于有 SELECT/WIRE,LOAD/WIRE 和 UNLOAD/WIRE 命令指定的电极丝。

a (实数) 指明电极丝号。

1N,b (关键词,实数) 指明已穿入的电极丝的线轴号。

MANUAL (关键词) 指明操作人员必须手动穿丝。

WEDM (关键词) 指明被定义的刀具用于具有线切割放电加工功能的机床。当 TOOLNO 说明在由 APPLY/WEDM 指令执行的程序段中出现时,或者当除了能提供线切割放电加工功能而不能提供其他功能时,它是缺省的。

DIAMET,c (关键词,实数) 以零件参考单位指明电极丝的直径。

TLMATL,d (关键词,实数) 用刀具寿命方法确认的编码数字指明电极丝的材料。

OSETNO,e (关键词,实数) 指明刀具修正调节器或者与电极丝相关的寄存器。

13.12.2 示例

无。

13.12.3 限定

无。

13.13 卸载指令(**UNLOAD**)

指令对电极丝或工件的卸载。

UNLOAD / WIRE

UNLOAD / PART ⎡,CLW ⎤
⎣CCLW⎦

13.13.1 句法

这个指令执行卸载顺序。

WIRE (关键词) 指明这条电极丝应该被割断。

PART (关键词) 指明卸载工件。把工件从工作环境中移走并且存放到储存区域。

CLW (关键词) 指明卸载设备的顺时针分度方向。

CCLW (关键词) 指明卸载设备的逆时针分度方向。

13.13.2 示例

无。

13.13.3 限定

无。

14 探测语言

14.1 概述

14.1.1 通用句法

探测语言这一章为指定的在线探测和测量设备定义了术语，它是作为在数控机床上的辅助功能来使用的。探测设备是应用在一个用于工件上以测量为目的的接触传感工具。从探测操作中输出的是机床程序所给出的测量目标和由探测决定的实际结果之间的偏差。

通用语言(见第5章)和探测语言一起为具有探测能力的机床提供标准术语。

无论探测在任何时刻被激活，APPLY 指令(见5.4和14.2)用来定义的。

14.1.2 目的

探测语言目的包括三个方面。

第一，是探测设备设定，探测设备在一个或多个探针方向上的被校准。校准取决于探针尖端的球形半径和探针尖端在机床坐标系统下的位置。探测设备设定还为校准和控制分度探测做准备。

第二，是工件设置，测量的结果用于调整机床或工件的对准。在线探测操作使用控制器寄存器，为轴和夹具调整尺寸参考系。工件设置操作是轴和夹具与测量操作决定的目标位置对准。

第三，是刀具设置，测量的结果用于调整考虑刀具的磨损或刀具设置的差异时，刀具与工件的关系。在线探测操作使用控制器寄存器，调整与刀具相关的尺寸偏置。刀具设置操作的目标是调整与工具有关的补偿量以减小测量位置和目标参考位置的差异。

14.1.3 子目录

1) APPLY 指令选择机床的探测能力，见14.2；

2) LOAD 指令命令探针的加载，见14.3；

3) MODE 指令控制各种模态化的设置，见14.4；

4) PROBE 指令提供探测设备的设置，见14.5；

5) SELECT 指令命令对探测设备的选择，见14.6；

6) TOOLNO 指令定义探测设备，见14.7；

7) UNLOAD 指令控制探测设备的卸载，见14.8；

8) VERIFY 指令提供各种在线探测操作，见14.9。

14.1.4 限定

无。

14.2 应用指令(APPLY)

选择机床的探测能力。

APPLY / PROBE

14.2.1 句法

当机床提供本标准定义的多种类型机床的功能时，该指令为随后的操作选择机床类型。

PROBE (关键词)指明将利用机床的探测能力处理后续的零件程序数据。

14.2.2 示例

无。

14.2.3 限定

无。

注：完整的 APPLY 指令定义可在通用语言5.4节找到。

14.3 加载指令（LOAD）

命令探测设备的加载。

$$\text{LOAD/ TOOL, a}\begin{bmatrix}\text{,CLW}\\ \text{CCLW}\end{bmatrix}\begin{bmatrix}\text{,IN}\\ \text{OD}\end{bmatrix}\left[\text{,ADJUST,}\begin{pmatrix}\text{NOW}\\ \text{NEXT}\end{pmatrix}\right]$$

14.3.1 句法

这个指令执行了加载的顺序。如果需要选择一个新的探针而且它还没有被选定，则加载顺序应该提示 SELECT 操作(见 14.6)。如果需要卸载一个旧的探针而且它还没有被卸载，则加载顺序应该指示 UNLOAD 操作(见 14.8)。

TOOL (关键词)指明由前 TOOLNO 指令定义的探针加载。

a (实数)由识别号辨别探针。

CLW (关键词)指明加载设备的顺时针分度方向。

CCLW (关键词)指明加载设备的逆时针分度方向。

ID (关键词)对于车床，指明探针将要加载到完成内径加工的转塔内。

OD (关键词)对于车床，指明探针将要加载到完成外径加工的转塔内。

ADJUST,NOW (关键词) 由于加载操作立刻在单独程序段中输出，则任何偏置补偿都是需要的。

ADJUST,NEXT (关键词) 由于加载操作插入下一个运动，则任何偏置补偿都是需要的。

14.3.2 示例

无。

14.3.3 限定

无。

14.4 方式指令 (MODE)

控制探测扫描速度或障碍物探测中的模式设置。

14.4.1 子目录

1) 扫描速度说明，见 14.4.2；

2) 障碍物探测说明，见 14.4.3。

14.4.1.1 限定

无。

注：MODE 指令的附加形式在通用语言 5.31 中已定义。

14.4.2 扫描速度说明

$$\text{MODE / SCAN}\begin{pmatrix}\text{,ON}\\ \text{OFF}\end{pmatrix}$$

14.4.2.1 句法

这个指令用于接通或断开探针的连续扫描模式的能力。

SCAN (关键词)指明探测器扫描速度模式设置被指定。

ON (关键词)接通连续扫描模式。当探针转移到目标位置时，探测器连续报告接触位置。

OFF (关键词)断开探测器的连续扫描模式。当探针向目标位置移动时，探测器只报告接触的初始位置。这是探测器的缺省模式。

14.4.2.2 示例

无。

14.4.2.3 限定

无。

14.4.3 障碍物探测说明

$$\text{MODE / PROTCT}\begin{pmatrix}\text{,ON}\\ \text{OFF}\end{pmatrix}$$

14.4.3.1 句法

这个指令用于接通或断开探针的障碍物探测的能力。当接通了障碍物探测能力时，进行探测扫描，所有运动将停止。

PROTCT (关键词)指定障碍物探测模式。

ON (关键词)接通障碍物探测模式。当接通了障碍物探测模式、探测传感器接触时，机床的所有运动将停止。

OFF (关键词)断开障碍物探测模式。这是探测器的缺省模式。

14.4.3.2 示例

无。

14.4.3.3 限定

无。

14.5 探测指令(PROBE)

14.5.1 概述

提供探测设备的设置。

14.5.1.1 子目录

1) 激活说明,见 14.5.2；
2) 探测寻找范围说明,见 14.5.3；
3) 探测校准说明,见 14.5.4；
4) 探测方向说明,见 14.5.5；
5) 探测方向调用说明,见 14.5.6。

14.5.1.2 限定

无。

14.5.2 激活说明

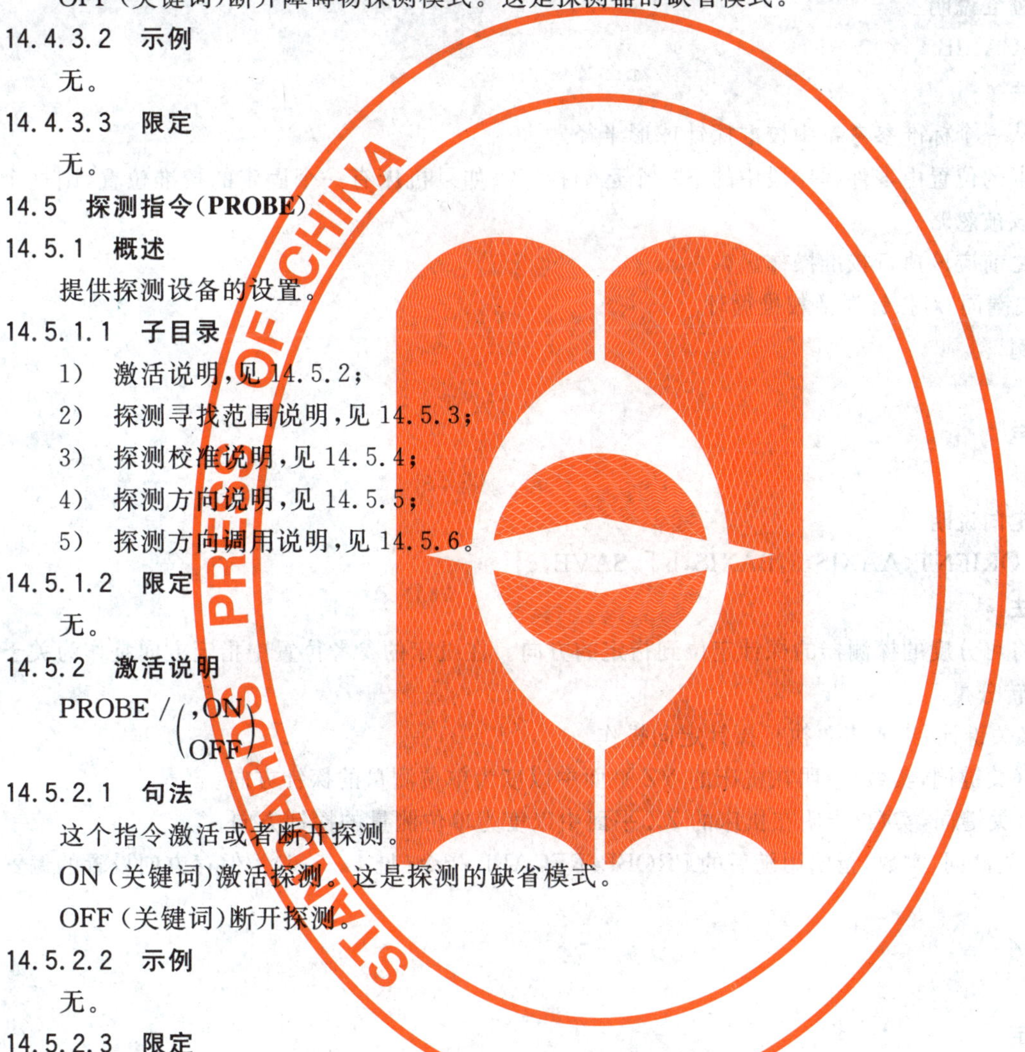

PROBE / $\left(\begin{matrix},ON\\OFF\end{matrix}\right)$

14.5.2.1 句法

这个指令激活或者断开探测。

ON (关键词)激活探测。这是探测的缺省模式。

OFF (关键词)断开探测。

14.5.2.2 示例

无。

14.5.2.3 限定

无。

14.5.3 探测寻找范围说明

PROBE / RANGE,TO,a,PAST,b

14.5.3.1 句法

这个指令指明模式条件去定义和限制探测设备寻找接触目标位置的距离。在使用探测设置校准或在线探测操作之前，应该先定义探测范围的限制。

RANGE (关键词)指明了提供探测寻找范围信息。

TO,a (关键词,实数)在寻找模式开始时，指明到目标位置的距离，以零件参考单位测量的无符号值，在目标位置处应开始寻找模式。如果在寻找模式激活之前感应到了接触，则机床在错误的状态中停止。

PAST,b (关键词,实数)在寻找模式继续保持激活状态，指明超过目标位置之外的距离，以零件参考单位测量的无符号值，在这期间寻找模式应该连续工作。如果在超过极限之前并没有感应到接触，则机床应在错误的状态中停止。

14.5.3.2 示例

无。

14.5.3.3 限定

无。

14.5.4 探测校准说明

PROBE / CALIB

14.5.4.1 句法

这个指令从一个标准参考系中校准探针球形半径。

校准参考点的位置由零件程序段中的下一个运动指定。如果机床有一个固定的校准位置，则这个参考点位置应该被忽略。

在线探测之前应该执行校准操作。

CALIB（关键词）对探针激活校准循环。

14.5.4.2 示例

无。

14.5.4.3 限定

无。

14.5.5 探测定向说明

PROBE / ORIENT，AAXIS，a，BAXIS，b [，SAVE，c]

14.5.5.1 句法

这个指令将可分度的探测器的探针定位到指定的方向。在机床的参考位置中指定方向是作为关于X和Y轴的旋转分量。

ORIENT（关键词）指明将要执行探针定向操作。

AAXIS，a（关键词，实数）指明在机床的YZ平面中以度为单位测量的探针方向。

BAXIS，b（关键词，实数）指明在机床的ZX平面中以度为单位测量的探针方向。

SAVE，c（关键词，实数）指明用随后的PROBE/RECALL指令（见14.5.6）为保存方向设置的偏置寄存器。

14.5.5.2 示例

无。

14.5.5.3 限定

无。

14.5.6 探测方向调用说明

PROBE / RECALL，a

14.5.6.1 句法

这个指令将可分度的探测器的探针定位到由前PROBE/ORIENT指令（见14.5.5）指定的方向。

RECALL（关键词）指明将要执行探测方向调用操作。

a（实数）指明一个补偿寄存器，它包含由前PROBE/ORIENT指令存储的方向设置。

14.5.6.2 示例

无。

14.5.6.3 限定

无。

14.6 选择指令(SELECT)

命令对探测设备的选择。

SELECT / TOOL,a ⎡,CLW ⎤⎡,ID⎤
⎣CCLW⎦⎣OD⎦

14.6.1 句法

这个指令执行探测设备的选择顺序。这是探测设备置于准备状态,并不加载它。

TOOL (关键词)指明将要选择由前 TOOLNO 指令定义的探测设备。

a (实数)由识别号识别探测设备。

CLW (关键词)指明选择设备的顺时针分度方向。

CCLW (关键词)指明选择设备的逆时针分度方向。

ID (关键词)对于车床指明应选择用于执行内径加工的转塔探测设备。

OD (关键词)对于车床指明应选择用于执行外径加工的转塔探测设备。

14.6.2 示例

无。

14.6.3 限定

无。

14.7 工具号指令 (TOOLNO)

定义探测设备。

TOOLNO / a ⎡,IN,b ⎤[,PROBE]⎡,SETOOL,c,d,e⎤{machine-qualifiers}
⎣,MANUAL⎦⎣,LENGTH,e⎦

对{machine qualifier}定义如下:

[,OSETNO,f]⎡,FRONT⎤⎡,ID⎤⎡,HOLDER,⎧SMALL⎫⎤
⎣REAR⎦⎣OD⎦⎢MEDIUM⎥
⎣LARGE⎦

14.7.1 句法

这个指令指明由 SELECT/TOOL、LOAD/TOOL 和 UNLOAD/TOOL 指令指定的探测设备的刀具信息。

a (实数) 指明刀具号。

IN,b (关键词,实数)指明加载探测设备的刀套号。

MANUAL (关键词) 指明操作人员必须手动加载探测设备。

PROBE (关键词) 指明已定义的刀具应用于可提供探测功能的机床。当 TOOLNO 说明在由 APPLY/TURN 指令执行的零件程序段中出现时,这是缺省的。

SETOOL,c,d,e,(关键词) 指明从探针尖端位置到机床测量参考点,在零件坐标系 X,Y,Z 轴上测量的刀具设定距离。

LENGTH,e (关键词,实数)指明从探针尖端位置到机床测量参考点,在零件坐标系 Z 轴上测量的刀具设定距离。

OSETNO,f (关键词,实数)指明刀具校正调节器或者与探测器相关的寄存器。

FRONT (关键词)在双刀塔车床上,指明探测设备用在前刀塔或主刀塔上。

REAR (关键词)在双刀塔车床上,指明探测设备用在后刀塔或次要刀塔上。

ID (关键词)在转塔上,指明内径刀具站使用的探测设备。

OD (关键词)在转塔上,指明外径刀具站使用的探测设备。

HOLDER,SMALL (关键词) 指明探测设备安装在小刀柄中。

HOLDER,MEDIUM (关键词) 指明探测设备安装在中刀柄中。

HOLDER,LARGE (关键词) 指明探测设备安装在大刀柄中。

14.7.2 示例

无。

14.7.3 限定

无。

14.8 卸载指令 (UNLOAD)

命令探测设备的卸载。

```
UNLOAD / TOOL ┌,CLW ┐
              └CCLW ┘
```

14.8.1 句法

这个指令执行了卸载顺序。把探测设备从工作环境中移走并存放到储存区域。

TOOL (关键词)指明将要卸载的探测设备。

CLW (关键词)指明卸载设备的顺时针分度方向。

CCLW (关键词)指明卸载设备的逆时针分度方向。

14.8.2 示例

无。

14.8.3 限定

无。

14.9 校验指令 (VERIFY)

14.9.1 概述

提供各种在线探测操作。

14.9.1.1 子目录

1) 机床旋转台校准操作,见 14.9.2;

2) 角校验操作,见 14.9.3;

3) 点校验操作,见 14.9.4;

4) 平行面校验操作,见 14.9.5;

5) 圆校验操作,见 14.9.6;

6) 同轴校验操作,见 14.9.7。

14.9.1.2 限定

无。

14.9.2 机床旋转台校准操作

```
VERIFY /ALIGN ,a ⎛,AAXIS⎞ ⎛,DIAMET,b, ⎛IN ⎞⎞ ,ATANGL,c,DIST,d {qualifiers}
                 ⎜BAXIS ⎟ ⎜           ⎝OUT⎠⎟
                 ⎝CAXIS ⎠ ⎝,FACE           ⎠
```

把{qualifiers}定义为:

```
[,CLEAR,e] [,DEPTH,f] [,STEP,g] [,PERMIN,h]  0'n ┌,OSETNO,i┐
                                                 └,AUJUST  ┘
```

14.9.2.1 句法

这个指令提供机床转台坐标轴的校准。

对于校准操作的首个目标点是由零件程序的下一个运动指定的。第二个目标点是在被校准旋转轴定义的参考平面内,在第一个点基础上通过限定词 ATANG 和 DIST 计算而来的。

趋近方向是由校准操作之前的探测位置决定的。一个正的安全距离值是在趋近方向测量的。一个正的深度值是在趋近的反方向测量的。

根据通过目标点对于角度结构的不同,将决定和/或补偿在线探测操作。

ALIGN(关键词)指明执行机床轴的校准操作。

AAXIS,a(关键词)指明通过 YZ 平面内的两个参考目标,校准机床旋转台 A 轴,并且随后的校准 A 轴参考位置应该预设置到以度为单位测量的指定的值。

BAXIS,b(关键词)指明通过 ZX 平面内的两个参考目标,校准机床旋转台 B 轴,并且随后的校准 B 轴参考位置应该重新设置为以度为单位测量的指定的值。

CAXIS,c(关键词)指明通过 XY 平面内的两个参考目标,校准机床旋转台 C 轴,并且随后的校准 C 轴参考位置应该重新设置为以度为单位测量的指定的值。

DIAMET,b(关键词,实数)指明校准目标是到参考平面的圆柱孔或销,其指定直径以零件参考单位内测量的无符号值(见图 38)。

IN(关键词)指明校准目标是将被测量内径的圆柱孔。

OUT(关键词)指明校准目标是将被测量外径的圆柱销。

FACE(关键词)指明校准目标是垂直于参考平面(见图 39)的平面内的点。

ATANGL,c(关键词,实数)指明从第一个目标到第二个目标,在零件参考平面内以度为单位测量的角度。计算角度应该忽略选择 STEP 限定词可能对实际第二目标点位置的影响。

DIST,d(关键词,实数)以零件参考单位测量的无符号值,指明两个目标间的距离。

CLEAR,e(关键词,实数)以零件参考单位测量的有符号补偿值,指明在控制点之上探测操作的起始高度。到这一位置的定位运动应该以快速运动完成。两个点之间的运动应该在这个高度以快速完成。在这个高度之下的探测运动应该在指定的或缺省的进给速度下执行。如果省略了这个限定词,则安全距离为零。

DEPTH,f(关键词,实数)以零件参考单位测量的有符号补偿值,指明控制点之下探测操作的深度。如果省略了这个限定词,则应该用零深度值。

SETP,g(关键词,实数)当探测两个目标中的第二个时,指明深度调整值。如果省略了这个限定词,则对于两个目标将使用相同的深度。

PERMIN,h(关键词,实数)指明以每分钟零件程序单位测量的进给速度。如果省略了进给限定词,则进给速度应该缺省为最后指定的进给速度(见 5.17.2)。

OSETNO,i(关键词,实数)识别机床的补偿寄存器以保持检测量和目标角度间的偏差。

ADUJST(关键词)指明机床校准检测量和目标角度之间的差异的补偿量。

14.9.2.2 示例

无。

14.9.2.3 限定

无。

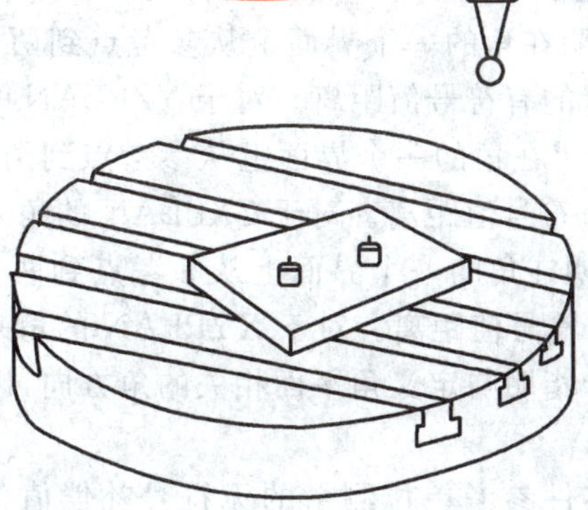

图 38 带 DIAMET 限定探测操作

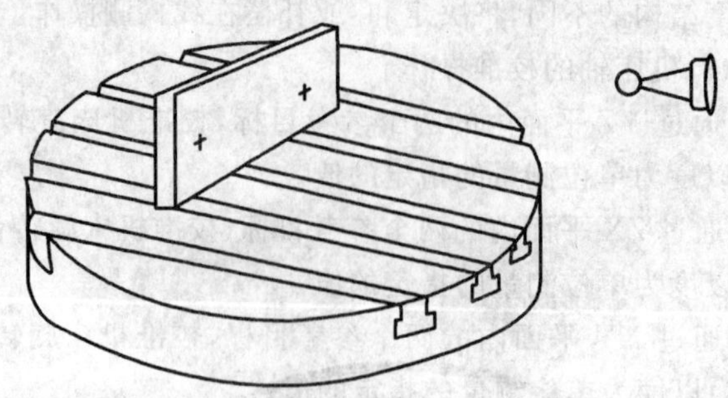

图 39 带 FACE 限定探测操作

14.9.3 角校验操作

```
VERIFY / CORNER ⎛,IN ⎞ ⎡,XYPLAN⎤ 1'n ⎡, ⎧XDIST⎫,a⎤ [,ATANGL b],DIST, c {qualifiers}
                ⎝OUT ⎠ ⎢YZPLAN ⎥     ⎢  ⎨YDIST⎬  ⎥
                       ⎣ZXPLAN ⎦     ⎣  ⎩ZDIST⎭  ⎦
```

{qualifiers}定义为：

```
[,CLEAR,d] [,PERMIN,e] 0'n ⎡,OSETNO,f⎤
                           ⎣,ADJUST  ⎦
```

14.9.3.1 句法

这个指令提供了对两个正交平面的交角的在线探测操作。IN 和 OUT 限定词表明应该测量是内角还是外角。

在相交角处的参考点由零件程序的下一个运动指定。探测在一个平面中的四个目标点，是通过参考点并且与指定的 XY，YZ 或 ZX 零件坐标面平行的平面。四个目标点中的第一点相对于参考点的值补偿是由第一个 XDIST，YDIST 或 ZDIST 限定词指定。位于同一平面第二个参考点，将由 DIST 指定值进行更进一步的补偿。位于第二个面上第三个和第四个目标点，是由第二个 XDIST，YDIST，ZDIST 限定词和单独 DIST 限定词指定的参考点作相同的补偿。指定选择 ATANGL 限定词来定义与基本定义相关的夹角方向。

趋近方向是由角探测操作之前的探测位置决定的。一个正的安全距离值在趋近侧测量。在探测过程中探测安全距离值是由寻找范围说明的 TO 限定词控制的(见 14.5.3)。

根据测量和定义在指定平面上角点的位置间的差异，作出在线探测操作决定和/或补偿。

CORNER (关键词)指明执行探测操作的工件角。

IN (关键词)指明探测 90 度内角(见图 40)。

OUT (关键词)指明探测 270 度外角(见图 41)。

XYPLAN (关键词)指明垂直于零件参考 XY 平面的角平面。

YZPLAN (关键词)指明垂直于零件参考 YZ 平面的角平面。

ZXPLAN (关键词)指明垂直于零件参考 ZX 平面的角平面。

XDIST，a (关键词，实数)指明在角的一个界面上从参考点到两个目标点中的第一个点，以零件参考单位沿零件参考 X 轴方向测量的有符号值距离。对于 YZPLAN 的角来说，这个限定词是无效的。

YDIST，a (关键词，实数)指明在角的一个界面上从参考点到两个目标点中的第一个点，以零件参考单位沿参考 Y 轴方向测量的有符号值距离。对于 ZXPLAN 的角来说，这个限定词是无效的。

ZDIST，a (关键词，实数)指明在角的一个界面上从参考点到两个目标点中的第一个点，以零件参考单位沿参考 Z 轴方向测量的有符号值距离。对于 XYPLAN 的角来说，这个限定词是无效的。

ATANGL，b (关键词，实数)指明与定义角平面相关的角方向，以度为单位。在旋转运动之前指定所有距离。

DIST，c (关键词，实数)以零件参考单位测量的无符号补偿值，指明在每个面上两个目标之间的距离。

CLEAR,d (关键词,实数)指明在平行于角参考面,控制点之上探测操作的起始高度,是以零件参考单位测量的有符号补偿值。到这一位置的定位运动是以快速完成的。在这个高度之下的探测运动应该在指定的或缺省的进给速度下执行。

PERMIN,e (关键词,实数)指明进给速度是以每分钟零件程序单位测量的。如果省略了进给限定词,则进给速度应该缺省为最后指定的进给速度(见 5.17.2)。

OSETNO,f (关键词,实数)识别机床的补偿寄存器,以保存测量和目标角度位置间的偏差。

ADUJST (关键词)指明机床应调整检测量和目标角度位置之间的差异的补偿。

14.9.3.2 示例

无。

14.9.3.3 限定

无。

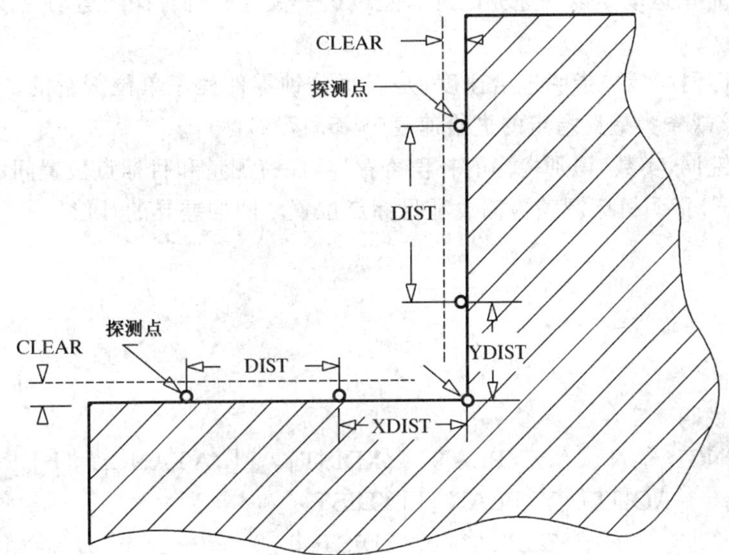

VERIFY/CORNER,IN,XYPLAN,XDIST,*a*,YDIST,*b*,DIST,*c*,CLEAR,*d*

图 40

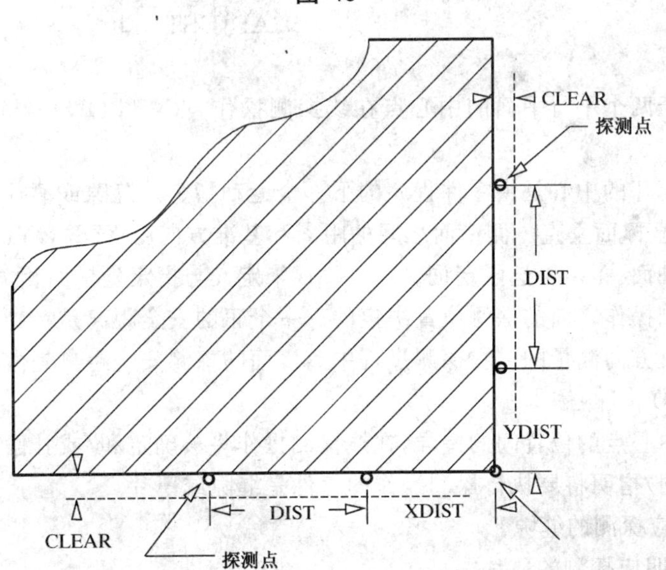

VERIFY/CORNER,OUT,XYPLAN,XDIST,*a*,YDIST,*b*,DIST,*c*,CLEAR,*d*

图 41

14.9.4 点校验操作

VERIFY / PNT [,CLEAR,a] [,PERMIN,b] $^{0'n}$ [,OSETNO,c / ,ADJUST]

14.9.4.1 句法

这个指令提供在面上的点的在线探测。

探测轨迹是一条直线，从当前位置到由零件程序段中下一个运动指定的参考点。

一个正的安全距离在趋近侧测量。实际的安全距离应该取指定的安全距离和寻找范围说明的 TO 限定词定义的安全距离的较大值。

对于将测量和定义目标点的位置间的差异，由在线探测操作决定和/或补偿。

PNT (关键词)指明执行探测操作面上点。

CLEAR,a (关键词，实数)指明用于这个点趋近侧的安全距离，是以零件参考单位测量的有符号补偿值。到这一位置的定位运动是以快速完成的。超过这一位置的所有探测运动应该在指定的或缺省的进给速度下执行。

PERMIN,b (关键词，实数)指明进给速度，是以每分钟零件程序单位测量的。如果省略了进给限定词，则进给速度应该缺省为最后指定的进给速度(见 5.17.2)。

OSETNO,c (关键词，实数)识别机床的补偿寄存器，保持测量和目标点位置间的偏差。

ADJUST (关键词)指明机床调整检测量和目标点位置之间的差异的补偿。

14.9.4.2 示例

无。

14.9.4.3 限定

无。

14.9.5 平行面校验说明

VERIFY / RCTNGL (,IN / OUT) (,XYPLAN / YZPLAN / ZXPLAN) (,XDIST / YDIST / ZDIST), a [,ATANGL , b] {qualifiers}

把{qualifiers}定义为：

[,CLEAR,c] [,DEPTH,d] [, PERMIN,e]$^{0'n}$ [,OSETNO,f / ,ADJUST]

14.9.5.1 句法

这个指令提供位于两个平行平面的中心点在线探测操作。IN 和 OUT 限定词表明被测量的是窄的缝隙还是金属薄片。

参考点在缝隙或薄片的中心是由零件程序的下一个运动指定。缝隙或薄片的侧壁面应该与指定的 XY,YZ 或者 ZX 零件坐标面垂直。侧壁面之间的距离和基准方向由 XDIM,YDIM,或者 ZDIM 限定词指定。关于指定的同轴面，指定可选限定词 ATANGL 来定义与指定坐标面相关的侧壁面的方向。

趋近方向是由探测操作之前的探测位置决定的。一个正的安全距离是在趋近方向测量的。一个正的深度值是在趋近的反方向测量的。在探测过程中离表面的探测安全距离是由寻找范围说明的 TO 限定词控制的(见 14.5.3)。

根据测量和定义中心点的位置间的差异，在线探测操作将被确定和/或补偿。

RCTNGL (关键词)指明将要执行探测操作的工件是缝隙或薄片。

IN (关键词)指明应探测的缝隙。

OUT (关键词)指明应探测的薄片。

XYPLAN (关键词)指明正交于零件参考 XY 面的平面。

YZPLAN (关键词)指明正交于零件参考 YZ 面的平面。

ZXPLAN (关键词)指明正交于零件参考 ZX 面的平面。

XAXIS,a (关键词,实数)指明在零件参考 X 轴上,两平面间的距离,是以零件参考单位测量的无符号值。对于 YZ PLAN 操作,这个限定词无效。

YAXIS,a (关键词,实数)指明在零件参考 Y 轴上,两平面间的距离,是以零件参考单位测量的无符号值。对于 ZX PLAN 操作来说,这个限定词无效。

ZAXIS,a (关键词,实数)指明在零件参考 Z 轴上,两平面间的距离,是以零件参考单位测量的无符号值。对于 XY PLAN 操作来说,这个限定词无效。

ATANGL,b (关键词,实数)指明与指定参考平面相关的以度为单位的面的方向。所有尺寸说明都应在旋转运动之前应用。

CLEAR,c (关键词,实数)指明以零件参考单位测量的有符号补偿值,且平行于参考平面在控制点之上探测操作的起始高度。到这一位置的定位运动应该以快速完成。在这个高度之下的探测运动应该在指定的或缺省的进给速度下执行。如果省略了这个限定词,则安全距离为零。

DEPTH,d (关键词,实数)指明在控制点之下探测操作的深度,以零件参考单位测量的有符号补偿值。如果省略了这个限定词,则深度值为零。

PERMIN,e (关键词,实数)指明进给速度,是以每分钟零件程序单位测量的。如果省略了进给限定词,则进给速度应该缺省为最后指定的进给速度(见 5.17.2)。

OSETNO,f (关键词,实数)识别机床的补偿寄存器,保持测量和目标中心位置间的偏差。

ADJUST (关键词)指明机床调整检测量和目标中心位置之间的差异的补偿。

14.9.5.2 示例

无。

14.9.5.3 限定

无。

14.9.6 圆校验操作

```
VERIFY / ROUND [,IN ] [,XYPLAN] ,DIAMET,a {qualifiers}
               [ OUT] [ YZPLAN]
                      [ ZXPLAN]
```

{qualifiers}定义为:

```
[,CLEAR,b][,DEPTH,c][,PERMIN,d]  0:n [,OSETNO,e]
                                     [,ADJUST   ]
```

14.9.6.1 句法

这个指令提供位于圆柱孔或销的中心点的在线探测操作。IN 和 OUT 限定词表明被测量是孔还是销。

由零件程序的下一个运动指定在目标中心的参考点。圆柱面将与指定的 XY,YZ 或 ZX 零件坐标面正交。

趋近方向是由校准操作之前的探测位置决定的。一个正的安全距离是在趋近侧方向测量的。一个正的深度值是在趋近侧的反方向测量的。在探测过程中孔和销探测安全距离是由寻找范围说明的 TO 限定词控制的(见 14.5.3)。

在线探测操作将被决定和/或补偿测量和定义中心点的位置间的差异。

ROUND (关键词)指明执行探测操作的工件孔或销。

IN (关键词)指明应探测的孔。

OUT (关键词)指明应探测的销。

XYPLAN (关键词)指明圆柱面轴线正交于零件参考 XY 面。

YZPLAN (关键词)指明圆柱面轴线正交于零件参考 YZ 面。

ZXPLAN (关键词)指明圆柱面轴线正交于零件参考 ZX 面。

DIAMET,a (关键词,实数)指明孔或销的直径,是以零件参考单位测量的无符号值。

CLEAR,b (关键词,实数)指明以零件参考单位测量的有符号补偿值,且平行于参考表面在控制点之上探测操作的起始高度。到这一位置的定位运动应该以快速完成。在这个高度之下的探测运动应该在指定的或缺省的进给速度下执行。如果省略了这个限定词,则安全距离为零。

DEPTH,c (关键词,实数)指明以零件参考单位测量的有符号补偿值,在控制点之下探测操作的深度。如果省略了这个限定词,深度值为零。

PERMIN,d (关键词,实数)指明进给速度,是以每分钟零件程序单位测量的。如果省略了进给限定词,则进给速度应缺省为最后指定的进给速度(见 5.17.2)。

OSETNO,e (关键词,实数)识别机床的补偿寄存器,保持测量和目标中心位置间的偏差。

ADJUST (关键词)指明机床调整测量和目标中心位置之间的差异的补偿。

14.9.6.2 示例

无。

14.9.6.3 限定

无。

14.9.7 坐标校验操作

$$\text{VERIFY / XYZ}\begin{pmatrix}\text{,XAXIS}\\ \text{YAXIS}\\ \text{ZAXIS}\end{pmatrix}\text{[,CLEAR,a] [,PERMIN,b]}^{0;n}\begin{bmatrix}\text{,OSETNO,c}\\ \text{,ADJUST}\end{bmatrix}$$

14.9.7.1 句法

这个指令提供探测平行于指定机床坐标轴的平面上的点的在线探测操作。

目标点由零件程序中的下一个运动指定。

一个正的安全距离是在指定机床轴趋近侧测量的。实际的安全距离应该取指定的安全距离和由寻找范围说明的 TO 限定词定义的安全距离的较大值(见 14.5.3)。

根据测量和定义沿着指定轴的目标点位置间的差异,在线探测操作将被决定和/或补偿。

XYZ (关键词)指明执行工件坐标系的探测操作。

XAXIS (关键词)指明探测的机床 X 轴坐标。

YAXIS (关键词)指明探测的机床 Y 轴坐标。

ZAXIS (关键词)指明探测的机床 Z 轴坐标。

CLEAR,a (关键词,实数)指明用于点的趋近侧的安全距离,是沿着指定机床轴零件参考单位测量的有符号补偿值。到这一位置的定位运动是快速完成。超过这一位置的所有探测运动应在指定的或缺省的进给速度下执行。

PERMIN,b (关键词,实数)指明进给运动速度,是以每分钟零件程序单位测量的。如果省略了进给限定词,则在线测量进给速度应该缺省为最后指定的进给速度(见 5.17.2)。

OSETNO,c (关键词,实数)识别机床的补偿寄存器,保持测量和目标坐标尺寸间的偏差。

ADJUST (关键词)指明机床调整测量和目标坐标尺寸的差异的补偿。

14.9.7.2 示例

无。

14.9.7.3 限定

无。

15 绘图语言

15.1 概述

15.1.1 通用句法

绘图语言这一章为 CLDATA 的校验定义了术语。这些术语应只由绘图后置处理器处理。

15.1.2 子目录

1) DRAFT 指令指明适用于绘图机的信息,见 15.2;

2) LETTER 指令提供文本的编制,见 15.3;

3) OVPLOT 指令指明在已有的绘图上要重叠的轮廓,见 15.4;

4) PENDWN 指令落下绘图笔,见 15.5;

5) PENUP 指令抬起绘图笔,见 15.6;

6) PPLOT 指令产生一个零件坐标数据的后置处理图形,见 15.7;

15.1.3 限定

无。

注:由于缺乏这个领域的代表性的专家,所以本标准的这一版本的绘图语言并没有修订。

15.2 绘图指令(**DRAFT**)

指明适用于绘图机的信息。

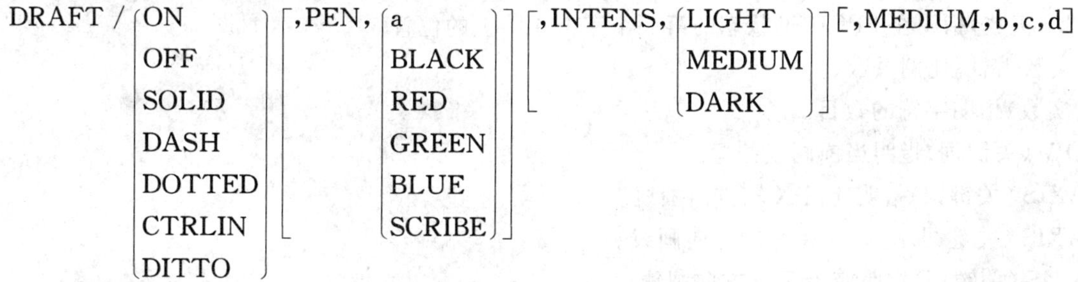

DRAFT / e

DRAFT / INTENS,f

15.2.1 句法

这个指令指定适用于绘图机的信息。

ON (关键词)指明绘图动作。

OFF (关键词)指明没有绘图动作。

SOLID (关键词)指明实线。

DASH (关键词)指明破折号线。

DOTTED (关键词)指明由点组成的虚线。

CTRLIN (关键词)指明点划线。

DITTO (关键词)指明双点划线。

PEN,a (关键词,实数)指明笔号。

PEN,BLACK (关键词)指明黑线。

PEN,RED (关键词)指明红线。

PEN,GREEN (关键词)指明绿线。

PEN,BLUE (关键词)指明蓝线。

PEN,SCRIBE (关键词)指明画线。

INTENS,LIGHT (关键词)指明细线。

INTENS,MEDIUM (关键词)指明中等粗线。

INTENS,DARK (关键词)指明粗线。

MEDIUM,b,c,d (关键词,实数)分别指明纸的类型,大小和方向的编码。

e (实数)用代码指明线的类型。

INTENS,f (关键词,实数)用代码指明线的粗细。

15.2.2 示例

无。

15.2.3 限定

无。

15.3 文本指令（LETTER）

提供绘制文本的信息。

LETTER/ a,b,c [,d]

$$\text{LETTER/}\begin{pmatrix}\text{a,b}\\ \text{NOW}\end{pmatrix}\begin{bmatrix}\text{,XASIX}\\ \text{YAXIS}\\ \text{,ATANGL,e}\end{bmatrix}\begin{pmatrix}\text{,LENGTH,f}\\ \text{,ALL}\end{pmatrix}\text{,AT,g [,CONST,h,i]}^{0'n}\begin{bmatrix}\text{,XYPLAN}\\ \text{YZPLAN}\\ \text{ZXPLAN}\end{bmatrix}$$

15.3.1 句法

这个指令指明紧跟在 PPRINT 说明后的已知字符在图上的位置(见 5.39)。

a, b (实数)指明在 PPRINT 状态的第一个字符在图上的位置。

c (实数)指明比例系数。

d (实数)指明字符的数目。

NOW (关键词)指明当前画线位置。

XAXIS (关键词)指明应沿 X 轴方向画线。

YAXIS (关键词)指明应沿 Y 轴方向画线。

ZAXIS (关键词)指明应沿 Z 轴方向画线。

ATANGL,e (关键词,实数)指明已画线与 X 轴的角度,用度表示。

LENGTH,f (关键词,实数)指明取自 PPRINT 说明中字符的个数 f。

ALL (关键词)指明取 PPRINT 说明中的所有字符。

AT,g (关键词,实数)指明画线的高度 g。

CONST,h,i (关键词,实数)指明要绘制一个数值或者特殊字符。

在下述情况下,随后的 PPRINT 记录是不需要的。

如果 h 小于－1,则将绘制符号,i 是这个所需符号的数码。

如果 h 大于或等于－1,则将绘制一个数值,这个数值由 i 给定。

如果 h 等于－1,则将没有小数或者小数点,例如:“i＝99”。

如果 h 等于 0,则是无小数位,但有小数点,例如:“i＝99.”。

如果 h 大于 0,则 h 带有小数部分和小数点,例如:“i＝99.000”。

XY PLAN (关键词)指明 LETTER 指令在 XY 平面投影。

YZ PLAN (关键词)指明 LETTER 指令在 YZ 平面投影。

ZX PLAN (关键词)指明 LETTER 指令在 ZX 平面投影。

15.3.2 示例

无。

15.3.3 限定

无。

15.4 重叠绘图指令（OVPLOT）

表示在已有的绘图上要重叠的轮廓。

$$\text{OVPLOT /}\begin{pmatrix}\text{ON}\\ \text{OFF}\end{pmatrix}^{0'n}\begin{bmatrix}\text{,XYPLAN}\\ \text{YZPLAN}\\ \text{ZXPLAN}\end{bmatrix}\begin{bmatrix}\text{,a,b,d,e}\\ \text{,a,b,c,d,e,f}\end{bmatrix}\text{[,SCALE,g]}$$

15.4.1 句法

这个指令指定在已有的绘图上要重叠的轮廓。

ON (关键词)指明所有刀具坐标点的绘图,直至“OFF”出现。

OFF (关键词)指明绘图结束。

XY PLAN (关键词)指明投影平面为 XY 平面。

YZ PLAN (关键词)指明投影平面为 YZ 平面。

ZX PLAN (关键词)指明投影平面为 ZX 平面。

a,b,c,d,e,f (实数)指明直角 CLDATA 坐标系与已绘制 CLDATA 区域的对角相似。

SCALE,g (关键词,实数)指明比例系数。

15.4.2 示例

无。

15.4.3 限定

无。

15.5 落笔指令 (PENDWN)

绘图笔下落。

PENDWN

15.5.1 句法

这个指令是使能够绘图直至执行相关的 PENUP 指令(见 15.6)。若缺省时,绘图是在程序起始时开始的。

15.5.2 示例

无。

15.5.3 限定

无。

15.6 抬笔指令 (PENUP)

绘图笔抬起。

PENUP

15.6.1 句法

这个指令停止绘图直至执行相关的 PENDWN 指令(见 155)。

15.6.2 示例

无。

15.6.3 限定

无。

15.7 后置处理图形指令 (PPLOT)

生成一个零件坐标数据的后置处理图形。

```
PPLOT / (ON )0'n [,XYPLAN] [,a,b,d,e      ] [,SCALE,g]
        (OFF)    [YZPLAN] [,a,b,c,d,e,f]
                 [ZXPLAN]

PPLOT / MEDIUM,h,i,j

PPLOT / PEN (,k[,l,m])
            (,BLACK   )
            (RED      )
            (,GREEN   )
            (BLUE     )
            (SCRIBE   )
```

```
PPLOT / ⎧SOLID         ⎫ ⎡,XYPLAN⎤
        ⎪DASH          ⎪ ⎢ YZPLAN⎥
        ⎪DOTTED        ⎪ ⎣ ZXPLAN⎦
        ⎨CTRLIN        ⎬
        ⎪              ⎪
        ⎪              ⎪
        ⎩SYMBOL,n      ⎭
```

15.7.1 句法

这个指令生成一个 CLDATA 坐标系的后置处理图形。

ON (关键词)指明所有绘图刀具坐标点直至 OFF 出现。

OFF (关键词)停止绘制。

XYPLAN (关键词)指明在 XY 投影平面上绘制线和符号。

YZPLAN (关键词)指明在 YZ 投影平面上绘制线和符号。

ZXPLAN (关键词)指明在 ZX 投影平面上绘制线和符号。

a,b,c,d,e,f (实数)指明直径 CLDATA 坐标系,与已绘制的 CLDATA 区域的对角相关。

SCALE,g (关键词,实数)指明比例系数。

MEDIUM,h,i,j (关键词,实数)分别指明纸的类型,大小和方向的代码。

PEN,k,r,m (关键词,实数)分别指明笔的类型、大小和颜色。

PEN,BLACK (关键词)指明黑笔。

PEN,RED (关键词)指明红笔。

PEN,GREEN (关键词)指明绿笔。

PEN,BLUE (关键词)指明蓝笔。

PEN,SCRIBE (关键词)指明画线类的笔。

SOLID (关键词)指明实线。

DASH (关键词)指明破折号线。

DOTTED (关键词)指明由点组成的虚线。

CTRLIN (关键词)指明点划线。

SYMBOL,n (关键词,实数)用代码指明的符号,绘制在每个已知坐标点上。

15.7.2 示例

无。

15.7.3 限定

无。

附　录　A
（规范性附录）
句法定义规则

本附录阐述的是本标准中所定义的CLDATA后置处理器记录的句法定义中所采用的规则。由于输入语言(GB/T 12646)后置处理器术语中的元素与后置处理器命令CLDATA记录(GB/T 12177)中的元素具有一一对应的关系,因此,选用输入语言句法定义来代表后置处理器术语。

A.1　后置处理器说明的每个元素(关键词、数值或文本串)都对应于CLDATA记录中单个逻辑字。

A.2　当出现一个或多个参数时,用斜杠符(/)将指令名与参数表(也称次词列表)分开。

A.3　定义中的逗号(,)始终用于分开两个参数,其他中的一个。

A.4　定义中的每个变量均由一个小写字母表示,CLDATA中的表示始终采用浮点数形式——尽管由于参数含义的原因,在相应的输入语句中是有限制(例如总数和/或正数)。定义中的每个文本串都用一个小写字母表示,用单引号(')分开。字母采用字母表顺序。

A.5　关键词用一系列大写字母表示,通过这些字母,关键词被规定为主词或次词;在CLDATA中的表示对2 000型记录将采用整数代码形式,对20 000型纪录将采用字符串的形式。

A.6　句法描述中的"多种"表示CLDATA中的一个条目,其中可能出现变量、文本串或关键词。

A.7　如果某给定参数位置可以替换的参数,它们将排列在不可替换之后。

A.8　圆括号( )用来括住需要从一个或多个选择的替换列表。上标$^{1:n}$表示圆括号的条目可以重复n次。如果没有该标记,则选择一次。

A.9　中括号[ ]用来括住需要从零或多个选择的替换列表。上标$^{0:n}$表示中括号内的条目可以重复n次。如果没有该标记,则最多允许选择一次。

A.10　大括号{ }用来识别单独定义的条目。条目被用于代替常用句法(例如所有机床轴的列表),也用于简化复杂的定义(例如从需求的元素里区分指令的可选元素)。

A.11　指令参数通常采用相关元素配对或分组的形式,其中,系列中的第一个元素为描述后续参数数据类型的关键词,其余的元素用于定义参数数据。一组元素保持着一定的顺序。而定义中组之间的顺序是可以变化的。

附 录 B
（规范性附录）
关键词列表

B.1 按整数代码顺序的关键词列表

关键词	整数代码	含义
ATANGL	1	角度
CENTER	2	中心
INTOF	5	…的交点
INVERS	6	倒数
LARGE	7	大，反义词为“小”
LEFT	8	左，反义词为“右”
LENGTH	9	长度
NEGX	11	X 轴负向
NEGY	12	Y 轴负向
NEGZ	13	Z 轴负向
PERPTO	18	垂直于
POSX	20	X 轴正向
POSY	21	Y 轴正向
POSZ	22	Z 轴正向
RADIUS	23	半径
RIGHT	24	右，反义词为“左”
SCALE	25	比例
SMALL	26	小，反义词为“大”
TIMES	28	次数
XYPLAN	33	XY 平面
YZPLAN	37	YZ 平面
ZXPLAN	41	ZX 平面
IN	48	内，反义词为“外”
OUT	49	外，反义词为“内”
ALL	51	全部
NOMORE	53	不再
MODIFY	55	修改
START	57	启动
CCLW	59	逆时针
CLW	60	顺时针
MEDIUM	61	中间物，介质
HIGH	62	高，反义词为“低”
LOW	63	低，反义词为“高”
CONST	64	常数
DECR	65	递减
INCR	66	递增

关键词	整数代码	含义
ROTREF	68	旋转参考,旋转基准
TO	69	至,反义词为"自"
PAST	70	自,反义词为"至"
ON	71	开,反义词为"关"
OFF	72	关,反义词为"开"
IPM	73	每分钟英寸
IPR	74	每转英寸
CIRCUL	75	圆
LINEAR	76	线性
PARAB	77	抛物线
RPM	78	每分钟转数
MAXRPM	79	每分钟最高转数
TURN	80	车外圆,与"车端面"相对立
FACE	81	端面车,与"车外圆"相对立
BORE	82	镗
BOTH	83	二者都…
XAXIS	84	X 轴
YAXIS	85	Y 轴
ZAXIS	86	Z 轴
AUTO	88	自动
FLOOD	89	液态冷却型
MIST	90	油雾冷却型
TAPKUL	91	攻丝冷却型
STEP	92	阶梯
RAIL	93	轨式刀塔
SIDE	94	侧部刀塔或尺寸
LINCIR	95	线性化圆
MAXIPM	96	每分钟最大英寸
REV	97	转数
TYPE	98	…的类型
LIGHT	100	亮,反义词为"暗"
SPLINE	105	花键
XYZ	108	所有坐标轴
LOCK	114	闭锁
SFM	115	每分钟表面英尺
XCOORD	116	X 坐标
YCOORD	117	Y 坐标
ZCOORD	118	Z 坐标
MULTRD	119	多头螺纹
SOLID	123	实线型
DASH	124	虚线型
DOTTED	125	点线型
CTRLIN	126	中心线
DITTO	127	双线型

关键词	整数代码	含义
PEN	128	绘图笔
SCRIBE	129	画线器
BLACK	130	黑色
RED	131	红色
GREEN	132	绿色
BLUE	133	蓝色
INTENS	134	密度
DARK	137	暗,反义词为“亮”
COLLET	139	胀套式夹盘
AAXIS	140	A轴
BAXIS	141	B轴
CAXIS	142	C轴
TPI	143	每英寸螺纹线数
RANGE	145	范围
FRONT	148	前,反义词为“后”
REAR	149	后,反义词为“前”
SADDLE	150	滑鞍刀塔
MILL	151	铣
THRU	152	穿透或腹板钻
DEEP	153	深孔钻
SETOOL	155	固定刀具
SETANG	156	设置角度
HOLDER	157	刀柄
MANUAL	158	手动
ADJUST	159	调节
CUTANG	160	切削角度
NOW	161	当前,与“下一个”相对立
NEXT	162	下一个,与“当前”相对立
DRILL	163	钻
NEUTRL	166	中性区域
TAP	168	攻丝
TOOL	170	刀具
MM	171	毫米
CM	172	厘米
INCH	173	英寸
FEET	174	英尺
OXYGEN	175	氧气
TABLE	177	工作台
ABSOL	180	绝对值,反义词为“增量值”
CLEAR	181	清除
ZIGZAG	185	以交错方向
AVOID	187	避免
AT	189	在…处,在…附近
WATTS	192	电功率值

关键词	整数代码	含义
FINE	193	精,反义词为“粗”
COARSE	195	粗,反义词为“精”
SIZE	196	大小
XDIST	197	X轴距离
YDIST	198	Y轴距离
ZDIST	199	Z轴距离
PNT	202	点
CONTUR	206	轮廓线
FIXTUR	209	夹具
PROTCT	213	保护
WAXIS	220	W轴
FLUTES	223	排屑槽
ARBOR	226	心轴夹盘定位
VAXIS	228	V轴
ID	229	内径
OD	230	外径
LOWER	231	下,反义词为“上”
SYMBOL	235	符号
NIBBLE	236	步冲
PALLET	239	托盘
UAXIS	241	U轴
CUSP	242	弯曲点弦度
DAXIS	243	D轴
DRAW	244	拉拔形式
ORIENT	246	定向
QAXIS	248	Q轴
RAXIS	249	R轴
ANGLE	252	角度
REVTRN	255	反车削方向
CSINK	256	锪沉孔
REAM	262	铰
ROUND	263	倒圆
SHEAR	264	剪切
UPPER	266	上,反义词为“下”
XDIM	270	X向尺寸
YDIM	272	Y向尺寸
CORNER	274	拐角
RETURN	276	返回
DWELL	279	暂停
RAPTO	280	快进至…
VOLUME	285	体积
QUILL	287	顶针(套筒)
BRKCHP	288	断屑
NODRAG	289	不带横向拖曳

关键词	整数代码	含义
HOLDIA	293	孔径
TLANGL	294	刀具角度
COND	300	条件
GRIND	305	磨床
EXPAND	307	扩展
PART	313	零件
ZDIM	314	Z向尺寸
MMPM	315	每分钟毫米
MMPR	316	每转毫米
BACK	317	背部
WIRE	318	导丝
CSS	319	恒表面速度
NOREVR	329	不带反向
BOLTC	331	螺钉孔圆阵列
PAXIS	333	P轴
PULSE	334	脉冲
NRMTRN	342	正常车削方向
FUEL	350	燃料
PRSSUR	352	压力
RECALL	353	调用,与“保存”相对立
SAVE	354	保存,与“调用”相对立
EAXIS	360	E轴
PIPE	361	管道
PROFIL	362	轮廓
RAPOUT	363	快速出
SYSTEM	364	系统
PERSEC	366	每秒单位数
NITRGN	371	氮气
DEDM	373	电火花放电加工
ARGON	375	氩气
TLMATL	393	刀具材料
DIST	400	距离
ALIGN	401	找正
OVRLAP	402	重叠
RCTNGL	403	矩形、直角
ROUGH	404	粗加工
SCAN	405	扫描
FPT	406	每齿进给量
GROOVE	407	切槽
THICKD	409	直径余量
THICKF	410	端面余量
WEDM	411	线切割放电加工
AXIS	420	坐标轴
COORD	421	坐标

关键词	整数代码	含义
FLAME	425	火焰切割
LAG	426	滞后,反义词为“超前”
LASER	427	激光切割
LEAD	428	超前,反义词为“滞后”或螺距尺寸
PUNCH	430	转塔冲压
TIME	435	时间
TLVEC	437	刀具矢量
WIDTH	439	宽度
RAM	500	滑枕
PERMIN	501	每分钟单位数
PERREV	504	每转单位数
SMM	505	每分钟表面米数
MXMMPM	506	每分钟最大毫米数
MXPERM	507	每分钟最大单位数
OSENTO	508	偏置数
DIAMET	509	直径
DEPTH	510	深度
CUTS	511	切割次数
FINCUT	512	精加工切削
MAIN	513	主刀塔
TAPER	540	锥度角
HEAD	1002	定义可移动主轴头
MODE	1003	控制各种模态设置
CLEARP	1004	用 RETRCT 指令定义安全距离
TMARK	1005	提供用于倒带停止代码的插入
REWIND	1006	控制记录带的倒带
CUTCOM	1007	补偿编程尺寸和实际尺寸之差的补偿
FEDRAT	1009	控制与进给速度相关的各种功能
DELAY	1010	暂停机床各轴运动
AIR	1011	控制气源的供应
OPSKIP	1012	控制程序段删除代码的插入
LEADER	1013	提供用于导前空格的插入
PPLOT	1014	生成零件坐标数据的后置处理器绘制图形
MACHIN	1015	定义后置处理器
MCHTOL	1016	定义允许的加工公差
MCHFIN	1018	定义允许的加工粗糙度
SEQNO	1019	控制机床程序段的编号
DISPLY	1021	控制操作员信息在机床控制面板上的显示
AUXFUN	1022	提供用于插入辅助功能(M)代码
TOOLNO	1025	定义加工元素
ROTABL	1026	被 ROTATE/TABLE 替代的已废弃关键词
ORIGIN	1027	定义零件和机床参考系之间的关系
SAFETY	1028	指定急停时退刀拉出方向
ARCSLP	1029	控制螺旋插补的输出

关键词	整数代码	含义
COOLNT	1030	控制冷却液的流速
SPINDL	1031	控制与主轴有关的各种功能
TURRET	1033	刀塔分度替选项的非优先选择
ROTHED	1035	被 ROTATE/HEAD 替代的已废弃关键词
THREAD	1036	被 OP/THREAD 替代的已废弃关键词
TRANS	1037	转换零件程序坐标
OVPLOT	1042	指定在前一个曲线图上要添加的轮廓
LETTER	1043	提供用于文本的绘制
PPRINT	1044	在输出数据中提供消息
PARTNO	1045	对机床程序提供唯一的识别符
INSERT	1046	提供用于插入机床程序数据
PREFUN	1048	提供用于插入准备功能(G)代码
COUPLE	1049	控制螺纹加工或坐标轴关联的同步化
PITCH	1050	提供用于指定螺纹节距
CYCLE	1054	提供某预置操作系列的模态应用
LOADTL	1055	被 LOAD/TOOL 替代的已废弃关键词
SELCTL	1056	被 SELECT/TOOL 替代的已废弃关键词
CLRSRF	1057	被 CLEARP 替代的已废弃关键词
DRAFT	1059	指定与绘图机相关的信息
LPRINT	1065	提供后置处理器列表的控制
ROTATE	1066	移动某旋转轴
LINTOL	1067	定义可容许的直线偏差
CLDIST	1071	定义加工元素和零件之间的安全距离
CHUCK	1073	定义装夹装置
CLAMP	1074	提供用于各种装夹操作
LOAD	1075	指令各项条目的载入
MATERL	1077	定义工件材料
LIMIT	1078	定义行程极限和防护区域
PPFUN	1079	给后置处理器提供专用指令或指示
STAN	1080	指定加工元素的设置角
INDPOS	1082	定义旋转轴分度时的安全位置
OFSTNO	1083	被 CUTCOM 替代的已废弃关键词
PIERCE	1090	控制切削操作
SAFPOS	1094	定义加工元素变换位置
CLDATA	1095	控制零件程序数据的输入
GOPARK	1098	将机床移到第二零位
PARKPT	1100	定义机床第二零位
SELECT	1101	指令各个条目的选择
PROBE	1103	提供用于测头的设置
BARFED	1104	通过装夹夹头控制新工件材料的进给
CATCHR	1105	控制零件抓取器
MOVETO	1107	控制机床坐标轴的移动
STDYRS	1108	控制中心架的定位
HOMEPT	1112	定义机床零位

关键词	整数代码	含义
SYNCTR	1116	控制多个机床主轴头的同步化
TLSTCK	1117	控制尾座和尾座顶尖的定位
ADAPTV	1118	控制某自适应控制器的使用
APPLY	1120	定义机床类型的选择
OP	1122	提供某预置操作系列的非模态应用
INCLUD	1123	指定额外零件程序数据的来源
PPTIME	1125	提供用于对后置处理器所计算的运行时间进行修改
TLLIFE	1126	控制刀具寿命监控设备的使用
FLUSH	1127	控制切削液箱的充注或冲洗
ASSIST	1129	控制切削辅助气体的流速
VERIFY	1131	提供用于各种在线检测操作
TORCH	1132	切割枪点火或熄灭
GENTER	1133	控制火花间隙发生器设置
LOCATE	1138	机床参考系统坐标轴预加载
DEFSUB	1140	表示某子程序定义的起点
ENDSUB	1141	表示某子程序定义的终点
CALSUB	1142	启动某预定义的或机床特定的子程序
DEFCON	1143	定义用于后续车削操作中的轮廓线
END	1201	命名机床程序的终点
STOP	1202	命名机床程序中要求的停止点
OPSTOP	1203	命名机床程序中可选停止点
RAPID	1205	指定以快移速度运行的运动
SWITCH	1206	被 LOAD/PART 替代的已废弃关键词
RETRCT	1207	将刀具移至安全距离
DRESS	1208	砂轮的修整
UNLOAD	1210	指令各项条目的卸载
PENUP	1211	绘图笔提升
PENDWN	1212	绘图笔下降
RESET	1215	命名机床程序的重新起动点
BREAK	1216	提供用于机床程序的分段
GOHOME	1217	将机床移到零位

B.2 按字母顺序的关键词的主词列表

关键词	整数代码	含义
ADAPTV	1118	控制某自适应控制器的使用
AIR	1011	控制气源的供应
APPLY	1120	定义机床类型的选择
ARCSLP	1029	控制螺旋插补的输出
ASSIST	1129	控制切削辅助气体的流速
AUXFUN	1022	提供用于插入辅助功能(M)代码
BARFED	1104	通过装夹夹头控制新工件材料的进给
BREAK	1216	提供用于机床程序的分段
CALSUB	1142	启动某预定义的或机床指定的子程序

关键词	整数代码	含义
CATCHR	1105	控制零件抓取器
CHUCK	1073	定义装夹装置
CLAMP	1074	提供用于各种装夹操作
CLDATA	1095	控制零件程序数据的输入
CLDIST	1071	定义加工元素和零件之间的安全距离
CLEARP	1004	定义 RETRCT 指令所用安全距离平面
CLRSRF	1057	被 CLEARP 替代的已废弃关键词
COOLNT	1030	控制冷却液的流速
COUPLE	1049	控制螺纹加工或坐标轴关联的同步化
CUTCOM	1007	补偿编程尺寸和实际尺寸之差
CYCLE	1054	提供某预置操作系列的模态应用
DEFCON	1143	定义用于后续车削操作中的轮廓线
DEFSUB	1140	表示某子程序定义的起点
DELAY	1010	暂停机床各轴运动
DISPLY	1021	控制操作员信息在机床控制面板上的显示
DRAFT	1059	指定与绘图机相关的信息
DRESS	1208	砂轮的修整
END	1201	命名机床程序的终点
ENDSUB	1141	表示某子程序定义的终点
FEDRAT	1009	控制与进给速度相关的各种功能
FLUSH	1127	控制切削液箱之一的充注或冲洗
GENTER	1133	控制火花间隙发生器设置
GOHOME	1217	将机床移到零位
GOPARK	1098	将机床移到第二零位
HEAD	1002	定义某可移动主轴头
HOMEPT	1112	定义机床零位
INCLUD	1123	指定附加零件程序数据的来源
INDPOS	1082	定义旋转轴分度时的安全位置
INSERT	1046	提供用于插入机床程序数据
LEADER	1013	提供用于引导空格的插入
LETTER	1043	提供用于文本的绘制
LIMIT	1078	定义行程极限和防护区域
LINTOL	1067	定义可容许的直线偏差
LOAD	1075	指令各种条目的加载
LOADTL	1055	被 LOAD/TOOL 替代的已废弃关键词
LOCATE	1138	机床参考系统坐标轴预加载
LPRINT	1065	提供后置处理器列表的控制
MACHIN	1015	定义后置处理器
MATERL	1077	定义工件材料
MCHFIN	1018	定义允许的加工粗糙度
MCHTOL	1016	定义允许的加工公差
MODE	1003	控制各种模态设置
MOVETO	1107	控制机床坐标轴的移动
OFSTNO	1083	被 CUTCOM 替代的已废弃关键词

关键词	整数代码	含义
PARAB	77	抛物线
PART	313	零件
PAST	70	自,反义词为“至”
PAXIS	333	P 轴
PEN	128	绘图笔
PERMIN	501	每分钟单位数
PERPTO	18	垂直于
PERREV	504	每转单位数
PERSEC	366	每秒单位数
PIPE	361	管道
PNT	202	点
POSX	20	X 轴正向
POSY	21	Y 轴正向
POSZ	22	Z 轴正向
PROFIL	362	轮廓
PROTCT	213	保护
PRSSUR	352	压力
PULSE	334	脉冲
PUNCH	430	转塔冲压
QAXIS	248	Q 轴
QUILL	287	顶尖(套筒)
RADIUS	23	半径
RAIL	93	轨式刀塔
RAM	500	滑枕
RANGE	145	范围
RAPOUT	363	快速出
RAPTO	280	快进至…
RAXIS	249	R 轴
RCTNGL	403	矩形、直角
REAM	262	铰
REAR	149	后,反义词为“前”
RECALL	353	调用,与“保存”相对立
RED	131	红色
RETURN	276	返回
REV	97	转数
REVTRN	255	反车削方向
RIGHT	24	右,反义词为“左”
ROTREF	68	旋转参考,旋转基准
ROUGH	404	粗加工
ROUND	263	倒圆
RPM	78	每分钟转数
SADDLE	150	滑鞍刀塔
SAVE	354	保存,与“调用”相对立
SCALE	25	比例

关键词	整数代码	含义
SCAN	405	扫描
SCRIBE	129	画线器
SETANG	156	设置角度
SETOOL	155	固定刀具
SFM	115	每分钟表面英尺
SHEAR	264	剪切
SIDE	94	侧刀塔或尺寸
SIZE	196	尺寸
SMALL	26	小,反义词为“大”
SMM	505	每分钟表面米数
SOLID	123	实线型
SPLINE	105	花键
START	57	启动
STEP	92	步
SYMBOL	235	符号
SYSTEM	364	系统
TABLE	177	工作台
TAP	168	攻丝
TAPER	540	锥度角
TAPKUL	91	攻丝冷却型
THICKD	409	直径余量
THICKF	410	端面余量
THRU	152	穿透或腹板钻
TIME	435	时间
TIMES	28	次数
TLANGL	294	刀具角度
TLMATL	393	刀具材料
TLVEC	437	刀具矢量
TO	69	至,反义词为“自”
TOOL	170	刀具
TPI	143	每英寸螺纹
TURN	80	车外圆,与“车端面”相对立
TYPE	98	…的类型
UAXIS	241	U 轴
UPPER	266	上,反义词为“下”
VAXIS	228	V 轴
VOLUME	285	体积
WATTS	192	电功率值
WAXIS	220	W 轴
WEDM	411	线切割放电加工
WIDTH	439	宽度
WIRE	318	导丝
XAXIS	84	X 轴
XCOORD	116	X 坐标

关键词	整数代码	含义
XDIM	270	X 向尺寸
XDIST	197	X 轴距离
XYPLAN	33	XY 平面
XYZ	108	所有坐标轴
YAXIS	85	Y 轴
YCOORD	117	Y 坐标
YDIM	272	Y 向尺寸
YDIST	198	Y 轴距离
YZPLAN	37	YZ 平面
ZAXIS	86	Z 轴
ZCOORD	118	Z 坐标
ZDIM	314	Z 向尺寸
ZDIST	199	Z 轴距离
ZIGZAG	185	以交错方向
ZXPLAN	41	ZX 平面